Lasertechnik

D1661634

CIP-Kurztitelaufnahme der Deutschen Bibliothek

Brunner, Witlof:

Lasertechnik: e. Einf./Witlof Brunner;
Klaus Junge. — 2., durchg. Aufl. — Heidelberg: Hüthig, 1984.
ISBN 3-7785-1052-5
NE: Junge, Klaus:

Lasertechnik

Eine Einführung

2. durchgesehene Auflage

Mit 317 Bildern,
114 Tabellen, 3 Tafeln
und einem Farbteil

DR. ALFRED HÜTHIG VERLAG HEIDELBERG

Federführung:

Prof. Dr. rer. nat. habil. WITLOF BRUNNER, Berlin
Prof. Dr. sc. nat. KLAUS JUNGE, Berlin

Autoren:

Abschnitt 1
Prof. Dr. rer. nat. habil. WITLOF BRUNNER, Berlin
Dr. rer. nat. HANS-JÜRGEN JÜPNER, Berlin, und
Dr. rer. nat. LUDWIG WOLFGANG WIECZOREK, Berlin

Abschnitt 2
Prof. Dr. rer. nat. habil. WITLOF BRUNNER, Berlin
Dr. sc. nat. ROLAND KÖNIG, Berlin
Dr. rer. nat. PETER NICKLES, Berlin
Dr. rer. nat. LUDWIG WOLFGANG WIECZOREK, Berlin, und
Dr. sc. nat. GERHARD WIEDERHOLD, Jena

Abschnitt 3
Dr. rer. nat. HANNES ALBRECHT, Berlin
Dr. rer. nat. KARL-HEINZ DONNERHACKE, Jena
Dr. sc. nat. RANDOLF FISCHER, Berlin
Dipl.-Phys. WOLFGANG GRASSME, Jena, und
Prof. Dr. rer. nat. habil. GÜNTHER WALLIS, Berlin

Abschnitt 4
Dr. rer. nat. PETER APEL, Berlin
Dr.-Ing. GÜNTER BUNESS, Halle
Prof. Dr. sc. nat. KLAUS JUNGE, Berlin
Dr. rer. nat. PETER KOPPATZ, Berlin
Dipl.-Ing. Dipl.-Ing.-Ök. WILHELM KÜPPER, Berlin
Dr. sc. nat. SIGURD KUSCH, Berlin
Dr. rer. nat. VOLKER STERT, Berlin, und
Dr. rer. nat. LUDWIG WOLFGANG WIECZOREK, Berlin

Abschnitt 5
Dipl.-Ing. WOLFGANG KLEINSCHMIDT, Dresden

Farbfotos: GERHARD KIESLING, Berlin, (12)
ADN-ZB (1)
VEB Carl Zeiss JENA (2)

Das Werk ist urheberrechtlich geschützt. Die dadurch begründeten Rechte, insbesondere die der Übersetzung, des Nachdruckes, der Entnahme von Abbildungen, der Funksendung, der Wiedergabe auf photomechanischem oder ähnlichem Wege und der Speicherung in Datenverarbeitungsanlagen bleiben, auch bei nur auszugsweiser Verwertung, vorbehalten.

© VEB Fachbuchverlag Leipzig 1982
Lizenzausgabe für den Dr. Alfred Hüthig Verlag GmbH, Heidelberg, 1984
Printed in Germany
Druck: Hain-Druck GmbH, Meisenheim/Glan

Vorwort

Dieses Buch über »Lasertechnik« ist ein *Nachschlagewerk*, das dem Leser einen Überblick über die wichtigsten *Grundlagen* der Quantenelektronik unter besonderer Betonung der *Anwendungen* dieses relativ jungen Wissenszweiges der Physik vermitteln soll. Mit der Erfindung des ersten Lasers vor 20 Jahren begann eine Entwicklung, die wegen der besonderen Eigenschaften dieser Lichtquelle sehr schnell zu einer Vielzahl von Anwendungen in Wissenschaft und Technik führte. Voraussetzung dafür sind jedoch spezielle Kenntnisse über Eigenschaften, Beeinflussung und Nachweis der elektromagnetischen Strahlung sowie über die Wirkungsweise der verschiedenen Lasertypen, deren Anforderungen, Möglichkeiten und Grenzen. Deshalb wurden in Kurzform *Erläuterungen* eingefügt, die teilweise über den Charakter eines Nachschlagewerks hinausgehen. Das betrifft vor allem die Wirkungsweise des Lasers selbst und dessen heute noch in stürmischer Entwicklung begriffene Nutzung im wissenschaftlichen Bereich.
In diesem Buch sind vorrangig die für den Anwender notwendigen Beziehungen zusammengestellt. Auf die Erläuterung wesentlicher Grundbegriffe der Laserphysik wurde bewußt verzichtet. Das gilt auch für die Anwendungen des Lasers in der Technik, die heute solch einen Umfang erreicht haben, daß eine *Auswahl* notwendig wurde. Die Autoren waren bestrebt, die Grundlagen in ausreichender Weise darzustellen und zu einer Reihe von wichtigen Anwendungen ausführlichere Erläuterungen zu geben. Dabei mußten allerdings einige Einsatzmöglichkeiten unberücksichtigt bleiben, weil eine reine Aufzählung ohne nähere Erklärung nicht sinnvoll erschien. Das umfangreiche *Verzeichnis von Primärliteratur* verweist jedoch auf detailliertere Angaben.
Wir danken allen Autoren und den Gutachtern, Herrn Prof. Dr. sc. nat. B. WILHELMI und Herrn Dipl.-Ing. H. BERGMANN, für ihre Arbeit und hoffen, daß das vorliegende Werk eine gute Aufnahme finden wird.

Prof. Dr. rer. nat. habil. W. BRUNNER
Prof. Dr. sc. nat K. JUNGE

Hinweise zur Benutzung

Vorliegendes Buch ist so aufgebaut, daß eine *rationelle Wissensaneignung* ermöglicht wird. Es enthält den Stoff des Fachgebiets in verdichteter und übersichtlicher Form.

Zugang zu den Informationen findet man durch das *Inhaltsverzeichnis* oder das umfangreiche *Sachwortverzeichnis*. Sind im Sachwortverzeichnis hinter einem Begriff mehrere Seitenzahlen genannt, dann ist die Seite, auf der die wesentlichsten Ausführungen dazu stehen, **halbfett** hervorgehoben.

Gleichungen sind in runden Klammern abschnittsweise fortlaufend numeriert, z. B. (2.1); muß auf sie verwiesen werden, so wird die Abkürzung »Gl.« benutzt, z. B. »s. Gl. (2.1)«. Die Gleichungen sind im allgemeinen als *Größengleichungen* geschrieben, bei den praktischen Berechnungen teilweise auch als *Zahlenwertgleichungen*. Die Größen sind dann in den Einheiten einzusetzen, die im danebenstehenden WALLOTschen Kamm genannt werden.

Die am häufigsten verwendeten, teilweise standardisierten *Formelzeichen* sind, nach Abschnitten aufgeschlüsselt und alphabetisch geordnet, auf die hintere Buchdeckelinnenseite (hinterer Vorsatz) gedruckt.

In diesem Buch wird die von der IUPAC (International Union of Pure and Applied Chemistry) eingeführte *Schreibweise der Namen für chemische Elemente und Verbindungen* angewendet. Das betrifft vor allem die C-Schreibweise (z. B. bei Cobalt), die Schreibweise für Iod (Symbol I), den Gebrauch der Endsilbe »en« anstelle von »ol« in Namen für aromatische Kohlenwasserstoffe (z. B. Benzen für Benzol) sowie die Einführung der Schreibweise »Ethyl«.

Zur Verringerung der Zugriffszeit zu den einzelnen Hauptabschnitten und zur Orientierung sind im lebenden Kolumnentitel (Seitenüberschrift) neben den Hinweisen auf die Unterabschnitte auf den jeweils rechten Seiten auch *Buchstabensymbole* enthalten, die auf den gerade aufgeschlagenen Hauptabschnitt hinweisen (z. B. PG). Die Symbole sind zur Erläuterung im Inhaltsverzeichnis wiederholt.

Weitere verwendete Symbole und ihre Bedeutung sind:

- ● Aufzählung
- ! Achtung!, Beachte!
- ▌ Definition, Merksatz

Verzeichnis verwendeter Abkürzungen

AFD Avalanche-Fotodiode
BV Bildverstärker
BW Bildwandler
CARS (coherent antistokes Raman scattering) kohärente Anti-STOKES-RAMAN-Streuung
CCD (charged coupled device) ladungsgekoppeltes Bauelement
CID (charge injection device) Ladungsinjektions-Bauelement
cw (continuous wave) kontinuierliche Strahlung
D/A digital-analog
DRO (double resonant optical parametric oscillator) doppeltresonanter optischer parametrischer Oszillator
EBIC (electron bombardment induced conductivity) elektronenbeschußinduzierte Leitfähigkeit
ERMA (extended red multialkali) Multialkalikatode mit erhöhter Rotempfindlichkeit
FD Fotodiode
FE Fotoelement
FIR fernes Infrarot
FL Festkörperlaser
FW Fotowiderstand
HL Halbleiterlaser
HRC ROCKWELL-(C-)Härte
HV VICKERS-Härte
IR Infrarot
IRS (inverse RAMAN scattering) inverse RAMAN-Streuung
Laser (light amplification by stimulated emission of radiation) Lichtverstärkung durch stimulierte Strahlungsemission
LD Laserdiode
LED (light emitting diode) Lumineszenzdiode
Lidar (light detection and ranging) Erfassung und Entfernungsmessung mittels Lichtes
LL Lichtleiter
LOC (large optical cavity) breiter optischer Resonator
MCP (micro channel plate) Mikrokanalplatte
NEA (negative electron affinity) negative Elektronenaffinität
NEP (noise equivalent power) rauschäquivalente Strahlungsleistung
NIR nahes Infrarot
NLO nichtlineare Optik
OVA optische Vielkanalanalyse

PCM	(pulse code modulation) Pulskodemodulation
RIKE	(RAMAN induced KERR effect) RAMAN-induzierter KERR-Effekt
SEV	Sekundärelektronenvervielfacher
SHG	(second harmonic generation) Erzeugung der 2. Harmonischen
SIT	(silicon intensifying target) Si-Multidiodentarget als Verstärker
SNR	(signal-noise ratio) Signal-Rausch-Verhältnis
SRO	(singly resonant optical parametric oscillator) einfachresonanter optischer parametrischer Oszillator
SRS	(stimulated RAMAN spectroscopy) induzierte RAMAN-Spektroskopie
TE	transversal elektrisch
TEA	transversale elektrische Anregung bei Atmosphärendruck
TM	transversal magnetisch
TPA	(two-photon absorption) Zweiphotonenabsorption
TPF	(two-photon fluorescence) Zweiphotonenfluoreszenz
UV	Ultraviolett
VIS	sichtbarer Bereich
VUV	Vakuum-Ultraviolett
YAG	Yttrium-Aluminium-Granat

Inhaltsverzeichnis

1. Physikalische Grundlagen

1.1. Licht als elektromagnetische Welle

1.1.1. Einführung

Bis zur Mitte des 19. Jahrhunderts wurden elektromagnetische und optische Erscheinungen als unabhängig voneinander betrachtet. Die Vorstellungen vom Licht waren – im Gegensatz zu dem von NEWTON entwickelten *Korpuskelbild* (Emanationstheorie), wonach Licht aus kleinen materiellen Teilchen bestehen sollte – gekennzeichnet durch die *Wellentheorie des Lichtes* (Undulationstheorie), begründet 1678 von HUYGENS, nach der sich die Lichtwellen wie elastische Wellen in einem sehr feinen Stoff, dem Lichtäther, ausbreiten sollten. Die Weiterentwicklung der Lichtwellentheorie erfolgte 1825 durch FRESNEL, der sowohl die Interferenz- und Beugungserscheinungen des Lichtes erklärte als auch zeigte, daß es sich bei den Lichtwellen um transversale, d. h. senkrecht zur Ausbreitungsrichtung schwingende Wellen handelt, wodurch die Polarisation des Lichtes verständlich wurde. Die *Ausbreitung* als elastische mechanische Welle in einem alles durchdringenden Äther erschien jedoch physikalisch weitgehend unverständlich.
Nach Aufstellung der *Grundgleichungen der Elektrodynamik* durch MAXWELL (1871) erfolgte damit – angeregt durch die Messungen von WEBER (1858) – die Begründung der Vorstellung vom Licht als elektromagnetische Welle und deren experimentelle Bestätigung durch HERTZ (1888). Die aus der Erklärung des Fotoeffektes entstandene *Lichtquanten-Hypothese* von EINSTEIN (1905), wonach das Licht aus einzelnen Energiequanten (Photonen) je nach Frequenz unterschiedlicher Energie besteht, führte schließlich zu der heutigen Vorstellung vom *Dualismus des Lichtes:*

> Die Ausbreitung erfolgt in Form einer elektromagnetischen *Welle*, während die Energie bei der Emission und Absorption in *Lichtquanten* konzentriert ist.

Bei der Wechselwirkung elektromagnetischer Strahlung mit Materie tritt dabei, wie EINSTEIN 1917 zeigen konnte, neben einer

- Absorption und der
- spontanen Emission eine
- stimulierte Emission (auch induzierte Emission genannt) auf, die die Grundlage zur Entwicklung der *Laser* bildet.

Die Verstärkung einer elektromagnetischen Welle durch stimulierte Emission bzw. die Anregung einer selbsterregten Oszillation elektromagnetischer Strahlung im Zentimeterwellenbereich und damit die Schaffung des ersten als *Maser* (**m**icrowave **a**mplification by **s**timulated **e**mission of **r**adiation) bezeichneten Gerätes erfolgte

1954. Nach dem Vorschlag (1958), dieses Verstärkungsprinzip auch auf die wesentlich kürzeren Lichtwellen auszudehnen, wurde 1960 der erste *Laser* (**l**ight **a**mplification by **s**timulated **e**mission of **r**adiation), ein Rubin-Festkörperlaser, entwickelt, dem in der Folgezeit eine Reihe weiterer Lasertypen folgte (Tabelle 1.1).

Tabelle 1.1. Zeittafel zur Entwicklung der Quantenelektronik

Jahr		Autoren
1917	Einführung der stimulierten Emission	A. Einstein
1928	experimenteller Nachweis der stimulierten Emission	R. Ladenburg, H. Kopfermann
1950	experimenteller Nachweis einer Besetzungsinversion	E. M. Purcell, R. V. Pound
1951	Vorschläge zur Verstärkung durch stimulierte	V. A. Fabrikant,
1953	Emission	J. Weber,
1954/55		N. G. Basov, A. M. Prochorov
1954	erster NH_3-Gasstrahlmaser	I. P. Gordon, H. J. Zeiger, C. H. Townes
1957	erster Festkörpermaser	
1958	Vorschlag zur Verstärkung durch stimulierte Emission im optischen Bereich	A. L. Schawlow, C. H. Townes
1959	Vorschlag zur Schaffung eines Gaslasers	A. Javan
1959	Vorschlag zur Schaffung eines Halbleiterlasers	N. G. Basov, B. M. Wul, J. N. Popov
1960	erster Festkörper-(Rubin-)Laser	T. H. Maiman
1961	erster He-Ne-Gaslaser	A. Javan, W. R. Bennett jr., D. R. Herriott
1961	Nachweis eines optisch nichtlinearen Effektes (Harmonischen-Erzeugung): Beginn der Entwicklung der nichtlinearen Optik	P. A. Franken, A. E. Hill, C. W. Peters, G. Weinreich
1962	erster Halbleiter-(Injektions-)Laser	M. I. Nathan, W. P. Duncke, G. Burns, F. H. Dill jr., G. Lasher
1966	erster Farbstofflaser	P. P. Sorokin, J. R. Lankard

Der *Laser* stellt eine neuartige Lichtquelle dar, mit der es möglich ist, kohärente elektromagnetische Strahlung, wie wir sie aus der Rundfunk- und Mikrowellentechnik kennen, auch im kürzerwelligen, besonders infraroten und optischen Spektralbereich zu erzeugen.

Die *Strahlung des Lasers* zeichnet sich im Vergleich zu den bisher bekannten konventionellen Lichtquellen aus durch

- hohe spektrale Energiedichte
- Monochromasie
- große zeitliche und räumliche Kohärenz
- vollständige Amplitudenstabilität bei stationärem Betrieb
- Möglichkeit der Erzeugung kürzester Lichtimpulse

Diese besonderen Strahlungseigenschaften des Lasers ermöglichen seine verschiedenartigsten Anwendungen. Sie werden weitgehend durch den grundsätzlich von dem einer konventionellen Lichtquelle verschiedenen Erzeugungsprozeß der Strahlung über die stimulierte Emission bestimmt.

1.1.2. Erzeugung elektromagnetischer Strahlung

1.1.2.1. Grundlagen

Im Sinne der Vorstellungen der klassischen Elektrodynamik gilt:

Jede beschleunigte elektrische Ladung führt zur *Ausstrahlung einer elektromagnetischen Welle*, wobei die Beschleunigung im einfachsten Fall durch eine Dipolschwingung zu veranschaulichen ist.

Das gilt sowohl für die Kilometer- und Meterwellen der Rundfunk- und Fernsehsender als auch für die Zentimeter- und Millimeterwellen der Mikrowellentechnik. Typisch hierfür ist, daß eine Vielzahl von Elektronen durch eine geeignete *Rückkopplung* zum synchronen Schwingen (sinusförmiger Antennenstrom) angeregt wird und damit zur Ausstrahlung einer zeitlich sinusförmigen elektromagnetischen Welle führt (Bild 1.1). Die Frequenz ν der Schwingung wird dabei durch die Eigenschaften des Schwingkreises, deren Induktivität L und Kapazität C, bestimmt.

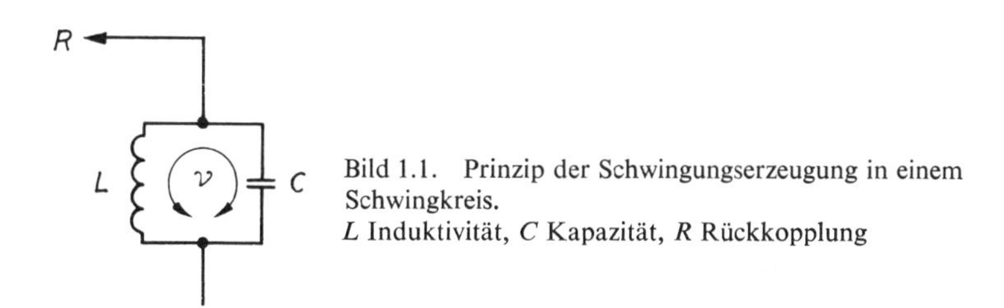

Bild 1.1. Prinzip der Schwingungserzeugung in einem Schwingkreis.
L Induktivität, C Kapazität, R Rückkopplung

Da selbst mit modernen Halbleiterbauelementen eine bestimmte untere Grenze für L und C nicht zu unterschreiten ist, ist auf diese Weise nur die Erzeugung einer elektromagnetischen Welle mit einer maximalen Frequenz von etwa 10^{11} Hz, entsprechend $\lambda \approx 1$ mm, möglich (Tabelle 1.2). Kurzwelligere Strahlung, und damit auch Licht, ist nur mit Hilfe atomarer Dipole zu erzeugen.

Unter einem *atomaren Dipol* verstehen wir einen schwingungsfähigen Dipol mit atomaren Dimensionen ($\approx 10^{-8}$ cm). Es handelt sich hierbei um Moleküle, Atome, Anregungen in Festkörpern sowie (für die extrem kurzwellige γ-Strahlung) Atomkerne.

Ein *Atom* besteht aus dem positiv geladenen Atomkern und der sie umkreisenden (negativen) Elektronenwolke, wobei nur bestimmte Energiezustände E_i ($i = 1, 2, \ldots$) stationär möglich sind (BOHRsche Elektronenbahnen, diskrete Energiezustände nach der Quantenmechanik, Quantelung der Energie), Bild 1.2. Der Übergang von einem höheren (Energie E_2) zu einem tieferen Energiezustand (E_1) *(Elektronen-*

sprung) erfolgt in Form einer *Dipolschwingung* mit einer Frequenz:

$$\nu = \frac{E_2 - E_1}{h} \tag{1.1}$$

h PLANCKsche Konstante ($h = 6{,}62 \cdot 10^{-34}$ J · s)

Es erfolgt die Ausstrahlung einer elektromagnetischen Welle dieser Frequenz mit einer Energie $E_2 - E_1$, die nur als Ganzes emittiert werden kann: Es wird ein *Photon* ausgestrahlt.

Die Anregung der höheren Energiezustände erfolgt, wenn noch kein Strahlungsfeld vorliegt, durch *Stöße* (z.B. Elektronenstoß in Gasentladungen, bei Stromdurchgang in Festkörpern, Stöße in hochtemperierten Medien). Der Übergang

Tabelle 1.2. Bereiche der elektromagnetischen Strahlung

Frequenz Hz	Wellenlänge m	Übliche Bezeichnung	Erzeugung		Bemerkungen
1	$3 \cdot 10^8$				
10	$3 \cdot 10^7$	Technischer	Generatoren		
10^2	$3 \cdot 10^6$	Wechselstrom			
10^3	$3 \cdot 10^5$				
10^4	$3 \cdot 10^4$				Rundfunk-
10^5	$3 \cdot 10^3$	Langwellen			sender
10^6	$3 \cdot 10^2$	Mittelwellen	Röhrenoszillatoren		
10^7	$3 \cdot 10$	Kurzwellen			Fernseh-
10^8	3	Ultrakurzwellen			sender
10^9	$3 \cdot 10^{-1}$		Magnetrons		komm. Da-
10^{10}	$3 \cdot 10^{-2}$	Mikrowellen	Klystrons		tenübertr.
10^{11}	$3 \cdot 10^{-3}$		GUNN-Dioden		Maser
10^{12}	$3 \cdot 10^{-4}$			Gitter-	
10^{13}	$3 \cdot 10^{-5}$	Infrarotes Licht (Wärmewellen)		schwingungen,	Laser
10^{14}	$3 \cdot 10^{-6}$ (3 µm)	*Sichtbares Licht*		Rotationsschwin-	
10^{15}	$3 \cdot 10^{-7}$ (0,3 µm)			gungsübergänge in	
10^{16}	$3 \cdot 10^{-8}$ (30 nm)	Ultraviolettes Licht	Ato-	Molekülen	
10^{17}	$3 \cdot 10^{-9}$ (3 nm)	(weiche)	mare Dipole	Elektronenübergänge	
10^{18}	$3 \cdot 10^{-10}$ (0,3 nm)	Röntgenstrahlen (harte)		in Atomen, Molekülen,	
10^{19}	$3 \cdot 10^{-11}$ (0,03 nm)			komplexen Medien	
10^{20}	$3 \cdot 10^{-12}$ (0,003 nm)	γ-Strahlen		Kernschwingungen	

vom angeregten zum Grundzustand und damit der Beginn der Ausstrahlung erfolgt spontan, d.h. zu einem nichtvorhersagbaren Zeitpunkt *(spontane Emission)*.

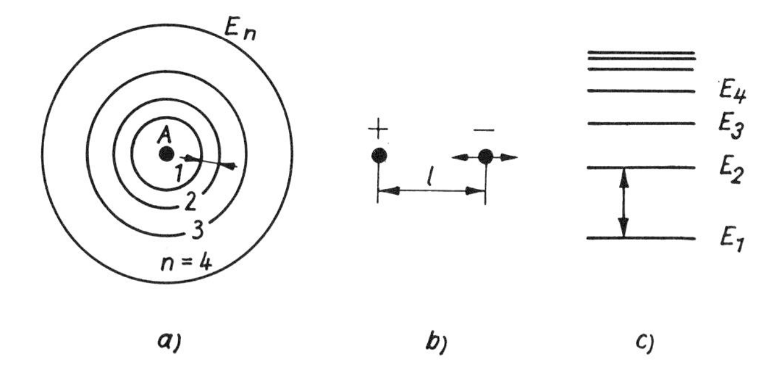

Bild 1.2. Vereinfachtes BOHRsches Atommodell (a) mit A Atomkern, E_n Elektronenbahnen, *n* Hauptquantenzahl. ◄—► kennzeichnet den Übergang 1 ◄—► 2, vorzustellen als atomarer Dipol (b), c) schematisches Energieniveausystem für das Modell (a) mit E_i Energie ($i = 1, 2, \ldots$)

Die *Übergangswahrscheinlichkeit* je Zeiteinheit $w_{sp} \equiv A$ wird bestimmt durch die mittlere Lebensdauer τ des angeregten Zustandes:

$$A = \frac{1}{\tau} \tag{1.2}$$

die auch für den ungestörten Dipol die *Linienbreite* $\delta\nu$

$$\delta\nu = \frac{1}{2\pi\tau} \tag{1.3}$$

und die *Kohärenzlänge* l_K der erzeugten Strahlung bestimmt

$$l_K = \frac{c}{2\pi\delta\nu} \tag{1.4}$$

Bei Wechselwirkung eines mit der Frequenz ν schwingungsfähigen atomaren Dipols mit einem Strahlungsfeld gleicher Frequenz *(Resonanzbedingung)* und der Photonenzahl *n* erfolgt mit einer Übergangswahrscheinlichkeit je Zeiteinheit w_{ab} eine:

- *Absorption* des Strahlungsfeldes und damit Anregung ($E_1 \rightarrow E_2$) des Atoms, wenn sich das Atom im Grundzustand befand. Mit der gleichen Wahrscheinlichkeit $w_{ind} = w_{ab}$ möglich ist schließlich die für den Laser typische
- *stimulierte* (oder induzierte) *Emission*, bei der ein angeregtes Atom seine Energie $E_2 - E_1$ phasengerecht an die ankommende elektromagnetische Welle abgibt (Bild 1.3).

Die als *Licht* bezeichnete elektromagnetische Strahlung entsteht als Summe der Strahlungen aller atomaren Dipole der betrachteten Lichtquelle. Dabei tritt neben der Absorption sowohl spontane als auch stimulierte Emission auf. In welchem Anteil beide Emissionsarten zur Gesamtstrahlung beitragen, hängt von den Besetzungsverhältnissen der strahlenden Atome, die durch die Art der Anregung bestimmt werden, ab und bestimmt damit die Eigenschaften der erzeugten Strahlung (Bild 1.4).

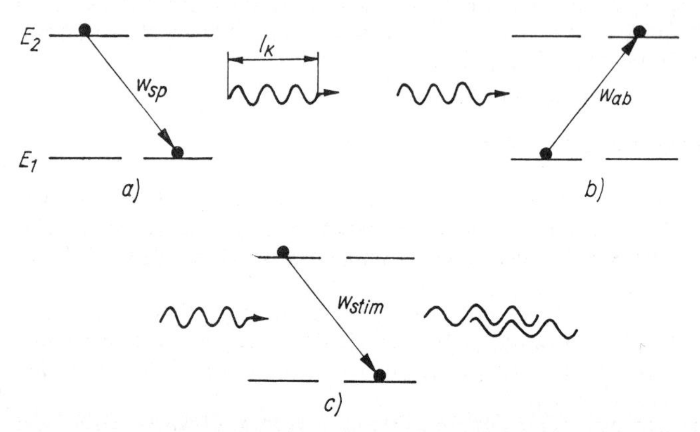

Bild 1.3. Schematische Darstellung der spontanen Emission (a), Absorption (b) und stimulierten Emission (c).
〰▶ kennzeichnet die ankommende bzw. ausgestrahlte Welle

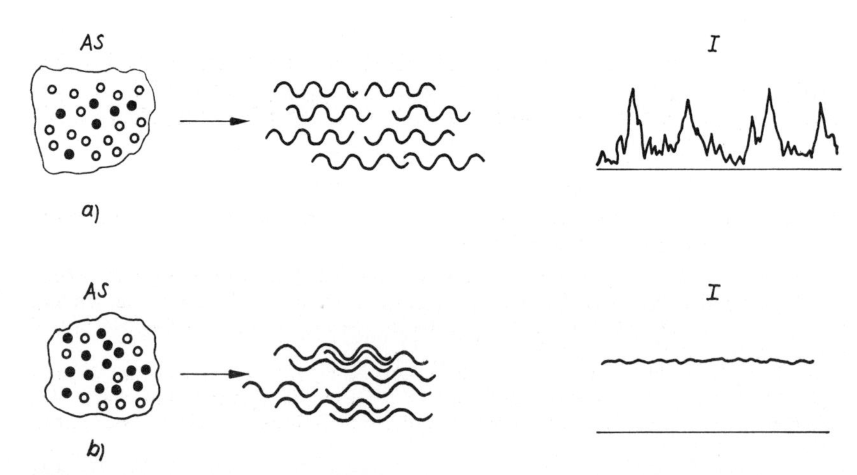

Bild 1.4. Intensität I des Strahlungsfeldes eines angeregten Atomsystems AS bei spontaner Emission (a) und stimulierter Emission (b).
〰 kennzeichnet die ausgesandten Wellenzüge

Wird die Strahlung weitgehend durch die spontane Emission bestimmt, so handelt es sich um eine *thermische* (konventionelle) *Lichtquelle*. Die Strahlung bezeichnen wir als thermisches oder auch natürliches Licht. Es entsteht als statistische (spontane) Emission untereinander unabhängiger, angeregter Atome.
Wird die Strahlung weitgehend durch die stimulierte Emission bestimmt, so handelt es sich um *Laserstrahlung*, sie entsteht als synchronisierte Ausstrahlung angeregter Systeme (s. Bild 1.4).

1.1.2.2. Konventionelle Lichtquellen

Die Lichtemission der üblichen Strahlungsquellen erfolgt durch *Elektronenübergänge* in Atomen, Molekülen und komplexen Medien, z.B. Festkörpern, oder durch *Rotations-Schwingungsübergänge* in komplizierten Molekülen (Kohlenwasserstoffe, Farbstoffe).
Der erfaßbare Spektralbereich reicht damit vom fernen Infrarot (FIR) bis weit in den ultravioletten Bereich (UV) und – über die Optik im engeren Sinne hinausgehend – bis in den Bereich der Röntgenstrahlen hinein (sehen wir hier von den γ-Schwingungen der Atomkerne ab).
Die *Anregung* der entsprechenden atomaren Dipole beruht auf Stößen, wobei die Stoßenergie durch chemische Prozesse (Verbrennungslampen) oder durch elektrische Energie (elektrische Lampen) gewonnen wird. Die Folge der thermischen Anregung ist die Besetzung der anregbaren Energieniveaus entsprechend einer BOLTZMANN-Verteilung:
Für die Anzahl N_i, N_j der Atome in den Zuständen mit den Energien E_i, E_j gilt:

$$N_i = N_j \mathrm{e}^{-\frac{E_i - E_j}{kT}} \tag{1.5}$$

wenn wir von einer Entartung der Zustände absehen. (Ist der k-te Zustand g_k-fach entartet, dann ist N_k zu ersetzen durch N_k/g_k.) Der angeregte Zustand $E_i > E_j$ ist somit stets schwächer besetzt als ein energetisch tiefer liegender Zustand, $N_i < N_j$.

Beispiel: Für einen Übergang im optischen Bereich mit $\lambda = 0{,}5\ \mu$m gilt:

$$E_i - E_j = h\nu_{ij} = 6{,}62 \cdot 10^{-34}\ \mathrm{J \cdot s} \cdot 6 \cdot 10^{14}\ \mathrm{s}^{-1} \approx 4 \cdot 10^{-19}\ \mathrm{J}$$

Thermische Anregung des oberen Niveaus i liefert bei einer Temperatur der Strahlungsquelle von $T = 3000$ K, $kT = 4{,}2 \cdot 10^{-20}$ J. Damit folgt $N_i/N_j = 7 \cdot 10^{-5}$.

Die Ausstrahlung als Übergang von einem angeregten Zustand E_i zu einem energetisch tieferen Zustand E_j erfolgt dann mit einer Wahrscheinlichkeit w_{sp} spontan unter Emission eines Photons der Energie $E_i - E_j = h\nu_{ij}$, entsprechend einer elektromagnetischen Welle der Frequenz ν_{ij} und einer durch Gl. (1.4) gegebenen Kohärenzlänge.
Das Gesamtstrahlungsfeld entsteht dann aus der Überlagerung der von den einzelnen Atomen kommenden, relativ kurzen Wellenzüge, wobei die Gesamtwahrscheinlichkeit durch $W_{\mathrm{sp}} = w_{\mathrm{sp}} N_i$ gegeben ist. Hinzu kommt der Anteil der induzierten Emission, der mit der Wahrscheinlichkeit

$$W_{\mathrm{ind}} = w_{\mathrm{ind}} N_i \tag{1.6}$$

vorkommt. Für die entsprechende *Absorptionswahrscheinlichkeit* gilt:

$$W_{\mathrm{ab}} = w_{\mathrm{ab}} N_j \tag{1.7}$$

so daß wegen $w_{ab} = w_{ind}$ und $N_i < N_j$ *bei thermischer Anregung* stets gilt:

$$W_{ind} < W_{ab} \tag{1.8}$$

Das Gesamtstrahlungsfeld wird im wesentlichen durch die spontane Emission bestimmt. Als Folge der statistischen Überlagerung der einzelnen Wellenzüge ergibt sich so eine Strahlung mit:

- kleiner Kohärenzlänge
- großen Amplitudenfluktuationen.

Strahlung mit dieser Eigenschaft nennen wir *thermisches* (oder auch chaotisches) *Licht*.
Neben der typischen Charakterisierung der Strahlung von konventionellen Lichtquellen durch spontane Emission sind vielfach in Lichtquellen verschiedene Atom- und Molekülsorten mit unterschiedlichen Niveausystemen vorhanden. Ebenso werden selbst bei einer Atomsorte eine Reihe Niveaus angeregt, so daß eine Vielzahl von Frequenzen ausgestrahlt wird.

Tabelle 1.3. Konventionelle Strahlungsquellen

Typ/Prinzip	Spezielle Lichtquellen	Kennzeichnung strahlendes Medium
Verbrennungslampen	Kerzen	Temperaturstrahler Kohlenwasserstoff
Chemische Energie von Brennstoffen wird in einem	HEFNER-Lampe	Temperaturstrahler Amylacetat
Brenner direkt in Licht umgewandelt	Acetylenlampe	Temperaturstrahler Acetylen
(Stoßanregung)	Ölgaslampe	Temperaturstrahler Mineralöl
	Petroleumlampe	Temperaturstrahler Petroleum
	Propangaslampe	Temperaturstrahler Propan
	Gasglühlicht	Temperaturstrahler Stadtgas
Elektrische Lampen	Glühlampe	Temperaturstrahler Metalle, Oxide
Elektrische Energie wird in Licht umgewandelt	Entladungslampe	
	Kohlebogenlampe	selektiver Strahler Luft
	Glimmlampe	selektiver Strahler Ne, He
	Edelgaslampe	selektiver Strahler Xe, Kr
	Metalldampflampe	selektiver Strahler Hg, Na
	Leuchtröhren	selektiver Strahler N, CO_2, Ne, He, Hg
	Leuchtstofflampe	selektiver Strahler Luminophore
	Verbundlampe	Temperatur- und selektive Strahlung (Verbindung zwischen Glüh- und Entladungslampe)

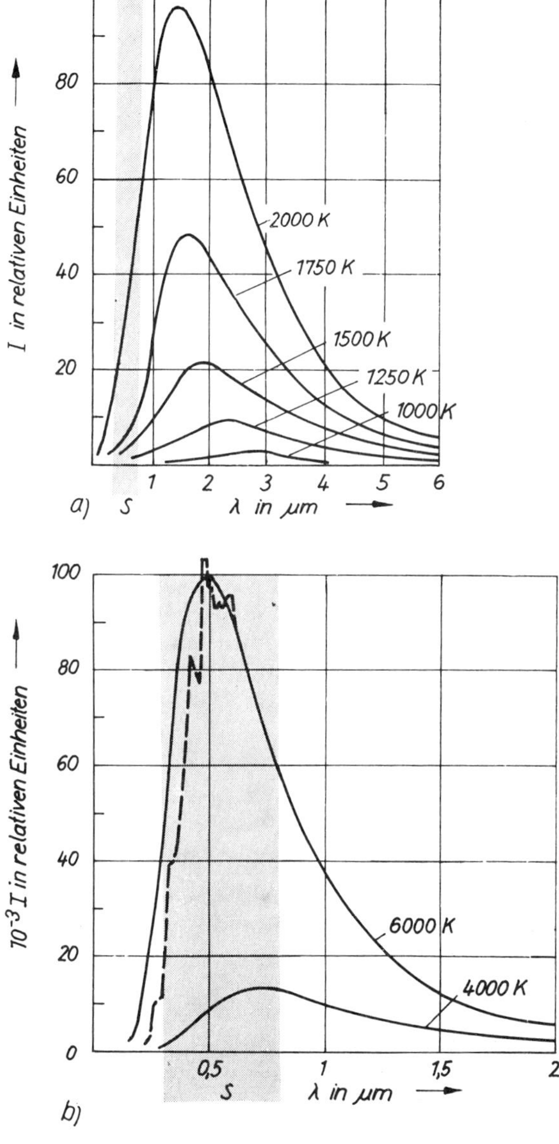

Bild 1.5. Spektrale Intensitätsverteilung (in relativen Einheiten) eines schwarzen Strahlers für verschiedene Temperaturen T.
a) Bereich bis 2000 K, b) 4000 K und 6000 K. --- Sonnenspektrum, S sichtbarer Spektralbereich

Konventionelle Strahlungsquellen (Tabelle 1.3) liefern im allgemeinen ein relativ breites Frequenzspektrum, das durch das strahlende Medium sowie die Art der Anregung [1.1] bestimmt wird.

Die Strahlungsquellen sind zu kennzeichnen:

- als *selektive Strahler:* angeregte Atome oder Moleküle, die elektrisch oder in Flammen angeregt werden und nur Strahlung einzelner Frequenzen emittieren (z. B. spezielle Gasentladungslampen)
- als *Temperaturstrahler:* durch Temperatur angeregte strahlungsfähige Systeme, die ein breites Frequenzspektrum ausstrahlen (z. B. Glühlampe). Die spektrale Energieverteilung hängt von der Temperatur und dem spektralen Emissionsvermögen ab.

Einen idealen Temperaturstrahler, der im bestrahlten Zustand alle auftreffende Strahlung absorbiert und auch vollständig wieder emittiert, nennen wir *schwarzen Strahler.*

Für diesen wird sowohl die emittierte Gesamtenergie als auch die spektrale Energieverteilung allein durch die Temperatur bestimmt (s. Bild 1.5).

1.1.2.3. Der Laser als neuartige Lichtquelle

Das *Prinzip des Lasers* besteht darin, eine Synchronisation der sonst statistisch (spontan) emittierenden atomaren Dipole zu erreichen. Das bedeutet, daß die Strahlungseigenschaften des Systems wesentlich durch die stimulierte Emission bestimmt werden müssen.
Um das zu erreichen, ist es notwendig, daß gilt:

$$W_{\text{ind}} > W_{\text{ab}} \tag{1.9}$$

Das ist nur möglich, wenn die Zahl der Atome im oberen Niveau des betrachteten Übergangs größer ist als die im unteren Niveau ($N_i > N_j$; *Besetzungsinversion*). Daraus folgt:

■ 1. Laserbedingung: Erzeugung einer Besetzungsinversion

Die Ausstrahlung erfolgt zum einen (wie bei den üblichen Strahlungsquellen) spontan und zum anderen durch stimulierte Emission, wobei jedoch diese (im Gegensatz zu den konventionellen Lichtquellen) die Absorption überwiegt, so daß eine *Verstärkung* des anfangs spontan erzeugten Strahlungsfeldes erfolgt. Das nach der stimulierten Emission bei Wechselwirkung mit vielen Atomen vorliegende Strahlungsfeld ist in Phase und Frequenz identisch mit der ankommenden Welle bei verstärkter Intensität. Um bei Verstärkung durch stimulierte Emission ein intensives Strahlungsfeld definierter Phase und Frequenz und damit großer Kohärenzlänge zu erhalten, ist es notwendig, daß exakt stets die gleiche Welle in Wechselwirkung mit dem invertierten Atomsystem dieses zur stimulierten Emission anregt.
Das wird erreicht durch die *Rückkopplung* der verstärkten Welle in einen Resonator, in dem nur bestimmte Eigenschwingungen möglich sind.
Als zusätzliche Bedingung ist damit zu beachten: *Rückkopplung in einem Resonator.*
Ist in einem resonanten System (so wie es aus der Elektronik bekannt ist) die Verstärkung der

Welle größer als die Verluste, so wird das System auf Grund der stets vorhandenen spontanen Emission (Rauschen) zur selbsterregten Oszillation angeregt. Es erfolgt der Übergang vom Laserverstärker zum Laseroszillator, kurz *Laser* genannt. Daraus folgt:

■ **2. Laserbedingung (Schwellenbedingung): Verstärkung > Verluste**

Die Strahlungserzeugung in einem Laser ist damit physikalisch im Photonenbild wie folgt zu kennzeichnen:
Ein spontan emittiertes Photon genau bestimmter Frequenz und Richtung entsprechend einer Eigenschwingung des Resonators durchläuft das invertierte Atomsystem und führt mit gewisser Wahrscheinlichkeit zur induzierten Emission, wobei diese Wahrscheinlichkeit um so größer ist, je häufiger das Photon das System der angeregten Atome durchläuft. Das gleiche gilt für das nach gewisser Zeit induziert emittierte Photon genau der gleichen Sorte (Eigenschwingung des Resonators). Beide Photonen werden rückgekoppelt, durchlaufen das Atomsystem und induzieren die Emission weiterer Photonen. Dieser Vorgang setzt sich – wegen der mit wachsender Intensität zunehmenden Emissionswahrscheinlichkeit (s. Abschn. 2.1.2.) – lawinenartig fort. Damit steigt die Intensität in der (oder den) Eigenschwingung(en) mit den geringsten Verlusten an und ergibt schließlich eine selbsterregte Oszillation, wenn der durch Verstärkung je Durchgang erzielte Energiegewinn die Verluste überkompensiert. Als Verlust für das Strahlungsfeld kommen im wesentlichen die teilweise Auskopplung an den Resonatorspiegeln sowie die Verluste durch Beugung und Streuung in Betracht.

Gegenüber den in 1.1.2.2. gekennzeichneten Lichtquellen zeichnet sich das auf diese Weise erzeugte Strahlungsfeld des Lasers prinzipiell aus durch:

- große Kohärenzlänge (bedingt durch die stimulierte Emission und den Resonator)
- hohe Amplitudenstabilität (bedingt durch die Sättigung beim Abbau der Besetzungsinversion)

▌ Licht als elektromagnetische Strahlung synchronisierter atomarer Dipole bezeichnen wir als Laserstrahlung.

Die Erzeugung einer Besetzungsinversion kann nun auf die verschiedenste Weise erfolgen und kennzeichnet die einzelnen Lasertypen (s. Abschn. 2.2. sowie Tabelle 1.4).
Als anzuregende *Medien*, in denen sich eine Besetzungsinversion erzielen läßt, eignen sich eine Vielzahl von Atomen und Molekülen in den verschiedensten Konfigurationen:

- Ionen von Übergangsmetallen (Cr^{3+}, Ni^{2+}, Co^{2+}), seltenen Erden (Nd^{3+}, Pr^{3+}, Ho^{3+}, Tm^{3+}, En^{3+}, Er^{3+}) und Aktiniden (U^{3+}) (eingebaut in die verschiedenartigen Wirtskristalle bilden diese die Grundlage für den *Festkörperlaser*)
- Atome, Ionen und Moleküle in gasförmigem Zustand (Ne, Ar^+, Cd^+, CO_2, CO, Hg, Xe, HF, H_2O, HCN u.a. → *Gaslaser*)
- komplizierte Farbstoffmoleküle (→ *Farbstofflaser*)
- Halbleiterkristalle mit pn-Übergängen (GaAs, PbSnTe bei entsprechender Dotierung mit Te, Zn, Cd → *Halbleiterlaser*)

Tabelle 1.4. Laserlichtquellen

Typ/Prinzip	Spezielle Laser	Aktives Medium
Festkörperlaser		
Erzeugung der Besetzungsinversion durch Einstrahlung elektromagnetischer Strahlung (optisches Pumpen) und damit Anregung spezieller Ionen in Kristallen und Gläsern	Rubinlaser Neodymlaser	Cr^{3+} Nd^{3+}
Gaslaser		
Erzeugung der Besetzungsinversion durch Stoßanregung von Atomen und Molekülen in einer Gasentladung	He-Ne-Laser Argonlaser CO_2-Laser He-Cd-Laser	Ne Ar^+ CO_2 Cd^+
Halbleiterlaser		
Erzeugung der Besetzungsinversion durch Stromdurchgang in einem pn-Übergang	GaAs-Laser InAs-Laser InP-Laser PbTe-Laser	Halbleiterkristalle, mit Zn, Te u.a. dotiert
Farbstofflaser		
Erzeugung der Besetzungsinversion durch optisches Pumpen von Farbstoffen	cw-Farbstofflaser Blitzlampen-Farbstofflaser Nanosekunden-Farbstofflaser	organische Farbstoffe

Entsprechend der Vielzahl der möglichen aktiven Medien und der damit gegebenen verschiedensten Niveauabstände stehen Laserlichtquellen im Spektralbereich zwischen 10^{-7} und 10^{-3} m zur Verfügung. Allerdings handelt es sich bei der Vielzahl der (bevorzugt Festkörper- und Gas-)Laser um Laser, deren Wellenlänge fixiert und nicht (bzw. nur in geringem Maße) durchstimmbar ist, so daß nicht der gesamte genannte Spektralbereich lückenlos zu erfassen ist. Das gilt nur für einen Bereich von 0,4 ... 32 µm, der mit Hilfe der *Farbstofflaser* (0,4 ... 1,2 µm) und einer Reihe von *Halbleiterlasern* (0,8 ... 32 µm) spektral kontinuierlich durchstimmbar zu erfassen ist (s. Abschn. 2.7. und 2.8.). Das ist für eine Reihe von Anwendungen, bevorzugt in der Spektroskopie (s. Abschn. 3.), von besonderer Bedeutung.
Darüber hinaus zeigen diese Einschränkungen auch die Probleme, die in der zukünftigen Laserforschung und -entwicklung, abgesehen von den vielfältigen Laseranwendungen, im Vordergrund stehen werden:

- Ausdehnung des Laserprinzips zu kürzeren Wellenlängen hin, evtl. bis in den Röntgenbereich
- Vergrößerung der Abstimmbereiche der verschiedenen Lasertypen

1.2. Eigenschaften elektromagnetischer Strahlung

1.2.1. Einführung

Die Eigenschaften der Strahlung werden charakterisiert durch [1.2]:

- Amplituden der elektromagnetischen Feldvektoren (**E** elektrischer Feldvektor, **H** magnetischer Feldvektor)
- Frequenz der Strahlung (ω Kreisfrequenz)
- Ausbreitungsrichtung der Wellen (**k** Wellenzahlvektor)
- Polarisation der Feldvektoren (Stellung der Vektoren im Raum)
- Intensität der Strahlung (I)*)

Der Zusammenhang dieser Größen wird durch die MAXWELL*schen Gleichungen* in klassischer oder in weiterentwickelter Form unter Einbeziehung der Quantennatur der Strahlung beschrieben.
MAXWELL*sche Gleichungen (klassische Formulierung) für ein raumladungsfreies Medium* ($\varrho = 0$):

$$\operatorname{rot} \boldsymbol{H} = \dot{\boldsymbol{D}} + \boldsymbol{J}$$

$$\operatorname{rot} \boldsymbol{E} = -\dot{\boldsymbol{B}} \qquad \text{Feldgleichungen} \qquad (1.10)$$

$$\operatorname{div} \boldsymbol{D} = \varrho = 0$$

$$\operatorname{div} \boldsymbol{B} = 0$$

H magnetische Feldstärke (magnetischer Feldvektor, Einheit A/m)
E elektrische Feldstärke (elektrischer Feldvektor, Einheit V/m)
B magnetische Flußdichte (magnetischer Induktionsvektor, Einheit $T = V \cdot s/m^2$)
D elektrische Flußdichte (dielektrischer Verschiebungsvektor, Einheit $C/m^2 = A \cdot s/m^2$)
J elektrische Stromdichte (Einheit A/m^2)

Zu den *Feldgleichungen* treten ergänzend die *Materialgleichungen*, die die magnetischen und elektrischen Eigenschaften des Mediums charakterisieren.

Magnetische Eigenschaften:

$$\boldsymbol{B} = \mu_r \mu_0 \boldsymbol{H} \qquad (1.11)$$

$\mu_0 = 4\pi \cdot 10^{-7}$ H/m (magnetische Feldkonstante)

In der Optik gilt im allgemeinen für die Permeabilitätszahl: $\mu_r = 1$ (nicht ferromagnetische Materialien).

---

*) Gemeint ist eigentlich der Mittelwert vom Betrag des POYNTINGschen Vektors, eine *Energieflußdichte*. In diesem Wissensspeicher wird in Angleichung an den internationalen Sprachgebrauch von der *Intensität* gesprochen.

Elektrische Eigenschaften:

$$\boldsymbol{J} = \gamma \boldsymbol{E} \tag{1.12}$$

γ elektrische Leitfähigkeit (Einheit S/m)
$\gamma = 0$ nicht absorbierende Medien
$\gamma \neq 0$ absorbierende Medien
Über den Zusammenhang mit den verschiedenen Absorptionskoeffizienten s. Abschn. 1.2.2.

$$\boldsymbol{D} = \varepsilon_0 \boldsymbol{E} + \boldsymbol{P} \tag{1.13}$$

$\varepsilon_0 = 8{,}854 \cdot 10^{-12}$ F/m elektrische Feldkonstante
$\boldsymbol{P}$ elektrische Polarisation (Polarisierungsvektor, Einheit C/m²)
c Vakuumlichtgeschwindigkeit, $c = (2{,}99792458 \cdot 10^8 \pm 1{,}2)$ m/s (derzeit bekannter Wert)

Für den Zusammenhang der Polarisation mit der elektrischen Feldstärke gilt je nach Medium:
Isotropes optisch lineares Medium (klassische Optik):

$$\boldsymbol{P} = \varepsilon_0 (\varepsilon_r - 1) \boldsymbol{E} = \varepsilon_0 \chi \boldsymbol{E} \tag{1.14}$$

ε_r relative Dielektrizitätskonstante (Dielektrizitätszahl)
χ Suszeptibilität (skalare Größe)

Anisotropes optisch lineares Medium (klassische Kristalloptik):

$$\boldsymbol{P} = \varepsilon_0 \chi^{(1)} \boldsymbol{E} \tag{1.15}$$

$\chi^{(1)}$ Suszeptibilität, Tensor 2. Stufe (d.h., im allgemeinen haben $\boldsymbol{P}$ und $\boldsymbol{E}$ nicht mehr die gleiche Richtung)

Anisotropes optisch nichtlineares Medium (nichtlineare Optik):

$$\boldsymbol{P} = \varepsilon_0 f(\boldsymbol{E}) \tag{1.16}$$

Hierin ist $f(\boldsymbol{E})$ eine nichtlineare Funktion in $\boldsymbol{E}$

Im Falle der klassischen Optik können die Vektoren $\boldsymbol{E}$ bzw. $\boldsymbol{H}$ mit dem Ansatz

$$\begin{aligned} \boldsymbol{E} &= \boldsymbol{E}_0 (x, y, z)\, \mathrm{e}^{-\mathrm{i}\omega t} \\ \boldsymbol{H} &= \boldsymbol{H}_0 (x, y, z)\, \mathrm{e}^{-\mathrm{i}\omega t} \end{aligned} \tag{1.17}$$

aus der *zeitunabhängigen Wellengleichung* bestimmt werden:

$$\Delta\psi + \frac{\omega^2}{v^2} \psi = 0 \tag{1.18}$$

wobei ψ für jede Komponente von $\boldsymbol{E}_0$ bzw. $\boldsymbol{H}_0$ steht mit:

$$\Delta\psi = \frac{\partial^2\psi}{\partial x^2} + \frac{\partial^2\psi}{\partial y^2} + \frac{\partial^2\psi}{\partial z^2} \tag{1.19}$$

(LAPLACE-Operator auf ψ angewendet)

$\omega = 2\pi\nu$ Kreisfrequenz der Welle
ν Frequenz des Lichtes
$v = c/\sqrt{\hat{\varepsilon}}$ Phasengeschwindigkeit

$$\hat{\varepsilon} = \varepsilon_r + i\,\frac{4\pi\gamma c^2}{\omega} \cdot 10^{-7} \tag{1.20}$$

Im Falle eines absorbierenden Mediums ist $\hat{\varepsilon}$ eine komplexe Größe.

Der Zusammenhang zwischen der reellen *Brechzahl* n eines Mediums, seinem *Absorptionsindex* $\varkappa$ und den Größen ε_r und γ wird gegeben durch:

$$\hat{n}^2 = \hat{\varepsilon} = n^2\,(1 + i\varkappa)^2 \tag{1.21}$$

$$n^2\,(1 - \varkappa^2) = \varepsilon_r \tag{1.22}$$

$$n^2\varkappa = \frac{2\pi c^2}{\omega} \cdot 10^{-7}\gamma \tag{1.23}$$

Die Ausbreitungsrichtung $\boldsymbol{s}$ (Einheitsvektor) der elektromagnetischen Welle ist in der Regel durch das zu lösende Problem gegeben.
Die Vektoren $\boldsymbol{E}$ und $\boldsymbol{H}$ stehen i. allg. (unbegrenzter freier Raum) aufeinander und auf der Ausbreitungsrichtung senkrecht.
Wellenzahlvektor $\boldsymbol{k}$ (Einheit 1/m):

$$\boldsymbol{k} = \frac{\omega}{v}\,\boldsymbol{s} = \frac{2\pi}{\lambda}\,\boldsymbol{s} \quad \text{mit} \quad \lambda\nu = v \quad \text{bzw.} \quad \lambda\nu = c/n \tag{1.24}$$

Intensität (Energietransport) I (Einheit W/m²)

$$I = \frac{1}{T}\left|\int_0^T (\boldsymbol{E} \times \boldsymbol{H})\,\mathrm{d}t\right| \tag{1.25}$$

T Beobachtungszeit (in der Regel $T \gg 1/\gamma$)

1.2.2. Kenngrößen optischer Medien

Die optischen Medien werden durch die *Brechzahl* n gekennzeichnet, die für isotrope Medien unabhängig von ausgewählten Richtungen ist. Sie ist abhängig von der Frequenz ν des Lichtes beziehungsweise von der Wellenlänge (Tabelle 1.5). Bei schwacher Abhängigkeit kann die Brechzahl oft mit genügender Genauigkeit (etwa 0,5%) gemäß $n = 1 + A\,[1 + (B/\lambda^2)]$ interpoliert werden. Sie ist bei allen Materialien abhängig von der Temperatur.
Bei *gasförmigen Medien* ist zu beachten, daß n von der Dichte ϱ abhängt. In erster Näherung ($n - 1 \ll 1$) gilt:

$$n - 1 = (n_0 - 1)\,\frac{\varrho}{3\varrho_0}\left[1 - \frac{2}{3}\,(n_0 - 1)\left(1 - \frac{\varrho}{\varrho_0}\right)\right] \tag{1.26}$$

n_0 Brechzahl bei der Dichte ϱ_0

Tabelle 1.5. Brechzahlen ausgewählter optisch isotroper Materialien

Material	Brechzahl	Wellenlänge µm
Optisches Glas	1,45 ... 1,93	0,546
Natriumchlorid	1,544	0,589
	1,495	10,010
Kaliumbromid	1,560	0,589
	1,524	11,040
Calciumfluorid	1,429	1,010
	1,316	9,430
KRS 5	2,625	0,579
	2,371	9,72
	2,268	33,0
Galliumarsenid	3,34	8,0
	2,41	19,0
Synthetisches	1,544	0,589
Quarzglas	1,167	7,0
Saphir	1,769	0,580
	1,586	5,577
Silicium	3,496	1,367
	3,418	10,0
Germanium	4,037	3,3
	4,003	10,6

Der *lineare Absorptionskoeffizient* α beschreibt die Schwächung der Intensität des Lichtes beim Durchgang durch das Medium der Dicke L gemäß:

$$I = I_0 \, e^{-\alpha L} \tag{1.27}$$

Je nach dem Anwendungszweck ist zwischen folgenden Größen der Absorption zu unterscheiden:

α linearer Absorptionskoeffizient (Einheit 1/m)
$\varkappa$ Absorptionsindex
$n\varkappa$ imaginärer Teil der komplexen Brechzahl ($n\varkappa = \lambda_0 \alpha / 4\pi$)

Der *Transmissionsgrad* (τ) gibt an, wieviel Prozent des einfallenden Lichtes nach Durchgang durch ein Medium der Dicke L noch vorhanden sind, wobei die Verluste durch Reflexion in τ enthalten sind.

Der *Reintransmissionsgrad* (t) enthält die Reflexionsverluste von τ nicht mehr. Für ein Medium mit der Brechzahl n gilt bei senkrechtem Lichteinfall (übliche Anordnung zur Messung von τ) unter Berücksichtigung mehrfacher Reflexionen:

$$\tau = \frac{(1-r)^2 \, t}{1 - r^2 t^2} \quad \text{mit} \quad r = \left(\frac{1-n}{1+n}\right)^2 \tag{1.28}$$

Für

$$\alpha L \ll \frac{1}{2}\left(\frac{n+1}{n-1}\right)^4 \quad \text{wird} \quad t = \tau \, \frac{1+n^2}{2n}$$

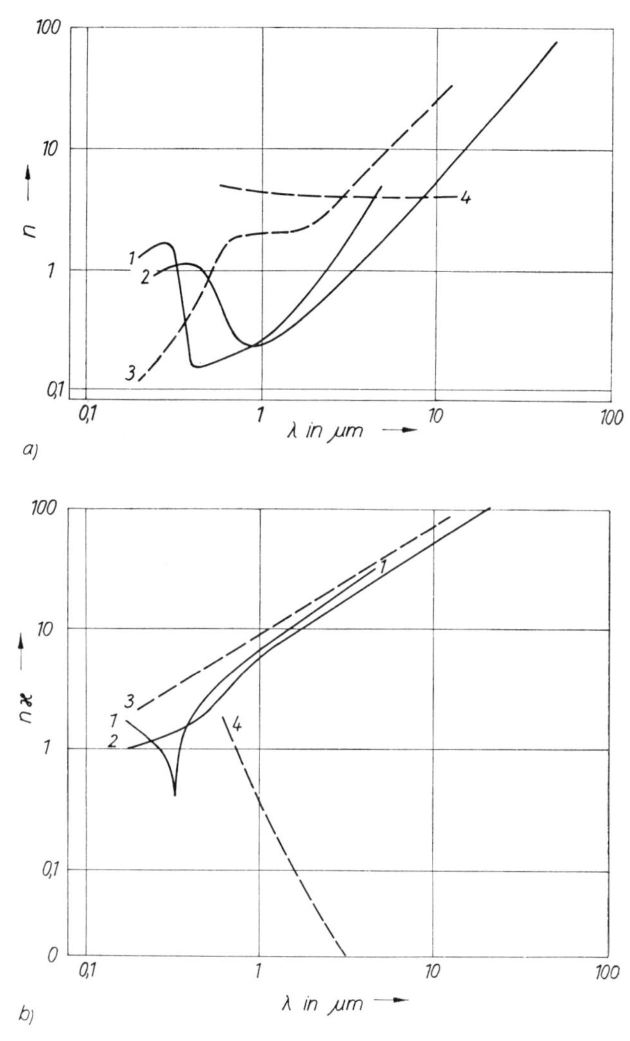

Bild 1.6. Brechzahlen (a) und Absorptionskoeffizienten (b) ausgewählter Materialien, nach [1.3] ..., [1.7].
1 Silber, *2* Gold, *3* Aluminium, *4* Germanium

Für $\tau \ll 8 \left(\frac{n}{n^2 - 1}\right)^2$ wird $t = \tau \frac{(n + 1)^4}{16n^2}$

Ferner gilt allgemein: $\alpha = \frac{1}{L} \ln \frac{100}{t}$

Dekadische Extinktion: $E = \lg \dfrac{100}{t}$

Dekadischer Extinktionsmodul: $m = \dfrac{1}{L} \lg \dfrac{100}{t}$ (Einheit 1/m)

Ebenso wie die Brechzahlen n sind auch die Absorptionskoeffizienten (Bild 1.6) von der Wellenlänge abhängig. Oftmals ist auch ihre *Temperaturabhängigkeit* von Bedeutung.

1.2.3. Ebene elektromagnetische Wellen

Eine ebene elektromagnetische Welle, die sich in Richtung $\boldsymbol{s}$ ausbreitet, wird beschrieben durch den elektrischen Feldvektor:

$$\boldsymbol{E} = \boldsymbol{a} \exp\left[\mathrm{j}\left(-\omega t + \boldsymbol{rk} + \delta\right)\right] \tag{1.29}$$

$\boldsymbol{r}$ Radiusvektor zum Aufpunkt der Welle
(In einem rechtwinkligen Koordinatensystem sind seine Komponenten identisch mit den x,y,z-Koordinaten des Aufpunktes.)
$\boldsymbol{a}$ reeller, zeitlich konstanter Amplitudenvektor

In einer Ebene, die senkrecht auf der Ausbreitungsrichtung steht, hat der Feldvektor zu einem Zeitpunkt t überall den gleichen Wert. Diese Ebenen werden *Phasenebenen* genannt. Sie bewegen sich in Ausbreitungsrichtung mit der Geschwindigkeit c/n vorwärts *(Phasengeschwindigkeit)*.

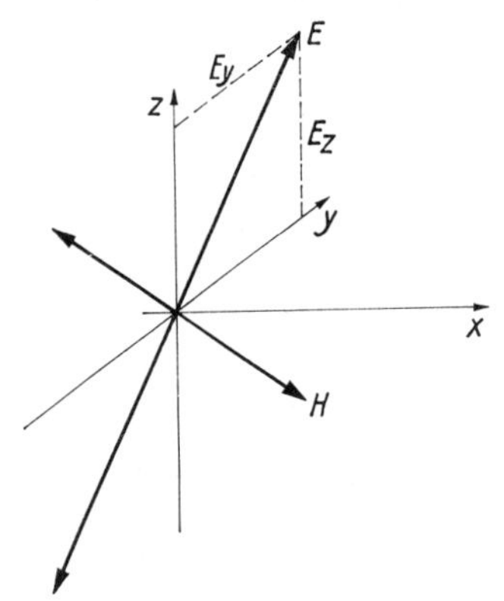

Bild 1.7. Linear polarisiertes Licht. Ausbreitungsrichtung: positive x-Achse, Polarisationsebene: Ebene, in der $\boldsymbol{H}$ (magnetischer Vektor) schwingt, Schwingungsebene: Ebene, in der $\boldsymbol{E}$ (elektrischer Vektor) schwingt. Das Bild zeigt die Spur dieser Ebenen in der y,z-Ebene.

Das Argument $-\omega t + \boldsymbol{rk} + \delta$ wird *Phase* der Schwingung genannt mit der *Phasenkonstanten* δ.
Lage des Vektors $\boldsymbol{E}$ *im Raum (Polarisationszustand des Lichtes)*, (Bild 1.7):
Es sei

$E_x = 0$ (x-Achse ist Ausbreitungsrichtung)

$$\begin{aligned} E_y &= a_y\, \mathrm{e}^{-\mathrm{i}\omega t}\, \mathrm{e}^{\mathrm{i}(rk + \delta_y)} \\ E_z &= a_z\, \mathrm{e}^{-\mathrm{i}\omega t}\, \mathrm{e}^{\mathrm{i}(rk + \delta_z)} \end{aligned} \tag{1.30}$$

In der y,z-Ebene beschreibt die Spitze des $\boldsymbol{E}$-Vektors eine Ellipse:

$$\frac{E_y}{E_z} = \frac{a_y}{a_z} \exp\left[\mathrm{i}\,(\delta_y - \delta_z)\right] \tag{1.31}$$

- Ist $\delta_y - \delta_z = m\pi$ mit $m = 0, \pm 1, \pm 2, \ldots$, dann liegt *linear polarisiertes Licht* vor.

Die Ebene, in der $\boldsymbol{E}$ schwingt (Schwingungsebene), ist zeitlich konstant und gegen die x,y-Ebene um den Winkel $\varphi = \arctan\,(a_z/a_y)$ geneigt.

- Ist $\delta_y - \delta_z = (2m + 1)\,\pi/2$ mit $m = 0, \pm 1, \pm 2, \ldots$ und $a_y = a_z$, dann liegt *zirkular polarisiertes Licht* vor.

Der absolute Betrag des $\boldsymbol{E}$-Vektors $[\mathrm{Re}\,(E_y)^2 + \mathrm{Re}\,(E_z)^2 = a_y^2]$ bleibt zeitlich konstant, seine Richtung bildet aber mit der positiven x,y-Halbebene den zeitlich veränderlichen Winkel:

$$\varphi = (-1)^m\,(\omega t - \boldsymbol{rk} - \delta_z)$$

m gerade: linksdrehendes zirkular polarisiertes Licht
m ungerade: rechtsdrehendes zirkular polarisiertes Licht

Werden *zwei* ebene, linear polarisierte Wellen gleicher Ausbreitungsrichtung, aber verschiedener Lage der Schwingungsebene überlagert, erhält man *eine* ebene, linear polarisierte Welle mit einer neuen Lage φ der Schwingungsebene:

$$\tan\varphi = \frac{a_{12} + a_{22}}{a_{11} + a_{21}} \tag{1.32}$$

Hierbei beziehen sich a_{11} und a_{12} auf die y- bzw. z-Komponente von $\boldsymbol{E}$ der ersten Welle (Ausbreitung der Wellen in x-Richtung). Analog beziehen sich a_{21} und a_{22} auf die zweite Welle.

Damit wird:

$$\begin{aligned} E_x &= 0 \\ E_y &= (a_{11} + a_{21}) \exp\left[\mathrm{i}\,(\delta_1 + \delta - \delta_3 - \omega t + \boldsymbol{rk})\right] \\ E_z &= (a_{12} + a_{22}) \exp\left[\mathrm{i}\,(\delta_1 + m\pi + \delta - \delta_3 - \omega t + \boldsymbol{rk})\right] \end{aligned} \tag{1.33}$$

Dies entspricht einer *Vektoraddition* der entsprechenden Feldstärken $\boldsymbol{E}_1$ und $\boldsymbol{E}_2$.
In gleicher Weise kann *eine* linear polarisierte Welle auch in Komponenten in frei gewählte Richtungen, die in einer Ebene senkrecht zur Ausbreitungsrichtung liegen, zerlegt werden.

1.2.4. Optische Aktivität (FARADAY-Effekt)

Manche Materialien (kristalliner Quarz, Zucker u.ä.) sind in der Lage, die Schwingungsebene eingestrahlten linear polarisierten Lichtes zu drehen *(optische Aktivität)*.
Eine Reihe Substanzen erhalten diese Eigenschaft unter dem Einfluß eines magneti-

schen Feldes (FARADAY-Effekt). Die Größe der Drehung φ ist gegeben durch:

$$\varphi = V\,|\boldsymbol{B}|\,L \tag{1.34}$$

V VERDET-Konstante [Einheit °/(m · T)]
$\boldsymbol{B}$ magnetische Flußdichte (Induktion, Einheit T)
L Länge der Substanz
Für Flintglas gilt $V = 7610$ °/(m · T).

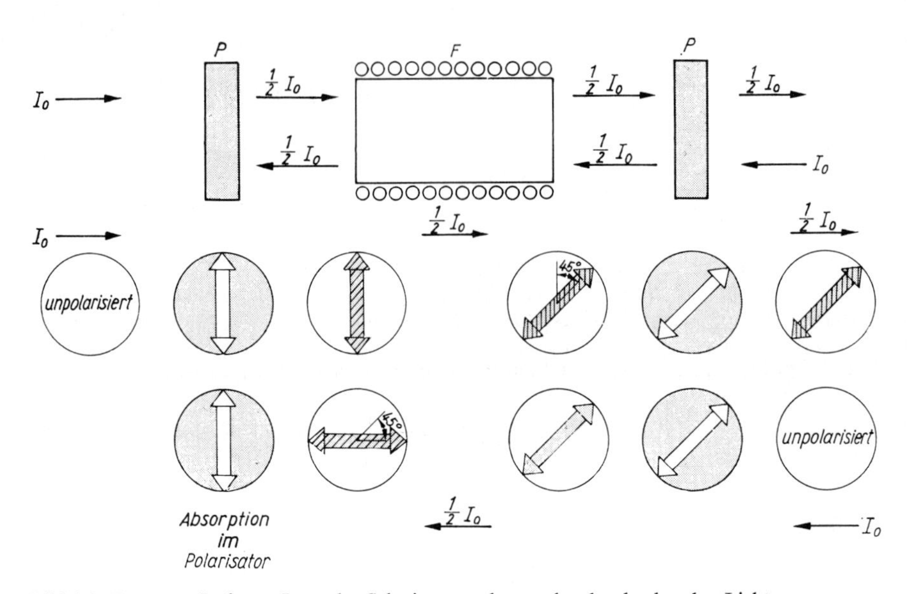

Bild 1.8. FARADAY-Isolator. Lage der Schwingungsebenen des durchgehenden Lichtes (schattierte Pfeile) in Abhängigkeit von der Richtung des eingestrahlten Lichtes.
P Polarisatoren (Schwingungsebene ist durch weiße Pfeile angegeben), F FARADAY-Rotator mit Magnetfeldwicklung

Wird vor eine solche Substanz mit einer Länge L, die eine Drehung um 45° bewirkt, ein *Polarisator* gestellt, hinter die Substanz ein um 45° gedrehter Polarisator, so geht Licht, das von links kommt, durch diese Anordnung hindurch (Bild 1.8). Licht, das von rechts her kommt, wird hingegen nicht durchgelassen. Diese Anordnung dient als *optischer Isolator*.

1.2.5. GAUSS-Bündel

Eine besondere Bedeutung kommt neben den ebenen Wellen den GAUSS-Bündeln zu, da diese bevorzugt von Lasergeneratoren abgestrahlt werden. Sie unterscheiden sich insbesondere von den ebenen Wellen durch ihre Amplitudenabhängigkeit senkrecht zur Ausbreitungsrichtung.

Unter den GAUSS-Bündeln tritt bevorzugt der Typ mit *Zylindersymmetrie* auf (Bild 1.9).
Der Strahl breitet sich in z-Richtung aus, ausgehend von seiner engsten Stelle bei $z = 0$ (Ort der *Strahltaille*).

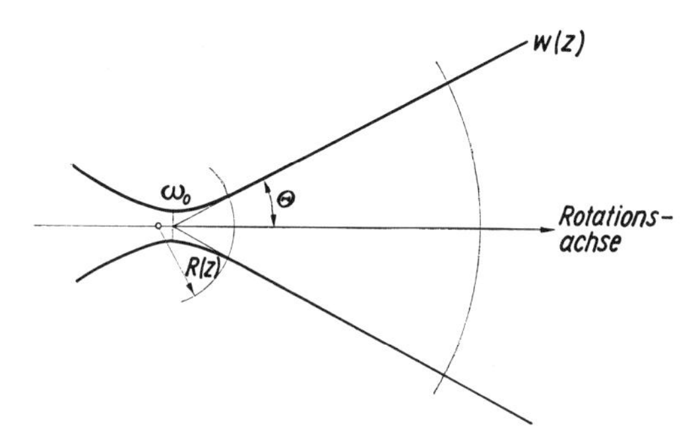

Bild 1.9. Querschnitt durch ein GAUSS-Bündel TEM_{00}.
z Rotationsachse, w_0 Radius der Taille, $R(z)$ Radius der Wellenfront am Ort z, Θ halber Fernfelddivergenzwinkel, $w(z)$ Radius des Strahles am Ort z

Die Amplitude ψ (elektrische Feldstärke) des Strahles hat die Form:

$$\psi = \left(\sqrt{2}\,\frac{r}{w}\right)^l L_p^l\left(2\,\frac{r^2}{w^2}\right) \exp\left\{-\,\mathrm{i}\left[P(z) + \frac{kr^2}{2q\,(z)} + l\Phi\,(z)\right]\right\} \tag{1.35}$$

p radiale Modennummer (ganze Zahl)
l azimutale Modennummer (ganze Zahl)
L_p^l allgemeines LAGUERRE-Polynom

$$\mathrm{i}P = \ln\sqrt{1 + \left(\frac{\lambda z}{\pi w_0^2}\right)^2} - \mathrm{i}\arctan\frac{\lambda z}{\pi w_0^2} \tag{1.36}$$

$$k = 2\pi/\lambda \tag{1.37}$$

$$q(z) = \mathrm{i}\,\frac{\pi w_0^2}{\lambda} + z \quad \text{bzw.} \quad \frac{1}{q(z)} = \frac{1}{R(z)} - \mathrm{i}\,\frac{\lambda}{\pi w^2\,(z)} \tag{1.38}$$

$$\Phi(z) = (2p + l + 1)\arctan\frac{\lambda z}{\pi w_0^2} \tag{1.39}$$

$$w^2(z) = w_0^2\left[1 + \left(\frac{\lambda z}{\pi w_0^2}\right)^2\right] \tag{1.40}$$

$$R(z) = z\left[1 + \left(\frac{\pi w_0^2}{\lambda z}\right)^2\right] \tag{1.41}$$

w_0 Radius der Strahltaille

Der Wert $b = kw_0^2$ wird als Konfokalparameter bezeichnet.

Die Intensität ergibt sich proportional zu $\psi\psi^*$.
Für den Fall $p = 0$ und $l = 0$, dem einfachsten GAUSS-Bündel (TEM_{00}-Mode, *Grundmode*), wird:

$$\psi = \frac{w_0}{w(z)} \exp\left(-\frac{r^2}{w^2(z)}\right) \exp\left\{-\mathrm{i}\left[kz - \Phi(z) + \frac{r^2 k}{2R(z)}\right]\right\} \qquad (1.42)$$

mit

$$\Phi(z) = \arctan \frac{\lambda z}{\pi w_0^2}$$

Die Phasenfront der Welle ist angenähert (insbesondere in der Nähe der z-Achse) einer Kugelfläche mit dem Radius R.

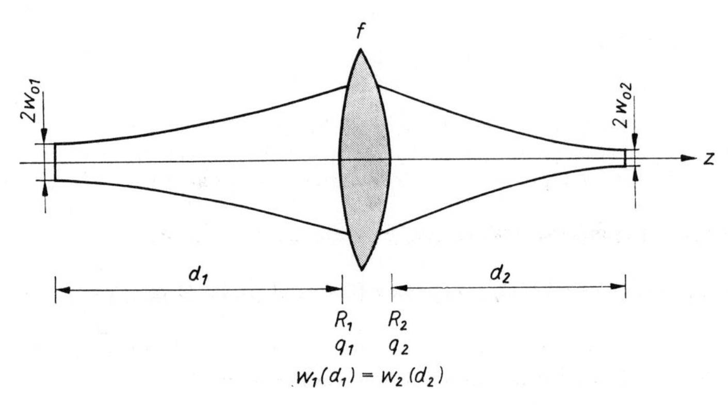

Bild 1.10. Abbildung der Strahltaille eines GAUSS-Bündels

Der halbe *Divergenzwinkel* (Abfall der Intensität auf $1/e^2$ gegenüber dem Wert 1 auf der Achse) beträgt:

$$\Theta = \frac{\lambda}{\pi w_0} \qquad (1.43)$$

Transformation eines allgemeinen zylindersymmetrischen GAUSS-*Bündels beim Durchgang durch eine dünne Linse* (Bild 1.10) *der Brennweite f:*
Werden alle Werte unmittelbar links bzw. rechts von der Linse gemessen, so gilt:

$$\frac{1}{R_2} = \frac{1}{R_1} - \frac{1}{f} \qquad (1.44)$$

$$\frac{1}{q_2} = \frac{1}{q_1} - \frac{1}{f} \qquad (1.45)$$

$R > 0$ konvexe Wellenfront
$R < 0$ konkave Wellenfront
(von $z = \infty$ her betrachtet)

! Diese Beziehungen gelten nur, wenn der Durchmesser D der Linse wenigstens 1,7mal größer ist als der Durchmesser $2w$ unmittelbar links von der Linse. Ist dies nicht der Fall, treten *beugungsbedingte Abweichungen* auf.

Trotz der Ähnlichkeiten obiger Beziehungen mit der *Abbildungsgleichung* der geometrischen Optik besteht keine Übereinstimmung mit dieser, wenn man etwa die *Strahltaillen* aufeinander abgebildet annimmt:

GAUSS-*Bündel* — *Geometrische Optik*

$$d_2 - f = \frac{(d_1 - f)f^2}{(d_1 - f)^2 + \left(\frac{\pi w_{01}^2}{\lambda}\right)^2} \qquad d_2 - f = \frac{(d_1 - f)f^2}{(d_1 - f)^2} \tag{1.46}$$

$$w_{02} = w_{01} \frac{f}{\sqrt{(d_1 - f)^2 + \left(\frac{\pi w_{01}^2}{\lambda}\right)^2}} \qquad w_{02} = w_{01} \frac{f}{d_1 - f} \tag{1.47}$$

Diese Beziehungen gehen erst für

$$d_1 - f \gg \frac{\pi w_{01}^2}{\lambda}$$

ineinander über.

1.2.6. Reflexion und Brechung des Lichtes

In dielektrischen, absorptionsfreien, homogenen und isotropen Medien

Die einfallende, linear polarisierte Welle (ebene Welle) breitet sich im Medium 1 (Brechzahl n_1) unter dem Winkel φ gegen die x-Achse aus (Bild 1.11).

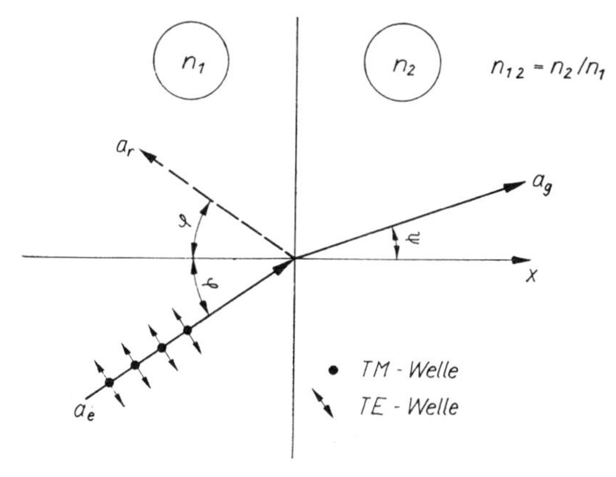

Bild 1.11. Reflexion und Brechung ebener Wellen an einer Grenzfläche. Die Polarisationsebene (magnetischer Vektor) ist durch ● für die TM-Welle (Vektor schwingt senkrecht zur Bildebene) und durch ↕ für die TE-Welle (Vektor schwingt in der Bildebene) gekennzeichnet.

Folgende Orientierungen sind zu unterscheiden:

- p-Welle (TM-Welle) Der magnetische Vektor schwingt in einer Ebene, die auf der Einfallsebene *senkrecht* steht (transversale magnetische Welle). Der elektrische Vektor schwingt parallel zur Einfallsebene.
- s-Welle (TE-Welle) Der elektrische Vektor schwingt in einer Ebene, die auf der Einfallsebene *senkrecht* steht (transversale elektrische Welle).

Die *Einfallsebene* ist durch den einfallenden Strahl und die Normale (x-Richtung) zur Grenzfläche gegeben. In jedem Fall gilt das *Brechungsgesetz*:

$$n_1 \sin \varphi = n_2 \sin \psi \tag{1.48}$$

Ergibt sich hieraus kein reeller Winkel ψ, dann liegt *Totalreflexion* vor. Der Bruch n_2/n_1 wird oft mit n_{12} bezeichnet *(relative Brechzahl)*.
Die Feldvektoren werden dargestellt durch $a \exp(\mathrm{i}\delta)$.

Allgemeiner Fall $\varphi \neq 0$

	Einfallende Welle	Reflektierte Welle	Transmittierte Welle
		TM-Welle (p-Welle)	
Amplitude a	a_0	$a_r = a_0 \dfrac{\tan(\varphi - \psi)}{\tan(\varphi + \psi)}$	$a_t = a_0 \dfrac{2 \sin \psi \cos \varphi}{\sin(\varphi + \psi) \cos(\varphi - \psi)}$
Phase δ	0	π für $a_r > 0$ 0 für $a_r < 0$	0
Intensität I	$a_0^2 = I_0$	$a_r^2 = I_r$	$a_t^2 = a_0^2 - a_r^2 = I_t$
		TE-Welle (s-Welle)	
Amplitude a	a_0	$a_r = a_0 \dfrac{\sin(\psi - \varphi)}{\sin(\psi + \varphi)}$	$a_t = a_0 \dfrac{2 \sin \psi \cos \varphi}{\sin(\varphi + \psi)}$
Phase δ	0	π für $a_r < 0$ 0 für $a_r > 0$	0
Intensität I	$a_0^2 = I_0$	$a_r^2 = I_r$	$a_t^2 = I_t$

Reflexionskoeffizient $R = I_r/I_0$ (1.49)

Transmissionskoeffizient $T = I_t/I_0$ (1.50)

Energiesatz $R + T = 1$ (1.51)

Senkrechter Einfall $\varphi = 0$

Der Unterschied zwischen der TM- und der TE-Welle verschwindet.

	Einfallende Welle	Reflektierte Welle	Transmittierte Welle
Amplitude a	a_0	$a_r = a_0 \dfrac{n_2 - n_1}{n_2 + n_1}$	$a_t = a_0 \dfrac{2n_1}{n_1 + n_2}$
Phase δ	0	π für $n_2 > n_1$ 0 für $n_2 < n_1$	0
Intensität I	$I_0 = a_0^2$	$a_r^2 = I_r$	$a_t^2 = I_t$

Reflexion unter dem Brewster-Winkel $\varphi = \arctan (n_2/n_1)$

Reflektierter Strahl und gebrochener Strahl stehen senkrecht aufeinander.

	Einfallende Welle	Reflektierte Welle	Transmittierte Welle
		TM-Welle (p-Welle)	
Amplitude a	a_0	0	a_0
Phase δ	0	0	0
Intensität I	$I_0 = a_0^2$	0	$I_t = I_0$
		TE-Welle (s-Welle) siehe $\varphi \neq 0$	

Totalreflexion $\sin \psi > (n_1/n_2) \sin \varphi$

	Einfallende Welle	Reflektierte Welle	Transmittierte Welle
		TM-Welle (p-Welle)	
Amplitude a	a_0	a_0	0
Phase δ	0	$\tan \dfrac{\delta}{2} = \dfrac{\sqrt{n_1^4 \sin^2 \varphi - n_1^2 n_2^2}}{n_2^2 \cos \varphi}$	0
Intensität I	$I_0 = a_0^2$	I_0	0
		TE-Welle (s-Welle)	
Amplitude a	a_0	a_0	0
Phase δ	0	$\tan \dfrac{\delta}{2} = \dfrac{\sqrt{n_1^4 \sin^2 \varphi - n_1^2 n_2^2}}{n_1^2 \cos \varphi}$	0
Intensität I	$I_0 = a_0^2$	I_0	0

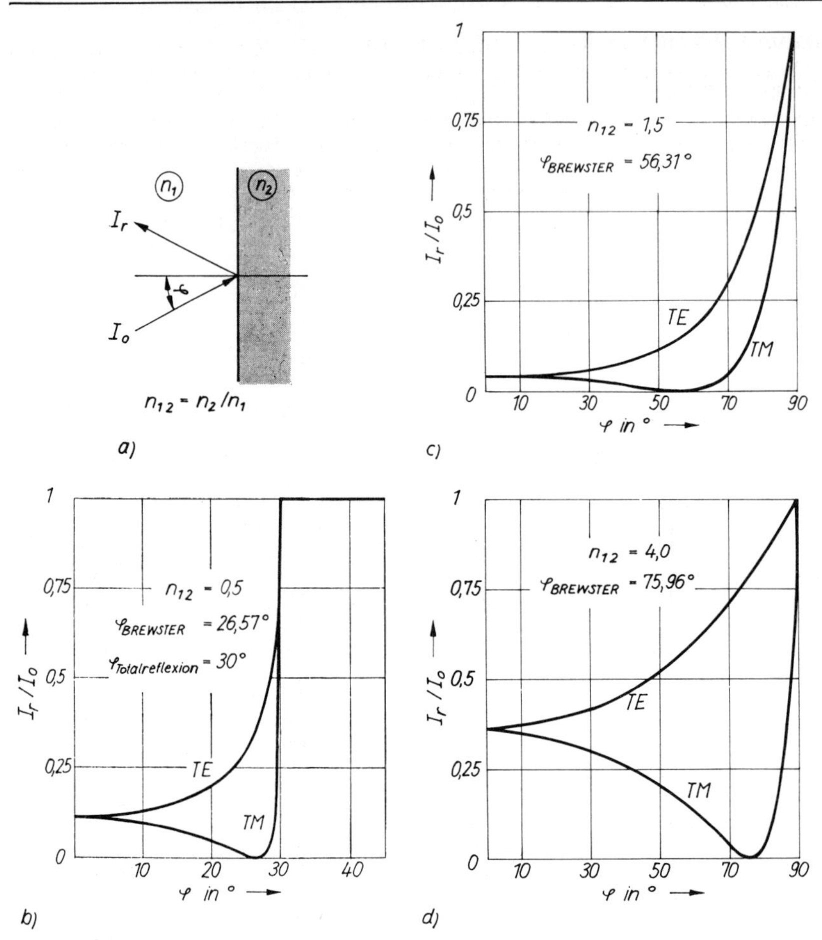

Bild 1.12. Reflexionskoeffizienten für die Wellen TE und TM für verschiedene Brechzahlen n_{12}. a) Prinzip; b) $n_{12} = 0,5$; c) $n_{12} = 1,5$; d) $n_{12} = 4,0$

An absorbierenden, homogenen, isotropen Medien

In den Beziehungen des Abschn. 1.2.6. ist n zu ersetzen durch die komplexe Brechzahl $\hat{n} = n(1 + i\varkappa)$ ([1.8]). Notwendig ist konsequente Rechnung mit den komplexen Größen. Beim Übergang zu den Intensitäten sind die Realteile der Amplituden einzusetzen. Ausbreitungsrichtung der transmittierten Welle (Energietransport) und Ausbreitungsrichtung der Phasenfront stimmen nicht überein (inhomogene Welle).

An einer dielektrischen, absorptionsfreien, homogenen und optisch einachsigen Kristallplatte

Die komplizierten Verhältnisse der Reflexion und Brechung an optisch anisotropen Medien (*Kristallen*, deren Brechzahl in verschiedenen Richtungen im Kristall verschieden ist) [1.2], [1.9]

werden auf den Spezialfall beschränkt, daß der Kristall *optisch einachsig* ist. Bei einem solchen Kristall unterscheidet man zwischen der Brechzahl n_0 *(ordentliche Brechzahl)* und der außerordentlichen Brechzahl n_e *(extraordinäre Brechzahl)* (Tabelle 1.6).
Das Licht treffe auf eine planparallele Platte, die in beliebiger Weise aus dem Kristall herausgeschnitten worden ist. Bild 1.13 veranschaulicht die Lage der Grenzflächen, der optischen Achse und die Lage des einfallenden Strahles, wobei der einfallende Strahl, die Normale der Grenzfläche und die optische Achse in einer Ebene liegen sollen.
Die folgenden Betrachtungen gelten nur für den angegebenen Fall und vernachlässigen mehrfache Reflexionen an den beiden Grenzflächen.

Tabelle 1.6. Brechzahlen ausgewählter optisch einachsiger Kristalle

Kristall	Brechzahl		Wellenlänge	Literatur
	n_0	n_e	μm	
ADP	1,62598	1,56738	0,2138560	[1.10]
	1,54592	1,49698	0,3662878	
	1,50364	1,46666	1,152276	
$BaTiO_3$	2,5637	2,4825	0,4579	[1.11]
	2,4760	2,4128	0,5321	
	2,2947	2,2593	2,1284	
CdSe	2,6448	2,6607	0,8	[1.12]
	2,4929	2,5133	1,4	
	2,4491	2,4685	4,0	
CdS	2,743	2,726	0,515	[1.12]
	2,628	2,637	0,535	
	2,528	2,545	0,575	
$LiIO_3$	1,948	1,780	0,40	[1.13]
	1,901	1,750	0,53	
	1,860	1,719	1,06	
$LiNbO_3$	2,4144	2,3638	0,42	[1.14]
	2,2407	2,1580	1,20	
	2,1193	2,0564	4,20	
$LiTaO_3$	2,2420	2,2468	0,45	[1.12]
	2,1174	2,1213	1,60	
	2,0335	2,0377	4,00	
KDP	1,60177	1,54615	0,2138560	[1.10]
	1,52909	1,48409	0,3662878	
	1,49135	1,45893	1,152276	
Ag_3AsS_3	3,0190	2,7391	0,6328	[1.15]
(Proustit)	2,8067	2,5756	1,129	
	2,7318	2,5178	4,62	
Te	6,372	4,929	4,0	[1.16]
	6,253	4,802	9,0	
	6,230	4,785	14,0	
ZnO	2,1058	2,1231	0,45	[1.12]
	1,9197	1,9330	2,00	
	1,8891	1,9068	4,00	

Einfallende ebene TE-Welle
(Der elektrische Vektor schwingt senkrecht zur Einfallsebene, die aus der Normalen zur Grenzfläche und aus dem einfallenden Strahl gebildet wird – *ordentlicher Strahl.*)
Reflexionskoeffizient (an der ersten Grenzfläche):

$$\varrho = \left(\frac{n \cos \varphi - \sqrt{n_0^2 - n^2 \sin^2 \varphi}}{n \cos \varphi + \sqrt{n_0^2 - n^2 \sin^2 \varphi}} \right)^2 \tag{1.52}$$

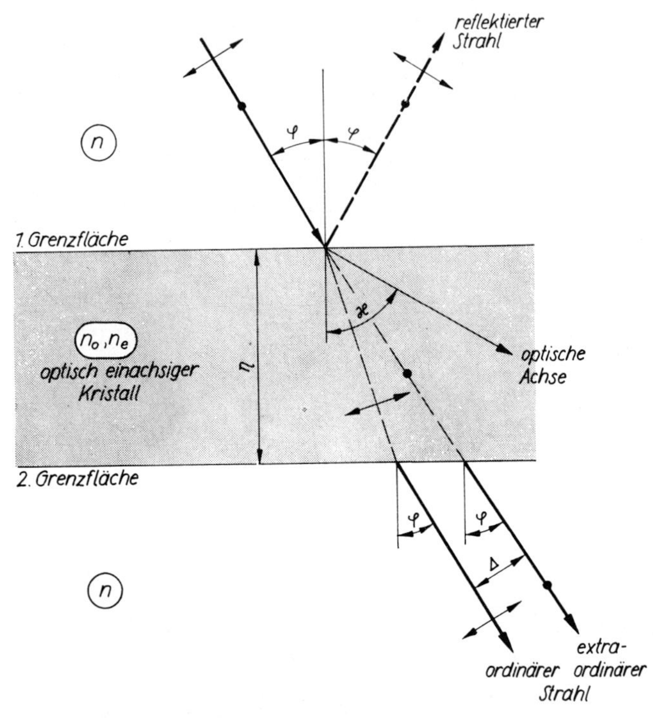

Bild 1.13. Durchgang linear polarisierten Lichtes durch eine planparallele Platte aus einem optisch einachsigen Kristall.
TM-Welle: Polarisationsebene gekennzeichnet durch ●, TE-Welle: Polarisationsebene gekennzeichnet durch ↕

Wirksame Brechzahl innerhalb des Kristalls:

$$n_w^2 = n_0^2 \tag{1.53}$$

Transmissionskoeffizient nach der 2. Grenzfläche:
(Reflexion an der 1. Grenzfläche wird berücksichtigt)

$$\tau = (1 - \varrho) \frac{4n \sqrt{n_0^2 - n^2 \sin^2 \varphi} \cos \varphi}{\left(\sqrt{n_0^2 - n^2 \sin^2 \varphi} + n \cos \varphi\right)^2} \tag{1.54}$$

Einfallende ebene TM-Welle (Bild 1.14)
(Der elektrische Vektor schwingt in der Einfallsebene – *außerordentlicher Strahl*, Tabelle 1.6.)
Reflexionskoeffizient (an der ersten Grenzfläche) der Intensität:

$$\varrho = \left(\frac{n_0 n_e \cos\varphi - nw}{n_0 n_e \cos\varphi + nw}\right)^2 \tag{1.55}$$

$$w^2 = n_0^2 \sin^2\varkappa + n_e^2 \cos^2\varkappa - n^2 \sin^2\varphi \tag{1.56}$$

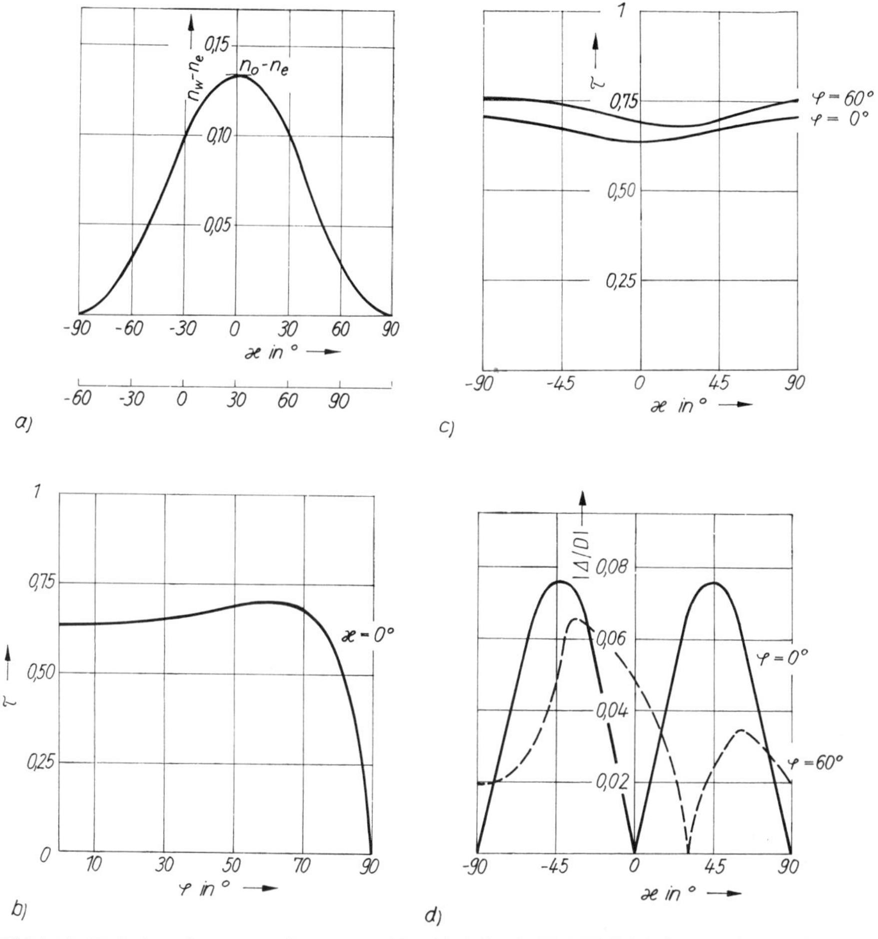

Bild 1.14. Verhalten des extraordinären Strahles (einfallende TM-Welle) beim Durchgang durch eine Kristallplatte aus Lithiumiodat (n_0 = 1,8517, n_e = 1,7168, λ = 1,06 μm).
a) wirksame Brechzahl (obere Abszissenachse für $\varphi = 0°$, untere für $\varphi = 60°$), b) und c) Transmissionskoeffizient, d) Strahlverschiebung gegenüber dem ordentlichen Strahl

Wirksame Brechzahl innerhalb des Kristalls:

$$n_w^2 = n^2 \sin^2 \varphi + V^2 \tag{1.57}$$

$$V = \frac{n_0 n_e w + n (n_0^2 - n_e^2) \sin \varkappa \cos \varkappa \sin \varphi}{n_0^2 \sin^2 \varkappa + n_e^2 \cos^2 \varkappa} \tag{1.58}$$

Austrittswinkel der Normalen zur Phasenfläche nach der Grenzfläche:

$$\varphi_{\tau 1} = \arccos (V/n_w) \tag{1.59}$$

Austrittswinkel der Richtung des Energietransports nach der ersten Grenzfläche:

$$\varphi_{\text{Energie}, \tau 1} = \arctan \left(\frac{n n_0^2 \sin \varphi + (n_e^2 - n_0^2)(n \sin \varphi \sin^2 \varkappa + V \sin \varkappa \cos \varkappa)}{n_0^2 V + (n_e^2 - n_0^2)(n \sin \varphi \sin \varkappa \cos \varkappa + V \cos^2 \varkappa)} \right) \tag{1.60}$$

Beim außerordentlichen Strahl fallen die Richtung des Energietransportes und die Richtung der Normalen zur Phasenfläche nicht mehr zusammen.

Transmissionskoeffizient nach der 2. Grenzfläche (Reflexion an der ersten Grenzfläche wird berücksichtigt):

$$\tau = (1 - \varrho) \frac{4 n^2 n_0 n_e V w}{(n_0 n_e V + n^2 w)^2} \tag{1.61}$$

Strahlversetzung (Energietransport):

$$\frac{\Delta}{D} = \left| \tan \varphi_{\text{Energie}, \tau 1} - \frac{\sin \varphi}{\sqrt{n_0^2 - \sin^2 \varphi}} \right| \cos \varphi \tag{1.62}$$

Für senkrechten Einfall ($\varphi = 0$) wird die Strahlversetzung maximal für

$$\cos 2\varkappa = \frac{n_0^2 - n_e^2}{n_0^2 + n_e^2} \tag{1.63}$$

$$\Delta = D \frac{|n_e^2 - n_0^2|}{2 n_0 n_e}$$

1.2.7. Anwendungen von optisch einachsigen Kristallplatten

$\lambda/4$-Platte (Erzeugung von zirkular polarisiertem Licht)

Die $\lambda/4$-Platte wird so aus einem optisch einachsigen Kristall geschnitten, daß die optische Achse in der Schnittebene liegt ($\varkappa = 90°$). Der einfallende Strahl falle senkrecht auf die Schnittebene ($\varphi = 0°$).

Die wirksamen Brechzahlen sind:

TE-Welle: n_0, TM-Welle: n_e.

Die Einfallsebene enthält die optische Achse und den Ausbreitungsvektor der einfallenden ebenen Welle.

Das einfallende Licht der Wellenlänge λ sei linear polarisiert, es habe die Amplitude u_0. Seine Schwingungsebene bilde mit der Einfallsebene einen Winkel Θ von 45°. Dann ergeben sich je eine TE-Welle und eine TM-Welle mit gleichen Amplituden.

Bei einer Dicke d der Kristallplatte haben diese beiden Wellen nach Verlassen der Kristallplatte die *Phasendifferenz*:

$$\Delta\varphi = (n_0 - n_e)\, d\, \frac{2\pi}{\lambda} \tag{1.64}$$

Für die vorliegende Wellenlänge wird die Dicke der Kristallplatte so gewählt, daß gilt:

$$(n_0 - n_e)\, d = \frac{\lambda}{4} \tag{1.65}$$

Damit wird $\Delta\varphi = \pi/2$.
Entsprechend den Betrachtungen des Abschnitts 1.2.3. liegt *zirkular polarisiertes Licht* hinter der Kristallplatte vor, und zwar je nach dem Vorzeichen von $(n_0 - n_e)$ links- oder rechtszirkular polarisiertes Licht.

λ/2-Platte (Bild 1.15)

Ganz analog zur $\lambda/4$-Platte wird gewählt:

$$(n_0 - n_e)\, d = \frac{\lambda}{2} \tag{1.66}$$

Der Winkel Θ sei beliebig. Dann wird an der Schnittebene auf der Einfallsseite:

$$\psi_{TM} = \psi_0 \cos\Theta \exp(-i\omega t + \varphi_0) \tag{1.67}$$

$$\psi_{TE} = \psi_0 \sin\Theta \exp(-i\omega t + \varphi_0) \tag{1.68}$$

und an der Schnittebene auf der Ausfallseite:

$$\psi_{TM} = \psi_0 \cos\Theta \exp(-i\omega t + \varphi_1) \tag{1.69}$$

$$\psi_{TE} = -\psi_0 \sin\Theta \exp(-i\omega t + \varphi_1) \tag{1.70}$$

Dies bedeutet, daß das austretende Licht linear polarisiert ist, daß aber seine Schwingungsebene um den Winkel 2Θ gegen die Schwingungsebene des eintretenden Strahles gedreht wurde.

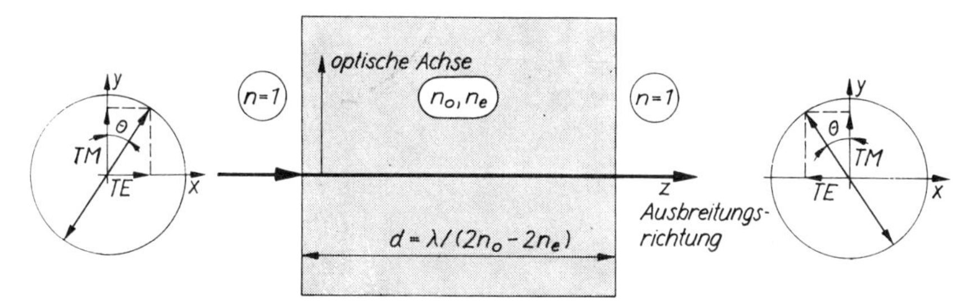

Bild 1.15. Drehung der Polarisationsebene in der $\lambda/2$-Platte. Die Bildebene ist identisch mit der Einfallsebene. Die Kreisdiagramme zeigen die Lage der Schwingungsebenen vor und hinter der Platte. Die optische Achse fällt mit der y-Achse des Koordinatensystems zusammen.

Glan-Thompson-Prisma (Bild 1.16)

Die optische Achse des ersten Prismas steht senkrecht auf der Zeichenebene. Der Winkel φ wird so gewählt, daß der außerordentliche Strahl an der Hypotenuse des ersten Prismas total reflektiert wird, der ordentliche Strahl aber nicht.
Das zweite Prisma (optische Achse wie angedeutet in der Zeichenebene) dient dazu, den ordentlichen Strahl insgesamt ungebrochen aus der Anordnung der beiden Prismen zu entlassen.

Der Winkel φ ist auf Zehntelgrad einzuhalten. Der einfallende Strahl muß ebenfalls auf Zehntelgrad genau senkrecht auf das erste Prisma fallen, andernfalls werden entweder sowohl der ordentliche als auch der außerordentliche Strahl reflektiert oder durchgelassen.

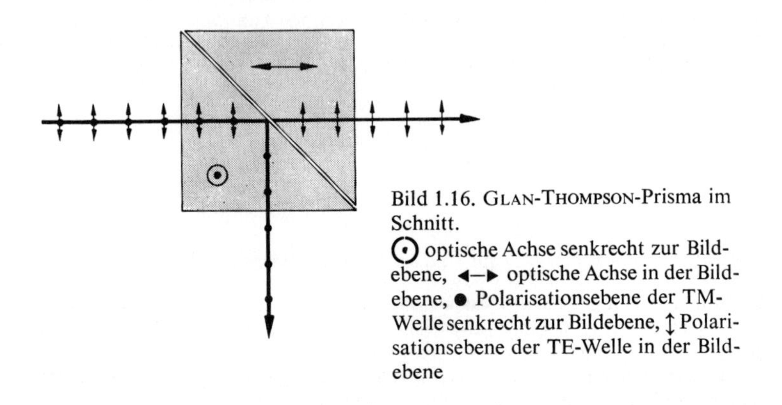

Bild 1.16. GLAN-THOMPSON-Prisma im Schnitt.
⊙ optische Achse senkrecht zur Bildebene, ◄─► optische Achse in der Bildebene, ● Polarisationsebene der TM-Welle senkrecht zur Bildebene, ↕ Polarisationsebene der TE-Welle in der Bildebene

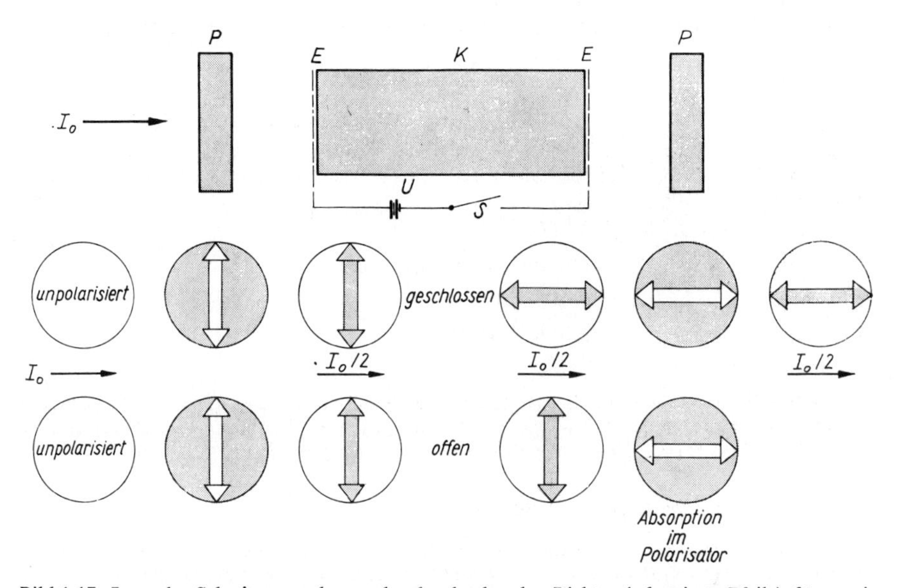

Bild 1.17. Lage der Schwingungsebenen des durchgehenden Lichtes (schattierte Pfeile) für zwei Betriebszustände der POCKELS-Zelle (longitudinale Zelle).
P Polarisator (Schwingungsebene ist durch weiße Pfeile angegeben), E Elektrode, K Kristall, S Schalter, U Spannungsquelle

POCKELS-Effekt

Unter dem Einfluß eines elektrischen Feldes können bestimmte Kristalle doppelbrechend werden oder ihre doppelbrechenden Eigenschaften ändern. Ein solcher Kristall ist beispielsweise KDP (Kaliumdihydrogenphosphat).
Liegt keine Spannung am Kristall an, dann wirkt sowohl auf den ordentlichen als auch auf den außerordentlichen Strahl die Brechzahl n_0.
Wird eine Spannung angelegt, wird im Kristall eine *Anisotropie* erzeugt, die zu einer weiteren optischen Achse in einer Ebene senkrecht zum elektrischen Feld Anlaß gibt. Die Länge d der Zelle wird so gewählt, daß gilt:

$$(n_0 - n_e)_{\text{POCKELS}}\, d = \frac{\lambda}{2} \tag{1.71}$$

mit

$$(n_0 - n_e)_{\text{POCKELS}}\, d = pU$$

$$p_{\text{KDP}} = 3{,}6 \cdot 10^{-11}\ \text{m/V}$$

$$p_{\text{LiNbO}_3} = 3{,}7 \cdot 10^{-10}\ \text{m/V}$$

Ein solcher Kristall wird so zwischen zwei gekreuzte Polarisatoren gestellt, daß bei $U = 0$ kein Licht hindurchgelassen wird. Nach dem Anlegen einer Spannung U, die der Bedingung (1.71) genügt, dreht die POCKELS-Zelle (Bild 1.17) die Polarisationsebene des einfallenden linear polarisierten Lichtes um 90°, und für eben diese Schwingungsrichtung ist der zweite Polarisator durchsichtig. In dieser Weise dient eine POCKELS-Zelle als *elektrooptischer Verschluß.*
Diese Zelle arbeitet in gleicher Weise, wenn das elektrische Feld senkrecht zur optischen Achse angelegt wird (*transversaler* POCKELS-Effekt).
Beide Anordnungen können auch zur Intensitätsmodulation des Lichtes genutzt werden.

KERR-Effekt

Flüssigkeiten und Gläser können unter dem Einfluß eines elektrischen Feldes optisch anisotrop (doppelbrechend) werden (*elektrooptischer* KERR-Effekt). Die induzierte optische Achse liegt parallel zur Richtung des angelegten elektrischen Feldes. Die auftretende Doppelbrechung ist gegeben durch:

$$\Delta n = n_0 - n_e = K\lambda E^2 \tag{1.72}$$

E angelegte elektrische Feldstärke, K KERR-Konstante

Nitrobenzen: $K = 2{,}4 \cdot 10^{-12}\ \text{m/V}^2$

Glas: $K = 3 \cdot 10^{-16} \ldots 2 \cdot 10^{-25}\ \text{m/V}^2$

Wasser: $K = 4{,}4 \cdot 10^{-14}\ \text{m/V}^2$

Eine KERR-Zelle enthalte beispielsweise Nitrobenzen und zwei Elektroden in einem möglichst geringen Abstand zueinander. Bei geeigneter Wahl der angelegten Spannung und geeigneter Elektrodenlänge arbeitet eine solche Zelle ebenso wie eine entsprechende POCKELS-Zelle.

Diskretes Lichtablenksystem (Bild 1.18)

Die *elektrooptischen Elemente* drehen die Polarisationsebene des linear polarisiert einfallenden Lichtes bei Anlegen einer elektrischen Spannung jeweils um 90° (vgl. POCKELS-Zelle).
Die *doppelbrechenden Elemente* (optisch einachsige Kristalle mit einer Lage der optischen Achse, die zu maximaler Strahlversetzung des außerordentlichen Strahles führt) lassen den ordentlichen Strahl unbeeinflußt passieren, der außerordentliche Strahl wird entsprechend um den Betrag $n\Delta$ versetzt.

Die Anzahl diskreter Positionen insgesamt beträgt 2^N, wobei N die Anzahl der doppelbrechenden Elemente ist.

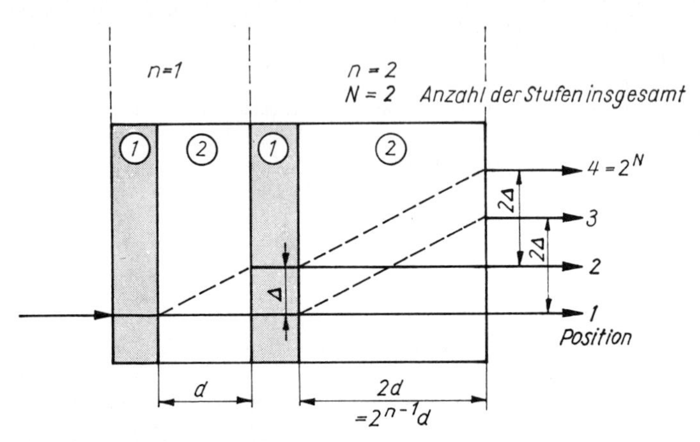

Bild 1.18. Diskretes Lichtablenksystem.
1 elektrooptisches Element, *2* doppelbrechendes Element

1.2.8. Geometrische Optik

Die geometrische Optik geht von der Fortpflanzung der Wellen durch homogene durchsichtige Körper aus, wobei vorausgesetzt wird, daß die *Krümmung* der Wellenfront in Bereichen, die in der Größenordnung der Wellenlänge liegen, vernachlässigt werden kann. An der Grenze zweier Medien gelten die allgemeinen Beziehungen für Reflexion und Brechung einschließlich einer eventuellen Polarisation der Lichtstrahlen und einer Veränderung der Intensität. Verschiedene Lichtstrahlen können sich in einem Punkt des Raumes treffen, ohne sich in irgendeiner Weise zu beeinflussen. Dieses Konzept der geometrischen Optik gestattet *nicht* die genaue Beschreibung der Verhältnisse

- am Rand von Linsen und Blenden, d.h. die Erscheinungen der Beugung
- im Brennpunkt von Linsen
- von Wellen, die miteinander interferieren können (Interferenzerscheinungen, optische Resonatoren, Laserstrahlung)
- bei der Streuung von Licht an Medien, deren Durchmesser vergleichbar mit der Wellenlänge wird.

Geometrisch optische Abbildung durch zentrierte optische Systeme

Im Rahmen der geometrischen Optik ist es verhältnismäßig einfach möglich, die Abbildung eines leuchtenden kleinen Gegenstandes zu beschreiben, sofern nur schmale, von ihm ausgehende Strahlenbündel zur Abbildung herangezogen werden

und sofern die Strahlenbündel nur schwach gegen die optische Achse geneigt sind.
Bild 1.19 zeigt ein *ideales optisches System* (Krümmungszentren seiner brechenden Oberflächen liegen auf einer Geraden, der optischen Achse) und die in diesem System geltenden Bezeichnungen.

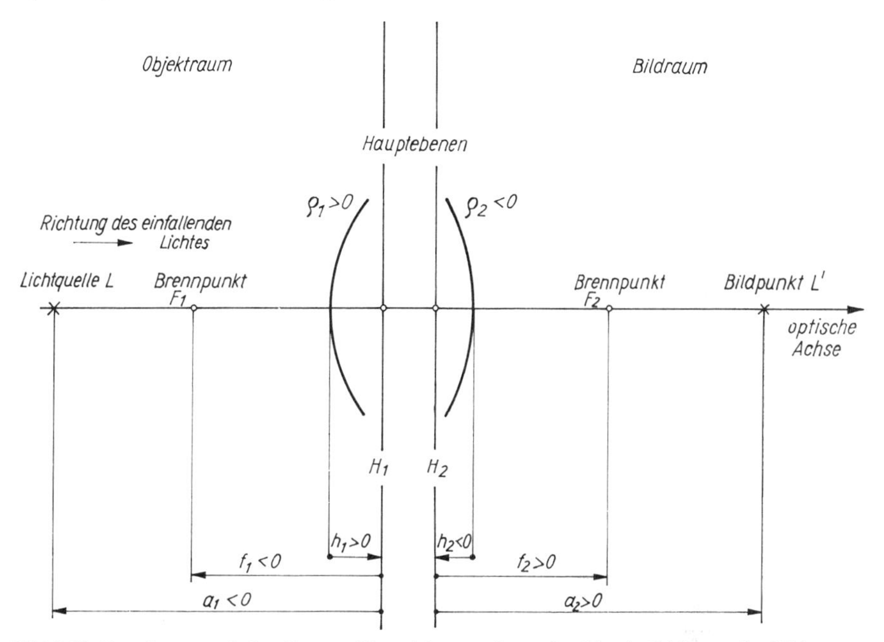

Bild 1.19. Zentriertes optisches System (Vorzeichenregelung: Strahlen in Richtung der Lichtausbreitung positiv, Strecken entgegen der Lichtausbreitung negativ)

Für zur Lichtquelle hin gewölbte Oberflächen *(konvexe Oberflächen)* ist $\varrho > 0$, sonst $\varrho < 0$. a bzw. f werden jeweils ausgehend von den Hauptpunkten gerechnet. Fällt diese Richtung mit der Richtung des Lichtes zusammen, dann zählen a bzw. f positiv, sonst negativ.
Für die *Abbildung* gilt damit:

$$\frac{1}{a_2} - \frac{1}{a_1} = \frac{1}{f} \tag{1.73}$$

Für die *Lateralvergrößerung* gilt:

$$V = a_2/a_1 \tag{1.74}$$

Geometrische Konstruktion des Bildortes (Bild 1.20)
(Das Objekt liegt nicht auf der optischen Achse)

Durch den Objektpunkt wird eine Gerade g_1 parallel zur optischen Achse bis zu ihrem Schnitt-

punkt S_1 mit der bildraumseitigen Hauptebene gezogen. Von S_1 wird eine Gerade g'_1 zum bildraumseitigen Brennpunkt gezogen.
Durch den Objektpunkt wird eine Gerade g_2 durch den objektraumseitigen Brennpunkt gezogen, diese schneidet die objektraumseitige Hauptebene in S_2. Von S_2 wird eine Parallele g'_2 zur optischen Achse gezogen. Der Schnitt von g'_1 mit g'_2 ist der gesuchte *Bildpunkt*.

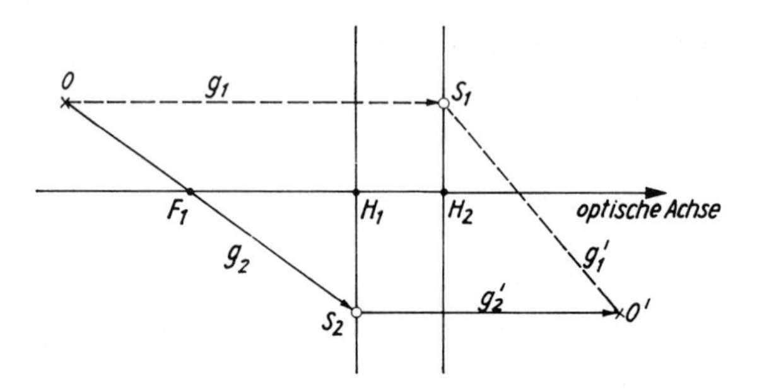

Bild 1.20. Geometrische Konstruktion des Bildortes

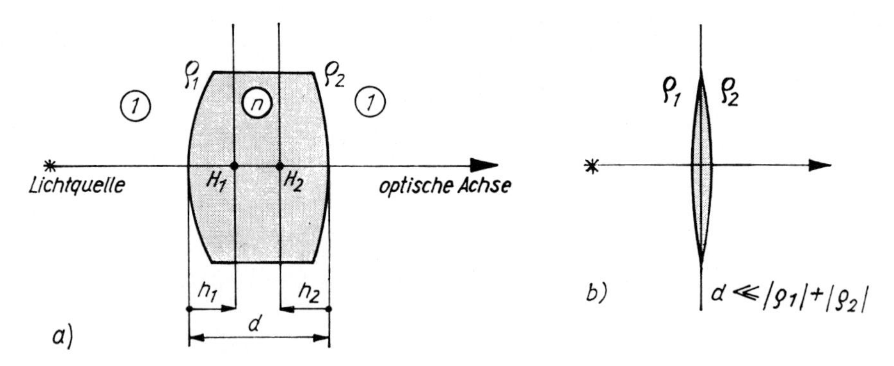

Bild 1.21. Zentrierte Einzellinsen.
a) dicke Einzellinse, b) dünne Einzellinse (Hauptebenen fallen zusammen und liegen in der Linsenmitte)

Für eine Reihe einfacher und zusammengesetzter optischer Elemente sei die Lage der Hauptebenen und die zugehörige Brennweite angegeben, wobei einzelne Fälle für die Anwendung der Laser von besonderer Bedeutung sind (Bilder 1.21 und 1.22).

Für die *zentrierten Einzellinsen* (Bild 1.21) gilt:

$$f = \frac{1}{(n-1)\left(\dfrac{1}{\varrho_1} - \dfrac{1}{\varrho_2}\right) + \dfrac{n-1}{n}\,\dfrac{|d|}{\varrho_1\varrho_2}} \tag{1.75}$$

$$h_i = \frac{\varrho_i\,|d|}{n(\varrho_2 - \varrho_1) + (n-1)\,|d|} \tag{1.76}$$

Für die *zentrierten optischen Systeme* aus 2 dünnen Einzellinsen (Bild 1.22) gilt:

$$\frac{1}{f} = \frac{1}{f_1} + \frac{1}{f_2} - \frac{|D|}{f_1 f_2} \tag{1.77}$$

$$h_1 = f\,\frac{|D|}{f_2}, \quad h_2 = -f\,\frac{|D|}{f_1} \tag{1.78}$$

Für das sammelnde System mit vergrößerter Schnittweite s gilt:

$$s = f_2\,[1 + (f_2/f_1)] \tag{1.79}$$

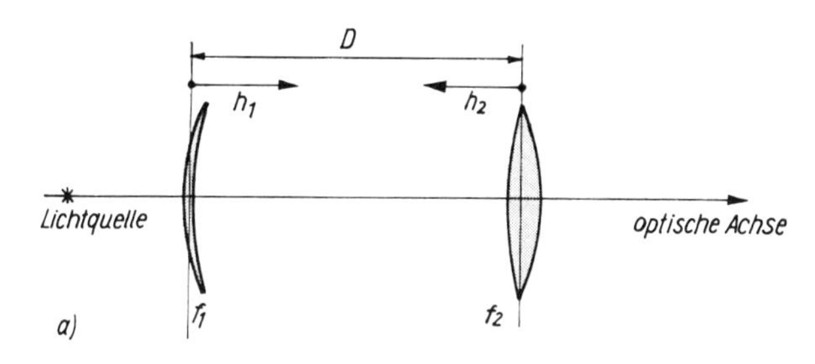

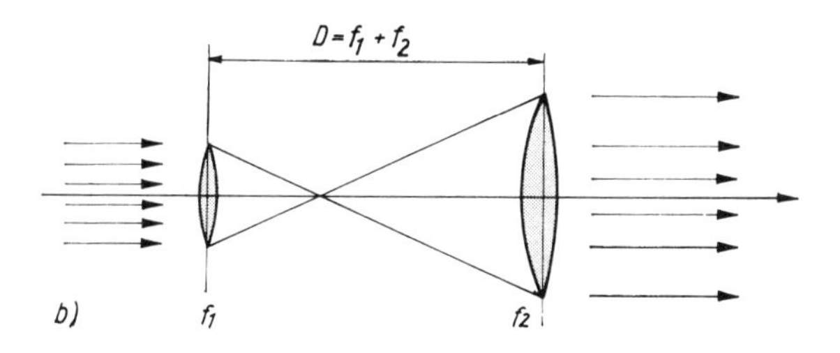

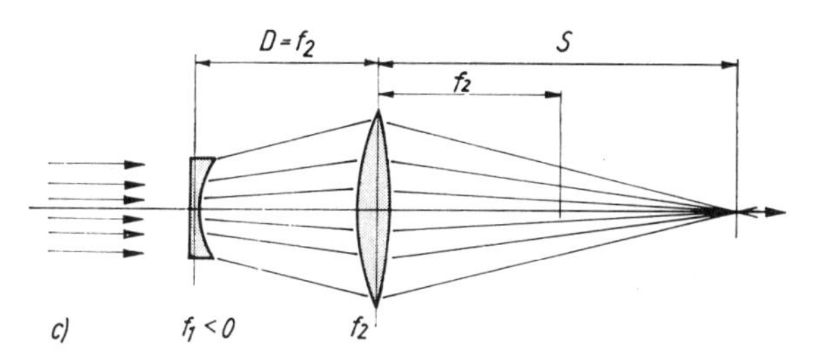

Bild 1.22. Zentrierte optische Systeme aus 2 dünnen Einzellinsen.
a) 2 dünne Einzellinsen der Brennweiten f_1 und f_2, b) teleskopischer Strahlengang zur Strahlaufweitung (Divergenzverringerung), c) sammelndes System mit vergrößerter Schnittweite (ein solches System eignet sich als Materialbearbeitungsoptik – Bearbeitungsort ist weit von der Linsenoberfläche entfernt)

1.2.9. Interferenz

Ein wichtiger Spezialfall ist die Überlagerung zweier kohärenter ebener Wellen gleicher Ausbreitungsrichtung, gleicher linearer Polarisation und gleicher Frequenz. Probleme der partiellen Kohärenz, abweichender Frequenzen usw. findet man in [1.1]. Gegeben seien zwei ebene Wellen, die sich in x-Richtung ausbreiten, mit den elektrischen Feldstärken:

$$E_1 = A_1 \exp\left[-\mathrm{i}\left(\omega_0 t + k_0 x + \varphi_1\right)\right]$$
$$E_2 = A_2 \exp\left[-\mathrm{i}\left(\omega_0 t + k_0 x + \varphi_2\right)\right] \tag{1.80}$$

Werden die beiden Wellen im Punkt P (Koordinate x_1) überlagert (Addition der Feldstärken), dann ergibt sich im Punkt P die Intensität I aus:

$$I = I_1 + I_2 + 2\sqrt{I_1}\sqrt{I_2}\cos(\varphi_1 - \varphi_2) = I_1 + I_2 + \gamma \tag{1.81}$$

I_1, I_2 Intensität der Welle 1 bzw. 2
Interferenzterm:

$$\gamma = 2\sqrt{I_1}\sqrt{I_2}\cos(\varphi_1 - \varphi_2) \tag{1.82}$$

Interferenz durch Teilen der Wellenfront

Um die oben erwähnten Bedingungen einzuhalten, wird die Wellenfront einer ebenen Welle geteilt, und die Teile werden nach Durchlaufen verschieden langer Wege *(Phasendifferenz)* wieder überlagert. Die hierbei möglicherweise auftretenden Beugungserscheinungen und geringfügigen Abweichungen von der gleichen Ausbreitungsrichtung bleiben im folgenden unberücksichtigt.

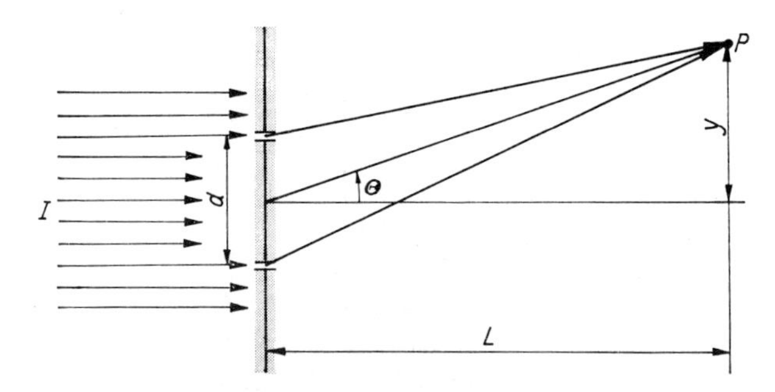

Bild 1.23. Interferenz am Doppelspalt

Bild 1.23 zeigt die Teilung einer Wellenfront durch eine Doppelblende (verschwindende Spaltbreite), wobei das Licht gleichmäßig in den rechten Halbraum gestrahlt wird. Im Punkt P kommt es zur Überlagerung der Wellen. Die *Phasendifferenz* für die beiden Teilwellen ergibt sich aus:

$$\Delta\varphi = \frac{2\pi}{\lambda} d \sin\Theta \tag{1.83}$$

Es muß hier gelten $\Theta \ll 1$ bzw. $\sin\Theta \approx \Theta \approx y/L$.
Bild 1.24 zeigt den Verlauf der Intensität in Abhängigkeit von $y\pi d/\lambda L$.

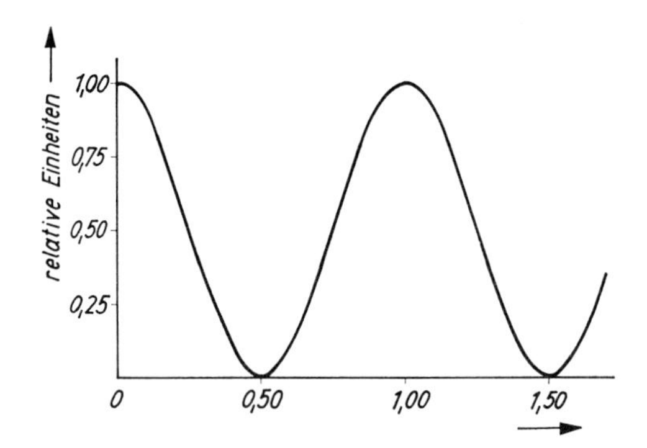

Bild 1.24. Verlauf der Intensität nach der Beugung am Doppelspalt für $y/L \ll 1$ (I, d, y, L siehe Bild 1.23) in Abhängigkeit von $\pi dy/\lambda L$

Interferenz durch Teilen der Amplitude

Eine von links her einfallende Welle (Bild 1.25) fällt auf zwei parallel angeordnete teildurchlässige Spiegel mit dem Reflexionskoeffizienten R. Die aus dieser Anordnung austretenden zahlreichen Wellen, die durch mehrfache Reflexion zwischen den Spiegeln entstehen, überlagern sich. Die austretende *Intensität* ergibt sich aus:

$$\frac{I_{\text{Trans}}}{I_0} = \frac{1}{1 + F \sin^2 \dfrac{\Phi}{2}} \tag{1.84}$$

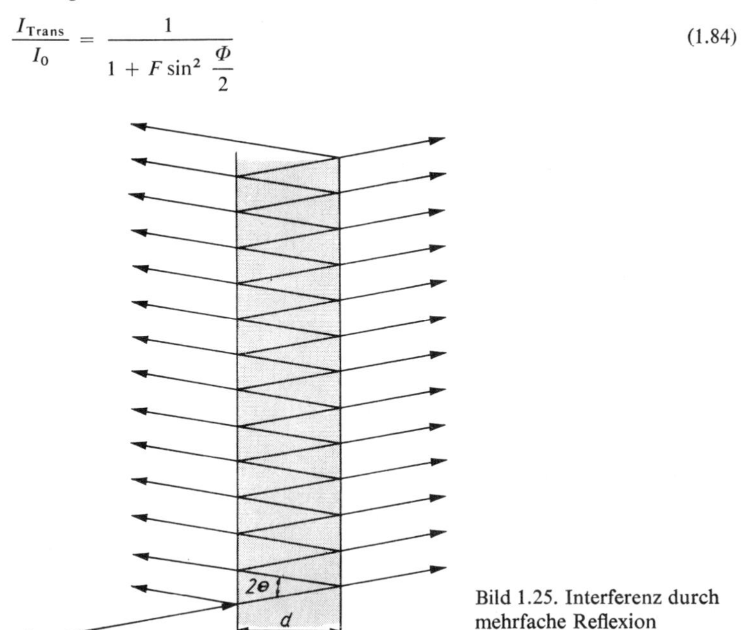

Bild 1.25. Interferenz durch mehrfache Reflexion

mit

$$F = \frac{4R}{(1-R)^2}$$

und

$$\Phi = 4\pi \frac{d}{\lambda} \cos \Theta$$

Für $\Phi = 2\pi m$ oder $m\lambda = 2d \cos \Theta$ (m ganze Zahl) wird die transmittierte Intensität maximal (Bild 1.26).

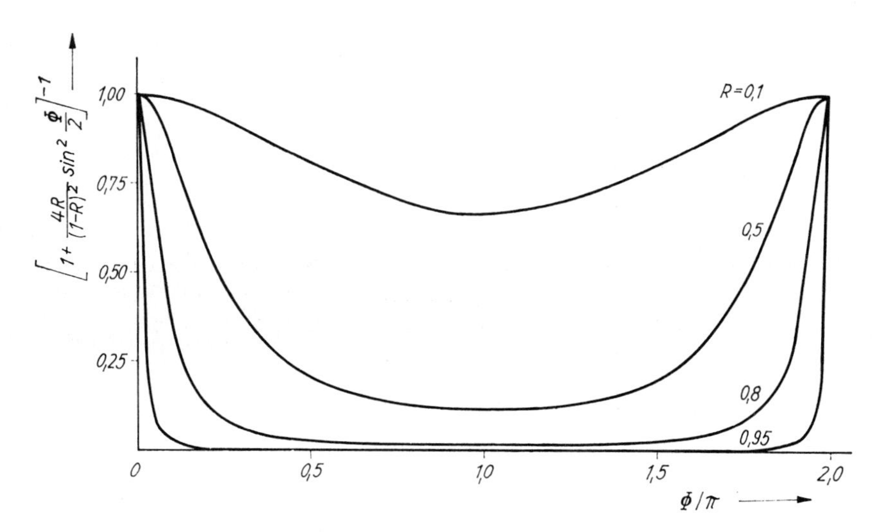

Bild 1.26. Intensitätsverlauf bei Interferenzen durch mehrfache Reflexion für verschiedene Reflexionskoeffizienten R der Spiegel

FABRY-PEROT-Interferometer

Die oben beschriebene Anordnung findet ihre Anwendung in der Bestimmung des Abstandes zweier verschiedener Wellenlängen, entweder in der Form, daß die zu untersuchende Strahlung leicht divergent oder konvergent in die Anordnung eingestrahlt wird, oder daß der Abstand der Spiegel variiert (Spiegelantrieb mit einer Piezokeramik o.ä.) und die transmittierte Intensität mit einem geeigneten Empfänger registriert wird. Der kleinste, noch auflösbare *Wellenlängenunterschied* (Auflösungsvermögen) ergibt sich aus:

$$\lambda/\delta\lambda_{\min} = \pi m \frac{\sqrt{R}}{1-R} \tag{1.85}$$

Beispiel: Bei einem Spiegelabstand von 1 cm ergibt sich für $\lambda = 0{,}5\ \mu m$ und $R = 90\%$ ein $\delta\lambda_{\min} = 40 \cdot 10^{-14}$ m.

Der größte, noch einfach interpretierbare Wellenlängenunterschied (Spektralbereich) ergibt sich aus $\Delta\lambda_{\max} = \lambda^2/2d$. Für obiges Beispiel wird $\Delta\lambda_{\max} = 12 \cdot 10^{-12}$ m. Ist $\Delta\lambda_{\max}$ der eingestrahlten Welle größer als das hier zulässige $\Delta\lambda_{\max}$, so ist vor dem FABRY-PEROT-Interferometer gegebenenfalls ein Beugungsgitter anzuordnen.

Michelson-Interferometer (Bild 1.27)

Bei diesem Interferometer gelangen nur zwei Wellen zur Überlagerung. Die Intensität in der Beobachtungsebene wird maximal für:

$$2\,|l_2 - l_1| = m\lambda \quad (m \text{ ganze Zahl}) \tag{1.86}$$

sofern die Kohärenzlänge l_K des eingestrahlten Lichtes größer als $|l_2 - l_1|$ ist.
Wenn dies nicht mehr der Fall ist, dann wird die Sichtbarkeit gleich Null. Umgekehrt kann aus der Messung der Sichtbarkeit in Abhängigkeit von $\Delta = |l_2 - l_1|$ die Kohärenzlänge bestimmt werden (Bild 1.28).

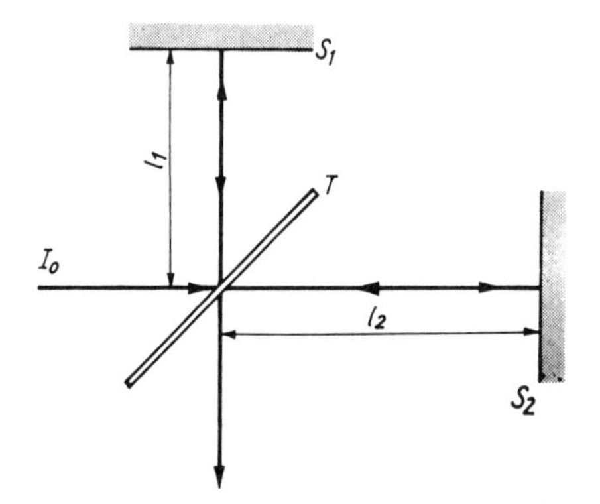

Bild 1.27. Schematischer Strahlenverlauf im Michelson-Interferometer.
S_1, S_2 Spiegel, T Teilerplatte

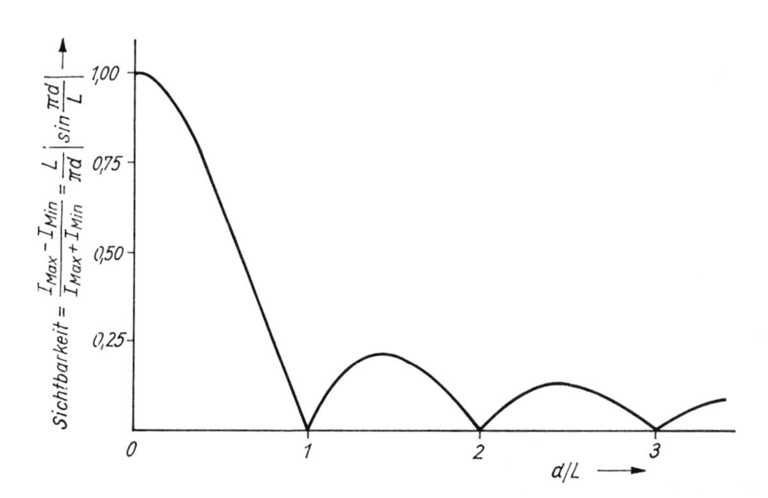

Bild 1.28. Sichtbarkeit S der Interferenzstreifen am Michelson-Interferometer in der Beobachtungsebene in Abhängigkeit von der Kohärenzlänge $l_K = L$ für jeweils aufeinanderfolgende Maxima und Minima der Intensität ($2d/\lambda$ = ganze Zahl)

1.2.10. Beugung

Beugung ebener Wellen an einer rotationssymmetrischen Struktur nach FRESNEL

Die Näherung der geometrischen Optik reicht nicht aus, um die Erscheinungen zu beschreiben, die sich an den Stellen einstellen, wo sich die Dielektrizitätskonstante des Mediums abrupt räumlich ändert (z. B. am Rand von Blenden). Eine allgemeine Methode der Behandlung des Beugungsproblems wurde von FRESNEL gegeben.

Bild 1.29 zeigt eine ebene Welle, die eine kreisförmige Apertur vom Radius r trifft (x-Achse ist Rotationsachse). Gesucht ist die Intensität im Punkt P auf der Achse mit dem Abstand L von der Blende. Es sei $r \ll L$, dann beträgt die Wegdifferenz des Lichtstrahles, der von O ausgeht und P trifft, und des Lichtstrahles, der von einem Punkt Q ausgeht und P trifft, $\Delta = y^2/2L$. Diese *Wegdifferenz* ist mit einer *Phasendifferenz* $\Delta\varphi = 2\pi\Delta/\lambda$ verknüpft, die die beiden Strahlen zueinander aufweisen.

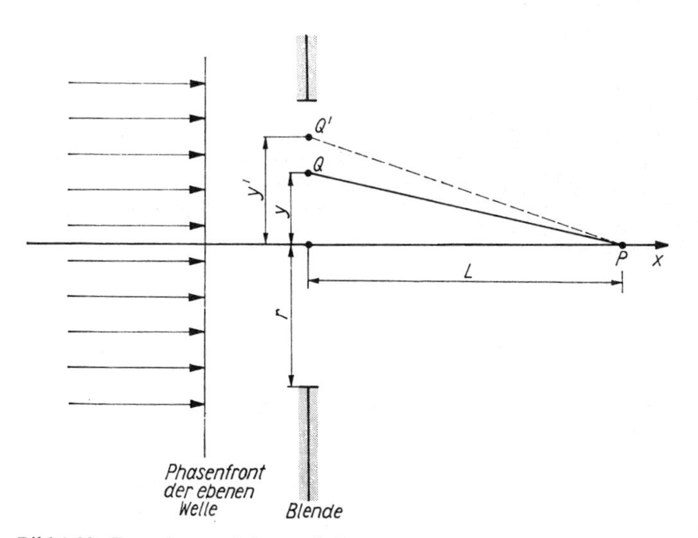

Bild 1.29. Zonenkonstruktion nach FRESNEL. y und y' werden so gewählt, daß die Wege $\overline{QP}$ und $\overline{Q'P}$ gerade zu einer Phasendifferenz von π führen.

Die Blendenöffnung (vom Punkt P aus betrachtet) wird nun derart in Kreisringe eingeteilt, daß die Phasendifferenz der Lichtstrahlen, die von Punkten ausgehen, die jeweils in der Mitte zweier benachbarter Kreisringe liegen, gerade π beträgt.

Dies ergibt für den innersten Kreis einen Radius von $\varrho_1 = \sqrt{L\lambda}$. Der nächste Kreisring hat ϱ_1 als inneren Radius und $\varrho_2 = \sqrt{2}\sqrt{L\lambda}$ als äußeren Radius. Allgemein hat der äußere *Radius* des Ringes (Nummer n) den Wert

$$\varrho_n = \sqrt{n}\,\sqrt{L\lambda} \tag{1.87}$$

Die *Fläche* eines beliebigen Kreisringes ist unabhängig von n und beträgt:

$$A = \pi L\lambda \tag{1.88}$$

Der größte konstruierbare Kreisring bestimmt die FRESNEL-Zahl N:

$$N = \frac{r^2}{L\lambda} \quad \text{(ganze Zahl)} \tag{1.89}$$

Jeder Kreisring trägt zur Amplitude im Punkt P den gleichen absoluten Betrag u bei, von Kreisring zu Kreisring aber jeweils mit einer *Phasendifferenz* von π.
Die Amplitude im Punkt P wird daher:

$$U = - \sum_{k=1}^{N} (-1)^k u \tag{1.90}$$

Bei geradem N wird $U = 0$, bei ungeradem N wird $U = u$.
Dies bedeutet, daß die Intensität bei festem r in Abhängigkeit von L zwischen 0 und u^2 variiert.

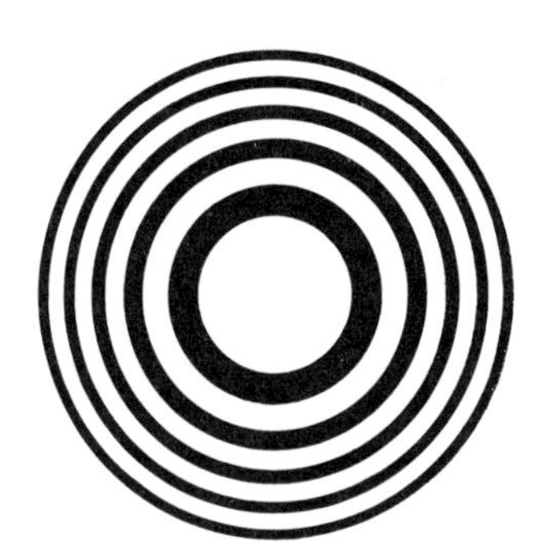

Bild 1.30. Zonenplatte nach FRESNEL. Die Brennweite f der Platte ergibt sich aus r_1^2/λ, wobei r_1 dem Radius des innersten Kreises entspricht.

Aus dem Wert der FRESNEL-Zahl N kann auf den *Charakter der Beugungsfigur* geschlossen werden:

$N < 1$ (Zoneneinteilung nicht möglich, alle Strahlen haben Phasendifferenzen $\Delta\varphi < \pi/2$)
Beugungserscheinung im Fernfeld (FRAUNHOFERsche Beugung)

$N > 1$ (es wirken wenige Zonen)
Beugungserscheinung ist gesondert zu berechnen. Nahfeld (FRESNELsche Beugung)

$N \gg 1$ (es wirken sehr viele Zonen, die äußersten Zonen und damit der Rand haben eine untergeordnete Bedeutung)
Die Beziehungen der geometrischen Optik können angewendet werden.

Wird in die Blendenöffnung eine durchsichtige Platte eingesetzt, bei der die für einen bestimmten Punkt P berechneten geradzahligen Kreisringe geschwärzt worden sind (FRESNEL*sche Zonenplatte* – Bild 1.30), dann wirkt die Platte wie eine *Linse* (sehr geringe Lichtstärke!).
Im Punkt P wird die größte Intensität beobachtet, sie beträgt:

$$I = N^2 \frac{I_1}{4} \tag{1.91}$$

wobei $I_1 = u^2$ die Intensität des innersten Kreises am Ort der Blende ist.

Beugungserscheinungen im Fernfeld

Die beugende Öffnung sei ein *Spalt* der Breite $2a$ (Bild 1.31), für den gilt: $2a\,(2\pi/\lambda) \gg 1$. Für kleine Winkel Θ ($\Theta \ll 1$, Θ in rad) beträgt die in Richtung Θ in das Winkelelement $d\Theta$ gebeugte Intensität (für größere Θ ist Θ durch $\sin\Theta$ zu ersetzen):

$$\mathrm{d}I = I_0 \frac{2a}{\lambda} \left(\frac{\sin ka\Theta}{ka\Theta}\right)^2 \mathrm{d}\Theta \tag{1.92}$$

I_0 ist die auf den Spalt insgesamt primär je Längeneinheit einfallende Intensität (in W/m).

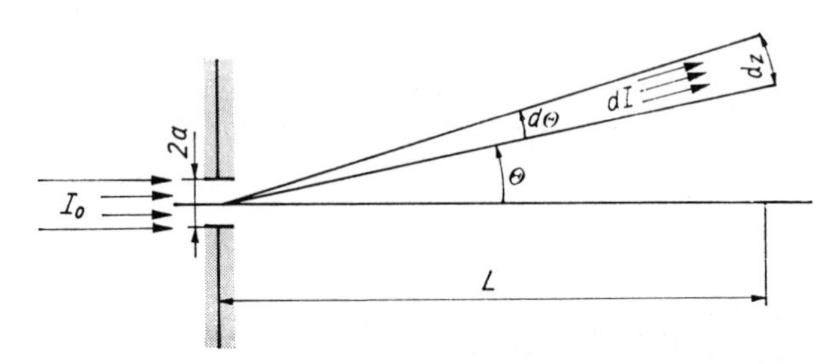

Bild 1.31. Geometrische Verhältnisse der Beugung an einer Streifenblende

Trifft auf die Blende nicht eine ebene Welle, sondern ein *Laserstrahl* (GAUSS-Bündel, TEM_{00}-Mode), dann bleibt die Lage der Minima erhalten. Die Intensitätsverteilung kann aber sonst stark von der hier beschriebenen abweichen. Dies ist insbesondere der Fall, wenn w_0 (Parameter des GAUSS-Bündels) in die Größenordnung von a kommt.

1.2.11. Beugungsgitter

Ganz ähnliche Verhältnisse wie bei den Beugungserscheinungen im Fernfeld ergeben sich, wenn mehrere Spalte gleicher Breite in regelmäßigen Abständen nebeneinander angeordnet werden. Die Spalte können auch als spiegelnde Flächen ausgebildet sein, man spricht dann von einem *Gitter* (Reflexionsgitter, Beugungsgitter).

Fällt auf ein Reflexionsgitter eine ebene Welle unter dem Winkel α (Bild 1.32), dann wird in Richtung β in das Winkelelement $\mathrm{d}\beta$ die Intensität $\mathrm{d}I$ gebeugt

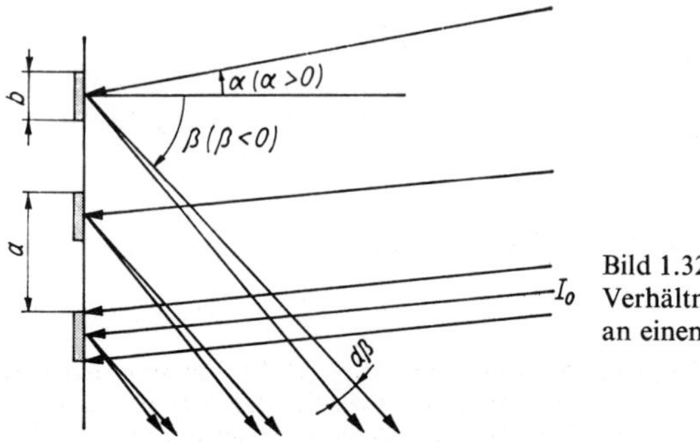

Bild 1.32. Geometrische Verhältnisse der Beugung an einem Reflexionsgitter

(Bilder 1.33 bis 1.35):

$$\mathrm{d}I = I_0 \left\{ \frac{\sin\left[\frac{\pi b}{\lambda}(\sin\alpha + \sin\beta)\right]}{\frac{\pi b}{\lambda}(\sin\alpha + \sin\beta)} \right\}^2 \left\{ \frac{\sin\left[\frac{N_\mathrm{S} a\pi}{\lambda}(\sin\alpha + \sin\beta)\right]}{\sin\left[\frac{\pi a}{\lambda}(\sin\alpha + \sin\beta)\right]} \right\}^2 \mathrm{d}\beta \tag{1.93}$$

I_0 Intensität je Längeneinheit, die auf ein Streifenelement der Breite b einfällt
N_S Anzahl der Streifen, die von der einfallenden Welle beleuchtet werden

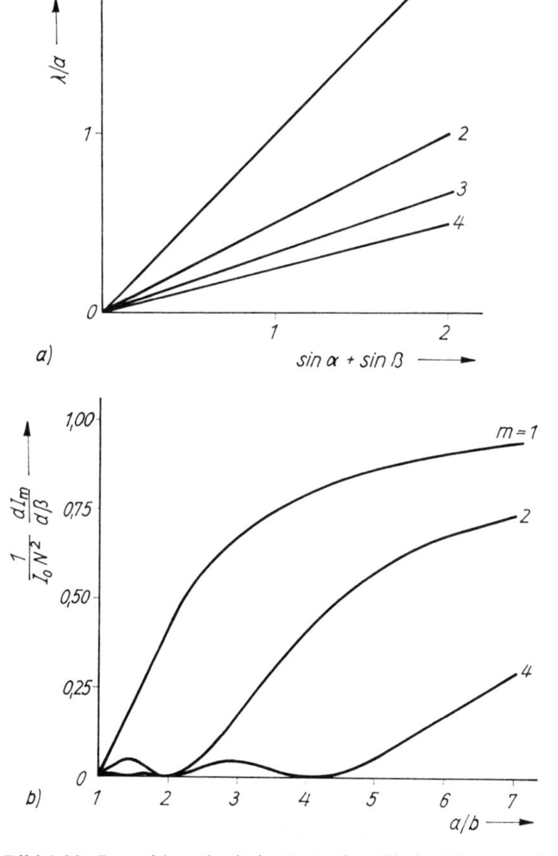

Bild 1.33. Lage (a) und relative Intensität (b) der Hauptmaxima eines Beugungsgitters (in den Nebenmaxima ist die Intensität für $N > 10$ kleiner als 5% der der Hauptmaxima, vgl. Bild 1.34). m Ordnungszahl der Beugung

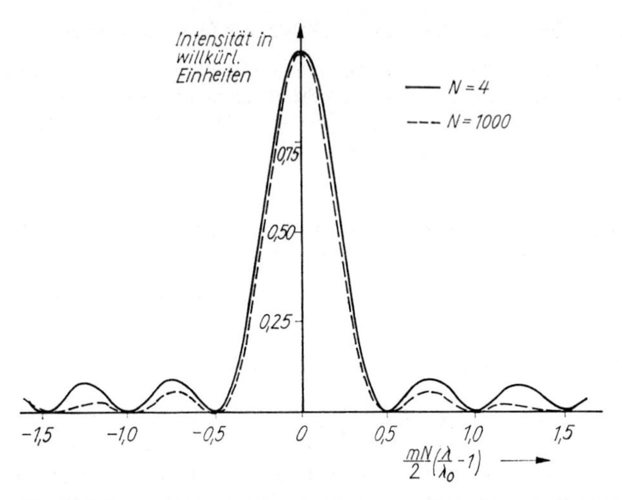

Bild 1.34. Intensitätsverteilung des Beugungsbildes einer eingestrahlten Linie der Wellenlänge λ_0 mit der Linienbreite $\delta\lambda_0 = 0$ für verschiedene Zahlen N beleuchteter Gitterlinien ($a/b = \sqrt{10}$)

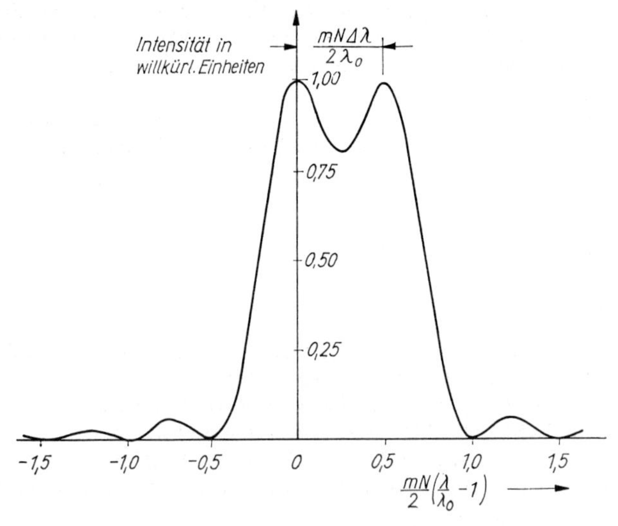

Bild 1.35. Intensitätsverteilung des Beugungsbildes zweier eingestrahlter Linien (λ_0 und $\lambda_0 + \Delta\lambda$) jeweils mit den Linienbreiten $\delta\lambda = 0$ ($a/b = \sqrt{10}$, $\Delta\lambda = \lambda_0/mN$)

Intensitätsmaxima treten auf für $\sin\alpha + \sin\beta = m\lambda/a$. Diese Maxima werden in ihrer absoluten Höhe moduliert durch den zweiten Faktor in Gl. (1.93). Dieser wird maximal jeweils für $\sin\alpha + \sin\beta = l\lambda/b$ (l ganze Zahl).

Anwendung eines Beugungsgitters zur Wellenlängendiskriminierung

Bei festem Einfallswinkel α tritt die zur Wellenlänge λ gehörende maximale Intensität unter dem Winkel $\sin \beta = \lambda/a - \sin \alpha$ auf. Das heißt, zu jeder Wellenlänge λ gehört ein anderer Winkel β. In dieser Weise tritt eine *Wellenlängendispersion* auf. Der kleinste, noch beobachtbare Wellenlängenunterschied beträgt:

$$\delta\lambda = \lambda/N_S \tag{1.94}$$

Beispiel: Die ausgeleuchtete Anzahl der Streifen sei $N_S = 1000 \cdot 100 = 10^5$ (1000 Streifen/mm $\times$ 100 mm). Bei $\lambda = 0{,}5$ µm wird dann $\delta\lambda = 5 \cdot 10^{-6}$ µm $= 5 \cdot 10^{-12}$ m.

1.3. Nachweis elektromagnetischer Strahlung

Der Nachweis elektromagnetischer Strahlung vom ultravioletten bis zum infraroten Spektralbereich erfolgt durch Beobachtung ihrer *Wechselwirkung mit Materie.* Dies geschieht mittels kalorimetrischer, fotoelektrischer und fotochemischer Methoden sowie an Hand von Effekten der nichtlinearen Optik. Je nach Meßaufgabe und Eigenart der nachzuweisenden Lichtsignale werden unterschiedliche Meßtechniken angewendet und entsprechend ausgewählte Strahlungsempfänger eingesetzt.
Mit Einführung des Lasers ergaben sich für die Strahlungsmessung Erleichterungen, vor allem aber auch neue Probleme gegenüber konventionellen thermischen Lichtquellen. So gestatten *Monochromasie* und *Kohärenz* der stimulierten Emission eine bessere Trennung von Nutz- und Störsignalen; zugleich stellen die mit Lasern realisierbaren hohen Energiedichten und extrem kurze Ausstrahlungsdauer erhöhte Anforderungen z. B. an den *Dynamikumfang* und das *Zeitauflösungsvermögen* der Meßanordnung.

1.3.1. Grundlagen und Begriffe

Strahlungsgrößen

Die zu messenden Strahlungsgrößen sind strahlungsphysikalisch (radiometrisch) und lichttechnisch (fotometrisch) definiert (Tabelle 1.7).
Radiometrische Größen beschreiben die Strahlung unabhängig von den Eigenschaften irgendeines zu ihrer Messung verwendeten Detektors.
Fotometrische Größen beziehen sich auf die spektrale Empfindlichkeit des menschlichen Auges und sind dementsprechend auf den sichtbaren Spektralbereich begrenzt.
Umrechnung von radiometrischen und fotometrischen Größen: Grundlage hierfür sind (international festgelegt) der *relative spektrale Hellempfindlichkeitsgrad* V_λ (Bild 1.36), mit dem ein bei allen Wellenlängen gleich großer Strahlungsfluß vom helladaptierten menschlichen Auge bewertet wird, sowie das *energetische Lichtäquivalent* M_0. Es gibt denjenigen Strahlungsfluß an, den das Auge im Maximum der V_λ-Kurve bei $\lambda = 0{,}555$ µm als Lichtstrom 1 lm empfindet: $M_0 = 0{,}00147$ W/lm.

Der Kehrwert von M_0 ist das *fotometrische Strahlungsäquivalent* $K_{max} = M_0^{-1} = 683$ lm/W, so daß für Strahlung beliebiger Wellenlänge im sichtbaren Spektralgebiet gilt: $K = K_{max} V_\lambda$, gemessen in lm/W.

! Messungen an und mit Lasern werden in strahlungsphysikalischen Größen beschrieben. Sie werden häufig noch durch die Begriffe *Photonenstrom* (= Anzahl von Lichtquanten der Energie $h\nu$ je Zeit) statt *Strahlungsfluß* und *Photonenstromdichte* (= Anzahl von Lichtquanten der Energie $h\nu$ je Zeit und bestrahlte Fläche) statt *Bestrahlungsstärke* ergänzt.

Tabelle 1.7. Strahlungsgrößen

Strahlungsphysikalische (radiometrische) Größen

Größe	Einheit	Erläuterung
Strahlungsenergie Q (radiant energy)	J	auch Strahlungsmenge die in Form von Strahlung auftretende Energie 1 J = 1 W · s 1 cal = 4,1868 J 1 eV = $1{,}602 \cdot 10^{-19}$ J
Strahlungsfluß Φ (radiant flux, radiant power)	W	Strahlungsenergie je Zeit auch Strahlungsleistung (Photonenstrom)
Strahlstärke I (radiant intensity)	W/sr	der von einer Strahlungsquelle in den Raumwinkel Ω abgegebene Strahlungsfluß
Strahldichte L (radiance)	W/(m² · sr)	die Strahlstärke, mit der das Flächenelement dA_1 eines Strahlers in eine Raumrichtung strahlt, die mit der Flächennormalen den Winkel Θ_1 bildet
Bestrahlungsstärke E (irradiance)	W/m²	der auf das Flächenelement dA_2 eines Empfängers auftreffende Strahlungsfluß, wobei dessen Richtung mit der Flächennormalen den Winkel Θ_2 bildet (auch Photonenstromdichte)

$Q = \int \Phi \, dt$ $\qquad$ $\Phi = dQ/dt$ $\qquad$ $I = d\Phi/d\Omega$

Anmerkung: Bezogen auf ein Wellenlängenintervall $d\lambda$ wird auch von spektraler Strahl- bzw. Leuchtdichte L_λ und von spektraler Bestrahlungs- bzw. Beleuchtungsstärke E_λ gesprochen.

Für Licht der Wellenlänge λ beträgt die *Energie eines Photons*:

$$h\nu = \frac{1{,}24}{\lambda} \quad \left| \frac{h\nu \quad \lambda}{\text{eV} \quad \mu\text{m}} \right| \tag{1.95}$$

Beispiele: Für Gleichlicht der Wellenlänge $\lambda = 0{,}555\ \mu$m gilt: Strahlungsfluß 1 W = 680 lm = $2{,}8 \cdot 10^{18}$ Photonen/s.
Mit höchstempfindlichen Photonenzähltechniken wurden bereits Photonenströme von wenigen Photonen/s gemessen ($\lambda = 0{,}35\ \mu$m).

Lichttechnische (fotometrische) Größen

Größe	Einheit	Erläuterung
Lichtmenge Q (quantity of light)	lm · s	die von einer Lichtquelle in Form von Licht aufgebrachte Arbeit
Lichtstrom Φ (luminous flux)	lm	die von einer Lichtquelle ausgestrahlte Leistung, bewertet nach dem spektralen Hellempfindlichkeitsgrad V_λ des menschlichen Auges
Lichtstärke I (luminous intensity)	cd	gemessen in der Basiseinheit des SI: Die Candela ist die Lichtstärke in einer gegebenen Richtung von einer Quelle, die eine monochromatische Strahlung der Frequenz $540 \cdot 10^{12}$ Hz aussendet und deren Strahlstärke in dieser Richtung 1/683 W/sr beträgt. 1 cd = 1 lm/sr
Leuchtdichte L (luminance)	cd/m²	die fotometrisch bewertete Strahldichte 1 Nit (nt) = 1 cd/m² 1 Stilb (sb) = 1 cd/cm² 1 Apostilb (asb) = $(1/\pi)$ cd/m²
Beleuchtungsstärke E (illuminance)	lx	die auf eine Fläche bezogene Dichte des Lichtstromes 1 Lux (lx) = 1 lm/m² 1 Footcandle (fcd) = 10,764 lx 1 Phot (ph) = 10^4 lx

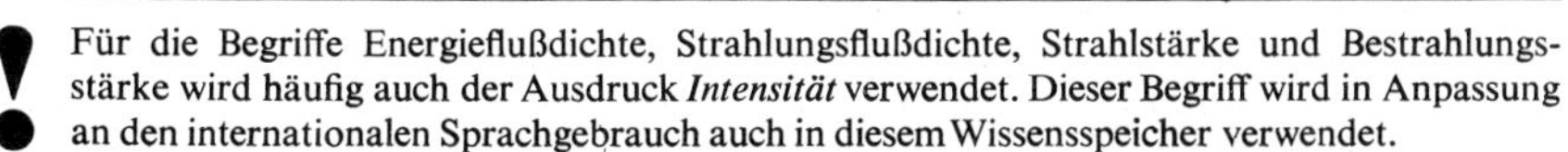

$$L = \frac{\mathrm{d}I}{\mathrm{d}A_1 \cos\Theta_1} = \frac{\mathrm{d}^2\Phi}{\mathrm{d}A_1 \cos\Theta_1\, \mathrm{d}\Omega} \qquad E = \frac{\mathrm{d}\Phi}{\mathrm{d}A_2}\cos\Theta_2 = \frac{I}{r^2}\cos\Theta_2$$

r Abstand Lichtquelle–Empfänger

! Für die Begriffe Energieflußdichte, Strahlungsflußdichte, Strahlstärke und Bestrahlungsstärke wird häufig auch der Ausdruck *Intensität* verwendet. Dieser Begriff wird in Anpassung an den internationalen Sprachgebrauch auch in diesem Wissensspeicher verwendet.

Ein einzelner ultrakurzer Neodymglas-Laserimpuls ($\lambda = 1{,}06\ \mu m$) mit einer Energie von 20 mJ und einer Zeitdauer von 10 ps ergibt, auf eine Fläche von 0,01 cm^2 fokussiert, dort eine *Bestrahlungsstärke* von $2 \cdot 10^{11}\ W/cm^2$ oder eine *Photonenstromdichte* von etwa 10^{30} Photonen/($cm^2 \cdot s$), die – trotz der extrem kurzzeitigen Einwirkung – bereits zur *Zerstörung optischer Medien* führen kann.

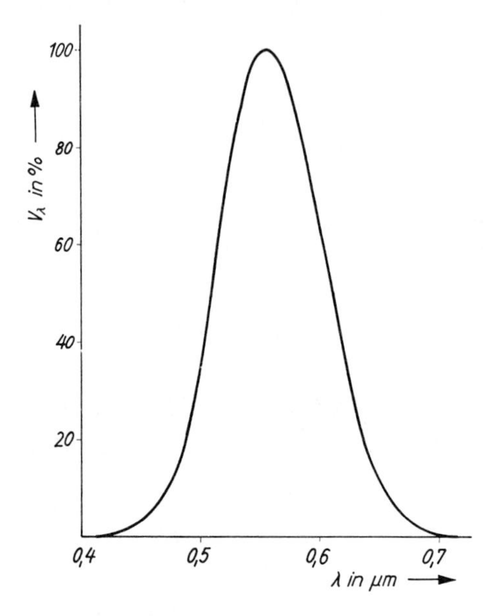

Bild 1.36. Relativer spektraler Hellempfindlichkeitsgrad V_λ des menschlichen Auges

Kennzeichnung der Strahlungsquellen

In der Praxis wird zwischen punktförmigen und ausgedehnten Strahlungsquellen unterschieden.

Eine *punktförmige Quelle* emittiert in alle Raumrichtungen mit der gleichen Strahlstärke $I = d\Phi/d\Omega$, und ein im Abstand r befindlicher Empfänger, dessen Flächennormale mit der Strahlrichtung den Winkel Θ_2 bildet, erhält eine Bestrahlungsstärke:

$$E = \frac{I}{r^2} \cos \Theta_2 \tag{1.96}$$

! Da es ideale Punktquellen nicht gibt, wird als Kompromiß meist vereinbart, einen Strahler dann als punktförmig zu betrachten, wenn seine Ausdehnung $\leqq 10\,\%$ des Abstandes zum Detektor ist und wenn er in alle Raumrichtungen hinreichend gleichmäßig emittiert.

Flächenhafte (ebene) Quellen, die entsprechend dem LAMBERTschen Cosinusgesetz in einen Halbraum mit einer Strahlstärke $dI = L\, dA_1 \cos \Theta_1$ je Flächenelement dA_1 strahlen (Strahldichte L), ergeben bei einer Strahlerfläche A_1 je Flächenelement dA_2 auf einem im Abstand r befindlichen Empfänger die Bestrahlungsstärke:

$$E = \frac{LA_1}{r^2} \cos \Theta_1 \cos \Theta_2 \tag{1.97}$$

Θ_1 bzw. Θ_2 Winkel, die die Normalen von Strahler- bzw. Empfängerfläche mit der gemeinsamen Verbindungslinie bilden

Abstandsquadrat-Gesetz

Wichtig ist die in den Beziehungen (1.96) und (1.97) enthaltene Abhängigkeit der Bestrahlungsstärke vom reziproken Abstandsquadrat. Sie wird in der Lichttechnik als *fotometrisches Grundgesetz* bezeichnet und gestattet (z.B. bei der Empfängerkalibrierung), durch einfache Entfernungsänderungen definierte Änderungen der Bestrahlungsstärke zu realisieren:

$$r_1^2 : r_2^2 = E_2 : E_1 \tag{1.98}$$

Strahlungsarten

Strahlungsquellen senden verschiedene Arten von Strahlung aus:

- zeitlich kontinuierliche oder *cw-Strahlung* (continuous wave), im sichtbaren Spektralbereich als *Gleichlicht* bezeichnet
- zeitlich periodisch veränderliche, meist intensitätsmodulierte Strahlung, entweder als harmonische Schwingung oder als Impulsfolge (gekennzeichnet durch Impulsbreite, Folgefrequenz und Tastverhältnis), im Sichtbaren als *Wechsellicht* bezeichnet
- Strahlungsimpulse (einzeln oder in nichtperiodischer Folge)

1.3.2. Nachweismethoden [1.17]

Kalorimetrische Nachweismethoden

Bei diesen Methoden wird Strahlungsenergie absorbiert und in Wärme umgewandelt, die dann eine Temperaturerhöhung im Absorber oder eine Änderung seines Aggregatzustandes hervorruft (Tabelle 1.8).

Die *Temperaturerhöhung* wird gemessen

- direkt mittels temperaturabhängiger elektrischer Eigenschaften des Absorbers selbst (z.B. Widerstandsänderung, Thermo-EMK, pyroelektrisches Signal)
- indirekt durch Temperaturfühler (z.B. Thermistoren) in Wärmekontakt mit dem absorbierenden Medium
- indirekt als Volumen- oder Druckänderung (z.B. Flüssigkeitskalorimeter, GOLAY-Zelle, optoakustischer Empfänger)

Zustandsänderungen lassen sich als Verschiebung des Massenverhältnisses der Komponenten, z.B. eines Zweiphasensystems, nachweisen, finden in der prak-

Tabelle 1.8. Nachweismethoden für Strahlung

Methode und Meßtechnik	Strahlungsempfänger und Signalgewinnung	Eigenschaften, bevorzugte Anwendung
Kalorimetrisch		
Umwandlung von Strahlungs- in Wärmeenergie, gemessen als Temperaturerhöhung		
● direkt durch temperaturabhängige elektrische Eigenschaften des Absorbers	thermo- und pyroelektrische Empfänger, Supraleitungsbolometer, Strom- bzw. Spannungsmessung	spektral nichtselektiv, Nachweis von cw- und Impulsstrahlung UV ... FIR, Betrieb bei Raumtemperatur bzw. (Supraleitungsbolometer) bei 1,5 ... 20 K, z. T. elektrisch kalibrierbar
● indirekt durch Temperaturfühler in Wärmekontakt mit dem Absorber	Festkörper- und Flüssigkeitskalorimeter in Verbindung mit thermoelektrischen Sensoren, Strom- bzw. Spannungsmessung	spektral nichtselektiv, Messung hoher Strahlungsenergien, große Zeitkonstanten, Betrieb bei Raumtemperatur, elektrisch kalibrierbar
● indirekt durch Volumen- oder Druckänderung	GOLAY-Zelle, optoakustischer Empfänger, optische bzw. elektrische Messung von Membranauslenkungen	spektral breitbandig (abhängig von Füllgas), hohe Belastbarkeit, Betrieb bei Raumtemperatur, Nachweis von cw- und Impulsstrahlung
Fotoelektrisch		
Erzeugung freier Ladungsträger (Fotoelektronen, Elektron-Loch-Paare) infolge Absorption von Strahlung (Photonen)		
● als äußerer Fotoeffekt (Fotoemission)	vakuumfotoelektrische Empfänger:	
	● Fotozellen, Foto-SEV, Strommessung	spektral selektiv, hohe Empfindlichkeit, kleine Zeitkonstanten, Betrieb bei Raumtemperatur, Kalibrierung durch optische Standards, cw- und Impulsmessung, UV ... NIR
	● fotoelektrische Bildwandler und Bildverstärker, fotografische oder OVA-Schirmbildregistrierung, Verstärkung durch Mikrokanalplatten (MCP)	Bilderfassung und -verstärkung, spektral selektiv, Betrieb bei Raumtemperatur, Kurzzeitmessungen durch elektronenoptischen Verschluß (gate) bzw. Ablenkung (streak)

Tabelle 1.8 (Fortsetzung)

Methode und Meßtechnik	Strahlungsempfänger und Signalgewinnung	Eigenschaften, bevorzugte Anwendung
● als innerer Fotoeffekt (Fotoleitung, Foto-EMK)	Festkörper-Fotoempfänger: ● Fotodioden, Fotoelemente, Fotowiderstände, Strom- bzw. Spannungsmessung, Stromverstärkung in Avalanche-Fotodioden	spektral selektiv, Betrieb bei Raumtemperatur, im IR Detektorkühlung auf 77 ... 4 K, hohe Empfindlichkeit, z. T. kleine Zeitkonstanten, Kalibrierung durch optische Standards, cw- und Impulsmessung, VIS ... FIR
	● Fotodiodenzeilen und -matrizen, Strom- bzw. Spannungsmessung ● Bildaufnahmeröhren vom Vidikon-Typ (Si-Multidiodentarget u. a.), Strom- bzw. Spannungsmessung (Video-Signal)	Bilderfassung VIS ... IR (optische Vielkanalanalyse), ggf. PELTIER-Kühlung
● als photon-drag-Effekt (Impulsübertragung auf freie Ladungsträger im Kristall)	Ge-photon-drag-Detektor, Spannungsmessung	spektral selektiv, Betrieb bei Raumtemperatur, Messung hoher Impulsenergien
Fotochemisch		
Fotolyse, Fotosynthese infolge Strahlungseinwirkung, quantitative Bestimmung der fotochemischen Reaktionsprodukte		
● Fotolyse von Silbersalzen	Fotografische Emulsion, densitometrische Bestimmung der optischen Schwärzung	Bilderfassung, spektral selektiv, zeitintegrierende Messung bei Raumtemperatur, geringer Dynamikbereich
Ausnutzung nichtlinearer optischer Effekte (NLO-Methoden) s. Tabelle 1.9		

tischen Strahlungsmessung jedoch kaum Anwendung. Als Absorber werden sowohl Festkörper als auch Flüssigkeiten und Gase eingesetzt.

Kalorimetrische Nachweismethoden haben den *Vorzug*, daß weitgehend wellenlängenunabhängig und ohne Detektorkühlung gemessen werden kann. Vor allem aber gestatten sie die Absolutbestimmung von Strahlungsenergien und eine im Prinzip einfache elektrische Empfängerkalibrierung.

Eine Wärmemenge ΔQ bewirkt eine Temperaturerhöhung ΔT in einem Festkörper- oder Flüssigkeitskalorimeter der Absorbermasse m bzw. eine Volumenzunahme ΔV in einem Flüssigkeitskalorimeter der Absorberdichte ϱ entsprechend:

$$\Delta Q = c_p m \Delta T = \varrho \frac{1}{\beta} c_p \Delta V \tag{1.99}$$

c_p spezifische Wärmekapazität des Absorbermaterials bei konstantem Druck
β Volumen-Temperaturkoeffizient

Absolutwerte der Energie und (bei bekanntem Zeitverlauf) auch der Leistung der Meßstrahlung ergeben sich danach unmittelbar aus ΔT bzw. ΔV und den Kalorimetergrößen c_p und m bzw. c_p, ϱ und β. Ihre Genauigkeit, d.h. die Übereinstimmung von ΔQ mit der zu messenden Strahlungsenergie, hängt davon ab, wie gut Wärmeverluste (durch Reflexion, Wärmeleitung, Rückstrahlung und Konvektion) vermieden und temperaturabhängige Kalorimetereigenschaften (z. B. c_p) kontrolliert werden.

Fotoelektrische Nachweismethoden

Diese Nachweismethoden beruhen auf der direkten Umwandlung von Strahlung in ein elektrisches Signal, das

- beim äußeren Fotoeffekt als *Fotoemissionsstrom*
- beim inneren Fotoeffekt als *Fotoleitungsstrom* oder Foto-EMK

gemessen wird.
Die verwendeten Fotoempfänger sind *Halbleiter-Quantendetektoren* mit hoher, aber spektral selektiver Empfindlichkeit.

Zu den fotoelektrischen Methoden im weiteren Sinne gehört der *Nachweis von UV- und VUV-Strahlung*, entweder direkt durch Fotoionisation von Gasen oder indirekt durch eine Transformation in längerwellige Spektralbereiche mittels fluoreszierender Substanzen (Natriumsalicylat u.ä.).
Bei der *photon-drag-Methode* wird als fotoelektrisches Signal der Spannungsgradient gemessen, der z.B. in p- oder n-dotiertem Germanium dadurch entsteht, daß die bei kurzzeitiger Bestrahlung in das Material eindringenden Photonen ihren Impuls an dessen freie Ladungsträger abgeben und diese durch den Kristall »treiben«.

Fotochemische Nachweismethoden

Diese Methoden nutzen die Auslösung bestimmter *chemischer Reaktionen* durch Strahlungseinwirkung aus. Dabei dient die Menge der (z. B. bei einer Fotolyse oder Fotosynthese) entstehenden Reaktionsprodukte als eindeutiges Maß für die Bestrahlung, d. h. für das Produkt aus Bestrahlungsstärke und Expositionsdauer.
Die »Empfänger« sind feste, flüssige oder gasförmige Substanzen definierter Masse bzw. Dichte, die als *zeitintegrierende Quantendetektoren* wirken und beim Nachweis meist irreversibel verändert werden.
Die bekannteste fotochemische Methode ist der *fotografische Nachweis* durch Fotolyse von Silbersalzen (AgBr, AgCl, AgI), die dispers (Korngröße etwa 1 μm) in einer fotografischen Emulsion verteilt sind. Der Dynamikumfang des fotografi-

schen Nachweises ist gering, die Kurve (Bild 1.37) hat nur über maximal 2 Dekaden der Bestrahlung Et einen Anstieg $\gamma = 1$, d.h. einen linearen Zusammenhang mit der fotografischen Schwärzung.

Auch innerhalb des linearen Bereiches der fotografischen Schwärzungskurve gibt es Abweichungen von der Reziprozitätsregel. Es ist nicht gleichgültig, ob die Bestrahlung Et durch hohe Bestrahlungsstärken in kurzer Zeit oder durch geringe Bestrahlungsstärken über lange Zeit erfolgt.

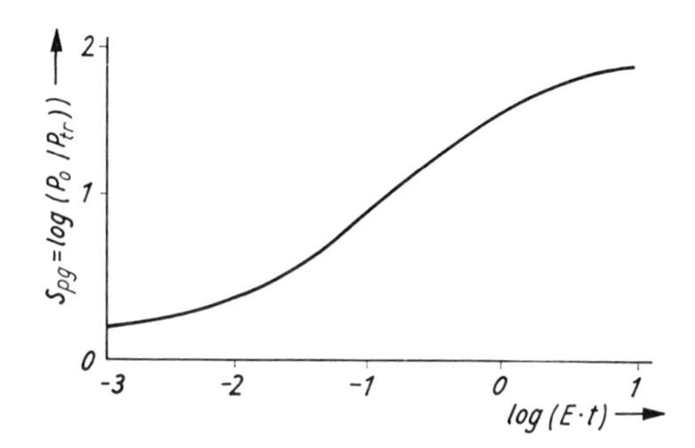

Bild 1.37. Fotografische Schwärzungskurve

Nichtlineare optische Effekte (NLO-Effekte)

Diese Effekte werden in speziellen Meßtechniken ausgenutzt, um die *Dauer ultrakurzer Laserimpulse* zu bestimmen. Dies geschieht, indem:

- die zu untersuchende Strahlung aufgeteilt und so geführt wird, daß sich zwei Teilstrahlen in einem optisch nichtlinearen Medium überlagern und dort z.B. eine *Zweiquantenfluoreszenz* anregen oder die zweite Harmonische zu ihrer Grundwelle erzeugen
- der zu untersuchende Strahlungsimpuls als *Zeitsonde* benutzt wird, um die Reaktion eines optisch nichtlinearen Mediums auf die Anregung durch einen gleichartigen intensiven Strahlungsimpuls abzufragen. Solche *schnellen Schalter* beruhen z.B. auf dem optischen KERR-Effekt oder auf der sättigbaren Absorption.

Die einzelnen Techniken (Tabelle 1.9) unterscheiden sich u.a. dadurch, ob die Information aus einem Impuls erhalten oder in einem optischen Samplingverfahren aus vielen Impulsen (bei schrittweise gegeneinander verzögerten Teilimpulsen) zusammengesetzt wird, ob die Teilstrahlengänge kollinear oder nichtkollinear geführt werden und ob ein die Auswertung erschwerendes *Untergrundsignal* auftritt oder nicht.
Die erreichbare Zeitauflösung wird vor allem durch die (mechanisch einstellbare) optische Verzögerung (30 μm $\triangleq$ 0,1 ps) bzw. durch die Reaktionszeit des optisch nichtlinearen Mediums (z.B. 2 ps Relaxationszeit des optischen KERR-Effektes in CS_2) bestimmt.

Die Auswertung der Messungen wird äußerst kompliziert, wenn es sich nicht um einfache Impulsformen, sondern um strukturierte Impulse oder Impulsgruppen handelt.

Tabelle 1.9. Gebräuchlichste Meßtechniken zur Bestimmung der Dauer ultrakurzer Laserimpulse auf der Grundlage von NLO-Effekten

NLO-Effekt	Meßtechnik	Charakteristische Merkmale	Typische Anwendung
Zweiphotonen-fluoreszenz in Flüssigkeiten (TPF)	Überlagerung zweier gegenläufiger Teilstrahlen in der Flüssigkeitsküvette fotografischer oder fotoelektrischer Nachweis der räumlichen Fluoreszenzintensität	Ein-Schuß-Technik mit Untergrundsignal	Messungen an Festkörper-Impulslasern, z. B. mit Rhodamin 6G für $\lambda = 1{,}06\ \mu m$ und für $\lambda = 0{,}694\ \mu m$
Erzeugung der zweiten Harmonischen in Kristallen (SHG)	Überlagerung zweier optisch gegeneinander verzögerter ● kollinearer Teilstrahlen gleicher Polarisationsrichtung (SHG 1. Art) ● kollinearer, senkrecht zueinander polarisierter Teilstrahlen (SHG 2. Art) ● nichtkollinearer Teilstrahlen gleicher Polarisationsrichtung (Summenfrequenzbildung) fotoelektrische Impulsenergiemessung	Mehrschuß-Technik mit Untergrundsignal ohne Untergrundsignal ohne Untergrundsignal	Messungen an modensynchronisierten cw-Farbstofflasern, z. B. mit $LiIO_3$- oder KDP-Kristallen
Optischer KERR-Effekt in Flüssigkeiten (optisches Tor)	Überlagerung eines intensiven Anregungs-(»Aufschalt«-)Impulses mit einem zeitlich verzögerbaren Meßimpuls KERR-Medium zwischen gekreuzten Polarisatoren fotoelektrische Impulsenergiemessung	Mehrschuß-Technik oder Ein-Schuß-Aufnahmen bei gekreuztem Teilstrahlengang ohne Untergrundsignal	Festkörper-Impulslaser oder modensynchronisierter cw-Farbstofflaser, z. B. mit CS_2 als KERR-Medium

Anmerkung: In Einzelfällen werden NLO-Effekte höherer als zweiter Ordnung ausgenutzt, z. B. die Erzeugung der dritten und vierten Harmonischen oder die Anregung einer Dreiphotonenfluoreszenz.

1.3.3. Eigenschaften und Kenngrößen der Strahlungsempfänger

Thermische Empfänger (Tabelle 1.10) haben den Vorzug, unabhängig von der Wellenlänge der Meßstrahlung nur auf die Größe der Bestrahlungsstärke zu reagieren. Ihre spektrale Empfindlichkeit wird durch die Eigenschaften des Absorbers bestimmt und kann vom UV bis zum fernen IR (FIR) nahezu konstant gehalten werden. Ihr Betrieb erfordert keine Kühlung (Ausnahme: Supraleitungsbolometer). Im Vergleich zu Quantendetektoren haben sie allgemein größere Zeitkonstanten und eine deutlich geringere Empfindlichkeit.

Tabelle 1.10. Eigenschaften von thermischen und Quantendetektoren

	Thermische Empfänger	Quantenempfänger
Nachweisempfindlichkeit (integral)	gering	sehr groß (Nachweis weniger Photonen je s)
Zeitverhalten	große Zeitkonstanten (min bis µs, darunter in Ausnahmen)	sehr kleine Zeitkonstanten (bis 10^{-12} s)
Detektivität	nahe der theoretischen Grenze (abhängig von Betriebs- und Meßbedingungen)	
Spektrale Empfindlichkeit	breitbandig, nahezu konstant vom UV bis zum fernen IR (FIR) möglich	schmalbandig, langwellige Grenze, abhängig von der Energiebandstruktur des Detektormaterials
Arbeitstemperatur	Raumtemperatur, keine Kühlung erforderlich	z. T. Raumtemperatur, für IR-Nachweis Kühlung 77 ... 1,5 K erforderlich
Kalibrierbarkeit	unabhängig von optischen Strahlungsnormalen elektrisch kalibrierbar	abhängig von optischen Strahlungsnormalen
Bevorzugte Anwendung	IR- und FIR-Nachweis, Messung hoher Impulsenergien	zeitlich hochaufgelöste und hochempfindliche Messungen vom UV bis FIR

Quantenempfänger reagieren auf die Zahl der Photonen der Meßstrahlung mit einer spektral selektiven Empfindlichkeit, deren Verlauf und langwellige Grenze von den elektronischen Energiezuständen des Detektormaterials bestimmt werden. Sie zeichnen sich durch *hohe Nachweisempfindlichkeit* und *kleine Zeitkonstanten* aus, müssen beim Einsatz im IR jedoch stark gekühlt werden (77 K im mittleren, 4 K im fernen IR), um thermische Anregungen von Ladungsträgern zu unterdrücken.

Empfindlichkeit

Nachweisempfindlichkeit S des Empfängers:

$$S = \frac{\text{cw- bzw. Effektivwert des Empfängersignals}}{\text{cw- bzw. Effektivwert der auftreffenden Strahlungsleistung}} \tag{1.100}$$

S in A/W bzw. V/W

Zeitverhalten

Ist die zu messende Strahlungsleistung P zeitlich moduliert [$P = P(t)$], so läßt sich das Zeitverhalten des Empfängers im Ersatzschaltbild i.allg. durch ein RC-Glied darstellen, und die Abhängigkeit seiner Empfindlichkeit S von der Modulationsfrequenz f der Meßstrahlung wird durch den *Frequenzgang* ausgedrückt:

$$S(f) = S_0 \frac{1}{\sqrt{1 + (2\pi f\tau)^2}} \,. \tag{1.101}$$

S_0 Empfindlichkeit bei Gleichlicht

Die *Zeitkonstante* $\tau = RC$ ist ein Maß für die Trägheit, mit der der Empfänger zeitlich periodischen Änderungen der Strahlungsleistung folgt. Mit ihr ist eine Grenzfrequenz f_g definiert, bei der das gewonnene Signal auf $1/\sqrt{2}$ seines cw-Wertes abgesunken ist:

$$f_g = \frac{1}{2\pi\tau}, \quad \tau = RC \tag{1.102}$$

Beim Nachweis einzelner Strahlungsimpulse wird das Zeitverhalten des Empfängers durch seine *Anstiegszeit* $\tau_a = 2{,}2\tau$ charakterisiert. τ_a ist die Zeit, in welcher das Signal u_S von 10% auf 90% seines Maximalwertes ansteigt, wenn der Empfänger mit einer optischen Sprungfunktion $P(t) = 0$ für $t < 0$; $P(t) = 1$ für $t \geqq 0$, d.h. mit einem Einschaltimpuls unendlich steiler Flanke, belichtet wird (Bild 1.38):

$$f_g\tau_a \approx 0{,}35, \quad \tau_a = 2{,}2RC \tag{1.103}$$

! Die Zeitkonstante τ des Empfängers enthält *zwei* Größen: die Zeitkonstante des primären Nachweiseffektes und die der Signalbildung.

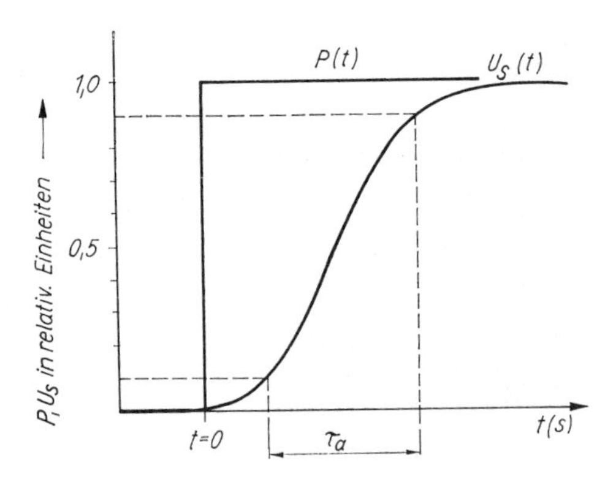

Bild 1.38. Anstiegszeit τ_a eines Strahlungsempfängers

Rauschen

Die minimal nachweisbare Strahlungsmenge wird durch statistische Schwankungen bestimmt, die in der Meß- und Hintergrundstrahlung selbst sowie bei ihrer Umwandlung in ein elektrisches Signal und bei dessen Verstärkung auftreten. Sie werden allgemein als *Rauschen* bezeichnet und sind Ausdruck thermischer Fluktuationen sowie der Quantennatur der Strahlung und ihrer Wechselwirkung mit Materie.

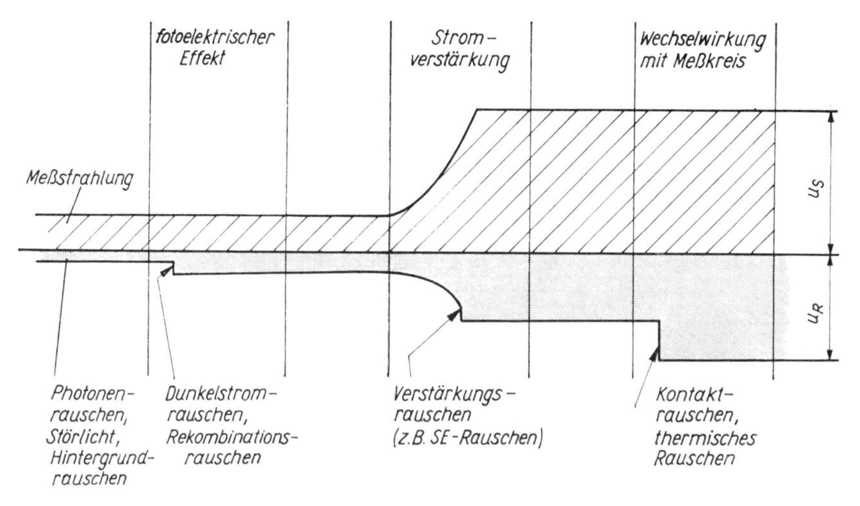

Bild 1.39. Rauschanteile beim fotoelektrischen Strahlungsnachweis

Die verschiedenen Rauschanteile, die beim Strahlungsnachweis zu berücksichtigen sind (Bild 1.39), bewirken statistische Schwankungen im Ausgangssignal des Detektors. Der Signalstrom i_S ist mit einem Rauschanteil i_R behaftet, und jede Messung ist durch ein bestimmtes *Signal-Rausch-Verhältnis SNR* (**s**ignal-**n**oise **r**atio) gekennzeichnet:

$$SNR = \frac{\text{Signalleistung } N_S}{\text{Rauschleistung } N_R} = \frac{\overline{i_S^2}}{\overline{i_R^2}} \tag{1.104}$$

überstrichene Größe: zeitlicher Mittelwert

Eine einzelne Messung liefert nur für $SNR \geqq 1$ sinnvolle Ergebnisse und wird um so genauer, je größer der Quotient N_S/N_R ist.
Der Fall $SNR = 1$ ergibt die *Nachweisgrenze* des Empfängers. Das dann als Rauschspannung $u_R = i_R R_a \sim \sqrt{B}$ gemessene Signal (B Frequenzbandbreite der Nachweisanordnung) wird so betrachtet, als käme es entsprechend der Empfängerempfindlichkeit S durch eine bestimmte, auf seinen Eingang gegebene Strahlungsleistung zustande. Diese *rauschäquivalente Strahlungsleistung NEP* (**n**oise **e**quivalent **p**ower) charakterisiert die kleinste Strahlungsmenge, die mit dem Empfänger in einer Meßzeit t nachgewiesen werden kann:

$$NEP = \frac{u_R}{S\sqrt{B}} \tag{1.105}$$

Die NEP (gemessen in $W/\sqrt{Hz}$) hängt außer von der Wellenlänge der Meßstrahlung und der Frequenzbandbreite B der Signalverarbeitung auch von der Arbeitstemperatur T_E des Empfängers, von seinem Gesichtsfeld (Öffnungswinkel) und seiner Empfängerfläche A sowie von der Umgebungstemperatur T_H und ggf. der Modulationsfrequenz f der Meßstrahlung ab.
Die *Detektivität*:

$$D^* = \sqrt{A}/NEP \tag{1.106}$$

eines Empfängers (gemessen in $cm \cdot \sqrt{Hz}/W$) kennzeichnet seine »*Nachweisfähigkeit*«. Dabei ist mit $\sqrt{A}$ berücksichtigt, daß das mittlere Rauschspannungsquadrat $\overline{u_R^2}$ bei vielen Empfängern der Größe der Empfängerfläche proportional ist.

! D^*- und *NEP*-Werte erfordern zusätzliche Angaben über Meßbedingungen (Farbtemperatur T_F und Modulationsfrequenz f der Meßstrahlung, Frequenzbandbreite B der Nachweisanordnung) sowie Empfängerparameter (Gesichtsfeld, Arbeitstemperatur T_E).

Für das Signal-Rausch-Verhältnis bei einer bestimmten Meßstrahlungsleistung P_M gilt:

$$SNR = P_M \frac{D^*}{\sqrt{AB}} \tag{1.107}$$

Nachweisgrenzen [1.2]

Ausgehend von der *NEP* lassen sich die Grenzen berechnen, die dem Nachweis allein durch das Photonenrauschen der Meßstrahlung und die thermische Emission des Hintergrundes gesetzt sind (Bild 1.40):

Direkter fotoelektrischer Nachweis

Aus $SNR = 1$ ergibt sich die Nachweisgrenze $P_{M\,min}$:

$$P_{M\,min} = NEP = \frac{2h\nu}{\eta} B \tag{1.108}$$

Moderne Foto-SEV mit langwelliger Empfindlichkeitsgrenze im Sichtbaren und nahen IR kommen dieser Grenze sehr nahe.

Idealer Fotoleitungsempfänger

Für diese Empfänger liegt die *NEP* um $\sqrt{2}$ niedriger, wobei die geringste Nachweisempfindlichkeit ($NEP \approx 3 \cdot 10^{-10}$ W) dicht oberhalb von $\lambda = 10\ \mu m$ auftritt.

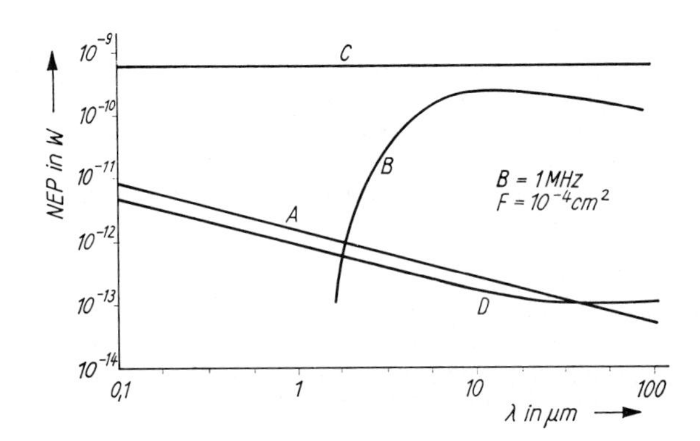

Bild 1.40. Nachweisgrenzen, nach [1.18].
A direkter fotoelektrischer Nachweis, B idealer Fotoleitungsempfänger (300 K, 2π), C thermischer Nachweis (300 K, 2π), D optischer Überlagerungsempfang

Grenze des thermischen Nachweises

Spektral breitbandige thermische Detektoren sind in ihrer Nachweisempfindlichkeit durch *thermische Hintergrundstrahlung* noch stärker begrenzt.

! In der Praxis wird der Einfluß der Hintergrundstrahlung auf thermische und fotoelektrische IR-Empfänger dadurch herabgesetzt, daß ihr Gesichtsfeld verkleinert und die spektrale Bandbreite (z.B. durch Filter) auf den Wellenlängenbereich der Meßstrahlung eingeengt wird.

Optischer Überlagerungsempfang

Für bestimmte Meßaufgaben (z.B. in der optischen Nachrichtenübertragung) werden *Homodyn-* oder *Heterodyntechniken* zur Demodulation breitbandig intensitätsmodulierter kohärenter Strahlung eingesetzt. Dabei wird die Welle der Meßstrahlung mit der eines festen (Laser-) Oszillators durch den Fotoeffekt so gemischt, daß die Differenzfrequenz als Zwischenfrequenz im HF-Bereich gemessen werden kann.

Empfängerkalibrierung

Strahlungsempfänger müssen kalibriert werden, um quantitative Meßergebnisse zu liefern. *Kalibrierung* bedeutet die Bestimmung der absoluten Nachweisempfindlichkeit S des Detektors bezüglich bestimmter Meßbedingungen, nämlich:

- der Wellenlänge λ der Meßstrahlung [spektrale Empfindlichkeit $S(\lambda)$]
- der Modulationsfrequenz f der Meßstrahlung [Frequenzgang $S(f)$]
- der zulässigen Bestrahlungsstärke (Dynamikumfang, Linearitätsbereich des Empfängers)

Die Ergebnisse der Kalibrierung werden als Empfängereigenschaften ausgewiesen und durch Angaben über Meßbedingungen und Betriebsparameter präzisiert.

! Die Kalibrierung muß von Zeit zu Zeit wiederholt werden, da alle Detektoren altern und dabei teils reversibel, meist aber irreversibel ihre Eigenschaften ändern.

Die Kalibrierung selbst erfolgt:

- direkt mit Hilfe *optischer Strahlungsnormale* (thermische, d.h. schwarze oder graue Strahler, deren spektrale Strahldichte L_λ entsprechend dem STEFAN-BOLTZMANNschen und PLANCKschen Strahlungsgesetz bekannt ist; Metalldampflampen für kürzere Wellenlängen)
- indirekt durch *Vergleich* mit anderen kalibrierten Detektoren

Strahlungsschwächung

Sowohl zur Bestimmung des Linearitätsbereiches von Detektoren als auch zur Messung von Strahlungsleistungen, die oberhalb der Belastungsgrenze eines Empfängers liegen, ist eine definierte Strahlungsschwächung erforderlich. Sie erfolgt durch:

- *Absorption* in geeigneten optischen Medien, die weder fluoreszieren noch »aufschalten« (die gegenüber den zu schwächenden Photonenstromdichten keine Nichtlinearitäten aufweisen)

- FRESNEL-*Reflexion* an geeigneten Strahlteilern (Bild 1.41), d.h. an dünnen Glas- oder Quarzscheiben im UV und im sichtbaren Spektralbereich, an dünnen Germaniumscheiben im IR
- Ausnutzung des *Abstandsquadrat-Gesetzes* nach diffuser Reflexion an streuenden Oberflächen (z.B. aus $BaSO_4$ oder MgO)
- *partielle Ausblendung* der Strahlung nach Streuung in einer ULBRICHTschen Kugel

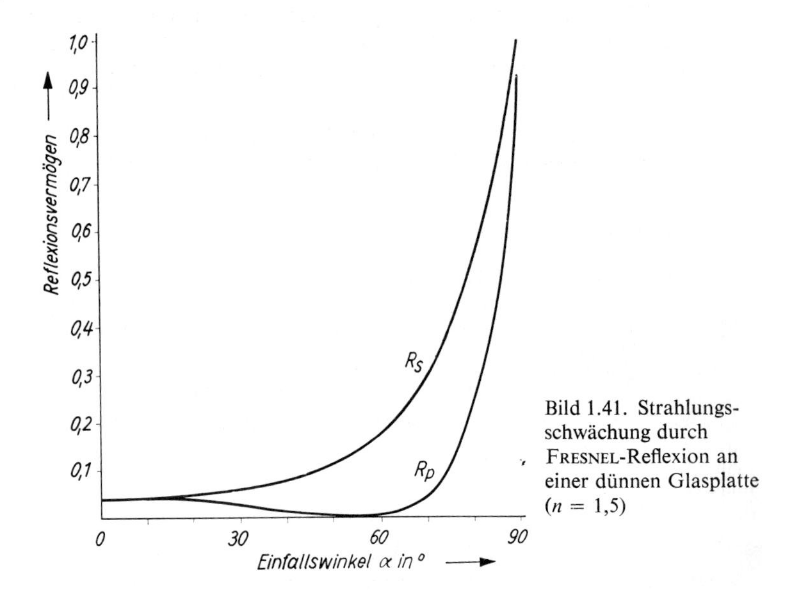

Bild 1.41. Strahlungsschwächung durch FRESNEL-Reflexion an einer dünnen Glasplatte ($n = 1{,}5$)

Der Vorteil der drei letztgenannten Verfahren besteht darin, daß der Schwächungsgrad allein von geometrischen Größen (Einfallswinkel, Entfernung, Aperturgröße) abhängt und mit diesen variiert und recht genau eingestellt werden kann.

1.3.4. Empfänger und Meßtechniken für den Nachweis von cw- und Impulsstrahlung

1.3.4.1. Thermische und IR-Fotoempfänger

Die Nachweisempfindlichkeit von thermischen und IR-Fotoempfängern wird als *Detektivität* $D^*(\lambda)$ angegeben (Bild 1.42).
Thermische Empfänger (Tabelle 1.11) liefern ein elektrisches Signal

- proportional einer *Temperaturänderung* ΔT
  - als elektrische Spannung infolge einer Thermo-EMK bei Erwärmung der Verbindungstelle(n) zweier verschiedener Metalle oder Halbleiter *(Thermoelement)*

– als Widerstandsänderung eines Metalles *(Bolometer)*
– als Widerstandsänderung eines Halbleiters *(Thermistor)*

- proportional einem *Temperaturgradienten* dT/dx
  – als elektrische Spannung infolge einer thermomagnetischen Kraft senkrecht zum longitudinalen Temperaturgradienten und transversalen Magnetfeld (ETTINGHAUSEN-NERNST-*Detektor*)
- proportional einer *zeitlichen Temperaturänderung* dT/dt
  – als elektrische Spannung infolge der Oberflächenladung, die in einem pyroelektrischen Material unterhalb seines CURIE-Punktes durch temperaturbedingte Änderung der Polarisation induziert wird *(pyroelektrischer Detektor)*.

Kalorimeter verwenden thermische Empfänger zur Anzeige der Temperaturerhöhung des Absorbers (Glasscheibe, Metall- oder Graphitkegel), die meist als Differenz gegenüber einem iden-

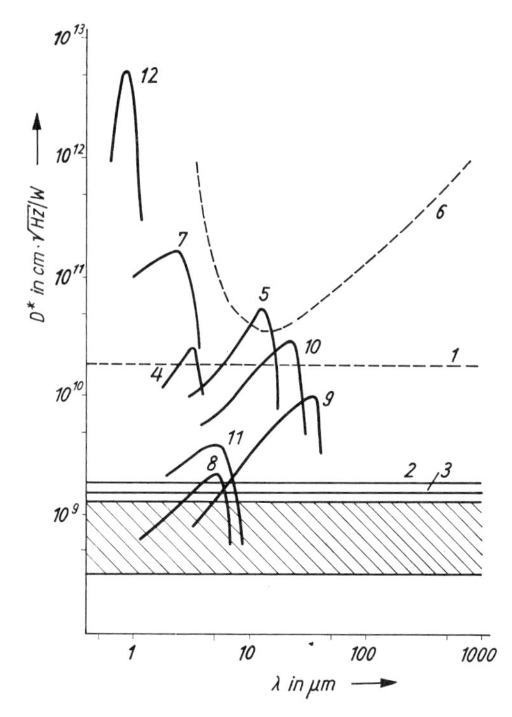

Bild 1.42. Detektivität $D^*(\lambda)$ verschiedener thermischer und IR-Fotoempfänger. *1* idealer thermischer Empfänger (300 K), *2* pyroelektrischer Detektor (TGS), *3* GOLAY-Zelle (schraffiert: thermoelektrische Empfänger), *4* HgCdTe (300 K), *5* HgCdTe (77 K, 60°), *6* idealer Fotoleitungsempfänger (300 K, 2π), *7* PbS (195 K, 1 kHz), *8* InSb (195 K, 900 Hz), *9* Ge:Zn (4,2 K, 800 Hz), *10* Ge:Cu (4,2 K, 900 Hz, 60°), *11* Ge:Au (65 K, 900 Hz), *12* Si (77 K)

Tabelle 1.11. Thermische Empfänger und Kalorimeter

Empfänger	Spektralbereich µm	Empfängerfläche mm^2	Nachweisempfindlichkeit	Zeitkonstante¹) µs	Max. Energiedichte²) J/cm^2
Thermoelement, Thermosäule, Bolometer	0,2 ... >100	0,1 ... >10	$10^8 ... 10^9$ ³)	$10^1 ... >10^4$	
Supraleitungsbolometer⁴)	30 ... >100	0,1 ... >10	$10^{11} ... 10^{12}$ ³)	≈1	
GOLAY-Zelle	<1 ... >100	5 ... 20	$10^9 ... 10^{10}$ ³)	$>10^4$	
Optoakustischer Detektor	2 ... >30	1 ... $>10^3$	10^{-10} ⁵)	$>10^3$	>10
Pyroelektrischer Detektor⁷)	0,1 ... >100	<1 ... $>10^3$	$10^7 ... 10^9$ ³) <0,1 µJ ²)	$<10^{-3} ... >1$	≦1
Feindraht-Kegelbolometer	<1 ... >20	≈80	≧200 µJ ²)	$>10^3$	<1
Metallkegelkalorimeter⁷)	0,2 ... >20	≈10	≧5 µJ ²)	$<10^6$	<0,3
Festkörperabsorberkalorimeter (Glasscheibe, Spezialwerkstoff)⁷)	0,265 ... >2	80 ... 300	≧100 µJ ²)	$\approx 10^6$	4 ... 10 ⁶)
Flüssigkeitsabsorberkalorimeter	0,5 ... >3	500	30 µV/J ²)	$>3 \cdot 10^9$	50

¹) charakterisiert die Signaleinstellzeit (die Erholzeit zwischen zwei aufeinanderfolgenden Impulsbelichtungen kann um ein Vielfaches länger sein), ²) je 20-ns-Impuls, ³) D^* in $cm \cdot Hz^{1/2}/W$, ⁴) Arbeitstemperatur 1,5 ... 21 K, ⁵) *NEP* in $W/Hz^{1/2}$ für 1 cm Absorptionslänge, ⁶) Belastbarkeit für ps-Impulsbelichtung bis 10^{11} W/cm^2, ⁷) elektrisch kalibrierbar

tischen zweiten Absorber gemessen wird, der sich auf gleicher Umgebungstemperatur befindet, aber nicht bestrahlt wird.

Feindrahtkalorimeter (Rattennest-, Drahtkegel- oder Paralleldrahtkalorimeter) sind eigentlich Bolometer, bei denen der Metalldraht zugleich als Absorber der zu messenden Strahlung dient.

! Im allgemeinen haben Kalorimeter vergleichsweise geringe Empfindlichkeiten und große Zeitkonstanten. Sie zeichnen sich aber durch große Belastbarkeit aus und eignen sich daher besonders zur *Messung von Laserimpulsen hoher Energie* bzw. Leistung.

Der *pyroelektrische Detektor* nimmt mit hoher Empfindlichkeit und kleiner Zeitkonstante eine gewisse Sonderstellung unter den thermischen Empfängern ein. Er besteht aus einer dünnen, senkrecht zur Polarisationsrichtung des Materials geschnittenen Scheibe, die entweder direkt als Absorber wirkt oder ihre Temperaturänderung durch eine einseitig aufgedampfte Absorberschicht erfährt. Nachweisempfindlichkeit und Frequenzgang hängen wesentlich vom Arbeitswiderstand R_a ab (Bild 1.43).

! Da Pyrodetektoren als Ferroelektrika auch piezoelektrische Eigenschaften aufweisen, kann ihre Nachweisempfindlichkeit durch Mikrofonie-Effekte beeinträchtigt werden. Langzeitig muß die Empfindlichkeit ggf. durch Repolarisation des verwendeten Materials neu eingestellt werden.

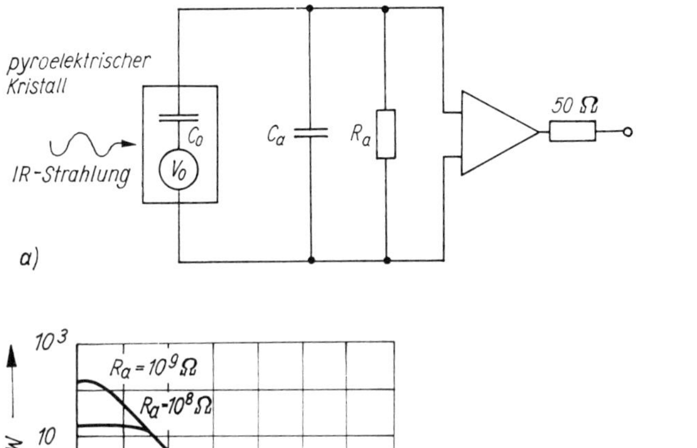

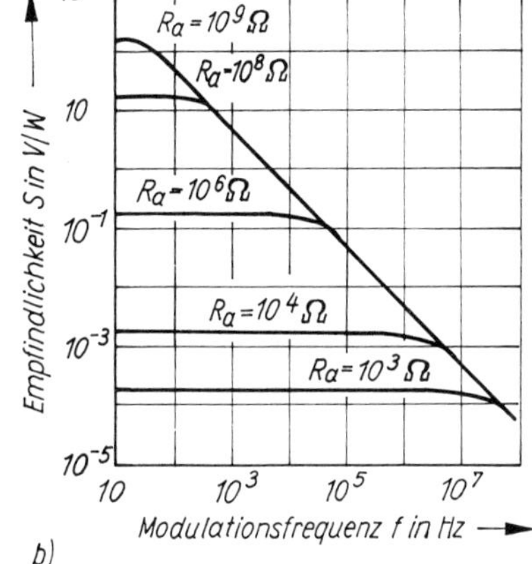

Bild 1.43. Pyroelektrischer Detektor. a) Schaltung (C_0 Eigenkapazität, C_a Meßkreiskapazität, R_a Arbeitswiderstand), b) Frequenzgang, nach [1.19]

IR-Fotoempfänger (Tabelle 1.12) sind in der Mehrzahl *Halbleiter* mit einem nahe der Oberfläche liegenden pn-Übergang (Bild 1.44). Im Bereich dieses pn-Überganges absorbierte Photonen $h\nu$ erzeugen dort Elektron-Loch-Paare, die durch hohe innere Feldstärken getrennt werden und als fotoelektrisches Signal dieser *Fotodioden*

- eine Fotospannung hervorrufen, die an dem (ohne Fremdspannung betriebenen) Detektor als Spannung abgenommen wird
- den hohen Dunkelwiderstand der (in Sperrichtung vorgespannten) Diode durch Fotoleitung um Größenordnungen herabsetzen

! Fotodioden zeichnen sich durch hohe Quantenausbeuten und eine herstellungstechnologisch wählbare Breite ihres pn-Überganges aus. Sie sind (z.B. beim optischen Überlagerungsempfang) für Messungen bei hohen Modulationsfrequenzen ($f \geqq 40$ GHz) einsetzbar. Schwierigkeiten bereitet die Verstärkung der (wegen der kleinen Empfängerfläche) geringen Signale (z.T. durch integrierte Vorverstärker), und von Nachteil ist die notwendige Kühlung auf 77 K bzw. 4 K im mittleren bzw. fernen IR.

Tabelle 1.12. IR-Fotoempfänger

Detektormaterial	Detektortyp[1])	Spektralbereich µm	Arbeitstemperatur K
Ge	FD, FE	0,4 ... 1,9	77; 295
	photon drag	1 ... 20	295
Ge:Au	FW	<1 ... 9	77
Ge:Au, Sb (p-Typ)	FW	1,5 ... 9	77
Ge:Au, Sb (n-Typ)	FW	<1 ... 3,5	77
Ge:Hg	FW	2 ... 14	4; 28
Ge:Cu	FW	1 ... 29	4
Ge:Zn	FW	2 ... 38	4
Si	FD	0,3 ... 1,15	200 ... 400
	FE	0,2 ... 1,15	200 ... 400
	AFD	0,3 ... 1,15	200 ... 400
InSb	FE	1 ... 5,6	77
	FW	1 ... 7	77; 295
PbS	FW	0,5 ... 4	77; 195; 295
PbSe	FW	1 ... 6	77; 195; 295
PbSnTe	FD, FE	<5 ... 12	77
GaAlSb	FD	1 ... 1,7	295
HgCdTe[5])	FW	1 ... 5	77; 295
	FW	6 ... 14	77
	FW	9 ... 20	77
CdS	FW	0,4 ... 0,9	295

[1]) FE – Fotoelement (Fotodiode ohne Vorspannung, photovoltaic mode), FD – Fotodiode (in Sperrichtung vorgespannt, photoconductive mode), FW – Fotowiderstand, AFD – Avalanche-Fotodiode, [2]) *NEP* in $W/Hz^{1/2}$, [3]) für Kanten-(edge-on-)Ausführungen <0,1 ns, [4]) Quantenausbeute η bei Sperrspannung 1 V, [5]) Spektralbereich und D^* abhängig von Zusammensetzung $Hg_{1-x}Cd_xTe$

Siliziumfotodioden nehmen unter den Festkörper-Fotoempfängern eine Sonderstellung ein, da ihre Spektralempfindlichkeit vom nahen IR über den gesamten VIS-Bereich bis ins nahe UV reicht. Sie zeichnen sich durch günstige Nachweiseigenschaften (Spektralcharakteristik, hohe Detektivität, kleine Zeitkonstante und einen über 9 Größenordnungen reichenden Linearitätsbereich), verbunden mit einer ausgereiften Herstellungstechnik aus. Sogenannte Kantenausführungen, bei denen nicht durch die Dotierungsschicht hindurch, sondern seitlich unmittelbar in den

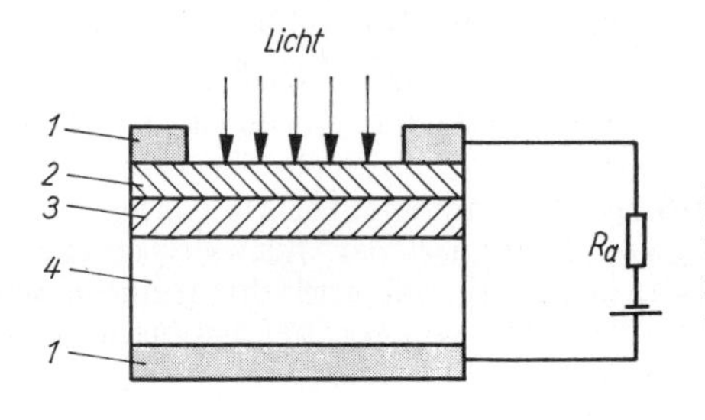

Bild 1.44. Si-pin-Festkörper-Fotodiode.
R_a Arbeitswiderstand, *1* metallischer Kontakt, *2* p-Zone, *3* Raumladungszone, *4* n-Zone

Empfängerfläche mm²	Detektivität D^* $cm \cdot Hz^{1/2}/W$	Anstiegszeit τ_a ns
0,01 ... >20	$10^{10} \dots 10^{11}$	$\geqq 1$
1 ... 10	10^3	0,1
	$10^9 \dots 10^{10}$	
	10^{10}	
0,01 ... 1	$5 \cdot 10^{11}$	$\approx 1 \dots > 10$
	$\leqq 2 \cdot 10^{10}$	
	$6 \cdot 10^{10}$	
	$1{,}5 \cdot 10^{10}$	
<0,1 ... >100	$5 \cdot 10^{-12} \dots 5 \cdot 10^{-14}$ [2])	<0,5 ... >50 [3])
1 ... >100	$5 \cdot 10^{-13} \dots 10^{-14}$ [2])	$\geqq 10 \dots > 10^3$
0,05 ... 0,5	$10^{-12} \dots 3 \cdot 10^{-15}$ [2])	<0,5 ... 4
<0,1 ... 6	$10^{10} \dots 10^{11}$	>100
0,05 ... 5	$10^8 \dots > 10^{10}$	>100
0,01 ... >100	$10^{10} \dots 8 \cdot 10^{11}$	$\geqq 10^5$
0,06 ... >100	$10^9 \dots 3 \cdot 10^{10}$	$\geqq 10^3$
<0,01 ... 6	$10^9 \dots 4 \cdot 10^{10}$	$20 \dots 10^3$
0,1 ... 0,2	>50%[4])	<10
0,025 ... >4	$10^9 \dots > 10^{11}$	$\geqq 50$
<1 ... >100	$> 10^{14}$	$\geqq 10^5$

pn-Übergang eingestrahlt wird, sind bis zu Wellenlängen $\lambda \approx 0{,}25\ \mu m$ empfindlich und weisen Anstiegszeiten $\tau_a < 100$ ps auf.

Avalanche-Ausführungen von Fotodioden erreichen eine innere Verstärkung des fotoelektrischen Signals um Faktoren von einigen Hundert, indem die primär freigesetzten Ladungsträger durch hohe, in Sperrichtung angelegte Vorspannungen beschleunigt werden und so durch Stoßionisation weitere Elektron-Loch-Paare erzeugen. Da Verstärkung und Dunkelstrom empfindlich von der Höhe der Vorspannung abhängen, ist ihr stabiler Betrieb über einen größeren Linearitätsbereich meist problematisch.

Fototransistoren ähneln gewöhnlichen Flächentransistoren, haben aber ein lichtdurchlässiges »Fenster«. Die bei Belichtung in der Basiszone entstehende Raumladung führt zu einer verstärkten Emission aus dem Emitter und damit zu einer Verstärkung des lichtelektrischen Signals um Faktoren 50 ... 100; ihre Zeitkonstanten liegen im 10^{-6}-s-Bereich.

Fotowiderstände, vorwiegend in Form dünner Schichten, weisen beträchtliche Empfindlichkeiten im Sichtbaren sowie im nahen und mittleren IR auf, aber sehr viel größere Zeitkonstanten als Halbleiterempfänger mit pn-Übergang. Sie werden vor allem für cw- und für zeitlich langsam veränderliche Strahlung eingesetzt.

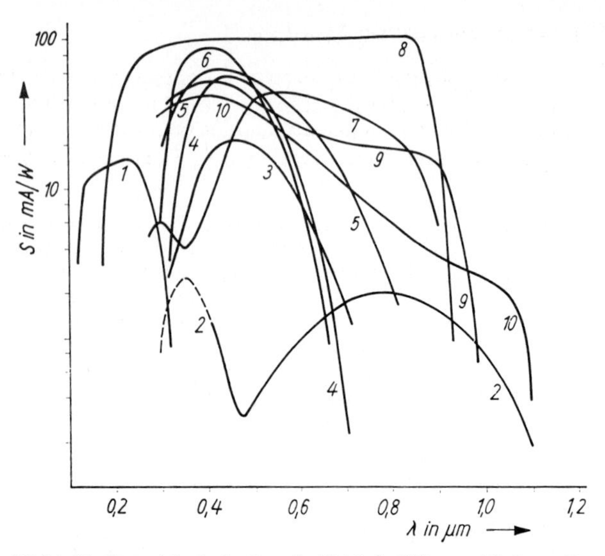

Bild 1.45. Fotoelektrische Empfindlichkeit $S(\lambda)$ verschiedener Fotokatoden, nach [1.20].
1 Cs-Te (LiF-Fenster), *2* Ag-O-Cs (S 1), *3* Bi-Ag-O-Cs (S 10), *4* Sb-Cs (S 11), *5* Sb-K-Na-Cs (S 20), *6* Sb-K-Cs, *7* ERMA III, *8* GaAs, *9* InGaAs I, *10* InGaAs III

Tabelle 1.13. Fotokatoden

Emitter-material	Fenster-material	Katoden-typ[1])	Bezeichnung	λ_{max} µm	λ_0 [2]) µm	thermische Emission A/cm² [3])
Ag-O-Cs	Glas, Quarz	D, A	S 1	0,8	1,2	$\leqq 10^{-12}$
Bi-Ag-O-Cs	Glas	D	S 10	0,45	0,75	$\approx 10^{-14}$
Sb-Cs	Glas, Quarz	A	S 4, S 5	0,40	0,66	$\approx 10^{-15}$
Sb-Cs	Glas	D	S 11	0,44	0,66	$\approx 10^{-15}$
Cs-Te	Quarz, LiF	D	–	0,25	0,355	$< 5 \cdot 10^{-16}$
CsI	LiF	D	–	0,16	0,22	$< 5 \cdot 10^{-16}$
Sb-K-Cs	Glas, Quarz	D, A	Bialkali	0,40	0,67	$< 10^{-16}$
Sb-Na-K-Cs	Glas, Quarz	D, A	S 20, Trialkali	0,40	0,85	$\approx 10^{-15}$
Sb-Na-K-Cs	Glas	D	S 25; ERMA II	0,53	0,88	$< 10^{-13}$
			ERMA III	0,575	0,92	$< 10^{-13}$
GaAs	UV-Glas	A	–	0,85	0,93	$< 10^{-13}$
GaAsP	Saphir	A	–	0,20	0,70	$\approx 10^{-14}$
InGaAs	UV-Glas	A	Typ I	0,40	0,98	$10^{-13} \ldots 10^{-14}$
			Typ II	0,40	1,03	$10^{-13} \ldots 10^{-14}$
			Typ III	0,40	1,10	$10^{-13} \ldots 10^{-14}$
InGaAsP	Saphir	A	–	0,30	1,15	$< 5 \cdot 10^{-12}$

[1]) A Aufsichtkatode, D Durchsichtkatode; [2]) entspr. 1% vom Maximum; [3]) bei 295 K

1.3.4.2. Detektoren mit äußerem Fotoeffekt

Hier handelt es sich um *Vakuumröhren*, die auf der Innenseite eines optisch transparenten Fensters (Glas, Quarz, Saphir, LiF o.ä.) oder auf einer massiven Metallelektrode eine dünne Halbleiterschicht als Durchsicht- bzw. Aufsichtfotokatode haben. Ihre Nachweisempfindlichkeit $S(\lambda)$ wird in A/W angegeben (Bild 1.45).

Fotokatoden (Tabelle 1.13) [1.5], [1.6]
Zu den bereits klassischen Alkali-Antimon- und Silberoxid-Caesium-Katoden sind in jüngerer Zeit neue, hocheffektive *Fotoemitter* hinzugekommen: *Multialkali-Antimon-Katoden* mit erhöhter Rotempfindlichkeit (ERMA – extended red multialkali) und vor allem die A_{III}-B_V-Katoden (z.B. GaAs) mit einer durch Cs- bzw. Cs_2O-Adsorbate stark herabgesetzten Austrittsarbeit (NEA – negative electron affinity), deren vorteilhafte Eigenschaften allerdings noch mit einem deutlich höheren Herstellungsaufwand erkauft werden müssen.
Abhängig von ihrer Katodenfläche und -temperatur zeigen alle Fotoemitter auch eine thermische Emission i_{th}, die als *Dunkelstrom* i_D des Empfängers in Erscheinung tritt.

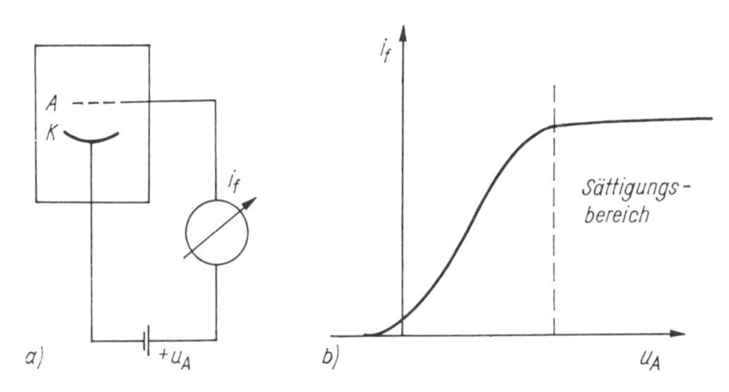

Bild 1.46. Fotozelle (a) und Strom-Spannungs-Kennlinie (b)

Fotozellen (Tabelle 1.14, Bild 1.46) *oder Vakuumfotodioden*
Sie haben nur eine Fotokatode und eine ihr gegenüber auf positivem Potential liegende Anode, die die emittierten Fotoelektronen sammelt, so daß im äußeren Signalkreis ein Fotostrom i_f gemessen wird. Die Anodenspannung u_A muß so groß sein, daß im Sättigungsbereich der Strom–Spannungs-Kennlinie $i_f = f(u_A)$ gearbeitet wird, d.h., daß alle emittierten Elektronen abgesaugt werden und nicht etwa Raumladungen bilden, die nachfolgende Ladungsträger am Verlassen der Katode bzw. am Erreichen der Anode hindern. Sie hängt von der Katoden–Anoden-Geometrie ab und bestimmt den maximalen Wert i_f, der linear ohne Raumladungsbegrenzung gemessen werden kann. Für den Nachweis von cw-Strahlung liegt i_f bei maximal 10^{-5} A/cm^2, und die erforderlichen Werte für u_A betragen 50 ... 100 V.
Kurze Laserimpulse werden mit *Biplanar-Fotozellen* [1.7] gemessen (Bild 1.47), die bei Anodenspannungen u_A von mehreren Kilovolt Fotostromimpulse bis zu einigen Ampere je Quadratzentimeter ohne Zerstörung der Katode liefern. Die Empfänger haben eine kreisrunde Aufsicht-Fotokatode und eine planparallel dazu befindliche Netzanode. Diese Anordnung bildet den Eingang einer koaxialen Übertragungsleitung, die entweder unmittelbar auf das Ablenksystem der Katodenstrahlröhre eines (verstärkerlosen) *Echtzeitoszillografen* großer Bandbreite *B* oder zum Eingang eines *Samplingoszillografen* führt.

Tabelle 1.14. Fotozellen und Foto-SEV

Detektor	Empfängerfläche cm^2	Stufenzahl	Verstärkung	*NEP* $W/Hz^{1/2}$	Anstiegszeit τ_a ns	max. Anodenstrom A
Meßfotozelle	≧1	–	1	10^{-8}	≧10	≦10^{-5} [1]
Biplanarfotozelle	≧0,5	–	1	... 10^{-10} [4]	≧0,1	1 ... >5 [2] [3]
Konventionelle Foto-SEV	≧1	4 ... 16	10^5 ... >10^8	10^{-14}	≧10	≦10^{-4}
Kurzzeit-Foto-SEV	≧0,2	4 ... 14	10^3 ... 10^8	... 10^{-16} [4]	≧0,7	0,05 ... >1 [2] [5]
E × H-Foto-SEV	0,2	4 ... 6	10^3 ... >10^5		≧0,1	0,05 ... 0,1 [2]
Foto-SEV mit MCP	0,2 ... 0,5	1 ... 2	10^3 ... 10^7		≧0,5	0,02 ... >1 [2] [3]

[1]) für cw-Betrieb, [2]) für Impulsbetrieb, [3]) abhängig von der Größe der Katoden- bzw. MCP-Fläche, [4]) für Ag-O-Cs-Katode um Faktor 10^2 größer, [5]) für Hochstrom-SEV (Typ ELU) bis ≧5 A

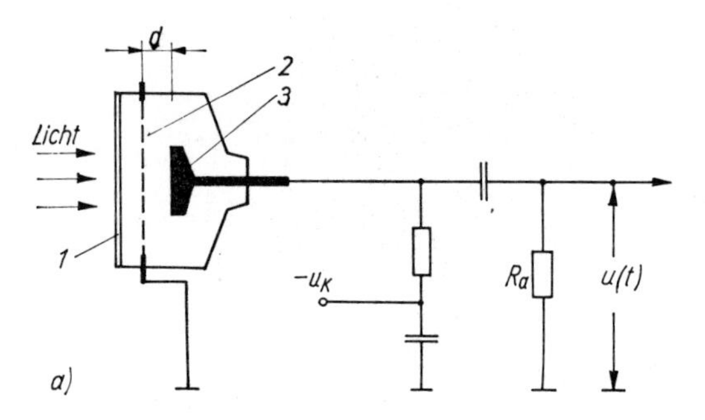

Bild 1.47. Biplanar-Fotozelle.
a) Schaltung (*1* Fenster, *2* Anode, *3* Aufsichtkatode, *d* Abstand Anode–Katode), b) Anstiegszeit τ_a und c) maximaler Anodenstrom i_f in Abhängigkeit von der Anodenspannung u_A

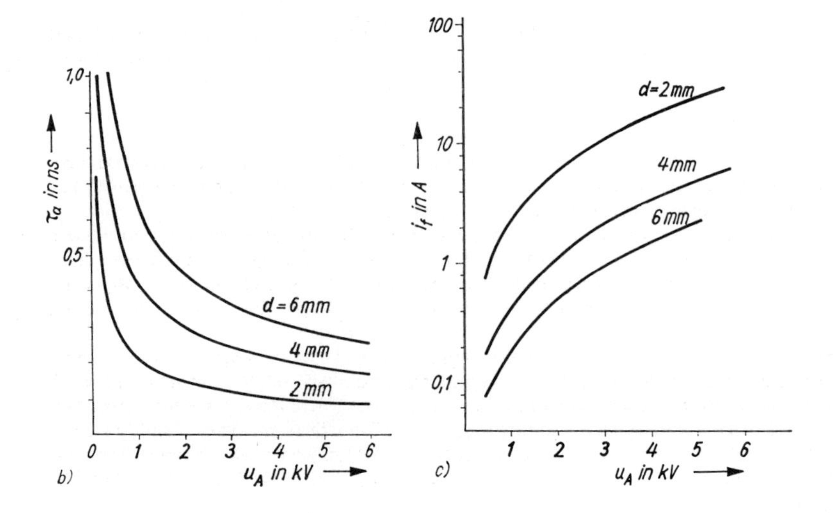

Foto-Sekundärelektronenvervielfacher (Foto-SEV, Fotomultiplier)
Foto-SEV (s. Tab. 1.14, Bild 1.48) haben zwischen Fotokatode und Anode ein System aufeinanderfolgender *Dynoden* mit jeweils um 100 ... 400 V höherer Spannung. Sie gestatten eine rasche und rauscharme Verstärkung des primären Fotostromes dadurch, daß jedes Elektron 3 ... 5 Sekundärelektronen auslöst, die ihrerseits eine Sekundäremission an der nächstfolgenden Dynode bewirken usw. Mit 10- ... 16stufigen Foto-SEV werden Verstärkungen von 10^4 ... $>10^8$ erzielt.

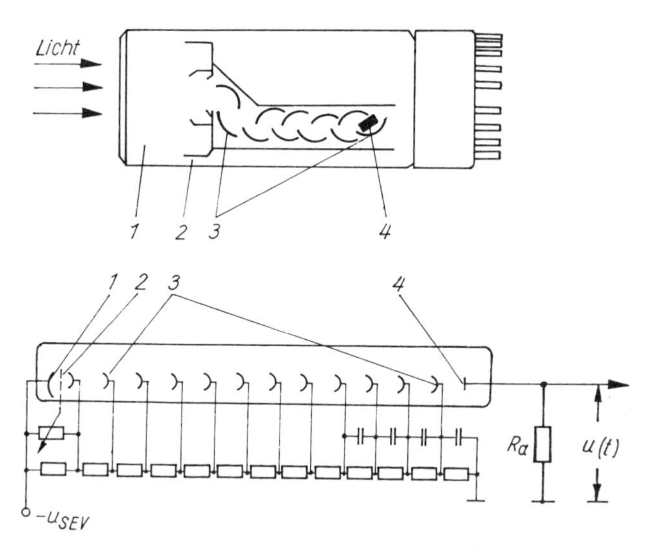

Bild 1.48. Foto-Sekundärelektronenvervielfacher.
1 Durchsichtkatode, *2* Fokussierelektrode, *3* Dynodensystem, *4* Anode

Die *Zeitauflösung* des Fotomultipliers wird vor allem durch Laufzeitstreuungen bestimmt, die die Foto- bzw. Sekundärelektronen auf ihrem Weg zur Anode erfahren. Optimierte Foto-SEV konventioneller Bauart (Reflexionsdynoden) erreichen Anstiegszeiten τ_0 von einigen 10^{-9} s.

Schnelle Foto-SEV (Bild 1.49):

- ***E* × *H* – *Fotomultiplier*** [1.8] kombinieren mit dem elektrischen Feld ***E*** ein senkrecht dazu wirkendes Magnetfeld ***H***, wodurch die Elektronen von (Reflexions-)Dynode zu Dynode stets neu fokussiert werden. Anstiegszeiten $\tau_a \geqq 120$ ps.
- *Hochstrom-Kurzzeitvervielfacher* liefern gegenüber anderen Foto-SEV um 10^2 ... 10^3 höhere Impulsausgangsströme von 1 ... 10 A dadurch, daß die Verstärkung in mehreren parallelen Dynodenfolgen geschieht. Sie erreichen Anstiegszeiten $\tau_a \leqq 1$ ns und können wie Biplanar-Fotozellen direkt an unempfindliche Echtzeitoszillografen hoher Bandbreite angeschlossen werden.
- Eine neue Generation von Fotomultipliern kündigt sich mit dem Übergang von Reflexions- zu Transmissionsdynoden an. Frühere Ansätze mit dünnen porösen KCl-Schichten ($G \approx 50$ je Stufe durch Sekundärelektronen im Innern der kanalartigen Poren) wurden inzwischen durch *Mikrokanalplatten-Fotomultiplier* abgelöst. Die Mikrokanalplatte [1.9] (MCP – micro-channel plate) besteht aus dicht nebeneinander angeordneten Glasröhrchen von 12 ... 40 µm Durchmesser und 1 ... 2 mm Länge, deren Innenwandung hohe Sekundär-

elektronenausbeuten aufweist. In *Proximity-Anordnungen* angebracht, erfordern sie keine elektronenoptische Fokussierung und liefern in Foto-SEV (und auch in fotoelektrischen Bildverstärkern) Verstärkungen $G = 10^3 \ldots > 10^6$ je Stufe bei Anstiegszeiten $\tau_a \geqq 500$ ps für einen einstufigen MCP-Fotomultiplier.

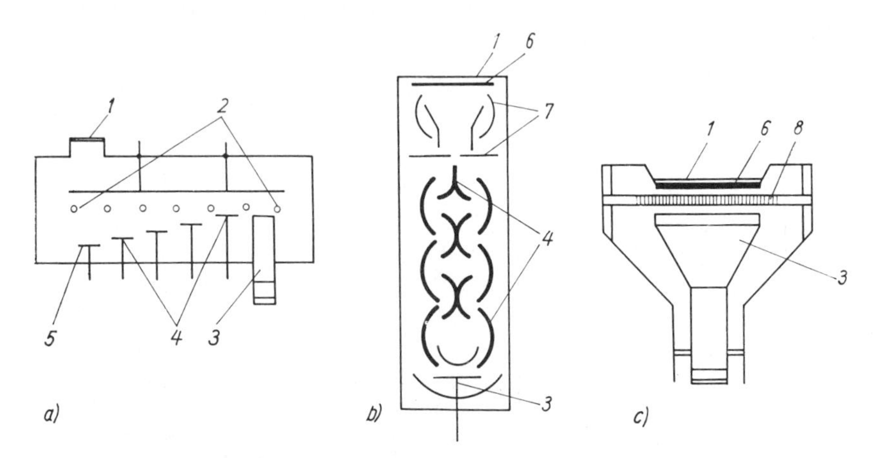

Bild 1.49. Schnelle Foto-SEV.
a) E × H-Foto-SEV, b) Hochstrom-SEV ELU, c) MCP-Foto-SEV.
1 Fenster, *2* Magnetfeld, *3* Anode, *4* Dynodensystem, *5* Aufsichtkatode, *6* Durchsichtkatode, *7* Fokussierelektrode, *8* Mikrokanalplatte

Fotoelektrische Bildwandler und Bildverstärker (Tabelle 1.15)

Unter dem Begriff *Bildwandlung* sind allgemein 3 verschiedene Vorgänge zu verstehen [1.26]:

- Überführung eines optischen Bildes in ein (ggf. helligkeitsverstärktes) optisches Bild: fotoelektrische Bildwandlung bzw. -verstärkung ohne und mit Zeitauflösung
- Überführung eines optischen Bildes in ein (ggf. verstärktes) elektrisches Ladungsbild: foto- und pyroelektrische Fernsehbild-Aufnahmetechniken
- Transformation eines visuell nicht sichtbaren Bildes in den sichtbaren Spektralbereich: Röntgen- und Wärmebildtechniken, teils mit optischem, teils mit elektrischem Ausgang.

Fotoelektrische *Bildwandler* (BW) und *Bildverstärker* (BV) sind Strahlungsempfänger in Form von Vakuumröhren, die als wesentliche Funktionselemente eine Durchsichtfotokatode, Verstärkungs- und Zeitablenkungsanordnungen sowie einen Ausgangsleuchtschirm enthalten. Sie liefern im stationären Fall eine eindeutige Zuordnung zwischen einem Flächenelement dA_K der Eingangsfotokatode und einem Flächenelement dA_L des Ausgangsleuchtschirmes, und ihre Wandler-

Tabelle 1.15. Fotoelektrische Bildwandler und Bildverstärker

Ausführung	Durchmesser der Empfängerfläche mm	Elektronenoptische Abbildung	Lichtverstärkung (Konversionskoeffizient) cd/lm	Ortsauflösung in Bildmitte Lp/mm
BW-Diode elektrostatisch fokussiert	10 ... 25	1:0,75 ... 1:1 fest	0,4 ... >0,6	60 ... 80
BW-Diode Proximity-Anordnung	18 ... 75	1:1 fest	25 ... 50	25 ... 35
BV-Diode (BVD) elektrostatisch fokussiert	18 ... 25	≈1:1 fest	28 ... 35	60 ... 65
BV-Diode magnetisch fokussiert	40 ... 160	≈1:1 fest	60 ... 125	75 ... 90
BV-Tetrode (BVT) elektrostatisch fokussiert	38	1:0,3 ... 1:0,7 variabel	200 ... 300	30 ... 40
BV, zweistufig Kaskade BVT + BVD, Fiberoptik	30 ... 38	1:0,3 ... 1:0,6 variabel	3500 ... 4000	25 ... 30
BV, zweistufig magnetisch fokussiert	40 ... 144		1500 ... 4000	55 ... 60
BV, dreistufig Kaskade 3 · BVD, Fiberoptik	18 ... 25	1:0,8 ... 1:1 fest	12000	30 ... 35
MCP-BV, einstufig elektrostatisch fokussiert	18 ... 50	1:0,6 ... 1:0,8 fest	10^2 ... $>10^4$ [1])	20 ... 30
MCP-BV, einstufig Proximity-Anordnung	18 ... 40	1:1 fest	10^2 ... $>5 \cdot 10^4$ [1])	≈25

Der Konversionskoeffizient wurde gemessen mit einer Wolframlichtquelle $T_F = 2850$ K.

[1]) MCP-Verstärkung

funktion ist durch die jeweils verwendeten Mechanismen der Bildübertragung und der Lichtverstärkung gekennzeichnet. Die *Bildübertragung* erfolgt

- mit variablem Abbildungsmaßstab durch elektronenoptische Abbildung von der Fotokatode auf den Leuchtschirm (über zwischengeschaltete Verstärkerelemente)
- mit starrer 1:1-Abbildung in *Proximity*- (eng benachbarten) *Anordnungen* von planparalleler Fotokatode, Mikrokanal-Vervielfacherplatte (MCP) und Leuchtschirm mit elektrostatischer Ladungsträgerüberführung
- durch Kombination von elektronenoptischer Abbildung, Fotokatode-MCP und Proximity-Anordnung MCP-Leuchtschirm.

Die *Lichtverstärkung* wird erzielt durch:

- verkleinerte Abbildung von der Fotokatode zum Leuchtschirm
- hohe Beschleunigungsspannungen
- Verstärkung des Fotoelektronenstromes

Die Leistungsfähigkeit fotoelektrischer Bildwandler und Bildverstärker wird zudem durch ihr *Auflösungsvermögen* bestimmt. Es wird in Linienpaaren je mm (Lp/mm) gemessen und gibt an, wieviele Paare eines je mm auf die Fotokatode gegebenen Schwarzweiß-Strichrasters auf dem Leuchtschirm noch getrennt erkennbar sind.
Praktische Ausführungen von Bildwandlern und -verstärkern (Bild 1.50) arbeiten als ein- und mehrstufige Anordnungen mit elektrostatischer oder elektromagnetischer Fokussierung.

- *Bildverstärker-Kaskaden*
  Das von einer ersten Bildwandlerstufe ausgehende Licht wird auf eine nächstfolgende Fotokatode gestrahlt usw. Leuchtschirm und nachgeschaltete Fotokatode befinden sich entweder in der gleichen Vakuumröhre und bilden eine Sandwichanordnung beiderseits einer dünnen Glimmerfolie oder einer Glasfaserscheibe als gemeinsamem Träger (vorwiegend magnetische Fokussierung) oder gehören getrennten Bildwandlerröhren an, die über Fiberoptiken (≈ 20000 Fasern/mm^2) verlustarm gekoppelt werden (vorwiegend elektrostatische Fokussierung).

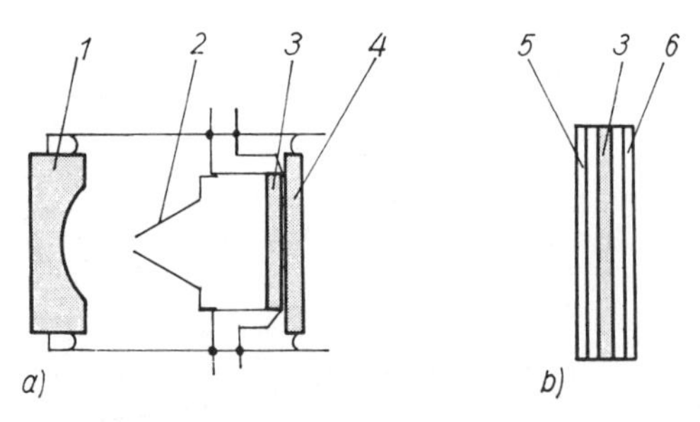

Bild 1.50. Fotoelektrischer Bildverstärker.
a) Bildverstärker mit elektronenoptischer Abbildung Fotokatode–MCP, b) Proximity-Bildverstärker. *1* Faseroptikplatte (Durchsichtkatode), *2* Fokussierelektrode, *3* Mikrokanalplatte, *4* Faseroptikplatte (Leuchtschirm), *5* Fenster (Durchsichtkatode), *6* Fenster (Leuchtschirm)

- *MCP-Bildverstärker*
  Die primär ausgelösten Fotoelektronen werden durch Sekundärelektronenemission in einer oder mehreren nachgeschalteten Mikrokanalplatten vervielfacht und gelangen danach auf den Ausgangsleuchtschirm (elektrostatische Fokussierung, Proximity-Anordnung MCP-Leuchtschirm).

1.3.4.3. Meßtechniken hoher Zeitauflösung [1.11]

Je nachdem, ob es sich um einzelne oder periodisch wiederkehrende kurze Lichtimpulse handelt, werden *Echtzeit-Meßtechniken* oder elektronische und optische *Samplingverfahren* angewendet (Tabelle 1.16).

Echtzeitoszillografische Messungen

Sie gestatten die Bestimmung von Impulsform, -leistung und -energie im Zeitbereich von einigen 10^{-10} Sekunden.
Höchste Zeitauflösungen ($\tau_a \approx 100$ ps) bei echtzeitoszillografischen Messungen werden mit relativ unempfindlichen Anordnungen von Biplanar-Fotozellen und verstärkerlosen Breitbandoszillografen erreicht.
Thermo- und pyroelektrische *Kurzzeitempfänger* erreichen ebenfalls Zeitauflösungen im 10^{-9}-s-Bereich, allerdings mit stark verringerter Empfindlichkeit $S < 10^{-3}$ V/W.

Thermo- und pyroelektrische Kurzzeitdetektoren sind häufig in Dünnfilmtechnik hergestellt und daher gegen Strahlungsüberlastung besonders empfindlich.

Samplingoszillografische Messungen

Sie erfordern periodisch wiederkehrende Impulse mit Folgefrequenzen zwischen einigen Hertz und einigen Kilohertz. Sie gestatten ebenfalls die Bestimmung der Impulsform sowie empfindliche Leistungs- und Energiemessungen, jedoch mit erhöhter Zeitauflösung bis zu 10^{-11} s (Bild 1.51).

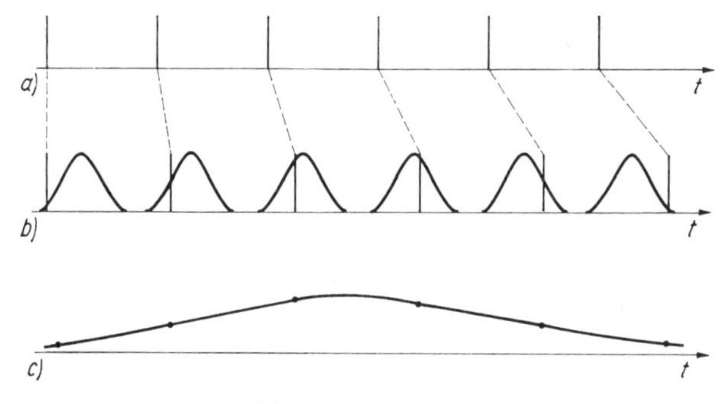

Bild 1.51. Samplingverfahren.
a) Triggerimpuls, b) Meßimpuls mit Abtastpunkten, c) Impulsbild aus Abtastwerten

Tabelle 1.16. Meßtechniken hoher Zeitauflösung

Meßtechnik	Zeitauflösung ps	Meßstrahlungsleistung $P_{M\,min}$ W	Begrenzung der Zeitauflösung durch
Oszillografische Impulsaufzeichnung:			
Fotodetektor + Echtzeitoszillograf	100 ... 500	> 1	Bandbreite des Oszillografen
Fotodetektor + Samplingoszillograf	50 ... 100	> 0,1	Anstiegszeit des Fotodetektors
Fotodetektor + Boxcar-Integrator	200	< 0,01	Boxcar-Torbreite
Streak-Verfahren:			
Streak-Kamera, Einzelimpulsmessung	0,5 ... 1	0,1 ... 1	Energie- und Winkeldispersion der Fotoelektronen, Beeinträchtigung der Ortsauflösung durch Bildverstärkung
Streak-Kamera, Synchroscan (Aufzeichnung fotografisch oder durch OMA-System)	10	< 0,05	Jitter bei Impulsüberlagerung
NLO-Korrelationsverfahren:			
Zweiphotonenfluoreszenz (TPF)	0,3	$\geqq 10^5$	Strahljustierung, optische Abbildung (Tiefenschärfe)
Erzeugung der 2. Harmonischen (SHG)	0,1	10^{-4} ... 10^{-5} ($< 10^{-6}$ für cw-ps-Impulsstrahlung)	mechanische Einstellung der optischen Verzögerung
Kurzzeitverschlußtechnik			
Elektronenoptischer Schalter (Gate-Bildwandler)	50	10^{-4}	Verschlußfaktor der Elektronenoptik
Optisches Tor (elektrooptischer KERR-Effekt)	2	10^{-2} ... 10^{-3}	Relaxationszeit des KERR-Mediums

Da die samplingoszillografisch erreichbare Zeitauflösung höher als die der z.Z. verfügbaren Strahlungsempfänger ist, lassen sich deren Zeitkonstanten (hinreichend kurze Meßimpulse vorausgesetzt) auf diesem Wege experimentell bestimmen.

Lineare und zirkulare Streak-Aufnahmen

Sie dienen zur Bestimmung der Dauer und Form von Einzelimpulsen und periodischen Impulsen. Die verwendeten *Streak-Kameras* (Bild 1.52) sind fotoelektrische Bildwandler mit Zeitablenk- und Verstärkungselementen. Sie überführen die Dauer einer auf die Eingangsfotokatode treffenden Meßstrahlung in eine Weglänge auf dem Ausgangsleuchtschirm, und die in Ablenkrichtung ausgewertete Helligkeitsverteilung des entstehenden Lumineszenzstreifens *(streak)* entspricht dem zeitlichen Intensitätsprofil des Impulses.

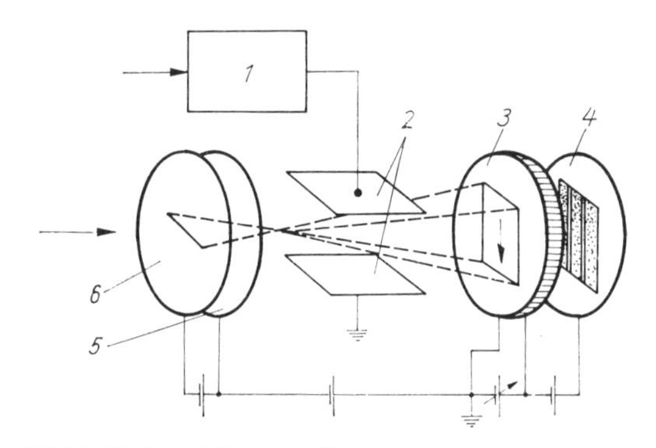

Bild 1.52. Streak-Kameraröhre.
1 Ablenkgenerator, *2* Ablenkplatten, *3* MCP, *4* Leuchtschirm, *5* Beschleunigungselektrode, *6* Fotokatode

»*Synchroscan-Verfahren*« [1.28]
Beim Streak-Nachweis periodisch wiederkehrender ultrakurzer Lichtimpulse kann eine Vielzahl von gleichen Streak-Bildern auf dem Leuchtschirm übereinandergeschrieben werden, wenn die Ablenkung durch elektrische oder optische Triggerung mit der Impulsfolgefrequenz synchronisiert wird. Die mit Streak-Aufnahmen maximal erreichbare Zeitauflösung ist durch die Zeitkonstante $\tau_{FE} \approx 10^{-13}$ s des äußeren Fotoeffektes sowie durch die nicht in Beschleunigungsrichtung liegenden Komponenten der Elektronenaustrittsgeschwindigkeiten begrenzt.

Nichtlineare optische Effekte (s. Abschn. 1.3.2.) werden ausgenutzt, um Impulslängen bis in den 10^{-13}-s-Bereich zu bestimmen. Die Messungen erfordern einen vergleichsweise geringen apparativen Aufwand, setzen jedoch allgemein höhere Strahlungsleistungen voraus als direkte fotoelektrische Methoden:

Zweiphotonenfluoreszenz (TPF – two photon fluorescence)
Die Zeitdauer kurzer Einzelimpulse wird vorwiegend mittels TPF bestimmt. In der Meßanordnung (Bild 1.53) wird der zu untersuchende Impuls durch einen Teilerspiegel in zwei Anteile gleicher Intensität aufgespalten, die sich in einer Meßküvette gegenläufig überlagern. Durch *Zweiphotonenabsorption* wird eine in der Küvette befindliche Farbstofflösung zur Fluoreszenz angeregt. Deren Intensität ist innerhalb des Überlappungsbereiches der beiden Teilimpulse größer als

außerhalb und wird von der Seite als Funktion der Ortskoordinate z (Strahlausbreitungsrichtung) zeitintegrierend, z. B. fotografisch, gemessen. Die so erhaltene TPF-Spur entspricht einer Korrelationsfunktion 2. Ordnung, die es gestattet, aus der Halbwertsbreite Δz_{TPF} des Überlappungsbereiches auf die Halbwertsbreite Δt des Meßimpulses zu schließen. Wird für diesen z. B. eine Gauss-Form angenommen, so gilt:

$$\Delta t = \sqrt{2}\,\frac{n}{c}\,\Delta z_{\mathrm{TPF}} \tag{1.109}$$

n Brechzahl des Farbstofflösungsmittels
c Lichtgeschwindigkeit

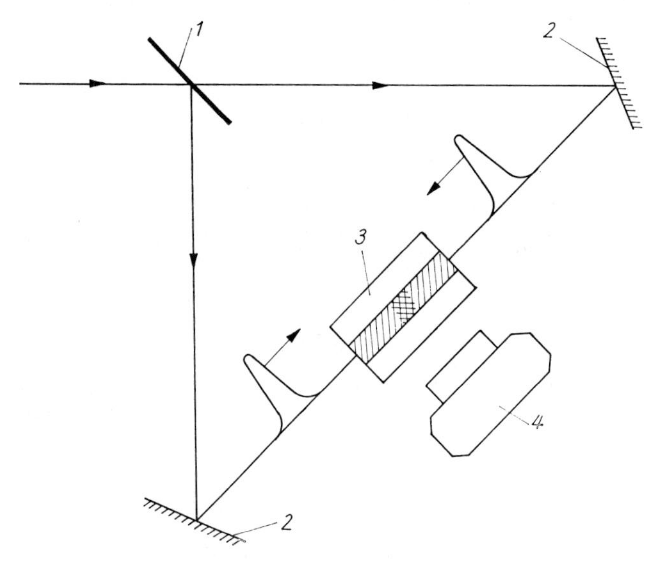

Bild 1.53. TPF-Anordnung.
1 50-%-Spiegel, *2* 100-%-Spiegel, *3* Küvette, *4* Aufnahmeeinrichtung (Kamera, OVA)

Erzeugung der zweiten Harmonischen (SHG)
Periodisch wiederkehrende kurze Impulse werden hauptsächlich durch SHG-Messungen (SHG – second harmonic generation) untersucht. Dabei wird die Meßstrahlung ebenfalls in zwei Anteile gleicher Intensität aufgespalten (Bild 1.54), die infolge einer variablen optischen Verzögerung unterschiedliche Wegstrecken zurücklegen. Sie werden auf einen dünnen KDP-Kristall fokussiert, dessen Kristallachsen so orientiert sind, daß eine phasenangepaßte SHG der Meßstrahlung in einer bestimmten Austrittsrichtung genau dann auftritt, wenn Impulse beider Teilstrahlen gleichzeitig den Kristall erreichen. Durch schrittweise Änderung ihrer relativen Verzögerung werden die beiden Teilimpulse zeitlich mehr oder weniger zur Deckung gebracht und liefern mit der entsprechend variierenden SHG-Intensität wiederum eine Korrelationsfunktion 2. Ordnung des Meßimpulses. Dessen Halbwertsbreite ergibt sich im Falle einer Gauss-Form aus der Halbwertsbreite Δt_{SHG} des gemessenen SHG-Profils entsprechend:

$$\Delta t = \frac{1}{\sqrt{2}}\,\Delta t_{\mathrm{SHG}} \tag{1.110}$$

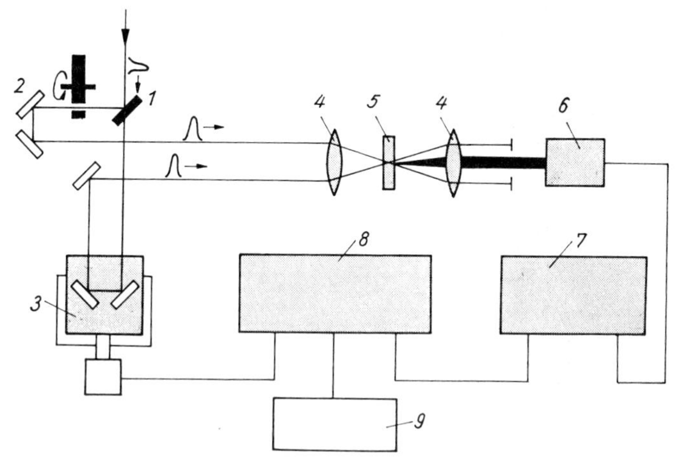

Bild 1.54. Anordnung zur Messung der zweiten Harmonischen.
1 50-%-Spiegel, *2* Chopper, *3* optische Verzögerung (mit Schrittmotor), *4* Abbildungsoptik, *5* Kristall, *6* Foto-SEV, *7* lock-in-Verstärker, *8* Vielkanalanalysator, *9* Display

1.3.4.4. Meßtechniken hoher Nachweisempfindlichkeit

Erhöhte Nachweisempfindlichkeiten und Meßgenauigkeiten lassen sich erzielen, wenn entsprechend ausgewählte Empfänger und spezielle Techniken der Signalverarbeitung kombiniert werden.

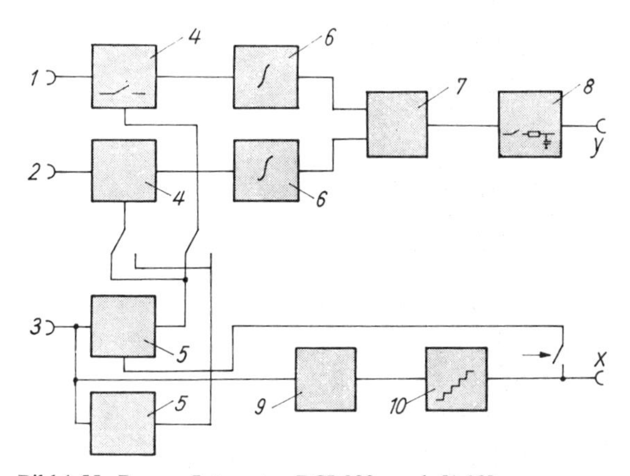

Bild 1.55. Boxcar-Integrator BCI-280, nach [1.29].
1, *2* Signaleingänge A, B, *3* Triggereingang, *4* Abtast-Torschaltungen, *5* Verzögerungsschaltungen, *6* Integrations- und Mittelwertschaltungen, *7* Quotientenbildner, *8* Ausgangsfilter, *9* Teiler N:1, *10* Stufengenerator

Das *Boxcar-Verfahren* [1.29], eine Erweiterung der phasenempfindlichen Schmalband-(lock-in-)-Meßtechnik, gestattet, periodisch wiederkehrende, durch Rauschvorgänge gestörte Impulssignale noch bei Signal–Rausch-Verhältnissen $SNR = 1:50$ zuverlässig zu registrieren. Es verbindet eine hohe Zeitauflösung (im 10^{-10}-s-Bereich) durch Abtastung des Meßsignals nach dem Samplingprinzip mit einer Verbesserung des Signal–Rausch-Verhältnisses SNR in jedem Meßpunkt, z.B. um einen Faktor $\sqrt{N}$ durch lineare Mittelung über jeweils N in aufeinanderfolgenden Signalperioden erfaßte Meßwerte.
Moderne *Boxcar-Integratoren* (Bild 1.55) sind für Zweikanalmessungen ausgelegt.
Als Strahlungsempfänger eignen sich für Boxcar-Messungen alle Detektoren, die bezüglich Zeitauflösung und Signalamplitude den Eingangswerten des jeweils verwendeten Gerätes entsprechen.

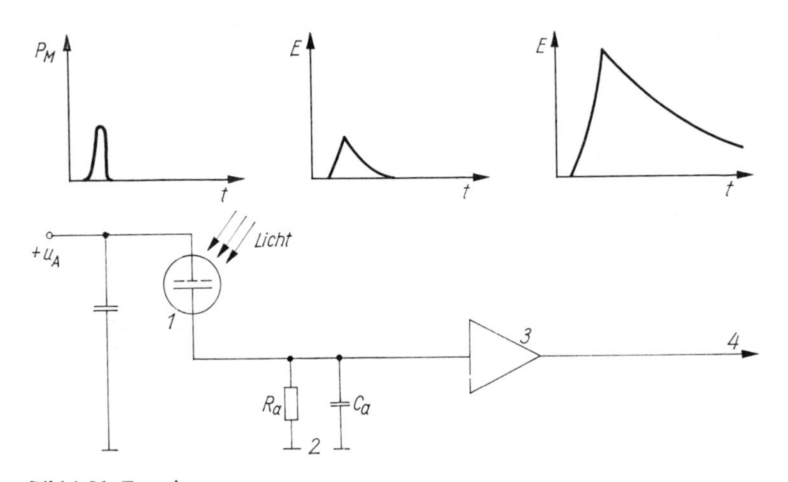

Bild 1.56. Energiemesser.
1 Foto- bzw. Pyrodetektor, *2* Meßkapazität und Arbeitswiderstand, *3* Verstärker, *4* Signalausgang

Energiemessungen von Einzelimpulsen oder Impulsfolgen erreichen hohe Empfindlichkeiten durch Integration und unmittelbar anschließende Verstärkung des Empfängersignals. Die Integration erfolgt in thermischen Empfängern z.T. bereits durch die großen Zeitkonstanten ihrer Signalbildung (Kalorimeter), bei Pyro- und Fotodetektoren elektrisch durch Aufladung einer Meßkapazität. Moderne pyro- und fotoelektrische Energiemesser (Bild 1.56) arbeiten mit batteriebetriebenen, gut abgeschirmten Meßköpfen.
Empfindlichkeitsgrenzen liegen z.Z. bei Werten $\leqq 10^{-7}$ J je Einzelimpuls für pyroelektrische, bei Werten $\leqq 10^{-13}$ J je Einzelimpuls für fotoelektrische Energiemesser (mit Fotodiode).
Photonenzählung [1.30] wird durch schnelle Fotovervielfacher mit hoher Sekundärelektronenverstärkung und niedrigem Dunkelstrom i_D möglich (Bild 1.57). In der *Photonenzähl-Meßeinrichtung* (Bild 1.58) wird die Signalspannung u_A verstärkt und mit einer Referenzspannung u_{Ref} verglichen. Meßergebnis der Photonenzähltechnik ist die Anzahl der je Zeiteinheit registrierten Impulse *(counts)*, seine Genauigkeit wird durch die Anzahl der in der gleichen Zeit erhaltenen Dunkelcounts (genauer: durch deren zeitliche Schwankung) bestimmt. Die so erreichbaren maximalen Nachweisempfindlichkeiten liegen bei einigen Photonen je Sekunde.
Photonenzähl-Koinzidenzmessungen: Die Photonenzähltechnik gestattet, außer der Zahl der Photonen auch die zeitliche Verteilung ihres Eintreffens auf dem Detektor zu bestimmen und damit

Aussagen über Photonenkorrelationen in thermischer oder Laserstrahlung experimentell zu gewinnen. Die Messung geschieht mit Hilfe zweier Photonenzählanordnungen, deren Counts einer Koinzidenzschaltung zugeführt werden, wo sie bei gleichzeitigem Eintreffen (d.h. innerhalb einer Koinzidenzzeit Δt_K) ein Signal auslösen. Die Meßstrahlung wird in zwei Anteile gleicher Intensität aufgespalten durch einen Strahlteiler, von welchem die beiden Detektoren gleich weit entfernt sind. Für ein Paar (simultan emittierter) Photonen besteht eine Wahrscheinlichkeit von 50%, daß je eines von ihnen von je einem Detektor empfangen wird.

Meßergebnis ist die Anzahl der je Zeiteinheit gezählten Koinzidenzen. Die Genauigkeit der Messung hängt wesentlich von der Torbreite $\Delta t_K \approx 10^{-9}$ s der Koinzidenzschaltung ab, die ihrerseits durch die Signalamplitude des Foto-SEV bestimmt wird.

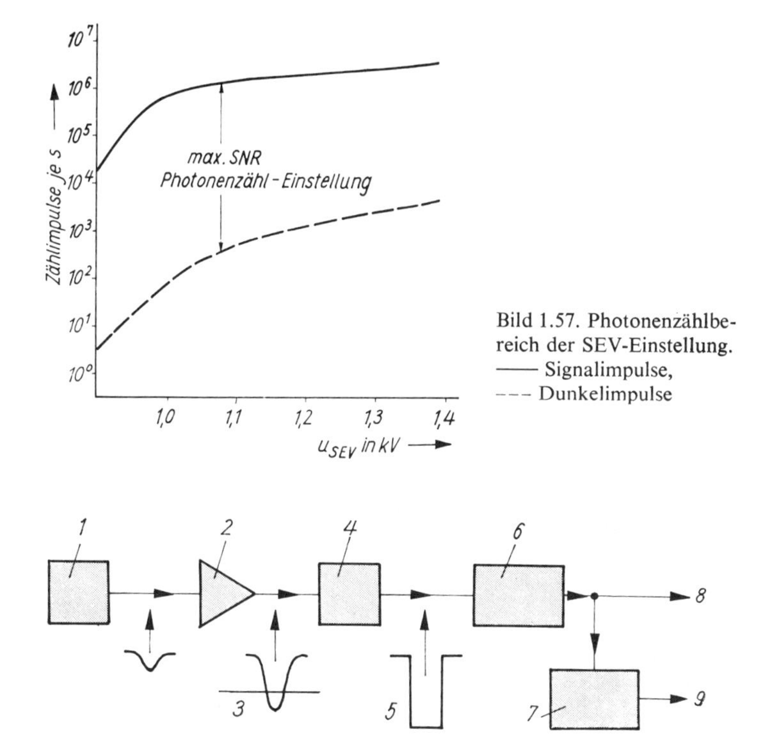

Bild 1.57. Photonenzählbereich der SEV-Einstellung.
—— Signalimpulse,
--- Dunkelimpulse

Bild 1.58. Photonenzähl-Meßeinrichtung.
1 Foto-SEV, *2* Verstärker, *3* Bezugsspannung, *4* Diskriminator, *5* Standardimpuls, *6* Zähler, *7* D/A-Wandler, *8* Digital-Ausgang, *9* Analog-Ausgang

1.3.5. Bilderfassender Nachweis

Der bilderfassende Nachweis hat allgemein die Registrierung und Messung von zweidimensionalen Verteilungen $E(x, y)$ der Bestrahlungsstärke zum Ziel. Dabei wird die konventionelle fotografische Bildaufnahme zunehmend durch fotoelektrische Verfahren abgelöst, bei denen sich gegenwärtig ein Übergang von vakuumelektronischen zu hochintegrierten *Festkörper-Bildempfängern* vollzieht. *Empfängerkenngrößen* sind neben der Nachweisempfindlichkeit die Ortsauflösung und vor allem der Dynamikbereich, mit dem unterschiedliche Bildpunktintensitäten verarbeitet werden. Zeitauflösungen werden durch die Folgefrequenz der Bildabfrage (10^{-2} ... 10^{-5} s), durch optische bzw. elektronenoptische Verschlüsse (10^{-4} ... 10^{-10} s) oder nach dem Streakprinzip (10^{-8} ... 10^{-12} s) realisiert.

1.3.5.1. Bildaufnahmeröhren [1.31]

Bildaufnahmeröhren vom Superorthikon- und Vidikontyp überführen die Helligkeitsverteilung eines optischen Bildes in ein entsprechendes Potentialrelief auf einem elektrischen Ladungsspeichertarget, das von einem abtastenden Elektronenstrahl zeilenweise ausgewertet und in eine zeitliche Folge elektrischer Signalimpulse umgesetzt wird. Besonders günstige Voraussetzungen

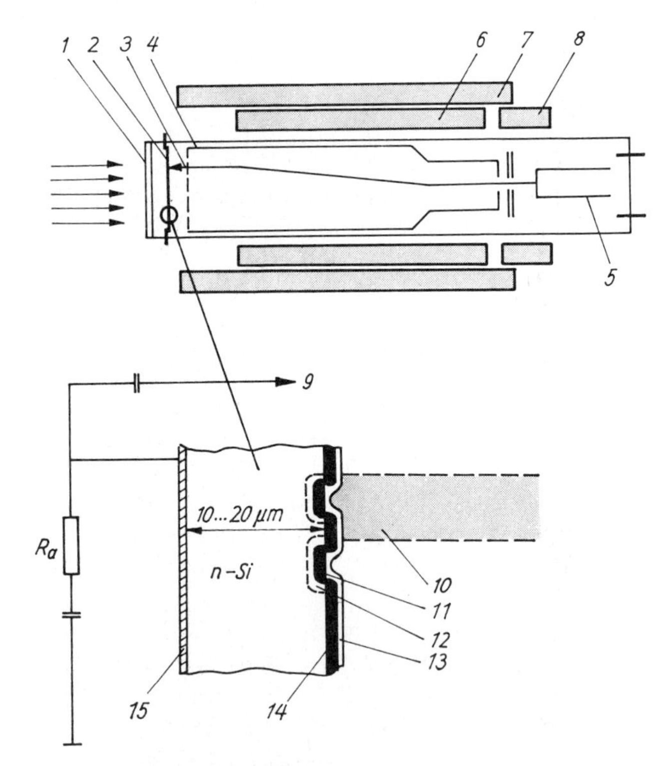

Bild 1.59. Vidikon mit Si-Multidiodentarget.
1 Eintrittsfenster, *2* Si-Multidiodentarget, *3* Feldnetz, *4* Anode, *5* Strahlerzeugungssystem, *6* Ablenkspule, *7* Fokussierspule, *8* Justierspule, *9* Videosignal-Ausgang, *10* Abtaststrahl, *11* p^+-Diode, *12* Verarmungsschicht, *13* Widerstandsschicht, *14* Oxid, *15* n^+-Schicht

für eine meßtechnische Anwendung dieses bekannten Fernseh-Bildaufnahmeprinzips bietet das *Vidikon mit Silicium-Multidiodentarget* (Bild 1.59), eine Kombination von moderner Mikroelektronik (Si-Planartechnik) und konventioneller Elektronenröhre.

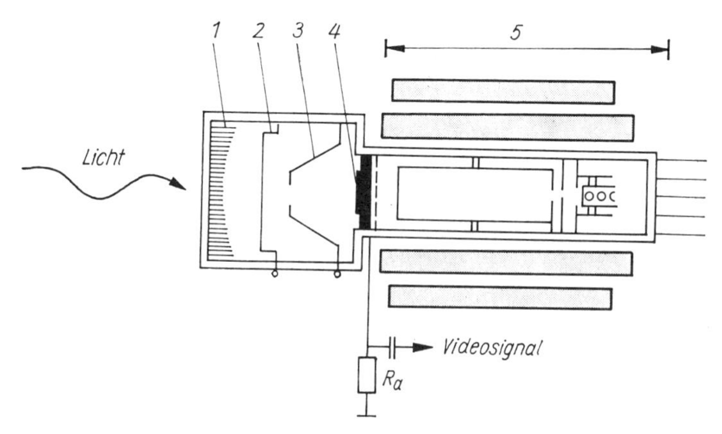

Bild 1.60. SIT-Vidikon.
1 Eintrittsfenster mit Durchsichtfotokatode, *2* Beschleunigungselektrode (gate), *3* Fokussierelektrode, *4* Si-Target, *5* Vidikon

Die Nachweisempfindlichkeit des Si-Multidiodenvidikons läßt sich um Faktoren von $10^2 \dots 10^3$ durch Vorschaltung eines elektrostatischen Bildwandlersystems erhöhen. Im *SIT-Vidikon* (SIT – silicon intensifying target) arbeitet das Si-Multidiodentarget nicht als Fotoempfänger, sondern als Bildverstärker (Bild 1.60). Der Bildwandlerteil bietet zwei Erweiterungsmöglichkeiten für den Betrieb des SIT-Vidikons:

- durch ein *Steuergitter* können die zum Verstärkertarget fliegenden Fotoelektronen gesperrt und kurzzeitig freigegeben werden (gate-Öffnungszeiten: einige 10^{-8} s)
- durch ein *Ablenksystem* können die Fotoelektronen nach dem Streakprinzip linear oder zirkular über das SIT-Element geführt werden (temporaldisperse Sensorröhre)

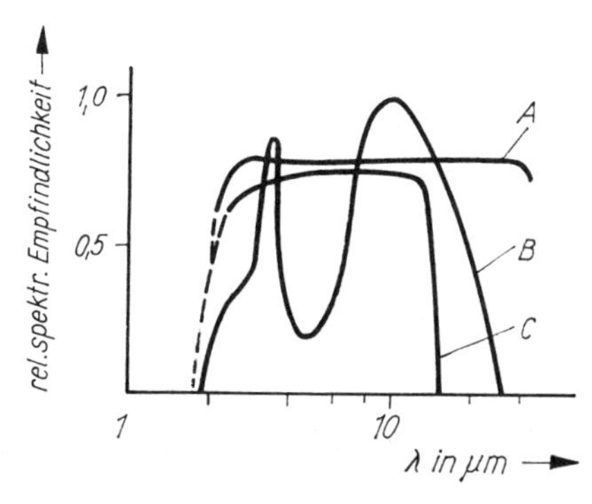

Bild 1.61. Relative spektrale Empfindlichkeit von pyroelektrischen Vidikons mit verschiedenen Fenstermaterialien, nach [1.32].
A Thallium-Thiobromid (KRS-5), *B* Germanium (beschichtet für 8 ... 14 μm), *C* Zinksulfid (IRTRAN-2)

Andere Vidikonausführungen haben in üblicher Röhrentechnologie hergestellte Aufdampfschichten (z. B. CdSe, CdZnTe, PbS) als Fotoempfänger/Ladungsspeichertargets. Sie eignen sich für Meßzwecke jedoch weniger als das Si-Dioden-Vidikon und werden nur für spezielle Anwendungen (z. B. außerhalb der Spektralempfindlichkeit von Silicium) eingesetzt.
Eine wesentliche spektrale Erweiterung des bilderfassenden Nachweises gestattet das *pyroelektrische Vidikon* [1.32] (auch *Pyricon* genannt), Bild 1.61, eine Vidikonröhre mit einem pyroelektrischen Sensor als Empfänger- und Ladungsspeichertarget.

1.3.5.2. Festkörper-Bildempfänger

Festkörper-Bildempfänger sind hochintegrierte Halbleiterschaltkreise, die die 3 Funktionen fotoelektrische Bilderfassung, Speicherung und Auslesung in einem Bauelement vereinen. Ihr Prinzip besteht darin, daß Minoritätsladungsträger an der Oberfläche des Halbleiters (Silicium) gespeichert und transportiert werden. Je nach Signalbildung wird zwischen ladungsgekoppelten und Ladungsinjektions-Bauelementen (CCD – **c**harge **c**oupled **d**evice; CID – **c**harge **i**njection **d**evice) unterschieden (Bild 1.62).

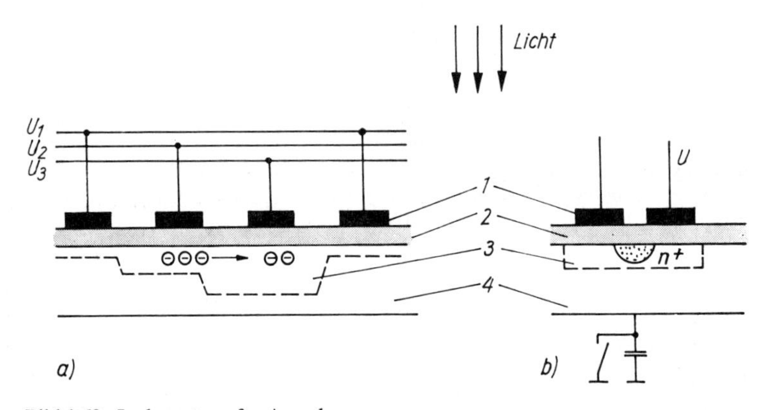

Bild 1.62. Ladungstransfer-Anordnungen.
a) CCD, b) CID. *1* metallischer Kontakt, *2* Isolationsschicht, *3* Verarmungsschicht, *4* p-Silizium

Die Nachweisempfindlichkeit von Si-Festkörper-Bildempfängern entspricht der einzelner Si-Fotodioden. Eine Empfindlichkeitssteigerung (Bildverstärkung) ist nicht wie beim SIT-Vidikon nach dem EBIC-Prinzip, sondern nur durch Kopplung mit einem Bildverstärker mit Leuchtschirmausgang möglich (EBIC – **e**lectron **b**ombardment **i**nduced **c**onductivity, elektronenbeschußinduzierte Leitfähigkeit).

1.3.5.3. Optische Vielkanalanalyse (OVA)

Wichtige Anwendungen des bilderfassenden Nachweises ergeben sich in Verbindung mit Laserstrahlung in der *optischen Spektroskopie*. Hier handelt es sich um die Erfassung von Spektren, d. h. um die Messung eindimensionaler Intensitätsverteilungen $E(\lambda) \triangleq E(x)$ in der Austrittsebene eines Spektrografen. Erste Bemühungen, die fotografische durch eine fotoelektrische Nachweistechnik zu ersetzen, hatten komplizierte Geräte zum Ergebnis, mit denen das zu untersuchende Spektrum entweder schrittweise durch einen Empfänger abgetastet oder gleichzeitig durch mehrere diskrete Detektoren erfaßt wurde. Die letztgenannte Lösung kennzeichnet das *Prinzip der op-*

tischen Vielkanalanalyse (OMA – optical multichannel analysis). Das Bild wird in Elemente Δx zerlegt, die je einem Meß- und Signalverarbeitungskanal zugeordnet werden. Es hat sich als Meßtechnik erfolgreich durchgesetzt, seit mit Bildaufnahmenröhren und Festkörper-Bildempfängern leistungsfähige Sensoren zur Verfügung stehen und seit die Mikroelektronik eine genügend rasche Verarbeitung großer Signalmengen erlaubt.

OVA-System mit Bildaufnahmeröhre [1.34] (Bild 1.63)

Das Spektrum wird auf die fotoempfindliche Schicht der Röhre abgebildet und dort in ein entsprechendes Ladungsbild umgewandelt. Dessen Auswertung erfolgt zeilenweise »senkrecht« in

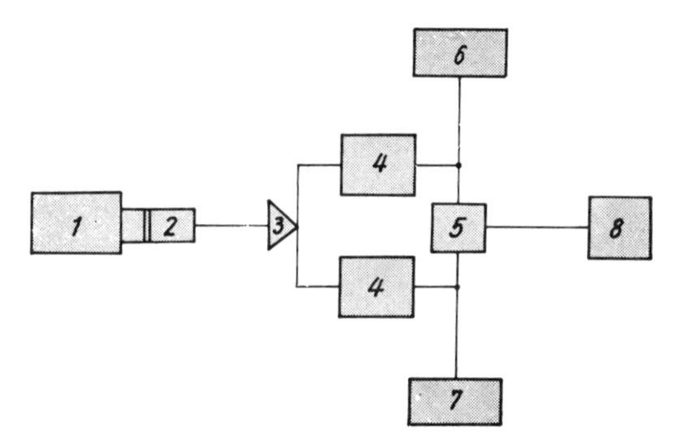

Bild 1.63. OVA-System, nach [1.34].
1 Polychromator, *2* Si-Multidiodenvidikon, *3* A/D-Wandler, *4* Speicher A, B, *5* D/A-Wandler, *6* Recorder, *7* Digitaldrucker, *8* Display

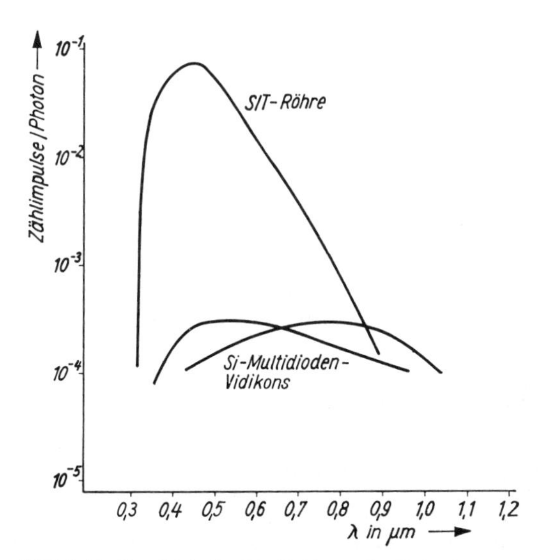

Bild 1.64. Vergleich der Nachweisempfindlichkeit eines OVA-Systems mit Si-Multidiodenvidikon und SIT-Röhre, nach [1.34]

Richtung der Spektrallinien, so daß je eine Linie der Breite $\Delta\lambda$ einer Abtastzeile zugeordnet wird. Im Falle eines Si-Vidikons mit einem (12,5 mm × 10 mm großen) Multidiodentarget von 500 Zeilen (zu je 400 Bildpunkten) bedeutet das die simultane Erfassung des Spektrums durch 500 Meß- und Verarbeitungskanäle.

Meßergebnis ist die Anzahl von Counts je Kanal, die der Ladungsmenge einer Zeile und damit ihrer Belichtung $P_M \Delta t$ direkt proportional ist. Die maximale Nachweisempfindlichkeit entspricht (bei Δt = 33 ms) einigen tausend Photonen je Count beim normalen Si-Multidiodenvidikon und einigen zehn Photonen je Count bei der SIT-Röhre (Bild 1.64).

Zweidimensionaler Betrieb

Durch entsprechende Steuerung der je Targetabtastung ausgewerteten Zeilenlänge läßt sich die Bildfläche in »waagerechte« Teilbereiche *(tracks)* zerlegen, deren Signalinhalte verschiedenen Speichern *A*, *B*, ... (mit je 500 Kanälen) zugeordnet werden.

OVA-System mit Festkörper-Bildempfänger [1.35]

Das Spektrum wird hier auf eine CCD-Zeile von 512 oder 1024 Bildelementen projiziert, die ein Rechteckformat von je 25 µm Breite und 0,4 ... > 2 mm Höhe haben, um im Hinblick auf die große Nachweisempfindlichkeit die geometrische Höhe der Spektrallinien auszunutzen (Bild 1.65). Die *Leistungsfähigkeit* des OVA-Systems mit CCD-Zeile ist insgesamt vergleichbar mit der des Systems mit Vidikon.

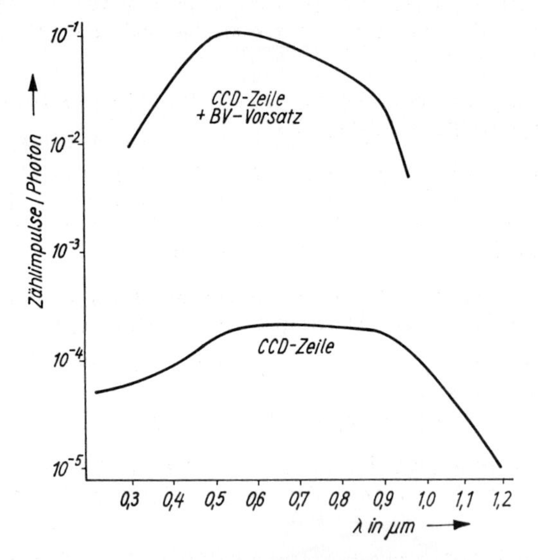

Bild 1.65. Vergleich der Nachweisempfindlichkeit eines OVA-Systems mit CCD-Zeile und CCD-Zeile + Bildverstärkervorsatz, nach [1.35]

2. Der Laser

2.1. Theoretische Grundlagen

[2.1] ... [2.3], [2.42] ... [2.46]

2.1.1. Einführung

Eine elektromagnetische Welle wird durch stimulierte Emission verstärkt, wenn in dem mit dem Strahlungsfeld in Wechselwirkung stehenden Atom- oder Molekülsystem eine *Besetzungsinversion* vorliegt (1. Laserbedingung, s. Abschn. 2.2.). Die Verstärkung ist dabei um so größer, je weniger Eigenschwingungen das Strahlungsfeld enthält. Das wird durch eine geeignete *Resonanzstruktur* erreicht (Erzeugung der Strahlung in einem Resonator).

Die in dem Atomsystem gespeicherte Energie wird in nur wenige Eigenschwingungen abgestrahlt (s. Abschn. 2.3.).

Das Strahlungsfeld innerhalb des Resonators schwingt selbständig als Oszillator an, wenn die Verstärkung je Durchgang durch den Resonator die Resonator- (Auskoppel-) sowie anderweitigen Verluste übersteigt. Das System arbeitet als Laser bei Erfüllung der *Schwellenbedingung* (2. Laserbedingung, s. Abschn. 2.4.).

Ausgangspunkt der theoretischen Erfassung der genannten Charakteristika des Lasers einschließlich der besonderen Strahlungseigenschaften bilden die

- Elektrodynamik (in klassischer oder quantentheoretischer Form) zur Beschreibung des Strahlungsfeldes
- Quantenmechanik zur Beschreibung des Atomsystems

Je nach theoretischer Behandlungsweise sind die verschiedenen Eigenschaften mehr oder weniger zu erfassen. Es ist zu unterscheiden zwischen der Behandlung mittels:

- *Bilanzgleichungen* (Beschreibung des Strahlungsfeldes durch Photonenzahlen und Übergangswahrscheinlichkeiten, des Atomsystems durch Besetzungszahlen; damit zu erfassen Schwellenbedingung, Intensitäten, Dynamik des Laservorganges; vielfach verwendete Darstellung)
- *semiklassischer Theorie* [Beschreibung des Strahlungsfeldes durch klassische Elektrodynamik (MAXWELL-Theorie), quantenmechanische Beschreibung des Atomsystems; damit zusätzlich Erfassung von Phasen- und Frequenzbeziehungen möglich; bevorzugt notwendig zur Behandlung von Gaslasern]
- *Quantentheorie* [quantentheoretische Beschreibung von Strahlungsfeld und Atomsystem; damit auch Besonderheiten des Strahlungsfeldes (Linienbreite,

Amplitudenfluktuationen) zu erfassen; notwendig zur Behandlung von quantenoptischen Grundfragen (Photonenstatistik). Diese Theorie wird vielfach ersetzt durch eine klassische oder semiklassische Theorie und die zusätzliche (phänomenologische) Einführung von Fluktuationen.]

Das *Strahlungsfeld des Lasers* besteht aus einer (vielfach übliche theoretische Vereinfachung) oder vielen Eigenschwingungen, die durch Frequenz, Intensität (Photonenzahl) und Polarisation gekennzeichnet sind. Dabei wird die *Frequenz* durch das aktive Medium mit dem Resonator, die *Intensität* durch die Größe der Besetzungsinversion mit den Übergangswahrscheinlichkeiten bestimmt.

2.1.2. Übergangswahrscheinlichkeiten

- Ist ein Atom oder Molekül in einem angeregten Zustand (Energie E_2), dann erfolgt der Übergang in den Grundzustand (Energie E_1) durch *spontane Emission* mit einer Übergangswahrscheinlichkeit je Zeiteinheit für *eine* Eigenschwingung i (Polarisation, Richtung):

$$w_{\mathrm{sp}}^{(i)} = \frac{(2\pi)^2\, \nu^3}{hc^3}\, (\boldsymbol{\mu e})^2\, \mathrm{d}\Omega \tag{2.1}$$

$$\nu = \frac{E_2 - E_1}{h}$$ Frequenz der Strahlung, $\boldsymbol{\mu}$ Dipolmoment

Bei Berücksichtigung der spontanen Emission in *alle* Eigenschwingungen (Summation über alle Polarisationsrichtungen $\boldsymbol{e}$ sowie Raumwinkelelemente $\mathrm{d}\Omega$) gilt:

$$\sum_i w_{\mathrm{sp}}^{(i)} \equiv A = \frac{64\pi^4\nu^3}{3hc^3}\, |\boldsymbol{\mu}|^2 = \tau^{-1} \tag{2.2}$$

wodurch die Lebensdauer τ des oberen Niveaus bestimmt wird.

- Liegt bereits ein äußeres Strahlungsfeld der Frequenz ν mit einer mittleren Photonenzahl $\bar{n}$ in der Eigenschwingung i vor, dann erfolgt der Übergang $2 \to 1$ durch *stimulierte Emission* mit einer Übergangswahrscheinlichkeit je Zeiteinheit für eine Eigenschwingung von:

$$w_{\mathrm{ind}}^{(i)} = \bar{n} w_{\mathrm{sp}}^{(i)} \tag{2.3}$$

 Eine stimulierte Emission in Eigenschwingungen $j \neq i$ ist nicht möglich.

Die *Gesamtübergangswahrscheinlichkeit* je Zeiteinheit für ein angeregtes System ist gegeben durch:

$$w = w_{\mathrm{ind}}^{(i)} + \sum_j w_{\mathrm{sp}}^{(j)} \tag{2.4}$$

Ist ein Atom oder Molekül im Grundzustand, dann erfolgt durch Einstrahlung einer Welle i (Frequenz ν) eine Absorption mit einer Übergangswahrscheinlichkeit je Zeiteinheit von:

$$w_{ab}^{(i)} = w_{ind}^{(i)} \tag{2.5}$$

Vielfach wird anstelle der Übergangswahrscheinlichkeiten je Zeiteinheit der EINSTEIN-*Koeffizient B* verwendet:

$$w_{ind} = B\bar{n} \tag{2.6}$$

Für ein Strahlungsfeld der Frequenz ν, Linienbreite $\delta\nu$ und einer mittleren Photonenzahl $\bar{n}$ im Volumen V (Resonatorvolumen) gilt:

$$B = \frac{c^3}{8\pi V \nu^2 \delta\nu} A \tag{2.7}$$

Zusammenhang zwischen Photonenzahl $\bar{n}$ und Strahlungsdichte

Die Strahlungsenergiedichte u ist gleich der Energie je Volumeneinheit und Frequenzintervall:

$$u = h\nu\bar{n} \frac{dZ}{V\,d\nu} \tag{2.8}$$

dZ Eigenschwingungen im Intervall $\nu \ldots \nu + d\nu$

$dZ = \frac{\nu^2}{c^3} V\,d\nu$ je Raumwinkelelement $(4\pi)^{-1}$ und einer Polarisationsrichtung

Damit gilt:

$$\bar{n} = \frac{c^3}{h\nu^3} u = \frac{w_{ind}^{(i)}}{w_{sp}^{(i)}} \tag{2.9}$$

Mit zunehmender Frequenz ν überwiegt mehr und mehr die spontane Emission gegenüber der induzierten Emission.

Für einen *thermischen Strahler* (konventionelle Lichtquelle) gilt entsprechend der Ausstrahlung in alle Raumrichtungen und beiden Polarisationsrichtungen für die Strahlungsdichte:

$$u_T = 8\pi u \tag{2.10}$$

Die Abhängigkeit von der Frequenz ist durch die PLANCK*sche Strahlungsformel* gegeben:

$$u_T = \frac{8\pi h}{c^3} \frac{\nu^3}{e^{\frac{h\nu}{kT}} - 1} \tag{2.11}$$

2.1.3. Bilanzgleichungen

Jedes Atom oder Molekül besitzt eine Vielzahl von möglichen Zuständen i mit den Energien E_i. Bei N_0 Atomen im Grundzustand mit der Energie $E_0 = 0$ ist die

Zahl N_i der Atome, die sich im Energiezustand E_i befinden, im thermischen Gleichgewicht durch die BOLTZMANN-Verteilung gegeben:

$$N_i = N_0 \, e^{-\frac{E_i}{kT}} \tag{2.12}$$

Eine hiervon abweichende Verteilung wird durch eine Störung des thermischen Gleichgewichtes erreicht (Bild 2.1). In der Beschreibung des Lasers mittels Bilanzgleichung erfolgt die

- *Kennzeichnung des Atomsystems* durch die Besetzungszahlen N_i und die Übergangswahrscheinlichkeiten je Zeiteinheit A und B sowie γ bei strahlungslosen Verlustprozessen
- *Kennzeichnung des Strahlungsfeldes* durch die Photonenzahl n der entsprechenden Eigenschwingung sowie $\varkappa$ als Verlust je Zeiteinheit (Resonatorverlust)
- *Störung des thermischen Gleichgewichtes* (Pumpen des Lasers) durch die Zahl R_i der je Zeiteinheit in das Niveau i gebrachten Atome.

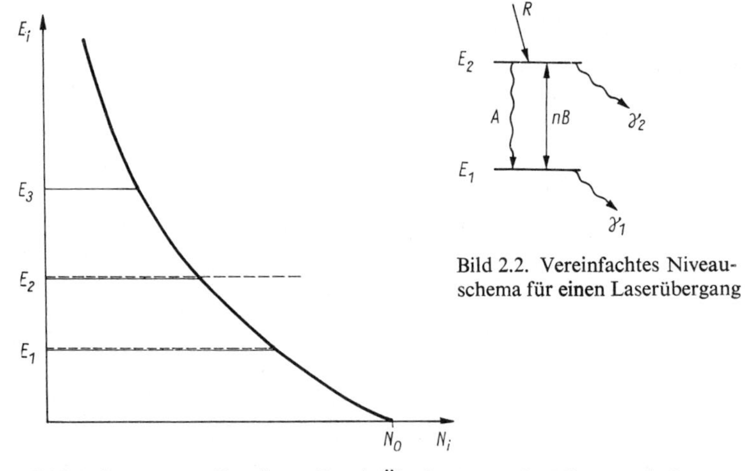

Bild 2.2. Vereinfachtes Niveauschema für einen Laserübergang

Bild 2.1. BOLTZMANN-Verteilung. Durch Überbesetzung des Niveaus mit der Energie E_2 (Störung des thermischen Gleichgewichts, gestrichelte Linie) ist eine Besetzungsinversion zwischen den Niveaus E_1 und E_2 zu erreichen.

! Die Änderung für die Zahl der Atome N_i im Zustand i je Zeiteinheit ist gleich der Übergangswahrscheinlichkeit je Zeiteinheit mal Zahl der Atome N_i. Die Änderung ist durch die Summe (Zulieferung +, Entleerung −) der Übergänge gegeben, wenn an das Niveau mehrere Übergänge gekoppelt sind.

Vielfach genügt es, vom Atom nur die beiden durch den Laserübergang verbundenen Niveaus zu betrachten (Bild 2.2).

Mögliche Prozesse	Wahrscheinlichkeit je Zeiteinheit
Spontane Emission	A
Induzierte Emission	nB
Absorption	nB
Relaxationsprozesse (Entleerung von Niveau 1, 2)	γ_1, γ_2
Pumpprozeß (Anregung des Niveaus 2)	R
Strahlungsfeld-Verluste	$\varkappa$

Für das Niveauschema (Bild 2.2) lauten die Bilanzgleichungen:

Besetzungsgleichungen

$$\frac{dN_1}{dt} = (N_2 - N_1) Bn + N_2 A - N_1 \gamma_1 \tag{2.13}$$

$$\frac{dN_2}{dt} = R - (N_2 - N_1) Bn - N_2 A - N_2 \gamma_2 \tag{2.14}$$

Strahlungsfeldgleichung

$$\frac{dn}{dt} = -\varkappa n + (N_2 - N_1) Bn \tag{2.15}$$

Allgemeine zeitabhängige Lösungen sind nur numerisch möglich.
Vielfach genügt die Lösung für den stationären Zustand:

$$\frac{dN_1}{dt} = 0, \quad \frac{dN_2}{dt} = 0, \quad \frac{dn}{dt} = 0$$

Prinzipielle Aussagemöglichkeiten:

$$R = \gamma_1 N_1 + \gamma_2 N_2 \tag{2.16}$$

Erhaltungssatz für die Zahl der an der Wechselwirkung beteiligten Atome

Besetzungsinversion (1. Laserbedingung)

$$N_2 - N_1 = \frac{(\gamma_1 - A) R}{Bn(\gamma_1 + \gamma_2) + A\gamma_1 + \gamma_1\gamma_2} > 0 \tag{2.17}$$

Photonenzahl

$$n = \left(\frac{RB(\gamma_1 - A)}{\varkappa\gamma_1 (A + \gamma_2)} - 1\right) \frac{\gamma_1 (A + \gamma_2)}{B(\gamma_1 + \gamma_2)} \quad \left(\gg \sqrt{\frac{R}{\varkappa}}\right) \tag{2.18}$$

Schwellenbedingung (2. Laserbedingung)

$$\frac{RB(\gamma_1 - A)}{\varkappa\gamma_1 (A + \gamma_2)} > 1 \tag{2.19}$$

Dynamik des Laseranlaufvorganges bei allgemeiner zeitabhängiger numerischer Lösung

Hierzu wird vielfach unter den Voraussetzungen $A = 0, \gamma_1 = \gamma_2 = \gamma$ und der Abkürzung $N_2 - N_1 \equiv \sigma$ das vereinfachte System verwendet:

$$\frac{d\sigma}{dt} = R - 2B\sigma n - \gamma\sigma \tag{2.20}$$

$$\frac{dn}{dt} = -\varkappa n + B\sigma n \tag{2.21}$$

Stationäre Lösung:

$$n_{st} = \left(\frac{RB}{\varkappa\gamma} - 1\right)\frac{\gamma}{B}, \quad \sigma_{st} = \frac{\varkappa}{B} \tag{2.22}$$

Vereinfachte Schwellenbedingung:

$$\frac{RB}{\varkappa\gamma} > 1 \tag{2.23}$$

Eine allgemeine zeitabhängige Lösung ist auch für dieses System nur numerisch möglich.
Ansatz für die *Pumprate* R bei:

- *kontinuierlichen Betrieb* $R =$ konst.
- *Impulsbetrieb* $R = R(t)$, mögliche Form bei Anregung mittels Blitzlampen:

$$R(t) = \text{konst.} \cdot t\,(a_1\,e^{-b_1 t} + a_2\,e^{-b_2 t})$$

Zahlenwerte: $a_1 = 1$; $a_2 = 0{,}5 \ldots 0{,}05$; $b_1 = 10^6\,s^{-1}$; $b_2 = 10^5\,s^{-1}$

Eine numerische Lösung des obigen Systems mit $R =$ konst. zeigt (Bild 2.3) die Möglichkeit des *Spikens* (Relaxationsschwingungen) des Lasers vor dem Einmünden in den stationären Zustand, bei starker Anregung erfolgt der Übergang exponentiell. Bedingung für:

Relaxationsschwingungen

$$\frac{4\varkappa^2}{RB} > 1 \tag{2.24}$$

Schwingungsdauer

$$T_R = \frac{2\pi}{\dfrac{RB}{2\varkappa}\sqrt{\dfrac{4\varkappa^2}{RB} - 1}} \tag{2.25}$$

exponentielles Verhalten

$$\frac{4\varkappa^2}{RB} \leqq 1 \tag{2.26}$$

Ableitbar aus obigem System ist die *Kleinsignalverstärkung*, eine vielfach verwendete, experimentell leicht zugängliche Größe.

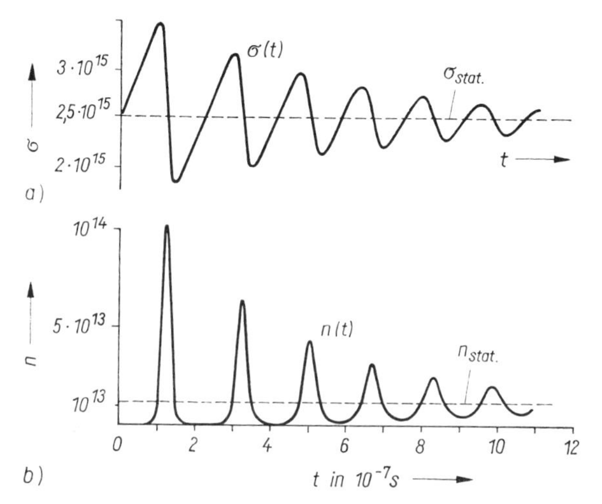

Bild 2.3. Abhängigkeit der Inversion $\sigma(t)$ und der Photonenzahl $n(t)$ von der Zeit beim Anschwingen des Lasers

Bei Durchlauf durch ein invertiertes Medium (Inversion konstant $= \sigma_0$) gilt für die *Photonenzahl* nach der Strecke $z = ct$:

$$n(z) = n(0) \exp\left(\frac{B\sigma_0}{c} - \alpha_i\right) \equiv n(0) \exp(g - \alpha_i)\, z \tag{2.27}$$

α_i innere Verluste

g optischer Gewinn (»gain«): $g = \frac{B\sigma_0}{c}$ (2.28)

e^{gz} Kleinsignalverstärkung (2.29)

Bei einer Resonatorlänge L und dem Reflexionsvermögen R_1, R_2 für die Spiegel gilt als Schwellenbedingung:

$$g = \alpha_i + \frac{1}{2L} \ln \frac{1}{R_1 R_2}, \tag{2.30}$$

(häufig verwendete Form der 2. Laserbedingung)

Verallgemeinerung:
Die Behandlung mit Hilfe der Bilanzgleichungen ist möglich:

- bei Betrachtung von mehr als zwei Niveaus und den entsprechenden Übergangsmöglichkeiten
- bei Betrachtung von mehr als einer Eigenschwingung und deren Kopplung
- bei Berücksichtigung der räumlichen Abhängigkeit von Besetzungsinversion und Photonenzahl (bevorzugt bei Impulsausbreitung)

Eine Lösung wird dann zunehmend komplizierter, s. hierzu die Spezialliteratur [2.2], [2.3].
Das gleiche gilt in noch stärkerem Maße für die semiklassische und quantenmechanische Behandlung, [2.2], [2.3], auf die hier nicht näher eingegangen werden soll. Eine Reihe von wesentlichen Begriffen, Beziehungen und Ergebnissen sind jedoch in Abschn. 2.1.4. einbezogen.

2.1.4. Strahlungseigenschaften

2.1.4.1. Linienbreite und Linienform

Sie werden bestimmt durch die Energieunschärfe der am Übergang beteiligten Niveaus sowie die verschiedenen Wechselwirkungsmechanismen. Ausgangspunkt bilden die:

- *natürliche Linienbreite* $\delta\nu_N$, bestimmt durch die Lebensdauer von oberem (τ_2) und unterem (τ_1) Niveau:

$$\delta\nu_N = \frac{1}{2\pi}\left(\frac{1}{\tau_1} + \frac{1}{\tau_2}\right) \tag{2.31}$$

Das Linienprofil ist gegeben durch eine LORENTZ-Form:

$$f(\nu) = \frac{2}{\pi\delta\nu_N}\,\frac{1}{1 + 4\left(\dfrac{\nu_0 - \nu}{\delta\nu_N}\right)^2} \tag{2.32}$$

ν_0 Zentrumsfrequenz

Für wechselwirkende Atome oder Moleküle tritt prinzipiell eine *Linienverbreiterung*, bedingt durch Felder und Stöße, auf.

- *homogene Linienverbreiterung*

[z.B. dadurch bedingt, daß das Atom als Folge statistischer Schwankungen (Gitterschwingungen) in Bereiche mit unterschiedlicher elektrischer Feldstärke (des Kristallfeldes) gelangt, was zu einer zeitlich veränderlichen Linienaufspaltung führt. Erfolgen diese Schwankungen schneller als die Ausstrahlungsdauer des Übergangs ($\delta\nu_N^{-1}$), so ist der Übergang *homogen verbreitert* (typisch für Festkörper- und z.T. für Halbleiterlaser). Schnelle innere Relaxationsprozesse in Molekülen führen ebenfalls zu einer homogenen Verbreiterung (typisch für den Farbstofflaser)].
Bei Atomen mit homogen verbreiterter Linie nehmen alle Atome bei Absorptions- oder Emissionsprozessen gleichberechtigt teil (Bild 2.4).

- *inhomogene Linienverbreiterung*

[z.B. dadurch bedingt, daß als Folge der thermischen Bewegung der Atome eine DOPPLER-Verschiebung der ausgestrahlten Frequenz auftritt. Jede Atomgruppe mit bestimmter Geschwindigkeitskomponente besitzt eine definierte Frequenz; die Bewegung der Gesamtheit aller Atome führt wegen der unterschiedlichen Geschwindigkeiten zur Ausstrahlung einer breiten, inhomogen verbreiterten Linie – typisch für den Gaslaser]

Bei Wechselwirkung mit der Frequenz ν (Breite $\ll$ DOPPLER-Breite) ist nur der Teil der Atome beteiligt, für den $\nu = \nu_0 + (1/2\pi)\,\boldsymbol{kv}$ gilt, der Rest der Atome bleibt unbeeinflußt (s. Bild 2.4), inhomogene DOPPLER-Verbreiterung ist zu beschreiben durch ein GAUSS-Profil.

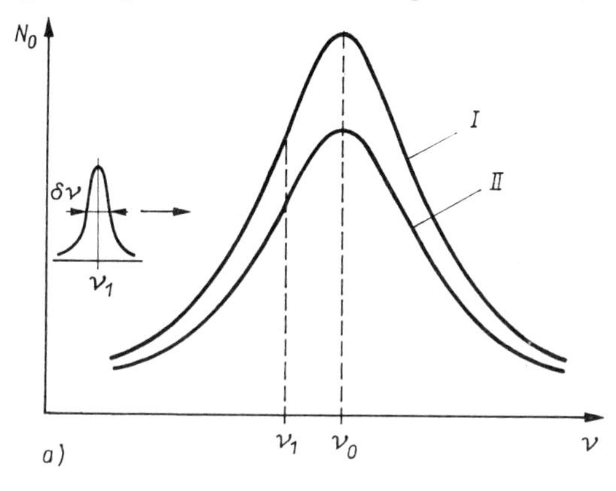

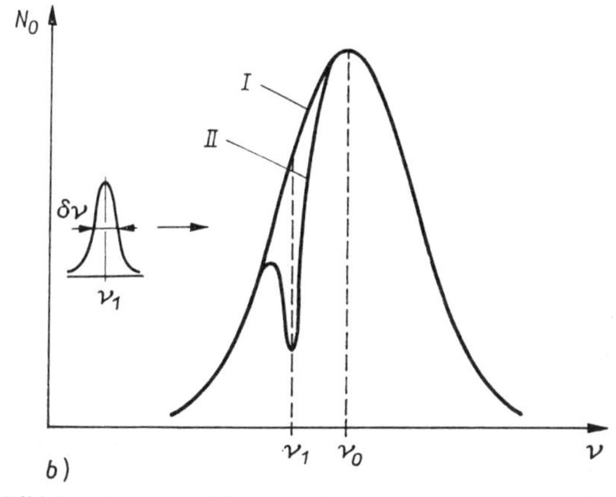

Bild 2.4. Frequenzabhängigkeit der Anzahl der Atome N_0 im Grundzustand vor (Kurve I) und nach (Kurve II) der Absorption einer Strahlung der Frequenz ν_1, Linienbreite $\delta\nu$.
a) bei homogen verbreiterter Atomlinie (das gleiche gilt für einen angeregten Zustand bei stimulierter Emission), b) bei inhomogen verbreiterter Atomlinie

DOPPLER-Verschiebung:

$$\delta\nu_D = \frac{1}{2\pi}\,\boldsymbol{kv}$$

GAUSS-Profil:

$$f(\nu) = \frac{2}{\delta\nu_D}\sqrt{\frac{\ln 2}{\pi}}\;e^{-\left(\frac{2(\nu_0-\nu)}{\delta\nu_D}\sqrt{\ln 2}\right)^2} \tag{2.33}$$

Dabei wird die Linienbreite $\delta\nu_D$ wesentlich durch die Temperatur T und Art der Medien (Masse m) bestimmt (Bild 2.5):

$$\delta\nu_D = \frac{2\nu_0}{c}\sqrt{\frac{2kT \ln 2}{m}} \tag{2.34}$$

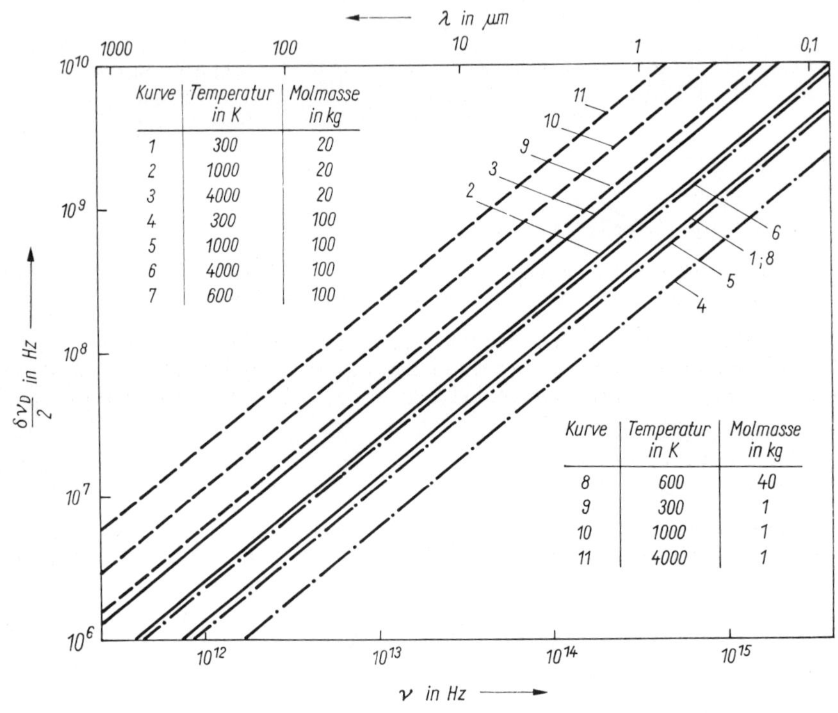

Bild 2.5. Abhängigkeit der DOPPLER-Verbreiterung von der Frequenz ν, der Temperatur T und der Masse der aktiven Medien

Besonderheiten: Bevorzugt in Gaslasern treten zusätzlich einige Prozesse auf, die zu einer weiteren homogenen oder auch inhomogenen Verbreiterung führen können. Es sind dies (Bild 2.6):

- *Stoßprozesse* (Stöße zwischen den Atomen oder Molekülen unterbrechen die Ausstrahlung bzw. ändern die Phase oder auch die Lebensdauer der Niveaus, homogene Verbreiterung durch Stoß)

$$\delta\nu_S = \beta p_G \tag{2.35}$$

β Linienbreite/Druck

- *axiale Ionendrift* führt zu zwei überlagerten DOPPLER-Profilen (inhomogene Verbreiterung).

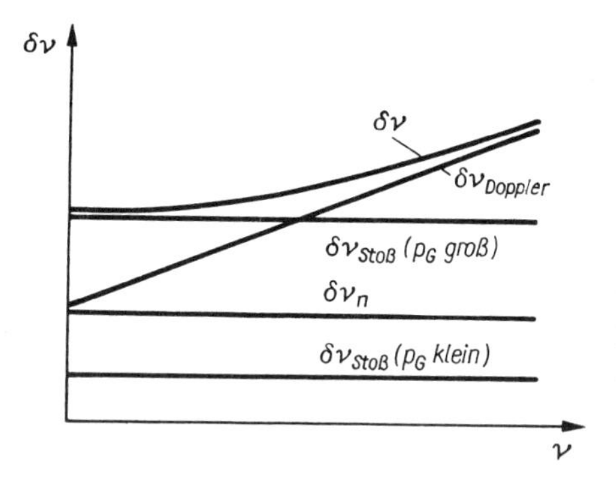

Bild 2.6. Qualitative Abhängigkeit der Linienbreite $\delta\nu$ von der Frequenz ν für unterschiedliche Verbreiterungsmechanismen

Vielfach gebrauchte Bezeichnungsweise:

longitudinale Relaxationszeit ≡ Lebensdauer der Niveaus
transversale Relaxationszeit ≡ inverse homogene Linienbreite

Die durch die aktiven Medien bestimmten spektralen Verteilungen (homogene und inhomogene Linienbreiten) können durch den Laserprozeß weitgehend verändert, insbesondere spektral eingeengt werden. Das ist bedingt durch die Wirkung der:

- stimulierten Emission
- Modenkonkurrenzprozesse
- Resonatoreigenschaften

Da die stimulierte Emission proportional zur Intensität (Photonenzahl) der einfallenden Strahlung ist, wächst das Zentrum der Linie (relativ) stärker heraus, die Linie wird spektral verengt (s. Bild 2.7).

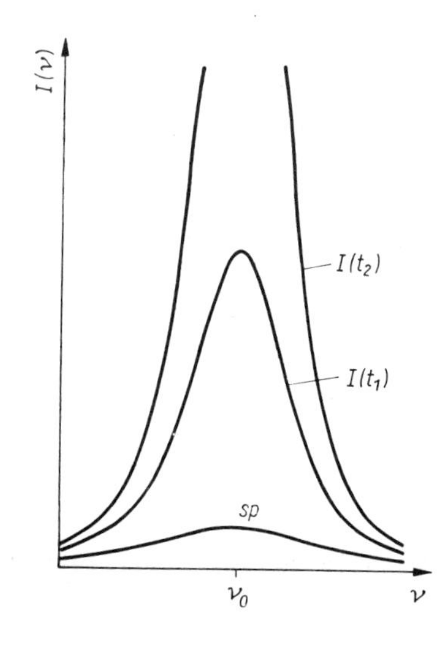

Bild 2.7. Intensität einer Atomlinie in Abhängigkeit von der Frequenz (Mittenfrequenz ν_0) für spontane Emission (sp) und überwiegend induzierte Emission (Besetzungsinversion) für zwei verschiedene Intensitäten $I(t_2) > I(t_1)$

Da der Abstand der Eigenschwingungen des Resonators $c/2L$ (i.allg. 50 ... 10^3 MHz) kleiner ist als die (homogene oder inhomogene) Breite der Atomlinien, schwingt im Laser eine Vielzahl von Eigenschwingungen an. Die *Breite* der sich einstellenden Laserlinie hängt dann von der Möglichkeit der Koexistenz der Eigenschwingungen ab, die dann gegeben ist, wenn diese ihre Energie nicht von den gleichen Atomen erhalten, wie es bei einer homogenen Atomlinie der Fall ist.

Mechanismen, die eine Koexistenz bedingen, sind die:

- spontane Emission
- inhomogene Linienverbreiterung
- räumliche Abhängigkeit des Strahlungsfeldes bei stehenden Wellen
- räumliche Inhomogenität des Lasermediums

Laser, die diese Effekte weitgehend vermeiden (außer der unvermeidlichen spontanen Emission, die die prinzipiell mögliche minimale Linienbreite bestimmt), erreichen – ohne besondere frequenzselektive Elemente – die kleinsten Linienbreiten. *Günstigster Fall:* aktives Medium mit ideal homogen verbreiterter Atomlinie innerhalb eines Ringresonators.
Ansonsten ergeben sich, je nach der Wirkung der Koexistenzmechanismen, Linienbreiten in einem weiten Spektralbereich.

Besonderheit beim Gaslaser: Der Lamb-dip

Auf Grund der Bewegung der aktiven Atome tritt eine Doppler-Verschiebung auf, die Atomlinie ist inhomogen verbreitert. Die im Resonator nach rechts bzw. links laufende Welle ist in Resonanz mit den Atomen der Geschwindigkeit v, für die gilt:

$$\nu = \nu_0 \pm \frac{1}{2\pi} kv \tag{2.36}$$

Bei diesen Frequenzen wird durch das Strahlungsfeld die Besetzungsinversion selektiv abgebaut (entsprechend ν_1 in Bild 2.4): Es ergeben sich symmetrisch zu ν_0 zwei »Löcher« in der Verteilungskurve, üblicherweise als »*hole burning*« bezeichnet. Die Größe des hole burning wird bestimmt durch die homogene Linienbreite und die Intensität.
Überlappen sich die Löcher, so nimmt die Besetzungsinversion in diesem Bereich stärker ab. Dieser Effekt ist maximal für $v = 0$, die Intensität zeigt für $\nu = \nu_0$ ein relatives Minimum, bezeichnet als »*Lamb-dip*«. Dieses Verhalten wird heute vielfach zur *Frequenzstabilisierung* von Lasern benutzt (s. Abschn. 2.9.3.).

2.1.4.2. Strahlungseigenschaften des idealen Lasers

Dabei ist nur eine Eigenschwingung angeregt. Die Strahlungseigenschaften werden gekennzeichnet durch:

- Linienbreite (Kohärenzlänge)
- Amplitudenfluktuationen

Die Linienbreite $\delta\nu$ wird bestimmt durch die *Phasenfluktuationen* der spontanen Emission und die *Güte* des Resonators, gekennzeichnet durch dessen Frequenzbreite $\delta\nu_R$:

$$\delta\nu = \frac{\pi h\nu}{P}\,\delta\nu_R^2 \tag{2.37}$$

P Ausgangsleistung des Lasers

Damit bestimmt sich die *Kohärenzlänge* aus:

$$l_K = \frac{c}{2\delta\nu} \tag{2.38}$$

Beispiel: Für den He-Ne-Laser erhält man $\delta\nu \approx 1$ Hz, damit ist die Kohärenzlänge

$$l_K \approx 1{,}5 \cdot 10^5 \text{ km}.$$

Beträgt der Strahlquerschnitt der betrachteten Eigenschwingung A_K, dann gilt als *Kohärenzvolumen:*

$$V_K = A_K l_K \tag{2.39}$$

Innerhalb des Kohärenzvolumens sind die Feldstärkewerte korreliert, das Strahlungsfeld kann in guter Näherung durch eine Welle konstanter Phase und Amplitude (sin-Verlauf) beschrieben werden.
Für die *Strahlung eines schwarzen Körpers* gilt:

$$\delta = \left(e^{\frac{h\nu}{kT}} - 1\right)^{-1} \tag{2.40}$$

entsprechend dem Maximalwert einer konventionellen Lichtquelle.
Entartungsparameter δ = mittlere Anzahl der Photonen im Kohärenzvolumen

$$\delta \ll 1 \quad (\leqq 10^{-3}) \text{ für konventionelle Lichtquellen} \tag{2.41}$$
$$\delta \gg 1 \quad (\approx 10^{13}) \text{ für Laser}$$

Die kleine Linienbreite des Laser bewirkt, daß ein Großteil der im aktiven Medium gespeicherten Energie in einem schmalen Spektralbereich ausgestrahlt wird. Das erklärt die:

- Monochromasie
- hohe spektrale Energiedichte

Diese Eigenschaften unterscheiden sich von denen einer konventionellen Lichtquelle quantitativ.

Ein qualitativer, mehr prinzipieller Unterschied zeigt sich bei den *Amplitudenfluktuationen.* Bestimmt werden diese nicht durch die mittlere Photonenzahl $\bar{n}$ $(= \delta)$, sondern durch die Wahrscheinlichkeitsverteilung $p(n)$, die die Wahrscheinlichkeit angibt, daß bei einer Messung n Photonen (bei einer mittleren Zahl $\bar{n}$) registriert werden.
Für thermisches (natürliches) Licht gilt die BOSE-EINSTEIN-Verteilung (Bild 2.8):

$$p(n) = \frac{1}{(1 + \bar{n})\left(1 + \frac{1}{\bar{n}}\right)^n} \tag{2.42}$$

für Laserstrahlung die POISSON-Verteilung (Bild 2.9):

$$p(n) = \frac{\bar{n}^n}{n!} \, \mathrm{e}^{-n} \tag{2.43}$$

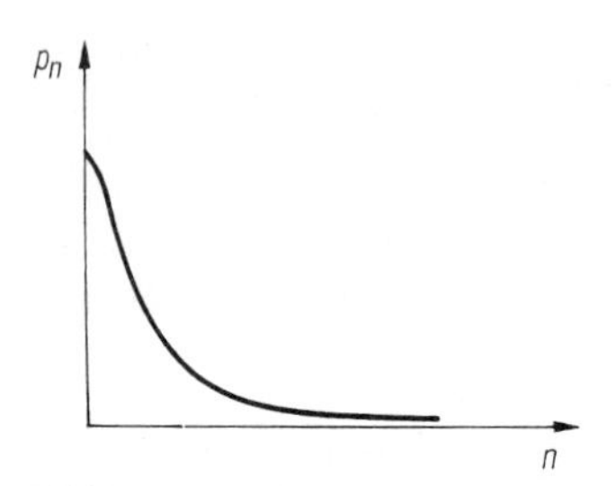

Bild 2.8. BOSE-EINSTEIN-Verteilung (p_n bezeichnet die Wahrscheinlichkeit, n Photonen vorzufinden)

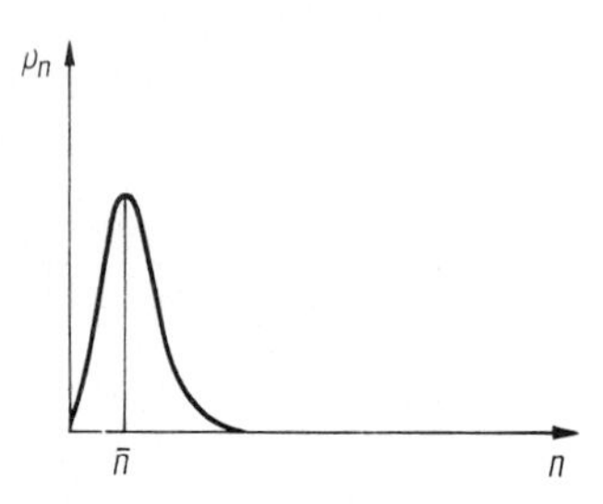

Bild 2.9. POISSON-Verteilung für eine mittlere Photonenzahl $\bar{n}$

Gekennzeichnet wird die Amplitudenstabilität durch das *mittlere Schwankungsquadrat der Photonenzahl:*

$$(\Delta n^2) \equiv \overline{(n - \bar{n})^2} \, . \tag{2.44}$$

$$(\Delta n^2) = \bar{n} + \bar{n}^2 \tag{2.45}$$

für thermisches Licht (die Schwankungen in der Intensität sind von gleicher Größe wie die Intensität selbst),

$$(\Delta n^2) = \bar{n} \tag{2.46}$$

für Laserstrahlung (die Schwankungen nehmen mit zunehmender Intensität ab, weitgehende Amplitudenstabilität).

Ein Strahlungsfeld, dessen Photonenverteilung durch eine POISSON-Verteilung gegeben ist, ist in der elektrischen Feldstärke durch eine klassische Sinuswelle zu beschreiben (GLAUBER-*Zustand* des Strahlungsfeldes).

2.1.4.3. Kopplung von Eigenschwingungen (mode locking)

Das Anschwingen des Lasers erfolgt im allgemeinen auf vielen (M) Eigenschwingungen und bestimmt sein spektrales Verhalten sowie die Intensität. Die *Gesamtfeldstärke* des Strahlungsfeldes ist:

$$E(t) = \sum_i E_i(t) = E_0 \sum_i \mathrm{e}^{\mathrm{i}(\omega_i t + \varphi_i)} \, , \quad i = 1, 2, 3, \ldots M \, , \tag{2.47}$$

und die *Gesamtintensität*:

$$I = \sum_{i,i'} E_i^*(t) \, E_{i'}(t) = \sum_i I_i(t) = M I_i \, (t) \tag{2.48}$$

bei *statistischen Phasen* φ_i zwischen den Eigenschwingungen. Je nach Anregungsdauer ergibt sich eine impulsförmige oder kontinuierliche Strahlung mit starken Amplitudenschwankungen.

Phasensynchronisierung

Alle Eigenschwingungen haben die gleiche Phase φ (unabhängig von i). Für die Gesamtintensität gilt dann (impulsförmige Ausstrahlung):

$$I = |E_0|^2 \frac{\sin^2 (M\pi \, \Delta\nu t)}{\sin^2 (\pi \, \Delta\nu t)} \tag{2.49}$$

$\Delta\nu$ Modenabstand
mit einer *Maximalintensität*:

$$I_{max} = I_i M^2$$

I_{max} ist um den Faktor M größer als bei statistischen Phasen.

Impulsbreite

$$\Delta t = \frac{1}{\Delta\nu M} \tag{2.50}$$

Daraus folgt die Möglichkeit der *Impulserzeugung*. Die notwendige Phasensynchronisierung ist auf verschiedene Weise möglich, s. Abschn. 2.9.2.

2.2. Erzeugung einer Besetzungsinversion

Eine *Besetzungsinversion* zwischen zwei energetischen Zuständen (2) und (1) (Bild 2.10) liegt vor, wenn die Zahl der Atome im energetisch höheren Zustand (2) größer ist als die im tieferen Zustand (1).

Ohne äußere Einwirkung auf das Atom- oder Molekülsystem, z. B. durch Strahlungsfelder oder Stöße, ist der tiefere Zustand (1) stets stärker, entsprechend einer BOLTZMANN-Verteilung (s. Bild 2.1), besetzt.

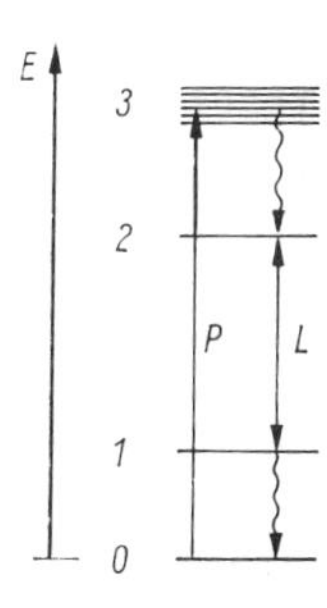

Bild 2.10. Prinzipielles Niveauschema für den Laserprozeß.
L Laserübergang, P Pumpanregung

Eine *Umbesetzung* ist um so leichter zu erreichen bei:

- großer Lebensdauer des oberen Niveaus (2) (metastabiles Niveau)
- kleiner Lebensdauer des unteren Niveaus (1)
- großer Übergangswahrscheinlichkeit $0 \rightarrow 3$
- schnellem Übergang $3 \rightarrow 2$

Eine Vielzahl von Atomen und Molekülen besitzen ein *Niveauschema*, welches diese Forderungen erfüllt.
Die Umbesetzung und damit die Erzeugung einer Besetzungsinversion – vielfach als *Pumpen* bezeichnet – ist auf verschiedene Weise zu erreichen und unterscheidet im wesentlichen die verschiedenen Lasertypen. Sie erfolgt durch:

- optisches Pumpen
- Stoßanregung
- Stromdurchgang in einem pn-Übergang
- chemisches Pumpen

Optisches Pumpen

Die Anregung des oberen Niveaus (3) erfolgt durch Absorption optischer Strahlung, die dem Übergang $0 \rightarrow 3$ entspricht (typisch für Festkörper- und Farbstofflaser).
Als *Pumplichtquellen* werden verwendet:

- leistungsstarke Lampen (bevorzugt für Festkörperlaser)
- Laser (z.B. Argon-Ionenlaser, bevorzugt für Farbstofflaser).

Die *Auswahl* der Lichtquellen erfolgt nach:

- notwendiger Pumpleistung (Schwellenbedingung)
- spektraler Verteilung

Prinzipiell ist notwendig, daß der überwiegende Intensitätsanteil bei einer höheren Frequenz als der Frequenz liegt, die dem zu invertierenden Übergang ($2 \rightarrow 1$) entspricht und die eine maximale Intensität im Bereich des Absorptionsüberganges ($0 \rightarrow 3$) hat. Zur Einkopplung des Pumplichtes auf das aktive Medium werden die verschiedensten Anordnungen, je nach Lasertyp, eingesetzt (s. Abschn. 2.5. und 2.8.).

Stoßanregung (in einer Gasentladung)

Die *Anregung* des oberen Niveaus (3) erfolgt in einer elektrischen Entladung direkt durch:

- Elektronenstöße 1. Art (Wirkungsquerschnitt $\sigma_w \approx 10^{-14} \ldots 10^{-16}\,\mathrm{cm}^2$) oder
- Energieübertragung durch Stöße 2. Art (Wirkungsquerschnitt $\sigma_{w2} = 10^{-16} \ldots 10^{-18}\,\mathrm{cm}^2$)

Große Wirkungsquerschnitte für Stöße 2. Art liegen vor, wenn für die Energiedifferenz ΔE zwischen dem angeregten Zustand des Atoms A mit dem anzuregenden Zustand des Atoms B bei dem Prozeß $A^* + B \rightarrow A + B^* \pm \Delta E$ gilt:

$$\Delta E \ll kT$$

Beispiel: Für $\Delta E \approx 10^{-1}$ eV verringert sich σ_{w2} ($A \rightarrow B$) auf $10^{-20}\,\mathrm{cm}^2$.

Typischer Anregungsprozeß für Gaslaser. Speziell Stöße 2. Art sind der dominierende Prozeß im He–Ne-*Laser*. Die *elektrische Entladung* wird erzeugt als:

- selbständige Entladung, bei der die Träger des elektrischen Stromes (Elektronen, Ionen) in der Entladung selbst erzeugt werden (häufigste Entladungsform in Gaslasern)

- unselbständige Entladung, bei der die Ionisation von außen erzeugt wird (z. B. durch den Einschuß schneller Elektronen oder durch Fotoionisation mittels UV-Lichtes, vornehmlich benutzt zur Anregung von gepulsten Hochleistungsgaslasern)

Die selbständige Gasentladung wird dabei üblicherweise als kontinuierliche oder gepulste *Gleichstromentladung* betrieben.

Stromdichte J:

10^{-3} A/cm² $< J <$ 1 A/cm² bei Glimmentladungen
1 A/cm² $< J <$ 10^3 A/cm² bei Bogenentladungen

Gasdruck p_G:

1 Pa $< p_G <$ 10^4 Pa bei Niederdruckentladungen
10^4 Pa $< p_G <$ 10^6 Pa bei Hochdruckentladungen

Einzelheiten s. Abschn. 2.6.

Stromdurchgang in einem pn-Übergang

Typische Anregungsform für den Halbleiterlaser, in diesem Falle auch bezeichnet als *Injektions-(Halbleiter-)Laser*, da die Anregung durch die »Injektion« von Ladungsträgern erfolgt.

Eine *Besetzungsinversion* in einem pn-Übergang liegt dann vor, wenn die Zahl der Paare von Elektronen des Leitungsbandes und »Löchern« (fehlende Elektronen) im Valenzband größer ist als die Zahl der Paare von Elektronen im Valenzband und Löchern im Leitungsband bei gleichem energetischem Abstand (s. Bild 2.11).

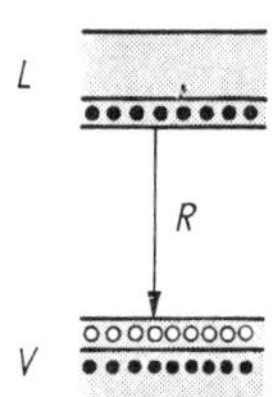

Bild 2.11. Energieniveauschema für einen pn-Übergang. L Leitungsband, V Valenzband, R Rekombinationsstrahlung. ● bezeichnet Elektronen und ○ Löcher

Das wird erreicht durch das Anlegen einer Spannung in der Weise, daß sich die Elektronen des n-Gebietes (dotiert mit *Donatoren*, Elektronenspendern) wie auch die Löcher des p-Gebietes (dotiert mit *Akzeptoren*, Elektronenfallen) zum pn-Übergang bewegen. Bei genügend hoher Dotierung wird eine *Besetzungsinversion* erreicht. Die Ausstrahlung erfolgt als Rekombinationsstrahlung (Elektron → Loch).

Notwendige Dotierung (für GaAs):

Elektronenkonzentration $N_n > 3{,}8 \cdot 10^{17}$ cm^{-3}
Löcherkonzentration $N_p \geqq 1{,}2 \cdot 10^{19}$ cm^{-3}
Verwendete Spannung 6 ... 10 V
Stromdichten (je nach Halbleitertyp, Kühlung, Betriebsart) 100 ... 10^5 A/cm²

Chemisches Pumpen

Besondere Form der Anregung für spezielle Gaslaser. In bestimmten chemischen (exothermen) Reaktionen führt die Reaktionsenergie teilweise zur Anregung eines der Reaktionspartner. Bevorzugt angeregt werden neben Elektronenübergängen Schwingungs- und Rotationsniveaus von Molekülen. In Betracht kommen hierfür folgende Prozesse:

- Fotodissoziation $AB + h\nu \rightarrow A^* + B$
  Beispiel: $CH_3I + h\nu \rightarrow CH_3 + I^*$ (Iodlaser)

- Exotherme Austauschreaktionen $A + BC \rightarrow AB^* + C$
  Beispiele: $F + H_2 \rightarrow HF^* + H$ (HF-Laser)
  $SO + CS \rightarrow CO^* + S_2$
- Rekombinationsanregung $A + B + M \rightarrow AB^* + M$
  führt bevorzugt zur Anregung von Elektronenzuständen (M bezeichnet einen Stoßpartner)
  Beispiele: $N + N + M \rightarrow N_2^* + M$
  $N + O + M \rightarrow NO^* + M$

Die chemischen Reaktionen werden dabei ausgelöst durch Flammen oder durch Anregung mittels Blitzlampen. Der Erzeugung einer Besetzungsinversion durch chemisches Pumpen kommt, von speziellen Anwendungen abgesehen, nicht die Bedeutung der anderen genannten Verfahren zu. Das gleiche trifft im verstärkten Maße auf eine Methode zu, auf die aus historischen Gründen noch verwiesen sei. Sie wurde als erste zur Erzeugung einer Besetzungsinversion (im Mikrowellenbereich) verwendet. Es handelt sich um die *räumliche Trennung von angeregten und nichtangeregten Molekülen.* Hierbei wird in einem äußeren elektrischen Feld ein für oberes und unteres Niveau unterschiedliches Dipolmoment induziert, was in einem inhomogenen elektrischen Feld zu einer unterschiedlichen Ablenkung und damit Trennung führt.
Verwendet für NH_3-Moleküle, $\nu = 23{,}87$ GHz, 1. Maser.
Nur die angeregten Moleküle gelangen in den Resonator und führen zur spontanen und schließlich stimulierten Emission.

2.3. Optische Resonatoren

2.3.1. Einführung

Die *Rückkopplung* der durch stimulierte Emission erzeugten Strahlung wird durch eine geeignete Resonanzstruktur erreicht. Hierdurch werden nur relativ wenige Eigenschwingungen ausgezeichnet. Die Verstärkung für diese Eigenschwingungen ist ausreichend, um die Verluste zu kompensieren, so daß eine selbsterregte Oszillation angefacht wird (*Schwellenbedingung*, s. Abschn. 2.4.).
Die Eigenschwingungen eines Resonators sind durch Frequenz, Richtung und Polarisation zu charakterisieren, so daß zu einem beachtlichen Teil die typischen Strahlungseigenschaften eines Lasers, wie spektrale Energiedichte, Frequenzschärfe und Richtungsbündelung, durch die selektiven Eigenschaften des Resonators bestimmt werden.
Die physikalische Vorstellung der Rückkopplung bzw. Herausbildung von Eigenschwingungen, vielfach auch als *Moden* bezeichnet, ist wie folgt zu charakterisieren:

- *im Photonenbild:*

  Ein spontan emittiertes Photon trifft bei geeigneter Richtung auf den Spiegel, wird reflektiert und durchläuft das aktive Medium – was zu einer stimulierten Emission führen kann –, wird wiederum vom zweiten Spiegel reflektiert usw. → Rückkopplung (Bild 2.12)

- *im wellenoptischen Bild* (notwendig für ein detailliertes Verständnis):

  Als Randbedingung der MAXWELLschen Theorie muß die Feldstärke auf (ideal) reflektierenden Schichten verschwinden. Damit sind für ein elektromagnetisches Feld innerhalb zweier Spiegel nur ganz bestimmte Verteilungen möglich, die ***Eigenschwingungen.***

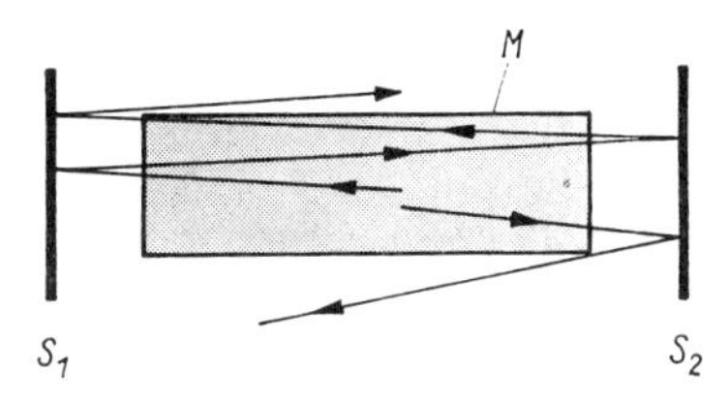

Bild 2.12. Schema eines Laserresonators vom FABRY-PEROT-Typ. S_1, S_2 Spiegel; M aktives Medium

In Anlehnung an die Theorie der Mikrowellenresonatoren werden die Moden als transversale elektromagnetische Schwingungen (TEM) bezeichnet und nach der Anzahl der Nullstellen *mn* senkrecht zur Ausbreitungsrichtung geordnet (Bild 2.13).

Beispiele: TEM_{00} keine Nullstelle
TEM_{01} eine Nullstelle in *y*-Richtung
TEM_{22} zwei Nullstellen in *y*- und zwei in *x*-Richtung.

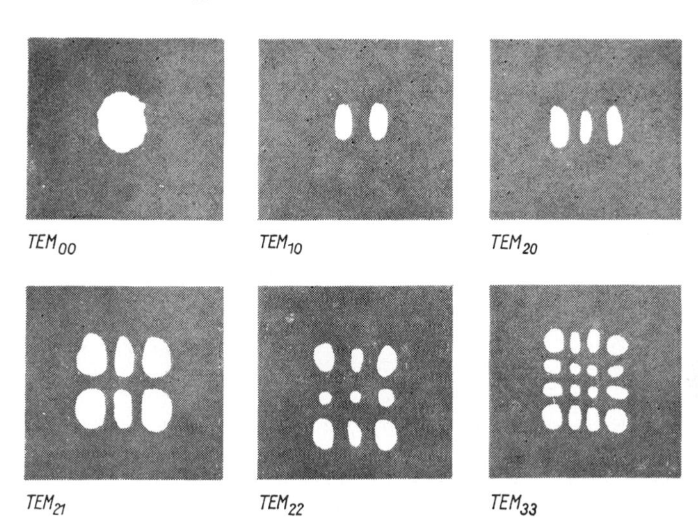

Bild 2.13. Intensitätsverteilung transversaler TEM_{mn}-Eigenschwingungen im Laserresonator [2.1]

Die *Strahlungsverluste* hängen dabei nicht nur von der Modenstruktur, sondern auch von der Resonatorgeometrie ab und sind gekennzeichnet durch die FRESNEL-Zahl:

$$N = \frac{a^2}{4\lambda L} \tag{2.51}$$

a Spiegeldurchmesser bei ebenem Spiegel, *L* Resonatorlänge

Resonatoren, die nur wenige Eigenschwingungen auszeichnen sollen, haben im allgemeinen Dimensionen in der Größenordnung der Wellenlänge.

Beispiel: Allseitig geschlossener Kasten mit leitenden Wänden, Abmessung einige Zentimeter im Mikrowellenbereich, Spektrum der Eigenschwingungen

$$\nu_{mnq} = \frac{c}{2}\sqrt{\left(\frac{m}{b}\right)^2 + \left(\frac{n}{b}\right)^2 + \left(\frac{q}{L}\right)^2}$$

L Resonatorlänge; b^2 quadratischer Querschnitt; m, n, q ganze Zahlen
Geschlossener Resonator.

Besonderheit optischer Resonatoren:
Abmessungen $\gg$ Wellenlänge
(bis 200 m) (Bereich μm)
Resonatoren werden gebildet durch zwei sich geeignet gegenüberstehende reflektierende Schichten *(Spiegel)*, die seitliche Begrenzung entfällt. Offene Resonatoren s. Bild 2.12.

Beispiel: Für ebene (quadratische) Spiegel gilt näherungsweise für das Spektrum der Eigenschwingungen:

$$\nu_{mnq} = \frac{cq}{2L}\left[1 + \frac{1}{2}\left(\frac{mL}{qb}\right)^2 + \frac{1}{2}\left(\frac{nL}{qb}\right)^2\right] \quad m, n, q \text{ ganze Zahlen}$$

Für $L = 10$ cm und $\lambda = 1$ μm, $q = 2 \cdot 10^5$, $n = m = 0$ ergibt sich der Abstand zwischen benachbarten Eigenschwingungen

$$\Delta\nu = \frac{c}{2L} \Rightarrow \Delta\nu = 1{,}5 \text{ GHz}.$$

Optische Resonatoren sind in den verschiedensten Konfigurationen möglich. Es ist zu unterscheiden zwischen:

- Resonatoren mit {ebenen / sphärischen} Spiegeln
- stabilen Resonatoren
- instabilen Resonatoren

Die elektromagnetische Strahlung tritt auf als:

- stehende Welle in Resonatoren vom FABRY-PEROT-Typ
- laufende Welle in Ringresonatoren (Bild 2.14)

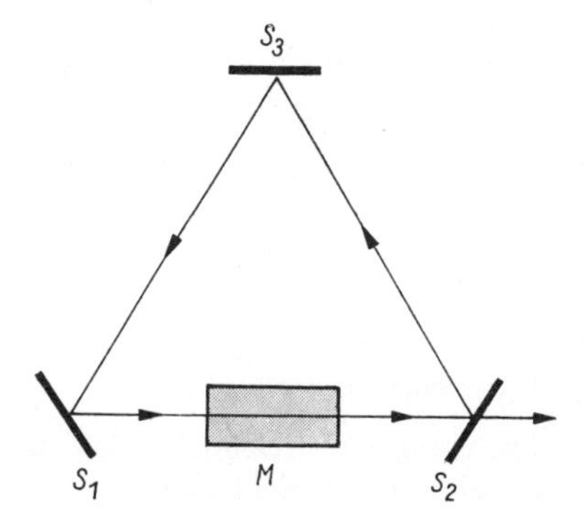

Bild 2.14. Ringresonator.
S_1, S_2, S_3 Spiegel (davon S_2 Auskoppelspiegel); M aktives Medium

2.3.2. Resonator mit ebenen kreisförmigen Spiegeln

Dieser optische Resonator besteht aus zwei ebenen kreisförmigen, unendlich ausgedehnten Spiegeln, die einander gegenüberstehen und deren Flächennormalen parallel zur optischen Achse orientiert sind (FABRY-PEROT-Resonator). Eine ebene elektromagnetische Welle (Anfangsamplituden u_1, u_2) pendelt zwischen beiden Spiegeln, wobei bei jeder Reflexion der Bruchteil R_1 am linken, bzw. R_2 am rechten Spiegel reflektiert wird (Bild 2.15).

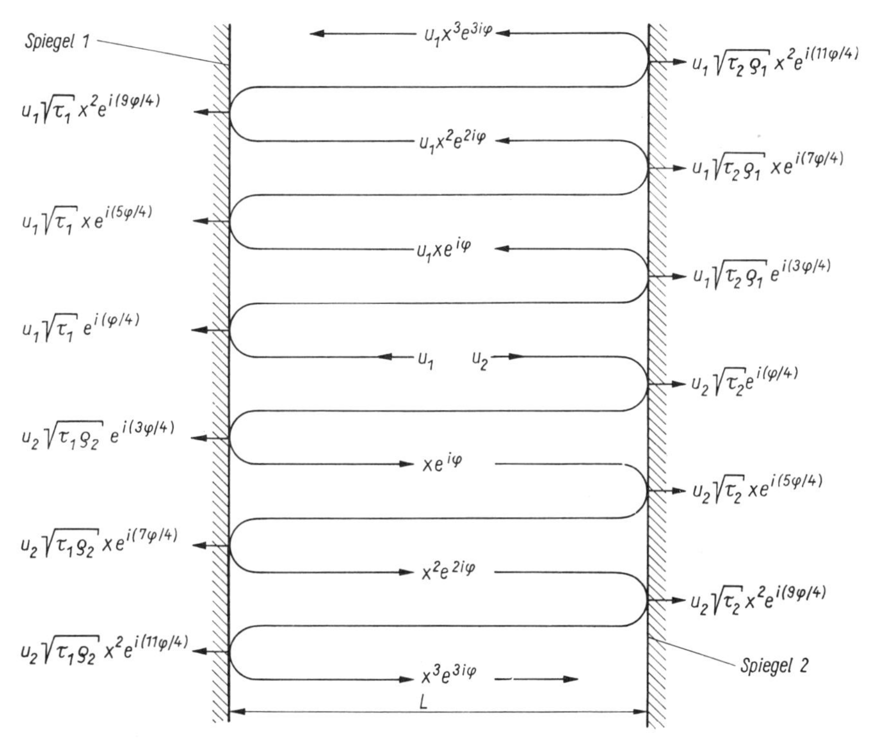

Bild 2.15. Amplituden und Phasen einer elektromagnetischen Welle zwischen zwei reflektierenden Schichten ($\varphi = 4\pi L/\lambda$, $x = \sqrt{R_1 R_2}$, $\varrho_i = R_i$, $\tau_i = 1 - R_i$ für $i = 1{,}2$)

Für die *Intensität innerhalb des Resonators* gilt:

$$I = I_0 \frac{1}{1 + F \sin^2 \dfrac{2\pi}{c} \nu L} \quad \text{mit} \quad F = \frac{4\sqrt{R_1 R_2}}{(1 - \sqrt{R_1 R_2})^2} \tag{2.52}$$

Die Intensität wird maximal für: $\nu = \dfrac{c}{2L}\, q \equiv \nu_{00q}$ (2.53)

(Definition der *axialen* Eigenschwingungen mit q ganzzahlig)

Für unendlich ausgedehnte Spiegel ist auch eine Ausbreitung unter einem Winkel ϑ_m gegenüber der optischen Achse möglich. Für die entsprechenden Eigenschwingungen gilt:

$$\nu_{m0q} = \frac{qc}{2L\cos\vartheta_m} \quad \text{mit} \quad \vartheta_m = \sqrt{m\frac{\lambda}{L}} \tag{2.54}$$

Der *Frequenzabstand* zweier benachbarter Eigenschwingungen ist:

$$\Delta\nu = \frac{c}{2L} \tag{2.55}$$

(meist $\Delta\nu \ll$ Linienbreite des Laserübergangs), während die Linienbreite $\delta\nu$ einer Eigenschwingung durch die Güte Q des Resonators bestimmt wird:

$$\frac{\delta\nu}{\nu} = \frac{\delta\lambda}{\lambda} = \frac{1}{Q} \tag{2.56}$$

$$Q = \frac{2\pi L}{\lambda\varkappa_{tot}} \tag{2.57}$$

Der *Gesamtverlust* $\varkappa_{tot}$ des Resonators wird bestimmt durch:

- *Auskoppelverluste* an den Spiegeln 1 und 2 ($\varkappa_{A1}$, $\varkappa_{A2}$):

$$\varkappa_{A1} = \tfrac{1}{4}(1 - R_1)(1 + R_2) \tag{2.58}$$

$$\varkappa_{A2} = \tfrac{1}{4}(1 - R_2)(1 + R_1) \tag{2.59}$$

$$\varkappa_{A1} + \varkappa_{A2} = \varkappa_A = \tfrac{1}{2}(1 - R_1R_2) \tag{2.60}$$

- *Beugungsverluste* $\varkappa_B$ (abhängig von Fresnel-Zahl N und dem Typ der Eigenschwingung), für $N \gg 1$ gilt:

$$\varkappa_B = \frac{1}{4N^{3/2}} + \vartheta_m\frac{L}{2a} \tag{2.61}$$

Fresnel-Zahl $N = a^2/\lambda L$, a ist der kleinere von beiden Spiegelradien

- *Verluste durch Justierungenauigkeiten* $\varkappa_G$, bei einer Verkippung von β (in rad) gegen eine Normale zur Resonatorachse gilt genähert:

$$\varkappa_G = \sqrt{\frac{L}{4a}\beta} \tag{2.62}$$

- *Streu- und Absorptionsverluste* $\varkappa_W$, abhängig von der optischen Qualität von Lasermaterial und Spiegel, formelmäßig allgemein nicht anzugeben

Der *Gesamtverlust*

$$\varkappa_{tot} = \varkappa_A + \varkappa_B + \varkappa_G + \varkappa_W \tag{2.63}$$

bestimmt die Linienbreite der Eigenschwingungen (Bild 2.16).

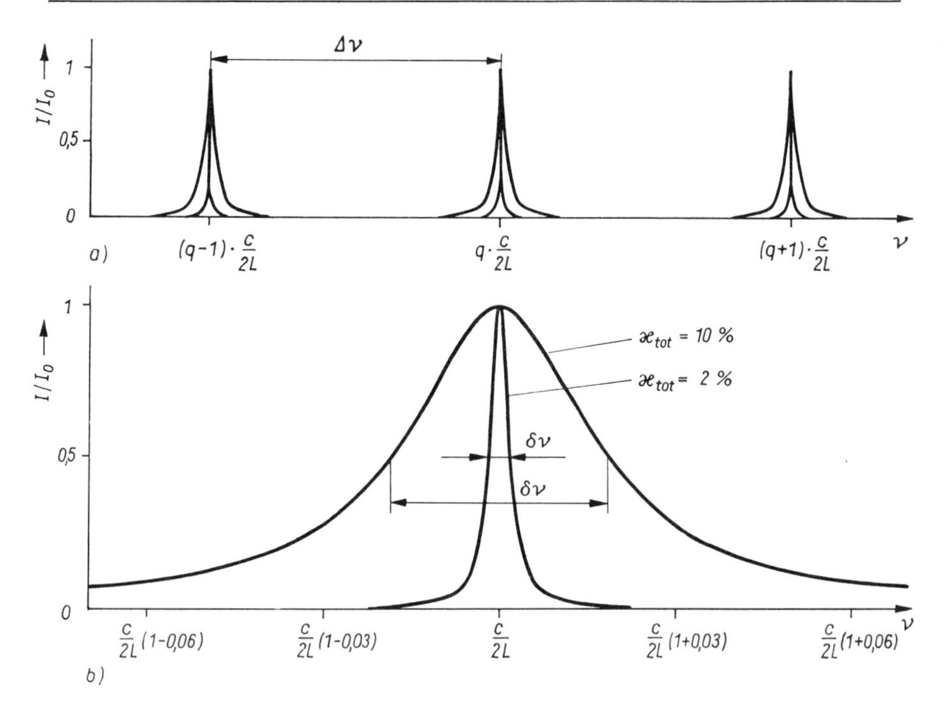

Bild 2.16. Linienbreite für verschiedene Gesamtverluste des Resonators.
a) Linienabstand, b) Linienform

! Die Länge L des Resonators bestimmt den Abstand der Eigenschwingungen. Abstandsänderungen der Größenordnung $\Delta L = (L/\pi)\,\varkappa_{\text{tot}}$ führt zu einer Frequenzverschiebung $\Delta\nu$. Um Verluste durch Justierungenauigkeiten klein zu halten, muß gelten $\beta \ll (8a/L\sqrt{F})$.

Eine genauere Betrachtung des Resonators mit ebenen kreisförmigen Spiegeln liefert die Amplitudenverteilung auf den Spiegeln für die verschiedenen Eigenschwingungen (Bild 2.17).
Für die *Resonanzfrequenzen* gilt für $N \gg 1$ allgemein:

$$\nu_{mnq} = \frac{c}{2L}\,q + \frac{cL}{4\pi a^2 q}\,\mu_{mn}^2 \tag{2.64}$$

μ_{mn} bezeichnet die $(n + 1)$te Nullstelle der BESSEL-Funktion I_m, während die *Beugungsverluste* nach [2.4] durch

$$\varkappa_{\text{B}} = 16\mu_{mn}\,\frac{\delta\,(M + \delta)}{[(M + \delta)^2 + \delta^2]^2}, \quad \delta = 0{,}824, \quad M = \sqrt{8\pi N} \tag{2.65}$$

gegeben sind (Bild 2.18).

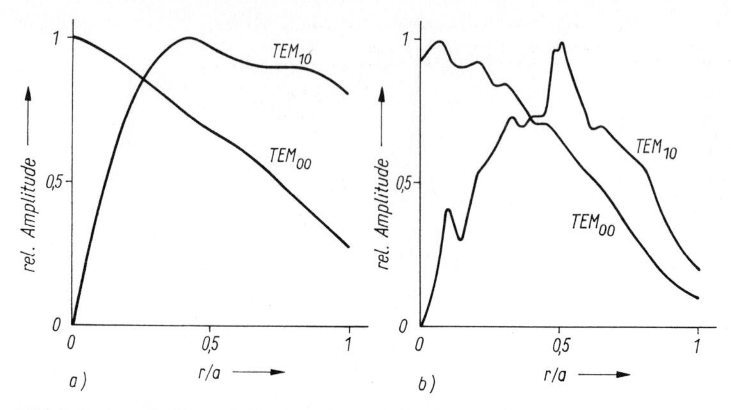

Bild 2.17. Amplitudenverteilung auf den Spiegeln für die TEM_{00}- und TEM_{10}-Mode.
a) $N = 1$, b) $N = 10$

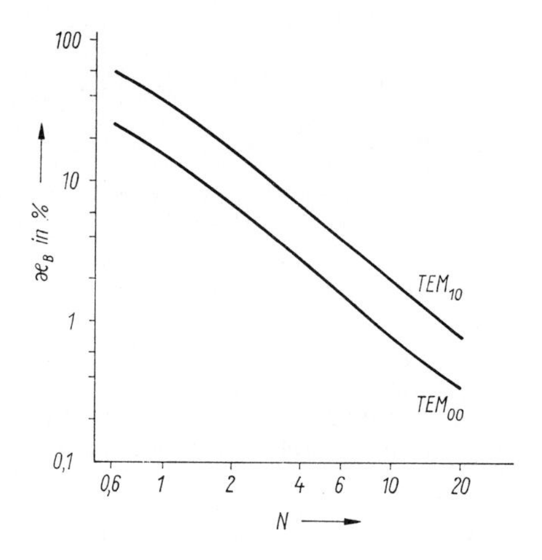

Bild 2.18. Beugungsverluste als Funktion der FRESNEL-Zahl für die TEM_{00}- und TEM_{10}-Mode

2.3.3. Stabile Resonatoren mit kreisförmigen Spiegeln

Der Typ des Resonators und dessen Eigenschaften wird bestimmt durch die Kennwerte (Bild 2.19):

$$g_1 = 1 - \frac{L}{\varrho_1}, \quad N_1 = \frac{a_1^2}{\lambda L} \tag{2.66}$$

$$g_2 = 1 - \frac{L}{\varrho_2}, \quad N_2 = \frac{a_2^2}{\lambda L} \tag{2.67}$$

a_1, a_2 Spiegelradien
ϱ_1, ϱ_2 Krümmungsradien der Spiegel (Bild 2.20)

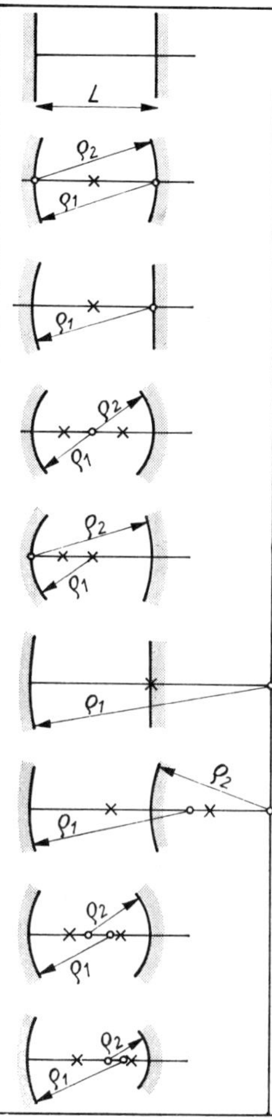

1 2	g_1	g_2	ρ_1/L	ρ_2/L	
	1	1	∞	∞	ebener Resonator
	0	0	1	1	konfokaler Resonator
	0	1	1	∞	hemikonzentrischer Resonator
	−1	−1	$\frac{1}{2}$	$\frac{1}{2}$	konzentrischer Resonator
	−1	0	$\frac{1}{2}$	1	
	$\frac{1}{2}$	1	2	∞	hemikonfokaler Resonator
	$\frac{1}{4}$	2	$\frac{4}{3}$	−1	
	$-\frac{1}{2}$	−1	$\frac{2}{3}$	$\frac{1}{2}$	
	$-\frac{1}{4}$	−2	$\frac{4}{5}$	$\frac{1}{3}$	

Bild 2.19. Definition der verschiedenen Resonatorkonfigurationen

Dann gilt

$g_1 = g_2 = 1$ stabiler Resonator mit ebenen Spiegeln

$g_1 = g_2 = 0$ stabiler konfokaler Resonator mit zwei gleichen Hohlspiegeln

$g_1 = g_2 = -1$ stabiler konzentrischer Resonator mit zwei gleichen Hohlspiegeln, entspricht im Aufbau dem Fall $g_1 = g_2 = 1$

Darüber hinaus gilt:

- $0 < g_1 g_2 < 1$ [stabiler Resonator, er ist für $N_i > 50$ $(i = 1{,}2)$ in geometrisch-optischer

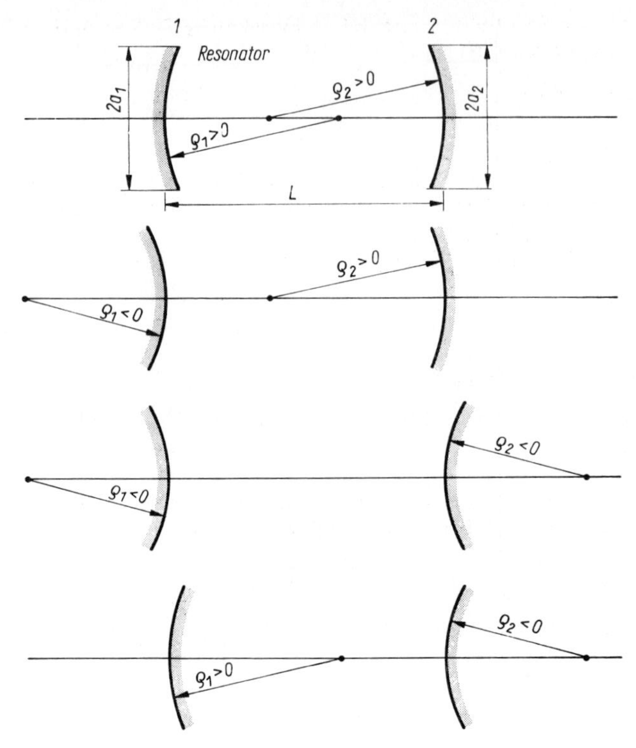

Bild 2.20. Definition des Vorzeichens der Krümmungsradien der Spiegel

Näherung zu behandeln, Beugungsverluste gewinnen (mit abnehmendem $N_i < 50$) zunehmend an Bedeutung und bestimmen die Eigenschaften des Resonators]

- $1 - g_1 g_2 < 0$ [instabiler Resonator, die Welle läuft schon nach wenigen Reflexionen auseinander und trifft nicht mehr auf die Spiegel]

! Vermeide Resonatoren mit $g_1 g_2 = 0$ oder $g_1 g_2 = 1$, da eine Dejustierung leicht in den instabilen Bereich führt.

- Gute Stabilität gegen Dejustierungen zeigen Resonatoren mit $g_1 g_2 = 1/2$.

Zwei stabile Resonatoren stimmen in ihren Eigenschaften überein, wenn folgende Relationen erfüllt sind:
(oberer Index kennzeichnet den Resonator 1 oder 2)

$$\frac{a_1^{(1)} a_2^{(1)}}{\lambda^{(1)} L^{(1)}} = \frac{a_1^{(2)} a_2^{(2)}}{\lambda^{(2)} L^{(2)}} \tag{2.68}$$

$$g_1^{(1)} \frac{a_1^{(1)}}{a_2^{(1)}} = g_1^{(2)} \frac{a_1^{(2)}}{a_2^{(2)}} \tag{2.69}$$

$$g_2^{(1)} \frac{a_2^{(1)}}{a_1^{(1)}} = g_2^{(2)} \frac{a_2^{(2)}}{a_1^{(2)}} \tag{2.70}$$

Die Auswahl der Resonatoren erfolgt in Anpassung an das Lasermedium, insbesondere im Hinblick auf:

- zulässige Verluste
- Länge
- Durchmesser

Dabei sollte $a_L = (1{,}5 \dots 2)\, W$ gelten, wobei a_L den Radius des Lasermediums bezeichnet und W den Radius angibt, bei dem die Intensität der TEM_{00}-Mode auf den e^2-ten Teil abgefallen ist.

Bestimmung der FRESNEL-*Zahl:* Gegeben durch

a_L für den Fall $a_L \approx W$,
a für den Fall $a_L \gg W$ und $a \approx a_F$ mit a_F als Radius der Laserstrahlung auf den Spiegeln,
a_F für den Fall $a_L \gg W$ und $a \gg a_F$

Wichtige Resonatorkonfigurationen des betrachteten Typs sind:

- $N < 50, \quad g_1 = g_2 = 0$

Konfokaler stabiler Resonator, dessen Eigenschaften wesentlich durch die Beugung bestimmt werden (Bilder 2.21 und 2.22). Für die *Resonanzfrequenzen* gilt:

$$\nu_{mnq} = \frac{c}{2L}\left(q + 1 + \frac{2n + m + 1}{2}\right) \qquad (2.71)$$

Für die *Beugungsverluste* gilt allgemein für FRESNEL-Zahlen $N \gg 1$:

$$\varkappa_B = \frac{4\pi\,(8\pi N)^{2n+m+1}}{n!\,(m + n + 1)!}\, e^{-4\pi N} \qquad (2.72)$$

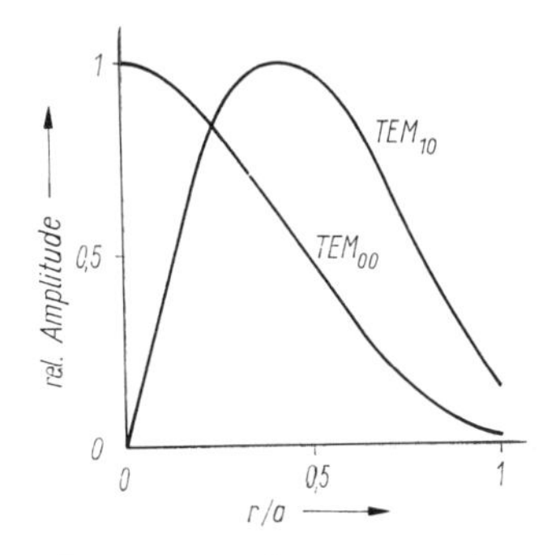

Bild 2.21. Verteilung der relativen Amplitude auf dem Spiegel für die TEM_{00}- und TEM_{10}-Mode bei konfokalem Resonator ($N = 1$), nach [2.5]

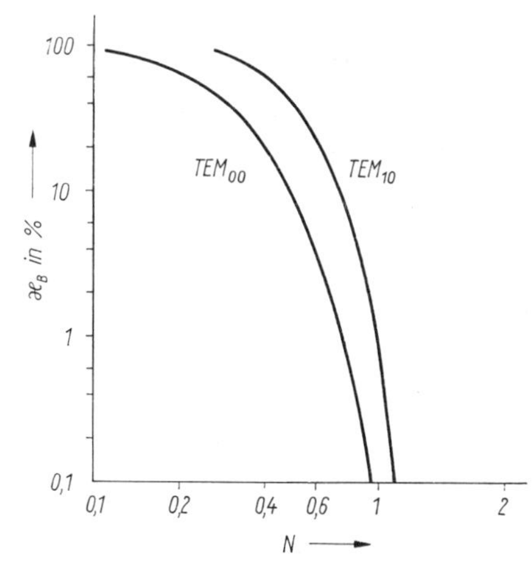

Bild 2.22. Beugungsverluste der TEM_{00}- und TEM_{10}-Mode als Funktion der Fresnel-Zahl N für einen konfokalen Resonator, nach [2.5]

Die Strahltaille liegt in der Mitte des Resonators und hat einen *Radius*:

$$W_T = \frac{1}{\sqrt{2}} \sqrt{\frac{\lambda L}{\pi}} \tag{2.73}$$

Am Ort des Spiegels beträgt dieser Radius:

$$W_S = \sqrt{\frac{\lambda L}{\pi}} \tag{2.74}$$

! Um eine vollständige Ausbildung der Moden zu erreichen, ist zu sichern, daß $a_L, a_1, a_2 > W$ gilt.

Der gesamte Öffnungswinkel für den Strahl im Fernfeld (definiert durch den Intensitätsabfall für die TEM_{00}-Mode auf die Hälfte) ist:

$$\Theta_{0,5} = 0{,}94 \sqrt{\frac{\lambda}{L}} \tag{2.75}$$

Bei Abfall auf e^{-2} gilt:

$$\Theta_{e^{-2}} = 1{,}7\Theta_{0,5} \tag{2.76}$$

Bei Verkippung der Spiegelachse gegen die optische Achse des Resonators um den Winkel β gilt für

$\beta \ll a/2L$: keine Geometrieverluste $\varkappa_G$, jedoch Veränderung des Modenbildes
$\beta \gg a/2L$: beachtliche, mit zunehmendem β wachsende Geometrieverluste $\varkappa_G$

Prinzipiell gilt jedoch, daß die zulässige Verkippung für den konfokalen Resonator bedeutend größer ist als für einen Resonator aus zwei ebenen Spiegeln.

- $N \leqq 50, \quad g_1 = 1, \quad 0 < g_2 < 1$

Stabiler Resonator mit einem Planspiegel (Index 1) und einem sphärischen Spiegel (Index 2). Für die *Resonanzfrequenzen* gilt:

$$\nu_{mnq} = \frac{c}{2L} \left[q + \frac{1}{2\pi} (1 + 2m + n) \arccos \left(1 - \frac{2L}{\varrho_2} \right) \right] \tag{2.77}$$

Die Beugungsverluste ergeben sich unter Benutzung äquivalenter FRESNEL-Zahlen aus denen des konfokalen Resonators, wenn die äquivalenten Werte eingesetzt werden. Für diese gilt:

$$N_{1\,\ddot{a}q} = \frac{a_1^2}{\lambda\sqrt{L\varrho}} \frac{1}{\sqrt{1 - \frac{L}{\varrho}}} = N_1 \sqrt{\frac{L}{\varrho - L}} \tag{2.78}$$

$$N_{2\,\ddot{a}q} = \frac{a_2^2}{\lambda\sqrt{L\varrho}} \sqrt{1 - \frac{L}{\varrho}} = N_2 \sqrt{\frac{L}{\varrho} - 1} \tag{2.79}$$

Dann ist:

$$\varkappa_B = \tfrac{1}{2}(\varkappa_{1B} + \varkappa_{2B}) \tag{2.80}$$

Die Strahltaille liegt auf dem ebenen Spiegel und hat einen *Radius*:

$$W_T = \sqrt{\frac{\lambda}{\pi} \sqrt{L(\varrho - L)}} \tag{2.81}$$

Der *Strahlradius* auf dem Hohlspiegel beträgt:

$$W_2 = \sqrt{\frac{\lambda}{\pi} \frac{\varrho}{\sqrt{\varrho - L}}} \tag{2.82}$$

Für den gesamten *Öffnungswinkel* gilt:

$$\Theta_{0,5} = 0{,}27 \frac{\lambda}{W_1} \tag{2.83}$$

- $N \leqq 50, \quad g_1 \neq g_2, \quad 0 < g_1 g_2 < 1$

Stabiler Resonator mit zwei verschiedenen oder auch zwei gleichen Hohlspiegeln, dessen Eigenschaften wesentlich durch die Beugung bestimmt werden.
Für die Resonanzfrequenzen gilt:

$$\nu_{mnq} = \frac{c}{2L} \left[q + \frac{1}{\pi} (1 + 2m + n) \arccos \sqrt{\left(1 - \frac{L}{\varrho_1}\right) \left(1 - \frac{L}{\varrho_2}\right)} \right] \tag{2.84}$$

Die *Beugungsverluste* sind zu bestimmen gemäß:

$$\varkappa_B = \tfrac{1}{2} (\varkappa_{1B} + \varkappa_{2B}) \tag{2.85}$$

entsprechend $N_{1\,\text{äq}}$ und $N_{2\,\text{äq}}$ aus den Diagrammen des konfokalen Resonators mit:

$$N_{1\,\text{äq}} = \frac{a_1^2}{\pi r_1^2} \tag{2.86}$$

$$N_{2\,\text{äq}} = \frac{a_2^2}{\pi r_2^2} \tag{2.87}$$

wobei r_1, r_2 gegeben sind durch:

$$r_1^2 = \frac{\lambda}{\pi} \sqrt{\frac{L(\varrho_2 - L)}{(\varrho_1 - L)(\varrho_1 + \varrho_2 - L)}} \, \varrho_1 \tag{2.88}$$

$$r_2^2 = \frac{\lambda}{\pi} \sqrt{\frac{L(\varrho_1 - L)}{(\varrho_2 - L)(\varrho_1 + \varrho_2 - L)}} \, \varrho_2 \tag{2.89}$$

Die Strahltaille hat vom Spiegel 1 den Abstand t, wobei t in Richtung zum Resonatorspiegel 2 positiv zählt. Wird t negativ, dann liegt die Strahltaille im Abstand t vom Spiegel 1 außerhalb des Resonators! Es gilt:

$$t = \frac{L(\varrho_2 - L)}{\varrho_1 + \varrho_2 - 2L} \tag{2.90}$$

Der *Radius der Strahltaille* (definiert als der Radius bei dem die Intensität der TEM_{00}-Mode auf den Anteil e^{-2} des Maximalwertes auf der Resonatorachse abgefallen ist) ist gegeben durch:

$$W_T = \sqrt{\frac{\lambda}{\pi} \frac{L(\varrho_1 - L)(\varrho_2 - L)(\varrho_1 + \varrho_2 - L)}{\varrho_1 + \varrho_2 - 2L}} \tag{2.91}$$

Der *Radius der Strahlung* auf den Spiegeln beträgt:

$$W_1 = \sqrt{\frac{\lambda}{\pi} \frac{L\varrho_1 (\varrho_2 - L)}{\sqrt{L(\varrho_1 - L)(\varrho_2 - L)(\varrho_1 + \varrho_2 - L)}}} \tag{2.92}$$

$$W_2 = \sqrt{\frac{\lambda}{\pi} \frac{L\varrho_2 (\varrho_1 - L)}{\sqrt{L(\varrho_1 - L)(\varrho_2 - L)(\varrho_1 + \varrho_2 - L)}}} \tag{2.93}$$

Der *Öffnungswinkel* für den Strahl im Fernfeld für die TEM_{00}-Mode beträgt:

$$\Theta_{0,5} = 0{,}38 \frac{\lambda}{W_1} \tag{2.94}$$

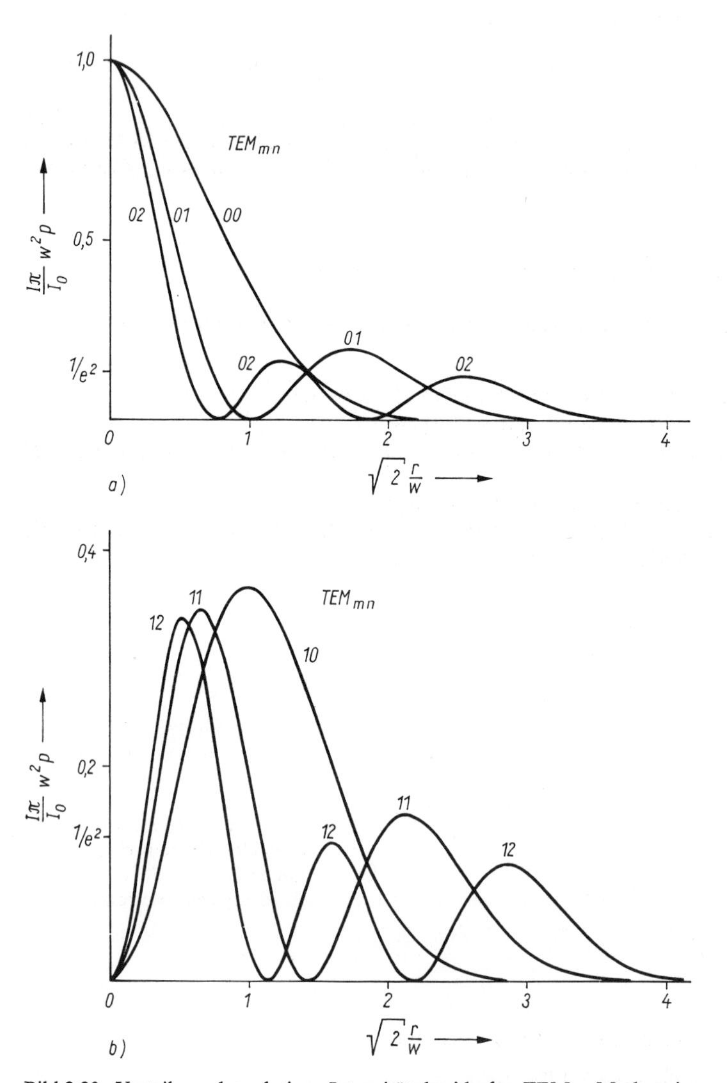

Bild 2.23. Verteilung der relativen Intensität der idealen TEM_{mn}-Moden eines stabilen Resonators als Funktion des relativen Strahlradius mit $p\,(m = 0) = (\frac{1}{2}) n!$ und $p\,(m = 1) = (\frac{1}{2})\,[(n + 1)^2\, n! - 2\,(n + 1)\,(n + 1)! + (n + 2)!]$.
a) $m = 0$, b) $m = 1$

- $N > 50, \quad 0 < g_1 g_2 < 1$

Stabiler Resonator mit zwei verschiedenen oder auch gleichen Hohlspiegeln, bei dem Beugungsverluste nicht wesentlich sind (geometrisch optisch Näherung zulässig).

Für die *Resonanzfrequenzen* gilt:

$$\nu_{mnq} = \frac{c}{2L} \left\{ q + \frac{1}{\pi} (1 + 2m + n) \arccos \left[\sqrt{g_1 g_2} \, \mathrm{Sign}\,(g_1) \right] \right\}^{*)} \tag{2.95}$$

Die sich ausbildenden Moden sind die idealen Moden eines stabilen Resonators (Bild 2.23, vergleiche hierzu auch Bild 2.13). Für den Ort der Strahltaille, den Radius sowie den des Strahles auf den Spiegeln wie auch den Öffnungswinkel gelten die für $N < 50$, $0 < g_1 g_2 < 1$ dargestellten Beziehungen.

2.3.4. Instabiler Resonator mit konfokalem Spiegelsystem

Dieser Resonatortyp (Bild 2.24) erweist sich gegenüber stabilen Resonatoren dann von Vorteil, wenn

- das aktive Medium eine hohe Verstärkung aufweist
- das aktive Medium optisch gut homogen ist
- bei größerem Durchmesser und kleiner Länge eine große Leistung ausgekoppelt werden soll
- nur die Grundmode stabil erzeugt werden soll
- keine geeigneten Fenstermaterialien bzw. teildurchlässige Spiegel für die Resonanzwellenlänge zur Verfügung stehen

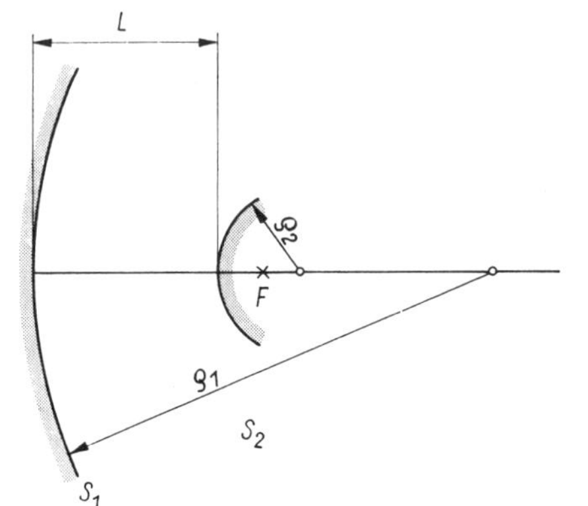

Bild 2.24. Schema eines instabilen Resonators der Länge L.
S_1, S_2 Spiegel, F Brennpunkt

Der Resonator wird bestimmt durch Vorgabe

- der Länge des Lasermediums L_L

*) Sign (g_1) bedeutet: Das Vorzeichen der Wurzel wird durch das Vorzeichen von g_1 bestimmt.

- des Radius des Lasermediums a_{La}
- der Resonanzwellenlänge λ (Werte einzusetzen in m).

Für die Berechnung dieses Resonatortyps s. [2.6] bis [2.8].

Im einzelnen ergibt sich als Voraussetzung für den Einsatz dieses Resonators:

$$2a_{La} > \sqrt{48\lambda} \tag{2.96}$$

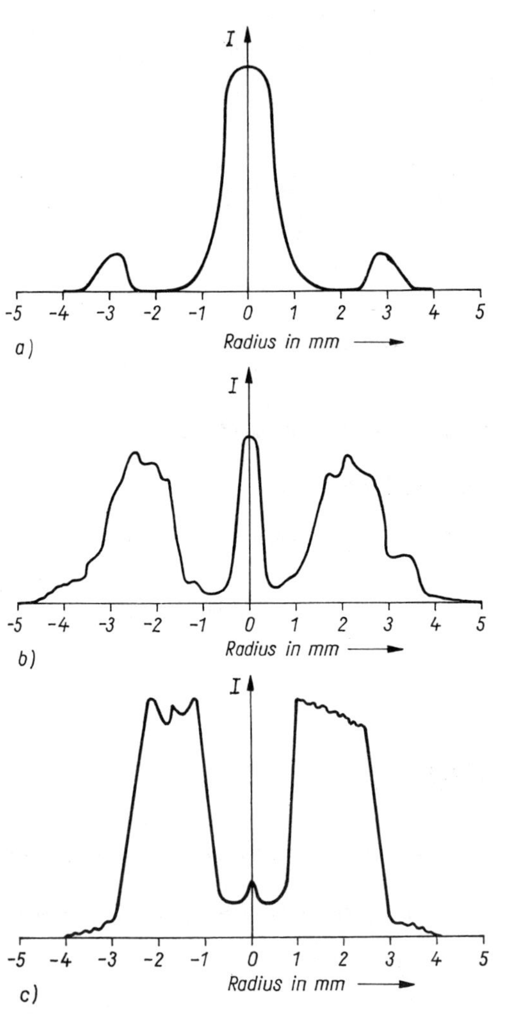

Bild 2.25. Intensitätsverteilung in der Nähe der optischen Achse im Nah- und Fernfeld.
a) z = 6,20 m, b) z = 2,50 m, c) z = 0,15 m [2.9]

Für die *Resonatorlänge* gilt:

$$L_L < L < \frac{a_{La}^2}{12\lambda} \tag{2.97}$$

Damit ergibt sich für die *lineare Vergrößerung* M:

$$M = \frac{a_{La}^2}{6\lambda}\left(1 + \sqrt{1 - \frac{12\lambda}{a_{La}^2}}\right) \tag{2.98}$$

während die *Krümmungsradien* der Spiegel bestimmt werden durch:

$$\varrho_1 = L\,\frac{2M}{M-1}, \quad \varrho_2 = 2L - \varrho_1 = -2L \tag{2.99}$$

Beachte: $\varrho_2 < 0$ ist Ausdruck der Konfokalität (bei Spiegelradien von $a_1 > a_{La}$ und $a_2 = a_{La}/M$).
Für die *Beugungs-* und *Geometrieverluste* gilt dann:

$$\varkappa_B + \varkappa_G = \frac{40}{3}\left(1 - \sqrt{1 - \frac{1}{10}\left(1 - \frac{1}{M}\right)^2}\right) \tag{2.100}$$

und für den *Öffnungswinkel* (Bild 2.25):

$$\Theta_{0,5} = \frac{\lambda}{Ma_2} \tag{2.101}$$

2.3.5. Modenselektion in optischen Resonatoren

2.3.5.1. Selektion von Longitudinalmoden

Für den in Bild 2.26 dargestellten optischen Resonator mit 3 Spiegeln ergeben sich die Strahlungseigenschaften nach [2.10] aus der Beziehung:

$$z^{1+\frac{L_1}{L_2}} - \sqrt{R_2R_3}\, z^{\frac{L_1}{L_2}} - \sqrt{R_1R_2}\, z + \sqrt{R_1R_3}\,(2R_2 - 1) = 0 \tag{2.102}$$

Mit $\quad z = r_q \exp(\mathrm{i}\varphi_q)$ (2.103)

gilt für die *Resonanzfrequenz*:

$$\nu_q = \frac{c}{4\pi L_2}\,\varphi_q \tag{2.104}$$

während die *Intensität* gegeben ist durch:

$$I_q = r_q \tag{2.105}$$

Durch entsprechende Wahl der Spiegelreflexion sind damit nur bestimmte Resonanzfrequenzen zu bevorzugen.

Beispiel: Mit $L = L_1 + L_2$ und $L_1 = L_2$ gilt für die ungestörten Resonanzfrequenzen ($R_2 = 0$):

$$\nu_{gq} = \frac{c}{2L}\,2q, \quad I_{gq} = (R_1R_3)^{1/4}$$

$$\nu_{uq} = \frac{c}{2L}\,(2q+1), \quad I_{uq} = (R_1R_3)^{1/3}, \quad q = 1, 2, 3 \ldots$$

(g kennzeichnet geradzahlige, u ungeradzahlige Vielfache von $c/2L$).

Für $R_2 \neq 0$ gilt:

$$\nu_{gq} = \frac{c}{2L} 2q, \quad I_{gq} = (\sqrt{R_1} + \sqrt{R_3}) \sqrt{R_2} \left(1 + \sqrt{1 + \frac{4\sqrt{R_1 R_3}\,(1 - 2R_2)}{R_2 (\sqrt{R_1} + \sqrt{R_3})^2}}\right)$$

$$\nu_{uq} = \frac{c}{2L} (2q + 1), \quad I_{uq} = (\sqrt{R_1} + \sqrt{R_3}) \sqrt{R_2} \left(1 - \sqrt{1 + \frac{4\sqrt{R_1 R_3}\,(1 - 2R_2)}{R_2 (\sqrt{R_1} + \sqrt{R_3})^2}}\right)$$

Hieraus folgt, daß für $R_2 = \frac{1}{2}$ die ungeraden Frequenzen völlig unterdrückt werden.

Mit wachsendem L_1/L_2 werden die ungestörten Resonanzfrequenzen geringfügig verschoben, während die Intensitäten einer gewissen *Modulation* unterliegen. Im allgemeinen führt das jedoch nicht zu einer völligen Unterdrückung einer bestimmten Frequenz, es sei denn, die Intensität dieser Linie ist so niedrig, daß die Laserschwelle nicht mehr erreicht wird.

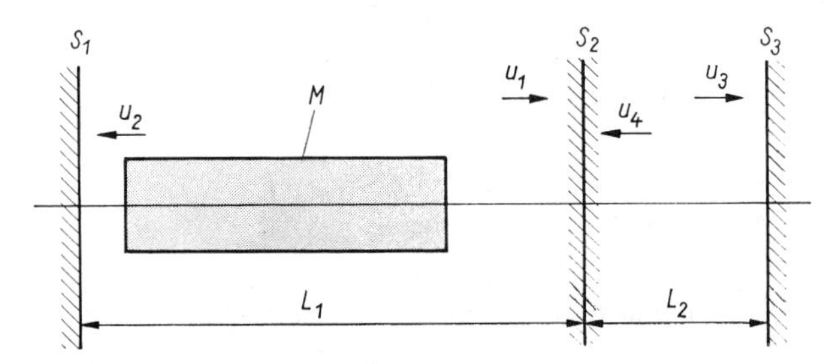

Bild 2.26. Drei-Spiegel-Resonator zur Modenselektion.
S_1, S_2, S_3 Spiegel, M Lasermedium

Die *Modenselektion* steigt mit der Anzahl der gekoppelten Resonatoren.
Häufig genügt, z. B. in einem Festkörperlaser, die Anordnung von mehreren planparallelen Glasplatten, welche als Resonatoren wirken (FABRY–PEROT-Anordnung), was bei geeignet gewählten Reflexionskoeffizienten zu einer hohen Modenselektion führen kann.
Bei einer Glasplatte der Dicke d und der Brechzahl n gilt für die *Fundamentalfrequenzen* (maximaler Durchgang):

$$\nu_q = \frac{c}{2dn} q \tag{2.106}$$

Frequenzabstand dementsprechend:

$$\Delta\nu = \frac{c}{2dn} \tag{2.107}$$

Eine Abstimmung der Fundamentalfrequenzen (bis zu einer Übereinstimmung mit einer Resonanzfrequenz des Resonators) ist durch eine geringfügige Neigung der Platte gegen die optische Achse zu erreichen. Auf diese Weise ist eine Selektion bestimmter Frequenzen möglich, ohne daß die Eigenschaften des ursprünglichen Resonators stark verändert werden.

2.3.5.2. Selektion der TEM_{00}-Transversalmode

Die TEM_{00}-Mode zeichnet sich durch minimalen Strahldurchmesser aus und ist für viele Anwendungen notwendig.

Prinzipiell erfolgt die *Selektion* in der Weise, daß

- die Verluste für alle anderen Moden so vergrößert werden, daß die Schwellenbedingung für diese nicht mehr erfüllt ist
- der Durchmesser des aktiven Materials so gewählt wird, daß sich nur die TEM_{00}-Mode ausbilden kann

Eine *Verlustvergrößerung* kann für alle übrigen Moden durch eine Lochblende an der Stelle des kleinsten Strahldurchmessers für die TEM_{00}-Mode (Bild 2.27) erreicht werden, wobei sich Brennweiten und Abstände nach den Beziehungen für die Ausbreitung GAUSSscher Strahlenbündel bestimmen.

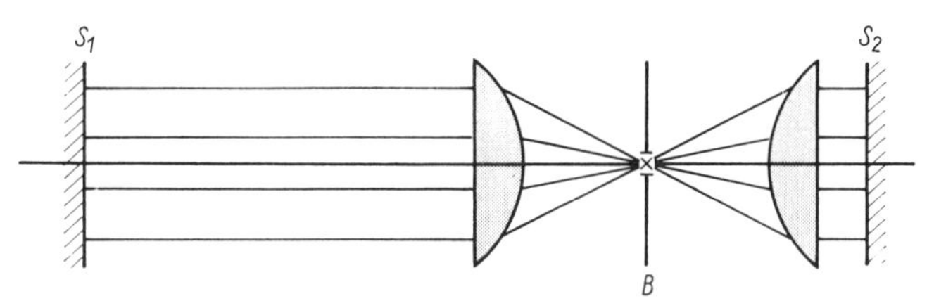

Bild 2.27. Schema der Selektion der TEM_{00}-Mode mittels Lochblende.
B Blende, S_1, S_2 Resonatorspiegel

! Nicht ohne weiteres anwendbar für *Hochleistungslaser*, da die Blende durch Strahlung zerstört werden kann. Für diesen Fall kommt ein *instabiler Resonator* in Betracht.

Weitere Möglichkeit der Verlustvergrößerung ist die Verwendung eines Resonators mit sehr kleiner FRESNEL-Zahl (im allgemeinen erreicht durch große Länge), wodurch die Beugungsverluste alle anderen Verluste überwiegen, was zu beachtlichen Unterschieden in den Verlusten von TEM_{00}- und höheren Moden führt (s. Bild 2.22).

Beispiel: Für $N = 0{,}8$ gilt:
Verlust der TEM_{00}-Mode: 0,5%
Verlust der nächsthöheren Mode: 6,0%.
Um diese FRESNEL-Zahl in einem He–Ne-Laser zu erreichen, ist bei einem Rohrradius von 1 mm und einer Wellenlänge $\lambda = 0{,}63$ µm eine Resonatorlänge von $L = 2$ m notwendig.

2.3.6. Experimentelle Technik der Resonatoren

Entsprechend der Vielfalt der Lasermedien sowie der Anwendungsmöglichkeiten der Laser sind die Aufbauten der Resonatoren einschließlich der Abmessungen (Länge 1 mm ... 200 m, Durchmesser 50 µm ... 50 cm) sehr unterschiedlich.

Folgende *Hinweise* sollten beim *Aufbau* beachtet werden:

- Die *Länge des Resonators* ist zur Erreichung einer guten Frequenzstabilität exakt konstant zu halten (Abweichungen $<\lambda/10$). Bei längeren Resonatoren empfiehlt sich eine Verbindung der beiden Spiegelhalterungen mit Materialien hoher Festigkeit und geringem thermischem Ausdehnungskoeffizienten. Wird der Resonator in einem Gehäuse untergebracht, so sind ungleichmäßige Erwärmungen zu vermeiden, da diese zu einer Verbiegung des Resonators führen können.

- Die *Spiegelhalterungen* sind (wenn nicht die Stirnflächen des Lasermediums selbst die Spiegel darstellen) feinfühlig justierbar zu gestalten, um das gewünschte Modenbild sicher einstellen zu können. Die Einstellung sollte arretierbar und unempfindlich gegenüber Erschütterungen sein.
- Bei größeren Laserleistungen sind die Spiegel gegebenenfalls zu *kühlen*. Zu beachten sind thermische Effekte, die zu einer Verkippung führen können.
- Eine *starke ungleichmäßige Erwärmung* des Lasermediums in Festkörperimpulslasern kann zu einer Verformung und damit verbunden zu einer Linsenwirkung des Lasermediums führen, was bei der Auswahl der Spiegel zu berücksichtigen ist.
- *Resonatoren mit großer Justierempfindlichkeit* sind auf massiven Tischplatten, gedämpft gegen Gebäudeschwingungen, aufzubauen und gegen akustische Wellen abzuschirmen.
- Es ist zu beachten, daß der *Querschnitt des Lasermediums* voll von der anzuregenden Mode erfaßt wird, um einen hohen Wirkungsgrad zu erreichen.
- *Zylinderförmige Lasermedien* mit glatter Oberfläche, evtl. auch Laserentladungsrohre ausgezeichneter Qualität, neigen zur Ausbildung unerwünschter Schwingungen in longitudinaler und azimutaler Richtung. Diese Schwingungen sind durch eine geeignete Gestaltung der Oberflächen zu unterdrücken.
- Laserstrahlung mit einer bevorzugten *Polarisationsrichtung* erhält man, indem die Stirnflächen der Laserkristalle unter dem BREWSTER-Winkel angeschliffen oder die Fenster der Entladungsrohre unter diesem Winkel angebracht werden.
- Die *Oberflächen* aller Elemente in einem optischen Resonator sollen nicht mehr als $\lambda/100 \ldots \lambda/10$ von der geometrischen Sollfläche (Ebene, Kugelfläche) abweichen.
- Beachte, daß bei der *Kopplung* zweier verschiedener Resonatoren der Strahldurchmesser sowie die Krümmung der Wellenfront am Eingang zum zweiten Resonator die Werte haben, die einer Eigenschwingung dieses Resonators entsprechen.

2.4. Schwellenbedingung für den Laserbetrieb

> Die Verstärkung des Strahlungsfeldes durch stimulierte Emission je Durchgang durch den Resonator muß größer sein als die Verluste je Durchgang (bevorzugt Auskoppelverluste).

Nur dann ist eine *selbsterregte Laseroszillation* möglich. Vielfach verwendet für eine erste Abschätzung wird die Bedingung in der Form (s. Abschn. 2.1.3.):

$$g \geqq \alpha_i + \frac{1}{2L} \ln \frac{1}{R_1 R_2} \tag{2.108}$$

Bei Kenntnis der experimentell vielfach bekannten Kleinsignalverstärkung sind hiernach die Resonatoreigenschaften (Länge, Reflexionskoeffizienten) zu bestimmen.

Beispiel: $L = 0{,}5$ m, $R_1 = 0{,}9$; $R_2 = 0{,}9$, $\alpha_i = 0$
Forderung $g \geqq 0{,}21\ \text{m}^{-1}$.
Experimenteller Wert für den $\lambda = 0{,}633$ µm-Übergang im He–Ne-Laser $g = 0{,}5\ \text{m}^{-1}$ mit $L = 10$ cm. Damit ist erforderlich $R_1 = R_2 = 0{,}976$.

g wiederum bestimmt die notwendige Besetzungsinversion, die durch Pumpen zu erzeugen ist. Zur Bestimmung der Pumpleistung ist damit die Schwellenbedingung in einer Form zweckmäßig, die die notwendige Besetzungsinversion zu bestimmen gestattet. Die Bedingung lautet (s. Abschn. 2.1.3.):

$$\sigma_0 = \frac{N_2 - N_1}{V} \geqq \frac{8\pi\delta\nu\nu^2\hat{\varkappa}}{Ac^3} \qquad (2.109)$$

V Volumen des aktiven Mediums
$\delta\nu$ Linienbreite des Übergangs

Verluste des Resonators:

$$\hat{\varkappa} \approx \frac{1}{2}(1 - R_1 R_2)\frac{c}{L} \qquad (2.110)$$

Die für das Anschwingen eines Lasers notwendige *Inversionsdichte* ist um so kleiner für:

- kleine Verluste $\hat{\varkappa}$ des Resonators
- kleinere Frequenzen ν
- kleine Linienbreite $\delta\nu$
- große spontane Übergangswahrscheinlichkeit A

Abgesehen von der Frequenz des Überganges werden die Eigenschaften des speziellen aktiven Mediums in der Schwellenbedingung durch den Faktor $A^{-1}\delta\nu$ erfaßt.

Tabelle 2.1. Einige typische Werte der spontanen Übergangswahrscheinlichkeiten A, Linienbreiten $\delta\nu$ und notwendigen Besetzungsinversionsdichten σ_0 für verschiedene Lasertypen

Lasertyp		Spontane Übergangs-wahrscheinlichkeit $1/A$ s	Linienbreite $\delta\nu$ 1/s	Besetzungs-inversionsdichte σ_0 1/cm³
Fest-	$Al_2O_3:Cr^{3+}$	$3 \cdot 10^{-3}$	$2 \cdot 10^{11}$	$3 \cdot 10^{16}$
körper	$CaWO_4:Nd^{3+}$	$1{,}3 \cdot 10^{-4}$	10^{12}	10^{13}
	$Glas:Nd^{3+}$	$7 \cdot 10^{-4}$	$2 \cdot 10^{13}$	10^{14}
	$CaF_2:Dy^{2+}$	$1{,}6 \cdot 10^{-2}$	10^9	$2 \cdot 10^{13}$
Gas	He-Ne	10^{-8}	10^9	$3 \cdot 10^7$
HL	GaAs	10^{-10}	10^{13}	10^{10}
Farbstoff		10^{-9}	$5 \cdot 10^{13}$	$4 \cdot 10^{11}$

Nur für ungestörte freie Atome oder Moleküle bestimmt die spontane Übergangswahrscheinlichkeit A die Linienbreite $\delta\nu_N$ der Strahlung. $\delta\nu_N$ ist die *natürliche Linienbreite*, und es gilt $A^{-1}\delta\nu_N = 1/2\pi$.

Vielfach jedoch ist die Linienbreite $\delta\nu$ auf Grund homogener und inhomogener Verbreiterung (s. Abschn. 2.1.4.1.) wesentlich größer als $\delta\nu_N$ und bedingt so relativ hohe notwendige Inversionsdichten (Tabelle 2.1).
Bemerkenswert ist der Unterschied zwischen $\delta\nu$ und $\delta\nu_N$ in Festkörpern, bei denen $\delta\nu$ um den Faktor 10^8 größer ist als $\delta\nu_N$, im Gegensatz zu Gasen, bei denen $\delta\nu$ in der gleichen Größenordnung liegt. Dementsprechend sind auch die notwendigen Inversionsdichten um den Faktor $\approx 10^8$ verschieden. Zur Erreichung der *Besetzungsinversion* dienen die verschiedenen Pumpverfahren (s. Abschn. 2.2.), wobei die notwendigen *Pump-Schwellenleistungen* von

- Pumpverfahren (optisches Pumpen, Stoßanregung)
- Pumpanordnung (Güte des Reflektor, Vorionisation)
- aktivem Medium (Absorptions- bzw. Stoßquerschnitte)

abhängen und somit für die einzelnen Lasertypen sehr unterschiedlich sein können.

2.5. Festkörperlaser

[2.11] ... [2.16]

2.5.1. Einführung

Bei dem ersten, 1960 realisierten Laser mit einem *Rubinkristall* als aktivem Medium handelte es sich um einen *Festkörperlaser*, wobei dieser Lasertyp auch heute noch zu den wichtigsten gehört. Er eignet sich besonders zur Erzeugung hoher und höchster Impulsleistungen, und auf diesem Gebiet liegen auch die bedeutendsten Anwendungen.
Der Festkörperlaser enthält als aktives Medium Kristalle oder Gläser, die mit Metallionen oder Ionen der seltenen Erden dotiert sind. Diese Aktivierungsionen absorbieren optische Strahlung in einem breiten Spektralbereich. Durch Re-

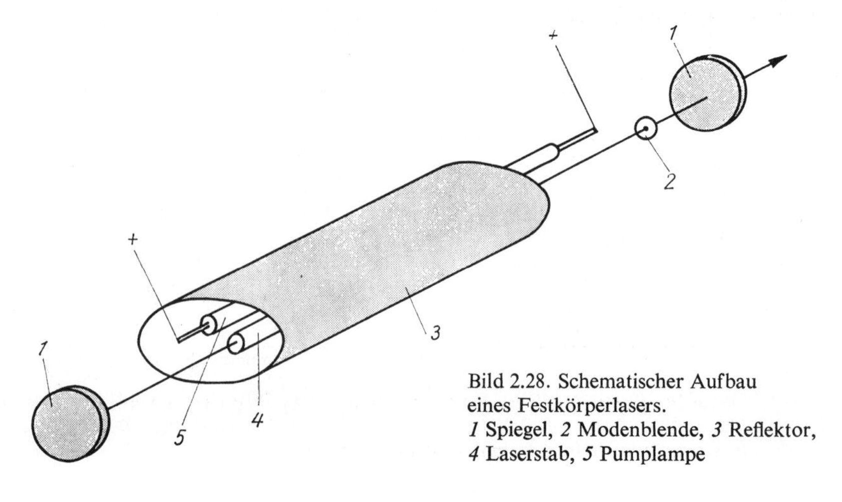

Bild 2.28. Schematischer Aufbau eines Festkörperlasers.
1 Spiegel, *2* Modenblende, *3* Reflektor, *4* Laserstab, *5* Pumplampe

laxationsprozesse oder Strahlungsübergänge erfolgt über verschiedene Zwischenniveaus die Anregung eines relativ langlebigen (metastabilen) Elektronenniveaus als Ausgangsniveau der stimulierten Emission und damit des Laserübergangs. Festkörperlaser emittieren bevorzugt im sichtbaren und infraroten Spektralbereich.
Die Anregung erfolgt ausschließlich durch *optisches Pumpen* unter Verwendung geeigneter Pumplichtquellen in einer speziellen Pumplichtanordnung (zur effektiven Einkopplung der Pumpstrahlung in das Lasermaterial).
Festkörperlaser zeichnen sich aus durch:

- relativ einfachen kompakten Aufbau (s. Bild 2.28)
- hohe Impulsleistung (bei relativ geringer Strahlqualität)

2.5.2. Physikalische Grundlagen

2.5.2.1. Aktive Medien

Lasertätigkeit im Wellenlängenbereich zwischen 0,3 und 3 μm ist zu erreichen mit einer Vielzahl von Ionen (Tabelle 2.2) von:

- Metallen
- Übergangsmetallen
- Seltenen Erden
- Aktiniden

Diese haben breite Absorptionsbänder zur Absorption der Pumpstrahlung (Niveau 3 in Bild 2.10), von denen der Übergang (3 → 2) in das obere Laserniveau 2 erfolgt. In einem vereinfachten *Niveauschema* sind alle diese Ionen durch ein 3- oder 4-Niveausystem zu kennzeichnen (Bild 2.29). Der Laserübergang findet zwischen unterschiedlichen Elektronenniveaus statt.

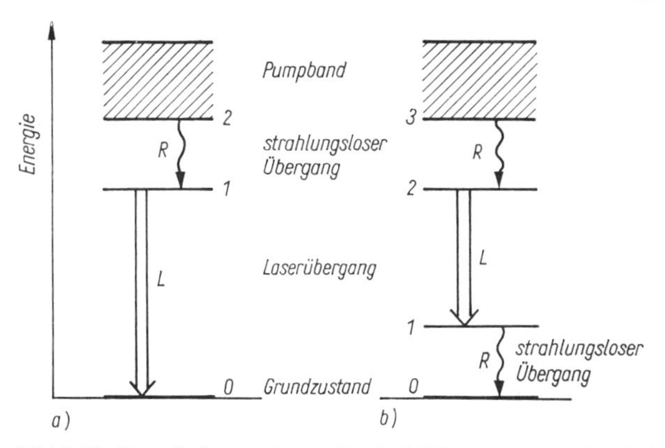

Bild 2.29. Energieniveauschema für ein 3-Niveausystem (a) und ein 4-Niveausystem (b).
L Laserübergang, R Relaxationsprozesse

Tabelle 2.2. Auswahl aktiver Ionen und Wirtskristalle für Festkörperlaser (geordnet nach Wellenlängen)

Aktives Ion	Wirtskristall	Wellenlänge µm
1. Lasermaterialien, die bei tiefen und höheren Temperaturen (300 K) Lasertätigkeit ermöglichen		
Gd^{3+}	$Y_3Al_5O_{12}$	0,3146
Tb^{3+}	$LiYF_4 \cdot Gd^{3+}$	0,5445
Eu^{3+}	Al_2O_3	0,6130
Pr^{3+}	$PrBr_3$	0,6400
Pr^{3+}	$LaCl_3$	0,6452
Cr^{3+}	$Y_3Al_5O_{12}$	0,6874
Cr^{3+}	Al_2O_3	0,6929
Cr^{3+}	Al_2O_3	0,6943
Cr^{3+}	Al_2O_3	0,7670
Er^{3+}	$LiYF_4$	0,8500
Er^{3+}	$YAlO_3$	0,8510
Er^{3+}	$YAlO_3$	1,6630
Er^{3+}	$Y_3Al_5O_{12}$	1,7760
Er^{3+}	CaF_2–ErF_3–TmF_3	2,6900
Er^{3+}	CaF_2–ErF_3	2,7307
Er^{3+}	$Y_3Al_5O_{12}$	2,9364
Nd^{3+}	$Y_3Al_5O_{12}$	0,8910
Nd^{3+}	$Y_3Al_5O_{12}$	0,8999
Nd^{3+}	$YAlO_3$	0,9300
Nd^{3+}	$Y_3Al_5O_{12}$	0,9385
Nd^{3+}	$Y_3Al_5O_{12}$	0,9400
Nd^{3+}	CaF_2–SrF_2	1,0369
Nd^{3+}	SrF_2	1,0370
Nd^{3+}	LaF_3	1,04065
Nd^{3+}	CeF_3	1,0410
Nd^{3+}	CaF_2	1,0461
Nd^{3+}	$LiYF_4$	1,0471
Nd^{3+}	$SrAl_{12}O_{19}$	1,0491
Nd^{3+}	SrY_5F_{19}	1,0493
Nd^{3+}	$Ca_2Y_5F_{19}$	1,0498
Nd^{3+}	NdP_5O_{14}	1,0510
Nd^{3+}	$Y_3Al_5O_{12}$	1,0521
Nd^{3+}	$SrAl_4O_7$	1,0576
Nd^{3+}	$CaWO_4$	1,0582
Nd^{3+}	Ga_3O_{12}	1,0583
Nd^{3+}	$PbMoO_4$	1,0586
Nd^{3+}	$Lu_3Ga_5O_{12}$	1,0594
Nd^{3+}	$Y_3Ga_5O_{12}$	1,0603
Nd^{3+}	$Gd_3Ga_5O_{12}$	1,0606
Nd^{3+}	$Y_3Al_5O_{12}$	1,0610
Nd^{3+}	$LaNbO_4$	1,0624
Nd^{3+}	$YAlO_3$	1,0644
Nd^{3+}	$CeCl_3$	1,0647
Nd^{3+}	$CaWO_4$	1,0652
Nd^{3+}	$GdAlO_3$	1,0690
Nd^{3+}	Y_2SiO_3	1,0715
Nd^{3+}	Gd_2O_3	1,0741
Nd^{3+}	$CaSc_2O_4$	1,0755
Nd^{3+}	$CaAl_4O_7$	1,0786
Nd^{3+}	$LiNbO_3$	1,0846
Nd^{3+}	CeF_3	1,3170
Nd^{3+}	$PbMoO_4$	1,3340
Nd^{3+}	$SrMoO_4$	1,3440
Nd^{3+}	$CaWO_4$	1,3475
Nd^{3+}	$CaScO_4$	1,3565
Nd^{3+}	$CaWO_4$	1,3885
Nd^{3+}	$Y_3Al_5O_{12}$	1,6320
Nd^{3+}	$Y_3Al_5O_{12}$	1,8330
Ho^{3+}	Li (Y, Er) F_4	2,0654
Ho^{3+}	(Y, Er) AlO_3	2,1230
Tm^{3+}	$YAlO_3$	2,3480
Tm^{3+}	$YAlO_3$	2,3490
U^{3+}	CaF_2	2,6130
2. Lasermaterialien, die nur bei tiefen Temperaturen (≦77 K) Lasertätigkeit ermöglichen		
V^{2+}	MgF_2	1,1217
Ni^{2+}	MnF_2	1,9150
Co^{2+}	MgF_2	2,0500
Co^{2+}	ZnF_2	2,1650
Dy^{3+}	CaF_2	2,3587
Dy^{3+}	Ba (Y, Er) F_8	3,0220

In dem oben genannten Wellenlängenbereich erfolgt die Laserlicht-Ausstrahlung in vielen diskreten Linien unterschiedlicher Wellenlänge. Diese wird im einzelnen bestimmt durch das

- aktive Ion und die Art des Übergangs, in den meisten Ionen sind verschiedene Übergänge möglich, und den
- Wirtskristall, bedingt durch unterschiedliche Kristallfelder

2.5.2.2. Anregung

Die Anregung erfolgt direkt durch Strahlung. Die *Erzeugung einer Besetzungsinversion* geschieht – bei im allgemeinen nur schwach besetztem unterem Laserniveau (Ausnahme: Rubinlaser) – durch ausreichende Anregung des oberen Niveaus.

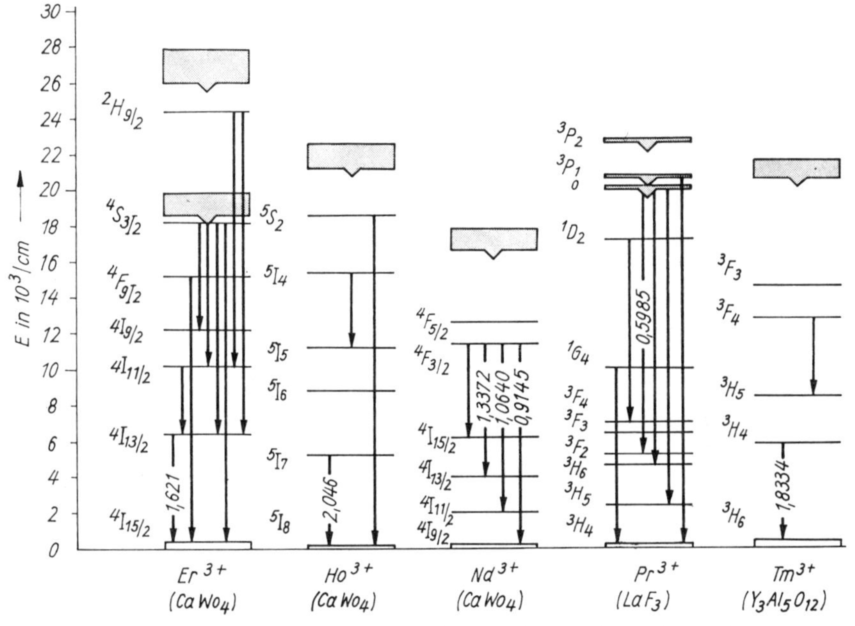

Bild 2.30. Energieniveauschemas für einige trivalente Aktivierungsionen in verschiedenen Wirtskristallen

Als Laserübergänge kommen dabei bevorzugt solche Übergänge in Betracht, die in den Fluoreszenzspektren maximale Strahlungsintensität zeigen.
Zu den wichtigsten Übergängen gehören:

- *Grundübergänge* [Übergang zwischen den Komponenten eines Multiplettpaares (z.B. $^4F_{3/2} \rightarrow {}^4I_{11/2}$ in Nd^{3+}) im allgemeinen ausgehend vom niedrigsten metastabilen Niveau, treten auf in den Ionen Nd^{3+}, Pr^{3+}, Eu^{3+}, Gd^{3+}, Tb^{3+}, Db^{3+}, Ho^{3+}, Er^{3+}, Tm^{3+}, Yb^{3+}, Dy^{2+}, Tm^{2+}, U^{3+}] (Bild 2.30).
- *Kaskadenübergänge* [Übergang zwischen mehreren metastabilen Niveaus

innerhalb des gleichen Ions ($^4I_{11/2} \rightarrow {}^4I_{13/2} \rightarrow {}^4I_{15/2}$ in Er^{3+}, Bild 2.31 a), verschiedener Ionen ($^4I_{13/2}$ in $Er^{3+} \rightarrow {}^5I_7$ in Ho^{3+}, Bild 2.31 b). Auf diese Weise ist Laseroszillation bei verschiedenen Wellenlängen mit erhöhter

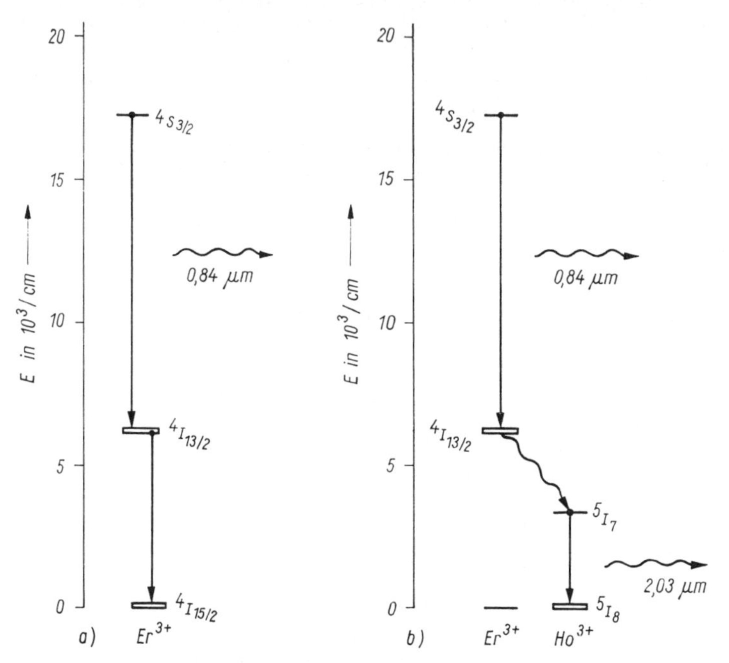

Bild 2.31. Direkter Kaskadenübergang in Er^{3+} (a) und Kaskadenübergang mit strahlungsloser Energieübertragung (b)

Tabelle 2.3. Wesentlichste Festkörperlaser, die auf Elektron-Schwingungsübergängen beruhen (phonon-terminated laser). Impulsbetrieb

Aktives Ion	Wirtskristall	Temperatur K	Laserwellenlänge µm	Schwellenenergie J
Ni^{2+}	MgF_2	77	1,623	150
		77 ... 82	1,636	160
		82 ... 100	1,674 ... 1,676	160 ... 170
		100 ... 192	1,731 ... 1,756	170 ... 570
		198 ... 240	1,785 ... 1,797	570 ... 1650
	MnF_2	85	1,939	–
	MgO	77	1,314	230
Co^{2+}	MgF_2	77	1,99	660
	ZnF_2	77	2,165	430
V^{2+}	MgF_2	77	1,1213	1070

Effektivität möglich, Kaskadenübergänge treten weiter auf in Tm^{3+}, Pr^{3+}, Na^{3+}, Eu^{3+} (Wirtskristall $YAlO_3$)]

- *Elektron-Phonon-Übergänge* [neben der Änderung des Elektronenzustandes erfolgt die Anregung von Gitterschwingungen (Tabelle 2.3). Da diese temperaturabhängig sind, ist ein Laser mit Übergängen dieser Art durch Temperaturänderung in gewissen Grenzen abstimmbar]
  Beispiel: $CaF_2:Sm^{2+}$-Laser. Wellenlänge $\lambda = 0{,}71\ \mu m$ bei 75 K, $\lambda = 0{,}74\ \mu m$ bei 250 K.

Die Effektivität der Anregung des oberen Laserniveaus kann beträchtlich erhöht werden durch den zusätzlichen Einbau von *Sensibilisierungsionen*: Er^{3+}, Nd^{3+}, Tm^{3+}, Yb^{3+}, Cr^{3+}, Mn^{2+} (Farbzentren).
Diese absorbieren die Pumpstrahlung und übertragen diese Energie durch Stöße 2. Art oder auch über die Gitterschwingung des Wirtskristalls auf die aktiven Ionen (Bild 2.32).

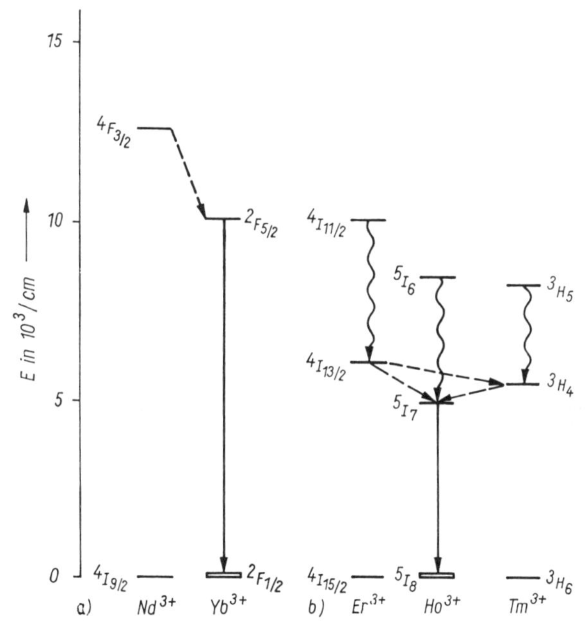

Bild 2.32. Energieniveauschemas von sensibilisierten Laserübergängen (--- Übergang vom Sensibilisierungs-Ion) für das System $Nd^{3+} \rightarrow Yb^{3+}$ (a) sowie Er^{3+}, $Tm^{3+} \rightarrow Ho^{3+}$ (b)

Das *Lasermaterial* (Wirtskristall + aktive Ionen) ist stabförmig (Tabelle 2.4) mit geschliffenen und verspiegelten Stirnflächen und ebenfalls bearbeiteter Oberfläche zur effektiven Einkopplung der Pumpstrahlung.

Die *Erzeugung der Pumpstrahlung* erfolgt im gepulsten oder kontinuierlichen Betrieb mittels Lampen verschiedener Form und Gasfüllung sowie Lasern.

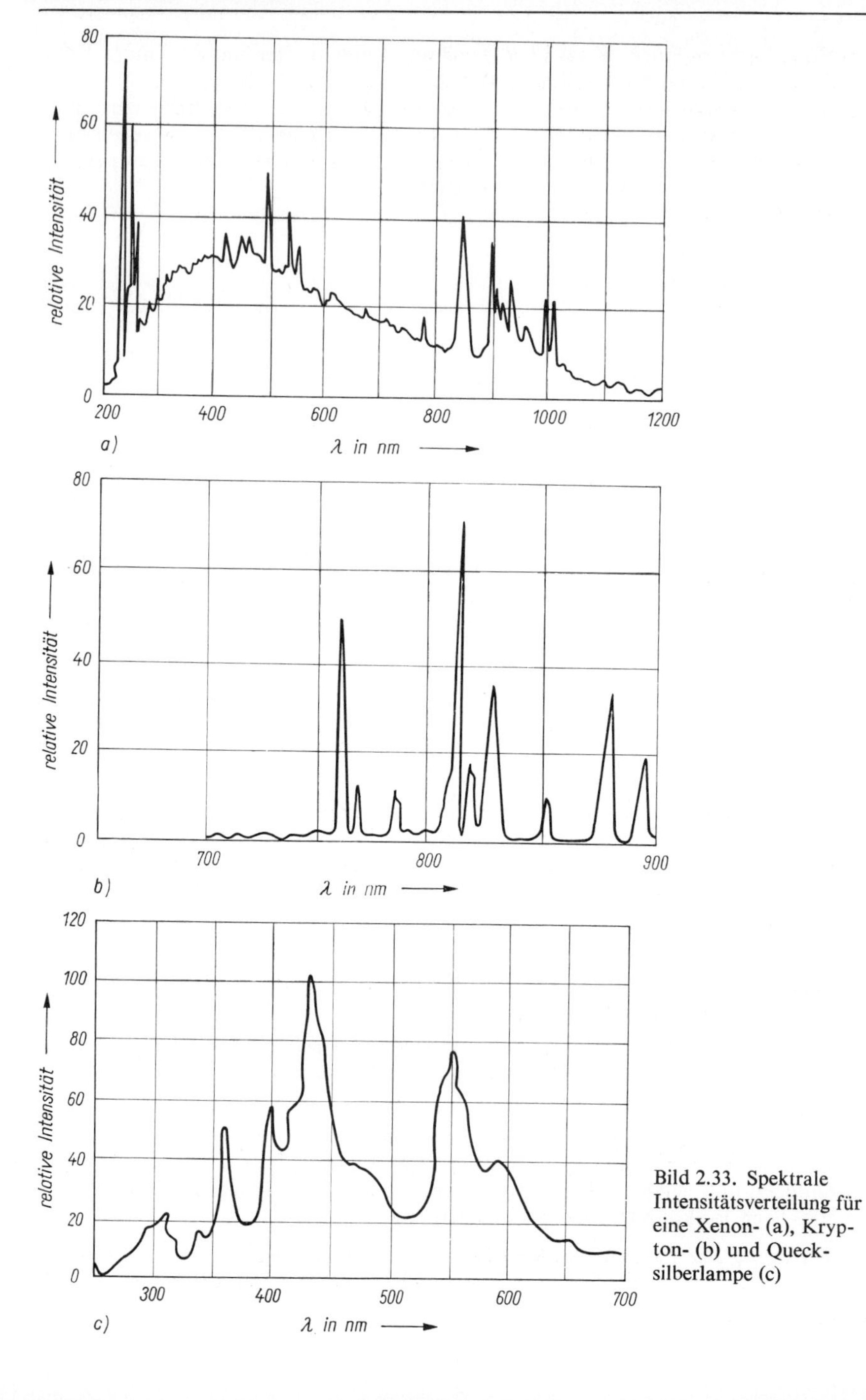

Bild 2.33. Spektrale Intensitätsverteilung für eine Xenon- (a), Krypton- (b) und Quecksilberlampe (c)

Tabelle 2.4. Abmessungen kommerzieller Laserstäbe

Material	Länge maximal mm	typisch mm	Durchmesser maximal mm	typisch mm
Rubin	300	100	25	10
Nd-Glas	1000	300	75	14
Nd-YAG	150	75	10	5

Tabelle 2.5. Technische Parameter von Pumplichtlampen

Lampentyp	Abmessungen Innen-durchmesser mm	Bogenlänge mm	Maximale Leistung kW	Bemerkungen
Xenon-Blitzlampen	1 ... 19	25,4 ... 1220	0,024 ... 15,4	Impulsdauer 1 µs ... 10 ms
Krypton-Bogenlampen	4 ... 7	50 ... 70	2 ... 5	kontinuierlich
Quecksilberlampen	0,25	0,25	0,1	kontinuierlich
	1	50	3,5	kontinuierlich
	2	50	2,0	kontinuierlich
	2	12,5	1	
	2,5	14,5	1,5	Impulsdauer 3 ms
Halogenlampen	15	130	1	kontinuierlich

Bei der Auswahl der *Strahlungsquellen* zum optischen Pumpen ist die Forderung zu stellen, daß der Hauptanteil der von ihnen emittierten Strahlung in dem Spektralbereich liegt, in dem die Absorptionsbanden des Lasermaterials liegen. Als Pumplichtquellen für den Festkörperlaser werden verwendet (Tabelle 2.5, Bild 2.33):

- Xenonlampen, – luft- oder wassergekühlt
- Kryptonlampen, – luft- oder wassergekühlt
- Quecksilberhochdrucklampen, – luft- oder wassergekühlt
- Halogenlampen – ungekühlt, wenig verwendet

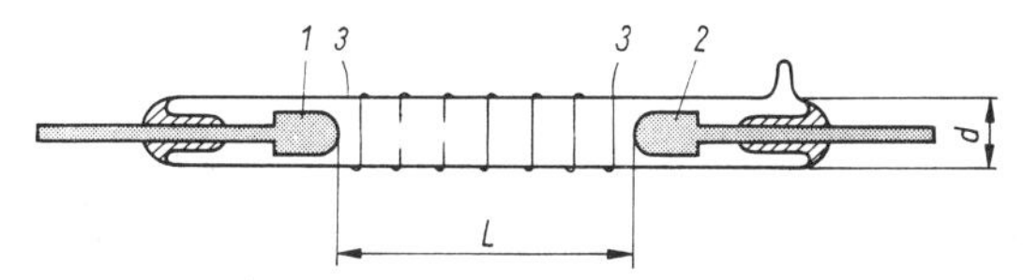

Bild 2.34. Stabförmige Pumplichtlampe.
1, *2* Elektroden, *3* Zündelektrode, *d* Durchmesser, *L* Elektrodenabstand

Mit zunehmender Entladungsenergie erfolgt eine Verschiebung des Emissionsmaximums zu kürzeren Wellenlängen hin.

Die *Form der Lampen* ist stabförmig (Länge 10 ... 50 cm, Durchmesser 5 ... 20 mm, Bild 2.34) oder auch wendelförmig und bestimmt weitgehend die verwendete Pumplichtanordnung.

Einige typische Parameter für kommerzielle Pumplichtlampen enthält Tabelle 2.5. Bei gepulsten Entladungen (Blitzlampen) erfolgt der Betrieb der Lampen zur Erhöhung der Lebensdauer im »Simmer-mode«-Betrieb (s. Abschn. 2.8.), Tabelle 2.6.

Tabelle 2.6. Kommerzielle Blitzlampen

Typ	Maximale Impuls-energie J	Arbeits-spannung kV	Zünd-spannung kV	Elektroden-abstand × Durch-messer mm × mm	Kühlung
IFP-800	800	1,6	0,7	80 × 7	Wasser
IFP-2000	2000	1,5	0,6	130 × 11	Luft
IFP-20000	20000	4,65	2,0	580 × 16	Luft
VQX 65	260	1,5	0,4	50 × 6	Luft, Wasser
VQX 1310	1340	3,0	0,6	100 × 13	Luft, Wasser

Um einen möglichst großen Anteil der Pumpstrahlung in das aktive Material (Laserstab) einzukoppeln, werden als Pumplichtanordnung benutzt:

- *wendelförmige Lampe*, umgeben von einem zylindrischen Reflektor, in dessen Achse sich der Laserstab befindet.
  Vorteil: einfacher Aufbau bei homogener Ausleuchtung
  Nachteil: hohe Pumpleistungen erforderlich, da das Licht gleichmäßig im Reflektorraum verteilt und nicht auf den Laserstab konzentriert wird
  Mit dieser Pumpanordnung arbeiteten die ersten Festkörperlaser; heute nicht mehr sehr gebräuchlich (Bild 2.35)

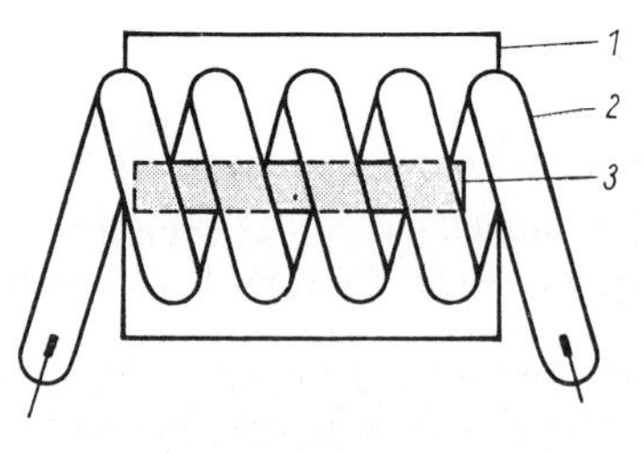

Bild 2.35. Pumplichtanordnung mit wendelförmiger Blitzlampe. *1* reflektierende Ummantelung, *2* Blitzlampe, *3* Laserkristall

- *stabförmige Lampe* in der Brennlinie eines elliptischen reflektierenden Zylinders, in dessen anderer Brennlinie sich der Laserstab befindet; der elliptische Zylinder wird durch verspiegelte Deckel abgeschlossen.
  Geringe Reflexionsverluste werden durch eine polierte Ag- oder Al-Beschichtung des Reflektors erreicht. Heute vielfach verwendete Anordnung (Bild 2.36)

- *zwei oder mehrere stabförmige Lampen* in den Brennlinien von zwei oder mehreren elliptischen Reflektoren mit einer gemeinsamen Brennlinie, in der sich der Laserstab befindet (Bild 2.37)
  Vorteil: hohe Pumpleistungen und damit große Strahlungsintensitäten erreichbar
  Nachteil: komplizierter Aufbau bei gleichzeitig abnehmenden Wirkungsgrad η
  Für eine Anordnung mit Z_R elliptischen Reflektoren gilt bei einem Durchmesser des Laserstabes d_{LS} < Durchmesser der Lampe d_L

$$\eta \equiv \frac{\text{Lichtleistung im Laserstab}}{\text{Lichtleistung aller Lampen}} = \frac{d_{LS}}{Z_R d_L} \tag{2.111}$$

! Eine *hohe Pumpeffektivität* wird erreicht, wenn der (mittlere) Ellipsendurchmesser viel kleiner ist als die Länge des Reflektors bei gleichzeitig kleinem Durchmesser von Laserstab und Lampe.

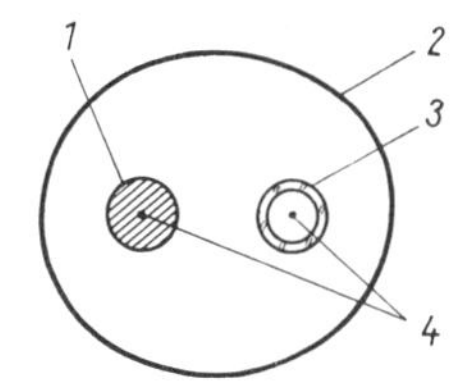

Bild 2.36. Pumplichtanordung mit stabförmiger Lampe und elliptischem Reflektor.
1 Laserkristall, *2* verspiegelte Fläche, *3* Lichtquelle, *4* Brennpunkte der Ellipse

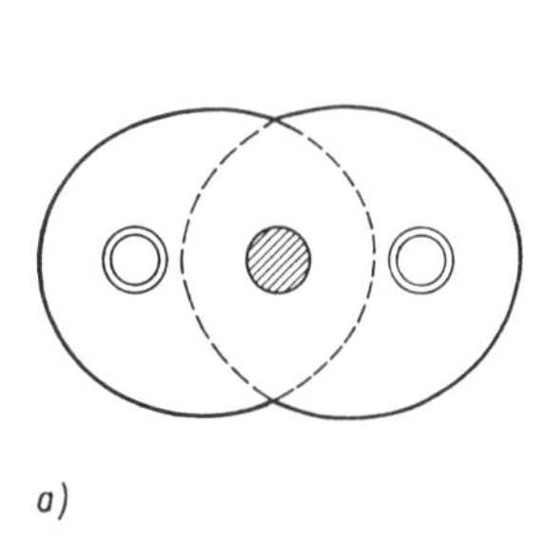

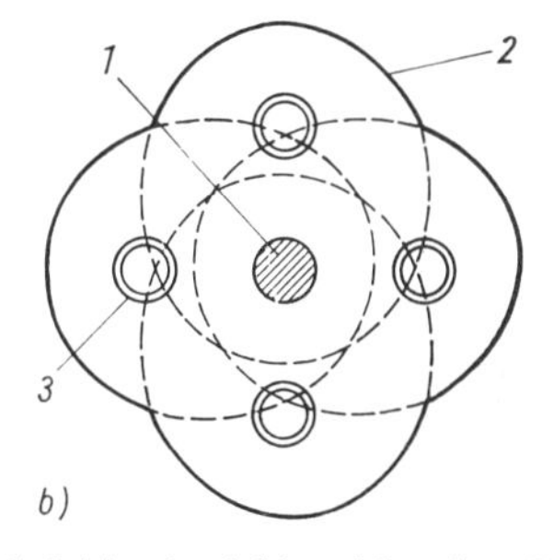

Bild 2.37. Pumplichtanordnung mit 2 (a) oder 4 (b) stabförmigen Lampen in 2 bzw. 4 elliptischen Reflektoren.
1 Kristall, *2* Reflektor, *3* Lampe

Als *Verlustprozesse* für die Pumpstrahlung kommen in Betracht:

- Reflexionsverluste an der Reflektoroberfläche (Beschichtung!)
- Abschattungen der Lampe, besonders wenn diese noch von einem Kühlrohr umgeben ist
- Abstrahlung durch Öffnungen im Deckel für Lampen und Laserstab
- Absorption in den Außenbereichen des Laserstabes, besonders bei Laserstäben mit großem Durchmesser (Bild 2.38)

Als weitere Pumplichtanordnungen werden, wenn auch nur in beschränktem Maße, auf Grund geringerer Effektivität verwendet (Bild 2.39):

- direkte enge Ummantelung von Laserstab und Pumplampe

- zylinderförmige Reflektoren
  Vorteil: konstruktiv relativ einfach.

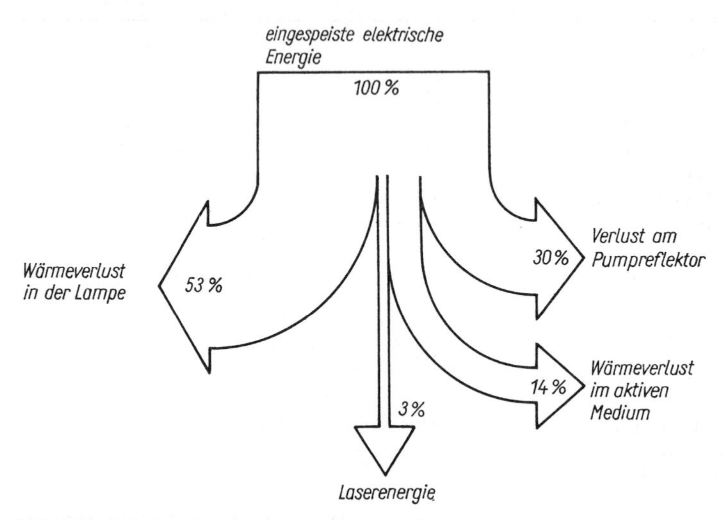

Bild 2.38. Relative Energiebilanz einer Pumplichtanordnung mit Kr-Bogenlampe zum Pumpen eines cw-Nd-YAG-Lasers

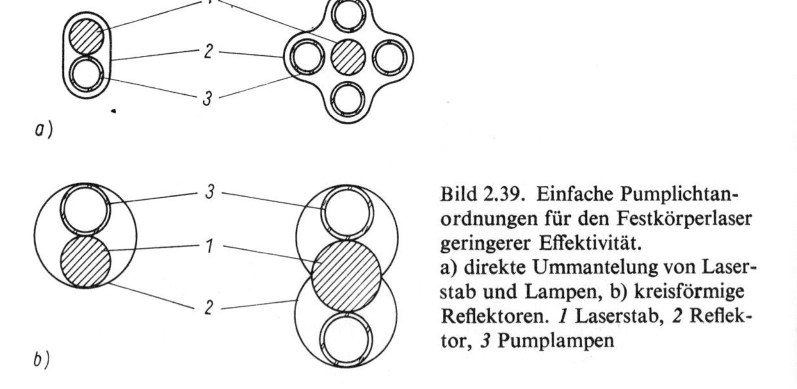

Bild 2.39. Einfache Pumplichtanordnungen für den Festkörperlaser geringerer Effektivität.
a) direkte Ummantelung von Laserstab und Lampen, b) kreisförmige Reflektoren. *1* Laserstab, *2* Reflektor, *3* Pumplampen

2.5.3. Der Rubinlaser

Dieser Laser wird vorzugsweise gepulst betrieben und liefert Strahlung mit einer Wellenlänge von $\lambda = 0{,}628\ \mu m$. Er gehört auf Grund der Möglichkeiten zur Erzeugung großer Impulsleistungen sowie der Herstellung von Rubinkristallen hoher optischer Qualität auch heute noch zu den bedeutendsten Festkörperlasern.

Tabelle 2.7. Technische und optische Parameter von Rubinkristallen

Parameter	Wert		Einheit
Cr^{3+}-Konzentration	0,05		%
Dichte	3,98		g/cm^3
Schmelzpunkt	2311		K
Spezifische Wärmekapazität bei 20 °C	757		J/(kg · K)
Wärmeleitfähigkeit bei 20 °C	38,5		W/(m · K)
Längen-Temperaturkoeffizient			
parallel zur optischen Achse	$6{,}7 \cdot 10^{-6}$		1/K
senkrecht zur optischen Achse	$5{,}0 \cdot 10^{-6}$		1/K
Härte nach Mohs	9		–
Betriebsregime	Impuls	kont.	
Laserübergang	$\bar{E} \rightarrow {}^4A_2$	$2\bar{A} \rightarrow {}^4A_2$	
Laserwellenlänge	0,6943	0,6929	μm
Wirkungsquerschnitt für stimulierte Emission	$2{,}5 \cdot 10^{-20}$		cm^2
Streuverluste	0,001		1/cm
Hauptabsorptionsbanden bei Brechzahl	0,404	0,554	μm
senkrecht zur optischen Achse	1,763		
parallel zur optischen Achse	1,753		
Brewster-Winkel	60°37′		–

Der *Rubinkristall* (Tabelle 2.7) besteht aus Aluminiumoxid (Al_2O_3), in dessen Gitter an Stelle von Al-Ionen Chrom-(Cr^{3+}-)Ionen eingebaut sind.

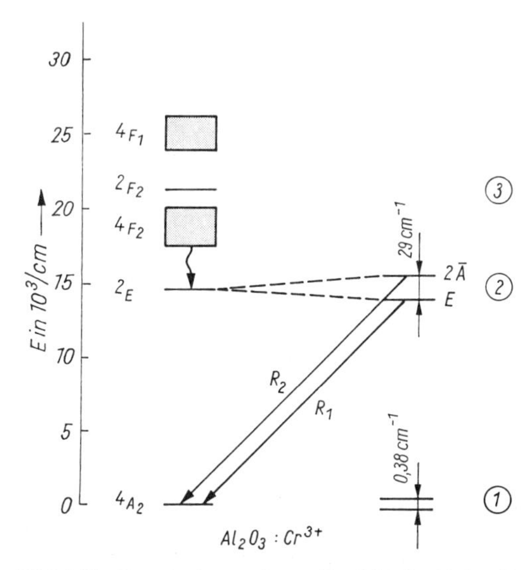

Bild 2.40. Energieniveauschema für Cr^{3+} in Al_2O_3 (Rubinlaser)

Die stimulierte Emission erfolgt zwischen Übergängen der 3d-Elektronen der Cr^{3+}-Ionen, wobei sich das entsprechende Niveausystem auf Grund des Einflusses des Wirtskristall-Feldes jedoch beträchtlich von dem des freien Ions unterscheidet (Bild 2.40). Durch optisches Pumpen werden die Elektronen aus dem Grundzustand 1 (Niveau $^4A_2$) in das Absorptionsband 3 ($^4F_2$) gebracht, von dem die Energie durch schnelle strahlungslose Relaxation (Relaxationszeit $\approx 10^{-7}$ s) auf das metastabile Niveau 2 (^2E), Lebensdauer 2 ... 4 ms, als oberem Laserniveau übertragen wird. Laserübergang 2 → 1.
Sowohl oberes als auch unteres Laserniveau bestehen aus zwei eng benachbarten Niveaus, die bei Zimmertemperatur fast gleich (bei nur geringer Bevorzugung des unteren E-Niveaus) besetzt sind. Dies reicht jedoch aus, daß die R_1-Linie mit $\lambda = 0{,}694$ µm ausgestrahlt wird.
Besonderheit des Rubinlasers: Das untere Laserniveau ist mit dem Grundzustand identisch und damit stark besetzt.

Zur Erzeugung einer *Besetzungsinversion* ist mindestens die Hälfte der Cr^{3+}-Ionen anzuregen, hierzu sind hohe Pumpleistungen erforderlich, wobei Pumplichtquellen zu verwenden sind, deren Spektrum weitgehend mit dem Absorptionsspektrum der Cr^{3+}-Ionen übereinstimmen sollte (Bild 3.41).
Schwellenenergie im Impulsbetrieb: 45 J

Die *Pumpstrahlung* wird erzeugt mit leistungsstarken stabförmigen Xe-Lampen, vielfach mit Mehrfach-Ellipsenreflektoren, oder wendelförmigen Lampen. Bei Pumpenergien von 200 ... 10^4 J betragen die Laserleistungen 10 ... 500 kW bei einer Impulsdauer von 0,1 ... 1 ms, bis 100 W bei kontinuierlichem Betrieb.
Wirkungsgrad $< 1\,\%$

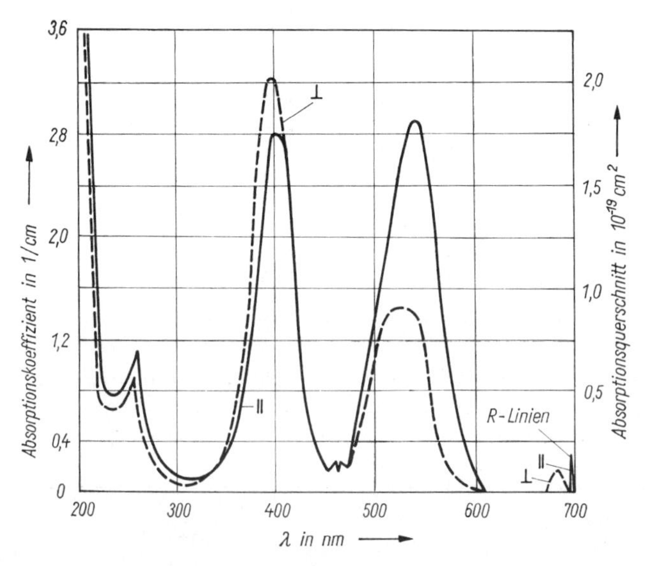

Bild 2.41. Absorptionsspektrum der Cr^{3+}-Ionen in Al_2O_3

Die *Rubinkristalle* haben Stabform mit einem Durchmesser von 0,3 ... 2 cm und einer Länge bis zu 30 cm (Tabelle 2.7). Sie sind in optisch guter Qualität relativ leicht herzustellen, haben eine große mechanische Festigkeit und eine hohe Wärmeleitfähigkeit, was die Kühlung erleichtert.
Die *Herstellung* erfolgt nach dem:

- VERNEUIL-Verfahren (Schmelzung von Al_2O_3- und Cr_2O_3-Pulver in einer Knallgasflamme bei $\geqq 2000$ K)
- CZOCHRALSKI-Verfahren (Kristall wird aus der in einem Tiegel enthaltenen Schmelze gezogen)

Nach der Herstellung werden die Kristalloberflächen geschliffen und poliert. Bevorzugt die Endflächen des Laserstabes (aus denen das Licht austritt) sollten nur Unebenheiten $<\lambda/10$ aufweisen und, werden diese Flächen als Resonatorspiegel benutzt, parallel bis auf Winkelsekunden, senkrecht zur Resonatorachse sowie hochreflektierend sein.
Vielfach werden die Laserstäbe zur Halterung außerhalb des Reflektorraumes mit Saphirenden versehen.

Die Strahlungseigenschaften des Rubinlasers sind charakterisiert durch hohe Leistungen, jedoch geringe Strahlqualität (inhomogene Verteilung über den Querschnitt, Spikeverhalten), Tabellen 2.8 und 2.9.

Tabelle 2.8. Physikalisch-technische Parameter von Rubinlasern

Parameter	Wert	Einheit
Schwellenenergie, Impulsbetrieb	10^3	J
Ausgangsenergie	0,1 ... 1,5	J
Leistung	10 ... 40	kW
Linienbreite	10^{-2}	nm
Strahldivergenz	1 ... 20	mrad
Schwellenleistung, cw-Betrieb	840	W
Ausgangsleistung	einige 100	W
Linienbreite	10^{-2}	nm
Strahldivergenz	1	mrad
Wirkungsgrad	1	%

Tabelle 2.9. Physikalisch-technische Parameter kommerzieller Impuls-Rubinlaser ($\lambda = 0{,}694$ µm)

Typ	Impulsenergie J	Impulslänge ms	Impulsfolge s
GOR-100 (UdSSR)	100	1	180
GOR-300 (UdSSR)	300	6	180
Holobeam (USA)	10	1	6

2.5.4. Der Neodym-Glaslaser

Er ist ein im nahen IR-Bereich ($\lambda = 1{,}06\ \mu m$) strahlender Festkörperlaser, der besonders zur Erzeugung von Hochleistungsimpulsen, z. B. für die lasergesteuerte Kernfusion (s. Abschn. 3.6.), oder auch – bei kleineren Leistungen – als Pumplaser verwendet wird.

Als *aktive Ionen* sind Nd^{3+}-Ionen mit einer Konzentration von 0,5 ... 8 % in Glas (Tabelle 2.10) als Wirtssubstanz eingebaut. Das Fluoreszenzspektrum zeigt drei

Tabelle 2.10. Optische Parameter von Neodymglas

Parameter	Glas		Einheit
	Silikat-Glas	Phosphat-Glas	
Betriebsregime	Impuls	Impuls	
Laserübergang	$^4F_{3/2} \rightarrow {}^4I_{11/2}$		
Laserwellenlänge	1,0624	1,0560	μm
Wirkungsquerschnitt für stimulierte Emission	$2 \cdot 10^{-20}$	$3{,}9 \cdot 10^{-20}$	cm²
Streuverluste	0,001	0,001	1/cm
Hauptabsorptionsbanden bei	0,81	0,75	μm
Brechzahl	1,546	1,531	–
BREWSTER-Winkel	57°6′	56°50′	–

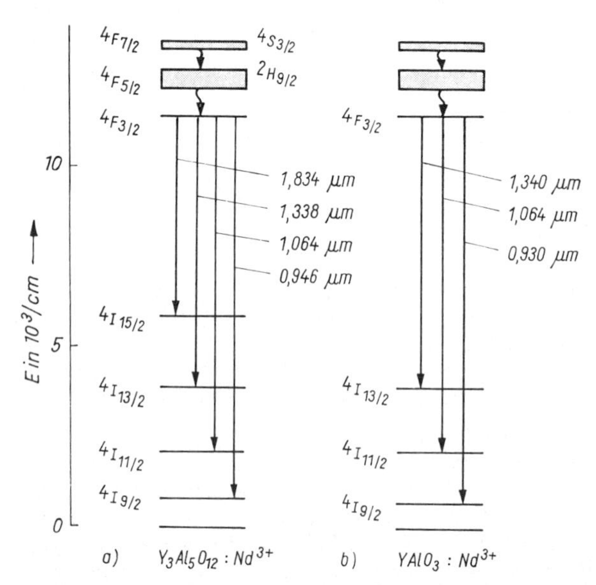

Bild 2.42. Energieniveauschema von Nd^{3+}-Ionen in $Y_3Al_5O_{12}$ (a) und $YAlO_3$ (b) bei $T = 300$ K

breite Linien aus dem metastabilen Niveau (Lebensdauer 160 µs) $^4F_{3/2}$ zu den Niveaus $^4I_{9/2}$ ($\lambda = 0{,}92$ µm), $^4I_{11/2}$ ($\lambda = 1{,}06$ µm) und $^4I_{13/2}$ ($\lambda = 1{,}37$ µm), (Bild 2.42).

Der intensivste Übergang mit $\lambda = 1{,}06$ µm wird üblicherweise als Laserübergang verwendet.

Das Absorptionsspektrum (Bild 2.43) zeigt ausgeprägte Maxima im Bereich $\lambda = 0{,}5 \ldots 0{,}9$ µm.

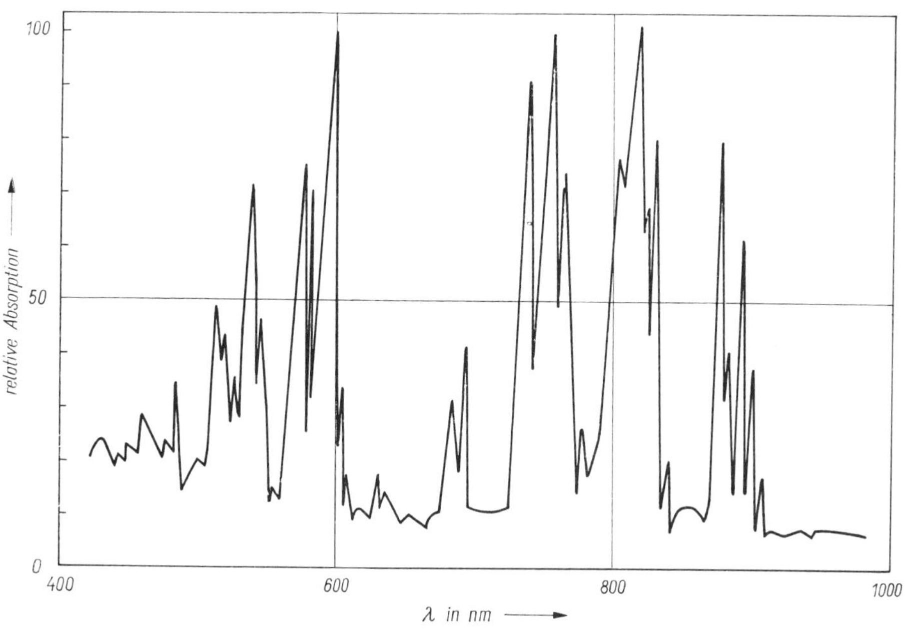

Bild 2.43. Absorptionsspektrum der Nd^{3+}-Ionen

Durch optisches Pumpen erfolgt damit die Anregung des Niveaus 4, von dem die Energie auf das (metastabile) obere Laserniveau 3 ($^4F_{3/2}$) durch einen schnellen Relaxationsprozeß übertragen wird.

Bevorzugter Laserübergang: 3 → 2 ($^4F_{3/2} \rightarrow {}^4I_{11/2}$).

Das untere Laserniveau wird durch einen schnellen Relaxationsprozeß (Relaxationszeit 10^{-7} s) 2 → 1 entleert.

Der Nd^{3+}-Glaslaser arbeitet als *4-Niveau-System.* Da das untere Laserniveau somit weitgehend unbesetzt ist, erlaubt dieser Lasertyp die relativ kleine Schwellenleistung von ≈ 200 W, kontinuierlicher Betrieb ist damit unschwer zu erreichen (wurde bereits 1962 mit einer Ausgangsleistung von einigen Milliwatt realisiert). Zum *optischen Pumpen* werden vorwiegend stabförmige Lampen mit elliptischem Reflektor verwendet. Als *Wirtsmaterial* für die Nd^{3+}-Ionen werden Silicat-, Phosphat- und Bariumglas verwendet (Tabellen 2.10 und 2.11).

Tabelle 2.11. Optische und Laserparameter einiger Nd^{3+}-dotierter Gläser (nach [2.17]*)*

Parameter	Glas			
	Silicat	Phosphat	Fluorphosphat	Fluorberyllat
Brechzahl	1,57	1,54	1,49	1,35
Fluoreszenzmaximum bei	1062 nm	1054 nm	1054 nm	1047 nm
Fluoreszenzbreite	34 nm	24 nm	31 nm	24 nm
Relative Pumpabsorption (bezogen auf Silicatglas)	1,0	0,94	0,88	0,77
Relativer Verstärkungskoeffizient (bezogen auf Silicatglas)	1,0	1,4	0,8	0,9

Vorteile der Gläser:

- einfache Herstellung bis zu größeren Abmessungen
- optisch gute Qualität.

Nachteile:

- geringe Wärmeleitfähigkeit, für cw-Betrieb spezielle Gläser notwendig
- starke Verbreiterung von Fluoreszenz- und Absorptionslinie, teilweise inhomogen.

Besonderheiten

Vielfach werden die Gläser mit Cer dotiert, um die fotochemische Stabilität gegenüber dem UV-Anteil der Pumpstrahlung zu erhöhen,
Einbau von Sensibilisierungsionen zur Erhöhung der Pumpeffektivität.

Abmessungen der Laserstäbe sind: Durchmesser 5 ... 50 mm, Länge bis zu 1 m. Mit Pumpenergien von 10 ... 10^3 J betragen die Laserleistungen 10^5 ... 10^8 W im Impulsbetrieb.
Wirkungsgrad: $\leqq 1\,\%$ (Tabelle 2.12)

Tabelle 2.12. Physikalisch-technische Parameter kommerzieller Impuls-Neodym-Glaslaser (λ = 1,06 μm)

Typ	Impulsenergie J	Impulslänge μs	Impulsfolge s
GOS-301 (UdSSR)	300	800	300
Apollo Lasers (USA)	30	400	15

Neben dem Übergang $^4F_{3/2} \rightarrow {}^4I_{11/2}$ ist Laserbetrieb auf einer Reihe weiterer Übergänge bei jedoch wesentlich höherer Pumpleistung möglich.

Übergang	*Wellenlänge*	*Schwellenenergie*
$^4F_{3/2} \rightarrow {}^4I_{9/2}$	0,92 μm	700 J
$^4F_{3/2} \rightarrow {}^4I_{11/2}$	1,06 μm	40 J
$^4F_{3/2} \rightarrow {}^4I_{13/2}$	1,37 μm	460 J

2.5.5. Der Neodym-YAG-Laser

Dieser Lasertyp ist der heute wichtigste Festkörperlaser. Er zeichnet sich dadurch aus, daß bei relativ einfachem Aufbau hohe Leistungen im Impulsbetrieb bei hoher Folgefrequenz (bis 10 kHz) oder auch im kontinuierlichen Betrieb erreichbar sind. Das physikalische Prinzip der Erzeugung einer Besetzungsinversion in diesem Laser entspricht – bei gleichem aktivem Ion Nd^{3+} – genau dem im Neodym-Glaslaser (s. Abschn. 2.5.4.) Hinzu kommt lediglich ein zusätzlicher Laserübergang mit $\lambda = 1{,}834\ \mu m$ (s. Bild 2.42).
Der wesentliche Unterschied ist der *Wirtskristall.* Beim Neodym-YAG-Laser handelt es sich um *Yttrium-Aluminium-Granat* ($Y_3Al_5O_{12}$), Dotierung mit Nd^{3+}: 0,5 ... 3,5% (Tabelle 2.13).

Tabelle 2.13. Technische und optische Parameter von YAG- und $YAlO_3$-Kristallen

Parameter	$Y_3Al_5O_{12}$ (YAG)	$YAlO_3$	Einheit
Nd^{3+}-Konzentration	0,5 ... 3,5	0,5 ... 3,5	%
Dichte	4,55	5,35	g/cm^3
Schmelzpunkt	2200	2120	K
Spezifische Wärmekapazität	600 ... 643	418	J/(kg · K)
Wärmeleitfähigkeit	11 ... 40	11	W/(m · K)
Längen-Temperaturkoeffizient	$6{,}96 \cdot 10^{-6}$	3,3	1/K
Härte nach MOHS	8,5	8,5	–
Brechzahl	1,816	1,93 ... 1954	–
$\partial n/\partial T$	$9{,}86 \cdot 10^{-6}$	$9{,}7 \cdot 10^{-6}$	1/K
Transmissionsbereich	0,24 ... 6	0,22 ... 6,5	µm

Vorteile des YAG gegenüber Glas:

- hohe mechanische Festigkeit und Härte
- gute Wärmeleitfähigkeit
- keine Ladungskompensation notwendig (da Y^{3+} durch Nd^{3+} ersetzt wird)

Tabelle 2.14. Optische Parameter von Neodym-YAG-Kristallen

Parameter	Wert		Einheit
Betriebsregime	Impuls	kont.	
Laserübergang	$^4F_{3/2} \rightarrow {}^4I_{11/2}$		
Laserwellenlänge	1,0641		µm
Wirkungsquerschnitt für stimulierte Emission	$8{,}8 \cdot 10^{-19}$		cm^2
Streuverluste	0,002		1/cm
Hauptabsorptionsbanden bei	0,81	0,75	µm
Brechzahl	1,82		–
BREWSTER-Winkel	61°13′		–

Hinzu kommen auf Grund des veränderten inneren Kristallfeldes eine *größere Lebensdauer* des metabilen (oberen) Laserniveaus sowie ein *großer Absorptionsquerschnitt* bei $\lambda = 0{,}75 \ldots 0{,}88\ \mu m$ (Tabelle 2.14). YAG-Kristalle werden verwendet in stabförmiger Form mit 0,3 ... 0,8 cm Durchmesser und 3 ... 10 cm Länge. Die *Anregung* durch optisches Pumpen erfolgt im:

- *Impulsbetrieb* mit Xenon-Blitzlampen, vielfach in der einfacheren Anordnung mit zylindrischem Reflektor
- *kontinuierlichen Betrieb* mit Halogenlampen und – bevorzugt für höhere Leistungen – Kryptonbogenlampen in Anordnungen mit ein- oder zweifach elliptischem Reflektor.

Zur *Kühlung* befinden sich die Lampen in einem von Wasser (5 l/min) durchflossenen Zylinder. Zusatz zum Kühlwasser von 0,5 ... 1% KCr_2O absorbiert den UV-Anteil des Pumplichtes und verhindert so eine Verfärbung des YAG-Kristalls; Wasser selbst absorbiert große Teile des IR-Anteils und verhindert so gleichzeitig eine Aufheizung des Laserstabes.

Die *Schwellenenergie* beträgt wie beim Neodym-Laser $\lessapprox 5$ J. Die maximale Laserleistung beträgt gepulst etwa 10^6 W, kontinuierlich etwa 500 W. Wirkungsgrad $\approx 1\%$ (Tabelle 2.15).

Tabelle 2.15. Physikalisch-technische Parameter kommerzieller Nd-YAG-Laser ($\lambda = 1{,}06\ \mu m$)

1. *Impulsbetrieb*

Typ	Impulsenergie J	Impulslänge ns	Impulsfolge Hz
LTI-5 (UdSSR)	0,05	10	100

2. *Kontinuierlicher Betrieb*

Typ	Leistung W	Strahldurchmesser mm	Divergenz mrad
TWO-10 (USA)	0,1 (TEM_{00}) 0,3 (Multimode)	0,8	3
Ky 3 (USA)	4 (TEM_{00}) 30 (Multimode)	4	5
2660-8R (USA)	(800 ... 1000)	6	(10 ... 18)

Auf Grund der größeren Homogenität und optischen Qualität des YAG-Kristalls im Verhältnis zu Glas wird für diesen Lasertyp eine bessere Strahlqualität einschließlich der Möglichkeit des 1-Moden-Betriebes (bis 10 W Ausgangsleistung) erreicht. Zu berücksichtigen ist jedoch bei hohen Leistungsdichten:

! Bei Erwärmung des YAG-Kristalls durch das Pumplicht tritt eine Doppelbrechung auf, welche eine Linsenwirkung des Laserstabes bedingt.

Für die Fokuslänge l_F gilt:

$$l_F = \frac{1{,}5 \dots 2}{\text{Pumpleistung}} \qquad \begin{array}{|ll|} l_F & \text{Pumpleistung} \\ \hline \text{m} & \text{kW} \end{array} \tag{2.112}$$

Beachte diese Beziehung bei der Anwendung des YAG-Lasers für solche Prozesse, bei denen die Phasenfront der Strahlung von Bedeutung ist!
Dieser Effekt wird vermieden mit einem, 1970 aus diesem Grunde neu entwickelten Kristall als Wirtsmaterial für Nd^{3+}, dem $YAlO_3$-Kristall mit *natürlicher Doppelbrechung*. Dieser gegenüber ist die thermisch erzeugte Doppelbrechung vernachlässigbar. Ansonsten sind die Eigenschaften dieses Kristalls ähnlich denen eines YAG-Kristalls.

Der Neodym-YAG-Laser ist geeignet zur Erzeugung leistungsstarker kontinuierlicher Strahlung mit hoher Effektivität ($\approx 1{,}5\,\%$); TEM_{00}-Modenbetrieb ist zu erreichen. Der Laser liefert linear polarisierte Strahlung und ist damit besonders als Pumplichtquelle für die nichtlineare Optik, s. Abschn. 3.2., geeignet.

2.5.6. Hochleistungs-Festkörperlaser

Laser, die bevorzugt zur Erzeugung hoher Strahlungsleistungen entwickelt wurden, werden als *Hochleistungslaser* bezeichnet. Notwendig sind Laser dieser Art besonders in der Materialbearbeitung (s. Abschn. 4.) sowie der Plasmaerzeugung im Zusammenhang mit der lasergesteuerten Kernfusion (s. Abschn. 3.6.).

Als Hochleistungs-Festkörperlaser wird ausschließlich der Neodym-Glaslaser im Impulsbetrieb verwendet.

- Leistung $\approx 10^6$ W, mit Nachverstärkung bis 10^{12} W
- Impulsdauer 0,1 ... 1 ns

Das Prinzip und der Aufbau entsprechen dem des Neodym-Glaslaser entsprechend Abschn. 2.5.4.
Besonderheiten:

- Die vom Laser erzeugte Strahlung wird in mehreren *Verstärkerstufen* nachverstärkt; verwendet werden hierzu Neodym-Glasstäbe ohne Resonatorspiegel, die ebenfalls optisch gepumpt werden, Durchmesser bis 10 cm, Länge bis 1 m.
- Als Folge der hohen Leistungsdichte innerhalb des Glases treten Prozesse auf (z. B. *Selbstfokussierung*), die zur Zerstörung führen können, so daß der geeigneten Auswahl des Glases besondere Bedeutung zukommt. Bevorzugt verwendet wird:
  - Silicatglas,
  - Phosphatglas (Vorteil: höhere Verstärkungskoeffizienten, kleine Nichtlinearitäten),
  - Fluoroberyllatglas (noch im Entwicklungsstadium).

2.5.7. Miniatur-Festkörperlaser

Optisch gepumpte Festkörperlaser mit Abmessungen von 100 μm bis zu einigen Millimetern werden als *Miniaturlaser* bezeichnet. Sie wurden in den letzten Jahren entwickelt besonders im Hinblick auf Anwendungen in der *optischen Nachrichtenübertragung* [2.18].
Entwickelt wurden Laser mit Nd^{3+} als aktive Ionen:

- Nd^{3+}-YAG-Laser (Nd^{3+}-Konzentration 1 ... 3%, Länge ≦10 mm; für kleinere Abmessungen nicht geeignet, da die Nd^{3+}-Konzentration auf Grund der dann einsetzenden Fluoreszenzlöschung nicht weiter erhöht werden kann)
- Nd^{3+}-haltige stöchiometrische Kristalle (hierbei erfolgt der Einbau der Nd^{3+}-Ionen auf sich periodisch wiederholenden Gitterplätzen im Abstand von 0,5 ... 0,6 nm; damit sind höhere Konzentrationen erreichbar)
  Als stöchiometrische Kristalle werden verwendet (Bild 2.44):
  - Nd-Pentaphosphat, NdP_5O_{14}
  - Nd-Tetraphosphat, NdP_4O_{12}
  - Nd-Aluminiumborat, $NdAl_3(BO_3)_4$ sowie
  - Na-Nd-Wolframat, $Na_5Nd(WO_4)_4$ (Tabelle 2.16)

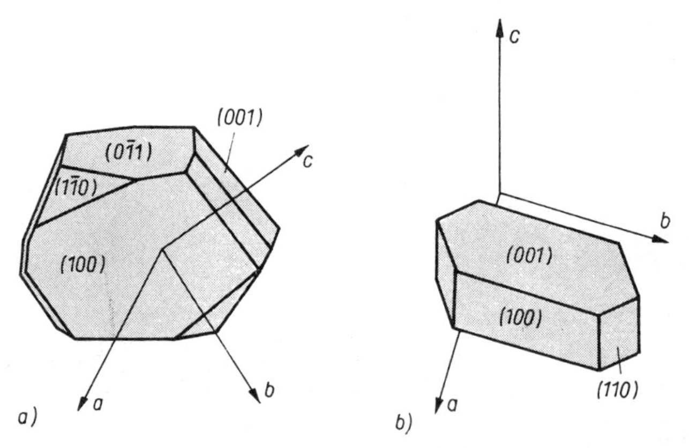

Bild 2.44. Struktur stöchiometrischer Kristalle.
a) NdP_5O_{14}, b) $Gd_{0,33}Y_{0,67}P_5O_{14}$

Das *optische Pumpen* erfolgt mit miniaturisierten Entladungslampen, kontinuierlichen Argon- und Kryptonlasern sowie Halbleiterlasern.
Neben der üblichen Resonatoranordnung, bei der sich der Laserkristall zwischen zwei Spiegeln befindet, wird – speziell bei der Anpassung des Lasers an ein Lichtleitkabel – eine Wellenleiteranordnung verwendet.
Die erzeugte Strahlung liegt im Wellenlängenbereich zwischen 1,054 und 1,32 μm.
Ausgangsleistungen: <10 mW, Wirkungsgrad: bis 20%.

Tabelle 2.16. Stöchiometrische Nd-Kristalle für Miniaturlaser

Parameter	Kristall					Einheit
	Nd-YAG ($NdY_2Al_5O_{12}$)	NPP (NdP_5O_{14})	LNP ($LiNdP_4O_{12}$)	NAB [$NdAl_3(BO_3)_4$]	SNT [$Na_5Nd(WO_4)_4$]	
Nd-Konzentration	$0{,}14 \cdot 10^{21}$	$3{,}96 \cdot 10^{21}$	$4{,}37 \cdot 10^{21}$	$5{,}43 \cdot 10^{21}$	$2{,}7 \cdot 10^{21}$	$1/cm^3$
Absorptionskoeffizient	1,1	32,5	40	50	20	1/cm
Wellenlänge	1,064	1,054	1,047	1,064	1,063	µm
Fluoreszenzlebensdauer	230	110	120	20	85	µs
Pumpschwellenleistung	7	0,6	0,14	0,36	0,33	mW

Tabelle 2.17. Strahlungsleistung und Wirkungsgrad kontinuierlich arbeitender Festkörperlaser (nach [2.19]*)*

Aktives Ion	Wirtskristall	Wellenlänge µm	Arbeitstemperatur K	Ausgangsleistung W	Wirkungsgrad %	Pumplampe
Cr^{3+}	Al_2O_3	0,6943	300	2,37	0,1	Hg
Nd^{3+}	$CaWO_4$	1,0582	300	0,1	0,01	Xe
Nd^{3+}	$Ca(NbO_3)_2$	1,0612	77	0,1	0,05	Xe
Nd^{3+}	$Ca(NbO_3)_2$	1,0615	300	1	0,1	–
Nd^{3+}	$Ca_5(PO_4)_3F$	1,0629	300	10	2	W
Nd^{3+}	$Y_3Al_5O_{12}$	1,06415	300	10^3	2 … 4	Kr
Nd^{3+}	$Lu_3Al_5O_{12}$	1,0643	300	0,35	0,01	–
Nd^{3+}	$YAlO_3$	1,0644	300	35	0,8	–
Nd^{3+}	$YAlO_3:Cr^{3+}$	1,0644	300	6,5	0,3	Kr
Nd^{3+}	$KY(WO_4)_2$	1,0688	300	0,55	0,03	–
Nd^{3+}	$YAlO_3$	1,0796	300	100	2	–
Nd^{3+}	$Y_3Al_5O_{12}$	1,3184	300	0,03	0,01	W
Nd^{3+}	$YAlO_3$	1,3416	300	14	0,4	–
Ni^{2+}	MgF	1,674	82 … 100	1	0,2	W
Ni^{2+}	MgF	1,731	100 … 192	1	0,2	W
Ho^{3+}	$(Y, Er)_3Al_5O_{12}$	2,098	77	20,5	4	–
Ho^{3+}	$(Y, Er)_3Al_5O_{12}$	2,099	77	15	5	–
Ho^{3+}	$(Y, Er)_3Al_5O_{12}$	2,1227	85	7,6	–	–
Dy^{2+}	CaF_2	2,3587	77	150	–	–
U^{3+}	CaF_2	2,61	77	10^{-5}	–	Hg

2.5.8. Strahlungseigenschaften des Festkörperlasers

Die verschiedenen Festkörperlaser emittieren Strahlung in einem breiten Spektralbereich:

- 0,3 ... 3 μm im Impulsbetrieb
- 0,69 ... 2,6 μm im kontinuierlichen Betrieb (s. Tab. 2.17)

Die Ausstrahlung erfolgt in Form einzelner, spektral relativ schmaler Linien, die nicht abstimmbar sind.
Die Strahlung selbst ist charakterisiert durch:

- kleine Kohärenzlänge ($\leqq 1$ m)
- größere Amplitudenschwankungen
- weniger regelmäßige Verteilung der Intensität über den Strahlquerschnitt, bedingt durch räumliche Kristallinhomogenitäten

Bessere Strahlqualitäten sind möglich im cw-Betrieb bei Anregung der TEM_{00}-Mode, hierzu notwendig: *Modenblende.* Bei stabilisierten cw-Festkörperlasern ist eine Leistungsstabilität von $\approx 0{,}1\,\%$ erreichbar. Bezüglich der erreichbaren Leistungen s. Tab. 2.17.

Die Strahlungseigenschaften des Impuls-Festkörperlasers sind darüber hinaus zu charakterisieren durch das *Spike-Verhalten:*
Nach Erreichen der Schwellenbesetzungsinversion schwingt der Laser an, baut damit die Besetzungsinversion ab, so daß nach einiger Zeit auch die Laserintensität abnimmt, bis durch Pumpen wieder genügend Atome angeregt wurden und dann

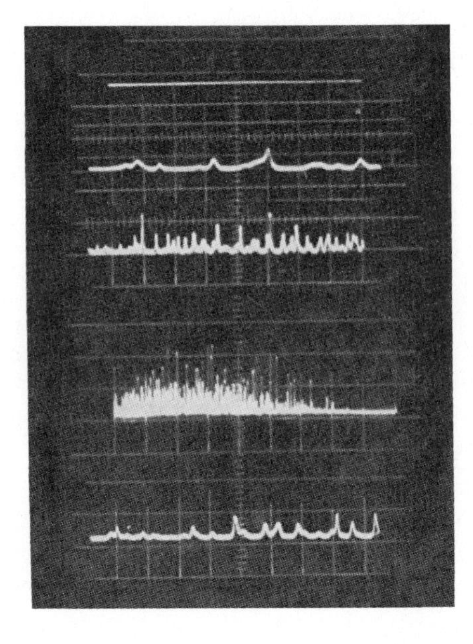

Bild 2.45. Spike-Verhalten eines Festkörperlasers

auch die Laserintensität wieder ansteigen kann. Die Ausstrahlung erfolgt vielfach in Form von *Relaxationsschwingungen*, die mehr oder weniger gedämpft sein können (Schwingungsdauer $\leqq 1$ µs, s. Abschn. 2.1.3.).

Wird die Besetzungsinversion so weit abgebaut, daß die Oszillation für eine bestimmte Eigenschwingung abbricht und erst bei genügendem Pumpen wieder einsetzt, so tritt ein Springen von Eigenschwingungen auf. Durch Überlagerung verschiedener, zeitlich begrenzt schwingender Moden (einschließlich des neuen Anschwingens) entstehen statistisch hohe Impuls-Strahlungsintensitäten, die keine Periodizität zeigen. Dieser Vorgang wird als *Spiken* (Bild 2.45) bezeichnet.

Pumpimpulsdauer: ≈ 5 ms
Anschwingen des Lasers nach $\approx 0{,}5$ ms
Spikedauer: ≈ 1 µs

Verwendet wird die Strahlung von Festkörperlasern vor allem im Bereich der *nichtlinearen Optik* (s. Abschn. 3.2.), der *Materialbearbeitung* (s. Abschn. 4.), der Meßtechnik (Lidar) sowie der *Plasmaerzeugung* im Rahmen der lasergesteuerten Kernfusion (s. Abschn. 3.6.).

2.6. Gaslaser

[2.1], [2.12] ... [2.14], [2.20] ... [2.23]

2.6.1. Einführung

Gaslaser sind die im Bereich der Forschung, der Industrie und der Medizin am häufigsten benutzten Laser. In ihnen werden vornehmlich *elektrisch angeregte Gase oder Dämpfe* (neutrale Atome oder Moleküle, Atom- und Molekülionen) als aktive Medien verwendet. Ihre Eigenschaften lassen sich

- durch die große Zahl der einsetzbaren Gase bzw. Gasgemische
- durch Veränderung der Gasparameter (Druck, Temperatur, Gaszusammensetzung)
- durch verschiedene Anregungsverfahren
- durch entsprechenden konstruktiven Aufbau

vielseitig verändern. Dadurch können die Parameter der Gaslaser den vorgesehenen Anwendungen weitgehend angepaßt werden.
Die Anregung der Gaslaser erfolgt bevorzugt:

- elektrisch (Gasentladung, Elektronenstrahlen)
- optisch (optisches Pumpen, Fotodissoziation)
- chemisch

Gegenüber anderen Lasertypen (Festkörper-, Halbleiter- und Farbstofflaser) sind Gaslaser durch folgende spezifischen Eigenschaften gekennzeichnet:

- Auf Grund der in der Regel niedrigen *Gasdrücke* im Lasermedium (10 ... 10^4 Pa) sind wesentlich *längere Verstärkungswege* und damit *größere Abmessungen* erforderlich.

- Die Gaslasermedien sind homogener und verlustfreier, so daß *bessere Strahlqualitäten* erreichbar sind.
- Durch schnellen Gasaustausch kann die *Verlustwärme* leicht abgeführt werden, so daß *hohe cw-Leistungen* erreichbar sind.
- Es sind hohe absolute Frequenzgenauigkeiten und -stabilitäten möglich.

2.6.2. Physikalische Grundlagen

2.6.2.1. Aktive Medien

Als aktive Medien für Gaslaser eignen sich:

- alle bei Zimmertemperatur gasförmigen Elemente
- eine Vielzahl von Elementen im dampfförmigen Zustand (z. B. Metalldämpfe)
- eine große Anzahl von Molekülen (Tabelle 2.18).

Von der großen Anzahl der in Gaslasern erzeugbaren *Laserlinien* sind viele nur wissenschaftlich interessant, da der Aufwand für ihre Erzeugung recht hoch bzw. der Wirkungsgrad des Anregungsverfahrens oder die Ausgangsleistung zu niedrig ist.

Tabelle 2.18. Atome, Ionen und Moleküle, die als aktive Medien in Gaslasern Verwendung finden

Aktives Medium	Wellenlänge μm	Aktives Medium	Wellenlänge μm
H_2	0,1161 ... 0,1261	Kr^+	0,4131
Ar_2^*	0,1457	Kr^+	0,4154
H_2	0,1580 ... 0,1613	N_2^+	0,427
Xe_2^*	0,1720	Cd^+	0,441563
CO	0,181 ... 0,197	Ar^+	0,4545
ArF*	0,193	Ar^+	0,4579
KrCl*	0,222	Se^+	0,4648
Ne^{3+}	0,2358	Ar^+	0,4658
KrF*	0,248	Kr^+	0,4680
Ar^{3+}	0,2624	Ar^+	0,4727
XeBr*	0,282	Kr^+	0,4762
XeCl*	0,308	Ar^+	0,4765
He-Cd^+	0,3250	Kr^+	0,4825
Ne^+	0,3323	Se^+	0,4845
N_2	0,3371	Ar^+	0,4880
Ne^+	0,3378	Ar^+	0,4965
Ne^+	0,3392	Se^+	0,4976
Kr^{2+}	0,3507	Se^+	0,4993
XeF*	0,351	Ar^+	0,5017
Se^+	0,4604	Se^+	0,5069
Kr^+	0,4067	Se^+	0,5097

Tabelle 2.18 (Fortsetzung)

Aktives Medium	Wellenlänge µm	Aktives Medium	Wellenlänge µm
Cu	0,510554	N_2O	10,346 ... 11,042
Ar^+	0,5145	CS_2	11,482 ... 11,545
Se^+	0,5176	CF_4	16,26
Kr^+	0,5208	NOCl	16,71
Se^+	0,5227	NOCl	16,99
Se^+	0,5254	H_2O	27,9707
Se^+	0,5273	CH_3OD	41,7
Ar^+	0,5287	CH_3OD	46,7
Se^+	0,5305	CH_3OD	57,0
Kr^+	0,5309	D_2O	66
Se^+	0,5523	CH_3OH	70,6
Se^+	0,5567	H_2O	78,443
Se^+	0,5591	CH_3OH	96,50
O^{2+}	0,5592	D_2O	99,00
Se^+	0,5623	D_2O	113
Kr^+	0,5682	H_2O	118,591
Cu	0,5782	CH_3OH	118,8
Se^+	0,6056	CH_3NH_2	148,5
Ne	0,6328	CH_3OH	163,0
Se^+	0,6490	CH_3NH_2	198,0
Kr^+	0,6471	CH_3NH_2	218,0
Se^+	0,6530	CH_3OD	229,1
Kr^+	0,6764	HCN	310,908
F	0,713	HCN	336,579
Kr^+	0,7525	CH_3OH	392,3
Kr^+	0,7993	HCOOH	406,0
Ar^+	1,090	CH_3OH	471,0
Ne	1,0798 ... 1,5231	CH_3F	496,1
Ne	1,15228 (intensiv)	HCOOH	513,2
I	1,3152	CH_3OH	570,5
HF	2,64 ... 3,11	$C_2H_2F_2$	633,0
Ne	3,3913	CH_3OH	699,5
HCl	3,707 ... 4,030	$C_2H_2F_2$	764,1
DF	3,830 ... 4,021	$C_2H_2F_2$	890,0
HBr	4,017 ... 4,647	$C_2H_2F_2$	990,0
DCl	5,045 ... 5,614	$C_2H_2F_2$	1020,0
CO	5,086 ... 6,663	CH_3OH	1217,0
DBr	5,805 ... 6,329	CH_3F	1222,0
OCS	8,239 ... 8,424	CH_3Br	1965,34
CO_2	9,127 ... 11,016 10,6 (intensivste Linie)		

Als Laserübergänge in Gasen (die nicht immer mit intensiven Fluoreszenzübergängen identisch sein müssen) treten auf [2.24]:

	Energiedifferenz in eV	Wellenlängenbereich in μm
• reine Elektronenübergänge in neutralen Atomen und Ionen	0,5 ... 8*)	0,2 ... 2,4
• Elektronenbandenübergänge	0,2 ... 10	0,1 ... 8
• Rotations-Schwingungsübergänge im Elektronengrundzustand	0,01 ... 0,5	2,4 ... 150
• reine Rotationsübergänge	$<0{,}01$	>150

2.6.2.2. **Anregung** [2.21]

Die Erzeugung einer Besetzungsinversion erfolgt durch:

- Anregung des oberen Laserniveaus und/oder
- Entleerung des unteren Laserniveaus

Bei der Inversionserzeugung durch *überwiegende Bevölkerung des oberen Laserniveaus* werden folgende Elementarprozesse ausgenutzt:

- *Stoßanregung von atomaren Zuständen* durch Übertragung von kinetischer Energie (Stöße 1. Art) als wichtigstem Anregungsprozeß in Gaslasern. Dominierende Stoßpartner sind dabei die Elektronen in Gasentladungen und Elektronenstrahlen.
- *Stoßanregung von Atomen und Molekülen* durch Stöße mit metastabilen Atomen oder Molekülen und Austausch der Anregungsenergie (Stöße 2. Art). Man spricht von einem *Transferlaser.* Die Anregung der metastabilen Atome (Moleküle) erfolgt durch Elektronenstöße, optisches Pumpen oder chemische Reaktionen.
- *Anregung von Molekülzuständen* durch optisches Pumpen. Wegen der schmalen Absorptionslinien in Gasen spielt dieser Mechanismus nur bei der Anregung von Hochdruck-Molekülgaslasern und FIR-Lasern eine Rolle, wobei i. allg. als Pumplichtquellen Laser (bevorzugt CO_2-Laser) in Betracht kommen. Für FIR-Gaslasermoleküle mit mehr als 3 Atomen ist optisches Pumpen die einzige Anregungsmethode.
- *Anregung atomarer Zustände* durch Fotodissoziation von Molekülen, wobei Xe-Blitzlampen für die Fotodissoziation verwendet werden. Wichtigster Vertreter ist der *Iodlaser.*
- *Erzeugung von schwingungsangeregten Molekülzuständen* durch chemische Reaktionen (chemischer Laser). Die Anregung von Gaslasern durch diesen Prozeß ist bisher nur im IR-Gebiet gelungen.

*) In Neon wurden Laserlinien >100 μm ($\Delta E \leqq 0{,}012$ eV) als reine Elektronenübergänge beobachtet.

Bei der Inversionserzeugung durch *überwiegende Entvölkerung des unteren Laserniveaus* kommen folgende Elementarprozesse in Betracht:

- Entleerung durch spontane Emission
- Entleerung durch Stoßrelaxation
- Entleerung durch stimulierte Emission bei Kaskadenübergängen in Schwingungszuständen (CO-TEA-Laser)
- Entleerung durch Dissoziation der Moleküle in diesem Zustand (Excimeren und Exciplexe dissoziieren im Grundzustand = unterer Laserzustand in $< 10^{-12}$ s).

Eine Besetzungsinversion ist dann um so leichter zu erreichen, je größer die (mittlere) Lebensdauer τ_2 des oberen Niveaus und je kleiner die Lebensdauer des unteren Niveaus ist: $\tau_2 \gg \tau_1$*).
Die Lebensdauer in Gassystemen liegt zwischen Sekunden und Millisekunden (bevorzugt bei metastabilen Zuständen) und unterhalb von Nanosekunden (bei Hochdruckmolekülgasen) – und wird bestimmt durch:

- spontane Emission (dominierend im VIS- und UV-Bereich)
- Stoßprozesse (bevorzugt im IR-Bereich)

2.6.2.3. Aufbau

Die Anregung des Gases, Dampfes oder Gasgemisches zur Erzeugung der Besetzungsinversion erfolgt:

- in einer elektrischen *Gasentladung* (als häufigste Methode), meist axiale, z.T. auch transversale Gleichstromentladungen mit Entladungsströmen bei
  - kontinuierlicher Anregung von einigen Milliampere bis 100 A
  - gepulster Anregung von 100 ... 1000 A (He-Ne-Laser, Ar-Laser, CO_2-Laser u.a.)
- durch relativistische *Elektronenstrahlen* (Excimer-, H_2-Laser)
- durch *optisches Pumpen* (vornehmlich für optische Transfer-, Hochdruck- und FIR-Laser).

Das *aktive Medium* befindet sich hierbei innerhalb des Laserrohres [(1) im Bild 2.46]. Dabei beträgt die Länge der Anregungszone einige Zentimeter bis 200 m (typische Werte: 0,3 ... 1,5 m), und der Durchmesser des Laserrohres ist 0,1 ... 50 cm (typische Werte 0,1 ... 2 cm).

Die *Gasfüllung* ist *stationär* (bei meist abgeschmolzenen Rohren), wobei eine Lebensdauer von 10^3 ... 10^4 h erreicht wird (*Beispiele*: He-Ne-, He-Cd-, Edelgasionenlaser), oder erfolgt im *Durchflußsystem* (axial oder transversal).
Beispiele: CO_2-, KrF*-Laser.

---

*) Auch für $\tau_2 \ll \tau_1$ ist Laserbetrieb möglich, wobei die Oszillation von selbst abbricht, wenn durch stimulierte Emission das untere Niveau aufgefüllt ist *(self-terminating laser)*. Maximale Impulslänge von $\Delta\tau \approx \frac{1}{2}\tau_1$. Beispiele: H_2-, N_2-, He-Cu-Laser.

Die *Gasdrücke* betragen in der Regel $p_G = 10 \ldots 2 \cdot 10^3$ Pa.
Ausnahmen: CO_2-TEA-Laser mit $p_G = 10^5$ Pa, Hochdrucklaser mit elektrischer oder optischer Anregung $p_G = (1 \ldots 5) \cdot 10^6$ Pa.
Die *Gaskühlung* zur Abführung der Verlustwärme erfolgt durch:

- Luftkühlung bei kleinerer Leistung (Beispiel: He-Ne-Laser)
- Wasserkühlung bei mittlerer bis hoher Leistung (Beispiel: CO_2-, Ar-Ionenlaser)
- schnellen Gasaustausch bei sehr hoher Laserleistung (Beispiel: CO_2-Gastransportlaser)

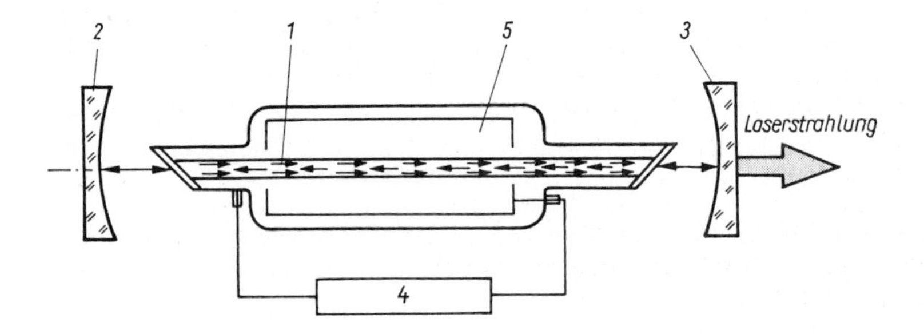

Bild 2.46. Aufbau des Gaslasers.
1 Laserrohr (Länge der aktiven Zone: *l*, Durchmesser: *d*, abgeschlossen mit den BREWSTER-Fenstern), *2* Spiegel des Laserresonators (totalreflektierend), *3* Spiegel des Laserresonators (teildurchlässig, ≈ 2...30%), *4* Spannungsquelle, *5* Gasgemisch

Die Rückkopplung des im aktiven Medium erzeugten Strahlungsfeldes erfolgt im *Laserresonator* [(2) und (3) im Bild 2.46]. Dieser besteht im einfachsten Fall aus zwei Spiegeln mit Distanzstücken. Dabei ist zu unterscheiden zwischen Resonatoren mit Außenspiegeln und mit Innenspiegeln. Beim *Außenspiegelresonator* wird das Laserrohr durch Fenster abgeschlossen, die einmal geringe Verluste bei der Laserfrequenz aufweisen und zum anderen zur Vermeidung von Reflexionsverlusten unter dem BREWSTER-Winkel φ zur Strahlachse angeordnet sind ($\tan \varphi = n$, Brechzahl des Fenstermaterials). Dementsprechend ist die Strahlung linear polarisiert.

- *Vorteil:* Möglichkeit der Unterbringung optischer Bauelemente im Resonator
- *Nachteil:* höhere Resonatorverluste

Beim *Innenspiegellaser* schließen die Laserspiegel anstelle der Fenster das Laserrohr ab. Die Strahlung ist unpolarisiert.

- *Vorteil:* geringe Resonatorverluste
- *Nachteil:* Es besteht die Gefahr der Zerstörung der Spiegel durch die Stöße der Gasatome.

Die *Auskopplung der Laserstrahlung* aus dem Resonator erfolgt durch:

- teildurchlässige Spiegel (häufigste Methode bei niederen bis mittleren Laserleistungen)
- Beugung am Spiegelrand
- ein Loch in einem Laserspiegel } vornehmlich bei
- Reflexion an durchlässiger Platte im Strahlengang des Resonators } FIR-Lasern

2.6.3. Gaslaser im ultravioletten Spektralbereich

[2.12], [2.25]

2.6.3.1. Überblick

Kohärente Strahlung im UV-Bereich ist zu erzeugen mit Hilfe von:

- Gaslasern (λ_{min} = 116,1 nm für den H_2-Laser)
- Farbstofflasern (λ_{min} = 340 nm, mit Frequenzverdopplung λ_{min} = 170 nm)
- Frequenzvervielfachern (λ_{min} = 38 nm)

Die *Vorteile der Gaslaser* beruhen dabei darauf, daß eine Vielzahl von Wellenlängen mit großen Ausgangsleistungen bzw. Energien und großem Wirkungsgrad bei speziellen Systemen zu erhalten sind (Bild 2.47, Tabelle 2.19). Die stimulierte Emission im UV-Bereich tritt dabei auf als Übergang zwischen Elektronenniveaus von:

- ionisierten Atomen in verschiedenen Ionisationszuständen (zwischen 154,8 und 400 nm, z. B. in Ne, Ar, Kr, Xe, F, Cl, C, O, N, B, S, Pb und Cd).
  Die Anregung erfolgt hierbei durch *unelastische Elektronenstöße* in gepulsten Niederdruck-Hochstromentladungen (Gasdruck p_G = 0,3 ... 15 Pa, Stromdichte $j \approx 100\ A/cm^2$)

  durch
  - ▸ direkte Anregung $A + e^- \rightarrow A^{+*} + e^- + e^-$
  - ▸ Stufenprozesse $A + e^- \rightarrow A^+ + e^- + e^- \rightarrow A^{+*} + e^- + e^-$
  - ▸ Kaskadenstrahlungsprozesse

  (Ausnahme: Im He-Cd-Laser erfolgt die Anregung des 325-nm-Übergangs von Cd^+ durch Penning-Ionisation
  $He\,(2\,^3S_1) + Cd\,(^1S_0) \rightarrow He\,(1\,^1S_0) + Cd^+\,(^2D_{3/2}) + e^-$),
- neutralen Molekülen durch *bound-bound-Übergänge* (gebunden-gebunden-Übergänge, d.h., oberes und unteres Laserniveau sind stabile Molekülzustände), z.B. in H_2, HD, O_2, CO, N_2, sowie
  bound-free-Übergänge (gebunden-frei-Übergänge, d.h., die Moleküle sind nur in angeregten Zuständen stabil, so daß die Laserübergänge beim Übergang zum Molekülgrundzustand im Kontinuum enden).

Tabelle 2.19. Wichtigste UV-Gaslaser

Aktives Medium	Wellenlänge nm	Aktives Medium	Wellenlänge nm
H_2	116,1 ... 124,0	KrCl*	222
	158,0 ... 161,3	KrF*	248
Ar_2^*	126,1	XeCl*	308
Kr_2^*	145,7	Cd^+	325
CO	181 ... 197	N_2	337,1
ArF*	193	XeF*	351

Wichtige Moleküle dieser Art sind die angeregten

- Edelgasmoleküle (Excimere) Ar_2^*, Kr_2^*, Xe_2^* sowie
- Edelgashalogenide (Exciplexe) ArF*, KrF*, XeF*, KrCl*, XeCl*, XeBr*.

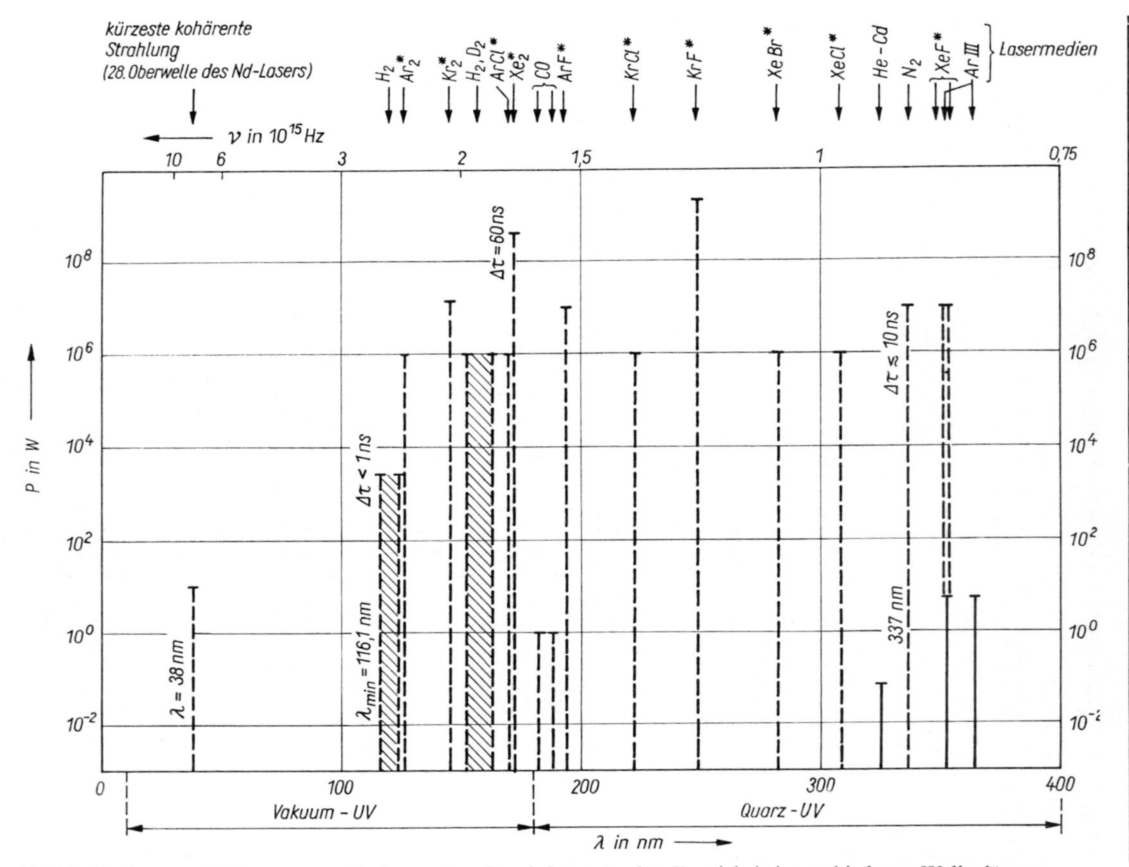

Bild 2.47. Ausgangsleistungen von Gaslasern im ultravioletten Spektralbereich bei verschiedenen Wellenlängen. cw gepulst

Die Anregung erfolgt hierbei durch unelastische Elektronenstöße

mittels
- → relativistischen Elektronenstrahlen (in Xe_2^*, KrF^*, H_2, N_2)
- → unselbständiger elektronenstrahlgesteuerter Gasentladung (in KrF^*)
- → selbständiger schneller Hochstrom-Impulsentladung (in KrF^*, H_2, N_2)

Wegen der kleinen Lebensdauer des oberen Laserniveaus muß bei Systemen mit großer Lebensdauer des unteren Niveaus (z.B. in H_2, N_2) die Anregung hinreichend schnell erfolgen, um eine Besetzungsinversion zu erreichen.

2.6.3.2. Der Wasserstofflaser (H_2-Laser)

Es handelt sich hierbei um einen leistungsstarken VUV-Impulsgaslaser mit der kürzesten, bis heute erreichten Wellenlänge von λ = 116,1 nm mit einer Impulsdauer < 1 ns (Bild 2.48 und Tabelle 2.20).

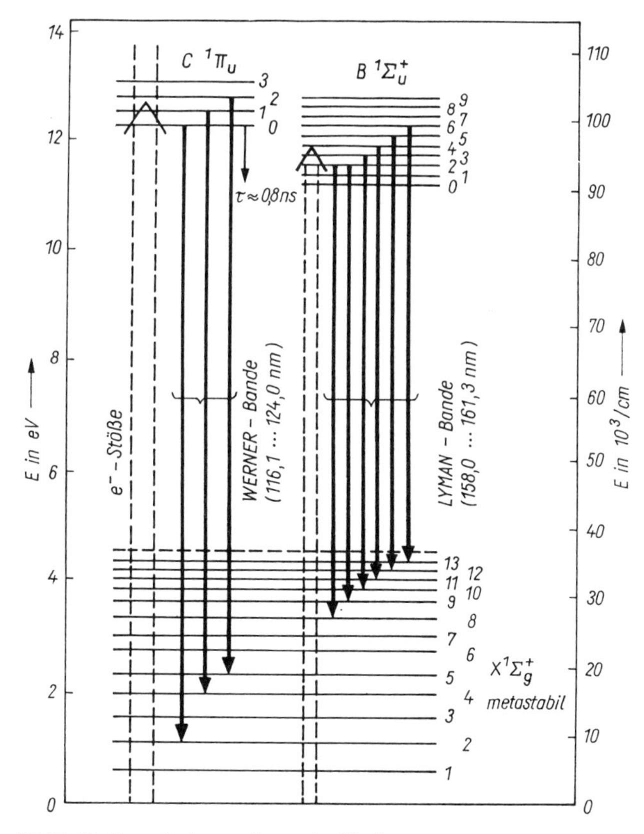

Bild 2.48. Energieniveauschema des H_2-Lasers

In Aufbau und Wirkungsweise ähnelt der H_2-Laser dem Stickstofflaser (s. 2.6.3.3.). Verwiesen sei lediglich auf zwei Besonderheiten:
Einmal ist eine wesentlich *kürzere Anregungszeit* als beim N_2-Laser erforderlich und zum anderen beträgt die Laufstrecke des Lichtes (bis die Inversion völlig abgebaut ist) $l_{opt} \approx 24$ cm.
Anschließend wird die Strahlung vom Medium selbst absorbiert. Für H_2-Laser mit einer Länge $l > l_{opt}$ ist eine Wanderwellenanordnung notwendig, bei der die elektrische Anregung mit Lichtgeschwindigkeit durch das Medium läuft.

2.6.3.3. Der Stickstofflaser (N_2-Laser)

Der N_2-Laser ist ein *leistungsstarker UV-Laser* mit kurzer Impulsanstiegszeit bzw. Impulsbreite sowie hoher Folgefrequenz (Tabellen 2.20 und 2.21). Er findet vielseitige Anwendung als Pumplichtquelle für den Farbstofflaser, in der Spektroskopie, der Fotochemie sowie der Mikrobearbeitung.

Tabelle 2.20. Physikalisch-technische Parameter von N_2- und H_2-Lasern

Parameter	Laser		Einheit
	N_2-	H_2-	
Wellenlänge	337,1	116 ... 123, 160	nm
Betriebsregime	Impuls	Impuls	
Impulsleistung	0,5 ... 5	$5 \cdot 10^{-3}$, maximal 1 (mit D_2)	MW
Impulsenergie	1 ... 10	$5 \cdot 10^{-3}$	mJ
Impulsbreite	0,1 ... 10	0,5	ns
Folgefrequenz	abgeschmolzen: 100 schneller Gasaustausch: $5 \cdot 10^3$		Hz
Gasdruck	100 ... 10^5	$(0,30 ... 2) \cdot 10^4$	Pa
Kühlung	Luft, schneller Gasaustausch		

Tabelle 2.21. Physikalisch-technische Parameter kommerzieller Impuls-N_2-Laser

Typ	Impulsenergie mJ	Impulsbreite ns	Impulsleistung kW	Folgefrequenz Hz
IGL 300/2 (DDR)	0,9	2,5	(300 ... 400)	10 ... 100
LA O2 (Frankreich)	0,9	2,4	400	100
UV 24 (USA)	9	10	900	50
M 2000 (BRD)	6	4 ... 5	1350	50

Die *Laseremission* bei λ = 337,1 nm beruht auf dem Übergang zwischen Schwingungsniveaus unterschiedlicher Elektronenzustände im Triplettsystem des neutralen molekularen Stickstoffs (2. positives System): $C^3\Pi_u \rightarrow B^3\Pi_g$ (Bild 2.49). Die Besetzung des oberen Laserniveaus ($C^3\Pi_u$) erfolgt durch direkten Elektronenstoß mit einer mittleren Elektronenenergie von ≈ 15 eV aus dem

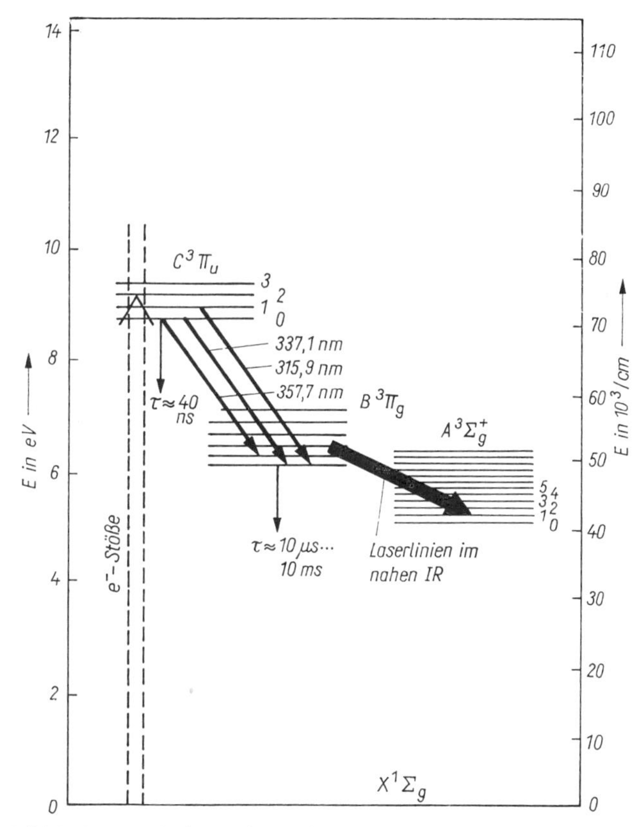

Bild 2.49. Energieniveauschema des N_2-Lasers

Grundzustand $X^1\ \Sigma_g^+$ in einer Gasentladung. Wegen der geringen Lebensdauer des oberen Laserniveaus (≈ 40 ns) ist eine Besetzungsinversion nur durch Anregung mit kurzen Impulsen (≦ 15 ns) zu erreichen. Die mögliche *Impulsdauer* der Laserstrahlung ist < 20 ns. Da der Laserübergang in dem metastabilen Niveau $B^3\Pi_g$ mit einer Lebensdauer von ≈ 10 μs endet, die durch Energieübertragung aus höher angeregten N_2-Niveaus bzw. durch Stöße mit anderen N_2-Molekülen bis auf 10 ms ansteigen kann, ist eine maximale Impulsfolgefrequenz von ≈ 100 Hz möglich. Höhere Folgefrequenz erfordert einen schnellen Gasaustausch. Um höhere Impulsenergien zu erreichen, ist eine große elektrische Anregungsleistung erforderlich. Es werden dann Kleinsignalverstärkungen von $g \geqq 340$ dB/m erreicht, wodurch die gesamte Inversion in einem Durchgang abgebaut wird: Der N_2-Laser ist ohne Resonator, als *Superstrahler*, zu betreiben. Die Anregung erfolgt dann in sehr schnellen stromstarken Entladungen im Koaxial- und Bandleitersystem (Bild 2.50).

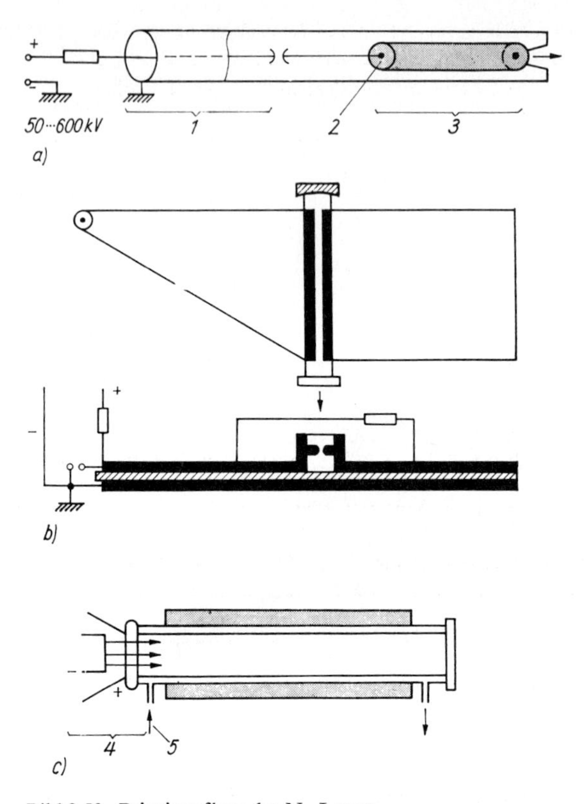

Bild 2.50. Prinzipaufbau des N_2-Lasers.
a) koaxiale Anregung, b) Anregung mit Bandleitersystem (BLÜMLEIN-Generator), c) Anregung mit Elektronenstrahlen (besonders für H_2-Laser). *1* Energiespeicher, *2* 100-%-Spiegel, *3* Laserrohr, *4* Elektronenstrahlquelle, *5* Kühlwasser

2.6.3.4. Der Edelgashalogenidlaser

Edelgashalogenidlaser [2.26] sind spezielle *Exciplexlaser* ähnlich den VUV-Edelgas-(Excimeren-)Lasern. Es sind die leistungsstärksten UV-Impulslaser mit großen Einzelimpulsenergien bzw. hoher Folgefrequenz bei relativ großer Impulsbreite (>100 ns) und hohem Wirkungsgrad ($\approx 10\%$), Tabellen 2.22, 2.23 und 2.24. Anwendung finden diese Laser in der Fotochemie, der Spektroskopie sowie der lasergesteuerten Kernfusion. Die Laseremission beruht auf bound-free-Elektronenübergängen in Exciplexen, z.B. KrF* (Bild 2.51), zwischen dem stabilen Molekülzustand $B^2\Sigma_{1/2}$ und dem nicht stabilen Grundzustand $X^2\Sigma_{1/2}$. Wegen der kurzen Dissoziationszeit der Moleküle im Grundzustand von $\tau_{Diss} \approx 10^{-12}$ s ist der untere Laserzustand stets unbesetzt. Daher sind bei Elektronenstrahlanregung oder einer elektronenstrahlgesteuerten (unselbständigen) Gasentladung relativ

Tabelle 2.22. Zusammenstellung einiger Edelgashalogenidlaser

Typ	Aktives Medium	Wellenlänge nm	Bemerkungen
Excimerlaser	Ar_2^*	126,1	geringer Wirkungsgrad
	Kr_2^*	145,7	
	Xe_2^*	172,2	
Exciplexlaser	ArF*	193,0	höchste Effektivität
	KrF*	248	
	XeCl*	308	
	XeF*	351	höchste Einzelimpulsenergien mit > 300 J
		352	≈ 1 J in einfacher Anordnung
	KrCl*	222	
	XeBr*	282	
	ArCl*	170	Impulsenergie 100 mJ, geringe Aggressivität der Halogene

Tabelle 2.23. Physikalisch-technische Parameter von Xe_2^*- und KrF-Lasern*

Parameter	Laser				Einheit
	Xe_2^*-		KrF*-		
Wellenlänge	172		248		nm
Betriebsregime	Impuls		Impuls		–
Gasdruck	$1,7 \cdot 10^6$		$(1 \ldots 6) \cdot 10^5$		Pa
Anregungs-verfahren	e-Strahl	e-Strahl	e-Strahl gesteuerte Entladung	selbständige Gasentladung	
Impulsleistung	400	1 … 15000	150	5 … 30	MW
Impulsenergie	8	0,1 … 350	75	0,1 … 1	J
Impulsbreite	60	$20 \ldots 10^3$	500	15 … 30	ns
Folgefrequenz	einzel	einzel	10	10^3	Hz
Wirkungsgrad	2,5	6 … 9	9,5	1	%

Tabelle 2.24. Physikalisch-technische Parameter kommerzieller Impuls-Edelgashalogenidlaser

Typ	Impulsenergie mJ	Impulsbreite ns	Impulsleistung max. MW	Folgefrequenz max. Hz
EMG 100 (BRD)	250	16	15	5
EMG 501 (BRD)	350	17	20	10
TE-861 (Kanada)	250	9	25	70
100 XR (USA)	375	15	17	3

lange Pumpzeiten ($\tau_{Pump} \lessapprox 1\,\mu s$) möglich, und ein hoher Wirkungsgrad (10%) wird erreicht. Bei selbständigen Entladungen sind bei Drücken $p_G > 10^5$ Pa zur Vermeidung von Funkenbildung kurze Pumpimpulse von < 150 ns notwendig.

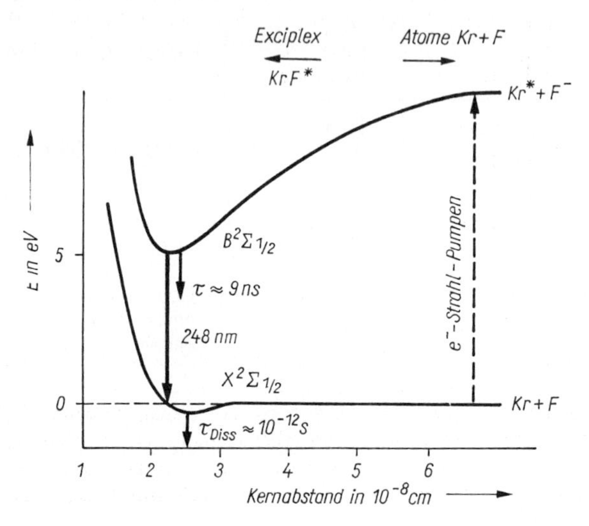

Bild 2.51. Energieniveauschema des KrF*-Lasers

Bei der Anregung mit Elektronenstrahlen dominiert der Anregungsprozeß:

$$e^- + Kr \rightarrow Kr^+ + 2e^-, \quad e^- + F_2 \rightarrow F + F^-, \quad F^- + Kr^+ + M \rightarrow KrF^* + M$$

wobei M einen notwendigen 3. Stoßpartner (z.B. das leichte Edelgas Ar) bezeichnet.
Für unselbständige elektronenstrahlgesteuerte oder auch selbständige Gasentladungen gilt

$$e^- + Kr \rightarrow Kr^* + e^-, \quad Kr + F_2 \rightarrow KrF^* + F$$

Um eine effektive Exciplexbildung und damit genügend viele angeregte Atome zu erhalten, ist hierbei ein hoher Gasdruck [$p_{Gas} > (1 \ldots 3) \cdot 10^5$ Pa] erforderlich. Als wesentlicher Verlustprozeß für das Strahlungsfeld dieser Laser wirkt die UV-Absorption, welche zur Fotodissoziation führt.

2.6.3.5. Der Helium-Cadmium-Laser (He-Cd-Laser)

Hierbei handelt es sich um einen UV-Metalldampflaser mit der kürzesten, kontinuierlich erzeugten Wellenlänge von $\lambda = 325{,}0$ nm bei einer Ausgangsleistung $P \approx 15$ mW. Der Laser wird kommerziell gefertigt und erreicht eine Lebensdauer von 5000 Stunden [2.12].
Anwendung findet dieser Laser bevorzugt zur Fluoreszenzanregung in der Grundlagenforschung, in Medizin und Biologie.

2.6.4. Gaslaser im sichtbaren Spektralbereich

[2.12], [2.14]

2.6.4.1. Überblick

Kohärente Strahlung im sichtbaren Bereich kann außer mit dem Festkörper- und Farbstofflaser (s. Abschn. 2.5. und 2.8.) mit dem Gaslaser erzeugt werden. Von praktischer Bedeutung sind in diesem Spektralbereich der

- He-Ne-Laser
- Edelgasionenlaser (Ar^+- und Kr^+-Laser) [2.27]
- Metalldampflaser (He-Cd^+-, He-Se^+- und He-Cu-Laser) (Bild 2.52 [2.12])

Diese Laser zeichnen sich aus durch:

- hohe Frequenzstabilität (He-He-Laser)
- hohe kontinuierliche Leistungen (Edelgasionenlaser)

Die Laserübergänge treten dabei als Elektronenübergänge auf in:

- *neutralen Atomen**) Ne, Ar, Cu, Pb, Au, Tl und F, wobei die *Anregung* für den wichtigsten Laser dieser Art (He-Ne-Laser) in einer kontinuierlichen Niederdruck-Niederstromentladung ($p_{Gesamt} \approx 250$ Pa, $p_{He}:p_{Ne} = 5:1$) durch die Übertragung der Anregungsenergie von He auf Ne durch *Stöße 2. Art* erfolgt. Für die anderen genannten neutralen Atome als aktive Medien wird die Anregung im wesentlichen durch Elektronenstöße in gepulsten Niederdruck-Hochstromentladungen (vorwiegend im Gemisch mit He, $p_{Gesamt} \approx 0{,}1$ bis 10 Pa, $p_{He} \approx 50$ Pa) erreicht.
- *ionisierten Atomen* (Ar^+, Kr^+, Xe^+, Zn^+, Cd^+, Hg^+, In, C, Si, Ge, Sn, Pb, N, P, As, Sb, Bi, O, S, Se, Te, F, Cl, Br, I)
  Dabei geschieht die Anregung für die Edelgasionenlaser (Ar^+, Kr^+, Xe^+) durch Elektronenstoßprozesse in Niederdruckentladungen ($p_{Gesamt} = 1$ bis 100 Pa), während die Anregung der Metalldampflaser durch *Ladungstransfer-* oder *Penning-Ionisation* in gepulsten oder kontinuierlichen Niederdruck-(Hochstrom- bzw. Niederstrom-)Entladungen vorwiegend im Gemisch mit He erfolgt ($p_{Gesamt} \approx 0{,}1 \ldots 10$ Pa, $p_{He} \approx 50 \ldots 10^3$ Pa).
- *neutralen Molekülen* (CO, N_2), wobei die Anregung in longitudinalen (CO) oder transversalen (N_2) gepulsten Niederdruck-Hochstromentladungen erfolgt ($p_{Gesamt} \gtrapprox 60$ Pa, $j \approx 100$ A/cm^2, $\tau_{Anregung} \approx 2$ µs).

2.6.4.2. Der Helium-Neon-Laser (He-Ne-Laser)

Der He-Ne-Laser ist ein kontinuierlich betriebener Laser im sichtbaren und infraroten Spektralgebiet mit Ausgangsleistungen im mW-Bereich. Er zeichnet sich durch einen kleinen, einfachen und robusten Aufbau bei niedrigem Preis aus. Der He-Ne-Laser ist der am häufigsten (bevorzugt in der Meßtechnik) eingesetzte Laser, wobei vor allem die vom Laserübergang im sichtbaren Bereich (rotes Licht

---

*) Außer dem He-Ne-Laser und dem He-Cu-Metalldampflaser haben die Neutralgaslaser im sichtbaren Spektralbereich nur geringe Bedeutung.

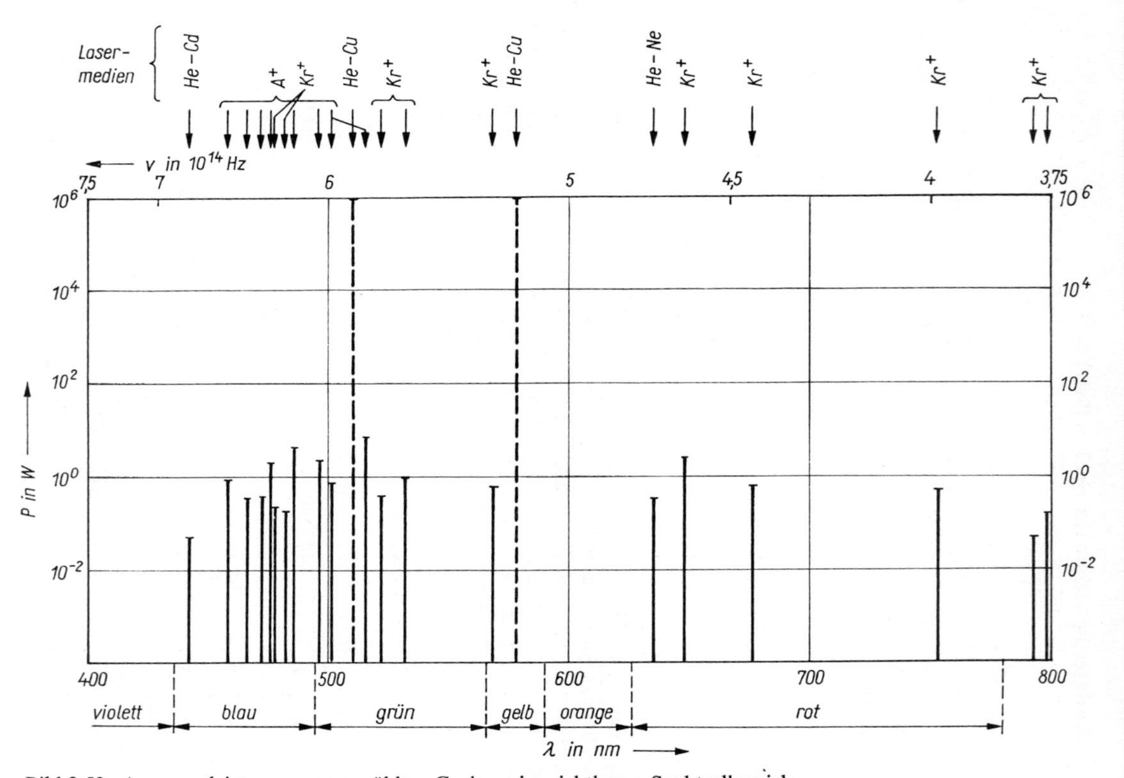

Bild 2.52. Ausgangsleistungen ausgewählter Gaslaser im sichtbaren Spektralbereich.
—— cw, – – – gepulst

mit $\lambda = 632{,}8$ nm) ausgehende intensive und gut gebündelte Strahlung als *Justierhilfsmittel* für optische und mechanische Systeme, für die Fluchtung und Leitstrahlsteuerung verwendet wird.

Im He-Ne-Laser sind zahlreiche Laserübergänge zwischen den Elektronenniveaus $3s_i \rightarrow 2p_j$, $3s_i \rightarrow 3p_j$ und $2s_i \rightarrow 2p_j$ der Neonatome möglich. Die intensivsten Übergänge sind (Bild 2.53):

$$3s_2 \rightarrow 2p_4, \quad \lambda = 0{,}6328\ \mu m$$
$$2s_2 \rightarrow 2p_4, \quad \lambda = 1{,}1523\ \mu m$$
$$3s_2 \rightarrow 3p_4, \quad \lambda = 3{,}3913\ \mu m$$

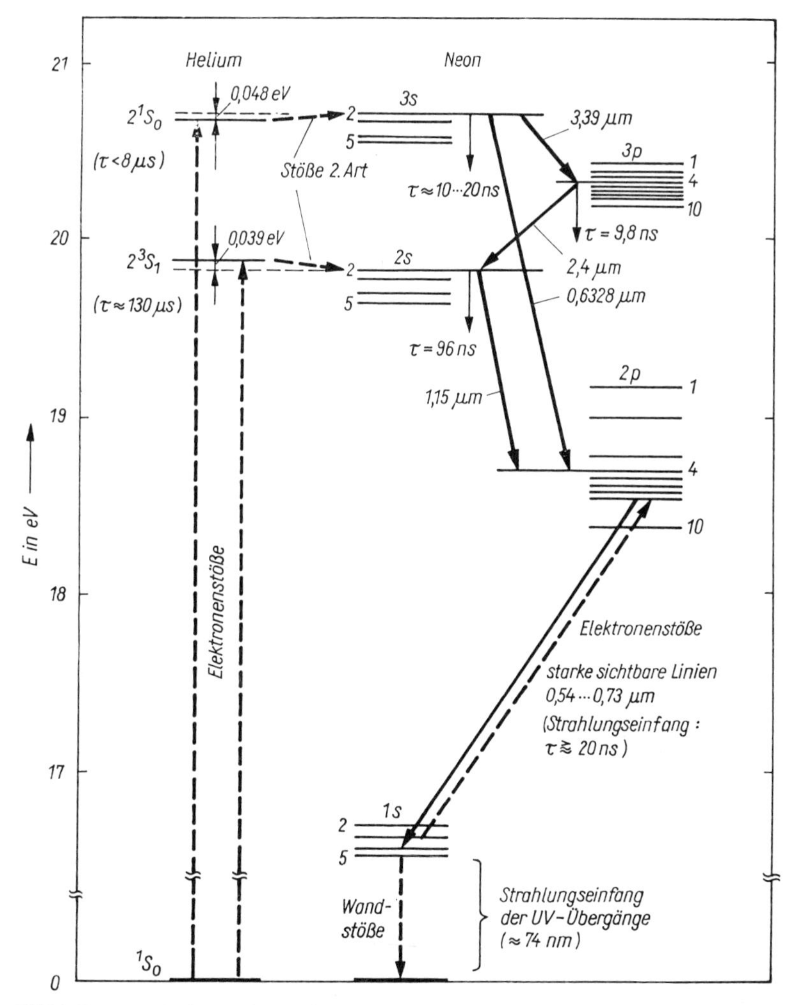

Bild 2.53. Energieniveauschema des He-Ne-Lasers ($p_G \approx 130$ Pa)

Diese Übergänge sind durch gemeinsame obere Laserniveaus (0,6328 und 3,3913 μm) bzw. gemeinsame untere Laserniveaus (0,6328 und 1,1523 μm) miteinander gekoppelt.
Die Erzeugung einer *Besetzungsinversion* erfolgt in einer elektrischen Gasentladung, wobei die Besetzung der oberen Laserniveaus ($2s_2$ und $3s_2$) im wesentlichen durch unelastische Stöße (Stöße 2. Art) mit metastabilen He-Atomen erfolgt, die direkt durch Elektronenstöße angeregt werden.
Wirkungsquerschnitte für Stöße 2. Art für den Übergang:

$$\mathrm{He}(2^3\mathrm{S}_1) + \mathrm{Ne}(^1\mathrm{S}_0) \rightarrow \mathrm{He}(1^1\mathrm{S}_0) + \mathrm{Ne}(2\mathrm{s}_2), \quad \sigma = 0{,}14 \cdot 10^{-16}\,\mathrm{cm}^2,$$

$$\mathrm{He}(2^1\mathrm{S}_0) + \mathrm{Ne}(^1\mathrm{S}_0) \rightarrow \mathrm{He}(1^1\mathrm{S}_0) + \mathrm{Ne}(3\mathrm{s}_2), \quad \sigma = 4{,}1 \cdot 10^{-16}\,\mathrm{cm}^2.$$

Der untere Laserzustand $2p_4$ wird entleert durch spontane Emission ($\lambda_{\mathrm{spontan}} = 0{,}54 \ldots 0{,}73$ μm), wobei dieser Zustand allerdings bei höheren Gasdrücken durch Strahlungseinfang und Elektronenstöße bei höheren Stromstärken wieder besetzt wird, was zu einer Verlängerung der effektiven Lebensdauer auf $\geqq 20$ ns führt. Das Endniveau $3p_4$ (für den Übergang $\lambda = 3{,}3919$ μm) wird allein durch spontane Emission ($\lambda_{\mathrm{spontan}} = 2{,}0 \ldots 2{,}4$ μm) entleert, wobei die weitere Entvölkerung der dann erreichten 1s-Niveaus, und das gilt für alle betrachteten Laserübergänge, im wesentlichen durch Wandstöße erfolgt. Dementsprechend ist der *Verstärkungsfaktor*, ausgedrückt durch die *Kleinsignalverstärkung* g, stark abhängig vom Rohrdurchmesser d. Es gilt $g \sim d^{-1}$ mit $d = 1$ bis 5 mm. Darüber hinaus wird g wesentlich durch die Eigenschaften der Gasentladung, den Gasdruck, das Mischungsverhältnis und die Stromdichte bestimmt. Es gilt:

$$p_{\mathrm{He}}:p_{\mathrm{Ne}} = \begin{cases} 10:1 & \text{für den Übergang } 2s_i \rightarrow 2p_j \\ (5 \ldots 7):1 & \text{für die Übergänge } 3s_2 \rightarrow 3p_j \\ & \phantom{\text{für die Übergänge }} 3s_2 \rightarrow 2p_j \end{cases}$$

Der *optimale Gasdruck* p_G für maximale Verstärkung wird i. allg. durch den Rohrdurchmesser d bestimmt:

$$p_G d \approx 530$$

Für die entsprechende optimale Stromdichte J_{opt} gilt:

$$J_{\mathrm{opt}} \cdot d^{1/4} \approx 10$$

p_G	d	J_{opt}
Pa	mm	mA/cm²

wobei $J_{\mathrm{opt}} = 0{,}05 \ldots 0{,}5$ A/cm² üblich ist.
Der Zusammenhang zwischen der optimalen Kleinsignalverstärkung g_{opt} und dem Rohrdurchmesser d (< 3 mm) ist dann gegeben durch:

$$g_{\mathrm{opt}} d\,(\text{in mm}) = \begin{cases} 0{,}24\,\mathrm{m}^{-1} & \text{für } \lambda = 0{,}6328\,\mu\mathrm{m} \\ 1{,}24\,\mathrm{m}^{-1} & \text{für } \lambda = 1{,}1523\,\mu\mathrm{m} \end{cases}$$

Für He-Ne-*Laser* gelten als typische Werte:

$$g \approx 0{,}5\,\mathrm{m}^{-1} \quad \text{für} \quad \lambda = 0{,}6328\,\mu\mathrm{m}$$

$$g \approx 4\,\mathrm{m}^{-1} \quad \text{für} \quad \lambda = 1{,}1523\,\mu\mathrm{m}$$

$$g \approx 100\,\mathrm{m}^{-1} \quad \text{für} \quad \lambda = 3{,}3913\,\mu\mathrm{m}.$$

Auf Grund des relativ kleinen Verstärkungsfaktors bei $\lambda = 0{,}6328$ μm erfordert der He-Ne-Laser für diese Wellenlänge entweder zusätzliche Maßnahmen (Absorptionszelle) zur Unterdrückung des Überganges bei $\lambda = 3{,}3913$ μm oder größere Längen l für die Entladungsrohre, $l > 1$ m, üblich ist $l = 10 \ldots 150$ cm (Bild 2.54).
Bei Verwendung des Heliumisotops ^{3}He erhöhen sich wegen der größeren Relativgeschwindigkeit zwischen ^{3}He- und Ne-Atomen die *Energieaustauschrate* und damit die Verstärkung bei $\lambda = 0{,}6328$ μm um 25%. Die Entladungslänge kann dann bis zu $l \approx 5$ cm verkürzt werden.

Die Strahlungseigenschaften eines He-Ne-Lasers (Tabelle 2.25) sind die eines typischen Gaslasers, gekennzeichnet durch große Kohärenzlänge, gute Strahlqualität, das hole burning und den LAMB-dip (s. Abschn. 2.1.4.1.) Bei Anschwingen von vielen Resonatormoden erfolgt ein (fast) gleichmäßiger Abbau der (inhomogenen) Verstärkungskurve.

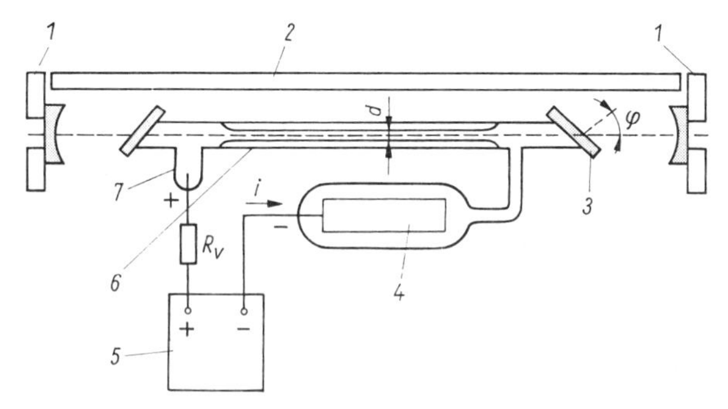

Bild 2.54. Prinzipaufbau des He-Ne-Lasers.
1 justierbare Spiegelhalterung, *2* Abstandsstück (Invar), *3* BREWSTER-Winkelfenster, *4* Katode, *5* Gleichspannungsquelle (einige kV, 5 ... 20 mA), *6* Entladungs-Glaskapillare, *7* Anode

Tabelle 2.25. Physikalisch-technische Parameter des He-Ne-Lasers

Parameter	Wert	Einheit
Wellenlänge	0,6328, 1,1523, 3,3913	μm
Betriebsregime	kontinuierlich	–
Ausgangsleistung	0,5 ... 50	mW
Gasgemisch	$p_{He}:p_{Ne} = (5 \dots 7):1$	–
Gasdruck	270	Pa
Strahldurchmesser	2	mm
Strahldivergenz	0,5	mrad
Wirkungsgrad	0,1	%
Lebensdauer des abgeschmolzenen Laserrohres	$(4 \dots 20) \cdot 10^3$	h

Die Verhältnisse der Ausgangsleistungen auf den verschiedenen Laserübergängen sind:

$$P(\lambda = 0{,}6328\ \mu m):P(\lambda = 1{,}1523\ \mu m):P(\lambda = 3{,}3913\ \mu m) = 1:0{,}4:0{,}2$$

Bei genügend breitbandigen Laserspiegeln kann der He-Ne-Laser simultan auf mehreren Wellenlängen schwingen. Das Anschwingen auf den schwächeren Laserübergängen (z. B. mit den Wellenlängen $\lambda = 0{,}5940\ \mu m$, $0{,}6118\ \mu m$, $0{,}7305\ \mu m$ und anderen) ist nur durch zusätzliche frequenzselektive Elemente im Resonator zu

erreichen. Mit dem He-Ne-Laser wurde (mit Hilfe aktiver Stabilisierung, s. Abschnitt 2.9.3.) die bisher höchste Frequenzstabilität von $\nu/\Delta\nu = 10^{14} \ldots 10^{15}$ erreicht. Daraus ergibt sich die Verwendung des He-Ne-Lasers als *Frequenzstandard.* Bevorzugt findet dieser Lasertyp Verwendung als Justierhilfsmittel, in der Längenmeßtechnik, Interferometrie, Geschwindigkeitsmessung, der Messung von Oberflächenprofilen und -rauhigkeiten, der Holografie, der optischen Datenverarbeitung und bei Streuuntersuchungen.
Seit langem wird der He-Ne-Laser kommerziell gefertigt (Tabelle 2.26).

Tabelle 2.26. Physikalisch-technische Parameter kommerzieller kontinuierlicher He-Ne-Laser (TEM$_{00}$-Betrieb)

Typ	Leistung mW	Strahldurchmesser mm
HNJ 25 (DDR)	0,5	0,87
HNA 188 (DDR)	40	1,63
119 Stabilite (USA)	0,1	1,0

2.6.4.3. Der Edelgasionenlaser

Edelgasionenlaser [2.28] sind die leistungsstärksten kontinuierlichen Laser im sichtbaren Spektralbereich mit Ausgangsleistungen von 0,5 ... 20 W. Sie strahlen auf zahlreichen Wellenlängen vom UV- bis in den nahen IR-Bereich. Ihr Wirkungsgrad beträgt etwa 0,1 %. Die größte Bedeutung haben der Argonionenlaser, der Kryptonionenlaser sowie der Mischgaslaser mit Argon- und Kryptonfüllung. Eingesetzt werden diese Laser als Pumplichtquelle für den Farbstofflaser, in der Holografie, Meßtechnik, Datenverarbeitung und Speicherung, Fernsehtechnik (Display), Plasmadiagnostik, Medizin und Materialbearbeitung.

Die Laseremission beruht auf Übergängen zwischen angeregten Niveaus von einfach oder mehrfach ionisierten Edelgasatomen, bevorzugt einfach ionisierten Argonionen (Ar^+) und Kryptonionen (Kr^+). Das obere Laserniveau ist ein Elektronenzustand der 4p-Gruppe, das untere Laserniveau ein solcher der 4s-Gruppe (Bild 2.55).
Die *Besetzung des oberen Laserniveaus* erfolgt durch:

- Elektronenstöße aus dem Grundzustand des neutralen Atoms bei *Impulsanregung* und damit hoher Feldstärke $E/p \approx 4 \ldots 8$ V/(cm · Pa), die Laserimpulsleistung ist proportional der Stromdichte. Typische Parameter sind $p_{Gesamt} \leqq 7$ Pa, Rohrdurchmesser $d \approx 5$ mm, Stromstärke $I \geqq 100 \ldots 200$ A
- 2-Stufen-Elektronenstöße in einer stromstarken Niederdruckbogenentladung ($J \approx 100 \ldots 1000$ A/cm^2, $p_{Gesamt} \approx 70$ Pa, $d \approx 2{,}5$ mm) bei *kontinuierlichem Betrieb.* Durch den ersten Elektronenstoß werden Edelgasionen im Grundzustand erzeugt, die durch einen zweiten Elektronenstoß direkt in das obere Laserniveau angeregt werden.

Die Entleerung des unteren Laserniveaus erfolgt durch spontane Emission ($\lambda_{sp} \approx 72$ nm). Bei genügend hohen Stromdichten kann eine Anregung des unteren Laserniveaus durch Elektronenstöße erfolgen, was eine effektiv höhere Lebensdauer bedingt.

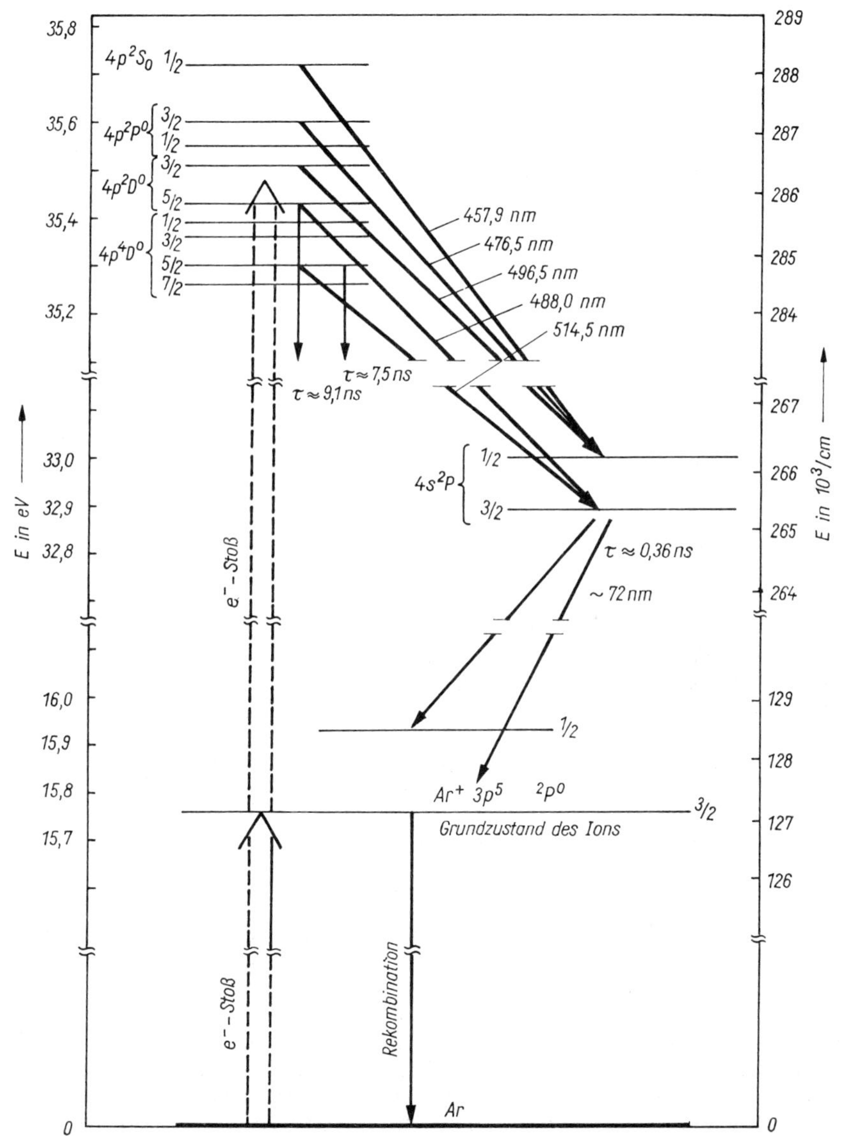

Bild 2.55. Energieniveauschema des Argonionenlasers (cw)

! Die Besetzungsinversion und damit der Verstärkungsfaktor und die Ausgangsleistung nehmen bei kontinuierlicher Anregung quadratisch mit der Stromdichte zu: $P \sim J^2$.

Maximale Stromdichte $J \approx$ einige 10^3 A/cm^2; sie ist begrenzt durch die Belastbarkeit des Entladungsrohres. Erforderlich sind Wandmaterialien mit hoher Wärmeleitfähigkeit und Widerstandsfähigkeit gegen Zerstäubung durch Ionen (geeignete Materialien: Graphit, BeO).
Besonderheiten (Bild 2.56):

- *Gasrückführrohr*, durch das das Gas zur Katode zurückströmen kann. Notwendig bei kontinuierlichem Betrieb deshalb, weil die Elektronen einen großen Teil ihres axialen Impulses auf die Neutralgasatome übertragen, die damit in Richtung Anode wandern und so einen großen Druckunterschied zwischen Anoden- und Katodenraum bedingen.
- *axiales Magnetfeld*, erzeugt mittels einer Spule um das Entladungsrohr, $H \approx (2{,}4 \ldots 8) \cdot 10^4$ A/m. Erhöht die Effektivität der Anregung durch Herabsetzung der Wandbelastung.

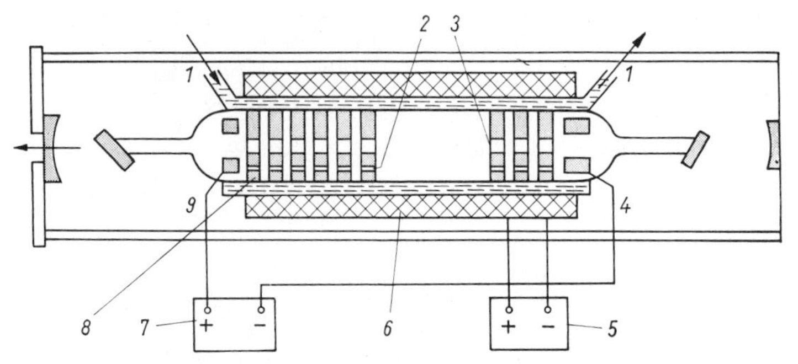

Bild 2.56. Prinzipaufbau des Argonionenlasers.
1 Kühlwasser (dest.), *2* Rückstromkanal, *3* Entladungskanal, *4* Katode, *5* Stromquelle für Magnetfeld, *6* Magnetspule, *7* Stromquelle für Entladung, *8* Graphit- bzw. BeO-Scheiben (segmentierter Laser), *9* Anode

Die Strahlung der kontinuierlichen Edelgasionenlaser (Tabellen 2.27 und 2.28) ist gekennzeichnet durch eine Reihe von intensiven Linien, die durch frequenzselektive Elemente unschwer zu trennen sind.

Besonderheiten des Modenspektrums (für den Fall Argonionenlaser):
Die Laserübergänge sind stark inhomogen und homogen verbreitert und gekennzeichnet durch:

- DOPPLER-Effekt, Dopplerbreite $\delta\nu_D \approx 3{,}5$ GHz
- Ionendrift, hierdurch spaltet das Verstärkungsprofil in zwei Dopplerkurven mit dem Abstand $\Delta\nu_i \approx 500$ MHz auf.
  Ionendriftgeschwindigkeit $v_i \approx 10^2$ m/s
- große homogene Linienbreite, $\delta\nu_n = 460 \ldots 800$ MHz, bedingt durch STARK-Effekt-Verbreiterung als Folge hoher Elektronendichten, $n_e \approx 10^{14}$ cm^{-3}, natürliche Linienbreite $\delta\nu_n = 460$ MHz

Bei einem Modenabstand von $\Delta\nu_M = 125$ MHz (Resonatorlänge 120 cm) überlappen sich die einzelnen Moden, was eine starke Modenkonkurrenz bedingt und zu starken Amplitudenfluktuationen in der Ausstrahlung führt. In Schwellennähe ist stabiler *Ein-* und auch *Zweimodenbetrieb* möglich.

Tabelle 2.27. Physikalisch-technische Parameter von Edelgasionenlasern

Parameter	Laser			Einheit
	Ar^+-	Kr^+-	$Ar^+ + Kr^+$-	
Wellenlängenbereich	454,5 ... 528,7 10 Linien	406,7 ... 799,3 13 Linien	400 ... 800 5 Linien	nm
Leistung	0,5 ... 20	0,5 ... 20	0,1 ... 2	W
Gasfüllung	Ar, 100%	Kr, 100%	$P_{Ar}:P_{Kr} = 1:3$	–
Gasdruck	1,3 ... 130	1,3 ... 130	1,3 ... 130	Pa
Betriebsregime	kontinuierlich	kontinuierlich	kontinuierlich	–
Anregung	Gleichstrom-Bogenentladung	Gleichstrom-Bogenentladung	Gleichstrom-Bogenentladung	–
Entladungsstrom	(25 ... 40)*)	(25 ... 40)*)	(25 ... 40)*)	A
	(200 ... 300)**)	(200 ... 300)**)	(200 ... 300)**)	A
Rohrdurchmesser		1 ... 10		mm
Wirkungsgrad		0,1		%

*) für kleine Durchmesser, **) für große Durchmesser

Tabelle 2.28. Physikalisch-technische Parameter kommerzieller kontinuierlicher Edelgasionenlaser

Typ	Gas	Leistung W	Strahldurchmesser mm
ILA 120 (DDR)	Ar	3	1,5
ILK 120 (DDR)	Kr	0,6	1,5
ILM 120 (DDR)	Ar + Kr	1	1,5
Innova 90-5 (USA)	Ar	5	1,2
CR-3000 K (USA)	Kr	2	1,6
171-19 (USA)	Ar	20,5	1,58
165-01 (USA)	Kr	1,5	1,25

2.6.4.4. Der Metalldampflaser

Metalldampflaser [2.12] strahlen auf einer Vielzahl von Wellenlängen im sichtbaren Spektralbereich. Die kontinuierlich arbeitenden Metalldampflaser (die wichtigsten sind der He-Cd- und der He-Se-Laser) entsprechen in ihren Leistungsparametern im wesentlichen den He-Ne-Lasern. Ein Teil der Metalldampflaser arbeitet nur im Impulsbetrieb – hierfür ist der wichtigste Vertreter der He-Cu-Laser. Damit ist eine Impulslänge von einigen 100 ns und Impulsleistung $\leqq 500$ kW zu erreichen.

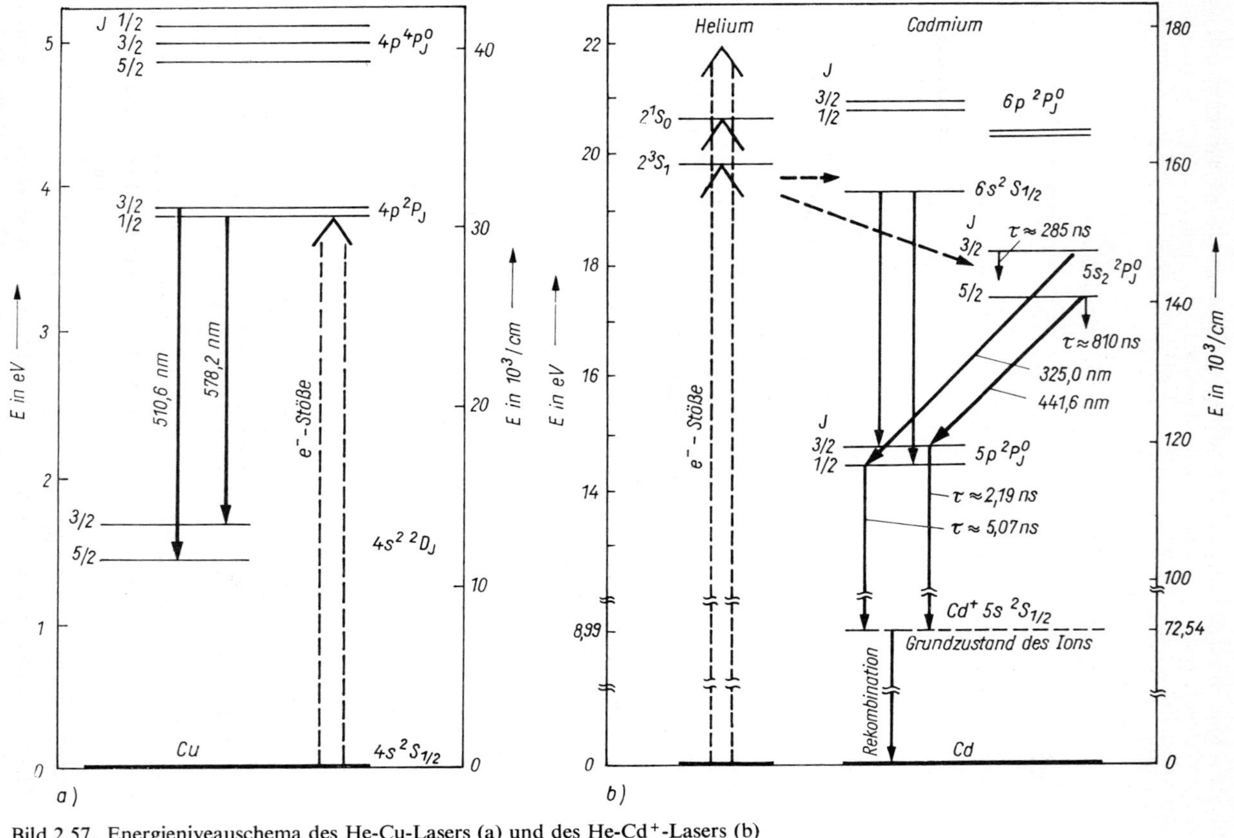

Bild 2.57. Energieniveauschema des He-Cu-Lasers (a) und des He-Cd⁺-Lasers (b)

Die Metalldampflaser werden in der Reproduktionstechnik, Projektionsmikroskopie, Materialbearbeitung, Holografie, der Fluoreszenzanregung in der Spektroskopie, als Pilotlicht für medizinische Zwecke sowie als Pumplichtquelle für den Farbstofflaser eingesetzt.

Die *Laserübergänge* sind Übergänge zwischen Elektronenniveaus in neutralen oder ionisierten Metalldämpfen (Bild 2.57). Die *Anregung* der Metalldämpfe erfolgt in einer kontinuierlichen oder gepulsten Gasentladung, der zur Aufrechterhaltung der Entladung als Stoßpartner Helium in großem Überschuß beigemischt ist. Der Metalldampf selbst wird erzeugt durch (Bild 2.58):

- *Verdampfung* des reinen Materials, $T \approx 1800 \ldots 2300$ K für Cu
- *Dissoziation* von Metallverbindungen (Halogenide, Oxide, organische Verbindungen), $T \approx 700 \ldots 800$ K, jedoch geringerer Wirkungsgrad.

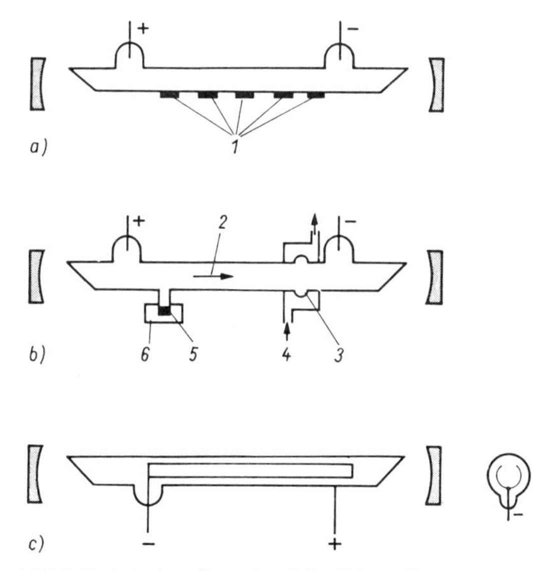

Bild 2.58. Prinzipaufbau eines Metalldampflasers.
a) mit Mehrfach-Metallquellen, b) mit kataphoretischem Metalldampftransport, c) mit Entladung in geschlitzter Hohlkatode. *1* Metallvorräte, *2* Metalldampffluß, *3* Kondensator, *4* Kühlmittel, *5* Metall, *6* Heizer

Der He-Druck muß genügend hoch und das Entladungsrohr temperiert sein, um die Kondensation von Metalldampf auf den BREWSTER-Fenstern zu vermeiden.

Die *Erzeugung einer Besetzungsinversion* in der Entladung erfolgt dann direkt durch:

- *Elektronenstoßanregung*, typisch für die neutralen Metallatome Cu, Pb, Au, Ca, Sr, Mn. Das untere Laserniveau ist metastabil, so daß die Laseroszillation nach Auffüllen dieser Niveaus von selbst abbricht, Impulsbreiten 5 ... 50 ns.

- *Stöße 2. Art* mit angeregten He-Atomen. Hierdurch wird das Metallatom ionisiert und gleichzeitig angeregt *(Penning-Ionisation)*, s. Bild 2.57 (typisch für He-Cd, He-Zn, He-Sr, He-Sn, He-Pb, dominierender Prozess in Niederstrom-Gleichstromentladungen), oder die Anregung erfolgt durch Ladungstransfer in Hochstrom-Gleichstromentladungen und in gepulsten Entladungen (typisch für He-Se, He-I, He-Te)

Die wichtigsten Metalldampflaser, die durch Stöße 2. Art gepumpt werden, sind der He-Cd- und der He-Se-Laser, während es der He-Cu-Laser für den Fall der Elektronenstoßanregung ist (Tabellen 2.29 und 2.30).

Tabelle 2.29. Physikalisch-technische Parameter von Metalldampflasern

Parameter	Laser			Einheit
	$He\text{-}Cd^+$-	$He\text{-}Se^+$-	He-Cu-	
Wellenlänge	325,0; 442,0	460 ... 653	510,6; 578,2	nm
Betriebsregime	kontinuierlich	20 Linien kontinuierlich	Impuls	–
Leistung	(1 ... 15), (10 ... 50)	0,1 ... 10	$5 \cdot 10^3$ im Mittel	mW
Impulsleistung	–	–	100 ... 500	kW
Impulsbreite	–	–	10 ... 500	ns
Folgefrequenz	–	–	$10^3 \dots 10^5$	Hz
Wirkungsgrad	0,1	0,1	1	%
Gasdruck	$P_{He} = 450$ $P_{Cd} = (0{,}1 \dots 1)$	$P_{He} = 500,$ $P_{Se} = (0{,}05 \dots 5)$	$P_{He} = (100 \dots 200)$ $P_{Cu} = 10$	Pa
Kühlung	Luft	Wasser	Wasser	–

Tabelle 2.30. Physikalisch-technische Parameter kommerzieller kontinuierlicher Metalldampflaser (TEM_{00}-Betrieb)

Typ	Lasermedium	Wellenlänge nm	Leistung mW	Strahldurchmesser mm
4050 uv (USA)	$HeCd^+$	325	15	1,1
2003 (USA)	$HeSe^+$	460 ... 653	0,1 ... 10	1,5

2.6.5. Gaslaser im infraroten Spektralbereich

[2.12], [2.23], [2.28]

2.6.5.1. Überblick

Die wichtigsten kohärenten Strahlungsquellen im IR-Gebiet sind Gaslaser (einschließlich chemischer Laser, $\lambda_{max} = 1965\,\mu m$), Nd-Glas- und Nd-YAG-Laser, $\lambda = 1{,}06\,\mu m$(s. Abschn. 2.5.4. und 2.5.5.), Halbleiterlaser ($0{,}65\,\mu m < \lambda < 32\,\mu m$,

s. Abschn. 2.7.), Farbzentrenlaser (λ = 2,2 ... 2,9 µm) sowie Strahlungsquellen der nichtlinearen Optik (s. 3.2.). Dabei zeichnen sich die Gaslaser neben den schon unter 2.6.3.1. genannten Eigenschaften vor allem durch geringe Linienbreiten bzw. die begrenzte Durchstimmbarkeit bei *hohen Leistungen* aus (Bild 2.59).
Die stimulierte Emission im IR-Bereich ist zu erreichen zwischen Übergängen von:

- Elektronenniveaus von Atomen im nahen IR (z. B. He-Ne-, I-Laser),
- Rotations-Schwingungsniveaus von Molekülen im Elektronengrundzustand im mittleren und fernen IR (z. B. HF-, HBr-, CO- und CO_2-Laser sowie H_2O-, HCN- und SO_2-Laser)
- Rotationsniveaus von Molekülen im Elektronengrundzustand im fernen IR (z. B. HF- und CH_3F-Laser)

Die *Erzeugung der notwendigen Besetzungsinversion* zwischen den Zuständen erfolgt dabei durch:

- *elektrische Anregung* in kontinuierlichen Niederdruckentladungen ($p_{Gas} \approx 50 \ldots 100$ Pa, $J \approx 5 \ldots 50$ mA/cm²) oder gepulsten Hochdruckentladungen ($p_{Gas} \approx 10^5 \ldots 10^6$ Pa, Anregungszeit $\leqq 1$ µs)

  mittels
  - → direkter Anregung
  - → Transferprozesse
  - → Kaskadenprozesse

  Dabei ist eine Inversionserzeugung durch elektrische Anregung auf Grund der innermolekularen Relaxation nur bei Molekülen mit 3 oder weniger Atomen möglich.
- *optische Anregung* durch direkte Absorption oder Transferprozesse, wobei als Strahlungsquellen ausschließlich kontinuierliche (CO_2-Niederdrucklaser) oder gepulste Laser (CO_2-TEA-Laser) in Betracht kommen. Optische Anregung ist zweckmäßig, bevorzugt für FIR- und Hochdruck-Molekülgaslaser ($p_{Gas} > 10^5$ Pa).
- *chemische Anregung*. Hierbei entstehen bei Synthese der Lasermoleküle bzw. der Dissoziation der angeregten Moleküle während einer chemischen Reaktion Moleküle oder Atome, deren Besetzungszahlen der Laserniveaus invertiert sind [2.12], [2.29].

2.6.5.2. Der Kohlenmonoxidlaser (CO-Laser)

Der CO-Laser ist ein leistungsstarker IR-Laser im Spektralbereich von 5 ... 6 µm im kontinuierlichen oder gepulsten Betrieb mit dem höchsten Wirkungsgrad η = 40 ... 50%. Ein effektiver Betrieb erfordert jedoch die Kühlung des Gases auf Temperaturen $T \leqq 100$ K, so daß seine Anwendung gegenüber dem CO_2-Laser (s. Abschn. 2.6.5.3.) trotz vergleichbarer Leistungsparameter z. Z. aus technischen Gründen noch eingeschränkt ist. Verwendet wird der CO-Laser heute insbesondere in der Spektroskopie. An seiner Weiterentwicklung wird international intensiv gearbeitet [2.30].
Die Laseremission erfolgt auf vielen Linien entsprechend den Übergängen zwischen

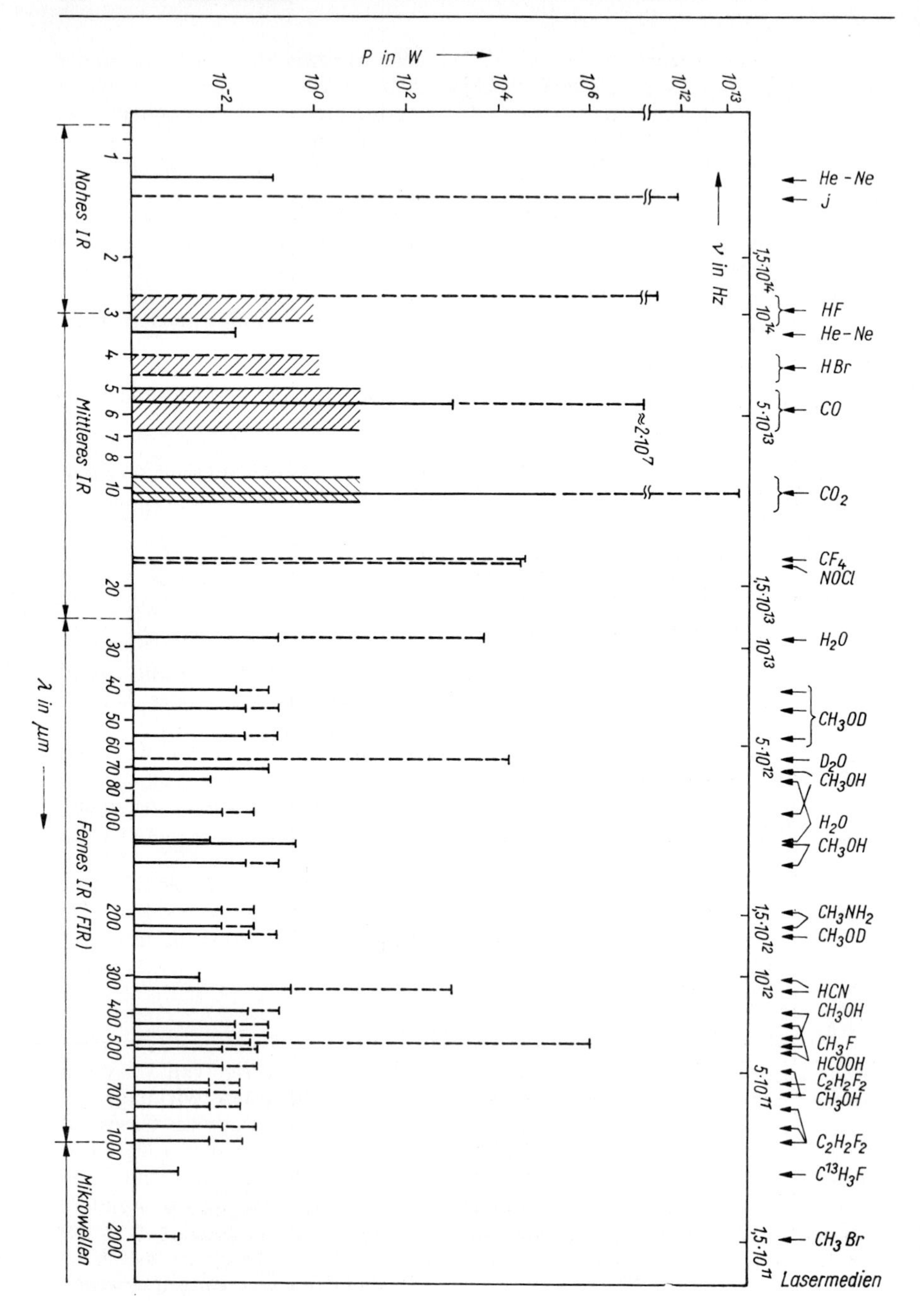

P in W
10^{-2}
10^{0}
10^{2}
10^{4}
10^{6}
10^{12}
10^{13}
ν in Hz
λ in μm
Nahes IR
Mittleres IR
Fernes IR (FIR)
Mikrowellen
≈2·10^7
$1{,}5\cdot10^{14}$
10^{14}
$5\cdot10^{13}$
$1{,}5\cdot10^{13}$
10^{13}
$5\cdot10^{12}$
$1{,}5\cdot10^{12}$
10^{12}
$5\cdot10^{11}$
$1{,}5\cdot10^{11}$
He - Ne
j
HF
He-Ne
HBr
CO
CO_2
CF_4
NOCl
H_2O
CH_3OD
D_2O
CH_3OH
H_2O
CH_3OH
CH_3NH_2
CH_3OD
HCN
CH_3OH
CH_3F
HCOOH
$C_2H_2F_2$
CH_3OH
$C_2H_2F_2$
$C^{13}H_3F$
CH_3Br
Lasermedien

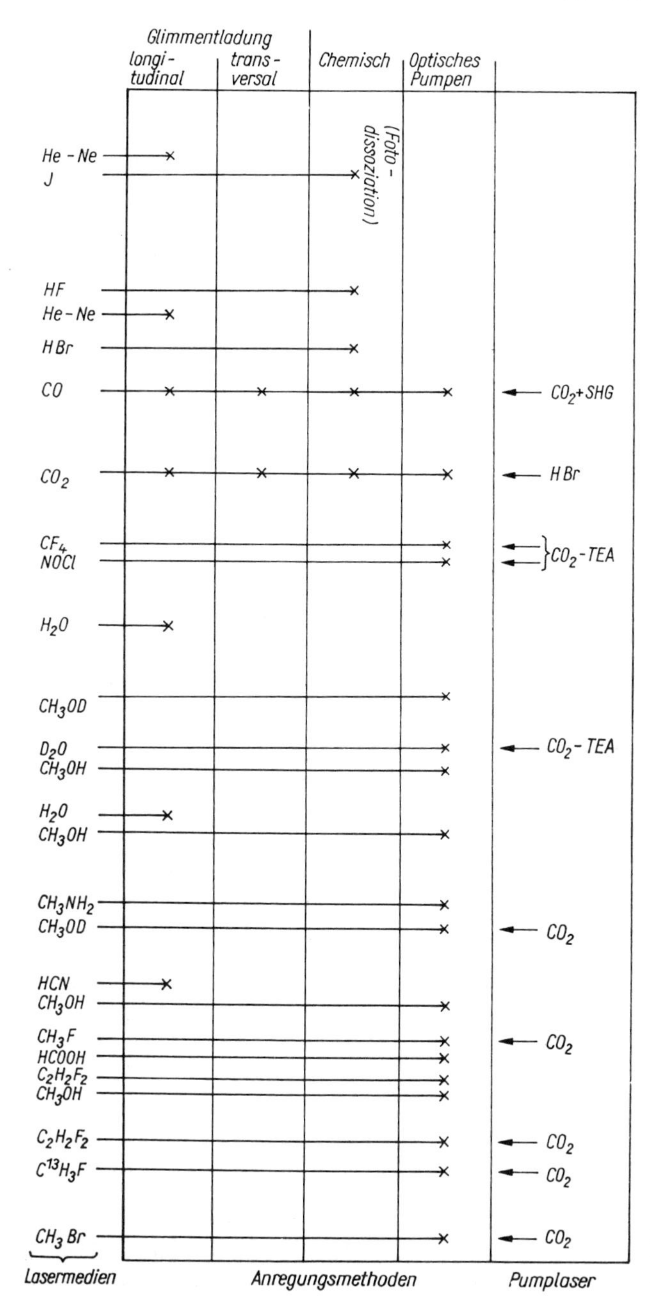

Bild 2.59
Ausgangsleistungen für verschiedene Gaslaser im IR-Bereich.
—— cw, --- gepulst

Rotations-Schwingungsniveaus, die zu benachbarten Schwingungszuständen gehören: $v_j \rightarrow v_{j-1}$ mit $j \approx 3 \ldots 37$ (Bild 2.60). Dabei erfolgen die Übergänge als *Kaskadenübergänge*, wobei das untere Laserniveau für den ersten Laserübergang gleichzeitig das obere Laserniveau des darauffolgenden Laserübergangs bildet. Eine Überführung der Schwingungsenergie in Translationsenergie (Wärme) erfolgt beim CO im Gegensatz zu anderen 2atomigen Molekülen (z. B. HF, HBr, NO) sehr langsam. Daher ist die Quantenausbeute beim CO-Laser nahezu 100%.

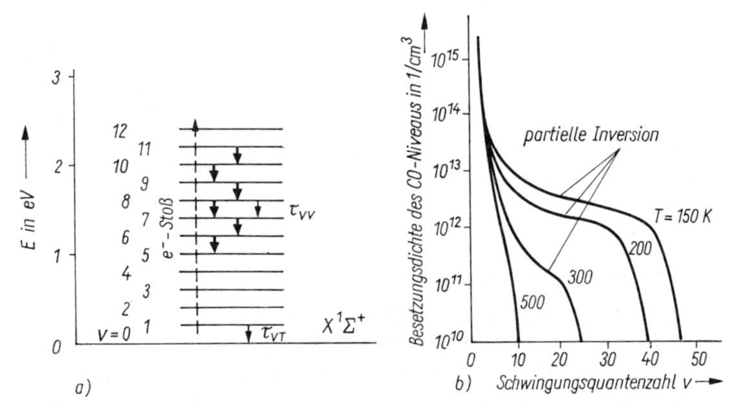

Bild 2.60. Energieniveauschema des CO-Lasers (a) und Besetzung der Schwingungsniveaus (b)

Die *Erzeugung der Besetzungsinversion* erfolgt in einer elektrischen Gasentladung durch *direkte Elektronenstoßanregung* der unteren CO-Schwingungsniveaus mit anschließender rascher *Umverteilung der Schwingungsenergie* durch unelastische Stöße zwischen den CO-Molekülen.

Damit stellt sich in den unteren Schwingungsniveaus eine BOLTZMANN-Verteilung ein, während die Abweichung hiervon in den höheren Niveaus auf Grund der Anharmonizität der Schwingungen zunimmt (und somit eine Besetzungsinversion ermöglicht – und das um so mehr, je kleiner die Temperatur ist, s. Bild 2.59). Daher ist *nur bei Gaskühlung* (auf $T \approx 100$ K), die für kontinuierlichen Betrieb auch notwendig ist, der bekannte hohe Wirkungsgrad des CO-Lasers zu erreichen (Tabelle 2.31).

Die notwendigen niedrigen Gastemperaturen werden erzielt durch:

- Kühlung des gesamten Lasersystems bei stationärer Gasfüllung
- Kühlung des Gases bei Durchflußsystemen, wobei sich das Entladungssystem thermisch isoliert auf Raumtemperatur befindet (Gasgeschwindigkeit < Schallgeschwindigkeit). Laser mit Überschallgasfluß sind für kontinuierliche Leistungen > 10 kW bzw. Impulsenergien > einige Kilojoule projektiert.

Teilweise verwendet werden Zusatzgase (He dient der besseren Kühlung des Gases, N_2 vermindert die mittlere Elektronenenergie).

Tabelle 2.31. Physikalisch-technische Parameter des CO-Lasers und des CO_2-Lasers

Parameter	CO-Laser		CO_2-Laser		Einheit
	kontinuierlich	Impuls (TEA)	kontinuierlich	Impuls	
Wellenlänge	4,9 ... 6,6		9 ... 11, 300 Linien, 10,6 bevorzugt		μm
Leistung	10 ... 1000	–	1 ... 10^5	100 ... 10^{12}	W
Impulsenergie	–	1 ... 1000	–	0,1 ... 10^3	J
Impulsbreite	–	50	–	10^{-4} ... 10^5	μs
Folgefrequenz	2	2	–	1 ... $2 \cdot 10^3$	Hz
Wirkungsgrad	40	40 ... 50	5 ... 30	5 ... 30	%
Gasgemisch	He, CO, O_2	CO, N_2	10% CO_2, 10% N_2, 80% He		
Gasdruck	10^3	$2 \cdot 10^4$	10^3 ... 10^4	10^4 ... 10^6	Pa
Kühlung	flüssiger Stickstoff oder Gaskühlung		Wandkühlung, schneller Gasaustausch		–
Kühltemperatur	80 ... 270	100 ... 300			K

2.6.5.3. Der Kohlendioxidlaser (CO_2-Laser)

Der CO_2- Lser [2.12], [2.31], [2.32] schwingt im mittleren Infrarotbereich ($\approx 10 \mu m$) im kontinuierlichen und gepulsten Betrieb. Er gehört mit zu den wichtigsten Lasertypen. Mit CO_2-Lasern werden die höchsten kontinuierlichen Laserleistungen (>100 kW) erzielt. Gleiche Impulsenergien wie bei Festkörperlasern ($\geqq 10$ kJ) sind erreichbar, jedoch bei höherer Folgefrequenz. Sein hoher Wirkungsgrad von >20% übertrifft den fast aller anderen Laser (Tabelle 2.32). Er wird nur übertroffen vom CO- und HF-Gaslaser sowie vom Halbleiterlaser.
Der CO_2-Laser ermöglicht von allen Gaslasern die kürzesten Impulsbreiten ($\leqq 30$ ps). Bei kontinuierlichem Betrieb mit Ausgangsleistungen von einigen Watt lassen sich Frequenzstabilitäten von $\Delta\nu/\nu \approx 10^{-13}$ erreichen, ein Wert der nur vom He-Ne-Laser, jedoch bei Leistungen von nur einigen 10 μW, übertroffen wird.

Tabelle 2.32. Besonderheiten des CO_2-Lasers für hohe mittlere Leistungen

Gasversorgung	Gasgeschwindigkeit m/s	Gasdruck Pa	Ausgangsleistung kW	Kühlung durch
Stationär	–	10^3	0,05	Diffusion
Langsamer axialer Durchfluß	5	10^3	0,05 ... 0,5	Diffusion
Schneller axialer Durchfluß	500	$4 \cdot 10^3$	0,5 ... 5	Konvektion
Schneller transversaler Durchfluß	(30 ... 150)	$(0,3 ... 3) \cdot 10^4$	1 ... 25	Konvektion
Gasdynamisches Prinzip	1300	10^4 ... 10^6	25	Konvektion

Darüber hinaus liegt die Wellenlänge in einem der am besten durchlässigen atmosphärischen Fenster.
Der CO_2-Laser wird häufig eingesetzt in der Materialbearbeitung und -untersuchung, der Spektroskopie, der Laserchemie (Isotopentrennung), der Laserchirurgie sowie der lasergesteuerten Kernfusion.

Das CO_2-Molekül ist ein lineares gestrecktes Molekül mit 3 Grundschwingungstypen. Die Laseremission bei $\approx 10\ \mu m$ beruht auf Übergängen zwischen Rotations-Schwingungsniveaus im Elektronengrundzustand Σ_g^+ aus dem antisymmetrischen Streckschwingungsniveau (00^01) in das symmetrische Streckschwingungsniveau (10^00) oder in das Knickschwingungsniveau (02^00). Auf Grund der Aufspaltung der Schwingungsniveaus in unterschiedliche Rotationsniveaus des CO_2-Moleküls sind eine Vielzahl von Übergängen möglich (Bild 2.61).
Die *Besetzung des oberen Laserniveaus* (00^01) erfolgt durch:

- *Elektronenstöße* (in Gasentladungen) oder durch Elektronenstrahlen
- *Stöße mit schwingungsangeregten* N_2-*Molekülen* (als Zusatzgas) oder auch CO- und N_2O-Molekülen
- *optische Anregung* (bei einer Pumpwellenlänge von $\lambda_p \approx 4{,}3\ \mu m$)
- chemische Reaktionen (kontinuierlicher DF–CO_2-Laser)

Die *Entleerung der unteren Laserniveaus* (10^00) bzw. (02^00) erfolgt sehr schnell durch Schwingung-Schwingungs-(V-V-)Relaxation in den untersten Schwingungszustand (01^10), wobei innerhalb von $10^{-9} \dots 10^{-7}$ s ein Besetzungsausgleich zwischen den Laserendniveaus (100) und (02^00) durch FERMI-Resonanz erfolgt. Allerdings erfolgt die Entleerung des (01^10)-Schwingungszustandes um mehrere Größenordnungen langsamer als der genannte Besetzungsaustausch, so daß zusätzliche Stoßpartner notwendig sind, um eine schnelle Entleerung des (01^10)-Niveaus und damit eine genügende Besetzungsinversion zu erreichen. Günstige Stoßpartner sind Helium, Wasserstoff und Wasserdampf. Dementsprechend wird die Gasentladung mit einem Gasgemisch betrieben, das daneben auch N_2 enthält (Verhältnis der Partialdrücke: $p_{CO_2} : p_{N_2} : p_{He} = 1:1:8$).
Zu einer Verringerung der Besetzungsinversion und damit auch der Verstärkung führt die

- Dissoziation der CO_2-Moleküle unter Bildung von CO. 50 ... 80% der Moleküle zerfallen innerhalb 0,1 ... 1 s,
- Erhöhung der Gastemperatur, bedingt durch höhere thermische Anregung des unteren und Stoßdesaktivierung des oberen Laserniveaus.

Um diese Verlustprozesse klein zu halten, verwendet man geeignete Katalysatoren (H_2, H_2O), die die Dissoziationsrate verringern, Durchflußsysteme (v_{Gas} einige m/s), bei denen das Gas erneuert wird, indem frisches Gas das Entladungsrohr durchströmt, sowie Kühlung des Gases (Temperatur maximal 650 ... 700 K).
Als Kühlverfahren für den CO_2-Laser wird verwendet die:

- *Diffusionskühlung*, wobei die Verlustwärme durch Diffusion an die Wand des Entladungsrohres transportiert wird, das durch Wasser oder Öl gekühlt wird. Für die maximal mögliche Leistung P_{max} eines diffusionsgekühlten CO_2-Laser gilt $P_{max} \approx (50 \dots 80)\, L_e$ (P in W, L_e Entladungslänge in m, sie ist unabhängig vom Rohrdurchmesser d), sie ist *nicht* mit dem Gasdruck zu erhöhen ($p_G \approx 1{,}5 \cdot 10^3$ Pa)!
- *Konvektionskühlung*, die Verlustwärme wird durch schnellen Gasaustausch abgeführt, kaltes Gas strömt nach.

  Laser dieser Art werden als *Gastransportlaser* bezeichnet [2.12]. Für kontinuierliche Anregung gilt:

  maximaler Druck $p_{max} \approx 4 \cdot 10^4$ Pa
  max. Ausgangsleistung $P_{max} \approx 70$ kW
  typische Ausgangsleistungen $P \approx (1 \dots 25)$ kW.

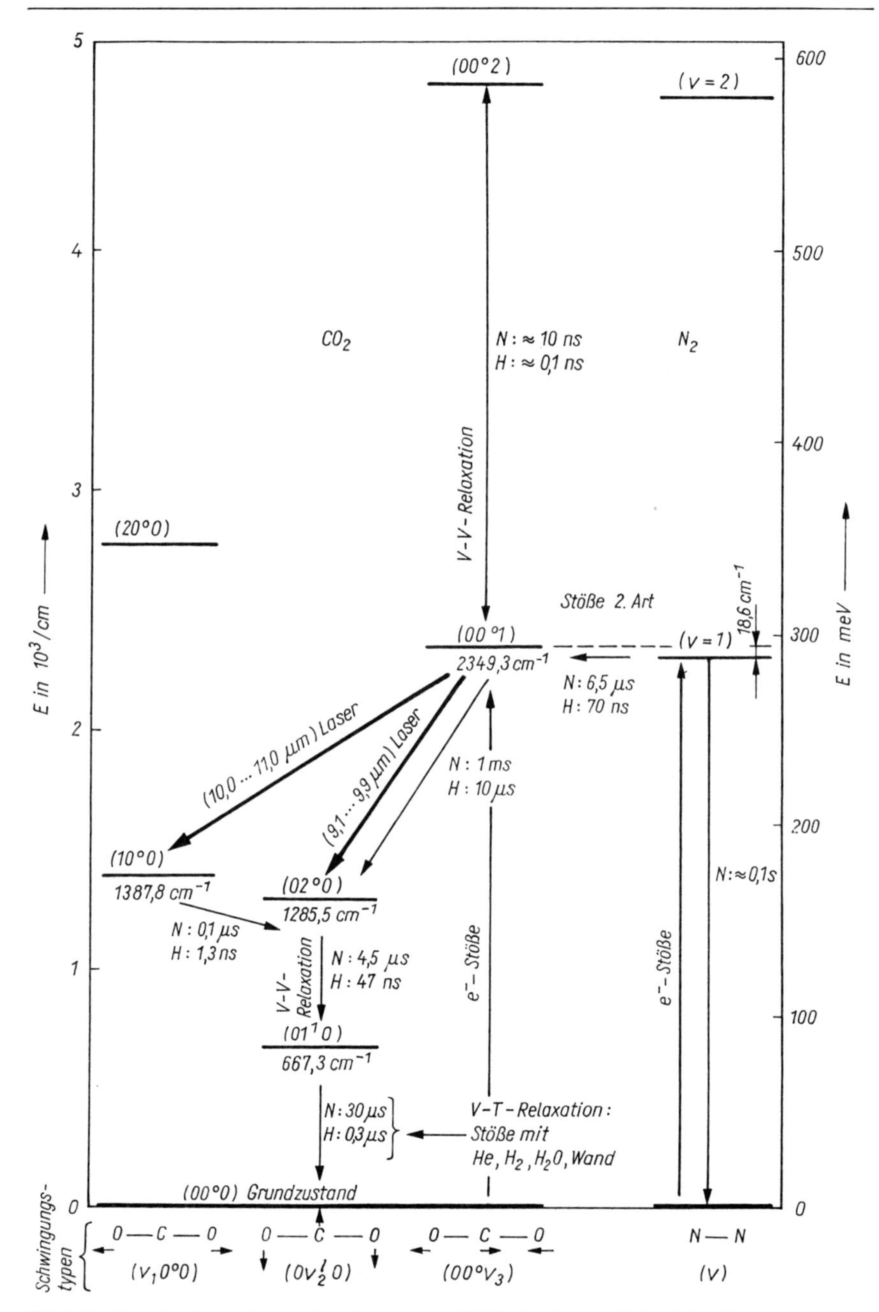

Bild 2.61. Energieniveauschema des CO_2-Lasers. N Niederdruck-, H Hochdrucklaser

CO_2-Laser (Bild 2.62) arbeiten im:

- *kontinuierlichen Betrieb.* Die Anregung erfolgt in einer elektrischen Gleich- oder Wechselstromentladung. Für die dem Gasvolumen V maximal entnehmbare Laserleistung P_L gilt

$$P_{L\,max} \approx h\nu_L V \frac{N_{CO\,2}}{\tau_R}$$

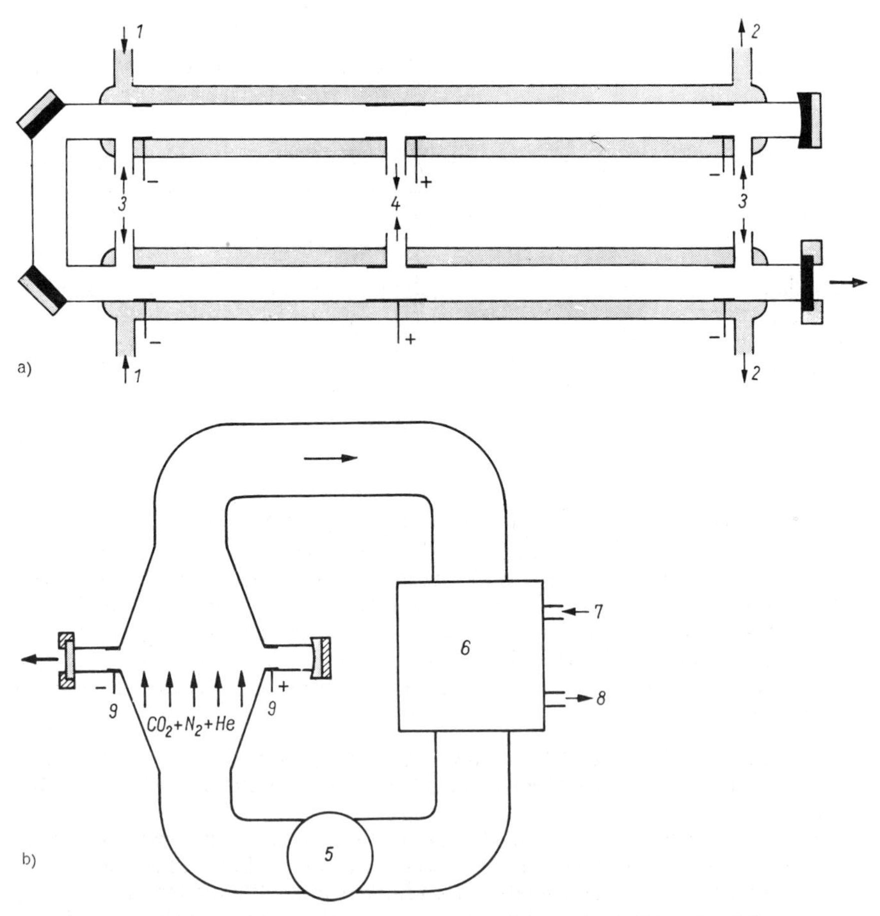

Bild 2.62. Prinzipaufbau des CO_2-Lasers für kontinuierlichen Betrieb.
a) gefalteter Resonator, longitudinaler Gasdurchfluß, b) schneller transversaler Gasdurchfluß. *1* Kühlmedium (Eintritt), *2* Kühlmedium (Austritt), *3* Gas (Eintritt), *4* Gas (Austritt), *5* Gasumwälzpumpe, *6* Wärmeaustauscher, *7* Kühlwassereintritt, *8* Kühlwasseraustritt, *9* Elektroden der Gasentladung

wobei N_{CO2} die Dichte der CO_2-Moleküle im unteren Laserniveau und τ_R die Zeit bezeichnet, in der die Verlustwärme ($\approx$ 70 ... 80% P_L) abgeführt wird. Kühlung notwendig (s. Tabelle 2.31).

- *Impulsbetrieb.* Die Anregung erfolgt impulsförmig bei geringen Folgefrequenzen $\nu_F = 1 \ldots 10^3$ Hz. Für die maximale mittlere Leistung $\bar{P}_{L\,max}$ bzw. die Impulsenergie E_L gilt

$$\bar{P}_{L\,max} \sim N^2_{CO2}$$

$$E_L = h\nu_L N_{CO2}$$

Bezüglich Impulsbetriebes mittels *Güteschaltung* oder *mode-locking* s. Abschnitt 2.9.1.

Tabelle 2.33. Physikalisch-technische Parameter des CO_2-TEA-Lasers mit Vorentladung

Parameter	Doppelentladungslaser	Elektroionisations-Fotoionisationslaser	Einheit
Energiedichte	20	20 ... 50	J/l
Elektrische Anregungsenergiedichte	200	600	J/l
Wirkungsgrad	10 ... 20	20	%
Entladungsquerschnitt	25	1000	cm^2
Gasdruck	10^5	$10^5 \ldots 10^6$	Pa

Wichtigster Lasertyp der CO_2-Impulslaser ist der CO_2-TEA-*Laser* (**T**ransversale **E**lektrische Anregung bei **A**tmosphärendruck), Tabelle 2.33, bei dem der Gasdruck gleich Atmosphärendruck ist ($\approx 10^5$ Pa). Das Entladungsgefäß ist konstruktiv besonders einfach, die Anregung der Entladung erfolgt transversal zur optischen Achse (Bild 2.63). Wesentlich für diesen Lasertyp ist die Erzeugung einer homogenen, stromstarken Volumenentladung, wobei die Anregungszeit τ_A viel kleiner als die Lebensdauer τ_2 des oberen Laserniveaus sein muß. Für $p_G \approx 10^5$ Pa gilt $\tau_2 \approx 10\,\mu s$, $\tau_A \leqq 1\,\mu s$. Um das zu erreichen, wurden verschiedene Anregungsmethoden entwickelt:

- Systeme mit sehr *kurzen Anregungsimpulsen* $\tau_A \leqq 50$ ns. Die Entladung kann sich nicht zu einem Bogen einschnüren und bleibt homogen, verwendbar bis $p_G \approx 10^6$ Pa.
- *Doppelentladungssysteme.* Zusätzliche kurze Vorentladung zwischen einer Hilfselektrode und einer Hauptelektrode und damit Erzeugung einer Elektronenwelle, die für gleichmäßige Zündbedingungen für die Hauptentladung sorgt. Eine gleichmäßige Feldstärkeverteilung wird durch spezielle Profile für die Hauptelektroden (ROGOWSKI- oder BRUCE-Profil) erreicht.
- Systeme mit *Fremdionisation* mittels relativistischer Elektronen (Energie 0,3 ... 1 MeV) oder Fotoionisation durch UV-Strahlung in einer Gleitentladung.

Vorteil: Die Erzeugung der Ladungsträger (Ionisation) und die Anregung sind getrennt, so daß kleinere Elektronenenergien – wie sie für die Anregung günstiger sind – möglich sind. Die Feldstärke in der Hauptentladung kann damit optimal gewählt werden.

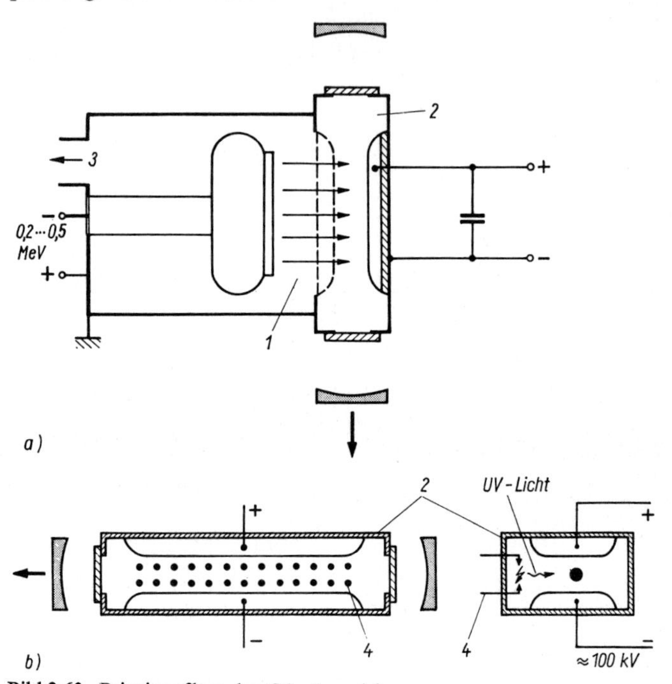

Bild 2.63. Prinzipaufbau des CO_2-Impulslasers.
a) TEA-Laser mit elektronenstrahlstabilisierter transversaler Gasentladung,
b) TEA-Laser mit Fotovorionisation. *1* Kaltkatoden-Elektronenstrahlquelle,
2 TEA-Hochdruckentladungsküvette, *3* Anschluß für Vakuumpumpe, *4* Funkenstrecken

Besondere CO_2-Laser

Hochdruck-CO_2-Laser

Bei Gasdrücken $p_G \geqq 6 \cdot 10^5$ Pa überlappen sich die einzelnen Rotations-Schwingungslinien der CO_2-Moleküle, so daß sich eine breite kontinuierliche Verstärkungskurve ausbildet (Bild 2.64). Hieraus ergibt sich die Möglichkeit des kontinuierlichen Durchstimmens der Wellenlänge zwischen 9 und 11 µm sowie der Erzeugung von ps-Impulsen.

Hohlleiter-CO_2-Laser

Bei diesem Lasertyp wird das Entladungsrohr als *Kapillare* ausgebildet ($d \leqq 1$ mm, $l \approx 30$ cm), in der eine kontinuierliche oder gepulste (TEA-)Anregung erfolgt. Die Kapillare wirkt gleichzeitig als Wellenleiter. Hierdurch ist bei kleinem kompaktem Aufbau eine hohe Verstärkung möglich.

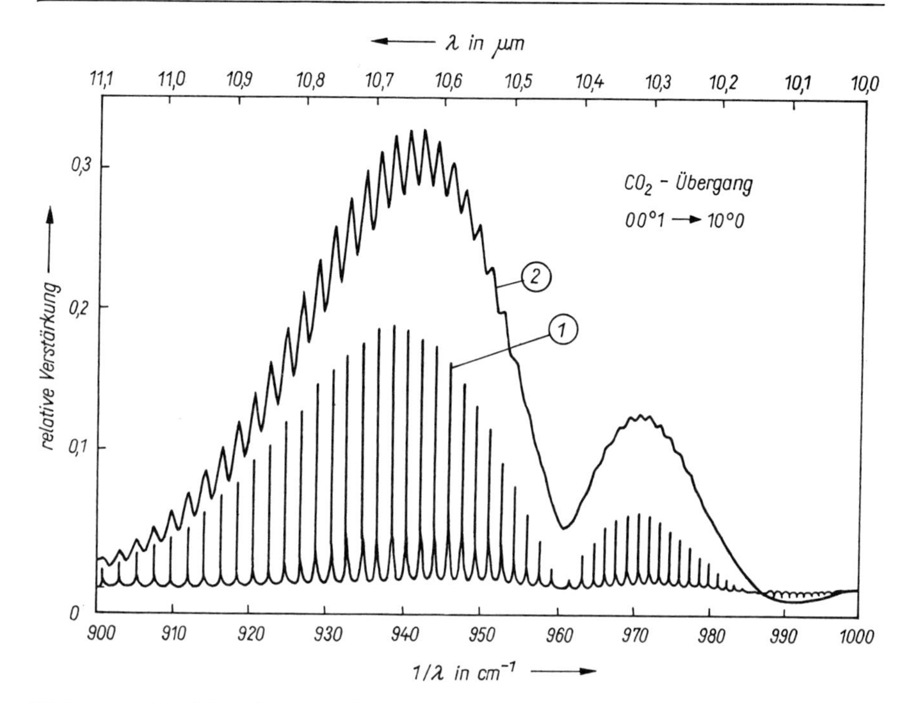

Bild 2.64. Abhängigkeit der Verstärkung g in CO_2 von der Wellenlänge λ bei hohem Druck. *1* CO_2-Gasdruck $p_G = 10^5$ Pa, *2* CO_2-Gasdruck $p_G = 10^6$ Pa. $N_{001}/N_{100} = 1{,}1$ [2.47]

Konstruktive Besonderheiten von kontinuierlich arbeitenden CO_2*-Lasern:*

- *gefalteter Resonator.* Für Leistungen >100 W werden in der Regel gefaltete Resonatoren verwendet, um die Baulänge möglichst kurz zu halten, Anordnung der Entladungsrohre parallel (häufigste Form) oder »zickzack«-förmig auf einem Zylinder.
- *Gastransportlaser* mit geschlossenem Gaskreislauf. Vorteilhaft um den Gasverbrauch gering zu halten. Dem Kreislauf wird nur ein kleiner Teil Frischgas zugesetzt. Abführung der Wärme an einen Kühler.
- *Heliumwiedergewinnung.* CO_2-Laser ohne geschlossenen Gaskreislauf haben einen hohen Heliumverbrauch (für einen 200-W-Laser 200 l/h bei Normaldruck). Eine Heliumrückgewinnung ist aus wirtschaftlichen Gründen zweckmäßig.

Sowohl auf Grund seiner Leistungsparameter als auch seiner spektralen Eigenschaften gehört der CO_2-Laser, auch kommerziell gefertigt (Tabellen 2.34 und 2.35), zu dem am meisten eingesetzten Gaslasern in Wissenschaft und Technik (Bild 2.65).

Tabelle 2.34. Physikalisch-technische Parameter von kommerziellen kontinuierlich angeregten CO_2-Lasern

Typ	Ausgangs-leistung W	Strahl-durchmesser mm	Resonator-länge m	Bemerkungen
LGL 200 (DDR)	200	15	7,2	Multimode
MF 400 (GB)	450	6	14	TEM_{00}
130 (USA)	75	15	2	Impulslaser
500 (USA)	25 ... 650	10	9	TEM_{00}
PL 3 (GB)	20	6	1,78	mit Gitter abstimmbar von 9,2 ... 10,9 μm
973 (USA)	5000	45	5,4	Gastransport

Tabelle 2.35. Physikalisch-technische Parameter von kommerziellen Impuls-TEA-CO_2-Lasern

Typ	Impulsenergie J	Spitzenleistung MW	Impulsbreite ns
TEA-103-2 (Kanada)	15	50	$45 \ldots 1{,}5 \cdot 10^4$
TEA-624 (Kanada)	2000	13200	60
DD-300 (Kanada)	1	2	125

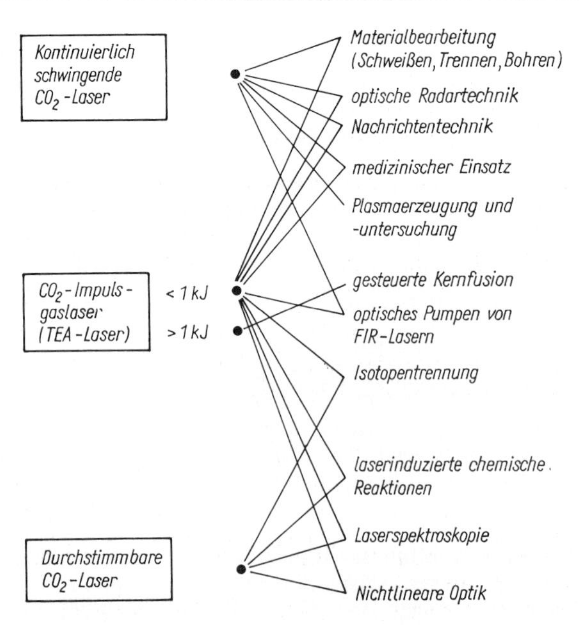

Bild 2.65. Anwendungen der CO_2-Moleküllaser

2.6.5.4. Laser im fernen Infrarot (FIR-Laser)

Diese Laser strahlen kontinuierlich oder gepulst auf mehr als 500 diskreten Wellenlängen im Bereich 25 μm ... 2 mm. Ein großer Teil dieser Wellenlängen ist jedoch wegen der geringen Ausgangsleistung und der Schwierigkeit ihrer Erzeugung nur von wissenschaftlichem Interesse. Die leistungsstärksten FIR-Laser erreichen zur Zeit Ausgangsleistungen von 10 ... 400 mW im kontinuierlichen Betrieb und $\geqq 1$ MW im Impulsbetrieb (Tabelle 2.36) [2.33], [2.34].

Tabelle 2.36. Physikalisch-technische Parameter von FIR-Lasern

Parameter	Laser					Einheit
	H_2O-	D_2O-	CH_3OH-	HCN-	CH_3F-	
Wellenlänge	28	66	111,8	337	496	μm
Betriebsregime			kontinuierlich oder Impuls			
Leistung (kont.)	100	–	400	100	40	mW
Impulsleistung	5	17	–	1	500 ... 1000	kW
Impulsbreite	–	2,5	–	–	0,04	μs
Wirkungsgrad	–	0,7	0,7	–	0,06	%
Gasgemisch	$He:H_2O = 1:0,14$	D_2O	CH_3OH	$CH_3:N_2 = 1:1$	CH_3F	–
Gasdruck	350	270	–	100 ... 500	130	Pa
Anregungs-verfahren	elektrisch	optisch	optisch	elektrisch	optisch	–

Die längste, bisher erzeugte *Laserwellenlänge* beträgt $\lambda = 1{,}96534$ mm, sie wird erzeugt mit einem CH_3Br-Laser (Impulsleistung $P_L = 1$ mW, gepumpt wird mit einem gepulsten CO_2-Laser, Pumpleistung $P_P \approx 100$ W, $\tau_P = 150$ μs, $\nu_F = 120$ Hz).

Eingesetzt werden FIR-Laser in der Plasmadiagnostik, der Festkörperspektroskopie (Elektronenresonanz), der Isotopentrennung und Lidar-Technik, Frequenzmessung (Anschluß optischer Frequenzen an den Cs-Mikrowellenstandard), Radioastronomie sowie Bildverarbeitung und Prüfung im FIR-Bereich.

Die Laserübergänge in FIR-Lasern finden zwischen Rotations-Schwingungsniveaus und Rotationsniveaus verschiedener Moleküle statt, wobei die Anregung in einer *Gasentladung* (für NH_3, H_2O, H_2S, SO_2 und HCN) erfolgt oder durch *optisches Pumpen* mit Hilfe eines CO_2-Lasers (für CH_3F, CH_3OH, HCOOH, NH_3, D_2O).

Die Erzeugung einer *Besetzungsinversion* in einer *elektrischen Glimmentladung* beruht wesentlich auf innermolekularen selektiven Relaxationsprozessen, nachdem in der Entladung alle Rotationsniveaus eines Schwingungszustandes besetzt wurden. Die erreichbare Besetzungsinversion und damit die Verstärkung sind auch bei langen Resonatoren nur gering. Intensiveres elektrisches Pumpen führt zur Dissoziation der Moleküle. Eine Besetzungsinversion von Molekülen mit mehr als 3 Atomen ist noch nicht gelungen.
Hohe Effektivität dagegen erlaubt das *optische Pumpen.* Die Anregung erfolgt selektiv, hohe Besetzungsinversionen und damit Verstärkungen sind erreichbar.

Für die maximal erreichbare Laserleistung $P_{L\,max}$ bei gegebener Pumpleistung P_P gilt:

$$P_{L\,max} = \frac{1}{2} \frac{\lambda_P}{\lambda_L} P_P \tag{2.113}$$

Beispiel: $\lambda_L = 100\ \mu m$, $\lambda_P = 10\ \mu m$, $P_P = 20\ W$ ergeben $P_{L\,max} = 1\ W$.
Experimentell wird jedoch nur etwa 1% dieses Wertes erreicht.
Das optische Pumpen mittels CO_2-Lasers ermöglicht in 26 verschiedenen Molekülen die Anregung von mehr als 500 Laserübergängen (Tabelle 2.37).
Der Aufbau von FIR-Lasern ist gekennzeichnet durch die Verwendung von (Bild 2.66):

- Fabry–Perot-Resonatoren (bei elektrischer Anregung)
- dielektrischen und metallischen Hohlleiterresonatoren (bei optischem Pumpen)
- Zickzack-Resonatoren (bei optischem Pumpen)
- kombinierten Resonatoren mit Pumplaser (bei optischem Pumpen)

Tabelle 2.37. Wellenlängen und Ausgangsleistungen eines optisch gepumpten FIR-Lasers

Lasergas	Wellenlänge µm	kontinuierliche Ausgangsleistung mW	mittlere Impuls-Ausgangsleistung mW
CH_3OD	41,7	20	100
CH_3OD	46,7	30	150
CH_3OD	57,0	30	150
CH_3OH	70,6	10	50
CH_3OH	96,5	10	50
CH_3OH	118,8	90	450
CH_3NH_2	148,5	15	75
CH_3OH	163,0	30	150
CH_3NH_2	198,0	10	50
CH_3NH_2	218,0	10	50
CH_3OD	229,1	30	150
1.1 $C_2H_2F_2$	372,7	10	50
CH_3OH	392,3	35	160
HCOOH	406,0	10	50
1.1 $C_2H_2F_2$	415,0	10	50
HCOOH	433,0	20	100
CH_3OH	471,0	20	100
CH_3F	496,1	10	25
HCOOH	513,2	10	50
$C_2H_4F_2$	533,0	10	50
CH_3OH	570,5	10	50
1.1 $C_2H_2F_2$	633,0	5	25
CH_3OH	699,5	5	25
1.1 $C_2H_2F_2$	764,1	5	25
1.1 $C_2H_2F_2$	890,0	10	50
1.1 $C_2H_2F_2$	990,0	5	25
1.1 $C_2H_2F_2$	1020,0	5	25
CH_3OH	1217,0	5	25
$^{13}CH_3F$	1222,0	2	5

Zur *Auskopplung* dienen:

- Spiegel mit Auskoppellöchern
- Metallmaschenspiegel (Kupfernetze mit 30 μm Gitterkonstante)
- kombinierte Metallmaschen und dielektrische Spiegel.

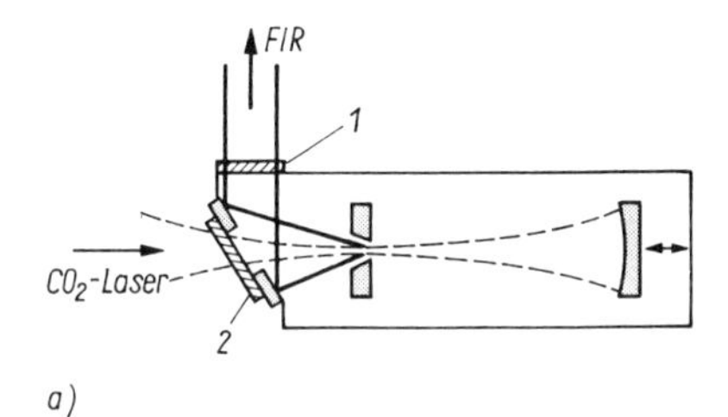

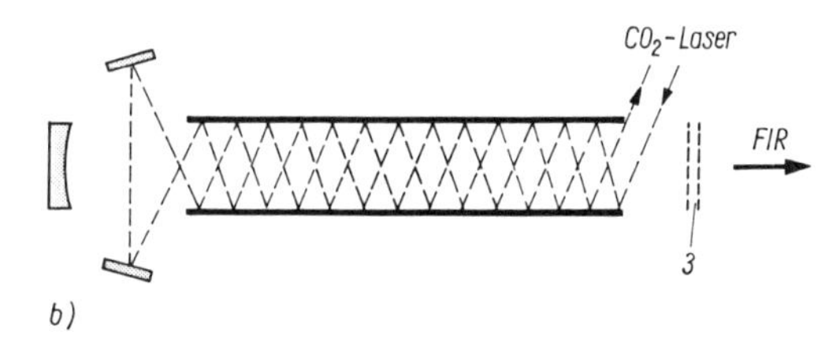

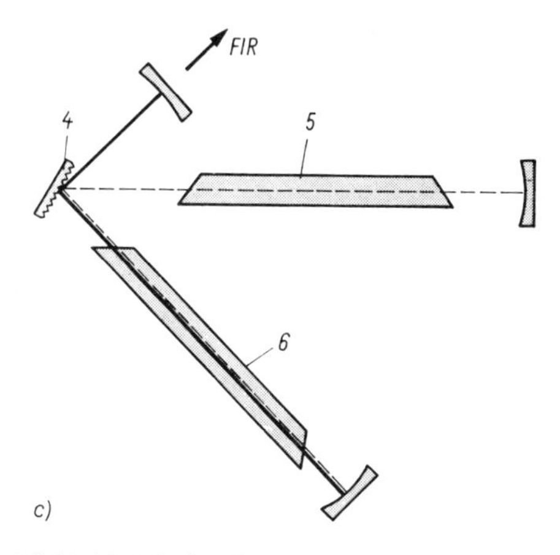

Bild 2.66. Prinzipaufbau des FIR-Lasers.
a) mit Lochauskopplung, b) hoher Leistung mit Zickzack-Resonator
und Metallmaschen – Auskopplungsspiegel, c) mit gemeinsamen CO_2-Pumplaserresonator.
1 Polystyren-Fenster, *2* NaCl-Fenster, *3* Metallmaschenspiegel, *4* Gitter,
5 CO_2-Küvette, *6* FIR-Gaslaserküvette

Spezielle FIR-Laser

Der H_2O-*Laser*
Elektrisch angeregter Laser für kontinuierlichen und Impulsbetrieb. Es ist die Anregung einer Vielzahl von Laserlinien durch Rotations-Schwingungsübergänge zwischen den Schwingungsniveaus (100) → (020) und (001) → (020) des H_2O-Moleküls möglich (Bild 2.67).

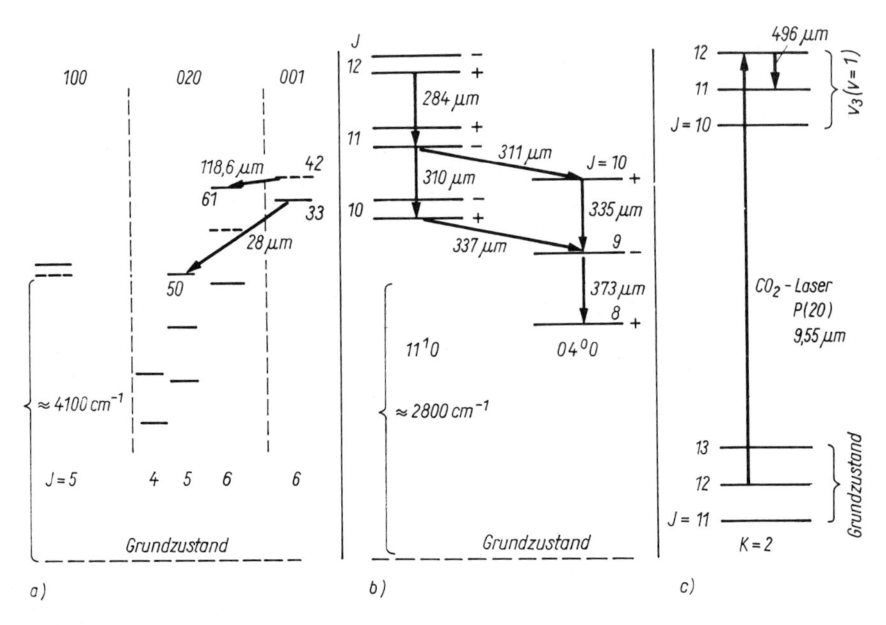

Bild 2.67. Energieniveauschemas einiger FIR-Laser.
a) H_2O, b) HCN, c) CH_3F

Die intensivsten Übergänge sind:

$$(001) \rightarrow (020) \quad \lambda_L = 27{,}9707\ \mu\text{m} \quad P_L = 114\ \text{mW}$$

$$(001) \rightarrow (020) \quad \lambda_L = 118{,}591\ \mu\text{m} \quad P_L = 6\ \text{mW}$$

Die Anregung erfolgt in einer Niederstrom-Niederdruckentladung ($I \approx 0{,}4$ A, $p_G \approx 270 \ldots 350$ Pa), durch die ein He-H_2O-Gemisch strömt (90% He, 10% H_2O, Resonatorlänge $L \approx 4{,}5$ m, Rohrdurchmesser $d = 5$ cm). Der kontinuierliche H_2O-Laser ist ein wichtiges Zwischenglied beim Anschluß optischer Frequenzen an die Cs-Normalfrequenz im Mikrowellenbereich.

Der HCN-*Laser*
Elektrisch angeregter Laser, dessen intensivste Laserlinien als Rotations-Schwingungsübergänge zwischen der Kombinationsschwingung (11^10) und der Knickschwingung (04^00) auftreten (s. Bild 2.67):

$$\lambda_L = 310{,}908\ \mu m \quad P_L = 3\ mW$$

$$\lambda_L = 336{,}579\ \mu m \quad P_L = 100\ mW$$

Die Entladung ($I = 0{,}5$ A, $p_G = 500$ Pa) erfolgt in einem strömenden CH_4-N_2-Gemisch (50% CH_4, 50% N_2).

Der CH_3F-*Laser*
Optisch gepumpter Laser im kontinuierlichen oder gepulsten Betrieb, die Pumpstrahlung ($\lambda_P = 9{,}55\ \mu m$) liefert ein CO_2-Laser. Die intensivste Laserlinie wird bei $\lambda_L = 496\ \mu m$ erhalten (s. Bild 2.67). Mit diesem Lasertyp wurden in diesem Spektralbereich die bisher höchsten Impulsleistungen erreicht (mit Nachverstärkung):

$$P_L \approx 1\ MW, \quad \tau_{imp} \approx 40\ ns, \quad \text{Bandbreite}\ \delta\nu_L \approx 30\ MHz$$

Verwendet wird ein TEA-CO_2-Pumplaser der Energie $E_P = 17$ J ($\tau_{imp} = 80$ ns). FIR-Laser mit Impulsleistungen dieser Größenordnung sind für die Plasmadiagnostik, speziell in *Tokamak-Anlagen*, von Bedeutung.

2.6.6. Strahlungseigenschaften von Gaslasern

[2.1], [2.13]

Hinsichtlich der Leistungsparameter sowohl im kontinuierlichen als auch im Impulsbetrieb wird ein sehr weiter Bereich, je nach speziellen Typ, erfaßt. Die *maximal erreichbare Leistung* liegt z.Z. bei (Tabelle 2.38):

70 kW im kontinuierlichen Betrieb (CO_2-Gastransportlaser)

$\geqq$120 kW im quasikontinuierlichen Betrieb (einige Sekunden) (gasdynamischer CO_2-Laser)

$\geqq$20 TW im Impuls-Betrieb (CO_2-TEA-Laser)

Die spektralen Eigenschaften werden weitgehend durch die starke inhomogene (DOPPLER-)Verbreiterung bestimmt (s. Abschn. 2.1.4.1.). Dabei ist die Änderung der DOPPLER-Breite $\delta\nu_D$ in Abhängigkeit von Gastemperatur und Atommasse gering, hängt jedoch stark von der Wellenlänge ab:

$$\delta\nu_D \approx 50\ MHz \quad \text{für}\ \lambda = 10{,}6\ \mu m\ (CO_2\text{-Laser})$$

$$\delta\nu_D \approx 1{,}5\ GHz \quad \text{für}\ \lambda = 0{,}633\ \mu m\ (\text{He-Ne-Laser})$$

$$\delta\nu_D \approx 3{,}5\ GHz \quad \text{für}\ \lambda = 0{,}448\ \mu m\ (Ar^+\text{-Laser})$$

Tabelle 2.38. Mögliche physikalisch-technische Parameter von Gaslasern

Parameter	Wert	Einheit	Erreichbar mit (Lasertyp)
cw-Leistung	100	kW	CO_2- gasdynamischer Laser
Impulsenergie	10	kJ	CO_2- TEA-Laser
Impulsleistung	20	TW	CO_2- TEA-Laser
Impulsbreite	30	ps	CO_2- TEA-Laser mit Impulsverkürzung
Wirkungsgrad	10 ... 50	%	Edelgashalogenidlaser im UV CO- und CO_2-Laser im IR
Kürzeste Laserwellenlänge	116	nm	H_2-Laser
Längste Laserwellenlänge	1,965	mm	CH_3Br-Laser
Frequenzstabilität	10^{-15}	–	He-Ne-Laser

Die inhomogene Verbreiterung bedingt, daß der Gaslaser ohne zusätzliche Maßnahmen (frequenzselektive Elemente innerhalb des Resonators, kleine Resonatorlänge) auf einer Vielzahl von Eigenschwingungen strahlt und eine spektral relativ breite Linie ergibt.
Die natürliche (homogene) *Linienbreite* der aktiven Gaslasermedien liegt zwischen 5 und 500 MHz, kann jedoch je nach Typ der Gasentladung durch Stöße oder elektrische Felder (STARK-Verbreiterung bei hohen Elektronendichten, $\approx 10^{14}\,cm^{-3}$ im Ar^+-Laser) weiter stark homogen verbreitert sein ($\delta\nu_h \approx 100 \ldots 800$ MHz).
Als Folge der im allgemeinen wesentlich größeren inhomogenen Linienverbreiterung (bei den wichtigsten Gaslasern He-Ne-, Ar^+-, CO_2-Laser) wird die Besetzungsinversion nur bei den am Laserprozeß beteiligten Atomgruppen abgebaut, was zum symmetrisch zur Atomfrequenz ν_0 liegenden »*hole burning*« führt (Bild 2.68). Die Breite der Löcher ist dabei durch die homogene Linienbreite gegeben. Beim Abstimmen der Frequenz führt dies zur Verringerung der Laserleistung im Zentrum der Dopplerlinie *(*LAMB-*dip)*.

Einmodenbetrieb ist neben der Verwendung frequenzselektiver Elemente zu erreichen:

- mit kurzen Resonatoren (für He–Ne-Laser $L \leqq 10$ cm)
- nahe der Schwelle

Für diesen Fall zeigt der Gaslaser ausgezeichnete *Strahleigenschaften*:

- große Kohärenzlänge
- gute Amplitudenstabilität
- geringe Strahldivergenz

Dabei können extrem hohe Werte erreicht werden (s. Tab. 2.38).
Bei größerer homogener Linienbreite tritt auch in Gaslasern eine beachtliche *Modenkonkurrenz* auf, was die spektralen Eigenschaften wesentlich beeinflussen kann. Typisches Beispiel ist der Argonionenlaser mit $\delta\nu_D \approx 3{,}5$ GHz und $\delta\nu_h = 500 \ldots 800$ MHz. Für diesen gilt

- stabiler Zweimodenbetrieb in Schwellennähe (Modenabstand 500 ... 900 MHz)
- Anregung einer Vielzahl von Moden (≈ 20) oberhalb der Schwelle, auf Grund von Konkurrenzeffekten starke Amplitudenschwankungen.

Die Ausstrahlung eines Gaslasers erfolgt, bestimmt durch das verwendete aktive Medium, bei fester Wellenlänge. Möglich ist eine

- Abstimmung über die DOPPLER-Kurve $\delta\nu_D \leqq 4$ GHz (durch Variation der Resonatorlänge) sowie zusätzliche
- Abstimmung mittels ZEEMAN-Effekts, $\Delta\nu_Z \approx 2 \cdot 10^{11}$ Hz (mittels supraleitender Magnete)

Beim Hochdruck- (speziell TEA-CO_2-) Gaslaser führt die Druckverbreiterung zu einem Überlappen einer Vielzahl von Linien, so daß ein relativ großer Abstimmbereich erhalten wird (ν_L = 9 ... 11 μm).
Hieraus folgt die besondere Bedeutung dieses Lasertyps für Anwendungen in der Spektroskopie.

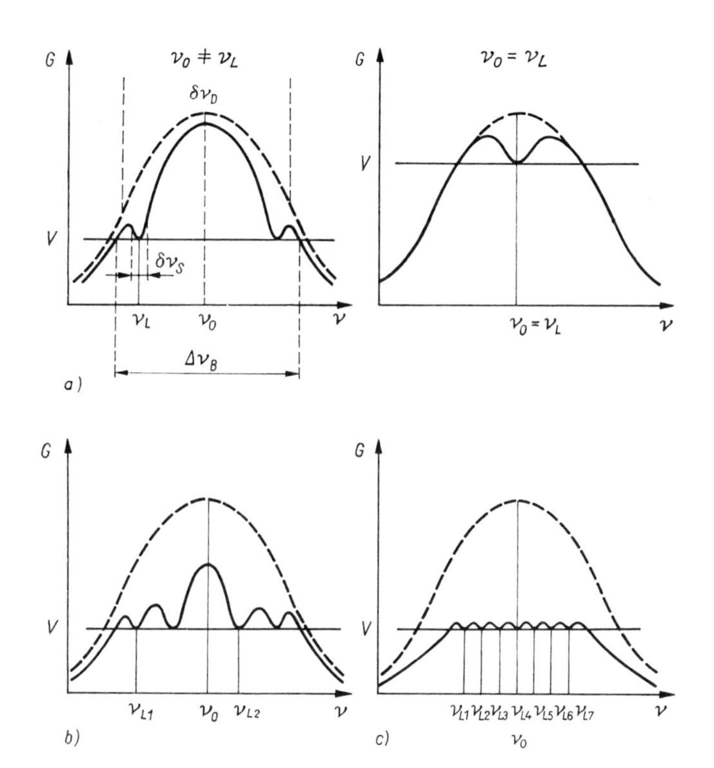

Bild 2.68. Abbau der Gainkurve für einen Gaslaser bei Ein- (a), Zwei- (b) und Vielmodenanregung (c)

Im Verhältnis zum Festkörperlaser zeigt der Gaslaser auf Grund der *besseren Homogenität* des aktiven Mediums und *geringerer Linienbreite* die günstigeren Strahlqualitäten hinsichtlich:

- Kohärenzlänge
- Amplitudenstabilität
- Strahldivergenz
- Homogenität über den Strahlquerschnitt

erfordert im allgemeinen jedoch auch größere Sorgfalt im konstruktiven Aufbau.

2.7. Halbleiterlaser

[2.35], [2.36], [2.46]

2.7.1. Einführung

Nachdem bereits 1959 theoretisch die Möglichkeit der Entwicklung eines Lasers auf Halbleiterbasis nachgewiesen wurde, konnte dieser Lasertyp 1962 erstmals realisiert werden. Er gehört heute zu den Lasern, die sowohl kontinuierlich als auch gepulst innerhalb eines weiten Spektralbereiches (0,5 ... 32 μm) bei Verwendung der verschiedensten Halbleitermaterialien kohärente Strahlung liefern. Seine Anregung erfolgt bevorzugt durch elektrischen Strom, in besonderen Fällen durch Elektronenstrahlen oder durch optische Strahlung.
Gegenüber allen anderen Lasertypen zeichnet sich der Halbleiterlaser aus durch:

- extreme Kleinheit (Länge $\leqq$ 0,5 mm, Querschnitt $0{,}2 \times 0{,}2\ \text{mm}^2$)
- einfache Anregung und damit Modulation
- einfache Abstimmung der Wellenlänge durch den Pumpstrom oder durch Druck

Er erfordert jedoch für die Herstellung eine hochentwickelte Technologie.
Die Anwendung des Halbleiterlasers erfolgt vor allem in der Informationsübertragung und Rechentechnik (s. Abschn. 4.), zunehmend auch in der Spektroskopie. Auf Grund seiner kleinen Abmessungen ist dieser Lasertyp ein ideales aktives Bauelement in integrierten optischen Kreisen sowie der Mikroelektronik.

2.7.2. Physikalische Grundlagen

2.7.2.1. Aktive Medien

Die stimulierte Emission erfolgt als Rekombinationsstrahlung im pn-Übergang einer Halbleiterdiode. Als *Grundmaterialien* werden verwendet (Tabelle 2.39):

- $A_{III}\,B_V$-Verbindungen
- $A_{IV}\,B_{VI}$-Verbindungen

Die Indizes III, IV, V, VI kennzeichnen die entsprechende Hauptgruppe im Periodensystem der Elemente.
In diese nichtleitenden Materialien werden Elemente eingebaut (dotiert), die Elektronen abgeben *(Donatoren)* oder Elektronen aufnehmen *(Akzeptoren)*. Auf diese Weise entsteht ein *Überschuß*-(n-)*Halbleiter* (im Leitungsband befinden sich die von den Donatoren gelieferten Elektronen) oder ein *Defekt*-(p-)*Halbleiter* (im Valenzband fehlen die von den Akzeptoren aufgenommenen Elektronen). Diese Fehlstellen *(Löcher)* verhalten sich wie »positive Elektronen«, sie bewegen sich bei Anlegen einer Spannung also von Plus nach Minus (Löcher- oder Defektelektronenleitung).
Als Materialien für Donatoren und Akzeptoren kommen eine Reihe von Elementen in Betracht, wie z. B. Te, Cd, Sb, Zn. Die Konzentration der Dotierung für

Tabelle 2.39. Halbleiterlaser-Grundmaterialien (x,y kennzeichnet den prozentualen Anteil des Elements in der Mischverbindung)

Verbindung	Grundmaterial		
$A_{III}B_V$-Verbindungen	$Ga_xIn_{1-x}P$	GaAs	InP
	$Ga_xIn_{1-x}P_yAs_{1-y}$	$Ga_xIn_{1-x}As$	InP_xAs_{1-x}
	$Ga_xAl_{1-x}As$	$GaAs_xSb_{1-x}$	InAs
	$Ga_xAl_{1-x}P_yAs_{1-y}$	$Ga_xAl_{1-x}Sb$	$InAs_xSb_{1-x}$
	$Ga_xAl_{1-x}As_ySb_{1-y}$	GaSb	InSb
	GaP_xAs_{1-x}		
$A_{IV}B_{VI}$-Verbindungen	PbS	PbTe	$Pb_xSn_{1-x}Se$
	PbS_xSe_{1-x}	$Pb_xSn_{1-x}Te$	PbSe
	$Pb_xGe_{1-x}Te$		

Halbleiterdioden beträgt

$10^{10} \ldots 10^{14}$ cm^{-3} (schwach dotiert)
$10^{14} \ldots 10^{19}$ cm^{-3} (stark dotiert)

Für Halbleiterlaser ist eine starke Dotierung erforderlich.

Die Verbindung eines n- und eines p-Halbleiters ergibt eine pn-(Halbleiter-)Diode, das Grundelement eines Halbleiter-(Injektions-)Lasers. Das Energieniveauschema, die Bandstruktur, ist gekennzeichnet durch eine *Potentialbarriere*, bedingt durch die unterschiedliche Ladungsverteilung im n- und p-Halbleiter (Bild 2.69).
Die enge Nachbarschaft von Elektron-Loch-Paaren innerhalb des Übergangsbereiches führt dazu, daß Elektronen mit Löchern unter Aussendung von Strahlung rekombinieren: *spontane Rekombinationsstrahlung*. Die Frequenz der Strahlung wird durch den *Bandabstand* bestimmt. Auf Grund der Vielzahl der möglichen Halbleitermaterialien variiert auch der Bandabstand in weiten Grenzen, was die Erzeugung der Strahlung in einem breiten Spektralbereich ermöglicht. Die zusätzliche Änderung des Bandabstandes ist möglich durch Änderung der Temperatur und durch Druck. Hierdurch ist der Halbleiterlaser in gewissen Grenzen *abstimmbar*.

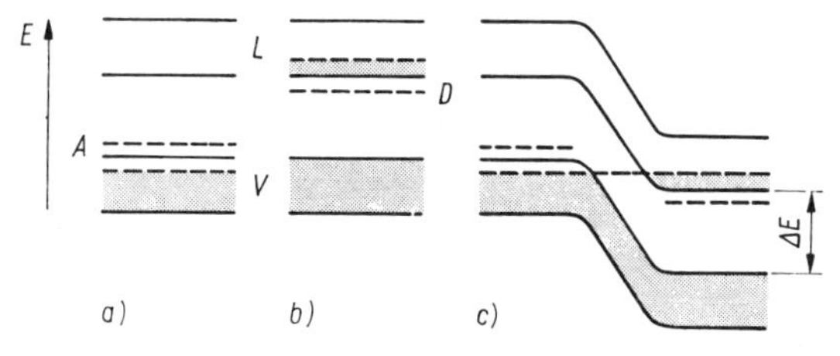

Bild 2.69. Energiebandstruktur für einen Halbleiter.
a) mit p-leitendem Gebiet (A Akzeptoren, L Leitungsband, V Valenzband), b) mit n-leitendem Gebiet (D Donatoren), c) pn-Übergang (ΔE Bandabstand)

2.7.2.2. Anregung

Die Anregung von Rekombinationsübergängen in einem pn-Übergang eines Halbleiters erfordert die Erzeugung von Elektron-Loch-Paaren. Das erfolgt – neben der stets vorhandenen Anregung im thermischen Gleichgewicht – durch:

- Anlegen einer äußeren Spannung, hierdurch werden Elektronen und Löcher zum pn-Übergang bewegt, so daß die Dichte von Ladungsträgern erhöht wird (»*Injektion*« von Ladungsträgern). Häufigste Form der Anregung von Halbleiterlasern, die dann als *Injektionslaser* bezeichnet werden.
- Elektronenstrahlen (die Anregung erfolgt durch den Stoß schneller Elektronen mit den Gitteratomen, die ihre Energie an die Elektronen abgeben)
- elektrische Impulse mit hoher Feldstärke (dies führt zur Anregung durch *Stoß-* oder *Tunnelionisation*)
- optisches Pumpen

Damit die Anregung zu einer Besetzungsinversion führt, gilt für die Dotierung als *notwendige Bedingung:*

$$E_F^{(n)} - E_F^{(p)} \geqq h\nu \tag{2.114}$$

ν Frequenz der erzeugten Strahlung,
$E_F^{(i)}$ FERMI-Niveau im i-Gebiet, $i = $ n, p.

Da ν durch den Bandabstand gegeben ist, muß die Dotierung so hoch sein, daß die FERMI-Niveaus im Leitungsband ($E_F^{(n)}$) bzw. Valenzband ($E_F^{(p)}$) liegen.
Notwendige Dotierung für GaAs:

$n > 4 \cdot 10^{17}\ \text{cm}^{-3}$, Donatoren Te
$p > 1 \cdot 10^{19}\ \text{cm}^{-3}$, Akzeptoren Zn.

Anregung des Injektionslasers durch Stromdurchgang

Das Anlegen einer Spannung an einen pn-Übergang führt zur Erniedrigung der Potentialbarriere (Bild 2.70), damit zur Injektion von Ladungsträgern, Elektron-Loch-Paaren, und somit zur Rekombinationsstrahlung. Die Besetzungsinversion und damit die *Kleinsignalverstärkung g* ist direkt

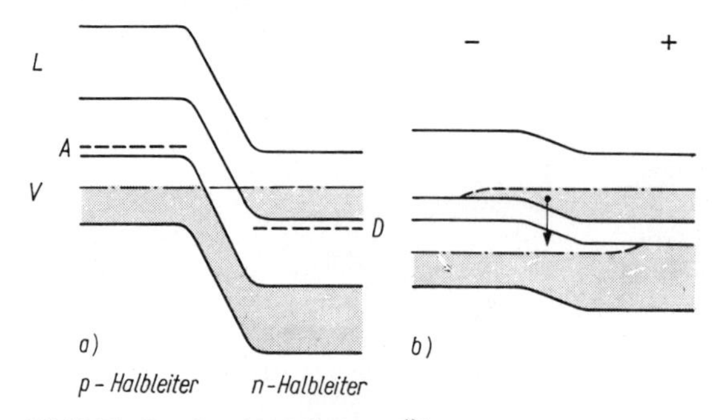

Bild 2.70. Bandstruktur eines pn-Überganges.
a) ohne Strom, b) bei Stromdurchgang mit Übergang der Rekombinationsstrahlung

proportional zur Stromdichte:

$$g = \beta J \tag{2.115}$$

Notwendig ist als *Schwellenstromdichte*

$$J_s = \frac{1}{\beta}\left(\alpha_i + \frac{1}{2L}\ln\frac{1}{R_1 R_2}\right) \tag{2.116}$$

α_i innere Verluste (Absorption an freien Ladungsträgern, Beugung)
β Proportionalitätsfaktor, stark temperaturabhängig!

$\beta \sim T^{-3}$ für $T > 80$ K
$\beta = 6 \cdot 10^{-4} \ldots 4 \cdot 10^{-3}$ cm/A

■ Der Schwellenstrom ist um so kleiner, je geringer die Temperatur ist (Bild 2.71).

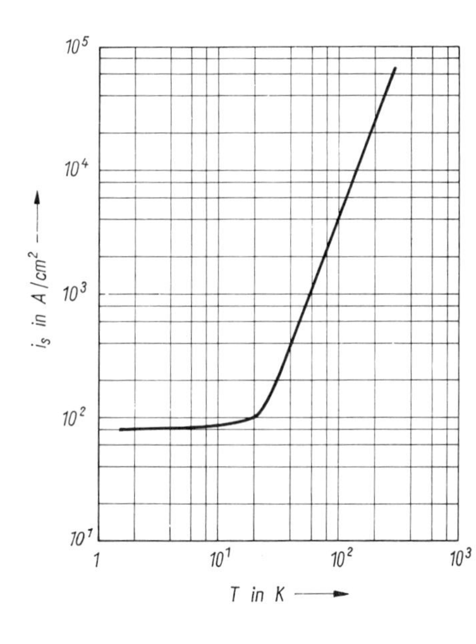

Bild 2.71. Abhängigkeit des Schwellenstromes eines GaAs-Injektionslasers von der Temperatur

Die *Schwellenstromdichte* hängt ab (Tabelle 2.40) von:

- Halbleitermaterial
- Betriebsregime (kontinuierlich oder Impuls). Der Anregungsstrom führt zu einer Erwärmung des Halbleiters und bedingt eine höhere Schwellenstromdichte bei kontinuierlicher Anregung, vielfach ist eine Kühlung notwendig.
- Struktur des pn-Übergangs. Abnehmende Schwellenstromdichte wird erreicht durch Übergang von der Homostruktur zur Einfachheterostruktur (s. Abschnitt 2.7.2.3.) und Doppel-(bzw. Mehrfach-)Heterostruktur.

Die bevorzugt für den kontinuierlichen Betrieb notwendige *Kühlung* (Verlustwärme ≈ 2 W) wird erreicht durch eine Wärmesenke (Kupfer- oder Diamantblock) oder durch Streifenstrukturen (s. Abschn. 2.7.2.3.).

Tabelle 2.40. Schwellenstromdichten für den Injektionslaser (nach [2.36])

Struktur	Halbleitermaterial	Wellenlänge µm	Temperatur K	Schwellenstromdichte kA/cm²	Bemerkungen
Homostruktur	GaAs	0,840	4,2	0,03	cw
	GaAs	0,870	77	0,12	cw
	GaAs	0,910	300	20 ... 40	cw
	(In, Ga) As	1,085	77	1,9	cw
	InP	0,907	77	0,75	
	(In, Ga) P	0,670	77	5,9	
	GaSb	1,550	77	2 ... 3	
	InSb	5,300	4,2	3 ... 4	
	In (As, Sb)	3,170	77	0,8	
	PbS	4,325	4,2	0,3	cw
	PbS	3,960	77	2	
	PbSe	8,500	4,2	1 ... 2	
	PbSe	6,900	77	4 ... 6	
	PbSe	7,220	77	4	cw
	PbTe	6,500	4,2	0,5 ... 2	
	Pb (S, Se)	4,740	77	6	
	(Pb, Cd) S	3,500	4,2	0,185	cw
	(Pb, Ge) Te	5,500	4,2	0,1	cw
	(Pb, Sn) Se	18,00	78	3 ... 10	
Einfachheterostruktur	GaAs	0,900	300	0,6 ... 20	
Doppelheterostruktur	GaAs	0,890	300	0,94	cw
	(Al, Ga) As	0,776	300	0,80	cw
	(Al, Ga) As	0,740	300	1,30	cw
	(Al, Ga) As	0,690	300	30	
	(In, Ga) As	1,150	300	15	
	Ga (As, Sb)	0,996	300	2,1	cw
	(Al, Ga) Sb	1,780	300	5,2	
	(Pb, Sn) Te	10,000	40	0,2	

2.7.2.3. Aufbau

Injektionslaser in der einfachsten Form *(Homostrukturlaser)* bestehen aus p- und n-leitendem Material mit je einem elektrischen Anschluß, der auf Kontaktplättchen aus Gold angebracht ist.

Die induzierte Emission erfolgt in der Längsausdehnung der pn-Schicht (Bild 2.72). Deren Abmessungen sind:
Schichtdicke ≈ 1 µm, Länge $\leqq 0{,}5$ mm.

Als *Resonatorspiegel* dienen die Endflächen des Halbleiterkristalls, die parallel geschliffen und poliert werden, vielfach genügt eine saubere Bruchfläche (typisches Reflexionsvermögen 30 ... 40%).

Eine Erhöhung der *Pumpeffektivität* und Verringerung der *Strahlungsverluste* werden beim Injektionslaser erreicht durch geeignete Heterostrukturen im Anschluß an den pn-Übergang. Das bedeutet das Aufbringen einer Schicht auf der p-Seite (Einfachheterostruktur) oder auch von Schichten auf p- und n-Seite (Doppel- bzw. Mehrfachheterostruktur), Bild 2.73.

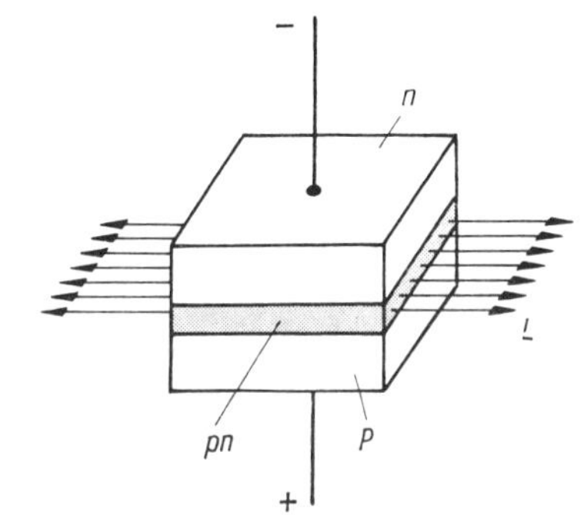

Bild 2.72. Schematischer Aufbau eines Injektionslasers.
n n-leitendes Gebiet, p p-leitendes Gebiet, pn pn-Übergang, L Laserausgangsstrahlung

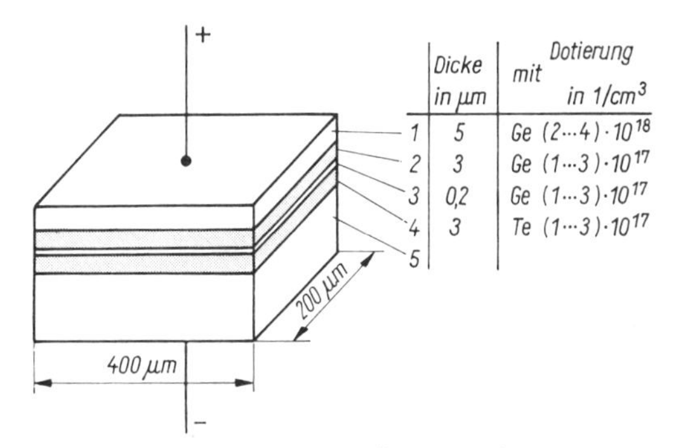

Bild 2.73. Schema einer Doppelheterostruktur.
1 p-GaAs, *2* p-$Al_{0,36}Ga_{0,64}As$, *3* p-$Al_{0,08}Ga_{0,92}As$, *4* n-$Al_{0,36}Ga_{0,64}As$, *5* n-GaAs-Substrat

Notwendige Eigenschaften der Schichten sind:

- *kleinere Brechzahl* als im pn-Bereich. Hierdurch wird erreicht, daß das im pn-Übergang erzeugte Licht wie in einem Wellenleiter geführt wird und damit geringere Verluste auftreten.
- *größerer Bandkantenabstand.* Die hierdurch entstehende Potentialbarriere vermindert die Diffusion von Elektronen und Löchern aus dem pn-Übergang und führt zu einer hohen Trägerkonzentration.

Dicke der Schichten 0,1 … 5 µm.
Damit wird eine wesentliche Reduzierung der Schwellenstromdichten J_s erreicht, so daß kontinuierlicher Betrieb bei Zimmertemperatur möglich ist ($J_s \leqq 10^3$ A/cm²), s. Tab. 2.40. Die Herstellung von pn-Übergängen erfolgt durch:

- *Diffusion.* In einem homogen mit Donatoren dotierten Grundmaterial werden von der Oberfläche her Akzeptoren eindiffundiert, wodurch sich dieser Teil des Materials in einen Halbleiter vom p-Typ umwandelt.

- *Dotierung* beim Kristallziehen
- *Epitaxiewachstum* in der Form der Dampfphasenepitaxie oder der Flüssigphasenepitaxie (häufigste Methode). Hierbei wird während des Abkühlungsprozesses die gelöste Mischverbindung (entsprechend der herzustellenden Schicht) aus der gesättigten Schmelzlösung ausgefällt und auf das entsprechende Substrat abgeschieden.
- *Molekularstrahlepitaxie*

Besondere Strukturen (Bild 2.74)

Laser mit breiten optischen Resonatoren (LOC-Laser)
Als Schichten werden Mehrfach-Mischkristallstrukturen mit abgestuften Brechzahlwerten und Bandabstand verwendet. Hierbei werden die Ladungsträger in der dünnen inneren aktiven Schicht (pn-Übergang) geführt, während die Lichtleitung in einem breiteren Wellenleiterbereich erfolgt. Hierdurch wird eine geringere Strahldivergenz bei gleichzeitig kleinerer optischer Belastung der Endflächen sowie kleiner Schwellenstromdichte ($J_s \approx 700\ A/cm^2$) erreicht.

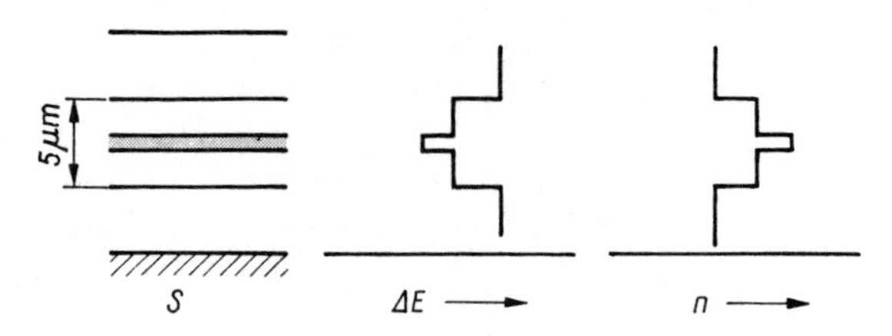

Bild 2.74. Abhängigkeit des Bandabstandes ΔE und der Brechzahl von der Schichtenstruktur für einen LOC-Laser.
S Substrat

Streifenstrukturen
Nur ein schmaler Streifen eines pn-Übergangs wird aktiv als Laser betrieben, wodurch die erzeugte Wärme einmal wesentlich reduziert wird, gleichzeitig jedoch der gesamte Bereich zur *Wärmeableitung* dient. Die Streifenbreite beträgt 1 ... 20 µm. Zur Herstellung der *Streifengeometrie* werden verwendet:

- isolierende Schichten seitlich der Streifen
- hochohmige Gebiete, die den Streifen begrenzen, erzeugt durch Protonen- oder Sauerstoffimplantation
- Abtrennung der nicht aktiven Bereiche durch Sperrschichten (Mesastrukturen, Buried-Laser)

Die durch die besonderen Strukturen erreichte Reduzierung der Schwellenströme und damit der Wärmebelastung führte – und das war mit ein Ziel dieser Entwicklung – zu einer wesentlichen *Vergrößerung der Lebensdauer* von Injektionslasern. Für Streifengeometrie-Doppelheterostrukturlaser mittlerer kontinuierlicher Leistung (5 ... 10 mW) bei Zimmertemperatur liegt die Lebensdauer z.Z. bei $\geqq 10^4$ Stunden, die Spitzenwerte von Labormustern liegen bei $\approx 10^6$ Stunden.

2.7.3. Der GaAs-Injektionslaser

Dieser Laser [2.37] wurde als erster Halbleiter-Injektionslaser realisiert und gehört auch heute noch zu den am meisten verwendeten Injektionslasern. Sein Anwendungsgebiet liegt bevorzugt in der Informationsverarbeitung, aber auch in weiteren kommerziellen Anwendungen (Entfernungsmessung) sowie im beschränkten Umfang in der Spektroskopie.

Tabelle 2.41. Physikalisch-technische Parameter des GaAs-Injektionslasers

Parameter	Struktur			Einheit
	Einfachheterostruktur	Doppelheterostruktur		
Betriebsregime	Impuls	cw	Impuls	–
Impulsbreite	200	–	350	ns
Wellenlänge	0,905	0,82	0,85	μm
Linienbreite	4,5	2	4,5	nm
Schwellenstrom	10	0,25	0,5	A
Strom	40	0,40	1,3	A
Spannung	12	2	3,5	V
Ausgangsleistung	12	0,01	0,2	W

Das Halbleitermaterial GaAs ist mit Te (als Donatoren) sowie Zn (als Akzeptoren) dotiert ($Te > 4 \cdot 10^{17}\ cm^{-3}$, $Zn > 1,5 \cdot 10^{19}\ cm^{-3}$). Die durch den Bandabstand gegebene Wellenlänge beträgt $\lambda = 0,84$ μm.
Mögliche Abstimmung durch
Temperatur T: 0,2 nm je 1 K innerhalb (4 ... 300) K, Druck von (0,84...0,76) μm bei einer Druckänderung von (0 ... 14) Pa.

GaAs-Injektionslaser werden mit den verschiedenen Strukturen (Homo- bis Mehrfachheterostruktur) verwendet und kontinuierlich (Leistung $\leqq 10$ mW) oder im Impulsbetrieb (Leistung $\leqq 100$ W) betrieben (Tabelle 2.41).

2.7.4. Der PbSnTe-Laser

Dieser Laser ist ein typischer Vertreter eines *Injektionslasers* im infraroten Spektralbereich [2.38]. Der damit erfaßbare Wellenlängenbereich liegt zwischen 6,5 und 32 μm. Angewendet wird er bevorzugt in der Spektroskopie sowie als Strahlungsquelle im Infraroten.
Das Halbleitermaterial PbSnTe wird in verschiedener Zusammensetzung hinsichtlich Pb und Sn verwendet, ausgedrückt durch die Schreibweise $Pb_{1-x}Sn_xTe$. x bezeichnet den Zinn-, $1 - x$ den Bleianteil.

! Änderung von x bedingt eine Veränderung des Bandabstandes und führt auf diese Weise zu dem großen, mit diesem Halbleitermaterial erfaßbaren Wellenlängenbereich. Bei einer Temperatur von 12 K beträgt für $x = 0 ... 0,35$ die Wellenlängenänderung $\lambda = 6,5 ... 30$ μm.

Tabelle 2.42. Physikalisch-technische Parameter des $Pb_{1-x}Sn_xTe$-Injektionslasers

Parameter	Struktur						Einheit
	Homostruktur		Einfachhetero-struktur		Doppelhetero-struktur		
x	0,12		0,17	0,17	0,13	0,18	
Betriebsregime	cw		cw	cw	cw	cw	
Temperatur	10	77	10	77	10	77	K
Schwellenstromdichte	0,05 … 2	3 … 10	0,1	16	0,1 … 0,4	1 … 3	kA/cm²
Ausgangsleistung	0,5 … 10						mW

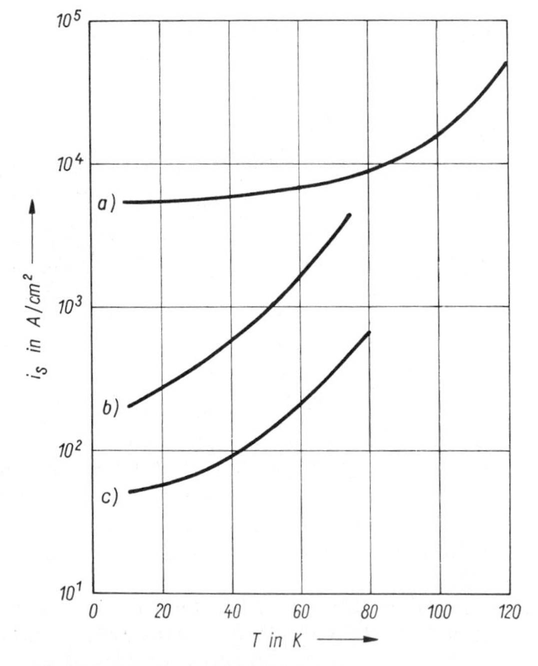

Bild 2.75. Temperaturabhängigkeit der Schwellenstromdichte für den PbSnTe-Injektionslaser (nach [2.38]).
a) Doppelheterostruktur, b) Homostruktur, c) Einfachheterostruktur

Die Dotierung erfolgt mit Cd oder auch Sb *(Donatoren)*, während Pb als *Akzeptor* im Mischkristall bereits enthalten ist. Die Erzeugung eines pn-Übergangs erfolgt dann durch Diffusion von Cd(Sb) oder mit Hilfe der verschiedenen Epitaxietechnologien (als Homo-, Einfach- oder auch Doppelheterostruktur).

! Da das PbSnTe-Halbleitermaterial relativ weich ist, lassen sich saubere Bruchflächen, die zugleich als Resonatorspiegel wirken, nur schwer erhalten, so daß meist eine Nachbehandlung durch Schleifen und Polieren notwendig ist.
Bei Verwendung eines äußeren Resonators (s. Abschn. 2.7.5.) entfällt die Entspiegelung der Stirnflächen.

PbSnTe-Laser werden bevorzugt *kontinuierlich* betrieben (Leistung $\leqq 10$ mW), Tabelle 2.42, und zwar ausschließlich bei tieferen Temperaturen ($T \leqq 77$ K), da die Schwellenstromdichte sehr stark mit der Temperatur zunimmt (Bild 2.75).
Die *Wellenlänge der Strahlung* wird bestimmt durch die Zusammensetzung x des Mischkristalls und ist durch Temperaturänderung in weiten Grenzen abstimmbar (8 µm < λ < 16 µm für 20 K < T < 120 K, Bild 2.76).

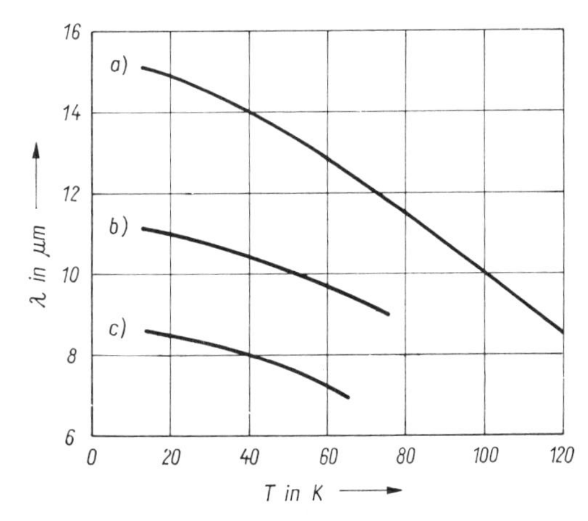

Bild 2.76. Temperaturabhängigkeit der Wellenlänge für den PbSnTe-Injektionslaser [2.38].
a) Doppelheterostruktur, b) Homostruktur (x = 0,12), c) Homostruktur (x = 0,065)

Die Linienbreite $\delta\nu$ der Strahlung ist sehr klein: $\delta\nu < 3 \cdot 10^6$ Hz. Dementsprechend findet dieser Lasertyp bevorzugt Anwendung in der hochauflösenden Spektroskopie. Die Auflösung von Spektrometern, die einen Injektionslaser als aktives Element enthalten, ist – auf Grund der kleinen Linienbreite – an Größenordnungen besser als bei konventionellen Geräten.
In den Eigenschaften sowie der Herstellungstechnologie dem PbSnTe-Laser ähnlich sind die Injektionslaser auf der Basis von $PbS_{1-x}Se_x$ und $Pb_{1-x}Sn_xSe$ [2.38].

2.7.5. Strahlungseigenschaften des Injektionslasers

Diese werden wesentlich bestimmt durch:

- eine *homogene Verbreiterung* mit inhomogenem Anteil der Rekombinationsstrahlung (Breite der g-Kurve $\leqq 50$ nm)
- *räumliche Inhomogenitäten* des Kristalls, abhängig von der Struktur
- die *Kleinheit des strahlenden Bereichs* sowie des Resonators

Die Ausstrahlung erfolgt kontinuierlich oder im Impulsbetrieb (abhängig von der Struktur des Übergangs). Auf Grund der unterschiedlichen Bandabstände der einzelnen Halbleitermaterialien ist Laserstrahlung in einem weiten Spektralbereich erzielbar (Bild 2.77).

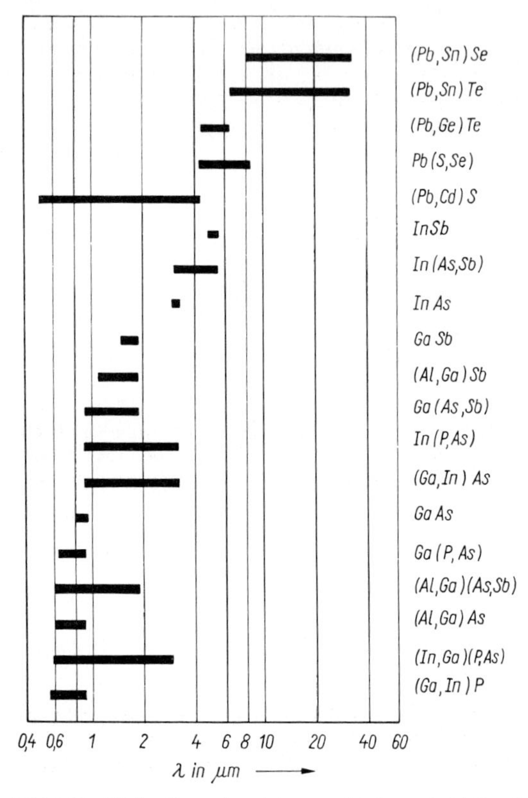

Bild 2.77. Wellenlängenbereiche verschiedener Injektionslaser.
(A, B) bezeichnet vereinfachend den Mischkristall $A_{1-x}B_x$

Die spektrale Breite der emittierten Linie (die im allgemeinen nur wenige Moden enthält) beträgt ≈ 3 nm und ist über die Breite der g-Kurve (Lumineszenzspektrum) von 20 ... 50 nm abstimmbar.

Beispiel: Gemessene Abstimmung bei einer Druckänderung von 0 ... 14 Pa:

Laser	Wellenlängenbereich
InSb	2,8 ... 5,3 μm
PbTe	5 ... 11 μm
PbSe	7,5 ... 22 μm

Der Spektralbreite entspricht eine *Kohärenzlänge* von $\leqq 10$ cm. Diese wird mit beeinflußt durch räumliche Inhomogenitäten, die dazu führen, daß einzelne Moden verschiedene räumliche Bereiche erfassen und so zu einer Koexistenz von Moden führen können. Hinzu kommt die Möglichkeit des zeitlich begrenzten Oszillierens verschiedener Moden, wodurch die Gesamtstrahlung ein ausgeprägtes *Spike-Verhalten*, auch als kurzzeitige Unterstruktur bei Impulsbetrieb, zeigen kann. Die strahlende Fläche ist damit in ihrer Intensität sowohl zeitlich als auch räumlich mehr oder weniger stark moduliert. In dieser Beziehung entspricht die Strahlqualität etwa der eines Festkörperlasers. Auf Grund der kleinen Querausdehnung D des strahlenden Bereichs von $\approx 10^{-4}$ cm ergeben sich große *Beugungsverluste* sowie ein großer *Divergenzwinkel*:

$$\Theta_{\mathrm{div}} = \frac{\lambda}{D} \tag{2.117}$$

! Bei Doppel-(bzw. Mehrfach-)Heterostrukturlasern wird als Folge der geringeren Ausdehnung D eine größere Strahldivergenz als bei Homostrukturlasern erzielt.

Beispiel: Mit $D = 10^{-4}$ cm ergibt sich bei einer Wellenlänge von $\lambda = 0{,}8$ µm

$$\Theta_{\mathrm{div}} = \frac{0{,}8 \cdot 10^{-4}}{10^{-4}} = 0{,}8$$

entsprechend 46°.
Die *Längsausdehnung* des aktiven Mediums und damit des Resonators (Besonderheit s. unten) beträgt $L \leqq 0{,}5$ mm. Dementsprechend ergibt sich ein relativ großer Modenabstand. Dieser ergibt sich unter Berücksichtigung des relativ großen Wertes für die Brechzahl ($n \leqq 4$) sowie der Dispersion $\mathrm{d}n/\mathrm{d}\lambda$ ($\approx 2 \cdot 10^4\ \mathrm{cm}^{-1}$) der aktiven Schicht aus:

$$\Delta\nu = \frac{c}{2nL\left(1 - \dfrac{\lambda}{n}\dfrac{\mathrm{d}n}{\mathrm{d}\lambda}\right)} \tag{2.118}$$

Beispiel: Für $L = 0{,}3 \ldots 0{,}4$ mm und eine Wellenlänge von 0,8 µm ergibt sich $\Delta\nu = (1 \ldots 1{,}4) \cdot 10^{11}$ Hz oder $\Delta\lambda = 0{,}2 \ldots 0{,}3$ nm.

Die Zahl der schwingenden Moden M ist damit im Verhältnis zu den meisten anderen Lasertypen (Ausnahme: Miniatur-Festkörperlaser, s. Abschn. 2.5.7.) relativ klein: $M \leqq 20$.
Bei nicht zu hoher Anregung ist es damit leicht möglich, nur *eine* Eigenschwingung anzuregen.

Die Strahlungsleistung eines Injektionslasers ist als Folge des kleinen Volumens der aktiven Schicht relativ gering. Sie steigt stark mit dem Anregungsstrom (Bild 2.78) an und ist $\leqq 200$ mW im kontinuierlichen und $\leqq 100$ W im Impuls-Betrieb (Impulslänge $\leqq 1$ µs, Folgefrequenz einige Kilohertz).
Der *Wirkungsgrad* des Injektionslasers ist relativ hoch, er ist im allgemeinen höher als bei allen anderen Lasertypen (Tabelle 2.43). Man unterscheidet beim Injektionslaser zwischen dem

- *inneren* (Quanten-)*Wirkungsgrad* η_i, definiert als das Verhältnis der Zahl der erzeugten Photonen zur Zahl der rekombinierenden Elektronen, $\eta_i \approx 10$ bis 100%,
- *äußeren* (Quanten-)*Wirkungsgrad*, $\eta_a = \eta_i\,[\alpha_a/(\alpha_a + \alpha_i)]$
  α_a bezeichnet die äußeren (Auskoppel-)Verluste und
  α_i die inneren Verluste,

- *Leistungswirkungsgrad*, definiert als das Verhältnis der emittierten Gesamtstrahlungsleistung zur insgesamt eingespeisten elektrischen Leistung, vielfach kurz als *Wirkungsgrad* bezeichnet (Tab. 2.43).

Tabelle 2.43. Physikalisch-technische Parameter von Injektionslasern

Struktur	Betriebs-regime	Strahlungs-leistung mW	Wirkungs-grad %	Bemerkungen
Doppelheterostruktur	cw	10 ... 20	1 ... 2	Einmodenbetrieb
Doppelheterostruktur	cw	100 ... 150	7	Multimode-betrieb
Einfachhetero- und	Impulse	10^5	10	für $T = 300$ K
Homostruktur			50	für $T = 77$ K
LOC	Impuls	10^3	20	

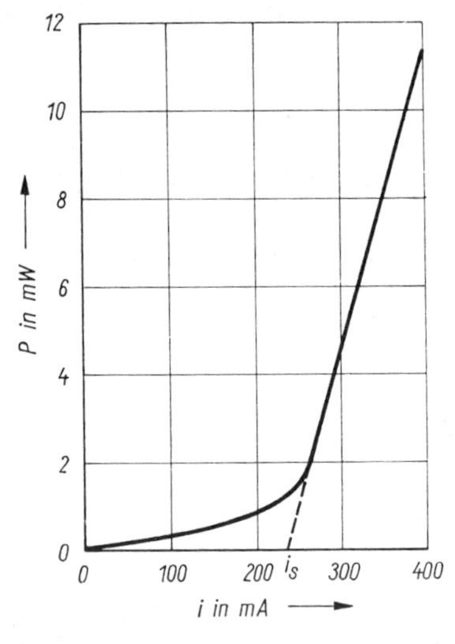

Bild 2.78. Abhängigkeit der Ausgangsleistung P vom Anregungsstrom i

Besonderheit:
Der durch die Kleinheit des aktiven Mediums, dessen Enden zugleich als Resonatorspiegel dienen, bedingte große Modenabstand ist zu vermeiden bei Verwendung eines äußeren Resonators (Bild 2.79). Voraussetzung ist die *Entspiegelung* einer der beiden Stirnflächen (Reflexionsvermögen $\leqq 5\%$) und der Ersatz durch einen, im größeren Abstand angeordneten *Spiegel* oder durch ein *Gitter* (besonders geeignet bei gewünschter Abstimmung). Der *Modenabstand* entspricht dann dem anderer Lasertypen entsprechender Resonatorlänge.

Ist bei ungenügender Entspiegelung ein Anschwingen der Moden des ursprünglichen (kleinen) Resonators möglich, tritt ein Strahlungsverhalten auf, wie es dem von zwei gekoppelten Resonatoren entspricht. Insbesondere kann der Abstimmbereich eingeschränkt werden.

Auf Grund der einfachen Anregung des Injektionslasers durch elektrischen Strom ist eine Modulation der Ausgangsstrahlung durch eine Modulation des Anregungsstromes leicht möglich. Bedingt durch die sehr schnellen Rekombinationszeiten von $< 10^{-9}$ s ist eine Modulation bis in den Gigahertzbereich möglich.

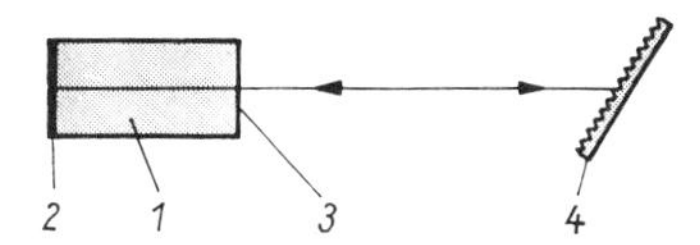

Bild 2.79. Injektionslaser mit äußerem Resonator.
1 Halbleiterkristall, *2* Resonatorspiegel (Bruchfläche des Kristalls), *3* entspiegelte Bruchfläche, *4* Resonatorspiegel (auf dem Bild angedeutet als Gitter, mit der Möglichkeit der Abstimmung über die Gainkurve, s. Abschn. 2.8.)

Hieraus ergeben sich auch die wesentlichen Anwendungsmöglichkeiten des Injektionslasers in der:

- Informationsübertragung (s. Abschn. 4.3.)
- integrierten Optik

und auf Grund seiner Abstimmbarkeit und der Erfassung des infraroten Spektralbereichs

- im Gerätebau (Spektroskopie, Entfernungsmessung u.ä.)
- als Infrarot-Strahlungsquelle

2.8. Farbstofflaser

[2.39], [2.40]

2.8.1. Einführung

Farbstofflaser wurden im Impulsbetrieb erstmals 1966, im kontinuierlichen Betrieb 1970 realisiert. Sie emittieren im Spektralbereich von 0,32 ... 1,28 μm. Sie werden fast ausschließlich optisch gepumpt. Nach der Zeitdauer bzw. der Art der Anregung ist zu unterscheiden zwischen:

- cw-Farbstofflasern (zeitlich kontinuierliche Emission)
- Blitzlampen-Farbstofflasern (Impulsdauer 0,3 ... 3 μs)
- Nanosekunden-Farbstofflasern (Impulsdauer 5 ... 20 ns)

Farbstofflaser sind in ihrer Wellenlänge weitgehend durchstimmbar (mit einem Farbstoff maximal über 170 nm) und in ihren Ausstrahlungsparametern (Intensität, Impulsbreite) weitgehend zu variieren. Dementsprechend finden sie vielfältige Anwendungen, bevorzugt in der Spektroskopie, der Isotopentrennung, in Medizin und Biologie, dem Umweltschutz sowie der Analysenmeßtechnik.

Tabelle 2.44. Laserfarbstoffe

Farbstoff	relative Molekülmasse	Anregung	Lösungsmittel	Konzentration mol/l	Laserbereich nm
p-Terphenyl	230	Ns	Cyclohexan	$5 \cdot 10^{-3}$	322 ... 360
		B	DMF	$1 \cdot 10^{-4}$	335 ... 355
2-(4-Biphenylyl)-5-phenyl-1,3,4-oxadiazol (PBD)	298	Ns	Toluen/Ethanol, (1:1)	$5 \cdot 10^{-3}$	360 ... 385
Butyl-PBD	354	B	DMF	$2 \cdot 10^{-4}$	355 ... 380
		Ns	Toluen	$4 \cdot 10^{-3}$	355 ... 395
4,4‴-bis-Butylacetyloxy-quaterphenyl (BBQ)	675	Ns	Toluen/Ethanol, (1:1)	$2{,}5 \cdot 10^{-3}$	375 ... 400
		B	DMF	$8 \cdot 10^{-5}$	375 ... 400
4,4′-Diphenylstilben (DPS)	332	Ns	p-Dioxan	$1 \cdot 10^{-3}$	395 ... 415
2,5-bis(4-Biphenylyl)oxazol (BBO)	373	B	Benzen (Benzol)	$\approx 10^{-4}$	405 ... 415
Stilben 3	563	Ns	Methanol	$1 \cdot 10^{-3}$	410 ... 465
		cw	Ethylenglycol/ Ethanol, (9:1)	$1{,}1 \cdot 10^{-3}$	400 ... 490
7-Amino-4-methylcumarin (Coumarin 120)	175	Ns	Ethanol	$5 \cdot 10^{-3}$	420 ... 460
		B	Ethanol	$3 \cdot 10^{-4}$	420 ... 460
		cw	Ethylenglycol	$2{,}5 \cdot 10^{-3}$	425 ... 475
Coumarin 102	255	Ns	Ethanol	$5 \cdot 10^{-3}$	455 ... 495
		B	Ethanol	$2{,}5 \cdot 10^{-3}$	460 ... 510
		cw	Ethylenglycol/ Benzylalkohol, (8:2)	$3 \cdot 10^{-3}$	470 ... 515
Coumarin 153	309	Ns	Ethanol	$5 \cdot 10^{-3}$	515 ... 580
		B	Ethanol	$1{,}5 \cdot 10^{-4}$	520 ... 565
		cw	Ethylenglycol/ Benzylalkohol, (8:2)	$6 \cdot 10^{-3}$	535 ... 570
Rhodamin 6G	479	Ns	Ethanol	$5 \cdot 10^{-3}$	570 ... 615
		B	Ethanol	$3 \cdot 10^{-4}$	570 ... 625
		cw	Ethylenglycol	$2 \cdot 10^{-3}$	570 ... 650
Rhodamin B	479	Ns	Ethanol	$2{,}5 \cdot 10^{-3}$	595 ... 650
		B	Ethanol	$3 \cdot 10^{-4}$	600 ... 645
		cw	Ethylenglycol	$2 \cdot 10^{-3}$	600 ... 675

Cresylviolett	361	B	Ethanol	$8 \cdot 10^{-5}$	645 ... 700
Cresylviolett + Rhodamin 6G		Ns	Ethanol	$2{,}5 \cdot 10^{-3}$ + $3{,}5 \cdot 10^{-3}$	645 ... 690
		cw	Ethylenglycol	$2{,}4 \cdot 10^{-3}$ + $1{,}5 \cdot 10^{-3}$	675 ... 710
Nilblau A	418	Ns	Ethanol	$2 \cdot 10^{-3}$	685 ... 730
		B	Ethanol	$5 \cdot 10^{-4}$	710 ... 760
		cw	Ethylenglycol	$1 \cdot 10^{-3}$	710 ... 790
Oxazin 1	424	Ns	Ethanol	$5 \cdot 10^{-3}$	725 ... 775
		B	Ethanol	$1{,}5 \cdot 10^{-4}$	700 ... 765
		cw	DMSO/Ethylenglycol, (1:1)	$1{,}2 \cdot 10^{-3}$	695 ... 810
3,3′-Diethyloxatricarbocyaniniodid (DOTC)	512	Ns	DMSO	$2{,}5 \cdot 10^{-3}$	780 ... 800
		B	DMSO	$2 \cdot 10^{-4}$	785 ... 840
		cw	DMSO/Ethylenglycol, (1:1)	$1 \cdot 10^{-3}$	760 ... 870
Hexacyanin 3 (HITC)	536	Ns	DMSO	$2 \cdot 10^{-3}$	845 ... 870
		cw	DMSO/Ethylenglycol, (1:1)	$1 \cdot 10^{-3}$	830 ... 940
3,3′-Diethylthiatricarbocyaniniodid (DTTC)	544	Ns	DMSO	$2 \cdot 10^{-3}$	865 ... 885
		B	DMSO	$2 \cdot 10^{-4}$	860 ... 885
		cw	Ethylenglycol	$1 \cdot 10^{-3}$	870 ... 900
3,3′-Diethyl-5,5′-dichlor-10,12-ethylen-II-diphenylamino-2,2′-diatricarbocyaninperchlorat (IR-140)	780	B	DMSO	$2 \cdot 10^{-4}$	900 ... 950
		cw	Ethylenglycol	$1{,}3 \cdot 10^{-3}$	890 ... 960
		Ns	DMSO	$1 \cdot 10^{-3}$	930 ... 990
1,1′-Diethyl-4,4′-tricarbocyaniniodid (Xenocyanin)	532	Ns	Aceton	$\approx 10^{-3}$	≈1000
3,3′-Diethyl-9,11,15,17-dineopentylen-(5,6,5′,6′-tetramethoxy)thiapentacarbocyaninperchlorat (DNXTPC-Perchlorat)	826	Ns	DMSO	$\approx 10^{-3}$	1107 ... 1285

Ns Nanosekundenlaser, B Blitzlampe, cw cw-Laser, DMF Dimethylformamid, DMSO Dimethylsulfoxid

2.8.2. Physikalische Grundlagen

2.8.2.1. Aktive Medien

In Farbstofflasern beruht die stimulierte Emission auf dem *Fluoreszenzübergang* von Farbstoffmolekülen. Hierbei handelt es sich um vielatomige organische Moleküle, die auf Grund konjugierter Bindungen ein ausgedehntes π-Elektronensystem besitzen und fluoreszieren können. Sie gehören verschiedenen chemischen Klassen an (Beispiele Cumarin, Xanthen, Oxazin, Polymethin) oder sind organische Szintillatoren (Tabelle 2.44).

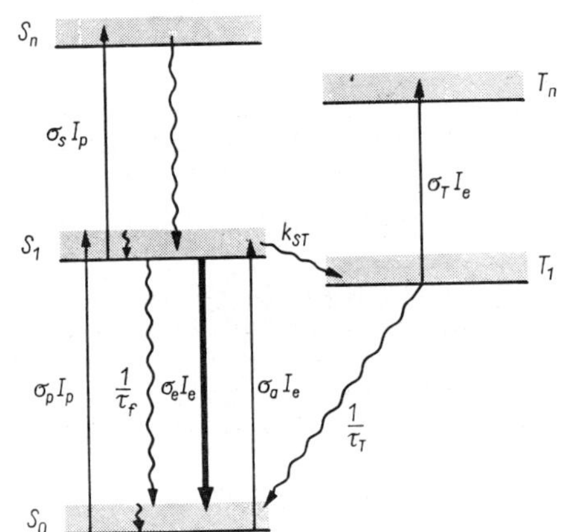

Bild 2.80. Energieniveauschema des Farbstofflasers

Der Farbstoff wird als aktives Medium verwendet:

- flüssig in Form einer Farbstofflösung (am gebräuchlichsten)
- fest eingebaut in ein Wirtsgitter
- gasförmig als Farbstoffdampf

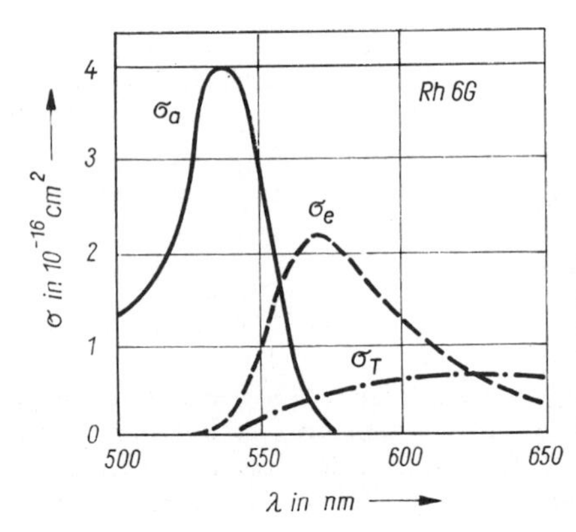

Bild 2.81. Wirkungsquerschnitte für die Absorption (σ_a), Fluoreszenz (σ_e) und Triplettanregung (σ_T) als Funktion der Wellenlänge λ für Rh 6 G

Farbstoffkonzentration: $5 \cdot 10^{-3} \ldots 10^{-4}$ mol/l

Das *Niveauschema* der Farbstoffmoleküle besteht aus einem Singulettsystem (S_0, S_1, ... S_n) mit der Multiplizität 1 (antiparallele Spins) und einem Triplettsystem (T_1, T_2, ... T_n) mit der Multiplizität 3 (parallele Spins) (Bild 2.80). Diese Elektronenzustände haben zahlreiche Schwingungs- und Rotationsunterniveaus, die durch Kopplung untereinander und mit benachbarten (Lösungsmittel-) Molekülen so stark verbreitert sind, daß die Übergänge zwischen den Elektronenzuständen im Absorptions- und Fluoreszenzspektrum breite Banden ergeben (Bild 2.81). Bei Zimmertemperatur befinden sich die meisten Moleküle im Schwingungsgrundzustand S_0^0.

2.8.2.2. Anregung

Die Erzeugung einer *Besetzungsinversion* erfolgt durch Anregung der schwingungsangeregten Zustände S_i^v (i = 1, 2, 3) von Elektronenanregungszuständen mit Hilfe des *optischen Pumpens* [Pumpdauer – kontinuierlich: bis 10^{-12} s; Leistungsdichte: 10 ... 100 kW/cm²; Wellenlängenbereich: 200 ... 1200 nm; $\lambda_{\text{Pump}}^{(\text{optimal})} = \lambda_{\text{Laser}} - (30 \ldots 50)$ nm].

Auf Grund starker inter- und intramolekularer Kopplung erfolgt in den Elektronenniveaus ein *Besetzungsaustausch* in den Schwingungsniveaus in $\leqq 10^{-12}$ s, das bedeutet eine schnelle Thermalisierung: Die Besetzung der Schwingungsniveaus ist durch eine BOLTZMANN-Verteilung gegeben. Die stimulierte Emission erfolgt deshalb in Form einer stark homogen verbreiterten Linie, ausgehend vom thermalisierten S_1^0-Zustand als oberem Laserniveau. Daneben erfolgt die *Entleerung* des S_1^0-Zustandes (als Verlustprozeß) durch:

- strahlungslose Relaxation zu S_0^v ($v > 1$)-Zuständen *(Internal conversion)*
- Übergang zum Triplett-(T_1-)Zustand *(Intersystem crossing)* mit einer Relaxationszeit von 50 ns für optimierte Laserfarbstoffe. Die Lebensdauer des T_1-Zustandes beträgt $10^{-6} \ldots 10$ s. Für diese Zeit stehen die Moleküle nicht für den Laserprozeß zur Verfügung. Um diesen Einfluß gering zu halten werden *Triplettlöscher* verwendet, die zu einer Verringerung der Triplettlebensdauer führen (Sauerstoff, Cyclooctatetraen), oder es erfolgt *Umpumpen der Farbstofflösung* (Durchflußgeschwindigkeit ≈ 10 m/s).

Das untere Laserniveau, der schwingungsangeregte Elektronengrundzustand S_0^v, ist im allgemeinen nur schwach besetzt.
Die Relaxationsübergänge in das S_0^0-Niveau erfolgen in Zeiten $\leqq 10^{-12}$ s.
Die Anregung durch optisches Pumpen erfolgt mit leistungsstarken Pumplichtquellen der verschiedensten Art, und hierdurch unterscheiden sich die einzelnen Farbstofflasertypen.

2.8.3. Anregungsanordnungen

2.8.3.1. Der cw-Farbstofflaser

Kontinuierlich gepumpter Laser in longitudinaler Pumpanordnung (Bild 2.82). Es werden cw-Gaslaser als *Pumplichtquellen* verwendet (Ausgangsleistung $\geqq 1$ W, minimal notwendige Leistungsdichten 100 kW/cm²). Besonders gut geeignet sind der Argonionenlaser sowie der Kryptonionenlaser (s. Abschn. 2.6.4.3.).
Die anzuregende *Farbstofflösung* durchströmt den Resonator senkrecht zur Resonatorachse in Form eines dünnen Flüssigkeitsfilms (jet stream-Technik).

Der *jet stream* (geformt durch eine spezielle Düse, Dicke einige 100 μm, Durchflußgeschwindigkeit 2 ... 12 m/s) wird unter dem BREWSTER-Winkel relativ zur Resonatorachse angeordnet. Die Verwendung von Farbstofflösungen hoher Viskosität ist vorteilhaft (gebräuchlichstes Lösungsmittel Ethylenglycol).

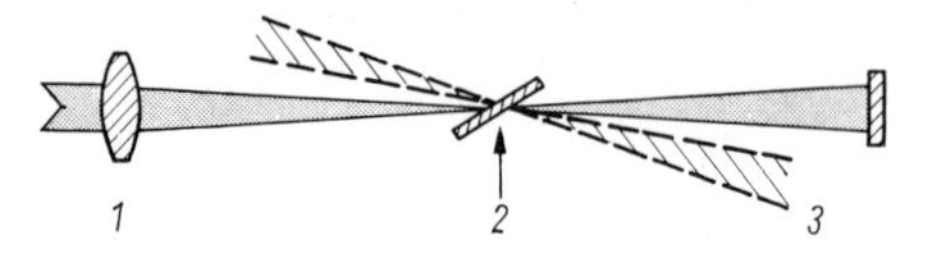

Bild 2.82. cw-Farbstofflaser in longitudinaler Pumpanordnung.
1 Pumpstrahl, *2* jet stream, *3* FL-Strahl

Als Resonatoren werden verwendet:

- abgewandelte, astigmatisch korrigierte *konfokale Resonatoren*, bei denen sich das aktive Material am Ort der Strahltaille befindet (Bild 2.83)
- *Ringresonatoren*, um cw-Einmodenbetrieb hoher Leistung zu erreichen (notwendig hierzu ist eine »optische Diode«, die nur für eine Umlaufrichtung durchlässig ist), Bild 2.84.

Reflexionsvermögen der Auskoppelspiegel: 0,9 ... 0,99.
Resonatorlänge: 20 ... 200 cm
Ausgangsleistungen von $\leqq 1$ W (Tabelle 2.45) sind einschließlich einer weitgehenden Wellenlängenabstimmung erreichbar.

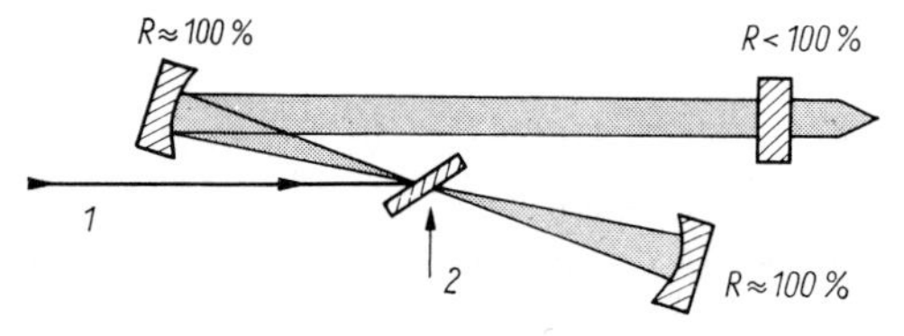

Bild 2.83. Abgewandelter konfokaler Resonator.
1 Pumpstrahl, *2* jet stream

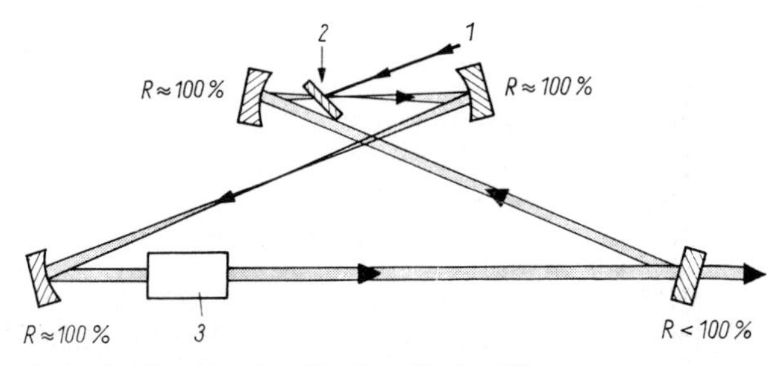

Bild 2.84. Ringresonator für einen Farbstofflaser.
1 Pumpstrahl, *2* jet stream, *3* optische Diode

Tabelle 2.45. Physikalisch-technische Parameter von kommerziellen cw-Farbstofflasern (TEM_{00}-Mode-Betrieb), Blitzlampen-Farbstofflasern und von Nanosekunden-Farbstofflasern

Parameter	Farbstofflaser						Einheit
	cw-		Blitzlampen-		Nanosekunden-		
	375 (USA)	699-21 (USA)	CMX-4 (USA)	OL-2100B (USA)	DL 14 P (USA)	FL2000 (BRD)	
Wellenlängenbereich	435 ... 955	450 ... 850	435 ... 730	375 ... 800	360 ... 950	325 ... 755	nm
Linienbreite	$6 \cdot 10^4$	–	10^4	10^4	10^3	$3 \cdot 10^3$	MHz
Pumpleistung	4	6			10^6	10^6	W
Pumpenergie			15	625			J
Ausgangsleistung	0,6 [1])	1 [1])	6000 [2])	$5 \cdot 10^6$ [2])	$7 \cdot 10^4$	10^5	W
Impulslänge			1000	300	6 ... 8	10 ... 12	ns
Folgefrequenz			30	20	100	100	Hz
Wirkungsgrad	15 [4])	17 [4])	0,04 [3])	0,24 [3])	10 [4])	12 [4])	%

[1]) bei 590 nm, [2]) bei 600 nm, [3]) elektrisch, [4]) optisch

2.8.3.2. Der Blitzlampen-Farbstofflaser

Die Anregung dieses Lasertyps erfolgt in transversaler Pumpanordnung. Als Pumplichtquellen werden verwendet:

- *stabförmige Blitzlampen* innerhalb eines elliptischen Reflektors (Bild 2.85):

  Impulsanstiegszeit: ≈ 1 μs
  Energie: 10 ... 60 J
  Lebensdauer: 10^6 Entladungen
  Wellenlängenbereich: 200 ... 500 nm
  Betriebsspannung: 1 ... 10 kV
  Kühlung: mit Luft oder Wasser

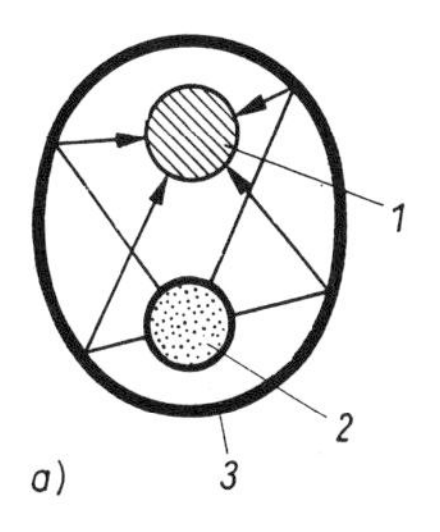

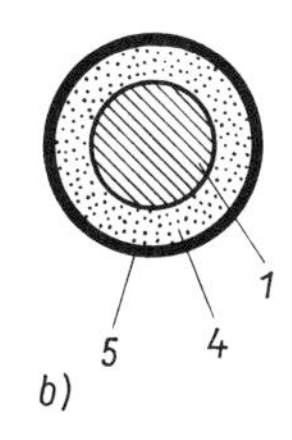

Bild 2.85. Pumpanordnung.
a) mit elliptischem Reflektor, b) mit Koaxialblitzlampe. *1* Farbstofflösung, *2* Blitzlampe, *3* elliptischer Reflektor, *4* Entladungskanal, *5* reflektierende Schicht

UV-Strahlungsanteile, die zu fotochemischen Reaktionen innerhalb der Farbstofflösung führen können, müssen herausgefiltert werden (UV-Filter).

- *Koaxialblitzlampen* (s. Bild 2.85):

  Impulsanstiegszeit: 150 ns
  Energie: 50 ... 500 J
  Lebensdauer: 10^6 ... 10^4 Entladungen
  Wellenlängenbereich: 200 ... 500 nm
  Betriebsspannung: 10 ... 50 kV

  Diese Blitzlampen bestehen aus einem *Doppelzylinder*, wobei sich im inneren Zylinder die Farbstofflösung befindet, während im äußeren Zylinder die Entladung erfolgt. Hierdurch wird ohne äußeren Reflektor eine optimale Energieeinkopplung erreicht.

Kurze Anstiegszeiten sind erforderlich, um die Verwendung von Triplettlöschern zu vermeiden. Das ist durch einen *induktionsarmen Blitzlampen-Entladungskreis* und schnelle Schalter (Funkenstrecken, Thyristoren oder Wasserstoffthyratrons) zu erreichen (Bild 2.86).
Um eine Stabilisierung der Entladungsparameter sowie eine große Lebensdauer der Blitzlampen zu erreichen, wird im *Simmer-mode-Betrieb* gearbeitet (hierbei fließt ständig ein Strom von einigen Milliampere durch die Blitzlampe, wodurch Ladungsträger erzeugt werden, die das Zünden der Lampe erleichtern).

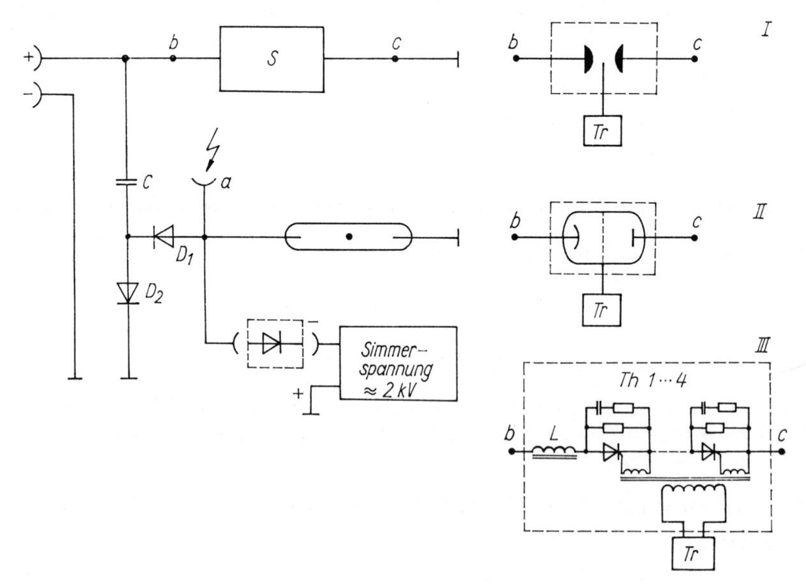

Bild 2.86. Prinzipschaltung für einen Blitzlampen-Entladungskreis
I) getriggerte Funkenstrecke, II) Thyratron, III) Thyristoren-Schaltkreis. Tr Trigger, S schneller Schalter, C Kondensator, D_1 und D_2 Dioden, Th Thyristoren, a Hochspannungstriggerimpuls für den Simmerstrom

Die *Farbstofflösung* befindet sich in Küvetten aus Quarz oder Glas (je nach Wellenlängenbereich).

Volumen: einige Kubikzentimeter, *Länge:* 5 ... 15 cm,
Form: zylinderförmig mit Durchlauf der Farbstofflösung,
Durchflußgeschwindigkeit: ≈ 3 l/min.
Zylinderförmige Durchflußküvetten können dabei doppelwandig zur Aufnahme der Filterflüssigkeit (UV-Filter) ausgebildet sein.
Um eine homogene Pumpintensitätsverteilung zu erreichen, müssen Küvetteninnendurchmesser D_i und Farbstoffkonzentration N_F aufeinander abgestimmt sein.
Es gilt:

$$N_F D_i \approx 10^{16}\ \text{cm}^{-2}$$

Aus ähnlichen Gründen gilt für das Verhältnis von Küvettenaußen- (D_a) zu Küvetteninnendurchmesser (D_i):

$$D_a : D_i = 1{,}5 : 1$$

Für *Blitzlampenlaser* mit hoher Folgefrequenz ist die Verwendung eines *jet streams* ebenfalls möglich, jedoch weniger gebräuchlich.
Als *Resonatoren* werden im allgemeinen Resonatoren mit ebenen Spiegeln (FABRY–PEROT-Resonatoren) verwendet (Bild 2.87).

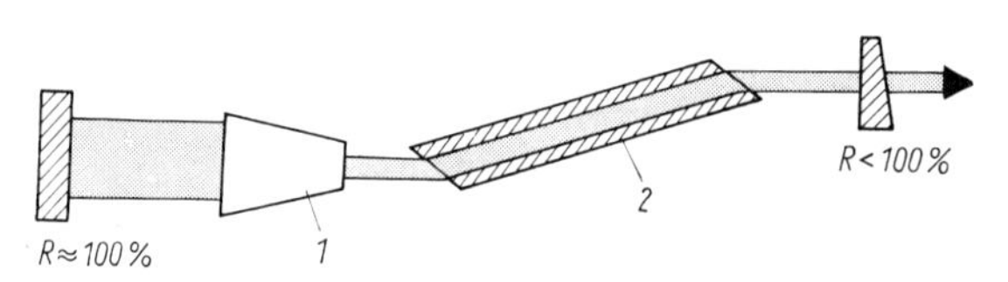

Bild 2.87. Farbstofflaser-Resonator vom FABRY-PEROT-Typ.
1 Aufweitungssystem, *2* BREWSTER-Küvette

Vorteile: leichte Änderung der Resonatorlänge sowie Einbau zusätzlicher optischer Elemente unkritisch.
Reflexionsvermögen der Auskoppelspiegel: 0,5 ... 0,7.
Resonatorlänge: 20 ... 100 cm.
Die Ausgangsleistungen reichen bis in den Megawattbereich, s. Tabelle 2.45.

2.8.3.3. Der Nanosekunden-Farbstofflaser

Mit Pumpimpulsen im Nanosekundenbereich gepumpter Farbstofflaser, meist in transversaler Pumpanordnung (Bild 2.88). Als *Pumplichtquellen* werden verwendet:

N_2-*Laser (Superstrahler)* als gebräuchlichste Pumplichtquelle

Wellenlänge: 337 nm
Leistung: 0,5 ... 1 MW
Impulslänge: 5 ... 10 ns
Folgefrequenz: 100 Hz
Strahlquerschnitt: rechteckig, auch rund möglich
Farbstofflasertätigkeit: möglich im Bereich von 350 ... 850 nm

Nd-YAG-*Laser* und deren 2., 3. und 4. Harmonische

Wellenlängen: 1060 nm, 532 nm, 355 nm, 266 nm
Leistung: 10 MW, 3 MW, 1 MW, 0,5 MW
Impulslänge: 10 ... 30 ns
Folgefrequenz: 25 Hz
Strahlquerschnitt: rund
Farbstofflasertätigkeit: möglich im Bereich von 322 ... 1285 nm

Sie haben zwar bessere Strahlqualitäten als der N_2-Laser, sind jedoch auch aufwendiger u.a. wegen der Notwendigkeit der Frequenztransformation.

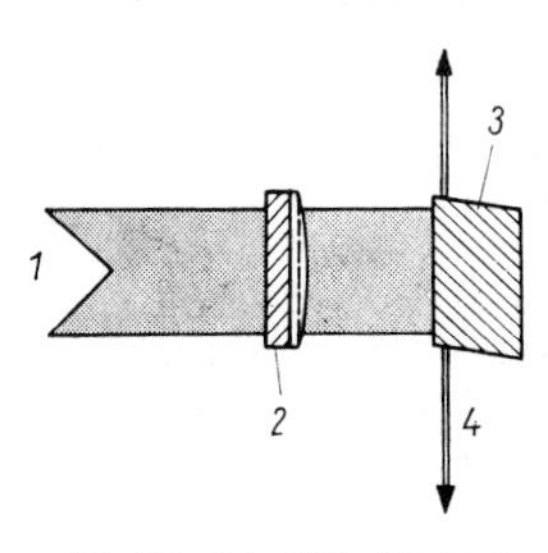

Bild 2.88. Transversale Pumpanordnung für einen Farbstofflaser.
1 Pumpstrahl, *2* Zylinderlinse, *3* Farbstofflösung, *4* Laserstrahl

Exciplexlaser (XeF*, XeCl*, XeBr*, KrF*, KrCl*, ArF*)

Wellenlängen: 0,351 μm, 0,308 μm, 0,282 μm, 0,248 μm, 0,222 μm, 0,193 μm
Leistung: 0,4 ... 10 MW
Impulslänge: 4 ... 20 ns
Folgefrequenz: 50 Hz
Farbstofflasertätigkeit: möglich im Bereich von 320 ... 900 nm.

Neodym-Glaslaser und deren 2., 3. und 4. Harmonische

Parameter ähnlich wie beim Neodym-YAG-Laser, jedoch geringere Folgefrequenz ($\leqq 1$ Hz)

Rubinlaser und deren 2. Harmonische

Wellenlängen: 0,694 μm, 0,347 μm

Vereinzelt eingesetzt werden ebenfalls gepulste Argon-, Krypton- oder Xenonionenlaser, ebenso Halbleiterlaser. Zukünftig wichtig auf Grund seiner hohen Folgefrequenz ist der *Kupferdampflaser* (Wellenlängen 0,510 μm; 0,578 μm).

Die *Farbstofflösung* befindet sich in Küvetten, ähnlich wie beim Blitzlampen-Farbstofflaser.

Länge: 10 ... 20 mm
Form: üblicherweise rechteckig oder auch zylinderförmig
Forderungen: gute optische Qualität der Küvetteninnenkanten zur Vermeidung von Streuverlusten (daher angesprengte und getemperte Quarzküvetten), Küvettenfenster parallel bis auf wenige Winkelsekunden, Neigung der Fenster um 3 ... 5° gegenüber der Senkrechten (um Lasertätigkeit zwischen den Küvettenwänden zu vermeiden).

Die *Pumpstrahlung* wird mittels Zylinderlinse auf eine strichförmige Zone mit einer Höhe von $\approx 0{,}2$ mm abgebildet. Bei einer *Pumpleistung* von 10 kW wird eine Leistungsdichte in der gepumpten Zone von $\approx 3 \cdot 10^5$ W/cm² erreicht.

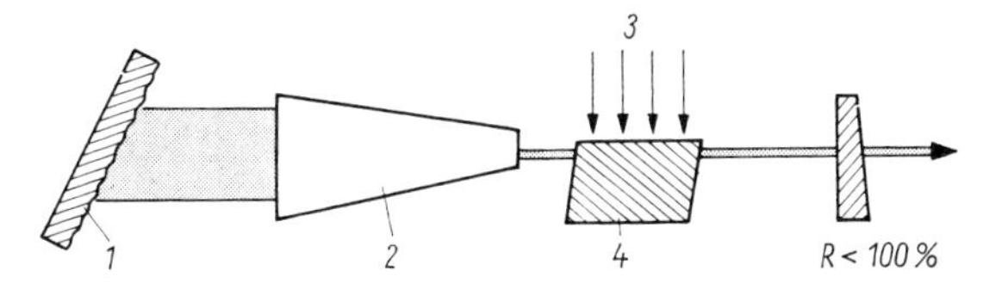

Bild 2.89. Resonatoraufbau eines Nanosekunden-Farbstofflasers mit Aufweitungssystem und Gitter. *1* Gitter, *2* Aufweitungssystem, *3* Pumpstrahlung, *4* Farbstoffküvette

Tabelle 2.46. *Strahlungseigenschaften von Farbstofflasern*

Parameter	Farbstofflaser			Einheit	Bemerkungen
	cw-	Blitzlampen-	Nanosekunden-		
Wellenlängenbereich	390 ... 1010	335 ... 1000	320 ... 1285	nm	Farbstoffwechsel notwendig,
Linienbreite	10^{12}	$10^{12} \dots 10^{13}$	$10^{12} \dots 10^{13}$	Hz	kontinuierlich durchstimmbarer Breitbandresonator
	10^{6}	–	–		1-Moden-Ringlaser
	–	$(3 \dots 6) \cdot 10^{11}$	$(3 \dots 6) \cdot 10^{11}$		Gitterresonator
	–	$3 \cdot 10^{10}$	$3 \cdot 10^{10}$		Gitterresonator mit Aufweitung
	–	$3 \cdot 10^{8}$	$3 \cdot 10^{8}$		zusätzlich mit Fabry-Perot-Etalon
Ausgangsleistung	0,1 ... 1	$(0{,}01 \dots 1) \cdot 10^{6}$	$(0{,}1 \dots 1) \cdot 10^{6}$	W	
Ausgangsenergie je Impuls	–	0,1 ... 1	$(0{,}1 \dots 10) \cdot 10^{-3}$	J	
Impulsdauer	–	$(0{,}3 \dots 3) \cdot 10^{3}$	5 ... 20	ns	
Folgefrequenz	–	100	100	Hz	kHz möglich
Wirkungsgrad	5 ... 20 (optischer!)	0,5 (elektrischer!)	5 ... 20 (optischer!)	%	

Der *Resonatoraufbau* (Bild 2.89) entspricht dem des Blitzlampen-Farbstofflasers. Zu beachten ist:

Reflexionsvermögen der Auskoppelspiegel: 0,2 ... 0,4

Resonatorlänge: 10 ... 40 cm (sie sollte möglichst klein gehalten werden, damit bei der kleinen **Pumpimpuls**länge noch einige Resonatorumläufe während dieser Zeit möglich sind)

Beispiel: Impulsbreite 6 ns, Resonatorlänge 30 cm, damit sind nur 3 Resonatorumläufe möglich. Die relativ kleine Zahl von Resonatorumläufen bestimmt damit auch weitgehend das Strahlungsverhalten, s. Tabelle 2.46.

2.8.4. Strahlungseigenschaften des Farbstofflasers

Diese werden (Tabelle 2.46 und Bilder 2.90 und 2.91) weitgehend bestimmt durch seine große homogene Linienbreite. Sie ermöglicht eine

- *spektrale »Kondensation«*, d.h. die Emission der gesamten im Farbstofflaser gespeicherten Energie in einem schmalen Frequenzbereich
- *Abstimmung* (bei Verwendung frequenzselektiver Elemente)
- *spektrale Einengung* auf Grund starker Modenkonkurrenzprozesse.

Als *frequenzselektive Elemente* zur Erreichung einer weiteren spektralen Einengung (bis zum Einmodenbetrieb) sowie einer Frequenzabstimmung werden verwendet:

- FABRY – PEROT-Etalons
- Gitter
- Interferenzfilter
- Prismen
- Doppelbrechungsfilter

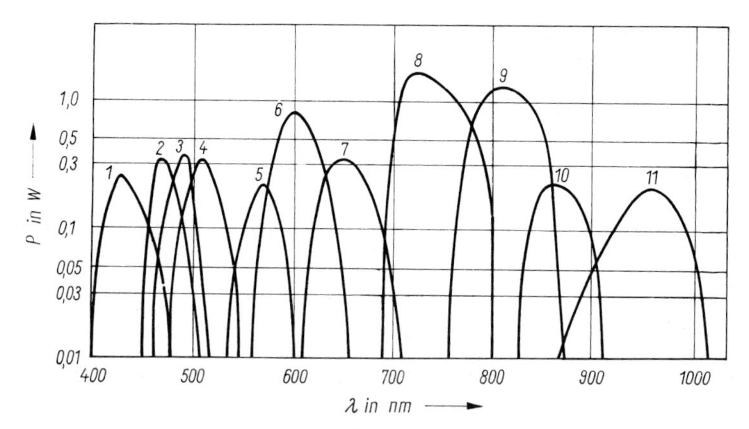

Bild 2.90. Ausgangsleistung eines cw-Farbstofflasers in Abhängigkeit von der Wellenlänge für verschiedene Farbstoffe.
1 Stilben, *2* Coumarin 1, *3* Coumarin 102, *4* Coumarin 30, *5* Rhodamin 110, *6* Rhodamin 6 G, *7* Rhodamin 101, *8* Oxazin 1, *9* DOTC, *10* HITC, *11* IR 140

Diese Elemente werden dabei innerhalb des Laserresonators angeordnet oder, für den Fall des Gitters als häufig benutzte Methode, an Stelle des 100-%-Resonatorspiegels in Autokollimation (LITTROW-Aufstellung) verwendet. Die Abstimmung erfolgt dann durch Drehen des Gitters.

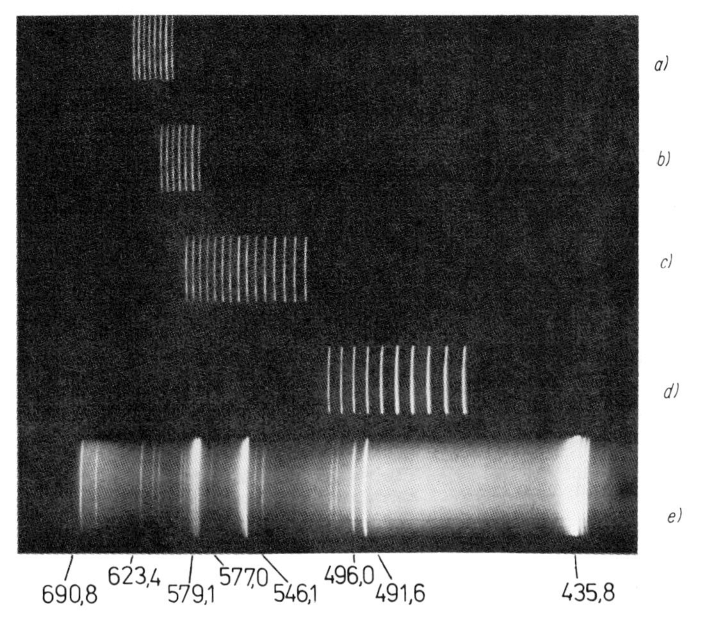

Bild 2.91. Ausschnitt aus dem Durchstimmspektrum eines ns-Farbstofflasers mit Gitterresonator und Linsenaufweitungssystem (Schrittweise 5 nm).
a) Rhodamin B (630 ... 595 nm), b) Rhodamin 6 G (605 ... 575 nm), c) Coumarin 153 (585 ... 515 nm), d) Coumarin 102 (505 ... 460 nm), e) Hg-Eichspektrum

Die *passive Spektralbreite* $\Delta\lambda$ des Gitterresonators ist gegeben durch:

$$\Delta\lambda = \frac{\lambda d}{\pi W_T} \sqrt{1 - \left(\frac{\lambda}{2d}\right)^2} \tag{2.119}$$

λ Wellenlänge
d Gitterkonstante
W_T Radius der Strahltaille innerhalb des Resonators

Beispiel: Mit $W_T = 0{,}1$ mm; $\lambda = 600$ nm und einem Beugungsgitter mit 2300 Linien/mm wird $\Delta\lambda = 0{,}6$ nm.

Als *Reflexionsgitter* werden vorwiegend holografische Gitter verwendet (Reflexionsvermögen $\leqq 0{,}9$).
Die Spektralbreite eines Gitterresonators kann reduziert werden, wenn der Laserstrahl im Resonator *aufgeweitet* wird (Vergrößerung von W_T). Hierdurch wird gleichzeitig die Strahlenbelastung des Gitters verringert.

Angestrebtes Aufweitungsverhältnis:
1:5 für den Blitzlampen-Farbstofflaser

1:20 ... 1:50 für den Nanosekunden-Farbstofflaser (hierfür sollte die Baulänge < 10 cm sein, um die Resonatorlänge klein zu halten).

Als *Aufweitungssysteme* werden bei etwa gleichem Leistungsvermögen, jedoch unterschiedlichem Aufwand verwendet (Bild 2.92a bis d):

- *Linsensystem* (i.allg. vom GALILEI-Typ); erfordert hohen Korrektionsaufwand mit mindestens 3 Linsen
- *Prismensystem*; einfacher; jedoch mindestens zwei Prismen notwendig, um ein achromatisches System zu erhalten. (Beide Systeme weisen beträchtliche Reflexionsverluste auf.)
- *Spiegelsystem*; achromatisch, jedoch astigmatische Korrektion notwendig (wenn kein CASSEGRAIN-System, dieses jedoch nicht so vorteilhaft), geringe Reflexionsverluste
- *Gittersystem*; einfacher Aufbau (streifender Einfall), jedoch werden größere Anforderungen an die Güte des Gitters gestellt (Ebenheit, Beugungseffektivität)

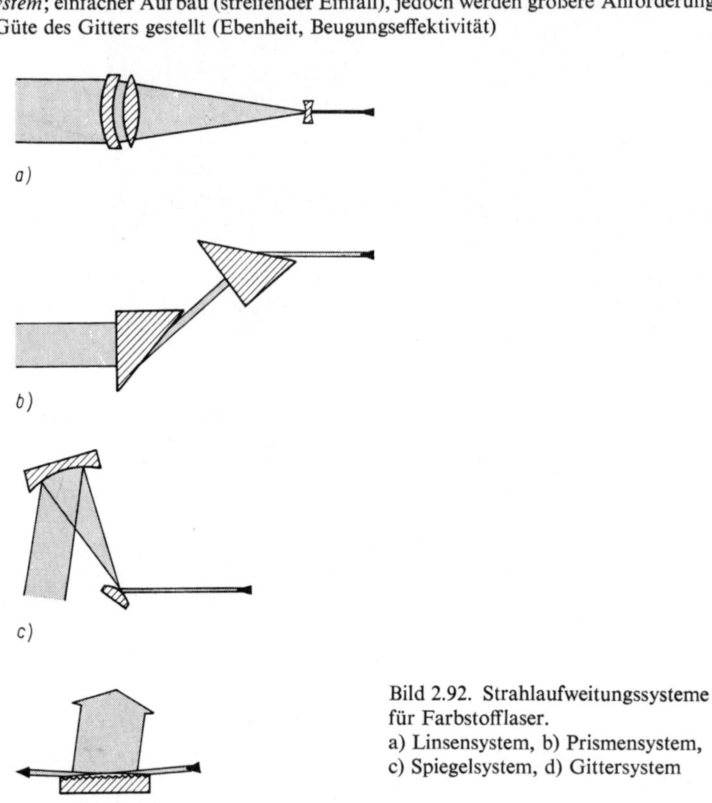

Bild 2.92. Strahlaufweitungssysteme für Farbstofflaser.
a) Linsensystem, b) Prismensystem, c) Spiegelsystem, d) Gittersystem

Mit einem Aufweitungssystem im Nanosekunden-Farbstofflaser werden Spektralbreiten von 10^{-2} nm erreicht. Durch spezielle Anordnungen ist darüber hinaus eine weitere Variation der Strahlungseigenschaften möglich.

Das betrifft die:

- *Subnanosekunden-Impulserzeugung* (Nanosekunden-Laser) in Schwellennähe bei großen Resonatorverlusten, Impulsdauer: 0,1 ... 0,5 ns

- *Pikosekunden-Impulserzeugung* (s. Abschn. 2.9.2.)
- *Frequenztransformation* mit Hilfe von Effekten der nichtlinearen Optik (s. Abschn. 3.2.)

2.9. Besondere Laseranordnungen

2.9.1. Der gütegesteuerte Laser

Der gütegesteuerte Laser ist eine spezielle Anordnung zur Erzeugung hoher Impulsleistungen (erreicht wurden $\leqq 10^{11}$ W/cm^2) [2.1].
Eingesetzt werden die verschiedenen Lasertypen, bevorzugt jedoch der *Festkörperlaser.* Verwendet wird der gütegesteuerte Laser in der nichtlinearen Optik (s. Abschnitt 3.2.), der Materialbearbeitung (s. Abschn. 4.1.) sowie – mit einer Reihe von Nachverstärkern – zur Plasmaerzeugung im Rahmen der lasergesteuerten Kernfusion (s. Abschn. 3.6.).
Das *physikalische Prinzip* besteht darin, die Laseroszillation erst dann anschwingen zu lassen, wenn die durch die Pumpstrahlung erzeugte Besetzungsinversion ihr Maximum erreicht hat und damit weit über dem Schwellenwert liegt. Das ist zu erreichen durch einen innerhalb des Resonators angeordneten *Schalter*, der den Strahlengang erst dann freigibt, wenn etwa das Maximum der Besetzungsinversion erreicht ist: Der Verlust – damit die Güte – des Resonators wird gesteuert.
Ohne eine *Gütesteuerung* beginnt die Laseroszillation dann, wenn – bei gegebenen Verlusten für den Resonator – die Besetzungsinversion einen Wert erreicht hat, der der Schwellenbedingung entspricht. Durch die Laserschwingung wird dann die Besetzungsinversion abgebaut und bei gleichzeitiger Pumpeinstrahlung wieder aufgefüllt, solange, bis die (impulsförmige) Pumpstrahlung nicht mehr ausreicht, den Abbau der Besetzungsinversion auszugleichen. Die Schwellenbedingung ist nicht mehr erfüllt, die Laseroszillation bricht ab. Der erzeugte Impuls ist relativ lang und je nach Pumpintensität weniger intensiv.
Durch Gütesteuerung werden (bei gleicher Energie) erreicht:

- kürzere Impulse
- höhere Intensitäten.

Erfolgt das Aufschalten bei einer Besetzungsinversion σ_A, Schwellenwert $\sigma_S = \varkappa/B$, dann gilt für die *maximale Photonenzahl* (Impulsmaximum) n_{max}:

$$n_{max} = \frac{\sigma_A}{2}\left(1 - \frac{\sigma_S}{\sigma_A} + \frac{\sigma_S}{\sigma_A}\ln\frac{\sigma_S}{\sigma_A}\right) \quad (2.120)$$

und für die *Impulsbreite* Δt:

$$\Delta t = \sigma_A \frac{1 - \frac{\sigma_\infty}{\sigma_A}}{\sqrt{\pi}\,\varkappa n_{max}} \quad (2.121)$$

σ_∞ bezeichnet die *verbleibende Inversion* nach Abklingen des Strahlungsimpulses und ist gegeben durch:

$$\frac{\sigma_\infty}{\sigma_A} = 1 + \frac{\sigma_S}{\sigma_A} \ln \frac{\sigma_\infty}{\sigma_A} \tag{2.122}$$

Beispiel: $\varkappa = 10^8 \text{ s}^{-1} \rightarrow$

$$\frac{\sigma_A}{\sigma_S} = 2; \quad n_{max} = 0{,}077; \quad \Delta t = 59 \text{ ns}$$

$$\frac{\sigma_A}{\sigma_S} = 10; \quad n_{max} = 3{,}35; \quad \Delta t = 1{,}7 \text{ ns}$$

Die erreichbaren Intensitäten (und Impulsbreiten) hängen ab von der Schnelligkeit des Schaltens.
Zu unterscheiden ist zwischen:

- langsamen Schaltern (Schaltzeit $>10^{-6}$ s)
- schnellen Schaltern (Schaltzeit 10^{-7} ... einige 10^{-9} s)

Es handelt sich hierbei um *aktive* Schalter.

Zu den *langsamen Schaltern* gehören:

- *rotierende Lochblende.* Der Strahlengang wird durch eine Blende unterbrochen und nur kurzzeitig durch eine kleine Öffnung freigegeben, Drehzahl 10000 min^{-1}, Öffnungszeit etwa 100 μs (Bild 2.93).
- *rotierendes Prisma* oder Spiegel. Nur wenn eine verspiegelte Prismenseite oder der Spiegel selbst genau parallel zum zweiten Laserspiegel stehen, kann der Laser anschwingen, Drehzahl bis 20000 min^{-1}.
- *Ultraschallzelle.* Durch Ultraschall wird innerhalb einer Flüssigkeitszelle ein Gitter erzeugt und der Resonator so justiert, daß dem ersten Beugungsmaximum eine Eigenschwingung des Resonators entspricht, Ultraschallfrequenz bis 10^6 Hz.

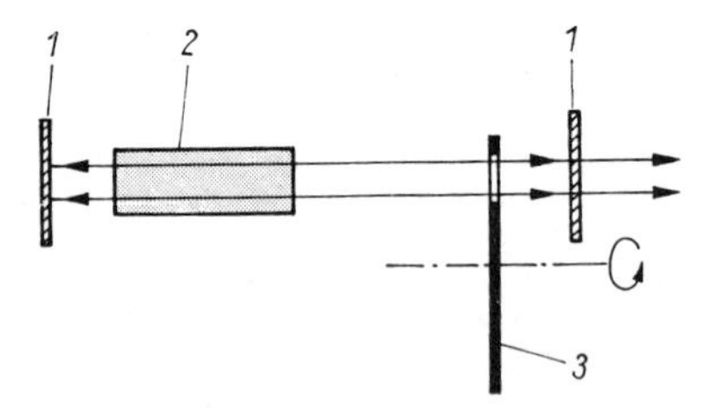

Bild 2.93. Schema der Güteschaltung mit Hilfe einer rotierenden Blende.
1 Resonatorspiegel, *2* Lasermedium, *3* Blende

Langsame Schalter werden heute nur noch vereinzelt verwendet. Üblicherweise werden *schnelle Schalter* eingesetzt, besonders die *elektrooptische Güteschaltung* mittels POCKELS- oder auch KERR-Zelle (Bild 2.94).
In der KERR-Zelle (s. Abschn. 1.2.7.) befindet sich ein elektrooptisches doppelbrechendes Medium, das die Polarisationsebene bei Anlegen einer Spannung um 90° dreht. Der Analysator ist so eingestellt, daß der Strahlengang nur dann freigegeben wird, wenn die Spannung abgeschaltet wird.

Verwendet wird für die KERR-Zelle Nitrobenzen (Schaltspannung 30 kV, Abschalten durch Kurzschließen über eine Funkenstrecke, Impulsbreiten ≈ 20 ns).
Vielfach wird als schneller Schalter die einfachste, jedoch sehr erfolgreiche Methode des *passiven* Schaltens mittels *sättigbaren Absorbers* angewendet. Im Resonator befindet sich ein Absorber für

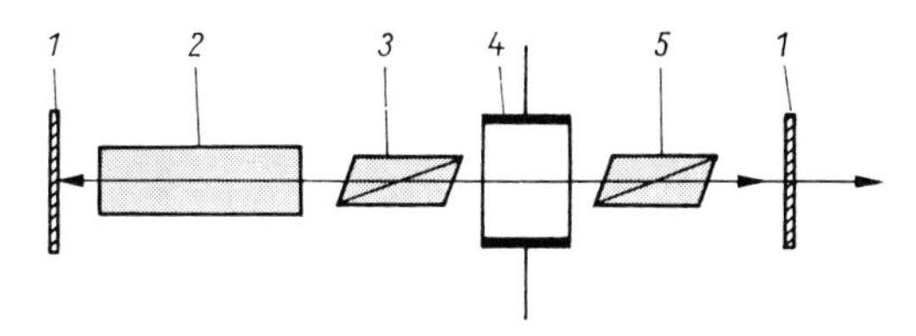

Bild 2.94. Schema der elektrooptischen Güteschaltung mit Hilfe einer KERR-Zelle. *1* Resonatorspiegel, *2* Lasermedium, *3* Polarisator, *4* KERR-Zelle, *5* Analysator

Tabelle 2.47. Sättigbare Absorber für die passive Pikosekunden-Impulserzeugung mittels Farbstofflaser

Absorber	Laserfarbstoff	Wellenlängenbereich nm
3,3′-Dihexyloxacarbocyaniniodid (DHOC-Iodid)	Cumarin 102	475 ... 490
1,3′-Diethyl-4,2′-quinolyloxadicarbocyanin-iodid (DQOC-Iodid)	Fluorol 7GA	550 ... 580
3,3′-Diethyloxadicarbocyaniniodid (DODC-Iodid	Rhodamin 6G Rhodamin B	584 ... 625 615 ... 645
1,3′-Diethyl-4,2′-quinolylthiacarbocyanin-iodid (DQTC-Iodid)	Rhodamin B	605 ... 639
3,3′-Dimethyloxatricarbocyaniniodid (DOTC-Iodid)	Cresylviolett + Rhodamin 6G	644 ... 680
1,1′-Diethyl-2,2′-dicarbocyaniniodid (DDC-Iodid)	Cresylviolett + Rhodamin 6G	644 ... 680
3,3′-Diethylthiadicarbocyaniniodid (DTDC-Iodid)	Cresylviolett + Rhodamin 6G	652 ... 704
1-3-3-,1′-3′-3′-Hexamethylindo-tricarbocyaniniodid (HITC-Iodid)	DOTC-Iodid	795 ... 805
3,3′-Diethylthiatricarbocyaniniodid (DTTC-Iodid)	HITC-Iodid	857 ... 863
1,1′-Diethyl-2,2′-thiacarbocyaniniodid (2,2′-DTC-Iodid)	HITC-Iodid	870 ... 880

die Laserstrahlung, der dann die kleinsten Verluste aufweist, wenn sich alle Absorberatome im angeregten Zustand befinden, der Absorber gesättigt ist. Das Aufschalten erfolgt durch die Laserstrahlung selbst (Schaltzeiten $\geqq 10^{-9}$ s). Als absorbierende Medien werden *Farbstoffe* verwendet.

Die *Auswahl des Absorbermediums* hat so zu erfolgen, daß maximale Absorption der Laserstrahlung erreicht wird.

Als sättigbare Absorber werden Farbstoffe eingesetzt, besonders Cryptocyanin, gelöst in Methanol (für den Rubinlaser), und Phtalocyanin, gelöst in Nitrobenzen (für den Nd-Glaslaser) (Tabelle 2.47).

Bevorzugt werden als Laser mit Güteschaltung verwendet:

- Rubinlaser
- Nd^{3+}-Glaslaser
- Nd^{3+}-YAG-Laser
- CO_2-Laser

Erreicht werden Spitzenleistungen bis zu 1 GW bei Impulsbreiten von einigen Nanosekunden (Tabelle 2.48).

Tabelle 2.48. Physikalisch-technische Parameter von kommerziellen Lasern mit elektrooptischer Güteschaltung

Parameter	Rubinlaser		Nd-Glaslaser		Nd-YAG-Laser		Einheit
	GOM-1 (UdSSR)	351 (USA)	DGM-20 (UdSSR)	NG 28 (USA)	500 QT (USA)	YG 481 c (USA)	
Impulsleistung	50 ... 30	6,7 (TEM_{00})	20	130 (TEM_{00})	0,87	54	MW
Impulslänge	10 ... 15	30	20	15	15	15	ns
Folgefrequenz	30	30	1	6	0,02	0,1	s^{-1}

2.9.2. Erzeugung ultrakurzer Lichtimpulse

[2.1], [2.41]

Eine für die Laserphysik typische Möglichkeit besteht in der Erzeugung *ultrakurzer Lichtimpulse* mit einer Impulsdauer $> 10^{-13}$ s in besonderen Anordnungen. Einsetzbar sind hierfür die verschiedenen Lasertypen, mit Einschränkung auch der Gaslaser. Verwendet werden Laseranordnungen dieser Art bevorzugt in der Laser-Ultrakurzzeit-Spektroskopie, vor allem im Bereich der Physik, Chemie und Biologie.

Die Erzeugung erfolgt prinzipiell durch die *Herstellung fester Phasenbeziehungen* (mode locking) zwischen möglichst vielen Eigenschwingungen (s. Abschn. 2.1.4.3.):

- *aktiv durch Modulation der Laserstrahlung* (nur verwendet bei kontinuierlichem Betrieb). Moduliert wird der Verlust oder auch die Inversion. Die Modulationsfrequenz ν_M wird durch den halben Modenabstand bestimmt, $\nu_M \leqq 100$ MHz.

Vorteil: reproduzierbare Erzeugung kurzer Impulse
Nachteil: notwendig sind genaue Justierung und sehr stabiler Aufbau

- *passiv durch sättigbare Absorber* (verwendet bei kontinuierlichem und Impulsbetrieb).
  Vorteil: einfacher Aufbau
  Nachteil: keine hohe Reproduzierbarkeit

Die Wirkungsweise eines *sättigbaren Absorbers* zur Erzeugung ultrakurzer Lichtimpulse ist ähnlich wie bei der Güteschaltung, jedoch ist die Absorption relativ hoch zu wählen. Das bewirkt, daß nur zufällig entstandene Intensitätsspitzen den Absorber sättigen und damit den Resonator ohne wesentliche Verluste durchlaufen können. Diese Spitzen werden weiter verstärkt, und nach einigen Umläufen verbleibt bei geeigneter Wahl des Pumpens im Verhältnis zur Relaxationszeit des Absorbers ein ultrakurzer Impuls je Umlauf im Resonator, so daß auf Grund der teilweisen Auskopplung eine Impulsfolge mit dem Abstand $2L/c$ entsteht (Bild 2.95).

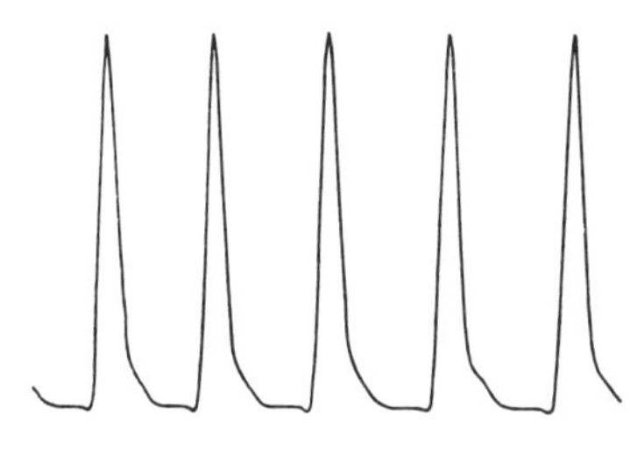

Bild 2.95. Impulszug ultrakurzer Lichtimpulse

Diese Impulsfolge verschwindet bei Abschaltung der Pumpintensität oder bleibt auch kontinuierlich erhalten bei entsprechendem Pumpen.
Als sättigbare Absorber kommen *Farbstoffe* mit geeigneten Absorptionsübergängen und Relaxationszeiten ($\tau = 10^{-6} \dots 10^{-12}$ s) in Betracht (s. Abschn. 2.9.1., Tab. 2.47). Sie werden innerhalb des Resonators in Küvetten oder als jet stream angeordnet.

Absorberküvette nahe an den 100-%-Spiegel bringen, evtl. in direkten Kontakt (zur Vermeidung von Satellitenimpulsen).

Als Laser werden bevorzugt verwendet:

- Rubinlaser (Impulsanregung, Impulsbreite: 20 ... 40 ps)
- Neodymlaser (Glas und YAG, Impuls- und cw-Anregung, Impulsbreite: 5 ... 10 ps)
- Farbstofflaser (Impuls- und cw-Anregung; Impulsbreiten: 0,2 ... 1 ps bei cw-Pumpen, 5 ... 10 ps bei Blitzlampenpumpen)

Vielfach werden zur Erzeugung kurzer Impulse, besonders bei Verwendung des Farbstofflasers, zusätzliche Maßnahmen getroffen. Das betrifft:

- *Synchronpumpen* (häufigste Methode). Hierbei wird der Laser direkt durch Pikosekundenimpulse gepumpt. Als Pumplaser werden Argon- oder Kryptonlaser mit elektrooptischem Schalter oder Sinusmodulator im kontinuierlichen Betrieb verwendet, im Impulsbetrieb Pikosekunden-Rubin- oder YAG-Laser, wobei die Resonatorlängen von Farbstoff- und Pumplaser aufeinander abgestimmt sein müssen.

- *Injektionsmodulation*. Durch die Einstrahlung (Injektion) von schwachen Pikosekundenimpulsen (z.B. eines cw-Farbstofflasers) kann ein (Blitzlampen-) Farbstofflaser zur Erzeugung intensiver Pikosekundenimpulse veranlaßt werden.
- *Resonatordämpfung*. Kombination von Synchronpumpen und Güteschaltung, verwendet für cw-Farbstofflaser. Liefert relativ breite Impulse.

Die kürzeste, bis heute erreichte Impulslänge liegt bei 0,2 ps (erreicht mit einem passiv modulierten cw-Farbstofflaser).
Die mit einem Farbstofflaser erzeugten ultrakurzen Impulse sind in ihrer Wellenlänge weitgehend abstimmbar zwischen 550 und 705 nm, 475 und 490 nm und lückenhaft zwischen 795 und 880 nm (s. Tab. 2.47).

2.9.3. Der frequenzstabilisierte Laser

Der frequenzstabilisierte Laser ist eine spezielle Anordnung, um Laserstrahlung mit exakt definierter Frequenz, z.B. der eines Atomüberganges, bei schmaler Linienbreite über einen langen Zeitraum zu erhalten. In Betracht kommen hierfür kontinuierlich strahlende Laser. Eingesetzt wird der frequenzstabilisierte Laser bevorzugt in der Metrologie, Meßtechnik und der Laserspektroskopie.
Prinzipiell haben Laser im Einmodenbetrieb ein sehr schmales *Frequenzspektrum*. Die genaue Lage der Laserfrequenz wird dabei durch die Eigenfrequenz des Resonators und den Spiegelabstand (Resonatorlänge) bestimmt. Schwankungen der (optischen!) Resonatorlänge führen damit zu *Frequenzschwankungen*. Zu unterscheiden ist zwischen:

- *Kurzzeitschwankungen* (Zeiten < 1 s), bedingt durch
  - akustische und mechanische Störungen des Resonatoraufbaus,
  - Stromschwankungen in der Gasentladung,
  - Druck- und Dichteänderungen im vom Laserstrahl durchsetzten Medium.
- *Langzeitschwankungen* (Zeiten $\gg 1$ s), bedingt durch
  - Änderung der Umgebungstemperatur.

Beispiel: Mit Invar als Resonatormaterial führt die Änderung der Umgebungstemperatur von $\Delta T = 4 \cdot 10^{-4}$ K zu einer Frequenzänderung von $\Delta\nu_A = 100$ kHz im sichtbaren Bereich.
Die Frequenzstabilität wird gekennzeichnet durch das Verhältnis von Frequenz und mittlerer Frequenzabweichung $\Delta\nu_A$:

$$S = \nu / \Delta\nu_A \tag{2.123}$$

Allgemeine Maßnahmen zur (passiven) Frequenzstabilisierung (nicht zu hohe S-Werte, $\leqq 10$ für Stunden):

- stabiler und starrer *Resonatoraufbau* (massive, erschütterungsfreie Grundplatte)
- *Abschirmung* (Gehäuse) vor akustischen, elektrischen und magnetischen Störungen
- Vermeidung von *Luftturbulenzen* zwischen den Spiegeln
- Sicherung der *thermischen Stabilität* (Materialien mit geringem thermischem Ausdehnungskoeffizienten – Quarz, Invarstahl – verwenden!)

Als *Verfahren zur aktiven Stabilisierung* werden angewendet:

- *Passiver Resonator* hoher Güte außerhalb des Laserresonators liefert die Bezugsfrequenz, Abweichungen hierzu erzeugen ein elektrisches Signal, das zur Steuerung des Laserresonators verwendet wird.
- LAMB-*dip* (s. Abschn. 2.1.4.1.). Dieser liegt exakt an der Stelle des Atomübergangs und liefert eine kleinere Ausgangsintensität als benachbarte Frequenzen. Abweichungen von diesem Minimum werden registriert und zur Steuerung des Laserresonators benutzt (Verschiebung der Spiegel mittels Piezokeramik).
- *Inverser* LAMB-*dip*. Innerhalb des Laserresonators wird eine Absorptionszelle angeordnet. Die Absorptionslinien des darin enthaltenen Gases liefern die Bezugsfrequenz, da an dieser Stelle die Absorption ein Minimum, die Laserintensität ein Maximum aufweist. Abweichungen hiervon werden zur Steuerung des Laserresonators benutzt (Bild 2.96). Diese Methode wird am häufigsten benutzt.

  Vorteile:
  - Bezugsfrequenz ist unabhängig vom Lasermedium
  - geringe Druckverbreiterung, da kleiner Gasdruck
  - Gase für Absorption bezüglich Eignung wählbar

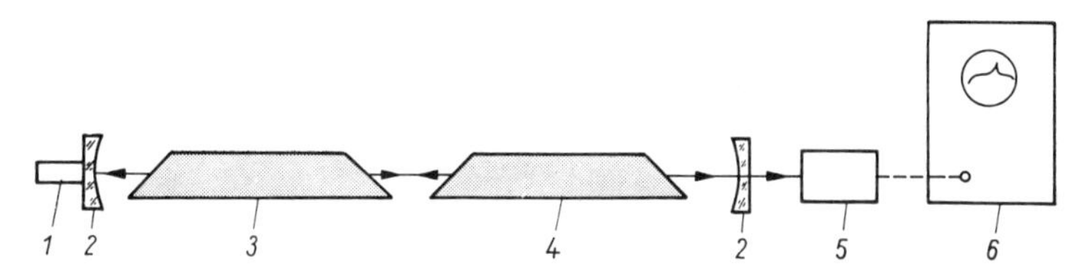

Bild 2.96. Schematische Anordnung der Frequenzstabilisierung mit der Methode des »inversen LAMB-dips«.
1 Piezokeramik, *2* Laserspiegel, *3* Laser, *4* Absorptionsküvette, *5* Empfänger, *6* Oszillograf

Eine weitere, für spezielle Zwecke verwendete Möglichkeit ist der auf zwei Moden symmetrisch zur Referenzfrequenz schwingende Laser.
Bevorzugte Laser, mit denen sich hohe Frequenzstabilitäten erreichen lassen, sind der

- He-Ne-Laser, $\lambda = 0{,}633\ \mu m$, Absorptionszelle mit I_2
- He-Ne-Laser, $\lambda = 3{,}39\ \mu m$, Absorptionszelle mit CH_4
- CO_2-Laser, $\lambda = 9 \dots 11\ \mu m$, Absorptionszelle mit CO_2, OsO_4 oder SF_6

Die im Labor erreichten Spitzenwerte für die Frequenzstabilität liegen bei $S \leqq 10^{13}$, für die Reproduzierbarkeit bei $R \leqq 10^{12}$. Ein kommerziell hergestellter frequenzstabilisierter Laser ist der He-Ne-Laser mit $\lambda = 0{,}633\ \mu m$, $S \leqq 10^9$, $R \leqq 10^8$.
Die *Frequenzstabilisierung anderer Lasertypen* (Farbstofflaser, Injektionslaser, Farbzentrenlaser) erfolgt durch eine optische oder elektronische Ankopplung dieser Laser an die oben genannten frequenzstabilisierten Gaslaser.

2.9.4. Weitere Lasertypen

- *Farbzentrenlaser*
  Die Anregung erfolgt durch optisches Pumpen. Der bevorzugte Wellenlängenbereich liegt bei $\lambda \approx 1 \dots 3$ µm (Tabelle 2.49).

Tabelle 2.49. Eigenschaften ausgewählter Farbzentrenlaser (nach [3.30])

Kristall	KCl: Li	RbCl: Na	LiF	KF	Einheit
Farbzentrentyp	F_A(II)	F_B(II)	F_2^+	F_2^+	
Pumplaser	Kr, Ar	Kr	Kr	Nd-YAG	
Pumpwellenlänge	530, 647, 514	647, 677	647	1064	nm
Pumpschwellenleistung	13	26	90	120	mW
Ausgangsleistung	240	6	1700	310	mW
Wirkungsgrad	9,1	2,1	57	22	%
Abstimmbereich	2,1 ... 2,9	2,5 ... 2,9	0,8 ... 1,0	1,26 ... 1,48	µm

- *Laser mit freien Elektronen*
  Die Ausstrahlung erfolgt durch Bewegung von Elektronen im räumlich periodischen Magnetfeld. Die Wellenlänge liegt bei $\lambda \geqq 3$ µm. Kürzere Wellenlängen sind bei höherem Aufwand möglich. Beachtenswerter Lasertyp!
- *chemische Laser*
  sind spezielle Gaslaser, deren Anregung über chemische Reaktionen erfolgt. Sie werden für spezielle Anwendungen eingesetzt.

3. *Anwendungen der Laser in Physik, Chemie, Biologie und Medizin*

3.1. Einführung

Die in diesem Hauptabschnitt behandelten Anwendungen des Lasers sind bisher (in unterschiedlichem Maße) nur wenig in der Praxis, d.h. außerhalb wissenschaftlicher Laboratorien, eingesetzt worden. Ihr genaueres Verständnis verlangt Spezialkenntnisse auf den verschiedensten Gebieten, z.B. der

- Festkörperphysik
- Atom-, Molekül- und Kernphysik
- Physik der Flüssigkeiten
- Plasmaphysik
- Spektroskopie
- Chemie und Reaktionskinetik
- Biologie, einschließlich Biophysik und Biochemie
- Medizin

Im folgenden wird gezeigt, welche prinzipiell neuen Möglichkeiten der Laser auf Grund seiner typischen Eigenschaften auf den verschiedenen Gebieten eröffnet Dabei ist zu beachten, daß zwischen den betrachteten Anwendungen in der

- nichtlinearen Optik (Abschn. 3.2.)
- Laserspektroskopie (Abschn. 3.3.)
- Laserfotochemie (Abschn. 3.4.)
- Biologie und Medizin (Abschn. 3.5.)
- und der lasergesteuerten Kernfusion (Abschn. 3.6.)

durchaus enge inhaltliche und auch methodische Zusammenhänge bestehen. So haben Effekte der *nichtlinearen Optik* neben ihrer großen Bedeutung für die Erzeugung neuer Frequenzen (insbesondere die Entwicklung abstimmbarer Laser) auch eine wichtige Funktion

- bei der Entwicklung neuer spektroskopischer Verfahren (die dann wiederum in Chemie, Biologie usw. eingesetzt werden)
- als neuartige Methoden für den Nachweis von Laserstrahlung (s. Abschn. 1.3.)
- bei der Untersuchung der Ausbreitung und Wechselwirkung intensiver Laserstrahlung mit Materie (z.B. zur Erzeugung superdichter Plasmen, wie sie für die lasergesteuerte Kernfusion erforderlich sind).

Dieser Umstand und die Tatsache, daß vor allem Fragen der Frequenztransformation von Laserstrahlung für den Anwender von besonderem Interesse sind, sind die Gründe für die relativ ausführliche Darstellung dieses Gebietes.

3.2. Nichtlineare Optik

3.2.1. Einführung

Durch die Entwicklung der Laser wurde die Beobachtung, Untersuchung und Anwendung einer Vielzahl von Effekten der *nichtlinearen Optik* (NLO) möglich [3.1] bis [3.10].

Bei den mit Lasern erreichbaren elektrischen Feldstärken der Lichtwelle wird die dielektrische Polarisation eine nichtlineare Funktion der elektrischen Feldstärke, da die Amplituden der schwingenden Dipole so groß werden, daß sich Anharmonizitäten in ihrer Auslenkung ergeben, so daß das im Abschn. 1.1.2.1. beschriebene Modell harmonischer Oszillatoren nicht mehr anwendbar ist.

Die *Amplitude* $E_{\max}$ der elektrischen Feldstärke kann aus der Intensität (Energieflußdichte, Bestrahlungsstärke) I berechnet werden nach:

$$E_{\max} = \left(\frac{2}{n\varepsilon_0 c} I\right)^{1/2} \tag{3.1}$$

wobei die *elektrische Feldstärke* definiert ist durch:

$$\begin{aligned} \boldsymbol{E}(\boldsymbol{r}, t) &= \frac{1}{2} \boldsymbol{e} E_{\max}(\omega) \, \mathrm{e}^{\mathrm{i}(\boldsymbol{kr} - \omega t)} + \text{konj. kompl.} \\ &\equiv \boldsymbol{e} \, |E_{\max}(\omega)| \cos(\boldsymbol{kr} - \omega t + \delta) \\ &= \boldsymbol{E}(\omega) \cos(\boldsymbol{kr} - \omega t + \delta) \end{aligned} \tag{3.2}$$

$\boldsymbol{e}$ Polarisationsvektor

Beispiel: $I = 10^{12}$ W/m² entspricht nach Gl. (3.1) im Vakuum ($n = 1$) die Amplitude $E_{\max} = 2{,}7 \cdot 10^7$ V/m.

Zwischen der Intensität I und der Leistung P der Laserstrahlung gilt die Beziehung $I = P/A$, wobei A der von der Laserstrahlung erfaßte Querschnitt ist. Für eine GAUSSsche Amplitudenverteilung der elektrischen Feldstärke mit dem Radius w_0 ist:

$$A = \frac{\pi}{2} w_0^2 \tag{3.3}$$

I ist in diesem Falle die Spitzenintensität.

Die Mehrzahl der Effekte der NLO kann im Rahmen einer Entwicklung der dielektrischen Polarisation nach Potenzen der elektrischen Feldstärke beschrieben werden:

$$\boldsymbol{P}(\boldsymbol{r}, t) = \boldsymbol{P}^{(1)}(\boldsymbol{r}, t) + \boldsymbol{P}^{\mathrm{NL}}(\boldsymbol{r}, t)$$

mit der *linearen Polarisation*:

$$\boldsymbol{P}^{(1)}(\boldsymbol{r}, t) = \varepsilon_0 \chi^{(1)} \boldsymbol{E}(\boldsymbol{r}, t) \tag{3.4}$$

und der *nichtlinearen Polarisation*:

$$\begin{aligned} \boldsymbol{P}^{\mathrm{NL}}(\boldsymbol{r}, t) &= \varepsilon_0 \chi^{(2)} : \boldsymbol{E}(\boldsymbol{r}, t) \boldsymbol{E}(\boldsymbol{r}, t) \\ &\quad + \varepsilon_0 \chi^{(3)} \,\vdots\, \boldsymbol{E}(\boldsymbol{r}, t) \boldsymbol{E}(\boldsymbol{r}, t) \boldsymbol{E}(\boldsymbol{r}, t) + \ldots \end{aligned} \tag{3.5}$$

Die *dielektrischen Suszeptibilitäten* in den Gln.(3.4) und (3.5) $\chi^{(n)}$ sind Tensoren $(n + 1)$ter Stufe. In Koordinatenschreibweise lauten diese Gleichungen deshalb:

$$P_i^{(1)}(\boldsymbol{r}, t) = \varepsilon_0 \sum_j \chi_{ij}^{(1)} E_j(\boldsymbol{r}, t) \tag{3.4a}$$

$$P_i^{\mathrm{NL}}(\boldsymbol{r}, t) = \varepsilon_0 \sum_{j,k} \chi_{ijk}^{(2)} E_j(\boldsymbol{r}, t) E_k(\boldsymbol{r}, t) + \varepsilon_0 \sum_{j,k,l} \chi_{ijkl}^{(3)} E_j(\boldsymbol{r}, t) E_k(\boldsymbol{r}, t) E_l(\boldsymbol{r}, t) + \ldots \tag{3.5a}$$

NLO-Effekte können auftreten in Gasen, Flüssigkeiten, Festkörpern und Plasmen (Effekte in Plasmen s. Abschn. 3.6.). Entscheidend dafür, ob in einem Medium nichtlineare Effekte zweiter oder dritter Ordnung als niedrigste Nichtlinearitäten auftreten, ist die räumliche Symmetrie des Mediums:

In Dipolnäherung sind in Gasen, Flüssigkeiten und für einige Kristallklassen alle *nichtlinearen Suszeptibilitäten gerader Ordnung* identisch Null, diese Suszeptibilitäten existieren nur in Kristallen ohne Inversionszentrum (s. Abschnitt 3.2.2.).

Klassifizierung der Effekte der NLO

NLO-Effekte können in vier Gruppen eingeteilt werden, in:

- *parametrische Effekte*, die dadurch gekennzeichnet sind, daß bei ihnen das optisch nichtlineare Medium lediglich als Mittler für die Wechselwirkung wirkt (d.h., es liegt nach der Wechselwirkung in demselben energetischen Zustand vor wie vorher → sog. *passive Prozesse*) und daß die Wechselwirkung von den Phasenbeziehungen zwischen den wechselwirkenden Wellen abhängt (Notwendigkeit der Erfüllung der sog. *Phasenanpassungsbedingung*, s. Abschnitt 3.2.3.1.).
  Beispiele: Erzeugung von optischen Harmonischen, Summen- und Differenzfrequenzen, parametrische Fluoreszenz, Verstärkung und Oszillation.
- *kombinierte Effekte:* Das nichtlineare Medium nimmt aktiv an der Wechselwirkung teil, d.h., es nimmt Energie aus dem elektromagnetischen Feld auf oder gibt sie an dieses ab.
  Beispiele: RAMAN-Streuung, BRILLOUIN-Streuung, Mehrphotonenabsorption, -emission und -ionisation.
- *Effekte der Selbstwirkung:* Die Ausbreitung einer Welle wird durch die Intensität der Welle selbst beeinflußt. Diese Effekte beruhen auf einer Intensitätsabhängigkeit der Brechzahl.
  Beispiele: Selbstfokussierung, Selbstdefokussierung, Selbstphasenmodulation, optischer KERR-Effekt.
- *kohärente Transienteffekte* sind Prozesse, bei denen die kohärente Anregung des atomaren Systems von entscheidender Bedeutung ist. Es handelt sich hierbei um Analoga von Effekten, die aus dem Höchstfrequenzbereich bekannt sind. Diese Effekte können wegen der bei ihnen wirksamen starken Nichtlinearität bei phänomenologischer Behandlung nicht durch Verwendung der in Gl.(3.5) angegebenen Entwicklung beschrieben werden.
  Beispiele: Photonenecho, optische Nutation, freier Induktionszerfall, selbstinduzierte Transparenz [3.3], [3.9].

Die verschiedenen Effekte treten in unterschiedlichen *Ordnungen* der Nichtlinearität auf (Tabelle 3.1). Die Nichtlinearität höchster Ordnung, die bisher experimentell beobachtet wurde, ist die neunter Ordnung.

Tabelle 3.1. Zuordnung charakteristischer NLO-Effekte zur Nichtlinearität

Suszeptibilität	Effekt	Anwendungsgebiet
$\chi^{(1)}$	lin. Dispersion, Absorption induzierte Emission spontaner RAMAN-Effekt (bei Berücksichtigung der Kernbewegung)	Spektroskopie
$\chi^{(2)}$	Erzeugung der 2. Harmonischen Erzeugung von Summen- und Differenzfrequenzen parametrische Transformation nach oben (up-conversion) parametrische Verstärkung und Oszillation	Erzeugung neuer Frequenzen
	linearer elektrooptischer Effekt (POCKELS-Effekt)	Lichtmodulation
	optische Gleichrichtung	Intensitätsmessung
$\chi^{(3)}$	Erzeugung der 3. Harmonischen Frequenzmischung von 4 Wellen Zweiphotonenemission induzierter RAMAN-Effekt Selbstphasenmodulation	Erzeugung neuer Frequenzen
	kohärente Anti-STOKES–RAMAN-Streuung sättigbare Absorption Zweiphotonenabsorption spontaner Hyper-RAMAN-Effekt	Spektroskopie
	optischer KERR-Effekt	optisches Tor
$\chi^{(5)}$	u.a. induzierter Hyper-RAMAN-Effekt	Erzeugung neuer Frequenzen

Die Bedeutung der NLO-Effekte besteht in (s. Tab. 3.1):

- der Erzeugung neuer Frequenzen (auch abstimmbarer Laser)
  Beispiele: Frequenzmischung, induzierter RAMAN-Effekt, parametrische Oszillatoren
- ihrer Anwendung in der Spektroskopie als neue spektroskopische Methoden
  Beispiele: kohärente Anti-STOKES–RAMAN-Streuung, inverser RAMAN-Effekt, Mehrphotonenspektroskopie
- ihrem Einfluß auf die Ausbreitung intensiver Laserstrahlung in optischen Medien
  Beispiel: Selbstfokussierung
- ihrer Ausnutzung für den Nachweis elektromagnetischer Strahlung
  Beispiel: parametrische Transformation nach oben (up-conversion), Messung von Impulsdauern im Pikosekundenbereich durch Erzeugung der zweiten Harmonischen, der Zweiphotonenfluoreszenz oder unter Ausnutzung des optischen KERR-Effektes (optisches Tor)

Wesentlich für eine mathematische Beschreibung der Wellenausbreitung in optisch nichtlinearen Medien, die (im Rahmen einer phänomenologischen Theorie) durch Berücksichtigung der nichtlinearen Polarisation Gl. (3.5) in der Wellengleichung erfolgt, sind die FOURIER-*Komponenten* der nichtlinearen Polarisation (Tabelle 3.2).

Tabelle 3.2. FOURIER-*Komponenten der nichtlinearen Suszeptibilitäten, die NLO-Effekte beschreiben (ω_0 charakteristische Übergangsfrequenz des atomaren Systems). Bei den mit * gekennzeichneten Effekten spielt der Imaginärteil der Suszeptibilität eine wesentliche Rolle.*

Effekte	FOURIER-Komponente
Nichtlinearität 2. Ordnung	
Erzeugung der 2. Harmonischen	$\chi^{(2)}(-2\omega; \omega, \omega)$
Erzeugung von Summenfrequenzen	$\chi^{(2)}(-\omega_3 = -\omega_1 - \omega_2; \omega_1, \omega_2)$
Erzeugung von Differenzfrequenzen	$\chi^{(2)}(-\omega_2 = -\omega_3 + \omega_1; \omega_3, -\omega_1)$
Parametrische Verstärkung (ω_2)	$\chi^{(2)}(-\omega_2; \omega_3 = \omega_1 + \omega_2, -\omega_1)$
POCKELS-Effekt	$\chi^{(2)}(-\omega; \omega, 0)$
Optische Gleichrichtung	$\chi^{(2)}(0; \omega, -\omega)$
Nichtlinearität 3. Ordnung	
Erzeugung der 3. Harmonischen	$\chi^{(3)}(-3\omega; \omega, \omega, \omega)$
Frequenzmischung, 4 Wellen	$\chi^{(3)}(-\omega_4 = -\omega_1 \mp \omega_2 \mp \omega_3; \omega_1, \pm\omega_2, \pm\omega_3)$
* Induzierter RAMAN-Effekt	$\chi^{(3)}(-\omega_3 = -\omega + \omega_0; \omega, -\omega, \omega - \omega_0)$
* Kohärente Anti-STOKES–RAMAN-Streuung	$\chi^{(3)}(-2\omega_1 + \omega_2; \omega_1, \omega_1 = \omega_2 + \omega_0, -\omega_2)$
* Zweiphotonenabsorption	$\chi^{(3)}(-\omega; \omega, -\omega, \omega = \omega_0/2)$
* Sättigbare Absorption	$\chi^{(3)}(-\omega; \omega, -\omega, \omega = \omega_0)$
Optischer KERR-Effekt	$\chi^{(3)}(-\omega; \omega, -\omega, \omega)$
Nichtlinearität 5. Ordnung	
* Induzierter Hyper-RAMAN-Effekt	$\chi^{(5)}(-\omega_{Hs} = -2\omega + \omega_0; \omega, -\omega, \omega, -\omega, 2\omega - \omega_0)$

Tabelle 3.3. Zeitverhältnisse für unterschiedliche nichtlineare Regime

Prozeß	Zeitverhältnisse
Passiv	$\tau_a > t > T_1, T_2$
Induziert	$t > \tau_a > T_1, T_2$
Sättigung	$t > \tau_a \approx T_1 > T_2$
Nichtgleichgewicht	$\tau_a, T_1 > t > T_2$
Kohärente Prozesse	$T_1, T_2 > t > \tau_a$

Das Auftreten unterschiedlicher, optisch nichtlinearer Regime wird bestimmt durch das Verhältnis zwischen der longitudinalen Relaxationszeit T_1, der transversalen Relaxationszeit T_2, der Lebensdauer τ_a der Elektronenanregung und der die Beobachtung charakterisierenden Zeit t (z. B. Beobachtungszeit, Zeit nach einem Impuls) (Tabelle 3.3) [3.3].

Es ist:

$$\tau_a^{-1} = \omega_R^2 T_2, \quad \omega_R = \frac{\mu\,|E_{max}|}{\hbar} \tag{3.6}$$

ω_R RABI-Frequenz
μ Dipolmoment

NLO-Effekte als Mehrphotonenprozesse

Die mikroskopische Theorie charakterisiert die NLO-Effekte als Mehrphotonenprozesse.

Mehrphotonenprozesse sind Prozesse, bei denen in einem Elementarakt mehrere Photonen beteiligt sind.

Beispiele hierfür sind in den Bildern 3.1 bis 3.3 dargestellt.

In diesen Bildern bedeuten horizontale ausgezogene Linien reale Niveaus des atomaren Systems, horizontale gestrichelte Linien virtuelle Niveaus, Pfeile nach oben eine Absorption und Pfeile nach unten eine Emission von Photonen.

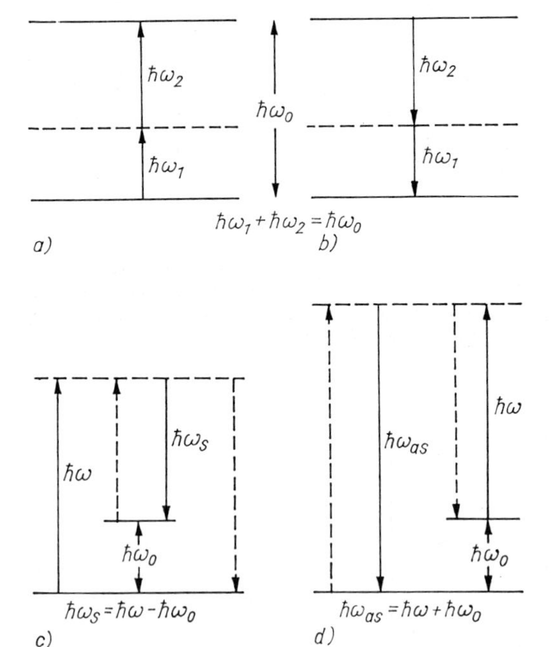

Bild 3.1. Zweiphotonenprozesse.
a) Zweiphotonenabsorption, b) Zweiphotonenemission, c) STOKES-RAMAN-Effekt, d) Anti-STOKES-RAMAN-Effekt. In c) und d) sind durch vertikale gestrichelte Pfeile die Prozesse beim inversen RAMAN-Effekt angegeben.

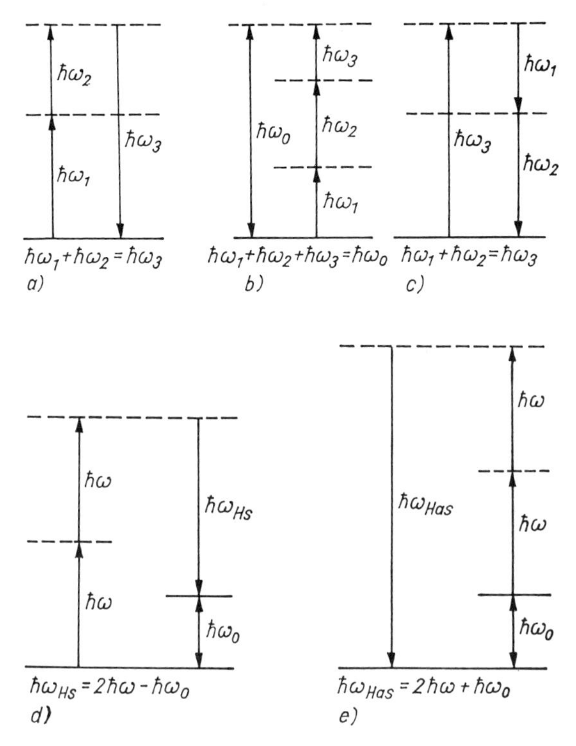

Bild 3.2. Dreiphotonenprozesse.
a) Summenfrequenzerzeugung, b) Dreiphotonenabsorption, c) Abhängigkeit von den Anfangsbedingungen (Differenzfrequenzerzeugung, parametrische Oszillation und Verstärkung sowie parametrische Fluoreszenz), d) STOKES-Hyper-RAMAN-Effekt, e) Anti-STOKES-Hyper-RAMAN-Effekt

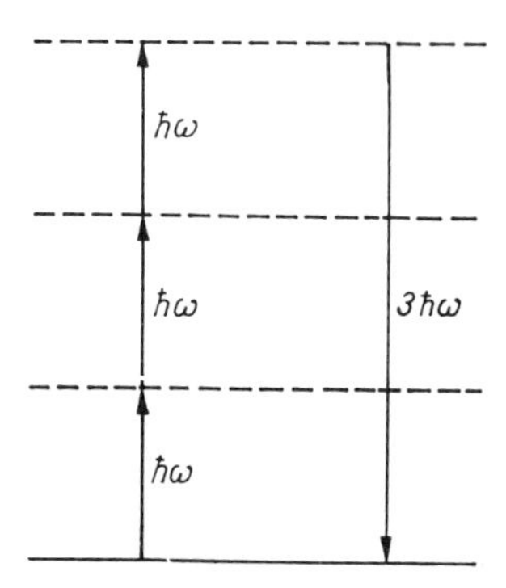

Bild 3.3. Erzeugung der dritten Harmonischen durch Vierphotonenprozeß

3.2.2. Nichtlineare Suszeptibilitäten

3.2.2.1. Einfluß der räumlichen Symmetrie

Die *räumliche Symmetrie* bestimmt, welche Komponenten der Suszeptibilitätstensoren von Null verschieden sind. In den Tabellen 3.4, 3.5 und 3.6 sind die von Null verschiedenen (in Dipolnäherung) Komponenten der Suszeptibilitätstensoren für lineare, quadratisch nichtlineare und kubisch nichtlineare Medien angegeben [3.4]. Angegeben sind die Indizes der entsprechenden Komponenten in einem Koordinatensystem, das für die einzelnen Kristallklassen international festgelegt ist [3.11].
Durch einen Querstrich sind die Komponenten gekennzeichnet, die negativ sind.

Tabelle 3.4. Linearer Suszeptibilitätstensor $\chi_{ij}^{(1)}$ für alle sieben Kristallsysteme und isotrope Medien

Kristallsystem	Komponenten	Anzahl der Elemente
Triklin	$\begin{bmatrix} xx & xy & zx \\ xy & yy & yz \\ zx & yz & zz \end{bmatrix}$	(6)
Monoklin	$\begin{bmatrix} xx & 0 & zx \\ 0 & yy & 0 \\ zx & 0 & zz \end{bmatrix}$	(4)
Orthorhombisch	$\begin{bmatrix} xx & 0 & 0 \\ 0 & yy & 0 \\ 0 & 0 & zz \end{bmatrix}$	(3)
Tetragonal, Trigonal, Hexagonal	$\begin{bmatrix} xx & 0 & 0 \\ 0 & xx & 0 \\ 0 & 0 & zz \end{bmatrix}$	(2)
Kubisch, Isotrop	$\begin{bmatrix} xx & 0 & 0 \\ 0 & xx & 0 \\ 0 & 0 & xx \end{bmatrix}$	(1)

Tab. 3.4 zeigt, welche Medien optisch isotrop, optisch einachsig bzw. optisch zweiachsig sind. Tab. 3.5 zeigt insbesondere, daß bei einigen Kristallklassen Medien, die optisch isotrop sind, optisch quadratisch nichtlineare Eigenschaften haben. (*Beispiel:* GaAs, das zur Kristallklasse $\bar{4}3m$ gehört).
Bezüglich der Berechnung der nichtlinearen Suszeptibilitäten s. z. B. [3.4].

Tabelle 3.5. Quadratischer Suszeptibilitätstensor $\chi_{ijk}^{(2)}$ für Kristallklassen ohne Symmetriezentrum

System	Klasse	Komponenten	Anzahl der Elemente
Triklin	1	$\begin{bmatrix} xxx & xyy & xzz & xyz & xzy & xzx & xxz & xxy & xyx \\ yxx & yyy & yzz & yyz & yzy & yzx & yxz & yxy & yyx \\ zxx & zyy & zzz & zyz & zzy & zzx & zxz & zxy & zyx \end{bmatrix}$	(27)
Monoklin	2	$\begin{bmatrix} 0 & 0 & 0 & xyz & xzy & 0 & 0 & xxy & xyx \\ yxx & yyy & yzz & 0 & 0 & yzx & yxz & 0 & 0 \\ 0 & 0 & 0 & zyz & zzy & 0 & 0 & zxy & zyx \end{bmatrix}$	(13)
	m	$\begin{bmatrix} xxx & xyy & xzz & 0 & 0 & xzx & xxz & 0 & 0 \\ 0 & 0 & 0 & yyz & yzy & 0 & 0 & yxy & yyx \\ zxx & zyy & zzz & 0 & 0 & zzx & zxz & 0 & 0 \end{bmatrix}$	(14)
Ortho-rhombisch	222	$\begin{bmatrix} 0 & 0 & 0 & xyz & xzy & 0 & 0 & 0 & 0 \\ 0 & 0 & 0 & 0 & 0 & yzx & yxz & 0 & 0 \\ 0 & 0 & 0 & 0 & 0 & 0 & 0 & zxy & zyx \end{bmatrix}$	(6)
	mm2	$\begin{bmatrix} 0 & 0 & 0 & 0 & 0 & xzx & xxz & 0 & 0 \\ 0 & 0 & 0 & yyz & yzy & 0 & 0 & 0 & 0 \\ zxx & zyy & zzz & 0 & 0 & 0 & 0 & 0 & 0 \end{bmatrix}$	(7)
Tetragonal	4	$\begin{bmatrix} 0 & 0 & 0 & xyz & xzy & xzx & xxz & 0 & 0 \\ 0 & 0 & 0 & xxz & xzx & \overline{xzy} & \overline{xyz} & 0 & 0 \\ zxx & zxx & zzz & 0 & 0 & 0 & 0 & zxy & \overline{zxy} \end{bmatrix}$	(7)
	$\bar{4}$	$\begin{bmatrix} 0 & 0 & 0 & xyz & xzy & xzx & xxz & 0 & 0 \\ 0 & 0 & 0 & \overline{xxz} & \overline{xzx} & xzy & xyz & 0 & 0 \\ zxx & \overline{zxx} & 0 & 0 & 0 & 0 & 0 & zxy & zxy \end{bmatrix}$	(6)
	422	$\begin{bmatrix} 0 & 0 & 0 & xyz & xzy & 0 & 0 & 0 & 0 \\ 0 & 0 & 0 & 0 & 0 & \overline{xzy} & \overline{xyz} & 0 & 0 \\ 0 & 0 & 0 & 0 & 0 & 0 & 0 & zxy & \overline{zxy} \end{bmatrix}$	(3)
	4mm	$\begin{bmatrix} 0 & 0 & 0 & 0 & 0 & xzx & xxz & 0 & 0 \\ 0 & 0 & 0 & xxz & xzx & 0 & 0 & 0 & 0 \\ zxx & zxx & zzz & 0 & 0 & 0 & 0 & 0 & 0 \end{bmatrix}$	(4)
	$\bar{4}2m$	$\begin{bmatrix} 0 & 0 & 0 & xyz & xzy & 0 & 0 & 0 & 0 \\ 0 & 0 & 0 & 0 & 0 & xzy & xyz & 0 & 0 \\ 0 & 0 & 0 & 0 & 0 & 0 & 0 & zxy & zxy \end{bmatrix}$	(3)

Tabelle 3.5 (Fortsetzung)

System	Klasse	Komponenten	Anzahl der Elemente
Kubisch	432	$\begin{bmatrix} 0 & 0 & 0 & xyz & xyz & 0 & 0 & 0 & 0 \\ 0 & 0 & 0 & 0 & 0 & xyz & xyz & 0 & 0 \\ 0 & 0 & 0 & 0 & 0 & 0 & 0 & xyz & xyz \end{bmatrix}$	(1)
	$\bar{4}3m$	$\begin{bmatrix} 0 & 0 & 0 & xyz & \overline{xyz} & 0 & 0 & 0 & 0 \\ 0 & 0 & 0 & 0 & 0 & xyz & \overline{xyz} & 0 & 0 \\ 0 & 0 & 0 & 0 & 0 & 0 & 0 & xyz & \overline{xyz} \end{bmatrix}$	(1)
	23	$\begin{bmatrix} 0 & 0 & 0 & xyz & xzy & 0 & 0 & 0 & 0 \\ 0 & 0 & 0 & 0 & 0 & xyz & xzy & 0 & 0 \\ 0 & 0 & 0 & 0 & 0 & 0 & 0 & xyz & xzy \end{bmatrix}$	(2)
Trigonal	3	$\begin{bmatrix} xxx & \overline{xxx} & 0 & xyz & xzy & xzx & xxz & \overline{yyy} & \overline{yyy} \\ \overline{yyy} & yyy & 0 & xxz & xzx & \overline{xzy} & \overline{xyz} & \overline{xxx} & \overline{xxx} \\ zxx & zxx & zzz & 0 & 0 & 0 & 0 & zxy & \overline{zxy} \end{bmatrix}$	(9)
	32	$\begin{bmatrix} xxx & \overline{xxx} & 0 & xyz & xzy & 0 & 0 & 0 & 0 \\ 0 & 0 & 0 & 0 & 0 & \overline{xzy} & \overline{xyz} & \overline{xxx} & \overline{xxx} \\ 0 & 0 & 0 & 0 & 0 & 0 & 0 & zxy & \overline{zxy} \end{bmatrix}$	(4)
	3m	$\begin{bmatrix} 0 & 0 & 0 & 0 & 0 & xzx & xxz & \overline{yyy} & \overline{yyy} \\ \overline{yyy} & yyy & 0 & xxz & xzx & 0 & 0 & 0 & 0 \\ zxx & zxx & zzz & 0 & 0 & 0 & 0 & 0 & 0 \end{bmatrix}$	(5)
Hexagonal	6	$\begin{bmatrix} 0 & 0 & 0 & xyz & xzy & xzx & xxz & 0 & 0 \\ 0 & 0 & 0 & xxz & xzx & \overline{xzy} & \overline{xyz} & 0 & 0 \\ zxx & zxx & zzz & 0 & 0 & 0 & 0 & zxy & \overline{zxy} \end{bmatrix}$	(7)
	$\bar{6}$	$\begin{bmatrix} xxx & \overline{xxx} & 0 & 0 & 0 & 0 & 0 & \overline{yyy} & \overline{yyy} \\ \overline{yyy} & yyy & 0 & 0 & 0 & 0 & 0 & \overline{xxx} & \overline{xxx} \\ 0 & 0 & 0 & 0 & 0 & 0 & 0 & 0 & 0 \end{bmatrix}$	(2)
	622	$\begin{bmatrix} 0 & 0 & 0 & xyz & xzy & 0 & 0 & 0 & 0 \\ 0 & 0 & 0 & 0 & 0 & \overline{xzy} & \overline{xyz} & 0 & 0 \\ 0 & 0 & 0 & 0 & 0 & 0 & 0 & zxy & \overline{zxy} \end{bmatrix}$	(3)
	6mm	$\begin{bmatrix} 0 & 0 & 0 & 0 & 0 & xzx & xxz & 0 & 0 \\ 0 & 0 & 0 & xxz & xzx & 0 & 0 & 0 & 0 \\ zxx & zxx & zzz & 0 & 0 & 0 & 0 & 0 & 0 \end{bmatrix}$	(4)
	$\bar{6}m2$	$\begin{bmatrix} 0 & 0 & 0 & 0 & 0 & 0 & 0 & \overline{yyy} & \overline{yyy} \\ \overline{yyy} & yyy & 0 & 0 & 0 & 0 & 0 & 0 & 0 \\ 0 & 0 & 0 & 0 & 0 & 0 & 0 & 0 & 0 \end{bmatrix}$	(1)

Tabelle 3.6. Kubischer Suszeptibilitätstensor $\chi^{(3)}_{ijkl}$ für 31 Kristallklassen und isotrope Medien

System	Komponenten
Triklin	Für beide Kristallklassen (1 und $\bar{1}$) sind alle 81 Elemente unabhängig voneinander ungleich Null.
Monoklin	Für alle drei Kristallklassen (2,m und 2/m) gibt es 41 unabhängige, von Null verschiedene Elemente: 3 Elemente mit gleichen Indizes 18 Elemente mit paarweise gleichen Indizes 12 Elemente mit 2 Indizes y, einem x, einem z 4 Elemente mit 3 Indizes x, einem z 4 Elemente mit 3 Indizes z, einem x
Orthorhombisch	Für alle drei Kristallklassen (222, mm2 und mmm) gibt es 21 unabhängige, von Null verschiedene Elemente: 3 Elemente mit gleichen Indizes 18 Elemente mit paarweise gleichen Indizes
Tetragonal	Für die drei Kristallklassen 4, $\bar{4}$ und 4/m gibt es 41 von Null verschiedene Elemente, von denen 21 unabhängig voneinander sind: $xxxx = yyyy,\ zzzz$ $zzxx = zzyy,\ xyzz = \overline{yxzz},\ xxyy = yyxx,\ xxxy = \overline{yyyx}$ $xxzz = yyzz,\ zzxy = \overline{zzyx},\ xyxy = yxxy,\ xyxx = \overline{yyxy}$ $zxzx = zyzy,\ xzyz = \overline{yzxz},\ xyyx = yxxy,\ xyxx = \overline{yxyy}$ $xzxz = yzyz,\ zxzy = \overline{zyzx} \qquad yxxx = \overline{xyyy}$ $zxxz = zyyz,\ zxyz = \overline{zyxz}$ $xzzx = yzzy,\ xzzy = \overline{yzzx}$ Für die vier Kristallklassen 422, 4mm, 4/mmm und $\bar{4}$2m gibt es 21 von Null verschiedene Elemente, von denen 11 unabhängig voneinander sind: $xxxx = yyyy,\ zzzz$ $yyzz = zzyy,\ zzxx = xxzz,\ xxyy = yyxx$ $yzyz = zyzy,\ zxzx = xzxz,\ xyxy = yxyx$ $yzzy = zyyz,\ zxxz = xzzx,\ xyyx = yxxy$
Kubisch	Für die beiden Kristallklassen 23 und m3 gibt es 21 von Null verschiedene Elemente, von denen 7 unabhängig voneinander sind: $xxxx = yyyy = zzzz$ $yyzz = zzxx = xxyy$ $zzyy = xxzz = yyxx$ $yzyz = zxzx = xyxy$ $zyzy = xzxz = yxyx$ $yzzy = zxxz = xyyx$ $zyyz = xzzx = yxxy$ Für die drei Kristallklassen 432, $\bar{4}$3m und m3 gibt es 21 von Null verschiedene Elemente, von denen 4 unabhängig voneinander sind:

Tabelle 3.6 (Fortsetzung)

System	Komponenten
Kubisch	$xxxx = yyyy = zzzz$
	$yyzz = zzyy = zzxx = xxzz = xxyy = yyxx$
	$yzyz = zyzy = zxzx = xzxz = xyxy = yxyx$
	$yzzy = zyyz = zxxz = xzzx = xyyx = yxxy$
Trigonal	Für die beiden Kristallklassen 3 und $\overline{3}$ gibt es 73 von Null verschiedene Elemente, von denen 27 unabhängig voneinander sind:
	$zzzz$
	$xxxx = yyyy = xxyy + xyyx + xyxy \quad \left\{ \begin{matrix} xxyy = yyxx \\ xyyx = yxxy \\ xyxy = yxyx \end{matrix} \right.$
	$yyzz = xxzz,\ xyzz = \overline{yxzz}$
	$zzyy = zzxx,\ zzxy = \overline{zzyx}$
	$zyyz = zxxz,\ zxyz = \overline{zyxz}$
	$yzzy = xzzx,\ xzzy = \overline{yzzx}$
	$yzyz = xzxz,\ xzyz = \overline{yzxz}$
	$zyzy = zxzx,\ zxzy = \overline{zyzx}$
	$xxyy = \overline{yyyx} = yyxy + yxyy + xyyy \quad \left\{ \begin{matrix} yyxy = \overline{xxyx} \\ yxyy = \overline{xyxx} \\ xyyy = \overline{yxxx} \end{matrix} \right.$
	$yyyz = \overline{yxxz} = \overline{xyxz} = \overline{xxyz}$
	$yyzy = \overline{yxzx} = \overline{xyzx} = \overline{xxzy}$
	$yzyy = \overline{yzxx} = \overline{xzyx} = \overline{xzxy}$
	$zyyy = \overline{zyxx} = \overline{zxyx} = \overline{zxxy}$
	$xxxz = \overline{xyyz} = \overline{yxyz} = \overline{yyxz}$
	$xxzx = \overline{xyzy} = \overline{yxzy} = \overline{yyxz}$
	$xzxx = \overline{xyzy} = \overline{yxzy} = \overline{yzyx}$
	$zxxx = \overline{zxyy} = \overline{zyxy} = \overline{zyyx}$
	Für die drei Kristallklassen 3m, $\overline{3}$m und 32 gibt es 37 von Null verschiedene Elemente, von denen 14 unabhängig voneinander sind:
	$zzzz$
	$xxxx = yyyy = xxyy + xyyx + xyxy \quad \left\{ \begin{matrix} xxyy = yyxx \\ xyyx = yxxy \\ xyxy = yxyx \end{matrix} \right.$
	$yyzz = xxzz,\ yyyz = \overline{yxxz} = \overline{xyxz} = \overline{xxyz}$
	$zzyy = zzxx,\ yyzy = \overline{yxzx} = \overline{xyzx} = \overline{xxzy}$
	$zyyz = zxxz,\ yzyy = \overline{yzxx} = \overline{xzyx} = \overline{xzxy}$
	$yzzy = xzzx,\ zyyy = \overline{zyxx} = \overline{zxyz} = \overline{zxxy}$
	$yzyz = xzxz$
	$zyzy = zxzx$

Tabelle 3.6 (Fortsetzung)

System	Komponenten
Hexagonal	Für die drei Kristallklassen 6, $\bar{6}$ und 6/m gibt es 41 von Null verschiedene Elemente, von denen 19 unabhängig voneinander sind: $zzzz$ $xxxx = yyyy = xxyy + xyyx + xyxy \left\{ \begin{array}{l} xxyy = yyxx \\ xyyx = yxxy \\ xyxy = yxyx \end{array} \right.$ $yyzz = xxzz,\ xyzz = \overline{yxzz}$ $zzyy = zzxx,\ zzxy = \overline{zzyx}$ $zyyz = zxxz,\ zxyz = \overline{zyxz}$ $yzzy = xzzx,\ xzzy = \overline{yzzx}$ $yzyz = xzxz,\ xzyz = \overline{yzxz}$ $zyzy = zxzx,\ zxzy = \overline{zyzx}$ $xxxy = \overline{yyyx} = yyxy + yxyx + xyyy \left\{ \begin{array}{l} yyxy = \overline{xxyx} \\ yxyy = \overline{xyxx} \\ xyyy = \overline{yxxx} \end{array} \right.$ Für die vier Kristallklassen 622, 6mm, 6/mmm und $\bar{6}$m2 gibt es 21 von Null verschiedene Elemente, von denen 10 unabhängig voneinander sind: $zzzz$ $xxxx = yyyy = xxyy + xyyx + xyxy \left\{ \begin{array}{l} xxyy = yyxx \\ xyyx = yxxy \\ xyxy = yxyx \end{array} \right.$ $yyzz = xxzz$ $zzyy = zzxx$ $zyyz = zxxz$ $yzzy = xzzx$ $yzyz = xzxz$ $zyzy = zxzx$
Isotrope Medien	Es gibt 21 von Null verschiedene Komponenten, von denen 3 unabhängig voneinander sind: $xxxx = yyyy = zzzz$ $yyzz = zzyy = zzxx = xxzz = xxyy = yyxx$ $yzyz = zyzy = zxzx = xzxz = xyxy = yxyx$ $yzzy = zyyz = zxxz = xzzx = xyyx = yxxy$ $xxxx = xxyy + xyxy + xyyx$

3.2.2.2. Effektive quadratische Nichtlinearitäten

Für die Wechselwirkung in einem quadratisch nichtlinearen Kristall ist die *effektive Nichtlinearität* wesentlich, die bestimmt wird durch:

- die räumliche Symmetrie des Mediums

- die Ausbreitungsrichtung der Wellen relativ zu den kristallografischen Achsen und
- die Polarisation der Wellen

Häufig ist es üblich, anstelle des Tensors $\chi^{(2)}_{ijk}$ den Tensor d_{ijk} zu verwenden:

$$\chi^{(2)}_{ijk} = 2d_{ijk} \tag{3.7}$$

Bei Vernachlässigung der Frequenzabhängigkeit der Suszeptibilität ist $\chi^{(2)}_{ijk}$ symmetrisch bezüglich der Vertauschung der räumlichen Indizes (KLEINMAN-Symmetrie). Die Symmetrie in den letzten beiden Indizes wird durch die (bei piezoelektrischen Kristallen übliche) Zusammenfassung der letzten beiden Indizes in d_{ijk} in der Schreibweise $d_{i(jk)} = d_{im}$ berücksichtigt, wobei m von 1 bis 6 läuft:

$$\begin{bmatrix} & & & & zy & zx & yx \\ (ij) = & xx & yy & zz & yz & xz & xy \\ m = & 1 & 2 & 3 & 4 & 5 & 6 \end{bmatrix} \qquad \begin{bmatrix} & x & y & z \\ i = & 1 & 2 & 3 \end{bmatrix} \tag{3.8}$$

Speziell gilt:

- für die FOURIER-Komponente der nichtlinearen Polarisation, die zur Erzeugung der zweiten Harmonischen führt, in Matrixform:

$$\begin{pmatrix} P^{(2)}_x(2\omega) \\ P^{(2)}_y(2\omega) \\ P^{(2)}_z(2\omega) \end{pmatrix} = \varepsilon_0(d) \begin{pmatrix} E_x^2(\omega) \\ E_y^2(\omega) \\ E_z^2(\omega) \\ 2E_y(\omega)\,E_z(\omega) \\ 2E_x(\omega)\,E_z(\omega) \\ 2E_x(\omega)\,E_y(\omega) \end{pmatrix} \tag{3.9}$$

  worin (d) die 3×6-Matrix d_{im} ist

- für die FOURIER-Komponente der nichtlinearen Polarisation, die zur Erzeugung der Summenfrequenz $\omega_3 = \omega_1 + \omega_2$ führt:

$$\begin{pmatrix} P^{(2)}_x(\omega_3) \\ P^{(2)}_y(\omega_3) \\ P^{(2)}_z(\omega_3) \end{pmatrix} = 2\varepsilon_0(d) \begin{pmatrix} E_x(\omega_1)\,E_x(\omega_2) \\ E_y(\omega_1)\,E_y(\omega_2) \\ E_z(\omega_1)\,E_z(\omega_2) \\ E_y(\omega_1)\,E_z(\omega_2) + E_y(\omega_2)\,E_z(\omega_1) \\ E_x(\omega_1)\,E_z(\omega_2) + E_x(\omega_2)\,E_z(\omega_1) \\ E_x(\omega_1)\,E_y(\omega_2) + E_x(\omega_2)\,E_y(\omega_1) \end{pmatrix} \tag{3.10}$$

! Beachte beim Vergleich von Gl. (3.9) und Gl. (3.10) den Faktor 2. Dieser ist durch die Definition der FOURIER-Komponenten analog Gl. (3.2) bedingt.

Welche Elemente von d_{im} ungleich Null sind, kann einen Vergleich mit Tab. 3.2 entnommen werden. Tabelle 3.7 gibt einige Zahlenwerte für häufig verwendete Kristalle einschließlich der für die Anwendung wichtigen Transmissionsbereiche [3.12] an.

Tabelle 3.7. Nichtlineare quadratische Suszeptibilitäten und Transmissionsbereiche häufig verwendeter Kristalle

Kristall	Kristallklasse	d_{im} pm/V	Transmissionsbereich µm
KDP (KH_2PO_4)	$\bar{4}2m$	$d_{36} = 0{,}5$	0,2 ... 1,5
KD*P (KD_2PO_4)	$\bar{4}2m$	$d_{36} = 0{,}5 = d_{14}$	0,2 ... 1,5
ADP ($NH_4H_2PO_4$)	$\bar{4}2m$	$d_{36} = 0{,}6$	0,2 ... 1,2
KB 5 ($KB_5O_8 \cdot 4H_2O$)	mm2	$d_{31} = 4 \cdot 10^{-2}$ $d_{32} = 3 \cdot 10^{-3}$	0,2 ... 0,9
CDA (CsH_2AsO_4)	$\bar{4}2m$	$d_{36} = 0{,}4$	0,26 ... 1,46
RDA (RbH_2AsO_4)	42m	$d_{36} = 0{,}4$	0,26 ... 1,46
$LiIO_3$	6	$d_{31} = 7{,}5$	0,3 ... 5,5
$LiNbO_3$	3m	$d_{31} = 6{,}3$	0,4 ... 5,3
$AgGaS_2$	$\bar{4}2m$	$d_{36} = 12$	0,5 ... 13
$AgGaSe_2$	$\bar{4}2m$	$d_{36} = 33$	0,7 ... 18
Ag_3AsS_3	3m	$d_{15} = 12$	0,6 ... 13
CdSe	6mm	$d_{31} = 19$	0,75 ... 20
GaSe	$\bar{6}m2$	$d_{32} = 89$	0,65 ... 18
$CdGeAs_2$	$\bar{4}2m$	$d_{36} = 236$	2,4 ... 18
GaAs	$\bar{4}3m$	$d_{36} = 90$	1 ... 17

Die Größenordnung der quadratischen Suszeptibilitäten kann aus den linearen Eigenschaften eines Mediums mit der MILLERschen Regel (3.11) in sehr guter Näherung abgeschätzt werden [3.7]:

$$d = \varepsilon_0 \, (n^2 - 1)^3 \, \Delta \tag{3.11}$$

mit

$$\Delta = 0{,}5 \text{ m}^2/\text{As}.$$

Effektive Nichtlinearität

Die *effektive Nichtlinearität*, wie sie in der Wellengleichung als Quelle für die Erzeugung neuer Frequenzen auftritt, ist für die Wechselwirkung von drei Wellen mit den Kreisfrequenzen ω_3, ω_2, ω_1 (*Polarisationsvektoren* der Wellen $\boldsymbol{e}_1$ usw.) definiert als:

$$d_{\text{eff}} = \frac{1}{2} \sum_{i,j,k} e_{3i} \, \chi^{(2)}_{ijk} \, (-\omega_3 ; \omega_1 , \omega_2) \, e_{1j} e_{2k} \tag{3.12}$$

In Tabelle 3.8 ist d_{eff} für die Wechselwirkung unterschiedlicher Polarisation in optisch einachsigen Kristallen angegeben (ϱ Doppelbrechungswinkel, Bild 3.4, Θ Winkel zwischen der optischen Achse, z-Achse, und der Ausbreitungsrichtung, φ Winkel zwischen der Projektion des Wellenzahlvektors in die x,y-Ebene und der x-Richtung).

Tabelle 3.8. Effektive nichtlineare Koeffizienten optisch einachsiger Kristalle für die Wechselwirkungen eeo und ooe (Annahme der Gültigkeit der KLEINMAN-*Symmetrie)* [3.4]

Kristallklassen	Wechselwirkung eeo	Wechselwirkung ooe
6,4	0	$d_{15} \sin(\Theta + \varrho)$
622, 422	0	0
6mm, 4mm	0	$d_{15} \sin(\Theta + \varrho)$
$\bar{6}$m2	$d_{22} \cos 3\varphi \cos^2(\Theta + \varrho)$	$-d_{22} \sin 3\varphi \cos(\Theta + \varrho)$
3m	$d_{22} \cos 3\varphi \cos^2(\Theta + \varrho)$	$d_{15} \sin(\Theta + \varrho) - d_{22} \sin 3\varphi \cos(\Theta + \varrho)$
$\bar{6}$	$(d_{11} \sin 3\varphi + d_{22} \cos 3\varphi) \cos^2(\Theta + \varrho)$	$(d_{11} \cos 3\varphi - d_{22} \sin 3\varphi) \cos(\Theta + \varrho)$
3	$(d_{11} \sin 3\varphi + d_{22} \cos 3\varphi) \cos^2(\Theta + \varrho)$	$d_{15} \sin(\Theta + \varrho) + (d_{11} \cos 3\varphi - d_{22} \sin 3\varphi) \cos(\Theta + \varrho)$
32	$d_{11} \sin 3\varphi \cos^2(\Theta + \varrho)$	$d_{11} \cos 3\varphi \cos(\Theta + \varrho)$
$\bar{4}$	$(d_{14} \cos 2\varphi - d_{15} \sin 2\varphi) \sin(2\Theta + 2\varrho)$	$-(d_{15} \cos 2\varphi + d_{14} \sin 2\varphi) \sin(\Theta + \varrho)$
$\bar{4}$2m	$d_{14} \cos 2\varphi \sin(2\Theta + 2\varrho)$	$-d_{14} \sin 2\varphi \sin(\Theta + \varrho)$

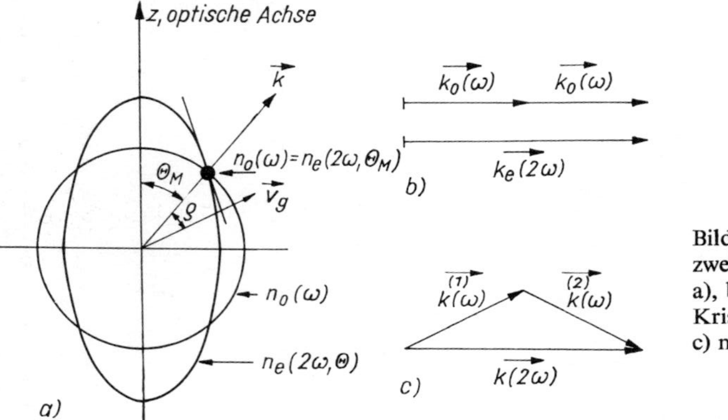

Bild 3.4. Phasenanpassung bei der Erzeugung der zweiten Harmonischen.
a), b) kollineare Wechselwirkung in negativ einachsigen Kristallen ($n_e < n_0$), Typ I, Wechselwirkung ooe,
c) nichtkollineare Wechselwirkung

Beispiel: Erzeugung der zweiten Harmonischen in KDP (Kristallklasse $\bar{4}2m$) als außerordentliche Welle durch Einstrahlung der Grundwelle als ordentliche Welle (Wechselwirkung ooe) unter dem Phasenanpassungswinkel Θ_M:

$$d_{eff} = -d_{14} \sin 2\varphi \sin(\Theta_M + \varrho), \quad d_{14} = d_{36};$$

d_{eff} ist maximal für $\varphi = 45°$, d.h.:

Durch geeignete kristallografische Orientierung kann die effektive Nichtlinearität optimiert werden.

3.2.3. Parametrische Prozesse

Anforderungen an geeignete Medien für parametrische Prozesse sind:

- hohe effektive *Nichtlinearität*

Tabelle 3.9. Optische Belastbarkeit häufig verwendeter quadratisch nichtlinearer Kristalle [3.12]

Kristall	Wellenlänge µm	Impulslänge ns	Belastbarkeit GW/cm²
KDP	0,6943	20	0,4
	0,53	0,2	17
	1,06	0,2	23
KD*P	1,06	10	0,5
	1,06	0,25	6
ADP	1,06	60	0,5
CDA	0,53	10	0,6
	1,06	10	0,5
	1,06	0,007	>4
RDA	0,6943	10	0,4
$LiIO_3$	0,347	10	0,05
	0,53	15	0,04
	0,53	0,015	7
	1,06	20	0,06
$LiNbO_3$	0,53	15	10^{-2}
	0,53	0,007	>10
	1,06	30	0,1
	1,06	0,006	>10
KB 5	0,45	7	>1
GaSe	1,06	10	$4 \cdot 10^{-2}$
Ag_3AsS_3	0,6943	14	$3 \cdot 10^{-3}$
	1,06	18	$2 \cdot 10^{-2}$
	10,6	220	$5 \cdot 10^{-2}$
$AgGaS_2$	0,59	500	$2 \cdot 10^{-3}$
	0,6943	10	$2 \cdot 10^{-2}$
	1,06	35	$2 \cdot 10^{-2}$
	10,6	200	$2 \cdot 10^{-2}$
$AgGaSe_2$	10,6	200	$>2 \cdot 10^{-3}$
CdSe	1,833	300	$3 \cdot 10^{-2}$
	2,36	30	$5 \cdot 10^{-2}$
$CdGeAs_2$	10,6	160	$4 \cdot 10^{-2}$

- gute *Transparenz* in dem untersuchten Wellenlängenbereich
- hohe optische *Belastbarkeit* (Tabelle 3.9)
- Erfüllung der *Phasenanpassungsbedingung*

3.2.3.1. Methoden der Phasenanpassung

Die durch die eingestrahlten Wellen erzeugte nichtlineare *Polarisationswelle* breitet sich mit einer Phasengeschwindigkeit aus, die durch die Phasengeschwindigkeiten der eingestrahlten Wellen bestimmt wird, während sich die durch die nichtlineare Polarisationswelle erzeugte *Eigenwelle* im allgemeinen wegen der Dispersion des Mediums mit einer anderen Phasengeschwindigkeit ausbreitet, was eine effektive Wechselwirkung verhindert.

Um eine effektive Wechselwirkung über größere Längen zu erzielen, müssen die Phasengeschwindigkeiten von nichtlinearer Polarisationswelle und zugehöriger Eigenwelle gleich sein (angepaßt werden) → Notwendigkeit der Erfüllung der *Phasenanpassungsbedingung*.

Möglichkeiten der Erfüllung der Phasenanpassungsbedingung:

- *kollineare Wechselwirkung* von Wellen unterschiedlicher Polarisation in optisch anisotropen Medien
  Diese Methode wird am häufigsten verwendet in quadratisch nichtlinearen Medien. In optisch einachsigen Kristallen gilt für die Brechzahl einer sich unter dem Winkel Θ zur optischen Achse ausbreitenden Welle (s. Abschn. 1.2.):

$$\frac{1}{n_e^2(\Theta)} = \frac{\cos^2\Theta}{n_0^2} + \frac{\sin^2\Theta}{n_e^2} \tag{3.13}$$

  Es gibt zwei Typen der Phasenanpassung, die speziell für die Erzeugung der zweiten Harmonischen (für die Erzeugung von Summenfrequenzen usw. und die Wechselwirkung in kubisch nichtlinearen Medien gelten analoge Beziehungen) lauten:

  Typ I:

$$\begin{aligned} n_e(2\omega, \Theta_M) &= n_0(\omega) \quad \text{bei} \quad n_e < n_0 \quad \text{(Wechselwirkung ooe)} \\ n_0(2\omega) &= n_e(\omega, \Theta_M) \quad \text{bei} \quad n_0 < n_e \quad \text{(Wechselwirkung eeo)} \end{aligned} \tag{3.14}$$

  Typ II:

$$\begin{aligned} 2n_e(2\omega, \Theta_M) &= n_e(\omega, \Theta_M) + n_0(\omega) \quad \text{bei} \quad n_e < n_0 \quad \text{(Wechselwirkung eeo)} \\ 2n_0(2\omega) &= n_e(\omega, \Theta_M) + n_0(\omega) \quad \text{bei} \quad n_0 < n_e \quad \text{(Wechselwirkung ooe)} \end{aligned} \tag{3.15}$$

  Θ_M Phasenanpassungswinkel, s. Bild 3.4
  Θ_M kann für die verschiedenen Kristalle und Wellenlängen mit den in [3.12] und [3.13] angegebenen Brechzahlen berechnet werden.

- *nichtkollineare Wechselwirkung* (s. Bild 3.4), bei der der Unterschied in den Phasengeschwindigkeiten der wechselwirkenden Wellen unterschiedlicher Frequenz durch Ausbreitung unter verschiedenen Winkeln kompensiert wird
- *Phasenanpassung* unter Ausnutzung der anomalen Dispersion (Bild 3.5), die von besonderer Bedeutung für parametrische Wechselwirkungen in atomaren Gasen und Dämpfen und molekularen Gasen ist [3.8]

- *Phasenanpassung* in wellenleitenden Strukturen, in denen die räumliche Dimension vergleichbar mit der Wellenlänge ist. Entweder in dielektrischen ebenen (s. Abschn. 1.2.) oder in periodisch gestörten Wellenleitern [3.14], [3.15].
Bedeutung für die integrierte Optik, Phasenanpassung in optisch isotropen, quadratisch nichtlinearen Kristallen mit großer Nichtlinearität.

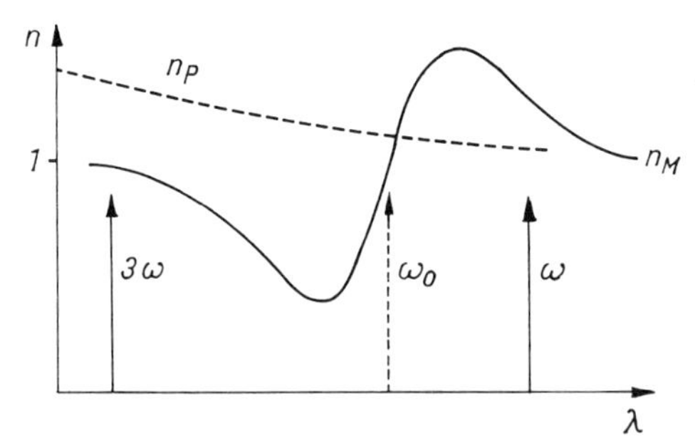

Bild 3.5. Phasenanpassung unter Ausnutzung der anomalen Dispersion, dargestellt am Beispiel der Erzeugung der dritten Harmonischen.
n_M Brechzahl des nichtlinearen Mediums (Gas, Dampf), n_P Brechzahl eines Puffergases

Die Phasenanpassung ist sehr kritisch bezüglich der Frequenz und der Orientierung der verwendeten Kristalle (s. Abschn. 3.2.3.2.).

3.2.3.2. Erzeugung der zweiten Harmonischen

Für kleine Umwandlungsraten gilt für das *Verhältnis der Intensitäten* (L-Kristalllänge):

$$\frac{I(2\omega)}{I(\omega)} = \left(\frac{L}{L_{NL}}\right)^2 \operatorname{sinc}^2 \frac{\Delta k L}{2} \tag{3.16}$$

mit

$$\operatorname{sinc} x = \frac{\sin x}{x} \quad \text{und} \quad \Delta k =: 2k(\omega) - k(2\omega)$$

sowie der *nichtlinearen Wechselwirkungslänge* L_{NL}:

$$\frac{1}{L_{NL}} = \left(\frac{2\omega^2 \, |d_{eff}|^2}{n^2(\omega)\, n(2\omega)\, c^3 \varepsilon_0} \, \frac{P(\omega)}{A}\right)^{1/2} \tag{3.17}$$

Für große Umwandlungsraten ist bei Phasenanpassung ($\Delta k = 0$):

$$\frac{I(2\omega)}{I(\omega)} = \tanh^2 \left(\frac{L}{L_{NL}}\right) \tag{3.18}$$

Bei $L = L_{NL}$ ist $I(2\omega) \approx 0{,}6 I(\omega)$.

Beispiel: $LiNbO_3$, $\lambda_1 = 1{,}06\ \mu m$, $I(\omega) = 1\ MW/cm^2$, $L_{NL} = 3$ cm

Zu beachten ist:

- Die Phasenanpassung ist sehr genau einzuhalten. Sie wird charakterisiert durch die *Phasenkohärenzlänge*:

$$L_K = \frac{\lambda_1}{4} \Big/ |n(2\omega) - n(\omega)| \tag{3.19}$$

Eine effektive Frequenztransformation erfordert bei Kristallängen von etwa 1 cm eine Übereinstimmung der Brechzahlen von etwa $|n(2\omega) - n(\omega)| \approx 10^{-4}$.

- Bei der Wechselwirkung von Strahlen unterschiedlicher Polarisation ist wegen des Auseinanderlaufens der POYNTING-Vektoren (s. Abschn. 1.) eine Wechselwirkung nur effektiv bei $L < L_a$ (L_a Aperturlänge):

$$L_a = \sqrt{\pi}\, w_0/\varrho \tag{3.20}$$

mit dem *Doppelbrechungswinkel*:

$$\varrho \approx \tan\varrho = \frac{(\varepsilon_e - \varepsilon_0)\sin\Theta\cos\Theta}{\varepsilon_0 + (\varepsilon_e - \varepsilon_0)\cos^2\Theta} \tag{3.21}$$

ε_e, ε_0 Hauptwerte des Tensors der dielektrischen Permeabilität, $\varepsilon_e = n_e^2$, $\varepsilon_0 = n_0^2$
Günstig ist (falls realisierbar) Phasenanpassung senkrecht zur optischen Achse *(unkritische Phasenanpassung)*:

$$\Theta_M = \frac{\pi}{2}, \quad \varrho = 0, \quad L_a \to \infty$$

- Bei der Wechselwirkung ultrakurzer Lichtimpulse ist die Wechselwirkung wegen des Auseinanderlaufens der Impulse auf Grund der unterschiedlichen Gruppengeschwindigkeiten v_g nur effektiv bei $L < L_v$ (L_v Quasistationaritätslänge) [3.10]:

$$L_v = \tau \left| \frac{1}{v_g(\omega)} - \frac{1}{v_g(2\omega)} \right|^{-1} \tag{3.22}$$

L_v hängt von den Dispersionseigenschaften des verwendeten Kristalls und der Impulslänge τ ab.
Beispiel: $\lambda_1 = 1{,}06$ µm, $\tau = 1$ ps, $L_v = 3{,}7$ cm (KDP) bzw. 0,2 cm ($LiNbO_3$).

Der *Wirkungsgrad* für die Frequenzverdopplung, d.h. das Verhältnis der Intensität der erzeugten Harmonischen zur Intensität der eingestrahlten Grundwelle, kann erhöht werden durch:

- *Frequenzverdopplung* im Laserresonator. Günstig für kontinuierliche Laser. 100% Wirkungsgrad erreicht.
- *Fokussierung* der Grundwelle in den Kristall. Bei $\varrho = 0$ ist die Fokussierung optimal für $L = L_f$ (L_f optimale Fokussierungslänge) [3.3]:

$$L_f = 2{,}84 b_1 \tag{3.23}$$

b_1 Konfokalparameter der Grundwelle, s. Abschn. 1.

Experimentell realisierte *Wirkungsgrade für die Frequenzverdopplung*:

- bei der Verwendung von Riesenimpulsen (s. Abschn. 2.) 50 ... 80%
- bei der Verwendung von Pikosekundenimpulsen (s. Abschn. 2.) 50 ... 80%
- bei der Verwendung kontinuierlicher Laser bis 100% (bei Verdopplung im Resonator)
- bei der Verwendung kontinuierlicher Laser und Verdopplung außerhalb des Resonators <1% (typische Umwandlungsraten liegen im Bereich von 10^{-3} ... 10^{-5} je Watt Laserleistung)

Tabelle 3.10. Beispiele für die Erzeugung der zweiten Harmonischen

Laser	Kristall	$I(\omega)$ W/cm²	Wirkungsgrad %	Bemerkung
Nd-YAG (20 ns, 10 Hz)	KD*P (2 cm)	$5 \cdot 10^6$	50	
Rubin (15 ns)	RDA (2,5 cm)	$60 \cdot 10^6$	30	
Nd-YAG (30 ps) 0,532 nm	KDP (5 cm)	$500 \cdot 10^6$	75 bei 0,532 nm	aufeinanderfolgende Frequenzverdopplungen
	KD*P (0,4 cm)	$4 \cdot 10^9$	75 bei 0,266 nm	
Nd-YAG (kontinuierlich)	$Ba_2NaNb_5O_{15}$	1	100	Verdopplung im Laserresonator

Tabelle 3.10 zeigt einige konkrete Resultate.

Die Erzeugung der zweiten Harmonischen ist von Bedeutung für:

- die Erzeugung kurzwelligerer Strahlung, insbesondere durch aufeinanderfolgende Frequenzverdopplungen (die Grenze ist hier durch die Absorption bisher bekannter Kristalle gegeben, s. Tabelle 3.7)
- die Erzeugung kurzwelliger abstimmbarer Strahlung durch die Frequenzverdopplung der Farbstofflaserstrahlung. Die Phasenanpassung wird für die unterschiedlichen Frequenzen des Farbstofflasers durch Temperaturänderung oder Drehung des nichtlinearen Kristalls erreicht.

3.2.3.3. Erzeugung von Summen- und Differenzfrequenzen

In quadratisch nichtlinearen Medien ist die Erzeugung von Summen- und Differenzfrequenzen eine effektive Methode zur *Frequenztransformation* der Laserstrahlung in den UV-Bereich (bis 190 nm) und in den IR-Bereich (bis 25 μm). Die realisierbaren Wirkungsgrade z.B. bei der Mischung von ns-Farbstofflaserstrahlung liegen im Bereich bis zu einigen Prozent.
Die *Intensität* einer Welle mit der Frequenz $\omega_3 = \omega_1 + \omega_2$, die durch *Summenfrequenzbildung* zweier Wellen mit den Frequenzen ω_1 und ω_2 erzeugt wird (s. Bild 3.2) ist bei geringen Wirkungsgraden zu berechnen aus [3.3]:

$$I(\omega_3) = \frac{\omega_3}{\omega_1} I(\omega_1) (\Gamma_s L)^2 \operatorname{sinc}^2 \left(\frac{\Delta k L}{2}\right) \tag{3.24}$$

$$\Delta k = k_3 - k_1 - k_2 \tag{3.25}$$

$$(\Gamma_s L)^2 = \frac{2\omega_1 \omega_3 |d_{\text{eff}}|^2 L^2 I(\omega_2)}{n_1 n_2 n_3 c^3 \varepsilon_0} \tag{3.26}$$

L Kristallänge

Bild 3.6 zeigt die Erzeugung abstimmbarer UV-Strahlung (λ_3) durch Bildung der Summenfrequenz zweier Farbstofflaser (Wellenlängen λ_1, λ_2) in den Kristallen ADP, KDP und KB 5 ($KB_5O_8 \cdot 4H_2O$) [3.16].

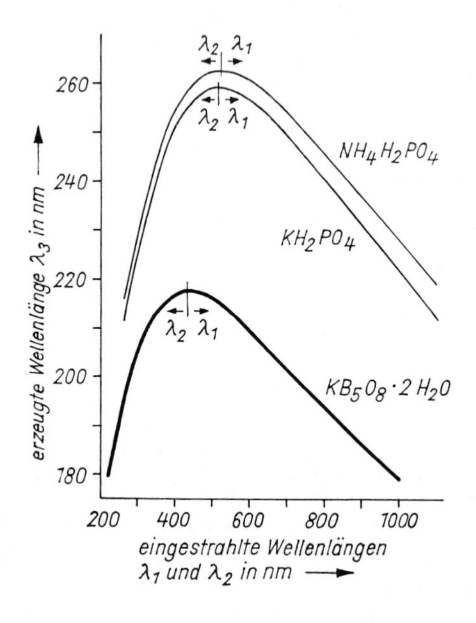

Bild 3.6. Abhängigkeit der durch Summenfrequenzbildung der Strahlungen zweier Farbstofflaser mit den Wellenlängen λ_1 und λ_2 erzeugten Wellenlänge λ_3 von λ_1 und λ_2

Tabelle 3.11. Beispiele für die Differenzfrequenzbildung unter Verwendung abstimmbarer Farbstofflaser [3.7]

Kristall	Abstimmbereich µm	Ausgangsleistung W	Linienbreite 1/cm
$LiNbO_3$	3 ... 4	$6 \cdot 10^3$	3 ... 5
Ag_3AsS_3	10 ... 13	0,1	
	3,2 ... 6,5	10^2	
$AgGaS_2$	4,6 ... 12	0,3	
$LiIO_3$	1,25 ... 1,60	70	
	3,40 ... 5,65	0,5	0,08
	1,5 ... 4,8	0,4	0,5
GaSe	9,5 ... 17	300	0,5
$LiNbO_3$	2,2 ... 4,2	10^{-6} (kontinuierlich)	$5 \cdot 10^{-4}$

Die *Intensität* einer Welle mit der Frequenz $\omega_1 = \omega_3 - \omega_2$, die durch *Differenzfrequenzbildung* erzeugt wird, ist bei geringen Wirkungsgraden zu berechnen aus:

$$I(\omega_1) = \frac{\omega_1}{\omega_2} I(\omega_2) (\Gamma_d L)^2 \operatorname{sinc}^2 \left(\frac{\Delta k L}{2}\right) \tag{3.27}$$

$$(\Gamma_d L)^2 = \frac{2\omega_1\omega_2 |d_{eff}|^2 L^2 I(\omega_3)}{n_1 n_2 n_3 c^3 \varepsilon_0} \tag{3.28}$$

Besonders effektiv für die Erzeugung abstimmbarer IR-Strahlung ist die Differenzfrequenzbildung unter Verwendung von Farbstofflasern (Tabelle 3.11).

Ein wichtiges *Anwendungsgebiet* der Summen- und Differenzfrequenzbildung ist (z. B. für die Astronomie) die Transformation infraroter Strahlung in den sichtbaren Spektralbereich durch Mischung der interessierenden IR-Strahlung mit Laserstrahlung im Sichtbaren (up-conversion). Die so erhaltene Strahlung liegt im Sichtbaren, für das wesentlich empfindlichere Detektoren als für das IR zur Verfügung stehen (s. Abschn. 1., [3.17]).

3.2.3.4. Parametrische Fluoreszenz, Verstärkung und Oszillation

Quadratisch nichtlineare Medien (s. Bild 3.2)

In Abhängigkeit von den Anfangsbedingungen und der experimentellen Anordnung treten unterschiedliche Prozesse auf.
Die *parametrische Fluoreszenz* ist ein spontaner Prozeß. Bei Einstrahlung einer Laserwelle, der *Pumpwelle* (Leistung P_3, Frequenz ω_3), entstehen spontan Photonen mit den Frequenzen ω_1 und $\omega_2 = \omega_3 - \omega_1$. Die Leistung $\mathrm{d}P_{10}$ der spontanen Strahlung in den Raumwinkel $\mathrm{d}\Omega_1$ und das Frequenzintervall $\mathrm{d}\nu_1 = \mathrm{d}\omega_1/2\pi$ [3.4], [3.5] ist:

$$\frac{\mathrm{d}P_{10}}{\mathrm{d}\Omega_1\,\mathrm{d}\nu_1} = \frac{\hbar\omega_1^4\omega_2 n_1 L^2 P_3 |d_{eff}|^2}{2\pi^2 n_3 n_2 \varepsilon_0 c^5} \operatorname{sinc}^2\left(\frac{\Delta k L}{2}\right) \tag{3.29}$$

Δk s. Gl. (3.25)

Die gesamte *emittierte Leistung* P_{10} in einen Winkel Θ_1 (Raumwinkel $\Omega_1 = \pi\Theta_1^2$, Θ_1 Winkel zwischen den Ausbreitungsvektoren der Wellen 3 und 1) ergibt sich nach Integration über alle Frequenzen innerhalb Ω_1 aus:

$$P_{10} = \frac{\hbar\omega_1^4\omega_2 n_1 L P_3 |d_{eff}|^2}{2\pi n_3 n_2 \varepsilon_0 c^4} \, \frac{\Theta_1^2}{n_1 - n_2 + \omega_1 \dfrac{\partial n_1}{\partial \omega_1} - \omega_2 \dfrac{\partial n_2}{\partial \omega_2}} \tag{3.30}$$

Die Leistung der spontanen Fluoreszenz ist gering.

Beispiel: $LiIO_3$, $\lambda_3 = 0{,}52$ µm, $L = 1$ cm, $P_3 = 1$ W, $\Omega_1 = 10^{-4}$ sr ergeben $P_{10} = 10^{-11}$ W bei $\lambda_1 = 0{,}65$ µm.

Anwendung: Bestimmung der Abstimmcharakteristika parametrischer Oszillatoren und der nichtlinearen Suszeptibilitäten. Die parametrische Fluoreszenz ist der Ausgangspunkt für die parametrische Superfluoreszenz und Oszillation.

Bei hohen Intensitäten der Pumpwelle überwiegen induzierte Prozesse, und es tritt die *Superfluoreszenz* auf. Bei Erfüllung der Phasenanpassungsbedingung [Gl. (3.25)] sind die Intensitäten zu berechnen aus:

$$I_1 = 2I_{10} \sinh^2 (\Gamma L) + I_{10} \tag{3.31}$$

$$I_2 = \frac{2\omega_2}{\omega_1} I_{10} \sinh^2 (\Gamma L) + \frac{\omega_2}{\omega_1} I_{10} \tag{3.32}$$

$$\Gamma^2 = \frac{2\omega_1\omega_2 \, |d_{\text{eff}}|^2}{n_1 n_2 n_3 \varepsilon_0 c^3} I_3 \tag{3.33}$$

Die *parametrische Superlumineszenz* ist eine sehr effektive Methode zur Erzeugung abstimmbarer Pikosekundenimpulse. Die Abstimmung erfolgt durch Temperaturänderung des Kristalls oder durch Drehung des Kristalls relativ zur Pumpwellenrichtung.

Unter Verwendung verschiedener Kristalle und Pumpwellenlängen ist es so möglich, den Bereich von 0,2 ... 5 µm zu überdecken. Tabelle 3.12 zeigt die unter Verwendung eines Nd-YAG-Lasers (λ_3 = 1,06 µm, τ = 6 ps) in einem $LiNbO_3$-Kristall (L = 2 cm) erzielten Resultate. Die Abstimmung erfolgt durch Drehung des Kristalls [3.9].

Tabelle 3.12. Beispiel für die Erzeugung abstimmbarer ps-Impulse durch parametrische Superfluoreszenz

Größe	Wert	Größe	
Abstimmbereich	1,4 ... 4,0 µm	Wirkungsgrad	
Linienbreite	40 cm^{-1}	der Transformation	>5%
Divergenz	10^{-2} rad	Impulslänge	2 ... 3 ps
Intensität	10^9 W/cm^2		

Parametrische Oszillation tritt auf, wenn sich der nichtlineare Kristall in einem Resonator befindet, dessen Spiegel für die Pumpwelle (Frequenz ω_3 wird üblicherweise als ω_p bezeichnet) i. allg. durchlässig und entweder für beide im parametrischen Prozeß erzeugten Frequenzen (üblicherweise als *Signalfrequenz* $\omega_s = \omega_1$ und *Idlerfrequenz* $\omega_i = \omega_2 < \omega_1$ bezeichnet) hochreflektierend ist (*doppeltresonante Oszillatoren* – DRO) oder nur für eine Frequenz (*einfachresonante Oszillatoren* – SRO). Der Resonator bewirkt die Rückkopplung, seine Verluste bestimmen die für das Einsetzen der Oszillation erforderliche Schwellenintensität I_{th} der Pumpwelle [3.4], [3.7], [3.18].

Bei Phasenanpassung gilt
für den DRO:

$$I_{th}^{DRO} = \frac{P_0}{L^2} \frac{\Delta_i \Delta_s}{4} \tag{3.34}$$

für den SRO:

$$I_{th}^{SRO} = \frac{P_0}{L^2} \Delta_s \tag{3.35}$$

Δ_i, Δ_s Verluste für die resonanten Wellen für einen vollen Umlauf im Resonator

$$P_0 = \frac{n_i n_s n_p \varepsilon_0 c^3}{2\omega_i \omega_s \, |d_{\text{eff}}|^2}$$

Beispiel: Für $LiNbO_3$ ist bei $\lambda_p = 0{,}53\ \mu m$; $\lambda_i = \lambda_s = 1{,}06\ \mu m$; $P_0 = 10^7$ W. Bei Verlusten von $\Delta_i/\Delta_s = 0{,}1$ betragen die Schwellenintensitäten für den DRO $1{,}5 \cdot 10^3$ W/cm² und für den SRO $6 \cdot 10^4$ W/cm².

Tabelle 3.13. Beispiele für optische parametrische Oszillatoren [3.7]

Pumpwellenlänge µm	Kristall	Ausgangsleistung kW	Impulsdauer ns	Wirkungsgrad %	Abstimmbereich µm
0,266	ADP	10^2	2	25	0,42 … 0,73
0,472 0,532 0,579 0,635 (Harmonische von Nd-YAG)	$LiNbO_3$	0,1 … 10	200	45	0,55 … 3,65
1,06	$LiNbO_3$	$10^2 \ldots 10^3$	15	40	1,4 … 4,4
1,83 (Nd-YAG)	CdSe	1	100	40	2,2 … 2,3 10,5 … 9,7
1,065 (Nd-YAG)	Ag_3AsS_3	0,1	25	0,1	1,22 … 8,5
2,87 (HF-Laser)	CdSe	25	150	4	14,1 … 16,4
0,6943	$LiNbO_3$ (Streuung an Polaritonen)	$3 \cdot 10^{-3}$	20	10^{-6}	60 … 200

Tabelle 3.14. Beispiele für die Frequenzmischung der Ausgangsstrahlung parametrischer Oszillatoren [3.7]

Parametrischer Oszillator		Kristall für Frequenzmischung	Abstimmbereich	Ausgangsleistung
Kristall	Abstimmbereich µm		µm	W
$LiNbO_3$	2,08 … 2,22	CdSe	10,4 … 13	
Ag_3AsS_3	1,87 … 2,47	Ag_3AsS_3	8 … 12	$2 \cdot 10^{-4}$
$LiNbO_3$	1,5 … 1,7	$AgGaSe_2$	7 … 13	
Ag_3AsS_3	1,87 … 2,47	CdSe	9,5 … 24	10 … 0,1

Vorteil des SRO: bessere spektrale Eigenschaften
Nachteil des SRO: höhere Schwellenintensität
Parametrische Oszillatoren eignen sich zur Erzeugung abstimmbarer Laserstrahlung hoher Leistung im Impulsbetrieb vor allem im Infrarotbereich mit großer Abstimmbreite (Tabelle 3.13). Werte für Linienbreiten: $10 \ldots 10^{-3}$ cm^{-1}. Für die Erzeugung abstimmbarer Strahlung im fernen Infrarot (FIR) ist die Streuung an Polaritonen geeignet (s. Tab. 3.13, letzte Zeile).

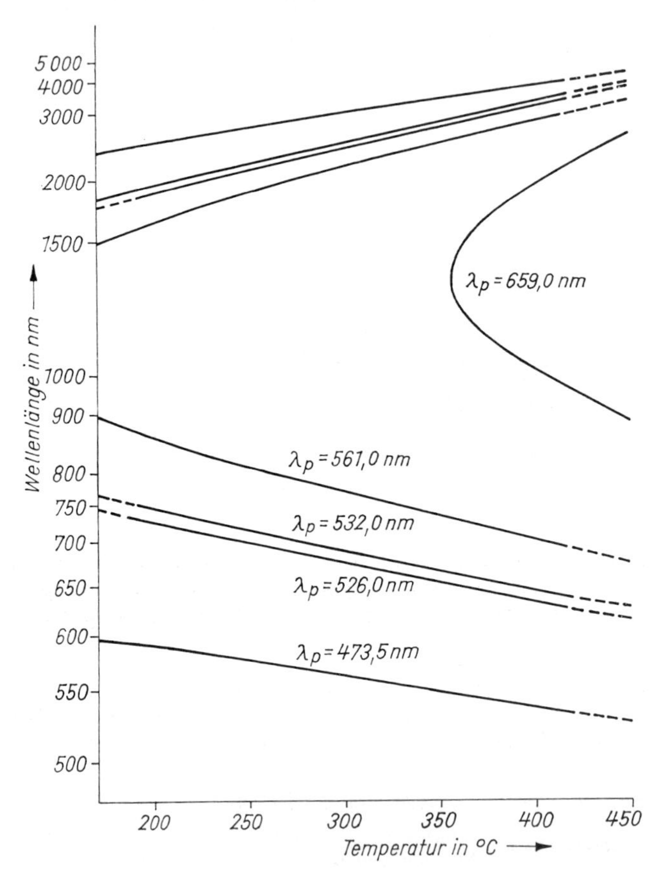

Bild 3.7. Abstimmkurve eines $LiNbO_3$-Oszillators bei Verwendung der Harmonischen unterschiedlicher Nd-YAG-Laserfrequenzen als Pumplaser

Die Bilder 3.7 und 3.8 zeigen Abstimmkurven parametrischer Oszillatoren (Temperaturabstimmung) [3.3]. Eine Möglichkeit der Erweiterung des Abstimmbereiches parametrischer Oszillatoren ist die Frequenzmischung der Ausgangsstrahlung (Tabelle 3.14).

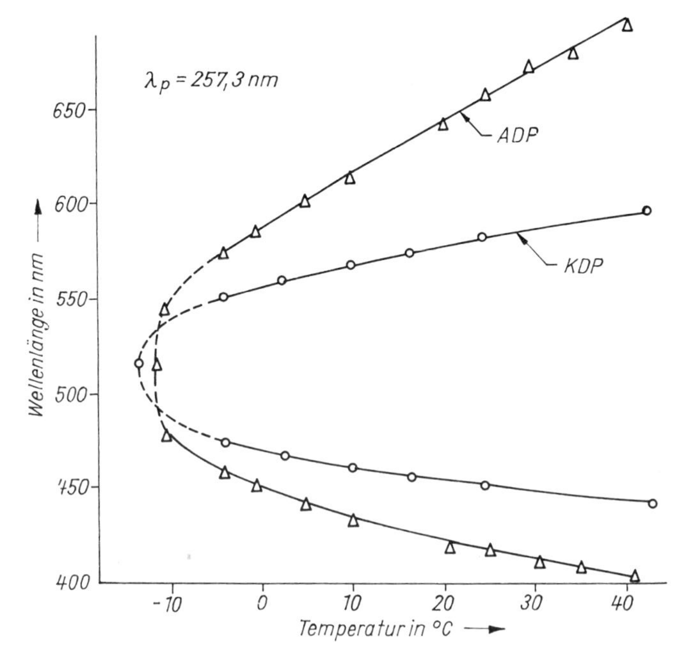

Bild 3.8. Abstimmkurven von ADP- und KDP-Oszillatoren

Kubisch nichtlineare Medien

Der wichtigste, kubisch nichtlineare Prozeß, der im wesentlichen für die Erzeugung spektraler Kontinua verantwortlich ist, ist die *parametrische Vierphotonen-Superfluoreszenz* in Flüssigkeiten (z.B. H_2O, D_2O, H_3PO_4) und Kristallen (z.B. NaCl) [3.19].

Beispiel: Bei Verwendung von ps-Impulsen ($\lambda = 1{,}06$ μm, $I \approx 10^{11}$ W/cm², $\tau = 6$ ps) erhält man in H_2O und D_2O ein spektrales Kontinuum im Bereich von 0,2 ... 2 μm (Impulslänge 6 ps, Gesamtwirkungsgrad ≈10%, Umwandlungseffektivität je 1 cm^{-1} etwa 10^{-6}).

3.2.3.5. Erzeugung der dritten und höheren Harmonischen

Erzeugung der dritten Harmonischen (s. Bild 3.3)

Die Erzeugung ist möglich:

- in *quadratisch nichtlinearen Medien* durch Erzeugung der zweiten Harmonischen und anschließende Summenfrequenzbildung mit der Grundfrequenz.

  Vorteil: höhere Wirkungsgrade mit ns- und ps-Lasern sind möglich (s. Abschn. 3.2.3.2. und 3.2.3.3.)
  Nachteil: Verwendung von Kristallen mit begrenztem Transmissionsbereich (s. Tab. 3.7)

- in *kubisch nichtlinearen Medien* (s. Tabelle 3.6) bei Erfüllung der Phasenanpassungsbedingung in optisch anisotropen Kristallen (dieser Weg ist i. allg. nicht so effektiv wie die Verwendung quadratisch nichtlinearer Kristalle) oder in atomaren (insbesondere Metalldämpfen) und molekularen Gasen mit Phasenanpassung unter Ausnutzung der anomalen Dispersion (s. Bild 3.5) und/oder durch starke Fokussierung [3.8].

Die Intensität ergibt sich aus:

$$\frac{I(3\omega)}{I(\omega)} = \frac{(3\omega)^2 |\chi_{\text{eff}}^{(3)}|^2}{16\varepsilon_0^2 c^4 n_1^3 n_3} I^2(\omega) L^2 \operatorname{sinc}^2\left(\frac{\Delta k L}{2}\right) \tag{3.36}$$

$$\Delta k = 3k(\omega) - k(3\omega)$$

$\chi_{\text{eff}}^{(3)} = e_3 \chi^{(3)}(-3\omega; \omega, \omega, \omega) \vdots e_1 e_1 e_1$ effektive Nichtlinearität, die mit Hilfe von Tab. 3.6 bestimmt werden kann

Die Intensität der Harmonischen kann durch Fokussierung erhöht werden, starke Fokussierung ist günstig.

Typische Werte für $\chi^{(3)}$ sind für Kristalle 10^{-22} m^2/V^2 ([3.6]), für Atome (je Atom) von 10^{-52} bis 10^{-50} m^5/V^2.

Wegen ihrer hohen Nichtlinearität besonders geeignet sind Alkalimetalldämpfe, bei denen die Nichtlinearitäten (je Atom) im Bereich von $10^{-48} \ldots 10^{-45}$ m^5/V^2 liegen. Da als typische Werte für die Konzentration $N = 10^{+16} \ldots 10^{+17}$ cm^{-3} verwendet werden, ergibt sich $\chi^{(3)} = 10^{-25} \ldots 10^{-22}$ m^2/V^2 ($\hat{=}$ Kristallen).
Vorteile der Verwendung von Metalldämpfen: Erzeugung der Harmonischen im UV und VUV (vorteilhaft: Excimerlaser). Bei Verwendung von ps-Impulsen hoher Leistung liegen die Wirkungsgrade im Bereich bis zu einigen Prozent (im Ultraviolett – UV – und Vakuumultraviolett – VUV – $10^{-1} \ldots 10^{-3}$ %).

Erzeugung höherer Harmonischer

Wegen der geringeren Nichtlinearität sind die Wirkungsgrade für die direkte Erzeugung höherer Harmonischer unter Ausnutzung höherer als kubischer Nichtlinearitäten gering. Trotzdem ist diese Methode vorteilhaft zur Erzeugung kurzwelliger Laserstrahlung.

Beispiel: Erzeugung der 5. und 7. Harmonischen der 4. Harmonischen ($\lambda = 266{,}1$ nm) eines Nd-YAG-Lasers ($\tau = 30$ ps) in He [3.8]. Leistungen: 10^9 W bei 266,1 nm, 10^3 W bei 53,2 nm (5. Harmonische), 10^2 W bei 38 nm (7. Harmonische).

3.2.3.6. Vierwellenmischung

In kubisch nichtlinearen Medien (bevorzugt Gase, Dämpfe) sind folgende Prozesse für die Erzeugung abstimmbarer Strahlung von Bedeutung:

$$\begin{aligned} \omega_1 + \omega_2 + \omega_3 &= \omega_4 \\ \omega_1 + \omega_2 - \omega_3 &= \omega_4 \\ \omega_1 - \omega_2 - \omega_3 &= \omega_4 \end{aligned} \tag{3.37}$$

Bei Verwendung abstimmbarer Laser (bevorzugt ns-Farbstofflaser, s. Abschn. 2.) für eine oder mehrere der Frequenzen ω_1, ω_2, ω_3 erhält man abstimmbare Strahlung bei ω_4 ([3.8]).

Spezialfälle von (3.37):
$\omega_1 = \omega_2 = \omega_3 = \omega$ Erzeugung der dritten Harmonischen (s. Abschn. 3.2.3.5.)
$\omega_2 - \omega_3 = \omega_0$ kohärente Anti-STOKES–RAMAN-Streuung (s. Abschn. 3.3.)

- Abstimmung im VUV:

Beispiel: In Strontium ist im Prozeß Gl. (3.37) für $\omega_1 = \omega_2$ unter Verwendung von Farbstofflasern ($P \approx 10^5$ W, $\tau \approx 5$ ns) eine kontinuierliche Abstimmung im Bereich von 160 ... 195 nm mit einer Linienbreite von 0,1 cm^{-1} bei einem Wirkungsgrad von 10^{-3}% realisiert.

- Abstimmung im Infrarotbereich:

Beispiel: In einem Na-K-Gemisch ist im Prozeß Gl. (3.37) unter Verwendung von Farbstofflasern ($P \approx 10^5$ W, $\tau = 5$ ns) im Bereich von 2 ($P \approx 0{,}1$ W) ... 25 μm ($P \approx 10^{-4}$ W) kontinuierliche Abstimmung realisiert.

3.2.4. Streuprozesse

Streuprozesse sind von Bedeutung für die:

- Erzeugung neuer Frequenzen (insbesondere RAMAN-Streuung)
- Charakterisierung von Materialien (z. B. Bestimmung von Relaxationszeiten, s. Abschn. 3.3.)
- Ausbreitung intensiver Laserstrahlung (z. B. als Verlustmechanismen)

Stationarität liegt vor, wenn die Relaxationszeit τ_R der entsprechenden Anregung kleiner als die Impulslänge der verwendeten Laser ist.
Bei hohen Laserintensitäten I_L im Bereich von $10^6 \dots 10^9$ W/cm^2 treten die Streuprozesse als *induzierte Prozesse* auf, ein spontanes Ausgangssignal I_{s0} wird exponentiell verstärkt gemäß:

$$I_s = I_{s0} \exp(g I_L L) \tag{3.38}$$

I_L Laserintensität

Tabelle 3.15. Streuprozesse in Flüssigkeiten [3.20]

Prozeß	$\Delta\tilde{\nu}_0$ 1/cm	g_{ss} cm/MW	τ_R ns
Induzierte BRILLOUIN-Streuung und thermische BRILLOUIN-Streuung	0,1	$5 \cdot 10^{-2}$	0,1 ... 1
Induzierte RAYLEIGH-Streuung	10^{-3}	$2 \cdot 10^{-4}$	20
Induzierte thermische RAYLEIGH-Streuung	10^{-3}	$2 \cdot 10^{-1}$	20
Induzierte Konzentrationsstreuung	10^{-2}	10^{-3}	5
RAYLEIGH-Flügel-Streuung	50	10^{-3}	10^{-3}
RAMAN-Streuung	10^3	$2 \cdot 10^{-3}$	10^{-2}

Typische Werte für Flüssigkeiten bei unterschiedlichen Prozessen, die in kubisch nichtlinearen Medien auftreten, für die Frequenzverschiebungen $\Delta\tilde{\nu}_0 = \omega_0/2\pi c$, den Gewinnfaktor g_{ss} für den stationären Betrieb und die Relaxationszeit zeigt Tabelle 3.15 [3.20].

Die physikalischen Mechanismen, die Ursache für die verschiedenen Streuprozesse sind, sind bei der:

- BRILLOUIN-Streuung adiabatische Dichteschwingungen
- thermischen BRILLOUIN-Streuung adiabatische Dichteschwingungen (bei Absorption)
- RAYLEIGH-Streuung isobare Dichteschwingungen
- thermischen RAYLEIGH-Streuung isobare Dichteschwingungen (bei Absorption)
- RAYLEIGH-Flügel-Streuung Anisotropieschwingungen und bei der
- RAMAN-Streuung Molekül- und Gitterschwingungen bzw. Elektronenübergänge

Wegen ihrer besonderen Bedeutung wird im folgenden ausschließlich die RAMAN-Streuung [3.21] bis [3.23] betrachtet.
Die RAMAN-*Streuung* (s. Bilder 3.1 und 3.2) wird angewendet:

- als spektroskopische Methode (spontaner und induzierter RAMAN-Effekt, CARS, RIKE, inverser RAMAN-Effekt, Hyper-RAMAN-Effekt, s. Abschn. 3.3.)
- zur Erzeugung neuer Frequenzen

Erzeugung neuer Frequenzen mit Hilfe des induzierten RAMAN-Effektes

Der *Gewinnfaktor* g in Gl. (3.38) ist für die STOKES-Welle der Frequenz ω_s:

$$g = \frac{2\omega_s \chi_R^{(3)}}{n_s n_L c^2 \varepsilon_0} \tag{3.39}$$

mit der RAMAN-Suszeptibilität:

$$\chi_R^{(3)} = \frac{(2\pi)^3 c^4 n_L \varepsilon_0 N}{\pi n_s \omega_L \omega_s^3 \hbar \Delta\omega_R} \left(\frac{d\sigma}{d\Omega}\right) \tag{3.40}$$

$d\sigma/d\Omega$ differentieller Wirkungsquerschnitt
$\Delta\omega_R$ spontane Linienbreite ([3.7])

Die STOKES–RAMAN-Streuung erfordert keine Phasenanpassung. Die Streuung erfolgt an:

- Schwingungsübergängen (geeignete Medien Wasserstoff bei hohen Drücken, flüssiger Stickstoff)
- Elektronenübergängen (z. B. Metalldämpfe, *Vorteil*: große Frequenzverschiebungen ω_0, hohe Nichtlinearität) [3.8]
- Elektronen in LANDAU-Niveaus in Halbleitern (beim Spin-Flip-Laser) [3.22]

Ohne Verwendung eines Resonators für die RAMAN-Frequenzen (d.h., I_{s0} in Gl. (3.38) ist durch das spontane Rauschen gegeben) ist in Flüssigkeiten und Gasen eine Verstärkung von e^{30} erforderlich, um eine merkliche Umsetzung zu erhalten. Die erzeugte STOKES-Welle kann dann auch zur Erzeugung höherer STOKES-Komponenten $\omega_s^{(n)} = \omega_L - n\omega_0$ und Anti-STOKES-Komponenten $\omega_{as}^{(n)} = \omega_L + n\omega_0$ ($n = 1, 2, 3, \ldots$) führen.

Erzeugung abstimmbarer Strahlung ist möglich durch:

- Verwendung abstimmbarer Pumplaser (variables ω_L, Farbstofflaser, Excimerlaser)
- Verschiebung des RAMAN-Niveaus (variables ω_0 im Spin-Flip-Laser durch Magnetfelder)

Beispiele für Abstimmung im Infrarot sind die Streuung in Kaliumdampf ($\lambda_s = 2{,}56 \ldots 3{,}5$ µm, $P_s = 0{,}1$ W) unter Verwendung eines Farbstofflasers ($P_L = 20$ kW) und Streuung in Wasserstoff ($\Delta\tilde{\nu}_0 = 4155$ cm^{-1}, Druck 10^6 Pa) unter Verwendung eines Farbstofflasers (Tabelle 3.16). Wasserstoff ist auch ein geeignetes Medium für die Transformation der Frequenz von Excimerlasern im Sichtbaren und Ultravioletten mit Wirkungsgraden bis zu 50% (Erzeugung von STOKES- und Anti-STOKES-Komponenten).

Tabelle 3.16. Erzeugung abstimmbarer IR-Strahlung durch induzierte RAMAN-*Streuung in Wasserstoff*

	Bereich µm	Leistung MW	Linienbreite 1/cm	Impulslänge ns
Farbstofflaser	0,72 ... 1,09	1000 ... 400	0,02	2,5
1. STOKES	1,03 ... 1,99	200 ... 80	0,02	2,5
2. STOKES	1,88 ... 7,7	90 ... 70	0,02	2,5 ... 1,6

Spin-Flip-Laser (Tabelle 3.17) [3.22]

$$\hbar\omega_0 = |g|\,\mu_B H \qquad (3.41)$$

g LANDÉ-Faktor
μ_B BOHRsches Magneton

Die Abstimmung erfolgt durch Änderung des Magnetfeldes.
Nachteil: große magnetische Flußdichte B (bis zu 10 T) erforderlich
Vorteil: geringe Linienbreite (im kontinuierlichen Betrieb bei 5,3 µm < 100 kHz).

Tabelle 3.17. Abstimmbereiche von Spin-Flip-Lasern

Kristall	λ_L µm	Abstimmbereich µm	Ausgangsleistung kont. W	Ausgangsleistung Impuls W
InSb	10,6 (CO_2)	9,2 ... 15	–	10^5
InSb	5,3 (CO)	5,2 ... 6,5	2	–
InSb	5,3 (CO_2, verd.)	5,2 ... 6,5	–	$10^2 \ldots 10^3$
InSb	12,8 (NH_3)	13,5 ... 16,8	–	10^3
InAs	2,8 (HF)	3,2 ... 3,3	–	10^2

Hyper-RAMAN-Effekt

Der induzierte Hyper-RAMAN-Effekt (s. Bild 3.2) ist ein Effekt fünfter Ordnung, bei dem der Gewinnfaktor g für die STOKES-Welle in Gl. (3.38) gegeben ist aus ([3.8]):

$$g_{HR} = \frac{15\omega_{Hs}\chi_{HR}^{(5)}}{2\varepsilon_0^2 c^3 n_{Hs} n_L^2} I_L \tag{3.42}$$

Bei Streuung an Elektronenniveaus ist unter Verwendung von Farbstofflasern Abstimmung im Infrarot möglich. Abstimmbereich klein.

Beispiele: Erzeugung abstimmbarer Strahlung (160 cm^{-1}) bei 2,3 μm (P_{HR} = 5 kW, τ = 7 ns) in Na-Dampf bei Anregung mit λ_L = 579 nm. Erzeugung abstimmbarer Strahlung bei 16 μm (P_{HR} = 20 mW, τ = 10 ns, diese Wellenlänge ist wichtig für Uran-Isotopentrennung, s. Abschnitt 3.4.) in Sr-Dampf bei Anregung mit λ_L = 576 nm.

3.2.5. Intensitätsabhängige Brechzahl

Bei der Ausbreitung eines intensiven Lichtimpulses in einem kubisch nichtlinearen Medium ergibt die *nichtlineare Polarisation* einen Beitrag Δn zur Brechzahl, der von der Intensität des Lichtes abhängt:

$$\Delta n = \frac{n_2}{nc\varepsilon_0} I \tag{3.43}$$

n_2 nichtlineare Brechzahl [3.5], [3.6], [3.23]

Δn hat Einfluß auf die geometrische Ausbreitung, den Polarisationszustand und das Frequenzspektrum des Impulses. Durch die intensitätsabhängige Brechzahl wird in dem durchstrahlten Medium eine optische Anisotropie induziert.

Typische Werte für n_2: in Flüssigkeiten 10^{-22} ... 10^{-20} m^2/V^2, in Gläsern 10^{-22} ... 10^{-21} m^2/V^2 [3.6], [3.23].

Optischer KERR-Effekt

Linear polarisierter Impuls
Der Impuls induziert eine optische Doppelbrechung:

$$\Delta n_{\parallel} - \Delta n_{\perp} = \frac{3}{2}\Delta n \tag{3.44}$$

Δn s. Gl. (3.43)

Sofern die Relaxationszeit des verwendeten Mediums geringer als die Impulslänge ist, wird die Existenzdauer der Doppelbrechung durch die Impulslänge bestimmt.
Hauptanwendungsgebiet: optisches Tor (s. Abschn. 1.3.2.), das zur Messung von optischen Signalen mit Zeitauflösung im ps-Bereich (s. Abschn. 3.3.) eingesetzt wird (Medium CS_2; $n_2 = 2 \cdot 10^{-20}$ m^2/V^2; Relaxationszeit 2 ps). *Prinzip:* Der die Doppelbrechung induzierende Impuls öffnet während seiner Impulsdauer eine KERR-Zelle [3.24].

Das *optische Tor* wird angewendet in longitudinaler und in transversaler Geometrie (Bild 3.9). In *longitudinaler Geometrie* wird das zeitliche Verhalten des Signals durch zeitliche Verzögerung von Schaltimpuls und Signalimpuls (in optischen Verzögerungsleitungen) registriert, in *transversaler Geometrie* direkt durch das Durchlaufen der doppelbrechenden Zone durch das KERR-Medium. Der Schaltimpuls ist unter 45° zu den Polarisatoren linear polarisiert.

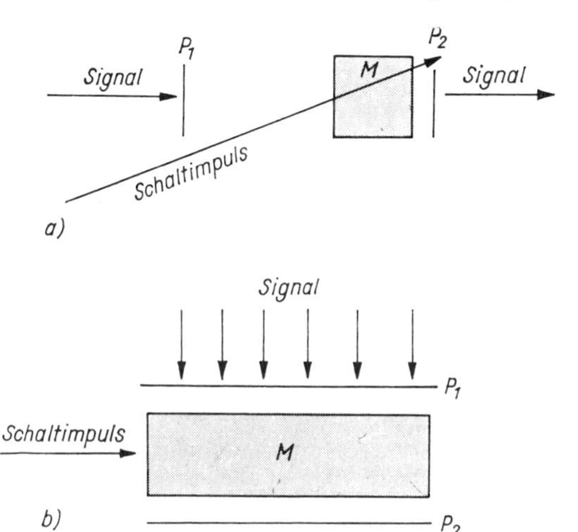

Bild 3.9. Optisches Tor in longitudinaler (a) und transversaler (b) Geometrie. M KERR-Medium, P_1, P_2 gekreuzte Polarisatoren

Die *Transmission T* der Zelle ist:

$$T = \sin^2\left(\frac{3}{2}\,\pi\,\Delta n\,\frac{L}{\lambda}\right) \tag{3.45}$$

λ Wellenlänge des Schaltimpulses
Δn s. Gl. (3.43)
L Länge des KERR-Mediums (longitudinale Geometrie) bzw. Durchmesser des Schaltimpulses (transversale Geometrie)

Wegen des geringen n_2-Wertes sind für das Öffnen der KERR-Zelle Intensitäten des Schaltimpulses von $10^8 \ldots 10^9$ W/cm² erforderlich.

Elliptisch polarisiertes Licht
Bei Einstrahlung elliptisch polarisierten Lichtes in das KERR-Medium der Länge L tritt eine Drehung der Hauptachse um den Winkel α auf:

$$\alpha = \frac{3\pi n_2}{n c \varepsilon_0}\,\frac{L}{\lambda}\,(I_x I_y)^{1/2} \tag{3.46}$$

I_x bzw. I_y Anteile der Intensität des eingestrahlten Lichtes, die in Haupt- bzw. Nebenachsenrichtung polarisiert sind

Selbstfokussierung

Die nichtlineare Brechzahl Gl. (3.43) führt bei einer räumlich inhomogenen (z. B. GAUSSschen) Intensitätsverteilung zu einer ortsabhängigen Brechzahl und damit zu einer *Selbstfokussierung* (bei $n_2 > 0$) bzw. *Selbstdefokussierung* (bei $n_2 < 0$) des Laserimpulses. Selbstfokussierung tritt auf oberhalb der kritischen Leistung:

$$P_k = \frac{\varepsilon_0 n^3 c \lambda^2}{4\pi n_2} \tag{3.47}$$

P_k ist unabhängig vom Strahlradius w_0.

Die *Fokussierungslänge* z_f (Bild 3.10) ist:

$$z_f = \frac{w_0}{2}\left(\frac{n}{\Delta n}\right)^{1/2} \tag{3.48}$$

Beispiele: $\lambda = 1{,}06\ \mu m$; $w_0 = 0{,}3$ cm; $n_2 = 2 \cdot 10^{-22}\ m^2/V^2$ (typischer Wert für Gläser); $I = 10^{10}\ W/cm^2$ ergibt $z_f = 33$ cm ($P_k = 2 \cdot 10^6$ W). In CS_2 ist $P_k = 2 \cdot 10^4$ W und für gleiche I und w_0 $z_f = 3$ cm.

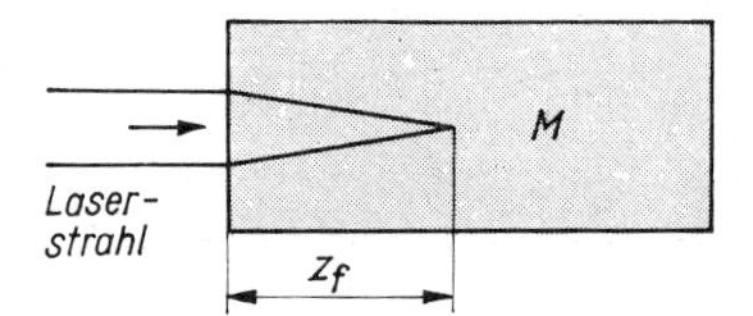

Bild 3.10. Selbstfokussierung.
M KERR-Medium

Eine Bedeutung des Effektes ergibt sich bei der Ausbreitung intensiver Laserstrahlung, insbesondere in Hochleistungslaseranlagen. Die Selbstfokussierung führt zur Zerstörung von Festkörperlaser-Materialien.

Selbstphasenmodulation

Δn in Gl. (3.43) führt zu einer zeitlichen Änderung der Phase eines Impulses und somit zu einer spektralen Verbreiterung:

$$\Delta\omega = \frac{\omega L}{c}\frac{\Delta n}{\tau} \tag{3.49}$$

Beispiel: $\lambda = 1{,}06\ \mu m$; $n_2 = 2 \cdot 10^{-22}\ m^2/V^2$; $\tau = 5$ ps; $L = 20$ cm; $I = 10^9\ W/cm^2$ ergibt $\Delta\tilde{\nu} = \Delta\omega/2\pi c = 2\ cm^{-1}$.

Bedeutung des Effektes für die Erzeugung intensiver ps-Impulse.

3.2.6. Zweiphotonenabsorption

Bei hohen Laserintensitäten ist die simultane Absorption mehrerer Photonen nachweisbar, ein Spezialfall hiervon ist die *Zweiphotonenabsorption* (TPA), s. Bild 3.1 [3.4], [3.5].
Experimentell wird die TPA registriert durch:

- Messung der Fluoreszenz vom oberen Niveau (TPF) oder
- Messung der Absorption

Die Änderung der Absorption ΔI_1 einer schwachen abstimmbaren Laserwelle (I_1, ω_1) in Anwesenheit einer intensiven Laserwelle (I_2, ω_2) ist bei kleinen ΔI_1 gegeben zu

$$\Delta I_1 = \alpha^{(2)} I_1 I_2 L \tag{3.50}$$

$\alpha^{(2)}$ Absorptionskoeffizient für die TPA

Die TPA tritt auf in Festkörpern, Gasen und Flüssigkeiten. Typische Werte in Festkörpern: $\alpha^{(2)} = 10^{-1} \dots 10^{-4}$ cm/MW. In Gasen und Flüssigkeiten hängt $\alpha^{(2)}$ linear von der Konzentration N ab:

$$\alpha^{(2)} = \sigma^{(2)} N \tag{3.51}$$

$\sigma^{(2)}$ Absorptionsquerschnitt für die TPA

Häufig wird der Absorptionskoeffizient $\alpha^{(2)}$ in Gl.(3.50) auf den Photonenfluß $j_2 = I_2/\hbar\omega_2$ bezogen und

$$\delta = \sigma^{(2)} \hbar\omega_2 = \alpha^{(2)} \hbar\omega_2 / N \tag{3.52}$$

zur Charakterisierung des Prozesses angegeben.
Typische Werte für Flüssigkeiten: $\delta = 10^{-49} \dots 10^{-51}$ cm$^4 \cdot$ s.

Anwendungen der Zweiphotonenabsorption:

- in der Spektroskopie. Vorteil im Vergleich zur Einphotonenspektroskopie. Es gelten andere Auswahlregeln, Untersuchung von Übergängen zwischen Niveaus gleicher Parität möglich.
- in der hochauflösenden Laserspektroskopie innerhalb der DOPPLER-Breite (s. Abschn. 3.3.3.)
- zur Messung der Dauer ultrakurzer Lichtimpulse durch Messung der Fluoreszenz (s. Abschn. 1.3.4.3.)

3.3. Laserspektroskopie

3.3.1. Einführung

Die Anwendung von Lasern in der Spektroskopie hat sowohl zur Verbesserung bekannter als auch zur Entwicklung völlig neuer spektroskopischer Verfahren geführt [3.9], [3.25] bis [3.27]. Die charakteristischen *Eigenschaften der Laserstrahlung* (s. auch Abschn. 3.4.2.) gestatten die Lösung folgender Probleme:

- Erreichung eines *Auflösungsvermögens*, das nicht durch den Aufbau eines Spektralgerätes gegeben ist, sondern durch die Verbreiterung der Spektrallinien der untersuchten Materialien (lineare Spektroskopie)
- *Spektroskopie* innerhalb der DOPPLER-Breite von Gasen
- Erreichen der *Empfindlichkeitsgrenze* bei der Spektralanalyse von Atomen und Molekülen (Nachweis einzelner Atome!)
- *Untersuchung kinetischer Prozesse* in der Gas- und kondensierten Phase. Direkte Messung von Relaxationsprozessen im ns- und ps-Bereich
- *lokale Spektralanalyse* in sehr kleinen Volumina durch Fokussierung der Laserstrahlung in Bereiche von $10\lambda^3$,
- *Spektralanalyse* über große Entfernungen bis zu 10^5 m

Von besonderer Bedeutung sind *abstimmbare Laser*. Methoden der *Abstimmung* sind:

- Abstimmung über die Breite des Verstärkungsprofils des Lasers (Farbstofflaser, Gaslaser, Halbleiterlaser, Farbzentrenlaser, s. Abschn. 2.)
- Abstimmung durch Veränderung des Abstandes der Laserniveaus durch äußere Einflüsse (z. B. Druck, Temperatur beim Halbleiterlaser, s. Abschn. 2.)
- Abstimmung mit Methoden der nichtlinearen Optik (z. B. Frequenzmischung, RAMAN-Effekt, parametrische Oszillation und Verstärkung, s. Abschn. 3.2.).

3.3.2. Lineare Laser-Absorptionsspektroskopie

Die spektrale Auflösung ist begrenzt durch die Linienbreite des molekularen Übergangs. Die *Absorption* kann nachgewiesen werden durch (Bild 3.11):

- Messung der Transmission
- Messung der Fluoreszenz
- direkte Messung der absorbierten Energie (optoakustische, optothermische Empfänger)
- Messung der Änderung des Entladungsstromes einer Gasentladung infolge der Absorption (optogalvanischer Effekt)

Absorptionsspektroskopie

Unter Verwendung eines abstimmbaren Lasers wird die *Transmission* der Probe gemessen. Anwendung dieser Methode bei Absorption > 1 %. Zum Nachweis schwacher, eng benachbarter Absorptionslinien wird die Frequenz der Laserstrahlung moduliert und phasenempfindlich nachgewiesen, wodurch die Ableitung des Spektrums meßbar wird (Erhöhung der Nachweisempfindlichkeit um Faktor 10^2 im Vergleich zur direkten Transmissionsmessung).
Günstigste Laserintensität ist die *Sättigungsintensität*:

$$\bar{I}_s = \frac{\hbar\omega_0}{2\sigma T_1} \tag{3.53}$$

σ Absorptionsquerschnitt
T_1 Relaxationszeit in den Grundzustand

Nachweisempfindlichkeit:
Im bestrahlten Volumen bei Heterodynempfang (s. Abschn. 1.) minimal nachweisbare Zahl von Atomen: 10^2, von Molekülen (Rotations-Schwingungsübergänge): 10^8 [3.25].
In 1 cm³ sind bei einem Gasdruck von 10^3 Pa relative Molekülkonzentrationen von 10^{-9} nachweisbar.
Nachteil: geringe räumliche Auflösung

Intracavity-Absorptionsspektroskopie

Es erfolgt eine Erhöhung der Nachweisempfindlichkeit im Vergleich zur Transmissionsmessung um Größenordnungen, wenn sich die Probe im Resonator eines Lasers mit breiter Verstärkungskurve (Farbstofflaser, Nd-Laser) befindet. Der Effekt beruht auf einer Umverteilung der Intensität zwischen verschiedenen axialen Moden, die bedingt ist durch den vielfachen Durchlauf des

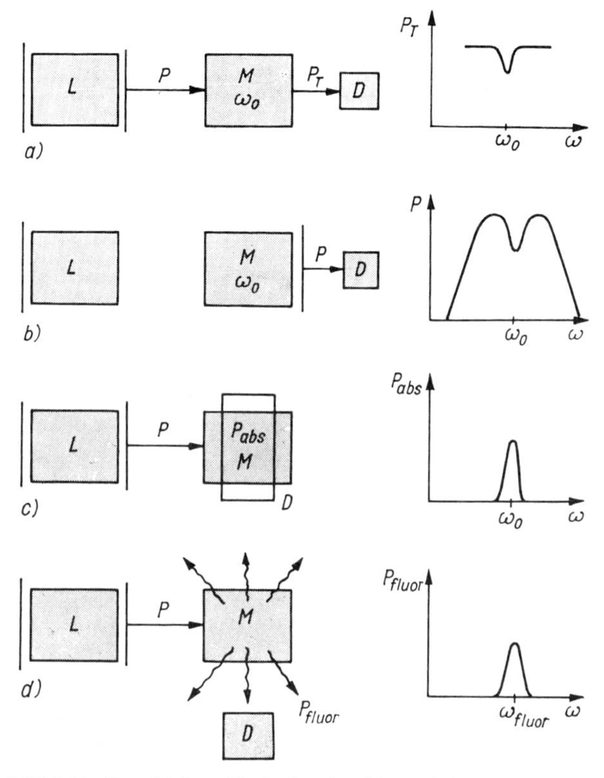

Bild 3.11. Verschiedene Methoden der Absorptionsmessung.
a) Transmissionsmessung, b) Intracavity-Methode, c) optoakustischer und optothermischer Nachweis, d) Fluoreszenzmesssung. L Laser, M absorbierendes Medium, D Detektor

Laserstrahles durch die Probe im Resonator (Länge L) und die Wechselwirkung zwischen den Moden. Die *Empfindlichkeitserhöhung* S beträgt [3.25], [3.26]

- bei *Impulslasern* (τ Impulsdauer):

$$S = c\tau/L \tag{3.54}$$

- bei *kontinuierlichen Lasern* und starker Kopplung (geringer inhomogener Verbreiterung) zwischen den Moden:

$$S = 2M \frac{cg}{L\varkappa\,[g - (\varkappa/c)]} \tag{3.55}$$

M Verhältnis der Zahl der insgesamt anschwingenden Moden zur Zahl der durch die Absorption unterdrückten Moden
g Kleinsignalverstärkung, Gl. (2.27)
$\varkappa$ nichtselektive Verluste des Resonators

Erreichte Verstärkungen: $S = 10^2 \ldots 10^5$

Anwendung der Methode:

- Nachweis schwacher Absorptionslinien
- Nachweis kurzlebiger (10^{-3} ... 10^{-6} s) Zwischenprodukte chemischer Reaktionen, Radikale und instabiler Moleküle

Nachteil: geringe räumliche Auflösung

Optoakustische Spektroskopie

Anwendung in den Fällen, in denen die Desaktivierung der angeregten Niveaus (in Flüssigkeiten, Festkörpern, Gasen) strahlungslos erfolgt [3.28]. Bevorzugter Einsatz: in Gasen (im IR, Rotations-Schwingungsübergänge von Molekülen). Die Absorption führt zu einer Temperaturerhöhung, die (bei amplitudenmodulierter Laserstrahlung) periodische Druckschwankungen bewirkt, die mit einem Kondensatormikrofon registriert werden. Ein Maß für die Empfindlichkeit ist die *rauschäquivalente absorbierte Leistung* $P_ä$ des Systems. Der minimal nachweisbare Absorptionskoeffizient ist:

$$\alpha_{\min} = \frac{P_ä}{P_e} \sqrt{B} \tag{3.56}$$

P_e eingestrahlte Laserleistung
B Bandbreite des Empfängersystems

Mit erreichten Werten von $P_ä = 10^{-10}$ W/cm $\cdot \sqrt{\text{Hz}}$ liefert Gl. (3.56) für $B = 1$ Hz und $P_e = 1$ W den Wert $\alpha_{\min} = 10^{-10}$ cm^{-1}. Für Flüssigkeiten ist $P_ä \approx 10^{-4}$ ... 10^{-5} W/cm $\cdot \sqrt{\text{Hz}}$. Optimaler Druckbereich oberhalb 10^3 Pa.

Anwendung der Methode:

- Nachweis schwacher Absorptionen im IR
- Nachweis der Besetzung angeregter Rotations-Schwingungsniveaus (Zeitauflösung 10^{-3} bis 10^{-4} s)
- auch anwendbar in der Spektroskopie innerhalb der DOPPLER-Breite

Nachteil: geringe räumliche Auflösung

Optothermische Spektroskopie

Anwendung in den Fällen, in denen die Desaktivierung strahlungslos erfolgt. Die absorbierte Energie eines Gases wird direkt durch Erwärmung eines thermischen (z. B. pyroelektrischen) Empfängers gemessen [3.29]. Erzielt wurde $P_ä = 2 \cdot 10^{-8}$ W/cm $\cdot \sqrt{\text{Hz}}$ [s. Gl. (3.56)]. Bevorzugter Druckbereich unterhalb 10^3 Pa. Vorteil gegenüber dem optoakustischen Empfänger: hohe Empfindlichkeit bei niedrigen Drücken, gasartunabhängige Empfindlichkeit.
Anwendung der Methode:

- Nachweis schwacher Absorptionen im IR
- bei geringen Drücken Spektroskopie innerhalb der DOPPLER-Breite

Nachteil: geringe räumliche und zeitliche Auflösung

Fluoreszenzspektroskopie

Anwendung in den Fällen, in denen die Desaktivierung durch Fluoreszenz erfolgt. Bevorzugter Wellenlängenbereich: sichtbarer und UV-Bereich.

Diese Methode ist die empfindlichste der genannten Methoden. Sie ergibt:

- ein räumliches Auflösungsvermögen von 10^{-6} cm^{-3} (prinzipiell bis zu $10\lambda^3$)
- eine Empfindlichkeit bis zu einem Atom bzw. Molekül
- eine zeitliche Auflösung bis zu 10^{-9} s

Anwendung der Methode:

- Nachweis geringer Konzentrationen (z. B. 10^2 Na-Atome je cm^3)
- Nachweis von Radikalen (z. B. 10^6 OH-Radikale je cm^3)
- Messung von Reaktionsgeschwindigkeitskonstanten (vorteilhaft: Verwendung von Molekularstrahlen)

Nachteil: Anwendung auf Übergänge im sichtbaren und UV-Bereich

3.3.3. Hochauflösende Spektroskopie innerhalb der Doppler-Breite

Die Breite der Absorptionslinien von Gasen wird bei geringem Druck durch die Doppler-Verbreiterung (s. Abschn. 1.) bestimmt. Das spektrale Auflösungsvermögen linearer Absorptionsmessungen (s. Abschn. 3.3.2.) beträgt deshalb 10^5 bis 10^6. Die Doppler-*Breite* ist:

$$\delta\omega_D = \frac{2\omega_0}{c}\left(\frac{2kT}{M}\ln 2\right)^{1/2} = 7{,}16 \cdot 10^{-7}\,\omega_0\left(\frac{T}{A_r}\right)^{1/2} \tag{3.57}$$

T Temperatur
A_r relative Atommasse

Typische Werte: $10^7 \ldots 10^9$ Hz

In Tabelle 3.18 sind spektroskopische Effekte angegeben, deren Beobachtung eine Spektroskopie innerhalb der Doppler-Breite erfordert. Mit Hilfe der *hochauflösenden Laserspektroskopie* wurden bisher Auflösungsvermögen R bis zu 10^{11} erreicht; es gibt Vorschläge, das Auflösungsvermögen bis zu 10^{15} zu steigern [3.9], [3.25].

Tabelle 3.18. Erforderliches Auflösungsvermögen R für Effekte in Atom- und Molekülspektren

	Effekt	R
Atomspektren	Feinstruktur angeregter Zustände	$10^5 \ldots 10^7$
	Isotopiestruktur	$10^5 \ldots 10^7$
	Hyperfeinstruktur einschließlich der Atome mit isomeren Kernen	$10^5 \ldots 10^8$
	Relativistische Effekte (Lamb-Verschiebung)	$10^6 \ldots 10^8$
	Strahlungsverbreiterung	$10^6 \ldots 10^9$
	Stoßverbreiterung (bei 10^2 Pa)	$10^7 \ldots 10^9$
Molekülspektren	Stoßverbreiterung (bei 10^2 Pa)	$10^7 \ldots 10^8$
	Stark- und Zeeman-Effekt in schwachen Feldern	$10^6 \ldots 10^9$
	Hyperfeinstruktur infolge der Quadrupolwechselwirkung	$10^6 \ldots 10^8$
	Magnetische Hyperfeinstruktur	$10^9 \ldots 10^{11}$
	Isomerieverschiebung infolge von Kernanregung	$10^8 \ldots 10^{10}$
	Nachweis des Einflusses schwacher Wechselwirkungen	$10^{13} \ldots 10^{15}$

Voraussetzung für die Erreichung eines hohen Auflösungsvermögens: hohe Frequenzstabilität des Lasers (s. Abschn. 2.9.3.).

Molekularstrahlspektroskopie

Reduzierung der DOPPLER-Breite in kollimierten Molekularstrahlen (Öffnungswinkel Θ, mittlere Geschwindigkeit v) bei orthogonaler Wechselwirkung mit dem Laserstrahl auf den Wert:

$$\delta\omega = \frac{v}{c}\,\omega_0\Theta \qquad (3.58)$$

Die Messung der Wechselwirkung zwischen Laserstrahlung und Molekularstrahl hängt von dem Typ des untersuchten Überganges ab:

- *Messung der Fluoreszenz* bei strahlender Desaktivierung (Lebensdauer des angeregten Niveaus $< 10^{-5}$ s)
- *Messung der Absorption*, Nachweis von Änderungen in der Besetzung elektrischer oder magnetischer Subniveaus oder Nachweis der Ablenkung der Moleküle infolge des Rückstoßes bei der Resonanzabsorption, falls die Desaktivierung strahlungslos erfolgt oder die Lebensdauer der angeregten Niveaus länger ist.

Erreichte Auflösungsvermögen: bis 10^8

Sättigungsspektroskopie

Diese Methode beruht auf der ***Sättigung*** eines atomaren (oder molekularen) Überganges bei der Wechselwirkung mit einem durchstimmbaren Laser ([3.25], [3.26]). Beobachtet wird die Abnahme der Absorption, der *inverse* LAMB-*dip* (s. Abschn. 2.9.3.). Die Absorptionszelle befindet sich im stehenden Wellenfeld im Laserresonator oder außerhalb des Laserresonators, wobei die Sättigung durch Messung des Teiles des Laserstrahles registriert wird, der nach Durchlauf durch die Absorptionszelle in sich selbst zurückreflektiert wird und die Absorptionszelle erneut durchläuft (Bild 3.12).

Die *Sättigungsintensität* ist:

$$I_s = \frac{\varepsilon_0 c \hbar}{2T_1 T_2\,|\mu|^2} \qquad (3.59)$$

Der Absorptionskoeffizient ist für den Fall einer äußeren Absorptionszelle:

$$\alpha = \alpha_l \left(1 + \frac{I}{I_s}\right)^{-1/2} \qquad (3.60)$$

α_l linearer Absorptionskoeffizient

Typische Werte für verwendete Laserintensitäten: $I = 1 \ldots 10^{-3}$ W/cm²
Erreichbare Auflösung: im Prinzip bis zur natürlichen Linienbreite $\delta\omega_{hom} = 2/T_2$ (Atome: $10^5 \ldots 10^7$ Hz, Moleküle: $10 \ldots 10^3$ Hz).
Diese Auflösung wird i. allg. nicht erreicht wegen der Frequenzstabilität des Lasers und der homogenen Verbreiterung der Spektrallinien infolge der:

- *Stoßverbreiterung* durch Stöße der Teilchen untereinander (kann vermieden werden durch geringe Drücke; die Stoßverbreiterung beträgt bei 10^{-1} Pa etwa $10^3 \ldots 10^4$ Hz)
- *endlichen Wechselwirkungszeit* der Teilchen mit dem Licht (deshalb möglichst große Strahlquerschnitte verwenden)

- *Intensitätsverbreiterung*, die eine Verbreiterung von:

$$\delta\omega_{\text{broad}} = \delta\omega_{\text{hom}} \left(1 + \frac{I}{I_s}\right)^{1/2} \tag{3.61}$$

ergibt (bei $I = 1$ mW/cm² von $10^4 \dots 10^5$ Hz)

Bisher erreichte Auflösungsvermögen: $10^8 \dots 10^9$ (Spitzenwert 10^{11})

Verwendete Laser: Im Sichtbaren *cw-Farbstofflaser*, im IR bisher vorwiegend *Gaslaser* (die über die endliche Breite des Verstärkungsprofils oder durch ZEEMAN-Effekt abgestimmt werden; Nachteil: man ist auf zufällige Koinzidenzen von Laserfrequenz und Absorptionsfrequenz angewiesen), *Spin-Flip-Laser* (s. Abschn. 3.2.) und in zunehmendem Maße Laser mit größeren Abstimmbereichen, wie *Farbzentrenlaser* ([3.30]) und *Halbleiterlaser* (s. Abschn. 2.7.).

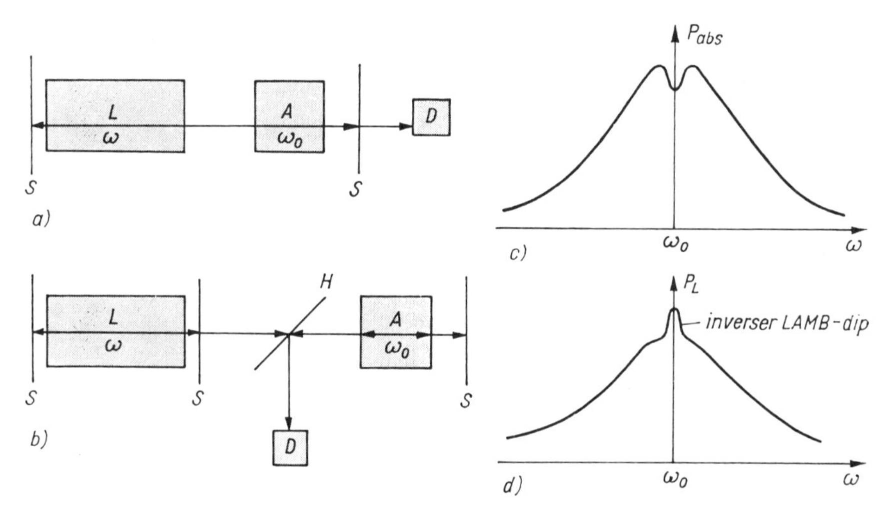

Bild 3.12. Anordnungen für die Sättigungsspektroskopie.
a) Absorptionszelle im Resonator des Lasers, b) Absorptionszelle außerhalb des Laserresonators. L Laser, A Absorptionszelle, S Spiegel, D Detektor, H halbdurchlässiger Spiegel. c) Abhängigkeit der absorbierten Laserleistung von der Laserfrequenz, d) Abhängigkeit der Laserleistung von der Frequenz (für den Spezialfall, daß die Zentrumsfrequenzen von Laser und Absorber übereinstimmen)

Zweiphotonenabsorption

Bei der Zweiphotonenabsorption (s. Bild 3.1) kann eine Auflösung bis zur homogenen Linienbreite durch die Wechselwirkung in einem stehenden Laserfeld erreicht werden, wenn die doppelte Laserfrequenz mit dem Zentrum der DOPPLER-verbreiterten Linie übereinstimmt [3.9], [3.25].

Vorteile der Methode:

- Alle Teilchen tragen (unabhängig von ihrer Geschwindigkeit!) zur Absorption bei.
- Es ist die Untersuchung von Übergängen zwischen Niveaus gleicher Parität möglich.

Erreichtes Auflösungsvermögen: $R = 10^8$

3.3.4. Raman-Spektroskopie

Die Anwendung des Lasers in der Raman-Spektroskopie hat sowohl zur Verbesserung bekannter Verfahren (spontaner Raman-Effekt, s. Bild 3.1) als auch zur Entwicklung völlig neuer Methoden geführt, die auf Effekten der nichtlinearen Optik (s. Abschn. 3.2.) beruhen:

- kohärente Anti-Stokes-Raman-Streuung (CARS)
- inverse Raman-Streuung (IRS)
- Raman-induzierter Kerr-Effekt (RIKE)
- Hyper-Raman-Effekt
- Raman-Verstärkungsspektroskopie (SRS)

Die Raman-Spektroskopie wird angewendet bei Gasen, Flüssigkeiten und Festkörpern. IR- und Raman-Spektroskopie ergänzen einander, da für sie unterschiedliche Auswahlregeln gelten.
Vorteile der Anwendung von Lasern:

- höheres spektrales Auflösungsvermögen (bis 10^7 Hz in Gasen)
- höheres zeitliches Auflösungsvermögen (bis zu ps, s. Abschn. 3.3.5.)
- Aufnahme von kompletten Raman-Spektren in kurzen Zeiten
- Möglichkeit der Messung an fluoreszierenden Proben

Tabelle 3.19 zeigt einen Vergleich der verschiedenen Methoden [3.22].

Tabelle 3.19. Vergleich verschiedener Raman-*Methoden* [3.22]

Größe (Einheit)	CARS	IRS	RIKE	Spont. Raman-Effekt
Spektrale Auflösung (cm^{-1})	$5 \dots 10^{-3}$	$5 \dots 10^{-3}$	$5 \dots 10^{-3}$	$5 \dots 10^{-1}$
Registrierungszeit (s)	$10^2 \dots 10^{-11}$	$10^2 \dots 10^{-11}$	$10^2 \dots 10^{-11}$	$10^3 \dots 10^{-6}$
Erforderliche Intensität (W/cm^2)	$10^6 \dots 10^9$	$10^6 \dots 10^{11}$	$10^6 \dots 10^9$	$10^3 \dots 10^6$
Probenvolumen (cm^3)	$10^{-2} \dots 10^{-6}$	$10 \dots 10^{-5}$	$10^{-1} \dots 10^{-6}$	$10^{-2} \dots 10^{-6}$
Nachweisempfindlichkeit (mol/l)	$10^{-1} \dots 10^{-2}$	$10^{-1} \dots 10^{-3}$	$10^{-1} \dots 10^{-3}$	$10^{-1} \dots 10^{-4}$

Spontaner Raman-Effekt

Vorteile der Anwendung des Lasers im Vergleich zu konventionellen Lichtquellen [3.27]:

- Verkürzung der Meßzeit infolge der hohen Intensitäten
- höhere Auflösung infolge der geringen Linienbreite
- Umgehung störender Absorption der Probe durch Wahl einer geeigneten Wellenlänge (Farbstofflaser)
- Untersuchung kleiner Probenvolumina infolge der guten Fokussierbarkeit
- genauere Depolarisationsmessungen infolge der Polarisation der Laserstrahlung
- Aufnahme von Raman-Spektren auch ohne Spektralapparate bei der Verwendung durchstimmbarer Laser (Farbstofflaser)

- Erhöhung der Intensität des RAMAN-Lichtes durch Einstrahlung einer geeigneten Frequenz des Lasers, die mit einer Elektronenresonanz der Probe übereinstimmt (Resonanz-RAMAN-Effekt)

Kohärente Anti-STOKES-RAMAN-Streuung

Die CARS ist ein kubisch nichtlinearer Prozeß der Vierwellenmischung (s. Abschn. 3.2.3.6.). Sie tritt auf bei Einstrahlung zweier Laserwellen (Frequenzen $\omega_L > \omega_s = \omega_L - \omega_0$) und führt zur Erzeugung von kohärenter Strahlung der Frequenz $\omega_{as} = \omega_L + \omega_0$ (Bild 3.13) ([3.9], [3.22]).
Die Intensität ist bei schwacher Fokussierung:

$$I_{as} = \frac{\omega_{as}^2 \, |\chi_{CARS}^{(3)}|^2}{4c^4 \varepsilon_0^2 n_{as} n_s n_L^2} \, I_L^2 I_s L^2 \, \mathrm{sinc}^2 \left(\frac{(\Delta k)_z L}{2} \right) \tag{3.62}$$

mit

$$(\Delta k)_z = (2k_L - k_s - k_{as})_z$$

$\chi_{CARS}^{(3)}$ ist bei Vernachlässigung nichtresonanter Anteile identisch mit $\chi_R^{(3)}$ in Gl. (3.40).
Die CARS erfordert die Erfüllung der Phasenanpassungsbedingung $(\Delta k)_z = 0$ entweder durch die nichtkollineare Wechselwirkung kollimierter Strahlen (s. Bild 3.13) oder durch eine starke Fokussierung.

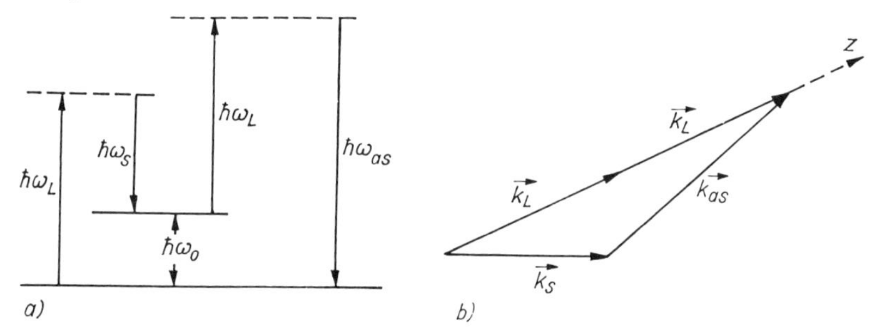

Bild 3.13. Energieniveauschema (a) und nichtkollineare Phasenanpassung (b) bei der CARS

Bei *starker Fokussierung* gilt für die Leistungen:

$$P_{as} = \frac{\omega_{as}^2 \omega_L^2 \, |\chi_{CARS}^{(3)}|^2}{4\pi^2 c^6 \varepsilon_0^2 n_{as} n_s n_L} \, P_L^2 P_s \tag{3.63}$$

Verwendete abstimmbare Laser sind *Farbstofflaser*. Anwendungsgebiete:

- Untersuchung stark fluoreszierender Proben (z. B. biologische Systeme)
- Messungen in Flammen und Gasen (starke Untergrundstrahlung)
- Registrierung von Rotationsspektren
- Messung von T_1 und T_2 bei Verwendung ultrakurzer Lichtimpulse (s. Abschn. 3.3.5.)

Erreichte Auflösung mit cw-Farbstofflasern: 10^{-3} cm^{-1}.

Inverse RAMAN-Streuung

Das Medium wird von zwei intensiven Laserwellen durchstrahlt (Frequenzen ω_{as}, $\omega = \omega_{as} - \omega_0$, s. Bild 3.1).
Beobachtet wird die Absorption bei ω_{as} ([3.21], [3.22])

Nachteil der Methode: Absorptionsmessung
Vorteile der Methode:

- Unterdrückung von Fluoreszenzen und anderer Untergrundstrahlung
- Möglichkeit der simultanen Registrierung eines kompletten RAMAN-Spektrums in kurzen Zeiten (Nano- bis Pikosekunden) bei breitbandiger Einstrahlung (ω_{as} in diesem Falle Breitband-Farbstofflaser oder ps-Kontinuum, s. Abschn. 3.2.3.4.)

RAMAN-induzierter KERR-Effekt

Das Medium wird von zwei intensiven Laserwellen der Frequenzen ω_s (linear polarisiert) und ω_L (zirkular polarisiert) durchstrahlt. Gemessen wird das Signal, das senkrecht zur eingestrahlten STOKES-Welle (ω_s) nur dann auftritt, wenn $\omega_s = \omega_L - \omega_0$ gilt (RAMAN-Resonanz) ([3.23]).
Vorteile der Methode:

- theoretisch kein Untergrund
- Registrierung eines nahezu kompletten RAMAN-Spektrums bei breitbandiger Einstrahlung in kurzen Zeiten

Nachteile der Methode:
hohe Anforderung an die optische Qualität der Probe (Polarisationsmessung)

RAMAN-Verstärkungsspektroskopie

Das Medium wird durchstrahlt von einer intensiven Laserwelle (ω_L) und einer schwachen Probewelle ($\omega_s = \omega_L - \omega_0$). Gemessen wird die Verstärkung der Probewelle [s. Gln. (3.38), (3.39)].
Vorteil gegenüber der CARS:
kein Untergrund aufgrund nichtresonanter Nichtlinearitäten
Erreichte Auflösung in Gasen: < 25 MHz ($< 10^{-3}$ cm^{-1}) bei Verwendung kontinuierlicher Laser.

Spontaner Hyper-RAMAN-Effekt

Bei der Einstrahlung einer intensiven Laserwelle (Frequenz ω_L) werden spontan Photonen der Frequenz $\omega_{Hs} = 2\omega_L - \omega_0$ erzeugt ([3.21]) (s. Bild 3.2).
Besonderheiten des Effektes:

- die Intensität ist proportional zum Quadrat der Intensität des Anregungslichtes
- die Intensität ist sehr gering (Nachweis selbst bei Verwendung gütegeschalteter Laser nur durch Photonenzählung möglich, 1 Photon pro Impuls und weniger)

Bedeutung des Effektes aufgrund besonderer Auswahlregeln:
Untersuchung von Schwingungsmoden, die weder infrarotaktiv noch RAMAN-aktiv sind *(silent modes)*

3.3.5. Ultrakurzzeit-Spektroskopie

Durch die Entwicklung ultrakurzer Laserimpulse mit Impulsdauern im ns- und ps-Bereich ist es möglich geworden, den zeitlichen Verlauf physikalischer, chemischer und biologischer Vorgänge in diesem Zeitbereich zu untersuchen [3.10], [3.31], [3.32]. Es sind dies z. B. Prozesse in der:

- *Molekülphysik* (Tabelle 3.20)

- *Festkörperphysik* (z. B. Messung von Lebensdauern von Polaritonen, optischen Phononen und Elektron-Loch-Plasmen im ps-Bereich ([3.31], [3.32])
- *Chemie*, z. B. Messung von Geschwindigkeitskonstanten monomolekularer Elementarreaktionen ($\leqq 10^{13}\ s^{-1}$) und diffusionskontrollierter Reaktionen ($\leqq 10^{10}\ s^{-1}$)
- *Biologie*, z. B. Untersuchung der Elementarprozesse bei der Fotosynthese (10^{-12} s) und beim Sehvorgang (10^{-12} s)

Tabelle 3.20. Charakteristische Werte für Relaxationszeiten in Molekülen

Übergang	Aggregatzustand	T_1 s	T_2 s
Freie Rotation	Gas (10^5 Pa)	$10^{-10} \dots 10^{-7}$	$10^{-11} \dots 10^{-9}$
Schwingung	Gas (10^5 Pa)	$10^{-8} \dots 10^{0}$	$10^{-11} \dots 10^{-9}$
	kondensiert	$10^{-12} \dots 10^{-3}$	$10^{-13} \dots 10^{-11}$
Elektronen		$10^{-13} \dots 10^{-2}$	$10^{-14} \dots 10^{-10}$

Tabelle 3.21. ps-Laser (nach [3.32]*)*

Größe (Einheit)	Nd-Glaslaser	Farbstofflaser	Farbstofflaser	Farbstofflaser	Argonlaser
Anregung	Blitzlampe	Blitzlampe	kont. Laser	ps-Laser	Entladung
Folgefrequenz	0,1 Hz	10 Hz	kont.	kont.	kont.
Mode-Locking	passiv	passiv	passiv	synchron	aktiv
Wellenlänge (nm)	1060	450 ... 800	595 ... 615	420 ... 900	515 und 488
Impulsdauer (ps)	6 ... 8	2 ... 5	0,2 ... 1,5	0,5 ... 90	150
Spitzenleistung (W)	10^7	10^6	10^2	10^3	10^2

Verwendete Laser sind Festkörperlaser, Gaslaser und Farbstofflaser (Tabelle 3.21) sowie die mit Methoden der nichtlinearen Optik realisierten abstimmbaren Laser, wie parametrische Oszillatoren und ps-Kontinua (s. Abschn. 3.2.3.4.). Laser, die eine kontinuierliche Impulsfolge ausstrahlen, bringen Vorteile beim Nachweis (Samplingverfahren, s. Abschn. 1.3.4.3.).

Mit den Methoden der Ultrakurzzeit-Spektroskopie können sowohl *Energierelaxationen* (inkohärente Spektroskopie) als auch *Phasenrelaxationen* (kohärente Spektroskopie) gemessen werden. Die geeignetste Methode für die kohärente Spektroskopie ist die RAMAN-Streuung. Gemessen werden nach der Anregung der Probe mit einem Impuls der zeitliche Verlauf der Absorption, Emission oder RAMAN-Streuung der Probe.

Messung der Absorption

Die zeitliche Veränderung des Absorptionsverhaltens kann mit einem *Teststrahlverfahren* gemessen werden, bei dem ein Testimpuls mit zeitlicher Verzögerung (durch optische Verzögerungsleitungen realisiert) die Absorption der Probe nach deren Anregung durch einen intensiven Impuls ermittelt (Bild 3.14a).

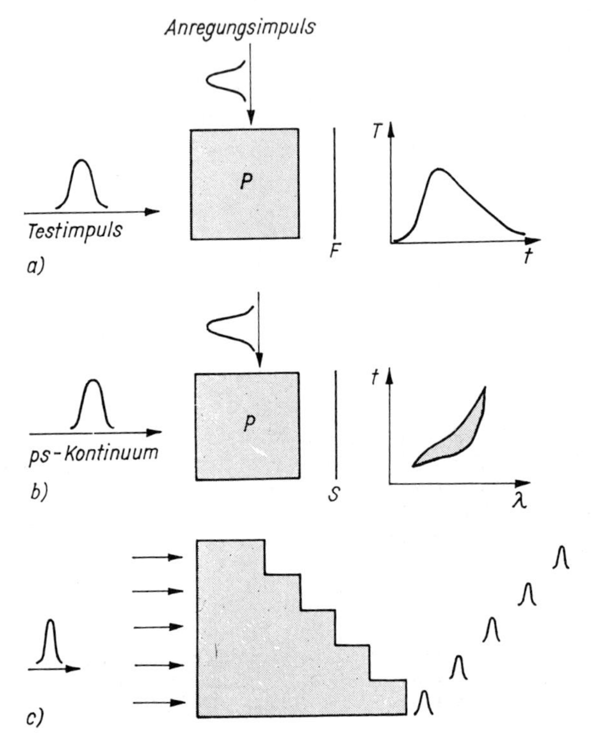

Bild 3.14. Teststrahlverfahren (Kreuzstrahltechnik).
a) Messung der Abhängigkeit der Absorption von der Zeit,
b) Messung der Abhängigkeit der Absorption von Zeit und Wellenlänge,
c) Erzeugung mehrerer, zeitlich verzögerter Impulse mit einem Echelon.
F Fotoplatte, T Transmission, S Spektrometer, P Probe

In Verbindung mit einem Spektrometer kann bei variabler Wellenlänge des Testimpulses (z.B. ps-Kontinuum) die Absorption in Abhängigkeit von Wellenlänge und Zeit registriert werden (s. Bild 3.14b). Mit einem *Echelon* (s. Bild 3.14c) ist es möglich, die Absorption mit mehreren verschiedenen, verzögerten Testimpulsen zu messen (Vereinfachung des Meßverfahrens). Die verschiedenen Testimpulse können räumlich getrennt fotografisch oder mit einem *Vidikon* und *optischen Vielkanalanalysator* (OVA) registriert werden (s. Abschn. 1.3.). Bei Verwendung einer *Streakkamera* (s. Abschn. 1.3.) ist es möglich, die durch einen kurzen Anregungsimpuls bewirkte Absorptionsänderung auch mit einem langen Testimpuls zu registrieren.

Messung der Fluoreszenz

Fluoreszenzmessungen können mit zeitlichen Auflösungen im ps-Bereich unter Verwendung von *Streakkameras* (s. Abschn. 1.3.4.3.) oder des *optischen Tores* (s. Abschn. 3.2.5., Bild 3.9) erfolgen.

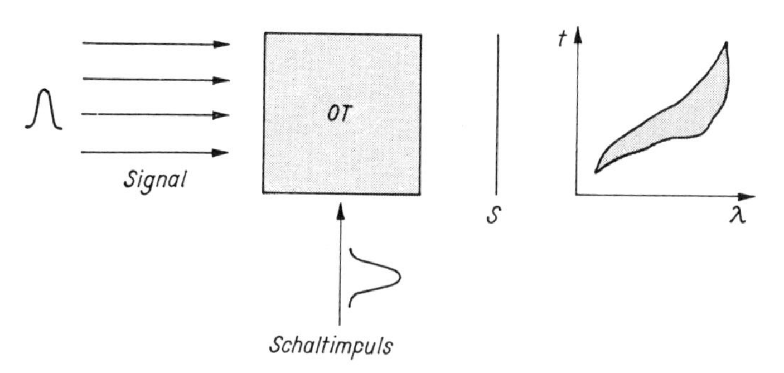

Bild 3.15. Fluoreszenzmessung mit dem optischen Tor (Kreuzstrahltechnik).
S Spektrometer, OT optisches Tor

Günstig ist die Verwendung des optischen Tores in transversaler Geometrie *(Kreuzstrahltechnik)*, bei der mit einem Schaltimpuls in Kombination mit einem Spektrometer die Abhängigkeit des Signals von Zeit und Wellenlänge registriert werden kann (Bild 3.15).
Die Kreuzstrahltechnik hat den Vorteil, daß bei Verwendung eines optischen Vielkanalanalysators eine EDV-Auswertung erfolgen kann.

Raman-Streuung

Die Methoden der Raman-Streuung werden eingesetzt zur Untersuchung von Molekülschwingungen im elektronischen Grundzustand bei Flüssigkeiten, von optischen Phononen und Polaritonen in Festkörpern mit einer Auflösung im ps-Bereich [3.31], [3.32].

Prinzip der Methode:

Ein intensiver ultrakurzer Lichtimpuls regt durch induzierte Raman-Streuung (s. Abschn. 3.2.4.) eine Molekül- oder Gitterschwingung an. Ein schwacher Testimpuls mit geeigneter, zeitlich variabler Verzögerung gegenüber dem Anregungsimpuls testet den Zustand des angeregten Systems. Die induzierte Raman-Streuung führt sowohl zu einer Besetzung des angeregten Niveaus als auch zur Ausbildung einer kohärenten Schwingung des Mediums. Zeitaufgelöste Messungen der Besetzung bzw. der kohärenten Schwingung liefern T_1 bzw. T_2.
Messungen von T_2: Möglich durch Registrierung der kohärenten Anti-Stokes-Streuung des Testimpulses am kohärent angeregten System. Diese Prozesse erfordern eine genaue räumliche Orientierung der Wellenzahlvektoren zur Erfüllung der Phasenanpassungsbedingung (s. Abschn. 3.3.4.2.). T_2 ergibt sich aus Messungen der Intensität der kohärenten Anti-Stokes-Streuung als Funktion der Verzögerung zwischen Anregungs- und Testimpuls.
Möglichkeit der Untersuchung homogener und inhomogener Linienverbreiterungen.
Messung von T_1: Möglich durch Messung der Intensität der spontanen (inkohärenten) Anti-Stokes-Streuung des Testimpulses.

3.3.6. Spezielle Laseranwendungen in der Analytik

Besondere Probleme treten beim Nachweis geringer Konzentrationen komplizierter Moleküle und beim Nachweis von Atomen und Molekülen auf große Entfernungen auf ([3.25], [3.27]).

Nachweis geringer Konzentrationen komplizierter Moleküle

Hierbei besteht beim Nachweis in Gasgemischen die Hauptschwierigkeit darin, daß die spektrale Auflösung der Methoden der linearen Spektroskopie (s. Abschn. 3.3.2.) zu gering ist. Abhilfe durch:

- Anwendung der *Sättigungsspektroskopie* (s. Abschn. 3.3.3.) in der quantitativen Analyse (erreicht wurde bei Kohlenwasserstoffen der Nachweis relativer Konzentrationen von $10^{-3} \dots 10^{-5}$)
- Anwendung des *Lasers* in der Massenspektroskopie zur Fotoionisation der Moleküle im VUV (Erhöhung der Empfindlichkeit von Massenspektrometern um mehrere Größenordnungen)

Nachweis von Atomen und Molekülen auf große Entfernungen

Einsatz zur Kontrolle der *Umweltverschmutzung*. Bezeichnung der Methode: LIDAR (**L**ight **De**tection **a**nd **R**anging).

Prinzip:

Ein Laserimpuls wird in ein Raumgebiet gewisser Entfernung geschickt, und es wird die auf Grund der Resonanzstreuung, RAMAN-Streuung oder RAYLEIGH-Streuung zurückkehrende Strahlung registriert.

Beispiele:

- *Resonanzstreuung:* Nachweis von 10^3 Na-Atomen je cm^3 in der oberen Atmosphäre (90 km)
- RAMAN-*Streuung:* Nachweis von O_3 (Empfindlichkeit $0{,}005 \cdot 10^{-6}$) und SO_2 ($0{,}005 \cdot 10^{-6}$) in Entfernungen von einigen Kilometern
- *Resonanzabsorption:* Nachweis von NO_2 in einer Entfernung von 4 km mit einer Empfindlichkeit von $0{,}2 \cdot 10^{-6}$

Räumliches Auflösungsvermögen: etwa 10 m.

3.4. Laserfotochemie

3.4.1. Einführung

Die Anwendung der Laser in der Chemie erlangt in zunehmendem Maße an Bedeutung. Die Hauptanwendungsgebiete des Lasers liegen dabei auf drei Gebieten:

- Anwendungen in der *analytischen Chemie* (z.B. durch Anwendung laserspektroskopischer Verfahren, s. Abschn. 3.3.)
- Anwendungen in der *Reaktionskinetik* (z.B. durch Anwendung laserspektroskopischer Verfahren, s. Abschn. 3.3.)

- Anwendungen zur *selektiven Anregung* und zur *Initiierung chemischer Reaktionen* (z.B. Stoffsynthese, Stoffreinigung, Isotopentrennung) ([3.33] bis [3.35])

Elementare chemische Reaktionen

Eine elementare chemische Reaktion in der Gasphase läßt sich als Überwindung einer Potentialbarriere der Höhe E_a (E_a Aktivierungsenergie) entlang der Reaktionskoordinate x auffassen (Bild 3.16). Ein Maß für den zeitlichen Ablauf der Reaktion ist die Reaktionsgeschwindigkeitskonstante K.

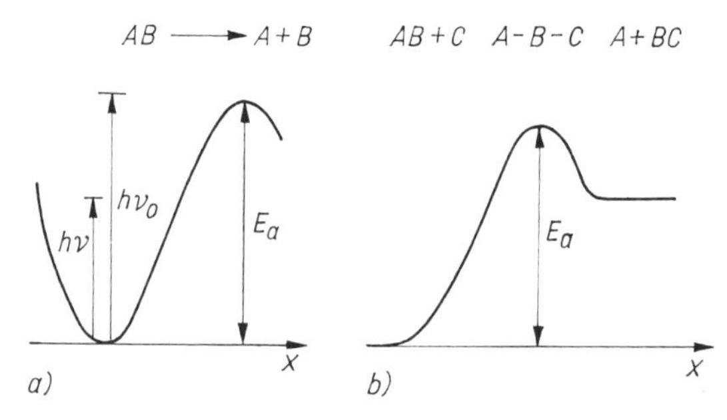

Bild 3.16. Abhängigkeit der Energie von der Reaktionskoordinate x für elementare chemische Reaktionen.
a) monomolekulare Reaktion, b) bimolekulare Reaktion

Bild 3.16a zeigt die Dissoziation eines zweiatomigen Moleküls (x Abstand der Atome, E_a Dissoziationsenergie). Bild 3.16b zeigt, wie sich in einer bimolekularen Reaktion aus dem Molekül AB über den aktivierten Komplex A-B-C das Molekül BC bildet.
Die Temperaturabhängigkeit der Reaktionsgeschwindigkeitskonstanten K wird näherungsweise durch die ARRHENIUS-Gleichung beschrieben:

- im Falle rein thermischer Anregung:

$$K = C \exp\left[-E_a/kT\right] \tag{3.64}$$

- im Falle einer Absorption von Photonen (s. Bild 3.16a)

$$K' = C' \exp\left[-(E_a - h\nu)/kT\right] \tag{3.65}$$

C, C' schwach temperaturabhängige Konstanten

Durch Vergrößerung der *inneren Energie* der Moleküle infolge Absorption kann der u. U. beträchtliche Aufwand an thermischer Energie (hohe Temperaturen) für die Initiierung der Reaktion wesentlich verringert oder ganz ausgeschaltet werden.

Das unterschiedliche Absorptionsverhalten von Molekülen bietet die Möglichkeit der selektiven fotochemischen Stimulierung, indem z.B. in einem Gemisch durch geeignete Wahl der Lichtfrequenz nur eine bestimmte Sorte von Molekülen aktiviert wird.

Unterschiede im Absorptionsspektrum treten bei gleicher Summenformel des Moleküls auf durch:

- die räumliche Struktur (cis-, trans-Isomerie)
- unterschiedliche Isotopenzusammensetzung (wichtig für die Isotopentrennung)
- Isomerie der Atomkerne
- Orientierung der Kernspins zueinander

Es existiert die Möglichkeit einer *innermolekularen Selektivität*:
Durch die Wahl der Photonenenergie $h\nu$ ist die innere Energie des Moleküls (unabhängig von der Gastemperatur) variierbar. Die Folge ist das Auftreten von unterschiedlichen chemischen Reaktionen mit sich voneinander unterscheidenden Aktivierungsenergien (Eine Erwärmung des Reaktionsgemisches führt stets zur Aktivierung der Reaktion mit der geringsten Aktivierungsenergie.). Mit Lasern können chemische Reaktionen initiiert werden, die thermisch nicht erhalten werden können, bzw. sie können beschleunigt werden.

Die innere Energie eines Moleküls läßt sich näherungsweise aufteilen in:

- *elektronische Energie* E_{el}:
  E_{el} = einige eV*), Absorption im Sichtbaren und UV
- *Schwingungsenergie* E_{vib}:
  E_{vib} = 0,1 ... 0,01 eV, Absorption im nahen IR
- *Rotationsenergie* E_{rot}:
  E_{rot} = 0,001 ... 0,0001 eV, Absorption im fernen IR bis zu Submillimeterwellen

Hieraus ergeben sich die unterschiedlichen Möglichkeiten für die Aktivierung einer chemischen Reaktion.

Beispiel: Die Dissoziation eines Moleküls, die i. allg. einige Elektronenvolt erfordert, ist möglich durch die Absorption eines Photons des UV-Bereiches oder durch Multiphotonenabsorption im IR-Bereich (stufenweise Anregung der Schwingungsniveaus im elektronischen Grundzustand).

3.4.2. Laser in der Fotochemie

Die Entwicklung leistungsstarker durchstimmbarer Laser in den verschiedenen Spektralbereichen eröffnete den Möglichkeiten der Fotochemie (Initiierung der chemischen Reaktion bei niedrigen Temperaturen und/oder selektive Initiierung bestimmter chemischer Reaktionen) völlig neue Perspektiven. Grundlage dafür sind folgende Eigenschaften der Laserstrahlung:

- die *zeitliche Kohärenz und Monochromasie* der Strahlung, die eine Selektivität in der Anregung oder Aktivierung auch bei sehr geringen Unterschieden im Absorptionsspektrum ermöglicht
- die *Durchstimmbarkeit der Frequenz*, die es gestattet, eine genaue Koinzidenz mit der Absorptionslinie herzustellen und auf unterschiedliche Quantenübergänge im Molekül anzuregen

*) 1 eV = $0{,}160219 \cdot 10^{-18}$ J

- die Möglichkeit, *ultrakurze Impulse* zu erzeugen (kürzer als die Lebensdauer der angeregten Molekülzustände)
- die *hohe Intensität* der Strahlung (spektrale Energiedichte), die ausreicht, um den angeregten Quantenübergang zu sättigen, d.h. einen beträchtlichen Teil der Moleküle anzuregen
- die *räumliche Kohärenz* der Laserstrahlung und die damit verbundene Möglichkeit, den Strahl genau zu plazieren (d.h. ein definiertes Reaktionsgebiet zu schaffen) und große Reaktionsvolumina zu bestrahlen

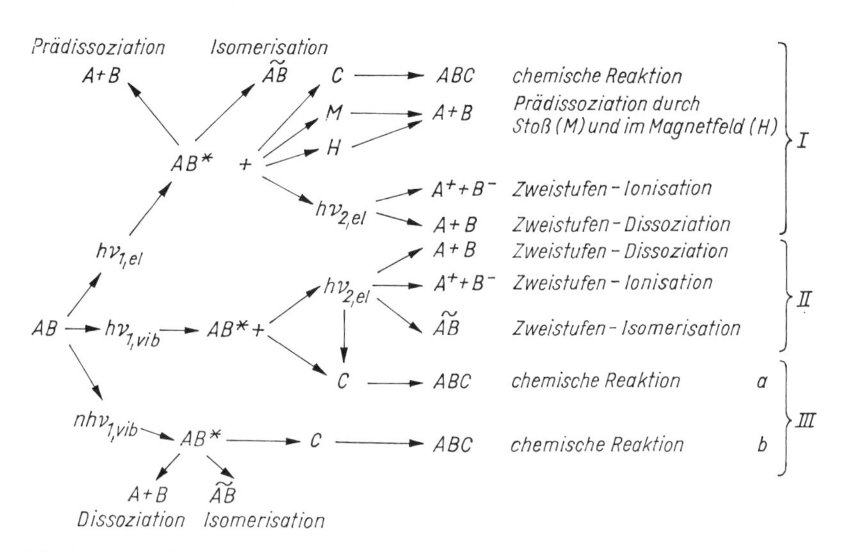

Bild 3.17. Laserfotochemische Reaktionen (nach [3.33]).
I im sichtbaren und ultravioletten Spektralbereich, II im kombinierten Laserstrahlungsfeld, III Einstufenprozesse (a) und Multiphotonenprozesse (b) im Infraroten

Die Vielfalt möglicher laserfotochemischer Aktivierungsprozesse zeigt Bild 3.17 ([3.33]). Man unterscheidet Prozesse im:

- sichtbaren und ultravioletten Spektralbereich (Bereich I)
- Infraroten (Bereich III)
- kombinierten (d.h. sichtbaren/ultravioletten-infraroten) Strahlungsfeld (Bereich II)

Nach erfolgter Aktivierung kann das Molekül an drei miteinander konkurrierenden Prozessen teilnehmen (Bild 3.18a):

- mit der Reaktionsgeschwindigkeitskonstanten K an der gewünschten chemischen Reaktion
- mit der Geschwindigkeit Q an der Transformation der Anregungsenergie auf andere Moleküle (dieser Prozeß ist besonders bei der Isotopentrennung schädlich, da dort der Unterschied in den Energieniveaus der zu trennenden Atome oder Moleküle sehr gering ist)
- mit der Zeitkonstanten τ an der Relaxation

Die Reaktion läuft effektiv mit hoher Selektivität ab bei Erfüllung der Bedingungen:

$$K \gg 1/\tau, \quad K \gg Q$$

Da alle drei Prozesse bei einem Stoß möglich sind und das Verhältnis der Größen durch die Laserstrahlung nicht geändert werden kann, muß man die Reaktionsbedingungen für jeden konkreten Fall sorgfältig auswählen. Für eine »innermolekulare« Selektivität der fotochemischen Reaktion müssen darüber hinaus dem jeweils angeregten Zustand entsprechende Reaktionspartner (Akzeptoren) bereitgestellt werden. Das ist sehr schwierig. Diese Prozesse sind deshalb bisher wenig untersucht worden.

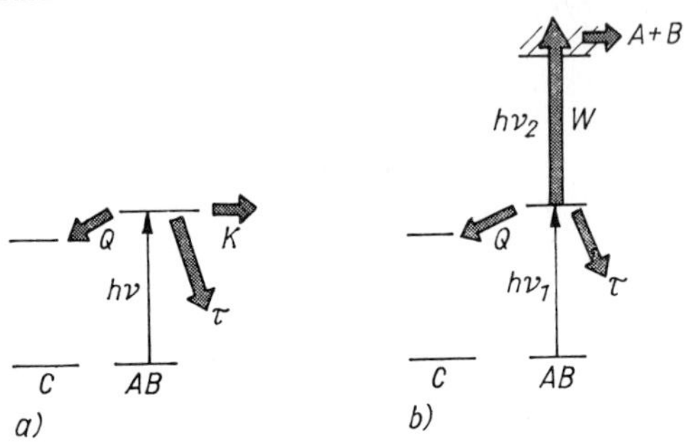

Bild 3.18. Laserfotochemische Prozesse.
a) Einstufenprozeß, b) Zweistufenprozeß

Sonderfälle unter den *Einstufenprozessen* sind die Fotoprädissoziation und die Fotoisomerisation. Hier erfolgt die chemische Reaktion nach der Anregung spontan, d.h. stoßlos. Die Bedingungen sind daher leichter zu erfüllen.

Zweistufenprozesse (s. Bild 3.18b), die direkt zur Dissoziation des Moleküls führen, haben den Vorteil, daß die Dissoziationsrate W von der Intensität I der Laserstrahlung abhängt. Sie sind über die zweite Stufe durch die Laserstrahlung manipulierbar. Deshalb werden für die Isotopenanreicherung mit Laserstrahlen vorwiegend diese Prozesse eingesetzt. Bedingungen für eine hohe Effektivität und Selektivität:

$$W(I) \gg Q \quad \text{bzw.} \quad 1/\tau$$

Diese können praktisch immer erfüllt werden. Besonders vorteilhaft sind Prozesse im kombinierten Laserstrahlungsfeld (s. Bild 3.17, II).
Multiphotonenprozesse im infraroten Spektralbereich (s. Bild 3.17, III) sind hinsichtlich ihrer Effektivität und Selektivität denen im kombinierten Laserstrahlungsfeld gleichzusetzen.

3.4.3. Infrarot-Laserfotochemie

3.4.3.1. Absorption und Relaxation der Moleküle

In der Infrarot-Laserfotochemie erfolgt die Aktivierung über die Schwingungsfreiheitsgrade (Moden) der Moleküle (Bild 3.19) durch aufeinanderfolgende Absorption von IR-Lichtquanten. Die einzelnen Moden lassen sich als anharmonische Oszillatoren mit einer bestimmten Grundfrequenz ν_{01} und dem Anharmonizitätsfaktor $\Delta\nu_{\text{anh}}$ beschreiben. Jedem Schwingungsniveau ist noch das Ensemble der Rotationsniveaus zugeordnet.

Das IR-Spektrum ist selbst für vielatomige Moleküle zumindest in den unteren Schwingungsniveaus diskret, und deshalb ist die Selektivität der Anregung mit Laserstrahlung groß.

Grenzen werden in diesem Spektralbereich vor allem durch die Relaxation der angeregten Rotations-Schwingungszustände gesetzt. In einem monomolekularen Gas sind folgende *Relaxationsprozesse* möglich:

- Relaxation innerhalb der einzelnen Freiheitsgrade mit den Zeitkonstanten τ_{R-R} für die Rotationsrelaxation und τ_{V-V} für die Schwingungsrelaxation
- Relaxation zwischen den Freiheitsgraden mit der Zeitkonstanten τ_{R-T} für die Rotations-Translationsrelaxation, der Zeitkonstanten $\tau_{V-V'}$ für die Relaxation zwischen den Moden des Moleküls, der Zeitkonstanten τ_{V-R} für die Relaxation zwischen Schwingung und Rotation und der Zeitkonstanten τ_{V-T} für die Relaxation zwischen Schwingung und Translation

Zwischen diesen Relaxationszeiten gilt:

$$\tau_{R-R} \ll \tau_{R-T} \ll \tau_{V-V} \ll \tau_{V-V'} \ll \tau_{V-R} \quad \text{bzw.} \quad \tau_{V-T}$$

Typische Werte bei Normaldruck:

$$\tau_{V-R}, \tau_{V-T} \approx 10^{-5}\ \text{s}; \quad \tau_{V-V} \approx 10^{-8}\ \text{s}$$

In binären Gasgemischen treten noch zusätzliche *Relaxationskanäle* auf, Austauschprozesse zwischen den Freiheitsgraden verschiedener Moleküle.

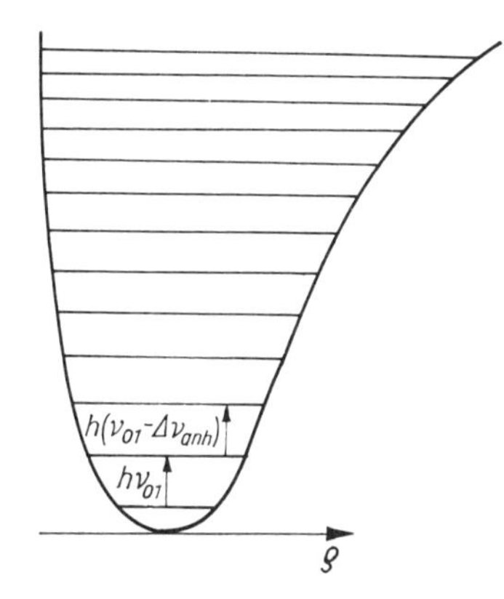

Bild 3.19. Termschema eines anharmonischen Oszillators. ϱ Kernabstand

> Die durch die selektive Anregung induzierte chemische Reaktion muß schneller ablaufen als die für die Selektivität schädlichen Relaxationsprozesse.

Dadurch wird die Zahl chemischer Reaktionen, die mit Hilfe von Infrarotlaserstrahlung stimuliert werden können, wesentlich eingeschränkt.

Durch die *Anharmonizität* der Schwingungen befinden sich die Übergänge mit steigendem Energieniveau immer weniger in Resonanz mit der Laserstrahlung, was Vielstufenprozesse für Moleküle aus wenigen Atomen erschwert. Diese Anharmonizität kann jedoch teilweise kompensiert werden, da jeder Übergang ein Rotations-Schwingungsübergang ist (s. Abschn. 3.4.3.3.). Trotzdem benötigt man für die stufenweise Anregung in einem zweiatomigen Molekül Laserintensitäten von 10^{11} bis 10^{12} W/cm^2, um durch das *power-broadening* (Intensitätsverbreiterung der Niveaus, s. Abschnitt 3.3.3.) die Anharmonizität zu kompensieren. Es sind deshalb folgende Prozesse möglich:

- Stimulierung von Reaktionen mit geringer Aktivierungsenergie ($E_a \approx h\nu$)
- Stimulierung von Reaktionen mit $E_a \gg h\nu$ durch Ausnutzung von Unterschieden in den Relaxationszeiten (die Besetzung der oberen Niveaus erfolgt durch schnelle V-V-Austauschprozesse)
- Multiphotonenabsorption in vielatomigen Molekülen

3.4.3.2. Ein- und Mehrstufenprozesse

Mögliche *Anregungsprozesse für Reaktionen mit geringer Aktivierungsenergie* zeigt Bild 3.20. (Von diesen Prozessen ist die RAMAN-Streuung die einzige Möglichkeit, im Infraroten nicht aktive Moleküle direkt fotochemisch anzuregen.)

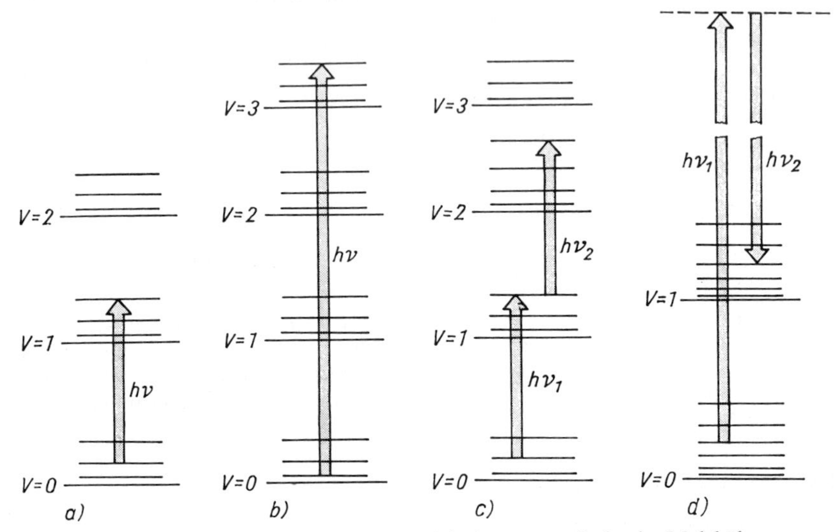

Bild 3.20. Möglichkeiten der Aktivierung von Schwingungszuständen im Molekül.
a) Einstufenprozeß, b) Anregung in Obertonbanden, c) Zweistufenprozeß, d) RAMAN-Streuung

Beispiel für einen Zweistufenprozeß [3.36]:
Anregung des Moleküls HCl ($v = 0$) → HCl ($v = 2$) (v Schwingungsquantenzahl) mit einem HCl-Impulslaser ($h\nu = 0{,}36$ eV) und Aktivierung der Reaktion $Br + H^{35}Cl$ ($v = 2$) → HBr + ^{35}Cl
Ergebnis: Erhöhung der Reaktionsgeschwindigkeit durch die Anregung gegenüber der Reaktion mit nichtangeregtem HCl ($v = 0$) um 11 Größenordnungen. *Anwendung:* Anreicherung von Cl-Isotopen.

Unter *Ausnutzung der unterschiedlichen Relaxationszeiten* ist bei hohem Druck die Stimulierung chemischer Reaktionen möglich, auch in dem Fall, daß die Aktivierungsenergie weitaus größer ist als die Photonenenergie. Eine Schwingungsmode wird durch Anregung des ersten Schwingungszustandes oder mehrerer Schwingungszustände selektiv »aufgeheizt«. Die Besetzung der oberen Schwingungszustände bis hin zur Dissoziationsgrenze erfolgt durch V-V-Quantenaustausch ($\tau_{V-V} \ll \tau_{V-V'}$).

Beispiele für diese Reaktionen ([3.37], [3.46]):

$$N_2F_4^* + 4NO \rightarrow 4FNO + N_2 \quad (\Delta Q = -625 \text{ kJ/mol})$$

$$BCl_3^* + SiF_4 \rightarrow BCl_2F + SiF_3Cl \quad (\Delta Q = +5{,}45 \text{ kJ/mol})$$

Die mit einem Stern * gekennzeichneten Moleküle wurden mit einem CO_2-Laser angeregt. Dieses Beispiel zeigt, daß sowohl exotherme als auch endotherme Reaktionen stimuliert werden können. Charakteristisch für derartige Reaktionen ist, daß sie in bezug auf die Intensität der Laserstrahlung eine Schwelle aufweisen (Tabelle 3.22).

Tabelle 3.22. Beispiele für laserinduzierte Reaktionen bei hohem Druck (nach [3.37]*). Verwendeter Laser: CO_2-Laser*

Reaktion	Druck	Strahl-durch-messer	Impuls-dauer	Inten-sität	Schuß-zahl	Resultat
	kPa	cm	ms	W/cm^2		
$N_2F_4^* + NO$	je 13,3	0,9	20	16	$2 \cdot 10^3$	keine Reaktion
				17	1	100% Konversion
$BCl_3^* + SiF_4$	je 13,3	0,3	20	210	10^2	keine Reaktion
				230	10^3	68% Konversion

Durch Laserstrahlung angeregte Moleküle können auch als *Katalysatoren* wirken (etwa über einen Schwingungsquantenaustausch).

Beispiel: Reaktion von C_2Cl_4 im Gemisch mit laserangeregten BCl_3-Molekülen (kont. CO_2-Laser, Leistung 6 W) zu C_6Cl_6 bei Raumtemperatur [3.38]. Bei thermischer Aktivierung kommt es erst bei 700 °C zur Bildung von C_6Cl_6. Die angeregten BCl_3-Moleküle werden nicht zersetzt. Interessanterweise läßt sich die Reaktion nicht mit angeregten SF_6-Molekülen (Absorption von CO_2-Laserstrahlung) realisieren.

3.4.3.3. Multiphotonenabsorption

Stoßlose Multiphotonendissoziation

Die *stoßlose Multiphotonendissoziation* vielatomiger Moleküle im starken IR-Feld (Laserintensität $10^5 \ldots 10^7$ W/cm^2, Druck 10^2 Pa) ist der hinsichtlich Selektivität effektivste laserfotochemische Prozeß. Die Entdeckung dieses Effektes führte insbesondere im Zusammenhang mit der Isotopenanreicherung zu einer intensiven Forschung auf diesem Gebiet. Die Vielzahl der Schwingungsfreiheitsgrade, ihre Kombinationsfrequenzen und die Aufhebung der Entartung der Schwingungs-Rotationszustände führt in mehratomigen Molekülen in den höheren Schwingungszuständen zu einem *quasikontinuierlichen Absorptionsspektrum* im infraroten Spektralbereich. Dadurch müssen durch Resonanzabsorption nur die ersten 3 bis 4 Schwingungsniveaus überwunden werden, um in das »Quasikontinuum« zu gelangen (Bild 3.21). Dort ist auf Grund der großen Niveaudichte eine Resonanz mit der Laserstrahlung immer gegeben. Das Molekül kann durch aufeinanderfolgende Absorption der Infrarotlichtquanten bis hin zur Dissoziationsgrenze angeregt werden. Die Selektivität wird durch die Resonanzabsorption in den unteren Schwingungs-Rotationsübergängen gewährleistet. Dieser Effekt tritt auch bei sehr geringem Druck (10^{-4} Pa) und kurzen Laserimpulsen (1 ns) auf, verläuft stoßlos und ist ein *Schwellenprozeß*. Die Schwelle resultiert daraus, daß das Molekül einen bestimmten Energiebetrag aufnehmen muß, um dissoziieren zu können.

Der Prozeß der stoßlosen Multiphotonendissoziation ist bisher trotz intensiver Forschungen in seinen Einzelheiten noch weitgehend ungeklärt. Ausgangspunkt für seine theoretische Deutung ist die Tatsache, daß bei den verwendeten Intensitäten das *power-broadening* der Absorptionslinien der unteren diskreten Übergänge für eine Kompensation der Anharmonizität nicht ausreicht.

Es gibt mehrere Modellvorstellungen, z. B.:
Der Übergang zum »Quasikontinuum« erfolgt durch stufenweise Resonanzabsorption innerhalb einer Mode. Die Anharmonizität in den unteren Schwingungsübergängen wird durch die *Rota-*

tionskompensation, d.h. durch aufeinanderfolgende Absorption im P-, Q- und R-Zweig der Mode, kompensiert:

$(v = 0; J) \rightarrow (v = 1; J - 1)$	
$\nu_{0 \rightarrow 1} = \nu_0 - 2BJ$	P-Zweig
$(v = 1; J - 1) \rightarrow (v = 2; J - 1)$	
$\nu_{1 \rightarrow 2} = \nu_0 + \Delta\nu_{anh}$	Q-Zweig
$(v = 2; J - 1) \rightarrow (v = 3; J)$	
$\nu_{2 \rightarrow 3} = \nu_0 + 2BJ - 2\Delta\nu_{anh}$	R-Zweig

J Rotationsquantenzahl
B Rotationskonstante

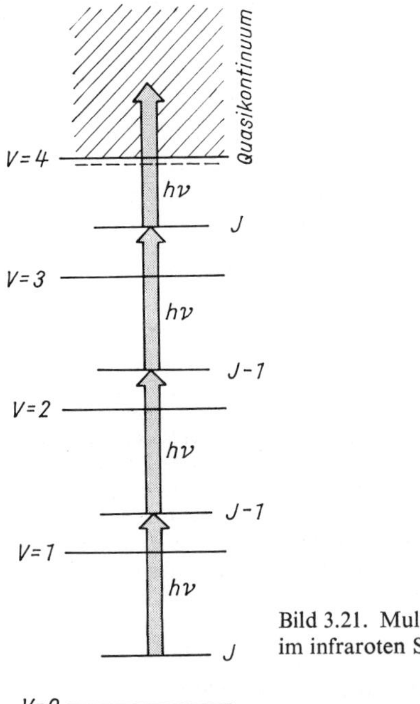

Bild 3.21. Multiphotonenabsorption im infraroten Spektralbereich

Die Anforderung an die Intensität der Laserstrahlung für das power-broadening und damit für eine mögliche Resonanzabsorption reduziert sich also auf:

$$|2BJ_{res} - \Delta\nu_{anh}| < \delta\nu_{broad}$$

J_{res} Nummer des Rotationsniveaus im Schwingungsgrundzustand, von dem die stufenweise Anregung ausgeht

Beispiel: SF_6, bei dem der Übergang in das Quasikontinuum bereits vom 3. Schwingungsniveau erfolgt. Für die Dissoziation dieses Moleküls mit CO_2-TEA-Lasern (s. Abschn. 2.) müssen etwa 35 Photonen aufgewendet werden (entspricht der Dissoziationsenergie). Befindet sich das Molekül im Quasikontinuum, verteilt sich seine innere Energie statistisch über die verschiedenen Moden ([3.39]). Das Molekül zerreißt an seiner schwächsten Bindung. Eine innermolekulare Selektivität ist ausgeschlossen. Die Schwelle ist durch Prozesse im Quasikontinuum bedingt; für die Multiphotonendissoziation ist die Energie je Laserimpuls, nicht die Intensität ausschlaggebend. Diese Vorstellung für SF_6 gilt aber offenbar nicht für alle Moleküle, denn Untersuchungen an CCl_4 ([3.40]) zeigen, daß die für eine Dissoziation erforderliche mittlere Zahl der IR-Photonen davon abhängt, welche Mode aktiviert wird.
Durch die Anharmonizität wird die *Entartung* der Schwingungszustände der Moleküle (z. B. vom Typ eines sphärischen Kreisels, wie SF_6) aufgehoben. Dadurch wird die Dichte der Energieniveaus bereits in den unteren Schwingungszuständen so groß, daß die Anharmonizität ohne die *Rotationskompensation* kompensiert werden kann. Die Anregung erfolgt im wesentlichen innerhalb einer Mode. Eine innermolekulare Selektivität erscheint möglich. Auf Grund der Niveaudichte können sehr hohe Schwingungsniveaus (bis weit in das Quasikontinuum hinein) stufenweise innerhalb einer Schwingungsmode bei beliebig geringer Intensität der Laserstrahlung angeregt werden, wenn die Laserstrahlung entsprechend dem anzuregenden Niveau eine bestimmte Frequenz, Linienbreite und Impulsdauer besitzt.

Multiphotonendissoziation unter Beteiligung von Stößen

In leichteren Molekülen (z. B. SiH_4 im Vergleich zu SF_6) ist die *Liniendichte* für eine Kompensation der Anharmonizität zu gering. Der Übergang ins Quasikontinuum erfolgt erst bei höheren Drücken durch das Zusammenspiel von Rotationsrelaxation und V-V-Quantenaustausch.

Beispiel: Multiphotonendissoziation von SiH_4 mit Hilfe eines CO_2-TEA-Lasers bei Drücken oberhalb 10^3 Pa ([3.41]).

Multiphotonendissoziation mit zwei IR-Frequenzen

Diese Methode bringt eine Steigerung der Selektivität der Reaktion (z. B. bei der Isotopentrennung). Mit einem Laser relativ geringer Intensität werden die diskreten Übergänge im Molekül zum Quasikontinuum hin stufenweise überbrückt. Die geringe Intensität bewirkt ein schwächeres power-broadening und damit eine höhere Selektivität. Ein leistungsstärkerer Laserstrahl geringerer Frequenz bewirkt die Anregung im Quasikontinuum bis zur Dissoziationsgrenze. Eine Dissoziation erfolgt nur bei gleichzeitiger Wirkung beider Laser.

3.4.4. Fotochemie mit Lasern im sichtbaren und ultravioletten Spektralbereich

Die Fotochemie in diesem Spektralbereich erfolgt über die elektronischen Zustände der Moleküle. In Bild 3.22 sind einige mögliche Anregungs- bzw. Aktivierungsmechanismen dargestellt. (Nicht gezeigt sind die verschiedenen Mechanismen der selektiven Fotoionisation, die vor allem bei der Isotopentrennung von Atomen und beim Nachweis einzelner Atome und Moleküle eingesetzt werden können.)

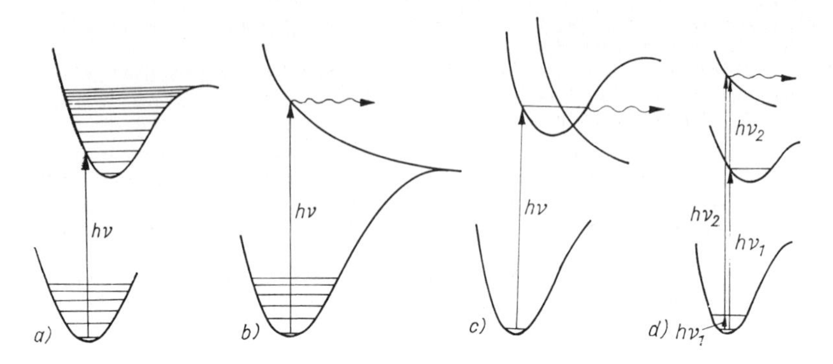

Bild 3.22. Möglichkeiten der Aktivierung elektronischer Zustände im Molekül. *Einstufenprozesse:* a) Anregung eines elektronischen Zustandes, b) Fotodissoziation, c) Fotoprädissoziation, *Zweistufenprozeß:* d)

Einstufenprozesse

Vorteile gegenüber Einstufenprozessen im IR-Bereich (s. Abschn. 3.4.3.2.):

- die Aktivierungsenergie der chemischen Reaktion kann bedeutend höher sein
- die hohe Anregungsenergie gewährleistet einen hohen Quantenwirkungsgrad der Reaktion

Nachteil:
Die Moleküle besitzen auf Grund der Mannigfaltigkeit der elektronischen Zustände im sichtbaren und ultravioletten Spektralbereich breite Absorptionsbanden. Dadurch kommen die geringe Linienbreite der Laserstrahlung und damit die mögliche Selektivität nicht zur Wirkung.

Deshalb wird die *Laseraktivierung* über einen elektronischen Zustand durch einen Einstufenprozeß nur bei Atomen und zweiatomigen Molekülen eingesetzt, deren Absorptionsspektren eine Selektivität gewährleisten (z. B. Hg, ICl). Die aktivierten Atome oder Moleküle gehen dann eine entsprechende chemische Reaktion ein, bei der die Wahl der Reaktionspartner von Bedeutung ist, damit die Selektivität in den Folgereaktionen nicht verlorengeht.

Fotoprädissoziation

Die Fotoprädissoziation wird durch die Überschneidung eines stabilen mit einem abstoßenden Term des Moleküls möglich. Erfolgt die Anregung des Moleküls auf ein Schwingungs-Rotationsniveau des stabilen elektronischen Zustandes, so kann von dort aus ein strahlungsloser Übergang auf den abstoßenden Term erfolgen und das Molekül dissoziieren. Die Lebensdauer dieser Zustände beträgt (in Abhängigkeit vom Molekül und dem angeregten Schwingungs-Rotationsniveau im stabilen elektronischen Zustand) etwa $10^{-6} \ldots 10^{-12}$ s. Bedeutung erlangte die Prädissoziation vor allem dadurch, daß auf Grund des diskreten Absorptionsspektrums eine *selektive Dissoziation* durch einen Einstufenprozeß im sichtbaren Spektralbereich möglich ist, die für die Isotopentrennung genutzt werden kann.

Beispiel: Methanal (Formaldehyd, HCHO) prädissoziiert vom ersten angeregten Singlettzustand in die stabilen Endprodukte H_2 und CO.

Zweistufenprozesse

Bei der fotochemischen Aktivierung von Molekülen in einem Zweistufenprozeß kann der Zwischenzustand entweder ein elektronischer Zustand oder ein Schwingungszustand im Grundzustand des Moleküls sein.

Der Vorteil der Anregung eines Schwingungszustandes als Zwischenzustand (Prozeß im kombinierten Strahlungsfeld, s. Bild 3.17) ist die hohe Selektivität der Methode. Die selektiv (durch IR-Strahlung) angeregten Moleküle werden durch nachfolgende Absorption von UV-Photonen in einen höheren elektronischen Zustand überführt, man erhält eine hohe Anregungsenergie im Molekül.
Bild 3.23 zeigt die Zweistufendissoziation eines zweiatomigen Moleküls. Aufgetragen sind für die ersten beiden Schwingungsniveaus im elektronischen Grundzustand die Wahrscheinlichkeits-

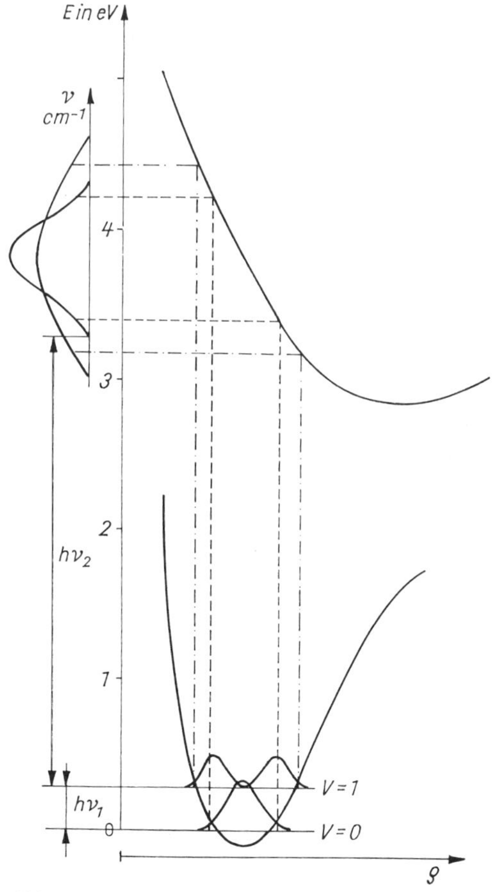

Bild 3.23. Rotverschiebung der kontinuierlichen UV-Absorptionsbande durch Anregung von Molekülschwingungen (Zweiatomiges Molekül, ϱ Kernabstand)

verteilungen für den Kernabstand und der Intensitätsverlauf für die Absorptionskontinua aus den entsprechenden Schwingungszuständen. Durch die Rotverschiebung des Absorptionskontinuums bleibt die Selektivität erhalten.

Beispiel: ^{14}N-^{15}N-Trennung durch Bestrahlung eines 1:1-Gemisches aus $^{14}NH_3$ und $^{15}NH_3$ (Gesamtdruck 2,7 kPa) mit der Strahlung eines CO_2-TEA-Lasers ($\lambda_1 = 10{,}6$ µm), die die Anregung des ersten Schwingungszustandes von $^{15}NH_3$ bewirkt, und einer konventionellen Lichtquelle ($\lambda_2 = 220{,}5$ nm), die zur Dissoziation der schwingungsangeregten $^{15}NH_3$-Moleküle führt. Nach einer Folge von Reaktionen, von denen eine isotopenselektiv ist (s. [3.33]), liegen im Endprodukt 80% $^{15}N_2$ und 20% $^{14}N_2$ vor.

Die Kombination IR-Multiphotonenabsorption mehratomiger Moleküle im elektronischen Grundzustand (unterhalb der Dissoziationsgrenze) und nachfolgende Anregung oder Dissoziation durch UV-Photonen hat zusätzliche Vorteile:

- starke *Rotverschiebung* der UV-Absorptionsbande
- *geringere Leistung* des IR-Lasers erforderlich als bei der IR-Multiphotonendissoziation
- Möglichkeit der experimentellen Bestimmung der *Verteilungsfunktion* über die angeregten Schwingungszustände bei Verwendung eines abstimmbaren UV-Lasers

Beispiel: Vergrößerung des Absorptionsquerschnittes von CF_3I bei der Wellenlänge $\lambda_2 = 351$ nm (XeF-Excimerlaser) um einen Faktor 200 bei einem Energiefluß von 0,6 J/cm^2 der IR-Strahlung (CO_2-TEA-Laser, $\lambda_1 = 9{,}3$ µm, [3.42]).

3.4.5. Anwendungen

Von besonderer Bedeutung für die Anwendungen der bisher charakterisierten Mechanismen sind neben der Initiierung chemischer Reaktionen mit Lasern, für die bereits in Abschn. 3.4.3.2. Beispiele gegeben wurden:

- die Isotopenanreicherung
- die Stoffreinigung
- die selektive Laserbiochemie

3.4.5.1. Isotopenanreicherung mit Laserstrahlen

Isotopieverschiebungen

Bei der Isotopenanreicherung wird die *Verschiebung atomarer und molekularer Absorptionslinien*, die durch die unterschiedliche Anzahl von Neutronen im Kern der einzelnen Isotope eines Atoms bedingt sind, ausgenutzt. In Atomen ergeben sich Isotopieverschiebungen durch die unterschiedliche Masse (wichtig für leichte Elemente), das unterschiedlichere Kernvolumen und den unterschiedlichen Kernspin. Der Masseneffekt ergibt eine *Frequenzverschiebung* von $\Delta\nu \approx \nu\,\Delta M m/M^2$. ($m$ Elektronenmasse, M Kernmasse, ΔM Massendifferenz)
In Molekülen treten *Isotopieverschiebungen* in den Rotationsbanden (sehr gering und für die Isotopentrennung ohne Bedeutung) und Schwingungsbanden auf, z. B. ist die Isotopieverschiebung im Schwingungsspektrum für ein zweiatomiges Molekül:

$$\Delta\nu = \nu\,\frac{M'(M_1 - M_2)}{2M_2(M_1 + M_2)} \tag{3.66}$$

$M_{1,2}$ Massen der Isotope
M' Masse des mit ihnen verbundenen Atoms

Beispiele für Isotopieverschiebungen: $H_2 \rightarrow HD$ 12%, $^{235}UF_6 \rightarrow {}^{238}UF_6$ 0,2% Änderung.

Bei den *elektronischen Übergängen* in Molekülen ergeben sich Verschiebungen durch Veränderungen der Rotations-Schwingungszustände. Diese sind wegen der hohen Dichte der Zustände insbesondere bei mehratomigen Molekülen nicht von Bedeutung.
Bedingungen für eine hohe Selektivität: keine Überlappung der Absorptionslinien der zu trennenden Isotope, d.h. Trennung in der Gasphase bei geringem Druck (DOPPLER-Verbreiterung bestimmt die Breite der Linien). Durch Verwendung von Atom- oder Molekülstrahlen wird die DOPPLER-Verbreiterung ausgeschlossen (s. Abschn. 3.3.) und eine Selektivität innerhalb der DOPPLER-Breite möglich.

Fotochemische und fotophysikalische Trennverfahren

Bei den *fotochemischen Verfahren* erfolgt eine isotopenselektive Beschleunigung chemischer Reaktionen durch die Anregung von Schwingungen oder die Aktivierung elektronischer Zustände der Moleküle. Diese Verfahren sind bisher weniger untersucht worden und schwieriger als die fotophysikalischen zu realisieren.
Bei den weiter entwickelten *fotophysikalischen Verfahren* bewirkt die Laserstrahlung neben der Aktivierung gleichzeitig die chemische Reaktion (Dissoziation, Ionisation). Die Reaktionsprodukte (Radikale) müssen durch geeignete Akzeptoren gebunden werden. Zu diesen Verfahren zählen:

- die selektive stufenweise Ionisation von Atomen (wird bereits in Pilotanlagen getestet)
- die Multiphotonendissoziation von Molekülen im starken IR-Feld (wird bereits in Pilotanlagen getestet)
- die selektive stufenweise Fotodissoziation der Moleküle im kombinierten IR-UV-Laserstrahlungsfeld
- die Fotoprädissoziation der Moleküle

Selektive stufenweise Ionisation von Atomen

Diese Methode der *Isotopenanreicherung* ist insbesondere für schwere Elemente interessant, da die Isotopieverschiebung wegen des Kernvolumeneffektes (die Isotopieverschiebung ist proportional dem Quadrat des Kernradius) für Elemente höherer Ordnungszahl größer wird. Getrennt wurden mit diesem Verfahren z.B. Isotope von K, Ca, Rb, seltenen Erden, Uran, Transuranen. Bild 3.24 zeigt das im LAWRENCE–LIVERMORE-Laboratorium verwendete Prinzip für die *Uranisotopentrennung*. Die ^{235}U-Atome eines Atomstrahles werden mit einem Xe-Ionenlaser (λ_1 = 378,1 nm) selektiv angeregt und vom angeregten Zustand aus mit einem Kr-Ionenlaser

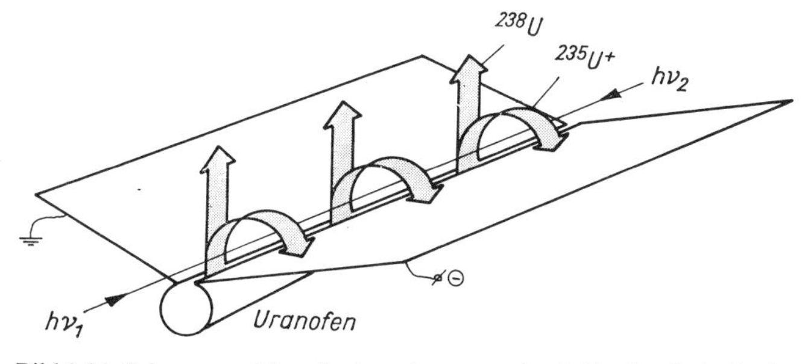

Bild 3.24. Schema zur Uran-Isotopentrennung durch Zweistufenionisation der Atome

(λ_2 = 350 nm) ionisiert. Ein elektrisches Feld trennt die Ionen aus dem Strahl. Beide Laser arbeiten kontinuierlich. Die $^{235}U^+$-Ausbeute beträgt $2 \cdot 10^{-3}$ g/h.

Multiphotonendissoziation von Molekülen im starken IR-Feld

Diese Methode kann nur bei *mehratomigen Molekülen* eingesetzt werden. Sie hat den Vorteil, daß dabei IR-Laser zum Einsatz kommen, die einen wesentlich höheren Wirkungsgrad als Laser im Sichtbaren haben. Angewendet wird dieses Verfahren bei Verbindungen mit Isotopen unterschiedlichster Elemente, z.B. H, B, C, N, Si, S, Mo, Os. Die Anwendung der Methode ist z.Z. noch vorwiegend auf Moleküle beschränkt, deren Absorptionsspektren Koinzidenzen mit dem CO_2-TEA-Laser aufweisen (z.B. SF_6, BCl_3, OsO_4, CF_3H). Die Anwendung der Methode auf UF_6 erfordert einen leistungsstarken 16-µm-Laser, an dessen Entwicklung z.Z. international intensiv gearbeitet wird.

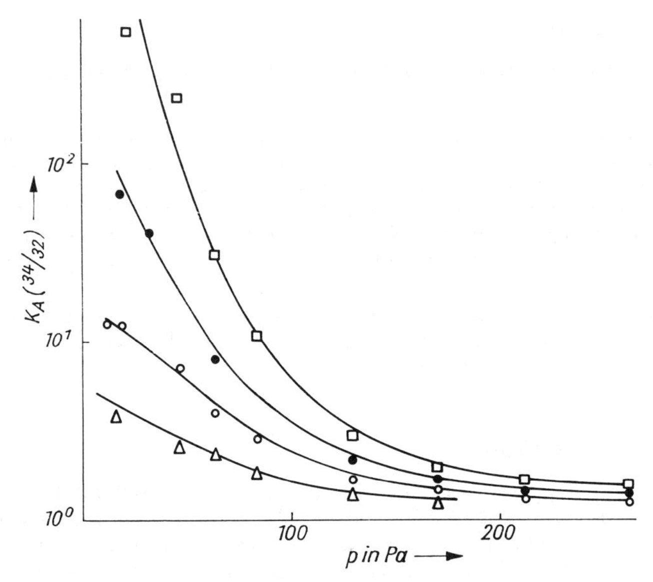

Bild 3.25. Abhängigkeit des Anreicherungskoeffizienten K_A (34/32) von SF_6 in den Ausgangsstoffen vom Anfangsdruck des SF_6-Gases (nach [3.33]). Zahl der Laserimpulse: △ 50, ○ 100, ● 200, □ 400

Bild 3.25 zeigt als Beispiel den Anreicherungskoeffizienten K_A im Ausgangsstoff SF_6 für die ^{34}S-Anreicherung als Funktion des SF_6-Druckes. Mit ersten Pilotanlagen erhielt man am SF_6 eine Produktivität von 0,1 g/h bei einem Anreicherungskoeffizienten für ^{34}S von 25. Für K_A kann man auch bei relativ geringer Selektivität im Prinzip einen beliebig hohen Wert erhalten (auf Kosten der verbleibenden Menge des Ausgangsstoffes). Demgegenüber wird der Anreicherungskoeffizient in den Endprodukten wesentlich durch die Selektivität bestimmt. Da die Isotopieverschiebung in den Molekülspektren mit steigender Massenzahl der Elemente immer geringer wird, wurde der bisher höchste Anreicherungskoeffizient in den Endprodukten von 10^4 für D erhalten (durch Multiphotonendissoziation von Fluoroform CF_3H mit einem CO_2-Laser [3.43]).

Selektive stufenweise Fotodissoziation von Molekülen im kombinierten IR-UV-Laserfeld

Diese Methode eignet sich besonders für die Anreicherung der Isotope schwererer Elemente. In Zukunft ist vor allem mit dem verstärkten Einsatz von Excimerlasern (s. Abschn. 2.) zu rechnen, auch für die Anreicherung von U-235 im UF_6. Die Selektivität in der zweiten Stufe, der Dissoziation aus dem angeregten Schwingungszustand, wird durch die relative Rotverschiebung der UV-Absorptionsbande infolge der Schwingungsanregung bestimmt.

Beispiel: Experimente im $^{12}CF_3I/^{13}CF_3I$-Gasgemisch. Bei Verwendung eines CO_2-Lasers erhält man unter dem Einfluß eines XeF-Lasers (λ = 351 nm) eine Dissoziationsrate von 10^{-3} bzw. unter dem Einfluß eines XeCl-Lasers (λ = 308 nm) eine Dissoziationsrate von 10^{-2}; erzielt wurden Anreicherungskoeffizienten in den Endprodukten von 48 bzw. 2,3.

Fotoprädissoziation

Der Einsatz dieses Prozesses für die Isotopentrennung erfordert die Erfüllung folgender Bedingungen:

- Die Zustände des Moleküls, aus denen die Prädissoziation erfolgt, müssen eine hinreichend lange Lebensdauer haben, damit die Linienverbreiterung nicht zu einer Überlappung der Absorptionsspektren führt. Dies ist bei einer Lebensdauer von 10^{-10} ... 10^{-11} s gegeben.
- Der Prozeß muß einen hohen Quantenwirkungsgrad gewährleisten, d. h., die Dissoziationsrate muß genügend groß sein. Sofern die Prädissoziation der einzige Kanal für den Abbau der angeregten Zustände ist, ist diese Bedingung für eine Lebensdauer $\gg 10^{-10}$ s erfüllt.

Beispiele:
Durch selektive Prädissoziation von HCOH wurde sowohl D angereichert als auch Isotope von C und O getrennt. Anreicherung von ^{81}Br durch Prädissoziation von Br_2 und Trennung der Iodisotope durch Prädissoziation von Ortho-I_2.

3.4.5.2. Stoffreinigung

Die Stoffreinigung ist überall dort möglich, wo sich Verunreinigungen selektiv in Stoffe umwandeln lassen, die leichter aus der Grundsubstanz zu entfernen sind. Diese Verfahren eignen sich insbesondere für die *Gewinnung von Reinststoffen* (z. B. Ausgangsmaterialien für die Mikroelektronik, wo bereits Verunreinigungen von 10^{-9} die Parameter der Bauelemente beeinflussen). Die Stoffwandlung kann mit den fotophysikalischen Methoden der Isotopentrennung (s. Abschn. 3.4.5.1.) erfolgen, wobei Unterschiede in den Absorptionsspektren verschiedener Substanzen genutzt werden.

Beispiele:
Reinigung von SiH_4 (einem wichtigen Ausgangsprodukt für die Herstellung von Halbleiterbauelementen) von den Verunreinigungen PH_3, ArH_3 und B_2H_6 durch Fotodissoziation in einem Einstufenprozeß mit einem ArF-Laser (λ = 193 nm) ([3.44]).
Reinigung von $AsCl_3$ (wichtig für die Mikroelektronik) von den Verunreinigungen $C_2H_4Cl_2$ und CCl_4 durch IR-Multiphotonendissoziation mit einem CO_2-Laser ([3.45]).

Für die *Reinigung atomarer Stoffe* (z. B. für die Ionenimplantation) wäre die selektive Zweistufenanregung auf ein Niveau unterhalb der Dissoziationsgrenze mit anschließender *Autoionisation* im gepulsten elektrischen Feld bei Einsatz kontinuierlich abstimmbarer Laser ein universell einsetzbares Verfahren ([3.34]).

3.4.5.3. Selektive Laserbiochemie

Die Einsatzmöglichkeiten der verschiedenen selektiven Wechselwirkungen der Laserstrahlung sind an Molekülen in flüssigen Lösungsmitteln, wie sie für Untersuchungen an Biomolekülen in vivo erforderlich sind, wesentlich eingeschränkt, da die Relaxationsprozesse in der flüssigen Phase viel schneller ablaufen als in der Gasphase (Lebensdauer elektronisch angeregter Biomoleküle etwa 10^{-9} s, Schwingungsrelaxationszeit $\leqq 10^{-11}$ s). Aus diesem Grunde ist die Verwendung von ps-Impulsen erforderlich ([3.47]). Als Aktivierungsprozesse kommen vor allem Prozesse im kombinierten Strahlungsfeld, aber auch die IR-Multiphotonenabsorption in Frage (s. Abschn. 3.4.2.).

3.4.5.4. Nachweismethoden

In der Laserfotochemie stehen in erster Linie die *Stoffumwandlung* und die Aufbereitung der Verfahren für einen künftigen industriellen Einsatz im Vordergrund. Darüber hinaus können diese Methoden jedoch auch für den hochempfindlichen *Nachweis* einzelner Atome, Moleküle und molekularer Bindungen, für das Studium angeregter Zustände und zur Untersuchung elementarer chemischer Reaktionen eingesetzt werden.
Die verschiedenen Mechanismen der *Fotoionisation* verbessern z. B. die Qualität bekannter Nachweisverfahren neben der hohen Selektivität der Ionisation vor allem auch durch das gleichzeitige Erfassen mehrerer physikalischer Parameter. Ähnlich wie bei der Dissoziation kann in einem Zweistufenprozeß auch das Ionisationskontinuum der Atome und Moleküle zum Roten hin verschoben werden und die Anregung des Zwischenzustandes mit hoher Selektivität erfolgen. Mit einem kontinuierlich abstimmbaren Laser für die Anregung ist dieses Ionisationsverfahren praktisch universell einsetzbar.

3.4.6. Ausblick

Neben den in diesem Abschnitt vorwiegend betrachteten Prozessen in der *Gasphase* werden in der Zukunft Prozesse in der *Heterophase* zunehmend Bedeutung erlangen.
Bisher sind viele laserfotochemische Prozesse noch nicht hinreichend geklärt. Trotzdem läßt sich schon heute absehen, daß technische Anwendungen laserchemischer Verfahren wegen der geringen Wirkungsgrade der Laser und ihrer hohen Kosten in absehbarer Zeit nur auf ausgewählten Gebieten zu erwarten sind, z. B. bei der Synthese teurer Verbindungen (für die pharmazeutische Industrie), bei der Synthese neuer Materialien mit besonderen Eigenschaften (z. B. Hartstoffe), bei der Herstellung von Katalysatoren und bei der Isotopentrennung.

3.5. Anwendungen der Laser in Biologie und Medizin

3.5.1. Einführung

Die besonderen Eigenschaften der Laserstrahlung haben gleich nach der Realisierung des ersten Lasers zu Untersuchungen über seine Anwendbarkeit in Biologie und Medizin geführt [3.48]. Sie galten sowohl diagnostischen und therapeutischen Verfahren als auch Untersuchungen zur biologisch-medizinischen Forschung. Seither wurden beachtliche Ergebnisse erzielt, die aber wiederum viele Fragen aufgeworfen haben.

Ein Hauptkennzeichen der belebten Natur ist das sich im Fließgleichgewicht befindliche, optimal der Umgebung angepaßte und geregelte Zusammenspiel vielfach vernetzter chemischer Reaktionsketten und Reaktionskreisläufe. Ihre Untersuchung und Beschreibung gehört weitgehend zum Gebiet der *Biochemie*, in dem sowohl bei Problemen der Reaktionskinetik als auch der Strukturanalyse die aktiven (Fotochemie) und passiven spektroskopischen Verfahren sehr weit verbreitet sind. Diese können durch Anwendung der Laser in wichtigen Eigenschaften wie Empfindlichkeit, spektrales und räumliches Auflösungsvermögen verbessert und durch neue Untersuchungsmethoden wesentlich erweitert werden [3.25]. Dadurch und durch zahlreiche direkte Anwendungsmöglichkeiten wirkt der Laser wesentlich auf biologisch-medizinische Probleme ein.

3.5.2. Lasereinsatz in der biologisch-medizinischen Grundlagenforschung und in der medizinischen Diagnostik

3.5.2.1. Spektroskopische Methoden in der chemischen und biologisch-medizinischen Forschung

In der Chemie wird der Laser sowohl als spektroskopisches Nachweismittel als auch als Anregungsquelle eingesetzt (s. Abschn. 3.3. und 3.4.). Bei komplizierten biologischen Molekülen treten besondere Schwierigkeiten auf [3.49]. Die selektive Einwirkung von Laserstrahlen auf komplexe Moleküle in einem kondensierten Medium ist eine vielversprechende Möglichkeit für die Molekularbiologie und damit für die Biochemie. Dabei ist die Überwindung des Gegensatzes zwischen den Erfordernissen der Anregungsselektivität und der Erhaltung dieser Selektivität über eine für die chemischen Reaktionen genügend lange Zeit sehr schwierig. Eine Umgehung dieser Schwierigkeiten scheint auf zwei Wegen möglich zu sein:

- durch Kombination von selektiver *Schwingungsanregung* mit nachfolgender *Elektronenanregung* (Zweischritt-IR-UV-Anregung)
- durch *Multiphotonen-Schwingungsanregung* im intensiven IR-Feld

In beiden Fällen erweist sich die Verwendung von ps-Laserimpulsen als vorteilhaft, damit ein Molekül vor der thermischen Relaxation der Schwingungsanregung hinreichend viel Energie absorbiert hat. Ein weiteres schwieriges Problem ist die Absorption der IR-Strahlung durch Lösungsmittelmoleküle, in der Biologie überwiegend H_2O. Die wichtigsten Biomoleküle sind sehr kompliziert, wie z. B. das

Acetyl-Koenzym A, das im Intermediärstoffwechsel von grundlegender Bedeutung ist.

Repräsentative *Beispiele laserspektroskopischer Untersuchungen* sind:

- *Untersuchung von Farbstoff-DNS-Komplexen*, die mit Farbstofflasern zur Fluoreszenz angeregt wurden (Impulsdauer der Laser im ns-Bereich, Fokusdurchmesser etwa 1 μm, also in der Größenordnung von Zellorganellen): Die spektrale und zeitliche Auswertung der Fluoreszenz liefert Informationen über Bindungseigenschaften und Basenpaarsequenzen der DNS-Heterobasen. Meist wurden DNS-Acridin-Komplexe untersucht [3.49].
- *Reaktivierung von Mikroorganismen* mit Farbstofflaserstrahlung nach vorheriger UV-Bestrahlung: Bei Bestrahlung einer Population nur mit UV steigt die *Tötungsrate* sehr stark an. Wird aber nach dem UV noch mit langwelligem UV oder kurzwelligem sichtbarem Licht bestrahlt, ergibt sich eine geringere Tötungsrate als nur mit UV-Bestrahlung. Dies bedeutet, daß die nachfolgende langwelligere Bestrahlung solche Enzyme aktiviert, die einige von der vorherigen UV-Bestrahlung hervorgerufene Schädigungen reparieren [3.50].
- *Kurzzeit*-RAMAN-*Spektren* von Cytochrom c, dem vorletzten Enzym der Atmungskette, wurden unter Anwendung der Intracavity-Resonanz-RAMAN-Verstärkung aufgenommen [3.51].
- *Untersuchungen zur Hellphase der Fotosynthese* mittels Messung der nichtlinearen Absorption von Chlorophyll: Das Chlorophyll in vivo ist fotochemisch aktiv, während es in vitro fotochemisch indifferent ist. Schon im Chlorophyll des molekularen Antennensystems findet eine Lichtspeicherung auf Grund des großen Absolutwertes der Wirkungsquerschnitte für Absorption statt. Die Absorptionszentren des Chlorophylls verfügen über relativ kleine Molekülzahlen ($\approx 10^2$) [3.52].
- *Untersuchung der Sauerstoff-Reaktionskinetik verschiedener Hämoglobinmoleküle:* Die Bestrahlung mit Blitzlampen-Farbstofflaser (Rhodamin 6G, $\lambda = 580$ nm, $E = 1$ J) führt zur Dissoziation von Oxyhämoglobin. Der Laserimpuls bewirkt eine Fotolyse von 60 ... 70% der Moleküle des Oxyhämoglobins. Die Ergebnisse zeigen, daß zwei verschiedene Hämoglobinkomponenten existieren müßten, deren Reaktionsgeschwindigkeiten sich um den Faktor 7 unterscheiden [3.53].

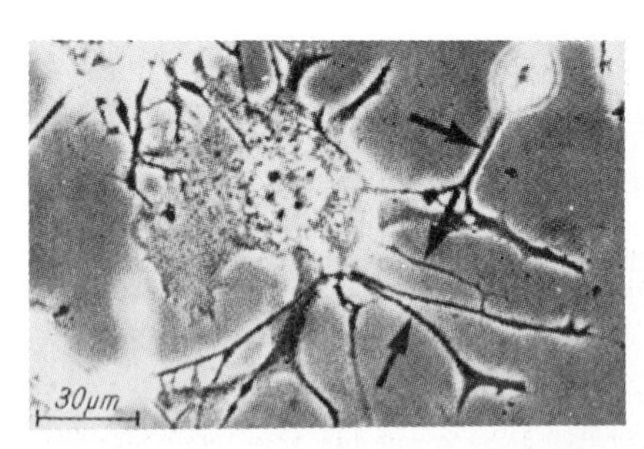

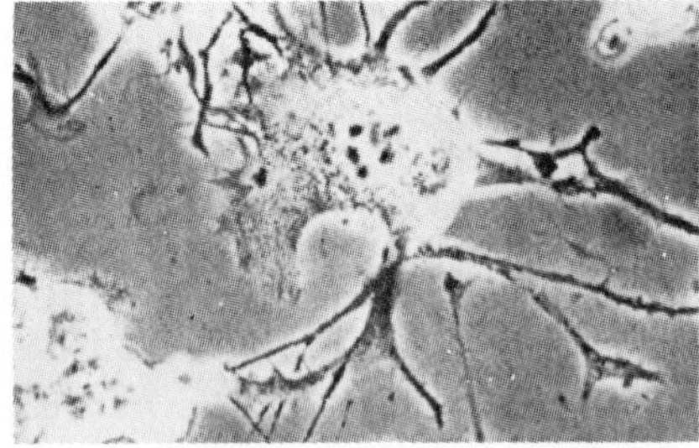

Bild 3.26. Lasermikrochirurgie an lebenden Zellen. Durch gezielten Laserbeschuß wurden an den durch Pfeile gekennzeichneten Stellen von Neuroblastomzellen Neuriten abgetrennt (phasenkontrastmikroskopische Lebendaufnahme nach [3.54])

- *Strahlenstichuntersuchungen* mit der Kombination Laser + Mikroskop: Bild 3.26 zeigt Neuroblastomzellen, von denen in vivo mit einem N_2-Laser als Stichlaser und einem He-Ne-Laser als Justierlaser in sterilisierter Wärmebox gezielt Neuriten abgetrennt wurden. Hieraus ergeben sich Informationen über die Fähigkeit von Neuronen zur *Faserregeneration*. Weiter

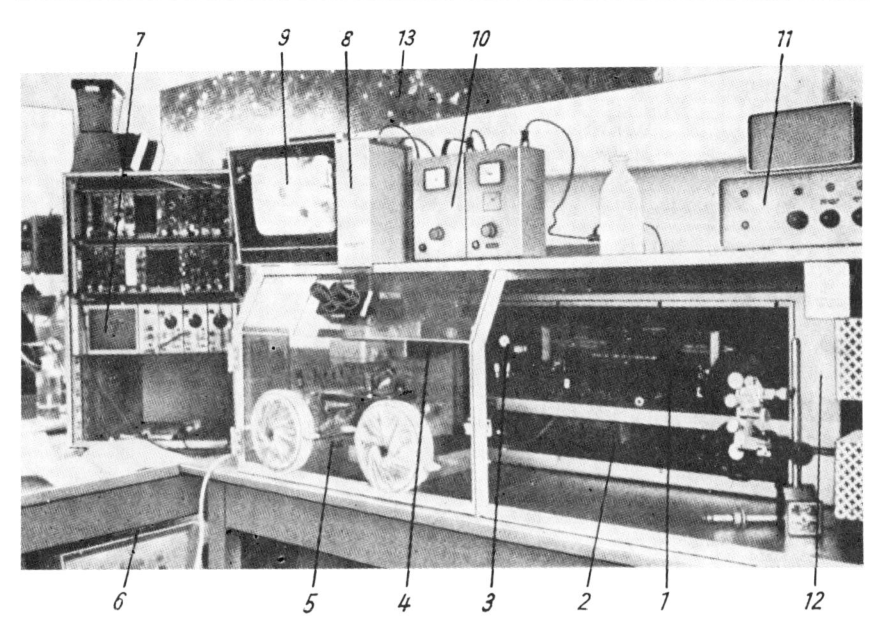

Bild 3.27. Lasermikroskop für Strahlenstichuntersuchungen (nach [3.54]).
1 UV-Laser (N_2), *2* Justierlaser (He-Ne), *3* Strahlausrichter, *4* Zwischenoptik, *5* LEITZ-Mikroskop, *6* Steuerpult, *7* Oszillograf, *8* TV-Kamera, *9* TV-Monitor, *10* Mikroskoptransformatoren für Durchlicht und Auflicht, *11* Relais für Thermostat, *12* sterilisierbare Wärmebox, *13* Phasenkontrastaufnahme lebender Ganglienzellen

wurden die Schwellwerte für die Schädigung von Neuronen und für Zelltod durch Bestrahlung ermittelt. Bild 3.27 zeigt die Apparatur, die repräsentativ für den Aufwand bei derartigen Untersuchungen ist [3.54].

- *Untersuchung der Übertragungseigenschaften einzelner Sehzellen* der Fliege mittels Lumineszenz- bzw. Laserdioden: Dabei ergeben sich Aussagen über die Kanalkapazität in Abhängigkeit von der Lichtintensität und Aussagen über die Bandbreite dieser Empfänger [3.55].
- *Unterscheidung und Sortierung von Zellen, Bakterien, Viren:* Die Firma Spectra Physics [3.56] stellt ein Lasersystem vor, das fluoreszenzaktivierte Zellen durch Registrierung von Streulicht und Fluoreszenz einer Lösung identifiziert, die mit Argonlaserlicht bestrahlt wurde. Die angeregten Zellen werden im elektrischen Feld separiert. Das Verfahren liefert Aussagen über Form, Art und Natur der Zellen. Die Block Engineering Inc. [3.57] entwickelte ein *Laser-Virometer*, das aus Messung der Lichtstreuung, gedämpften Totalreflexion und Fluoreszenz Aussagen über Form, Konzentration, Struktur und Art von DNS- oder RNS-Molekülen liefert. Die Lösung mit den Viren wird hier ebenfalls mit Licht eines Argonlasers bestrahlt. Die Ergebnisse werden mit einem Computer ausgewertet. Ein ähnliches Gerät entwickelte eine andere Firma für weiße Blutkörperchen [3.58].
- *Immunologieuntersuchungen mit fluoreszenzspektroskopischen Methoden* (Bild 3.28) (Immunofluoreszenz zur Ermittlung und Untersuchung von Antikörpern): Dabei werden die interessierenden *Serumproteine* (Antikörper: γ-Globuline) und *Lymphozyten* mit Farbstoff markiert, meist mit Fluoresceinen. Diese werden dann zur Fluoreszenz angeregt, nach Möglich-

keit schmalbandig und mit optimaler Intensität, bei der die Fluoreszenz gesättigt ist. Die spektrale und zeitliche Abhängigkeit gibt Hinweise auf die Struktur der Antikörper. Die Verwendung von abstimmbaren ns-Farbstofflasern bringt gegenüber den bisherigen Verfahren wichtige Vorteile: optimale Anregungsintensität, optimale Wellenlänge, kein Fluoreszenz-Fading und genaue Messung der Abklingzeiten. Mit den bisherigen Standardtechniken konnten etwa 0,1 pg (10^{-7} µg) γ-Globulin nachgewiesen werden (400000 Antikörpermoleküle). Die optimale Fluoreszenz mit Laseranregung erlaubt eine Nachweisgrenze von 1 ag (10^{-12} µg; 10 Moleküle) [3.59].

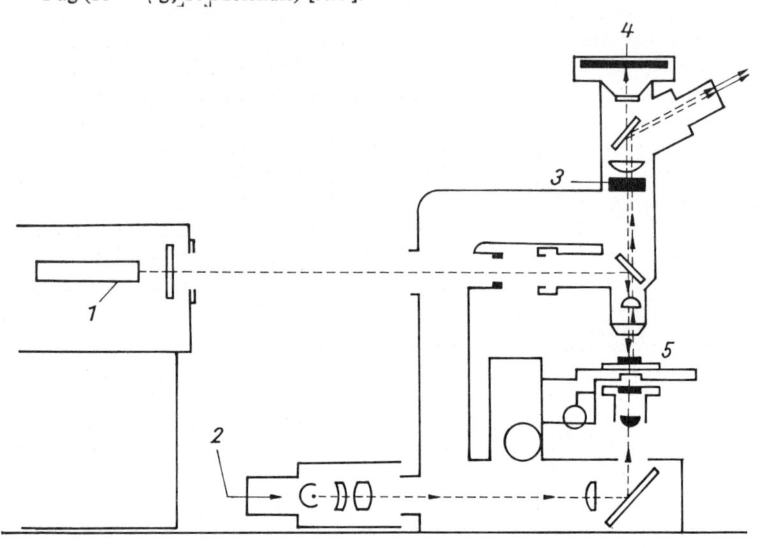

Bild 3.28. Lasermikroskop für Fluoreszenzuntersuchungen (nach [3.59]).
1 Farbstofflaser, *2* Justierlichtquelle, *3* auswechselbares Filter, *4* Kamera, *5* Probe

- *Laser-Mikro-Emissionsspektralanalyse* mit der Kombination Laser + Mikroskop, bei der Mikrobereiche der Probe bis zu etwa 1 µm Durchmesser mit Hilfe eines fokussierten Laserstrahls (meist Festkörperlaser) verdampft, durch Querfunken zusätzlich angeregt und dann im Spektralapparat analysiert werden (z.B. LMA 1 und LMA 10 des VEB Carl Zeiss JENA). Im biomedizinischen Bereich interessiert hauptsächlich der Nachweis von wichtigen Kationen wie Na^+, K^+, Mg^{++}, Ca^{++} und von Spurenelementen bei Untersuchungen zur zellulären und subzellulären Transportkinetik und zum Stoffwechsel des tierischen und menschlichen Körpers. Man erreichte mit der LMA-Analyse Empfindlichkeiten von 10^{-13} ... 10^{-15} g und räumliche Auflösungen von einigen Mikrometern [3.62].
- *Anregung bzw. Stimulierung der Fluoreszenzstrahlung* des Sexuallockstoffes der Schmetterlingsweibchen von Trichoplusia ni durch IR-Laser. Diese Untersuchungen dienen der Aufklärung des »Geruchs«-Mechanismus, mit dem die Männchen dieser Art von den Weibchen über beachtliche Entfernungen angelockt werden. Die Resultate führten zu einer Hypothese über den Vorgang der Wahrnehmung, die eine Erklärung für die hohe Empfindlichkeit geben kann [3.60].

Diese Auswahl zeigt die Mannigfaltigkeit des Gebietes und der durchgeführten Experimente. Neben den herkömmlichen werden auch die modernen Verfahren der

Laserspektroskopie (s. Abschn. 3.3.) in Biologie und Medizin angewendet. Bei vielen Problemen werden abstimmbare Laser, besonders Farbstofflaser, mit Vorteil eingesetzt [3.61].

3.5.2.2. Spektraluntersuchungen in der klinischen Biochemie

In der klinischen Biochemie sind meist kleine Konzentrationen von chemischen Elementen, chemischen Verbindungen, Viren oder Bakterien nachzuweisen, die letzteren oft auf Grund ihrer Stoffwechselprodukte. Als Untersuchungsmaterialien stehen Harn, Stuhl, Sputum, Speichel, Blut, Liquor, Exsudate, Transsudate, Plasma, Serum, Magensaft, Duodenalsaft, Atemluft, Gewebeteile und Zellteile zur Verfügung, oft in sehr geringen Mengen, wie bei der Biopsie. Für die *quantitative Analyse* werden nach den verschiedenen Trennverfahren (Fällungsreaktionen, Abfiltrieren, Abzentrifugieren, Elektrophorese, Chromatografie, Extraktion u. a.) die klassischen spektroskopischen Nachweismethoden angewendet: Extinktions-Absorptionsfotometrie, Fluoreszenzfotometrie, Streulichtmessungen (Trübungsmessungen), Flammenfotometrie und Mikro-Emissionsspektralanalyse sowie Atomabsorptionsspektrometrie. Praktisch alle diese Verfahren lassen sich mit Hilfe des Lasers verbessern [3.25].

Beispiel: Die *Laserfluoreszenzanalyse* von Chromatogrammen gestattet den Nachweis von Sub-Nanogramm-Mengen von Aflatoxinen, die als karzinogene Metaboliten in Futter und Lebensmitteln auftreten. Bisher wurden Mengen von 0,1 ... 0,2 ng nachgewiesen, während mit Hilfe der Laseranregung die Empfindlichkeit um etwa eine Größenordnung verbessert werden kann (0,2 ... 0,02 ng). Die größere Empfindlichkeit ist eine Folge der Kohärenz des Laserlichtes, die kleineren Fokus und damit eine höhere Leistungsdichte ergibt [3.63].

Überwiegend in das Gebiet der *Forschung* gehören folgende Untersuchungen:

- *Extinktions-* und *Fluoreszenzmessungen* nach elektrophoretischer Trennung der Komponenten zum quantitativen Nachweis von Sub-Mikrogramm-Mengen von Proteinen
- Untersuchung von metabolischen Zusammenhängen in lokalisierten Compartments der lebenden Zelle durch schnelle *Mikrospektrofluorometrie* [3.64]
- Resonanz-RAMAN-Streuung an Hämoglobin
- Resonanz-RAMAN-Spektroskopie von Bakteriorhodopsin mit abstimmbarem Laser
- Kinetik des H–D-Austausches in Adenosin-5′-Ⓟ, Adenosin-3′,5′-Ⓟ und Polyriboadenylsäure, bestimmt durch Laser-RAMAN-Spektroskopie [3.65]
- Cytofluorometrie mit gepulsten abstimmbaren Lasern [3.66]
- zeitaufgelöste Spektroskopie von Hämoglobin und seinen Komplexen mit optischen Sub-ps-Impulsen [3.67]
- Untersuchung schneller struktureller Änderungen in menschlichem Hämoglobin mit Laserfotolyse [3.68]
- chemische Kinetik und Fluoreszenz-Korrelationsspektroskopie [3.14], [3.49]

3.5.2.3. Spezielle Methoden der Diagnostik mit Lasern

Die hier zusammengefaßten Methoden eignen sich zur relativ schnellen Einführung in die Praxis:

- *Sofortdiagnose für metabolische Prozesse in lebendem Gewebe* mit Lasern:
  Hierfür wurde ein Verfahren entwickelt, das entsprechend der in der Remissionsspektrosko-

pie bekannten Anordnung der Messung des inneren Remissionsspektrums im Grenzwinkel der Totalreflexion arbeitet (Bild 3.29). Ein Laserstrahl (meist CO_2-Laser) fällt in das ATR-Meßprisma so ein, daß er im Grenzwinkel der Totalreflexion an den parallelen Seiten des Prismas reflektiert wird. Das Meßobjekt wird an eine der parallelen Seiten herangepreßt und absorbiert je nach seinen Absorptionseigenschaften einen Teil der in das optisch dünnere Medium bei Totalreflexion eindringenden Lichtwelle. Nachweisbar sind Metabolite, Alkohol, Cholesterin, Glucose, Harnstoff u.a., was zur Sofortdiagnose von Herzinfarktgefährdung, Diabetes mellitus, Gicht u.a. führen kann. Das ATR-Prisma besteht aus Germanium, Irtran 2, Irtran 6 oder KRS 5, wenn es sich bei den Meßobjekten um biologische Proben oder wässerige Lösungen handelt. Die wesentlichen Vorteile des ATR-Spektrometers sind [3.69]: sehr hohe Empfindlichkeit (Faktor 100 gegenüber konventioneller Technik), hohes Auflösungsvermögen, Schichtdickenunabhängigkeit, geringe Wärmebelastung des Meßobjekts.
Dieses Verfahren läßt sich vorteilhaft bei biologischen Geweben in vivo anwenden.

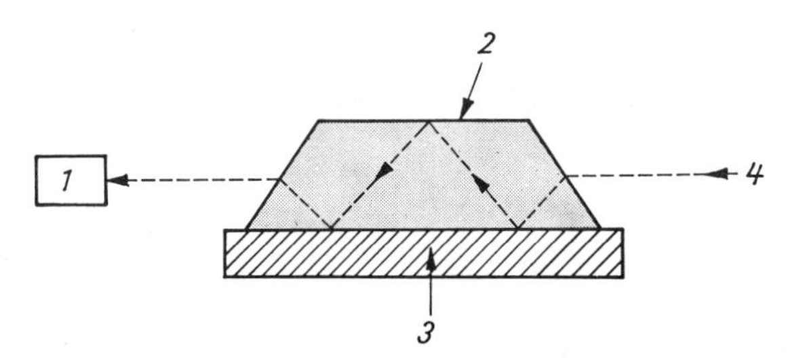

Bild 3.29. Prinzip eines ATR- (attenuated total reflection) Laserspektrometers (nach [3.69]).
1 Detektor, *2* ATR-Prisma, *3* Meßobjekt, *4* Laserstrahl

- *Verwendung der Laser-Speckle-Muster* zur Messung der sphärischen und zylindrischen Korrekturen: Die Laser-Speckle-Muster ermöglichen die Testung der Optik des Auges. Geringe Abweichungen von der richtigen Fokalebene (Retina) werden in große Positionsänderungen übersetzt, und es ergibt sich eine präzise und schnelle Methode zur Anpassung von Linsen. Dabei wurden Genauigkeiten von $\frac{1}{8}$ dpt gegenüber den bisherigen Abstufungen von Brillengläsern von $\frac{1}{4}$ dpt erzielt [3.70].
- *Testung der Retina*, die von einem Katarakt (grauer Star) blockiert ist: Kohärentes Licht erzeugt Interferenzmuster auf der Retina. Sieht der Patient das Muster, dann ist die Retina in Ordnung, eine Operation zur Verbesserung der Sehkraft lohnt sich [3.70].
- *Holografie in der Ophthalmologie* liefert Bilder verschiedener Strukturen des inneren Auges. Die Abstände markanter Punkte und Schwellungen können bestimmt werden [3.70].
- *Routinemessung der Blutströmung im Auge* mit DOPPLER-Verfahren: Die bisherigen Methoden zur Untersuchung der Zirkulation im Augenfundus erfordern großen Aufwand – Fluorescein-Färbung und Hochgeschwindigkeitskinematografie. Mit dem Laser läßt sich ein einfacheres Verfahren durchführen, die Laser-DOPPLER-Geschwindigkeitsmessung (s. Abschnitt 4.2.). Die Blutgefäße werden mit Laserlicht bestrahlt. Das von den roten Blutzellen des fließenden Blutes gestreute Licht wird registriert. Als Laser werden Gaslaser verwendet; der geringe Strahlendurchmesser auf der Probe ermöglicht eine hohe räumliche Auflösung [3.71, 3.72].
- *Reflexionsspektroskopie:* Bei der Aufnahme von Remissionsspektren von gesundem und pathologischem Gewebe können durch Verwendung schmalbandiger abstimmbarer Laser das Auflösungsvermögen (räumlich und spektral) und die Empfindlichkeit verbessert wer-

den. Diese Methode könnte vor allem auf Gewebe im Körperinneren angewendet werden (Augenhintergrund und Magen).

- *Kompensation der Phasenaberration von grauem Star* mit Hilfe der Holografie: Es ist möglich, durch das statistisch streuende Medium der getrübten Linse scharf zu sehen, indem man ein Hologramm des streuenden Mediums als Filter verwendet. Dadurch gelang es, das Auflösungsvermögen des Auges von 20/200 auf 20/15 zu verbessern [3.73].
- *Krebsfrüherkennung mit Lasern:* Mit Hilfe der Kombination von Bronchoskop + Glasfaserkabel + Kryptonlaser ist das zeitige Aufspüren von Krebswucherungen im Lungengewebe möglich, wenn die krankhafte Zellmasse eine Größe von etwa 80 μm hat, was einer Menge von etwa 250 μg entspricht. Bei solch kleinen Herden sind noch keine Metastasen vorhanden. Sie sind erst auf Röntgenbildern nachweisbar, wenn der Durchmesser bei 1 cm liegt. Nach Verabreichung von Hämatoporphyrinderivat (HPD), das sich sofort an die Krebszellen anlagert, wird dieses mit Hilfe einer starken UV-Strahlenquelle geortet. Das HPD fluoresziert im roten Bereich. Mit dieser Methode wird der Krebsherd erkannt, wenn er erst einen Komplex von etwa zehn Zellen umfaßt [3.74].

3.5.3. Lasereinsatz in der medizinischen Therapie

3.5.3.1. Einführung

Die bei der Wechselwirkung von Laserlicht mit biologischem Material induzierten biochemischen Gewebsreaktionen können für medizinisch-therapeutische Ziele ausgenutzt werden.

- Bei niedrigen Strahlungsflußdichten wird ein stimulierender Einfluß auf den Heilprozeß therapieresistenter Wunden beobachtet [3.69]. Dieser Effekt ist teilweise noch umstritten und hinsichtlich seines Wirkungsmechanismus noch weitgehend ungeklärt.
- Bei ausreichend hohen Strahlungsflußdichten überwiegen jedoch die destruktiven Prozesse. Die mit der Strahlungsabsorption verbundene Gewebsaufheizung führt zur Denaturierung der Proteine und zum Verdampfen von Material. Diese Effekte werden in der operativen Medizin zum *Koagulieren*, *Schneiden* und *Verdampfen* eingesetzt. Hier liegt das Haupteinsatzgebiet der Lasertechnik in der medizinischen Therapie, so daß sich die folgenden Ausführungen hierauf beschränken.

3.5.3.2. Physikalische Grundlagen des Wechselwirkungsmechanismus zwischen Laserstrahlung und biologischem Gewebe

Für einen effektiven Einsatz der zur Verfügung stehenden Laserlichtquellen ist eine möglichst genaue Kenntnis dieses Wechselwirkungsmechanismus erforderlich. Die Einzelheiten des Prozesses und seiner Folgeerscheinungen sind noch wenig erforscht. Bisher hat sich jedoch ein einfaches Modell auf der Grundlage von Absorption, Streuung und Wärmeleitung sowie rein thermisch induzierter biochemischer Gewebsreaktionen bewährt [3.75], [3.76]. Dringt ein Laserstrahl mit Gaussscher Intensitätsverteilung (Bild 3.30 und Abschn. 1.2.5.)

$$I(r) = I(0) \exp\left(-\frac{2r^2}{w_0^2}\right) \tag{3.67}$$

w_0 Strahlradius

in biologisches Gewebe ein, so wird infolge von Strahlungsabsorption seine Intensität mit der Entfernung z von der Oberfläche abnehmen:

$$I(r, z) = I(r) \exp(-\alpha z) \tag{3.68}$$

Der *Absorptionskoeffizient* α (bzw. die Eindringtiefe $z_E = 1/\alpha$) ist von der Laserwellenlänge abhängig und kann sich während des Bearbeitungsprozesses selbst ändern. Der *Einfluß der elastischen Streuprozesse* auf die Intensitätsverteilung im Gewebe ist bei starker Absorption vernachlässigbar, bei großen Eindringtiefen

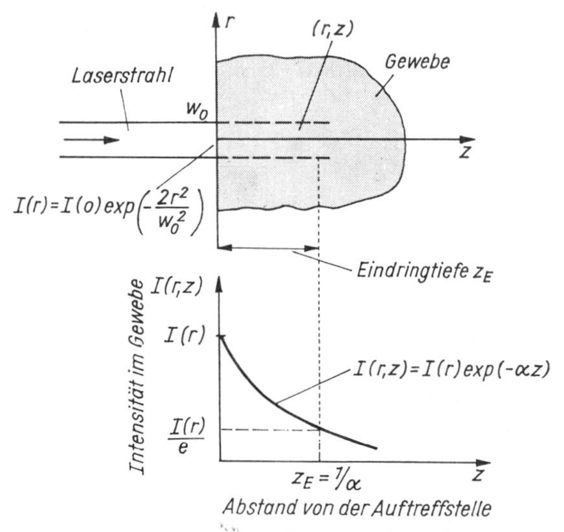

Bild 3.30. Schematische Darstellung des Absorptionsprozesses im Gewebe

wird er jedoch wesentlich und muß berücksichtigt werden [3.76]. Die im Wechselwirkungsvolumen absorbierte Strahlungsenergie wird letztlich als Wärmeenergie frei. Die dabei in jedem Raumpunkt (r, z) – Zylindersymmetrie vorausgesetzt – je Volumen- und Zeiteinheit freigesetzte Wärmemenge kann durch eine *Wärmequellenverteilung* $q(r, z)$ beschrieben werden. Diese ist der durch Absorption und Streuung beeinflußten Strahlungsintensität am Ort (r, z) proportional:

$$q(r, z) = \alpha I(r, z)$$

Durch Lösen der *Wärmeleitungsgleichung* läßt sich bei bekannten Materialparametern (Wärmeleitfähigkeit λ, spezifische Wärmekapazität c und Dichte ϱ – typische Werte für *Schleimhäute*: $\varrho c = 4{,}19\ \mathrm{J/(K \cdot cm^3)}$, $\lambda/\varrho c = 1{,}3 \cdot 10^{-3}\ \mathrm{cm^2/s}$ [3.75]) die Gewebstemperatur T in Abhängigkeit vom Ort und der Zeit t berechnen. Die Gewebsreaktion am Ort (r, z) ist eine Funktion des Temperatur–Zeit-Verlaufes in diesem Punkt. Nacheinander können folgende Effekte auftreten:

- *Beschleunigung* physiologischer Prozesse
- *Dehydrierung* mit normalerweise reversibler Gewebsschrumpfung

- irreversible *Eiweißdenaturierung* (Koagulation)
- explosionsartige *Verdampfung* von Gewebswasser, wobei die Gewebsstruktur zerstört wird
- *Thermolyse* (Verkohlung)
- *Verdampfen* von Gewebsmaterial

Die thermisch induzierte Eiweißdenaturierung wird zur *Koagulation* von Blutungen und zum Veröden *(Nekrotisieren)* pathologischen Gewebes eingesetzt. Die letzten drei Gewebsreaktionen werden zum Schneiden und Verdampfen biologischen Materials verwendet.
Für die Effektivität der Laserbehandlungen ist die Größe der irreversibel geschädigten Gewebsareale ganz entscheidend. Beim Laserschneiden sollte die Nekrosezone der Schnittränder nur so breit sein, daß ein blutloser Schnitt gewährleistet ist, aber die *postoperative Wundheilung* nicht wesentlich verzögert wird. Zum effektiven Koagulieren und Veröden ist andererseits eine besonders tiefreichende Gewebsnekrose erwünscht.

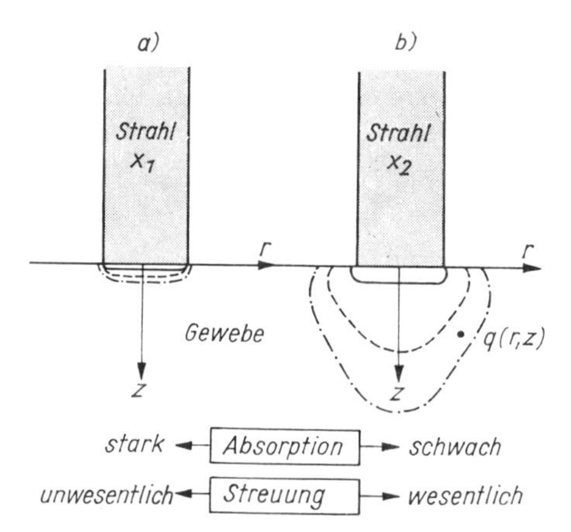

Bild 3.31. Wärmequellenverteilung $q(r, z)$ im Gewebe bei großem (a) und bei kleinem (b) Absorptionskoeffizienten

Der günstigste Einsatzbereich eines Lasers (Schneiden oder Koagulieren) läßt sich anhand der stark absorptionsabhängigen Wärmequellenverteilung im Gewebe abschätzen. In Bild 3.31 sind für zwei Grenzfälle derartige Verteilungen schematisch dargestellt:

- Im Falle *hoher Gewebsabsorption* (Bild 3.31a) wirkt der Laserstrahl wie eine ebene Wärmequelle (bzw. Punktquelle bei fokussiertem Strahl), die nur die oberflächennahen Bereiche erfaßt und deren seitliche Ausdehnung mit dem Strahlendurchmesser weitgehend übereinstimmt. Da die Laserenergie nur in einer extrem dünnen Oberflächenschicht (z_E) umgesetzt wird, ist schon bei relativ niedrigen Laserleistungen der gewebsabtragende Effekt (Verdampfen, Sublimieren), d.h. die Schneidwirkung, gut ausgeprägt. Eine thermische Schädigung der Umgebung erfolgt nur durch die in biologischen Substanzen i.allg. schlechte Wärmeleitung. Daher wird nur eine dünne Randzone außerhalb des Schnittgrabens nekrotisiert. Mit dem defokussierten Strahl lassen sich zwar größere Oberflächenbereiche koagulieren, eine ausreichende Tiefenwirkung kann jedoch nur bei starker thermischer Belastung (Thermolyse) der oberflächennahen Bereiche erzielt werden.
- Bei *kleinem Absorptionskoeffizienten* ist dagegen die Wirkung der Laserbestrahlung der einer Volumenwärmequelle adäquat (Bild 3.31b). Bemerkenswert ist, daß infolge der Rückstreuung auch oberflächennahe Bereiche thermisch beeinflußt werden, die außerhalb der Auftrefffläche des Laserstrahls liegen. Da die Strahlungsenergie über ein großes Wechselwirkungs-

volumen verteilt wird, kommt es zur Ausbildung einer weitreichenden Gewebsnekrose. Der gewebsabtragende Effekt ist dagegen selbst bei relativ hohen Laserleistungen gering.

Zusammenfassend läßt sich feststellen:

Zum *Schneiden* und *Verdampfen* sollte ein Laser verwendet werden, dessen Strahlung vom zum bearbeitenden Gewebe stark absorbiert wird.
Für die *Koagulation* und zur tiefreichenden *Nekrotisierung* ist Laserstrahlung mit geringer Gewebsabsorption vorzuziehen.

Weitere Kriterien für die *Auswahl eines geeigneten Lasers* sind:

- die maximale verfügbare Leistung bzw. Energie (Schnittgeschwindigkeit)
- die Möglichkeit einer verlustarmen flexiblen Strahlübertragung
- ökonomische Faktoren (z. B. Betriebs- und Investitionskosten)

3.5.3.3. Verwendete Laserlichtquellen

In der Anfangsphase der Laseranwendungen in der Medizin haben die Impulslaser (z. B. Rubinlaser) eine große Rolle gespielt. Sie werden heute praktisch nicht mehr eingesetzt, wenn man von speziellen Indikationen, z. B. in der Dermatologie (Behandlung von Hauttumoren), absieht [3.78]. Gegenwärtig werden vorzugsweise *leistungsstarke Dauerstrichlaser* eingesetzt, deren Wirkung sich räumlich und zeitlich besser dosieren läßt. In der Reihenfolge ihrer Bedeutung sind dies (Tabelle 3.23):

- CO_2-Gaslaser
- Nd-YAG-Laser
- Argonlaser

Der große Wellenlängenunterschied der drei Laser äußert sich in einer stark unterschiedlichen *Gewebsabsorption*, die die günstigsten Einsatzgebiete festlegt:

- Die sehr hohe Absorption für CO_2-Laserstrahlung beruht auf dem großen Absorptionskoeffizienten des Gewebswassers bei $\lambda = 10{,}6\ \mu m$ (weiches Gewebe besteht zu 75 ... 90% aus Wasser).
- Die Bedeutung des *Argonlasers* beruht auf dem starken Absorptionsvermögen des Hämoglobins im blau-grünen Spektralbereich.
- Im Bereich um 1 µm ist die Eindringtiefe in das Gewebe besonders groß.

Der Wellenlängenunterschied hat weiterhin gerätetechnische Konsequenzen:

- Für ein leistungsfähiges medizinisches Lasergerät ist ein *Transmissionssystem* erforderlich, durch das die Strahlung vom Laser zum zu behandelnden Objekt sicher und verlustarm geführt werden kann. Für den Argonlaser und den Nd-YAG-Laser stehen *hochflexible Lichtleitfasern* zur Verfügung, die extrem verlustarm hohe Lichtleistungen übertragen können und damit den Lasereinsatz auch an sonst schwer zugänglichen Stellen (z. B. in Körperhöhlen) ermöglichen [3.69], [3.79].
- Der *CO_2-Laserstrahl* kann dagegen z. Z. nur über relativ aufwendige Gelenkspiegelsysteme (Manipulatoren) geführt werden. Das ist ein empfindlicher Nachteil des CO_2-Lasers, der u. a. seinen praktischen Einsatz für endoskopisch-chirurgische Zwecke stark einengt.

Tabelle 3.23. Wichtigste Eigenschaften in der Medizin verwendeter Laser (*) Extinktionskoeffizient; der wahre α-Wert ist nach Abzug des Streuanteils noch geringer; Absorptionskoeffizienten nach [3.69], [3.76], [3.79]*)*

Größe (Einheit)	CO_2-Laser	Nd-YAG-Laser	Argonlaser
Wellenlänge (μm)	10,6	1,06	0,5
Typ. Ausgangsleistung (W)	100	60 ... 100	3 ... 10
Wirkungsgrad (%)	10	1	0,1
Absorptionskoeffizient (cm^{-1})			
$\alpha_{Leber,Niere}$	200	12 ... 15 *)	50 ... 60
α_{Magen}		9 *)	28
α_{Wasser}	950	0,29	$2{,}3 \cdot 10^{-4}$
Flexible Strahlführung	nur Gelenklichtleiter	Monofaser (Quarz)	Monofaser (Quarz, Plast)

3.5.3.4. Einsatzgebiete der verschiedenen Lasertypen

CO_2-Laser

Dieser Laser wird nahezu ausschließlich als »*optisches Skalpell*« zum Schneiden und Verdampfen in allen chirurgischen Teilbereichen eingesetzt. Die Schneidwirkung des fokussierten CO_2-Laserstrahls beruht auf der explosionsartigen Verdampfung des intra- und extrazellulären Wassers im Fokusbereich, wodurch die Materialstruktur zerstört wird. Die Gewebszerreißung führt zu dem charakteristischen Klaffen der Wundränder. Im eng begrenzten Wechselwirkungsbereich wird eine Temperatur von 100°C erst dann überschritten, wenn Wasserfreiheit erreicht ist *(Siedekühlung)* [3.69], [3.76]. Der weitere Temperaturanstieg führt zum Materialabtrag durch Verkohlen bzw. Verdampfen von Gewebe. In den unmittelbaren Randzonen bildet sich wegen des i.allg. schlechten Wärmeleitungsvermögens ein 30 ... 40 μm dünner Nekrosewall aus. Im Abstand von 300 ... 600 μm ist bereits keine Gewebsschädigung mehr nachweisbar (Bild 3.32). In der Koagulationszone werden Blutgefäße bis zu einem Durchmesser von 0,5 ... 1 mm spontan verschlossen. Eine entsprechende Versiegelung der Lymphwege ist z.Z. noch umstritten [3.76], [3.77].

Das Laserskalpell hat folgende *Vorteile* gegenüber konventionellen Schneidverfahren (Skalpell, HF-Messer):

- absolut berührungsfreier Bearbeitungsprozeß
- spontane Koagulation der durchtrennten Blutgefäße (∅ ≦1 mm) und (eventuell) Lymphbahnen im Schnittrand
- Laserstrahl hinsichtlich Ort und Zeit präzise applizierbar bei minimaler Schädigung der Umgebung

Das hat folgende *Konsequenzen*:

- keine instrumentelle Keimverschleppung

- keine Störung der Reizbildung und Reizleitung bei Eingriffen an Herz und Gehirn
- Schneiden sehr weicher Gewebsteile ohne deren Fixierung möglich
- erhebliche Reduzierung des Blutverlustes (70 ... 90% gegenüber Skalpell)
- Verminderung der Gefahr einer Tumorzell- oder Keimverschleppung über die durchtrennten Blut- und (evtl.) Lymphbahnen
- hervorragendes Bearbeitungsinstrument für die Mikrochirurgie
- geringerer postoperativer Schmerz

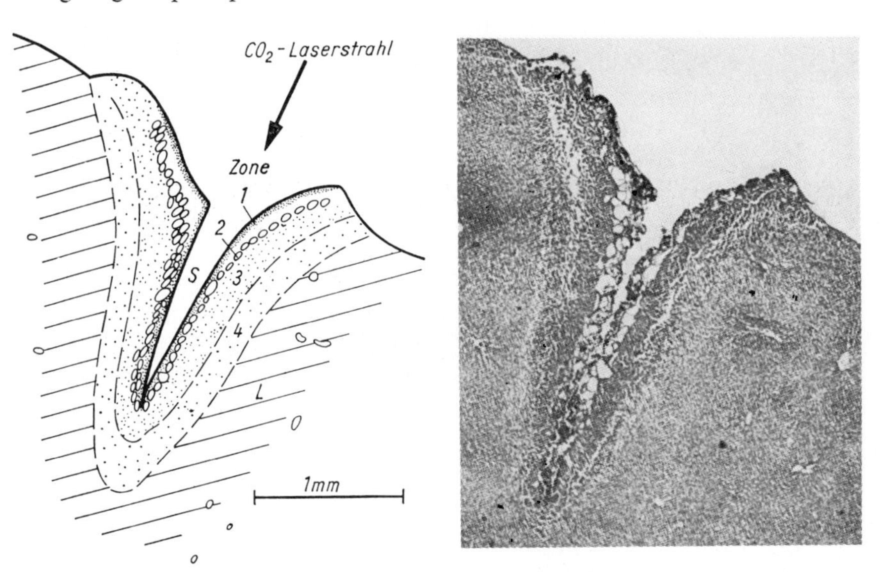

Bild 3.32. CO_2-Laserschnitt an der Leber (E. Knoth: Zentralklinik für Cardiochirurgie Bad Berka/DDR).
a) schematische Darstellung, b) histologische Aufnahme eines Hämatoxylin-Eosin-Schnittes.
S typische Zonisierung mit Schnittfugenbildung. *1* Zone der Karbonisierung, *2* Blasenbildungszone, *3* und *4* Zonen zellulärer Kolliguation, L scharfer Übergang gegenüber dem thermisch nicht geschädigten Lebergewebe

Der CO_2-Laser wird daher bevorzugt eingesetzt bei [3.76], [3.77], [3.80], [3.81]:

- chirurgischen Eingriffen in sehr gefäßreiche und stark durchblutete Bereiche, wie Niere, Leber, Zunge, Kopfhaut u.a.,
- Tumorchirurgie, insbesondere Entfernen sehr gefäßreicher Tumoren
- plastischer und wiederherstellender Chirurgie, speziell bei Brustdrüsenerkrankungen (z.B. Mammaplastik, Mastoidektomie, aber auch Lipektomie)
- Operationen in infizierten Gebieten (z.B. Behandlung großflächiger Verbrennungen oder von Dekubitusgeschwüren)
- operativen Eingriffen bei Patienten mit Blutungs- und Gerinnungsstörungen
- Chirurgie und Mikrochirurgie in Körperhöhlen, z.B. Gynäkologie (Erkrankungen der Cervix, Portio, Vagina und Vulva, insbesondere bei präkarzinomatösen Befunden) und HNO-Bereich (u.a. Entfernen von Tumoren auf Stimmbändern)

- ausgewählten Gebieten der Herzchirurgie (z.B. Herzwandresektion bei akutem Infarkt, Behandlung von Patienten mit Herzschrittmacher)
- Neurochirurgie (z.B. Entfernen harter Tumore in empfindlichen Regionen, wie im Hirnstamm, Mittelhirn, Rückenmark)

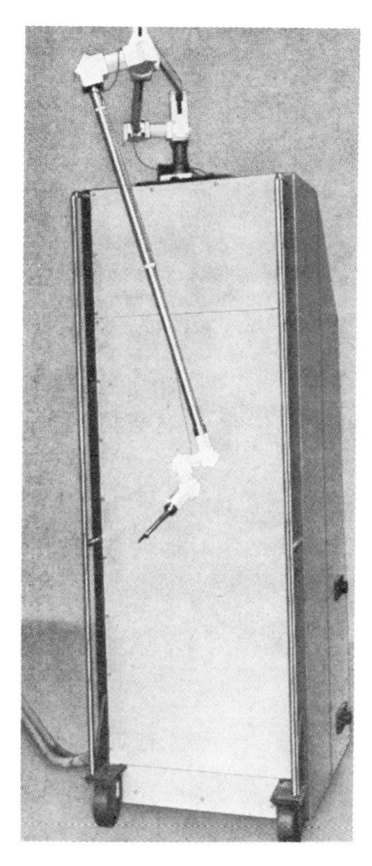

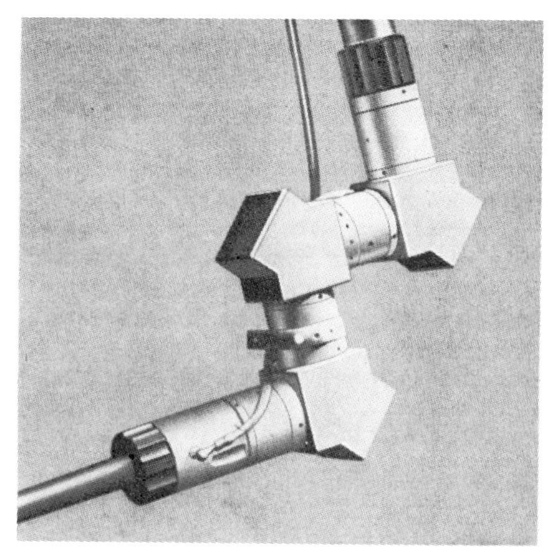

◀ a ▲ b

Bild 3.33. Ansicht eines chirurgischen CO_2-Lasergerätes (a) und des Manipulatorhandstückes (b). (Charité, HUMBOLDT-Universität Berlin/DDR)

Als *Nachteile* des Laserschnitts sind zu nennen:

- hoher apparativer Aufwand
- eine im Vergleich zum Skalpell wesentlich geringere Schnittgeschwindigkeit, die nur teilweise durch die einfachere und weniger zeitaufwendige Wundversorgung (Hämostase) wettgemacht wird (relativ zum HF-Messer jedoch gleicher Zeitbedarf bei reduziertem Blutverlust) [3.76]
- verzögerte Wundheilung gegenüber Skalpellschnitt als Folge der Thermonekrose der auseinanderklaffenden Schnittränder [3.69] (relativ zum HF-Messer jedoch deutlich schnellere Heilung)

Chirurgische CO_2*-Lasergeräte* werden gegenwärtig von mehreren Firmen kommerziell gefertigt. In Bild 3.33a ist ein chirurgischer CO_2-Laser mit Strahlmanipulator zu sehen sowie in Bild 3.33b das Manipulatorhandstück mit Fokussieroptik. Beim Einsatz in der Mikrochirurgie wird der fokussierte Laserstrahl in das Gesichtsfeld eines Operationsmikroskops eingespiegelt. Zur Positionierung des Auftreffpunktes des unsichtbaren CO_2-Laserstrahls wird meist ein kollinearer He-Ne-Pilotlaserstrahl verwendet. Für allgemeinchirurgische Zwecke ist eine Laserleistung von 50 bis 100 W erforderlich, für mikrochirurgische Arbeiten etwa 10 ... 20 W.

Nd-YAG-Laser

Bei der Wechselwirkung intensiver Nd-YAG-Laserstrahlung mit biologischem Gewebe kommt es zur Ausbildung tiefreichender (3 ... 5 mm) Nekrosen (Koagulationsherde). Der gewebsabtragende Effekt und damit die Schneidwirkung sind dagegen im Vergleich zum CO_2-Laser gering (s. Abschn. 3.5.3.2.). Der Nd-YAG-Laser wird daher vorzugsweise zur *Koagulation* von Blutungen und Veröden *(Nekrotisieren)* krankhaft veränderter Gewebsareale in nahezu allen Teilbereichen der Chirurgie eingesetzt [3.75]. Da zudem eine Strahlführung über flexible Lichtleitkabel möglich ist, ergeben sich zusätzlich interessante Anwendungen beim Einsatz in Körperhöhlen.
Die z.Z. wichtigsten therapeutischen Verfahren sind:

- *transurethrale Zerstörung von Blasentumoren* [3.82]
  In Bild 3.34 ist die experimentelle Anordnung schematisch dargestellt. Zur Strahlübertragung dient ein bikonischer Quarzlichtleiter. Bei lufterfüllter Blase können durch raster-

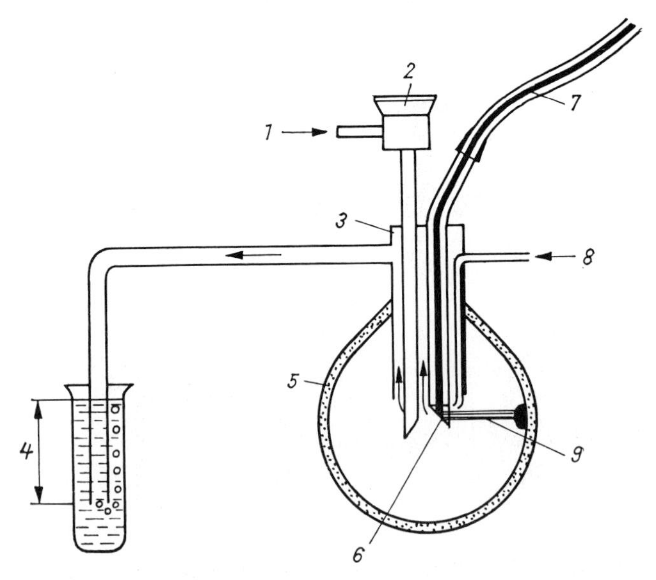

Bild 3.34. Schematische Darstellung der endoskopischen Laserbestrahlung eines Harnblasentumors (nach [3.82]).
1 Kaltlicht, *2* Optik, *3* Zystoskop, *4* 2 ... 4 cm Wassersäule, *5* Blasenwand, *6* Prisma, *7* flexibler Laserlichtleiter, *8* Gaszufuhr über Antifog-Röhrchen, *9* Laserstrahl

artige Einzelapplikationen (Dosis 20 ... 40 W, Dauer 2 s, Durchmesser ≈3 mm) erbs- bis haselnußgroße Tumoren vollständig nekrotisiert werden, bzw. bei größeren Tumoren kann das nach konventioneller Resektion verbleibende Wundbett nachbestrahlt werden.
Als *Vorteile* gegenüber konventionellen Verfahren (Elektroschlinge) werden angegeben: Tumorzellvernichtung in der Tiefe (≈5 mm); verminderte Perforationsgefahr, da kein Materialabtrag; keine Blutungen.
Nachteile sind: hoher apparativer Aufwand, z.Z. noch große Störanfälligkeit des Transmissionssystems.

- *endoskopische Fotokoagulation gastrointestinaler Blutungen* [3.79], [3.84]
Zur Stillung akuter Blutungen im oberen Magen–Darm-Trakt wird neben dem YAG-Laser auch der Argonlaser erfolgreich eingesetzt. Wegen der im Vergleich zum Argonlaser 4- bis 5fach größeren Eindringtiefe (s. Tab. 3.23) lassen sich jedoch mit dem YAG-Laser besser großkalibrige Gefäße verschließen (∅ >1 mm) und damit auch sehr massive Blutungen (z.B. aus Ösophagusvarizen) zum Stillstand bringen. Eine typische experimentelle Anordnung ist in Bild 3.35 dargestellt. Die bikonische Quarzfaser wird in den Biopsiekanal handelsüblicher Endoskope eingeführt. Ein zur Faser koaxialer Gasstrom schützt das distale Faserende vor Verunreinigung und bläst zugleich die Blutungsquelle frei. Die für eine Koagulation günstigste Bestrahlungsdosis liegt zwischen 600 J/cm² und 2000 J/cm² (Bestrahlungsdauer 1 ... 2 s).
Vorzüge des Verfahrens: kein Gewebskontakt, kein Stromfluß durch das Gewebe, visuelle Kontrolle während der Bestrahlung, hohe Effizienz (≧94%). Dadurch stellt die endoskopische Fotokoagulation z.Z. das wichtigste medizinisch-therapeutische Anwendungsgebiet des Nd-YAG-Lasers dar. Nachteile wie oben.

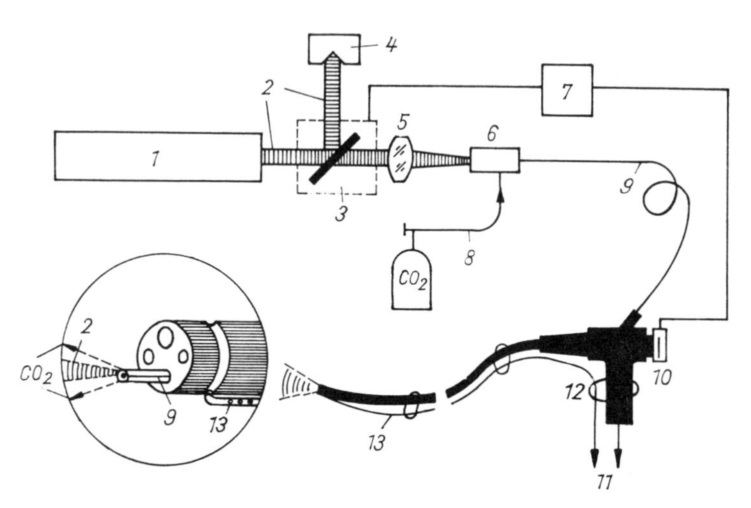

Bild 3.35. Schematische Darstellung einer Anordnung zur endoskopischen Fotokoagulation.
1 Laser (Argonlaser), *2* Laserstrahl, *3* Strahlteiler, *4* Laserleistungsmesser, *5* Fokussierlinse, *6* Faserhalter, *7* Zeitgeber, *8* CO_2-Spülgas, *9* Quarz-Lichtleitfaser im Polyethylen-Schutzschlauch, *10* Augenschutzfilter, *11* Saugpumpe, *12* Endoskop, *13* Absaugschlauch

Argonlaser

Das große Absorptionsvermögen von Hämoglobin im blau-grünen Emissionsbereich des Argonlasers ermöglicht eine lokale thermische Beeinflussung von Blutungen (Koagulation) oder stark durchblutetem Gewebe. Da die Argonlaserstrahlung von Wasser nur schwach absorbiert wird, können derartige Eingriffe auch hinter einer Wasserschicht (z. B. am Augenhintergrund) durchgeführt werden. Damit ergeben sich die folgenden *Haupteinsatzgebiete*:

- *Fotokoagulation in der Ophthalmologie*
  Diese Methode nimmt einen festen Platz in der Ophthalmologie ein. Nach Realisierung der ersten leistungsstarken Laser wurde die bis dahin dominierende Xenonlampe teilweise durch Laserlichtquellen ersetzt, zunächst durch den Rubinlaser und später durch den Argonlaser bzw. Kryptonlaser. Nach der derzeitigen Einschätzung reicht für den größten Teil des Indikationsspektrums der Xenonkoagulator aus. Der Laser ist die geeignetere Energiequelle bei allen Eingriffen, bei denen hochgradig lokalisierte Mikroeffekte erzeugt werden müssen. Falls die dioptrischen Medien klar sind und blutdurchströmte Gebilde behandelt werden sollen, wird der Argonlaser eingesetzt. Bei pathologischen Trübungen des dioptrischen Apparates ist der im roten Spektralbereich emittierende Kryptonlaser im Vorteil [3.83].

  Typische *Einsatzgebiete der Laserkoagulatoren* sind:

  Eingriffe am hinteren Augenpol [Die Überlegenheit der Laserkoagulatoren beruht hier auf der Möglichkeit, kleine Herde ($\approx 50\ \mu m$) in kurzen Zeiten (50 ... 100 ms) zu koagulieren],
  Koagulation praepapillarer und intravitrealer Gefäßproliferationen (neben der guten Fokussierbarkeit ist hier das hohe Absorptionsvermögen von Blut bei der Argonlaserwellenlänge von Vorteil)
- *endoskopische Fotokoagulation gastrointestinaler Blutungen* [3.69], [3.84]
  Im wesentlichen kann hier auf die entsprechende Darstellung beim Nd-YAG-Laser verwiesen werden. Unterschiede ergeben sich nur aufgrund der kleineren Eindringtiefe in Blut ($\approx 0{,}2$ mm):
  Die optimale *Koagulationsdosis* liegt zwischen 150 und 500 J/cm^2 (Bestrahlungszeit: einige Sekunden) [3.79].
  Das *Perforationsrisiko* ist wesentlich geringer als beim Nd-YAG-Laser.
  Die *Effektivität der Blutstillung* ist mit der des Nd-YAG-Lasers vergleichbar, wenn durch einen Inertgasstrahl die Blutungsquelle freigeblasen wird. Nur bei massiven Blutungen ist der Nd-YAG-Laser im Vorteil.
  Wegen der besseren Strahlqualität des Argonlasers können anstelle der bikonischen Lichtleitkabel hier wesentlich billigere *Quarzmonofasern* eingesetzt werden. In den inzwischen kommerziell angebotenen Laserkoagulatoren für endoskopische Zwecke werden daher sowohl Nd–YAG- als auch Argonlaser eingesetzt.
- *Laserchirurgischer Einsatz im HNO-Bereich* [3.85]
  Für diese Anwendung wird prinzipiell die gleiche experimentelle Anordnung verwendet wie bei der endoskopischen Koagulation. Die bisher größten Erfahrungen liegen bei der Behandlung krankhaft geschwollener Nasenmuscheln vor, bei der ein Teil der Nasenschleimhaut durch Bestrahlung verödet wird. *Vorteile* gegenüber Elektrokoagulation sind völlige Blutlosigkeit und relative Schmerzarmut.
- *Behandlung von Hautläsionen* [3.69], [3.76]
  Die Therapie erfolgt vorwiegend durch eine gezielte punktweise Verödung von Blutgefäßen. Zur besseren Handhabung wird der Laserstrahl durch ein Lichtleitkabel geführt. Die Auswahl der Bestrahlungsparameter ist vorwiegend von der jeweiligen Indikation abhängig (typische Dosis: 12 J/cm^2 bei $\tau = 0{,}5$ s und $d = 3$ mm).

3.5.3.5. Sicherheitstechnische Aspekte

Bei allen hier behandelten Laseranwendungen wird mit Bestrahlungsdosen gearbeitet, die naturgemäß weit über den gesetzlich zulässigen Maximalwerten liegen (s. Abschn. 5.). Besonders gefährlich ist, daß CO_2- und Nd-YAG-Laser *infrarote Strahlung* aussenden, die sich einer direkten visuellen Kontrolle entzieht. Aus diesem Grund ist bei der Planung und Durchführung von Laserbestrahlungen durch geeignete Maßnahmen zu sichern, daß Patient und medizinisches Personal nicht unbeabsichtigt gefährlichen Bestrahlungen ausgesetzt werden können. Da *Auge* und *Haut* die am stärksten gefährdeten Organe sind, werden sich die passiven Schutzmaßnahmen auf das Tragen geeigneter Kleidung und insbesondere spezieller *Schutzbrillen* konzentrieren. Dabei muß berücksichtigt werden, daß Schutzbrillen das Gesichtsfeld einengen und zu einer u. U. erheblichen Beeinträchtigung des Farbsehens führen können. Weiterhin sollten sich im Operationsfeld möglichst keine spiegelnden Gegenstände befinden. Die Umgebung der Eingriffstelle kann bei Behandlungen mit CO_2-Laser einfach und wirkungsvoll durch feuchte Tücher vor unbeabsichtigten Bestrahlungen geschützt werden.

3.5.3.6. Ausblick

Der Lasereinsatz in der Medizin steht noch am Anfang seiner Entwicklung. Alle genannten Resultate (evtl. mit Ausnahme der Anwendungen in der Ophthalmologie) wurden in Spezialkliniken erzielt. Bevor die Lasertechnik ihren Eingang in die klinische Routine findet, sind vor allem folgende Fragen zu klären:

- Ist das Verfahren wirksamer und schonender als bekannte?
- Welche Früh- oder Spätreaktionen treten auf?
- Steht der technisch-ökonomische Aufwand in einer vernünftigen Relation zum Behandlungserfolg?

Bisher sind diese Fragen nur bei den Laseranwendungen in der *Ophthalmologie* positiv beantwortet worden. In der allgemeinen Chirurgie liegen demgegenüber mehrere relativ billige und effektive Methoden zum Schneiden und Koagulieren vor (Skalpell, Diathermie, Kryotherapie), gegen die sich die noch sehr aufwendige und störanfällige Lasertechnik nur in speziellen Gebieten durchsetzen wird. Anzeichen für einen Durchbruch gibt es bei folgenden Indikationen:

- Eingriffe in Körperhöhlen
- Dekubitustherapie

Die schon seit Beginn der Laserentwicklung durchgeführten Untersuchungen zur Anwendung in Biologie und Medizin führten zu bemerkenswerten Erfolgen. Die mit dem Laser wesentlich erweiterten spektroskopischen Verfahren eröffnen neue Möglichkeiten in Forschung und Diagnostik. Aussichtsreiche Methoden der Therapie auf Grund der Verwendung des Lasers sind möglich geworden. Es ist aber noch viel Arbeit zu leisten, ehe diese Untersuchungs- und Heilmethoden allgemein in die Praxis überführt werden können.

3.6. Lasergesteuerte Kernfusion

3.6.1. Einführung

Das Problem der Nutzbarmachung der bei einer Verschmelzung *(Fusion)* leichter Atomkerne freiwerdenden Energie für friedliche Zwecke ist eines der aktuellsten, aber zugleich auch schwierigsten Probleme der modernen Physik, an dem seit etwa 30 Jahren international intensiv gearbeitet wird. In erster Linie handelt es sich um die Fusion der schweren Wasserstoffisotope Deuterium (D) und Tritium (T). Derartige Reaktionen sind möglich, wenn die kinetische Energie der Kerne so hoch ist, daß sie die elektrostatischen Abstoßungskräfte überwinden und sich bis auf etwa 10^{-13} cm annähern können.
Eine *Kernfusion* erfolgt bereits heute:

- unter außerirdischen Bedingungen im Innern vieler Sterne (z.B. der Sonne) und
- unter irdischen Bedingungen in Wasserstoffbomben

Die Hauptschwierigkeiten, die bei einem kontrollierbaren Verlauf des Prozesses und seiner Realisierung zu überwinden sind, werden an den extremen Bedingungen deutlich, unter denen die Fusion abläuft. Im Innern der Sonne z.B. betragen:

- die Temperatur etwa $14 \cdot 10^6$ K (entsprechend 10^3 eV)
- der Druck etwa $2 \cdot 10^{15}$ Pa und
- die Dichte etwa 10^2 g/cm^3

Der Bedeutung des Problems entsprechend, wird versucht, die *gesteuerte Kernfusion* auf unterschiedlichen Wegen zu realisieren, wobei man im wesentlichen zwei Varianten unterscheiden kann:

- die Erzeugung *langlebiger Plasmen* ($t \approx 1$ s) relativ geringer Dichte (Konzentration $\approx 10^{14}$ cm^{-3}) in großen Volumina ($\approx 10^2$ m^3), die durch starke Magnetfelder (≈ 10 T) zusammengehalten werden (sog. TOKAMAK-Systeme) und
- die Erzeugung *kurzlebiger, extrem dichter Plasmen* in kleinen Volumina, die durch Trägheit zusammengehalten werden und deren Aufheizung durch Impulse von Lasern, schnellen Elektronen oder schweren Ionen erfolgt

Es ist zum gegenwärtigen Zeitpunkt noch nicht abzusehen, welcher dieser Wege zum Ziele führt. Nachfolgend wird ausschließlich die *lasergesteuerte Kernfusion* (s. z.B. [3.86] bis [3.91]) betrachtet.

3.6.2. Prinzip der lasergesteuerten Kernfusion und Anforderungen an das Lasersystem

Bei der lasergesteuerten Kernfusion wird ein sphärisches Target (Durchmesser ≈ 100 µm), das im Innern ein D–T-Gemisch enthält, symmetrisch aus verschiedenen Richtungen mit dem Laserlicht bestrahlt (Bild 3.36). Die Laserstrahlung wird absorbiert, und das D–T-Gemisch muß dabei bis auf solche Temperaturen aufgeheizt und bis zu einer derartigen Dichte komprimiert werden, daß in einer Mikroexplosion die gewünschte thermonukleare Reaktion ausgelöst wird. Die ablaufende Fusionsreaktion ist:

$$D + T \rightarrow {}^4He\,(3{,}5\ MeV) + n\,(14{,}1\ MeV) \tag{3.69}$$

wobei in den Klammern die Energien der bei der Verschmelzung entstehenden α-Teilchen (^4He) und Neutronen (n) angegeben sind. Diese Energien müssen anschließend technisch nutzbar gemacht werden. Die α-Teilchen können darüber hinaus zur Aufrechterhaltung der Kettenreaktion genutzt werden, während die Neutronen in *Hybridreaktoren* (einer Kombination von Kernspaltungs- und Kernfusionsreaktor), deren Realisierung z. Z. am optimistischsten eingeschätzt wird, zur Uranspaltung führen.

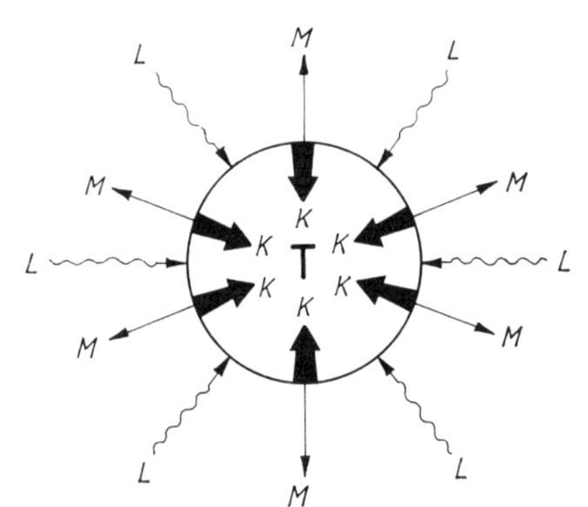

Bild 3.36. Prozesse bei der symmetrischen Bestrahlung eines sphärischen Targets T mit Laserstrahlung L. Die Laserstrahlung wird absorbiert, und der äußere Teil des Targets verdampft (M), was zur Kompression (K) des Targetkernes führt.

Die für den Ablauf der Reaktion Gl. (3.69) erforderlichen Plasmaparameter sind als LAWSON-Kriterium bekannt:

- Das Produkt aus Plasmakonzentration N und der Zeit τ (charakteristische Zeit für die Halterung oder Existenz des Plasmas) muß $N\tau \geqq 10^{14}\ s/cm^3$ betragen.
- Die Temperatur T des Plasmas muß $T \geqq 10^8$ K betragen.

Die bisher experimentell erreichten Werte liegen noch beträchtlich unter diesen Bedingungen.
Die *Gewinnung von Energie* aus der thermonuklearen Reaktion, d. h. eine positive Energiebilanz für den Gesamtprozeß, wird im wesentlichen durch die folgenden Faktoren bestimmt:

- den Wirkungsgrad η_L des Lasers
- den Energieverstärkungskoeffizienten K, d. h. den Faktor, um den die bei der thermonuklearen Reaktion erzeugte Energie größer sein muß als die Energie E des Laserimpulses (K hängt wesentlich von η ab, Bild 3.37)
- den Wirkungsgrad η_{el} für die Umwandlung in elektrische Energie

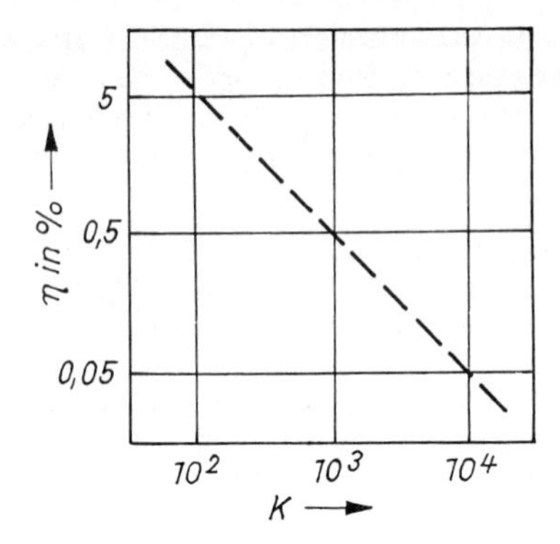

Bild 3.37. Zusammenhang zwischen Wirkungsgrad η_L des Lasers und dem Energieverstärkungskoeffizient K (nach [3.90])

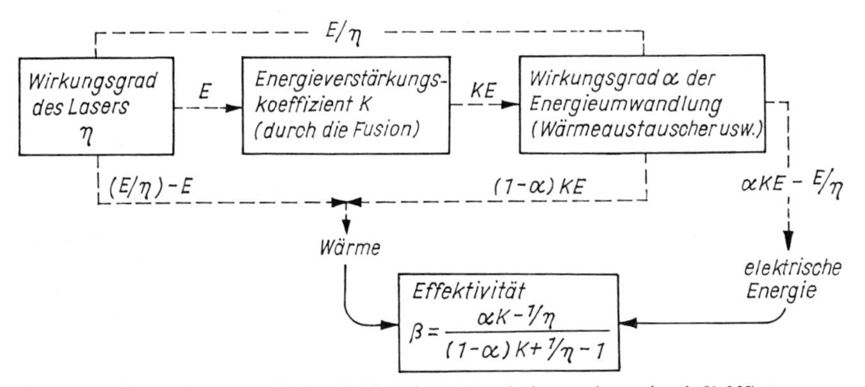

Bild 3.38. Schema des energetischen Zyklus eines Laserfusionsreaktors (nach [3.90])

Bild 3.38 zeigt den Zusammenhang dieser Größen im energetischen Zyklus eines lasergesteuerten Fusionsreaktors. Da die Nettoenergieproduktion durch $[\eta_{el}K - (1/\eta_L)]\,E$ gegeben ist, während der in Wärme umgesetzte Teil der Energie $\{(1 - \eta_{el})\,K + [(1/\eta_L) - 1]\}\,E$ beträgt, wird die Effektivität des gesamten Zyklus durch den in Bild 3.38 angegebenen Koeffizienten β bestimmt. Bei vorgegebenen Werten für η_{el} und β ergibt sich damit der Zusammenhang zwischen η_L und K (s. Bild 3.37). Da der Wirkungsgrad der bisher vorwiegend verwendeten Lasersysteme nur gering ist (Nd-Laser: 0,2%; CO_2-Laser: 2 ... 10%), liegen bei derartigen Systemen die erforderlichen K-Werte sehr hoch. Dies wiederum macht die Realisierung einer möglichst effektiven Wechselwirkung der Laserstrahlung mit dem Target (große Absorption, hohe Kompression u.a.) erforderlich.

Als *Lasersysteme* werden bisher bevorzugt eingesetzt:

- Nd-Glaslaser mit einer Impulsdauer im ns- und ps-Bereich: Ausgehend von einem *Muttergenerator* wird die Laserstrahlung in parallelen Verstärkerketten verstärkt und auf das Target fokussiert. Das sowjetische System DELFIN z.B. liefert in seiner Endphase 216 Strahlen mit einer Gesamtenergie von 10^4 J bei einer Impulsdauer von $3 \cdot 10^{-9}$ s. Diese Strahlung wird auf das Target mit einem Durchmesser von 300 μm fokussiert. Das amerikanische System SHIVA

liefert in 20 Verstärkerketten eine Gesamtenergie von 10^4 J bei einer Impulsdauer von 10^{-10} s. Durch Fokussierung wurden am Target Intensitäten von 10^{17} W/cm^2 und Neutronenausbeuten von $3 \cdot 10^{10}$ je Impuls erreicht.
- CO_2-Laser: Das japanische System LEKKO z. B. liefert eine Gesamtenergie von 10^3 J in 1 ns.

Der Aufwand zur Realisierung derartiger Laseranlagen ist sehr groß. Ihre Parameter sind für die Kernfusion jedoch noch nicht ausreichend, so daß bereits heute noch größere Anlagen projektiert bzw. schon gebaut werden (Tabelle 3.24).

Tabelle 3.24. Übersicht über einige große Laser-Fusionsanlagen [3.94] *(geplant für 1980–1985)*

Anlage (Name/Standort)	Leistung TW	Energie kJ	Neutronenausbeute	Kompression g/cm^3	Wellenlänge µm
Nova (Livermore/USA)	300	500	$5 \cdot 10^{18}$	200 ... 300	1,06 (Nd)
Gekko-XII (Osaka/Japan)	20	20	10^{14}	10 ... 100	1,06
Delfin (Moskau/UdSSR)	5	10	–	–	1,06
KMS-II (Ann Arbor/USA)	4	1	10^{10}	30	0,35 (3. Harmonische von Nd)
Antares (Los Alamos/USA)	200	100	10^{17}	100	10,6 (CO_2)
Lekko X (Osaka/Japan)	10	10	10^{13} ... 10^{14}	10 ... 100	10,6

Wegen ihrer kürzeren Wellenlänge und der mit ihnen erreichbaren hohen Wirkungsgrade wird auch der Einsatz von Exciplexlasern (wie KrF, s. Abschn. 2.6.) diskutiert.

3.6.3. Wechselwirkung Laserstrahlung–Plasma

Bei der Wechselwirkung der Laserstrahlung mit dem Target sind von Bedeutung:
- die Eigenschaften der Laserstrahlung, insbesondere ihre Energie, Impulsdauer und -form, ihre Wellenlänge und ihre Divergenz (wegen der erforderlichen Fokussierung)
- die Form, Zusammensetzung und Größe des Targets, die wesentlich den Kompressionsmechanismus bestimmen
- die Kenntnis der physikalischen Prozesse bei der Absorption der Laserstrahlung (s. z. B. [3.92], [3.93])
- die Kenntnis der Bedingungen für eine stabile (!) Kompression des Targets
- die Entwicklung von Methoden zur Diagnostik des Plasmas und des Targets

Da die Durchmesser der Targets im Bereich von 100 μm und die Impulsdauer der Laser bei 10^{-9} s liegen, ist eine *Diagnostik* außerordentlich kompliziert, da sie eine Auflösung im Bereich von Mikrometern innerhalb von Pikosekunden erfordert (s. [3.91]).
Hinsichtlich der *Wechselwirkung mit dem Target* kann man im wesentlichen zwei Entwicklungsrichtungen erkennen, die bei unterschiedlichen Bedingungen (Laserintensität, Impulsdauer, Targetstruktur) zu einer Kompression führen:

- *Explosionsstoß-Kompression*, bei der kürzere Impulse ($\leqq 100$ ps) und höhere Intensitäten ($> 10^{15}$ W/cm²) verwendet werden. Die hierbei verwendeten Targets sind mit D-T gefüllte Mikroballons (i. allg. aus Glas). Die Laserstrahlung wird in der dünnen Schale (etwa 1 μm) des Mikroballons absorbiert. Die dadurch bedingte Explosion führt auch zu einer Kompression des D-T-Gemisches.
- ablative Kompression, bei der längere Impulse ($\geqq 1$ ns) und geringere Intensitäten ($< 10^{15}$ W/cm²) verwendet werden. In diesem Fall wird durch die Wechselwirkung der Laserstrahlung mit dem Target Material verdampft, das radial nach außen fortfliegt und nach dem Rückstoßprinzip den inneren Teil des Targets komprimiert (Raketenprinzip). Mit diesem Regime, das z. Z. bevorzugt untersucht wird, wurden Kompressionen von mehr als 10^3 erreicht.

Für eine stabile Kompression des Targets sind eine möglichst homogene Ausleuchtung und eine genaue sphärische Form des Targets bei Einhaltung bestimmter Verhältnisse von Radius zu Wanddicke erforderlich.
Unter geeigneten Bedingungen sollte es möglich sein zu erreichen, daß 70 ... 90% der Laserenergie vom Plasma absorbiert werden, bisher wurden bei $\lambda = 1{,}06$ μm etwa 40% erreicht. Von grundsätzlicher Bedeutung sind natürlich auch gerade die Prozesse, die zur *Aufheizung des Plasmas* führen bzw. einer Aufheizung entgegenwirken (z. B. Reflexion der Laserstrahlung durch die Plasmakorona). Diese Prozesse sind genauer in der angegebenen Literatur diskutiert, die wichtigsten von ihnen, die zu einer *Absorption* führen, sind:

- die inverse Bremsstrahlung (vor allem bei geringeren Intensitäten)
- die Resonanzabsorption
- parametrische Effekte, bei denen die Laserstrahlung Plasmawellen anregt, deren Zerfall zu einer Aufheizung des Plasmas führt

Zu einer *Erhöhung der Reflexion* hingegen tragen nichtlineare Prozesse (s. Abschn. 3.2.) bei:

- induzierte BRILLOUIN-Streuung (durch Wechselwirkung mit ionenakustischen Wellen)
- induzierte RAMAN-Streuung (durch Wechselwirkung mit elektronischen Wellen)

Die genaue Untersuchung des Zusammenwirkens dieser Mechanismen und ihrer Abhängigkeit von den Parametern des Plasmas und der Laserstrahlung (insbesondere Intensität, Wellenlänge, Impulslänge) ist z. Z. noch Gegenstand intensiver Forschungen.

3.6.4. Ausblick

Auf dem Wege zur Realisierung der lasergesteuerten Kernfusion sind noch viele Probleme zu lösen, sowohl rein wissenschaftliche als auch wissenschaftlich-technische.
Nach den bisherigen Kenntnissen müßten Laserenergien von 10^5 ... 10^6 J bei Im-

pulslängen im Bereich von 10^{-9} s zu der Erzeugung einer Energie von 10^9 J führen können. Nach prognostischen Aussagen wird damit gerechnet, daß in den Jahren 1985 bis 1990 das sog. »*scientific break-even*« (d.h. eingestrahlte Laserenergie = durch Fusion erzeugte Energie, $K = 1$ in Bild 3.38) erreicht werden kann und daß ein erstes Fusionskraftwerk bis zum Jahre 2010 im Versuchsstadium laufen sollte.

Es ist sicher, daß die mit der Realisierung der Kernfusion verbundenen Forschungen neue Erkenntnisse über die Wechselwirkung intensiver Laserstrahlung mit Materie und über das Verhalten von Materie unter extremen Bedingungen ergeben werden.

Diese Erkenntnisse liefern bereits jetzt konkurrenzfähige oder völlig neue »*Nichtfusions-Anwendungen*« lasererzeugter Plasmen:

- leistungsstarke punktförmige Kurzzeit-Röntgenquellen im keV-Bereich (Ausbeute bis zu 10%)
- analoge Quellen hochgeladener Ionen (bis zu $Z \approx 40$)
- Erzielung hoher Drücke (bis zu 300 TPa)
- Beschleunigung von Makroteilchen (≈ 1 g) auf Geschwindigkeiten von ≈ 100 km/s in einigen Nanosekunden

4. *Anwendungen der Laser in der Technik*

Schon wenige Jahre nach der Entwicklung des ersten Lasers erfolgte seine Anwendung im technischen Bereich, die heute bis hin zum industriellen Einsatz reicht. Dabei steht diese Entwicklung, gemessen an den potentiellen Einsatzmöglichkeiten der Laser, noch am Anfang. Diese Möglichkeiten beruhen auf den besonderen Eigenschaften der Laserstrahlung, bevorzugt der

- *hohen Energiedichte*, verbunden mit der Möglichkeit der Fokussierung (Anwendung in der Materialbearbeitung, Fusion)
- *Monochromasie* und *Bündelungsfähigkeit* (Anwendung in der Nachrichtenübertragung, Metrologie).

4.1. Materialbearbeitung

4.1.1. Einführung

Für das Schweißen, Trennen, Bohren, Schmelzen, Ritzen, Härten, Gravieren und Oberflächenvergüten wird die Eigenschaft ausgenutzt, daß man die monofrequente Laserstrahlung optisch auf sehr kleine Durchmesser fokussieren kann. Man erreicht dabei eine *sehr hohe Leistungsdichte*. Durch die Wechselwirkungen von Strahlung mit dem Werkstoff sind die Voraussetzungen für die Bearbeitung gegeben (Tabelle 4.1). Die entscheidende Größe für die Materialbearbeitung ist die *Absorption der Laserstrahlung*. Sie ist abhängig von:

- Wellenlänge der Strahlung
- Temperatur
- Werkstoffeigenschaften

Je nach erreichbarer Oberflächentemperatur können folgende Technologien verwirklicht werden:

- Wärmebehandeln, Thermoschock
  $T_0 < T_s$
- Schweißen, Umschmelzen, Oberflächenlegieren
  $T_s \leqq T_0 \leqq T_v$
- Schneiden, Bohren, Fräsen, Ritzen, Trimmen, Auswuchten, Abtragen
  $T_0 > T_s$

T_0 Oberflächentemperatur
T_s Schmelztemperatur
T_v Verdampfungstemperatur

Tabelle 4.1. Eigenschaften der Laserstrahlen und sich daraus für die Bearbeitung ergebende Vorteile

Eigenschaft	Vorteile
Hohe Leistungsdichte	● kleine Erwärmungszone, schmale Wärmeeinflußzone ● keine mechanische Deformation ● Herabsetzen von chemischen Veränderungen (z. B. Abbrand)
Berührungsloses Erhitzen	● kein Werkzeugverschleiß, daher gleichbleibende Qualität ● Schneiden sehr weicher Stoffe (Textilien, Schaumstoffe) möglich ● Arbeiten in definierter Atmosphäre möglich (Luft, gasgefüllt, Vakuum) ● Bearbeiten an schlecht zugänglichen Stellen
Parallelität und Durchlässigkeit für normale Umgebung	● Anwendung über große Distanz möglich ● keine Schwächung der Strahlleistung in der Luft
Keine Verunreinigungen	● hochreaktive und sehr reine Werkstoffe erhitzbar
Wärmequelle ist ein Lichtstrahl	● mittels Optik relativ einfach an jede Stelle des Werkstückes führbar ● hohe Positioniergenauigkeit ● leichte Kopplung mit automatischen Bearbeitungsanlagen ● Energie läßt sich einfach mit hoher Schaltgeschwindigkeit aus- und einschalten

Eingeführt ist die Laserbearbeitung unter anderem bei folgenden Anwendungen:

Schweißen

- Uhrenspiralfedern an Virole
- Staubdeckel auf Kugellager
- Diodenstecker, Relaisanschlüsse
- Miniaturgetriebe
- Miniaturbausteine auf gedruckte Schaltungen
- Anschlüsse für Solarzellen
- Rundnähte an Brennelementen aus Zirkaloy
- dünne Kupferdrähte an Rotoren
- hermetisches Nahtschweißen von gasgefüllten Gehäusen
- Plasthüllen, auch komplizierter Form
- Kleinteile in der Feinwerktechnik (Blech–Blech-, Draht–Draht- und Draht–Blech-Verbindungen)
- Dichtschweißen von Herzschrittmachern und Batteriegehäusen
- Tiefschweißen im Dickenbereich von 3 ... 25 mm für Teile in der Luft- und Raumfahrt

Schneiden

- Rohdiamanten
- Formen aus Keramiksubstraten

- Formschneiden von Holz (Stanzwerkzeuge für Faltkartonagen)
- textile Gewebe (Filtertücher, Konfektionsindustrie)
- Dünnblechschneiden (Klimatechnik, Automobilindustrie)
- Trennen und Gravieren von Gummi (polygrafische Industrie, Gravurtiefen 0,3 ... 0,5 mm)
- Formschneiden von Thermoplasten
- Asbest und Asbestzement

Abtragen, Bohren

- Abgleich von Quarzen, Frequenzstimmgabeln
- Abisolieren von Kabeln
- Abgleich von Unwuchten
- Feinstbohrungen in Uhrensteine (Rubin), Draht-Ziehsteine (Diamant), Keramik (Lochdurchmesser $\geqq 0{,}003$ mm)
- Ritzen von Keramik, Halbleitern (150 mm/s)
- Bohrungen in chirurgische Nadeln
- Trimmen von Dick- und Dünnschichtwiderständen (Einzelwiderstände und ganze Netzwerke)
- Gravieren, Trennen und Verschmelzen von Glas
- Perforieren von Papierfiltern
- Bohrungen in Hartmetall (Tiefe:Breite = 20:1) und Turbinenschaufeln (Tiefe:Breite = 30:1), Durchmessertoleranz 5%
- Bohren von Düsen für Aerosoldosen

Für die *kontinuierliche Betriebsweise* ist bei den Nd-YAG-Lasern mit 200 W und bei den CO_2-Lasern mit 10 kW Ausgangsleistung die gegenwärtig sicher beherrschbare Leistungsgrenze gesetzt. Einzelbeispiele geben für Nd-YAG-Laser schon 1000 W und für den CO_2-Laser bis 100 kW an.
Die Leistungserhöhung und Steigerung der Leistungsdichte sowie Impulsbetrieb beim CO_2-Laser führten zu neuen technologischen Möglichkeiten. Dazu gehören:

- Tiefschweißen auch bei großen Materialdicken
- Trennen ohne Gasstrahltechnik
- Oberflächenhärten von Stahl und Gußeisen
- Plattieren von Stahl
- Umschmelzveredeln von Oberflächen
- Auftragsschweißen, Oberflächenlegieren
- Härten und Wärmebehandeln
- Trennen durch Metallverdampfen ohne Wärmebeeinflussung der Kanten

4.1.2. Wechselwirkung Strahlung–Werkstoff

Der Laserstrahl hat eine wesentlich höhere Intensität als normale Lichtquellen. Dadurch hat er auch andere Bedingungen beim Auftreffen auf Werkstoffe. Eine weitere Besonderheit ist die kurzzeitige Einwirkung der hohen Leistungsdichte bei Impulslasern (Forderung: Von einer dünnen Oberflächenschicht muß durch Absorption eine große Energiemenge aufgenommen werden).
Die Tiefe der Absorptionsschicht liegt in der Größenordnung von 10^{-5} cm, der Temperaturgradient bei 10^8 K/cm bzw. 10^{10} K/s.

Das *normale Absorptionsverhalten* genügt der Beziehung:

$$I = I_0 \, e^{-\mu L} \tag{4.1}$$

I_0 auf das Werkstück fallende Intensität
μ stoffspezifischer temperaturabhängiger Absorptionskoeffizient
L Dicke der absorbierenden Schicht

Ab einer bestimmten Leistungsdichte nimmt beim Laser die Absorption wesentlich höhere Werte an, als sie nach Gl. (4.1) zu erwarten sind. Als Folge von nichtlinearen Wechselwirkungsprozessen zwischen Laserlicht und bestrahlter Zone tritt *anormale Absorption* auf. Durch Überschreiten einer *Intensitätsschwelle* können absorptionsfreie Stoffe auch in absorbierende Stoffe überführt werden. Zu Beginn der Lasereinwirkung (Startphase $< 10^{-7}$ s) kann eine Umkehr der Reflexion in Absorption erfolgen. Die kritische Intensität liegt in der Größenordnung 10^8 W/cm². Sie ist von der Laserwellenlänge, der Strahlcharakteristik und vom Werkstoff abhängig.

Oberhalb der kritischen Intensität absorbieren praktisch *alle* Substanzen sehr gut.

Es ist günstig, durch einen Laserschaltimpuls die Werkstücke in einen absorbierenden Zustand zu überführen. Der Schaltimpuls muß folgende Eigenschaften haben: Anstiegzeit < 1 µs, Intensität $> 10^7$ W/cm², Impulsdauer < 10 µs.
Andere Möglichkeiten zur Veränderung der Absorptionseigenschaften sind: Aufrauhen der Oberfläche, Beschichten (thermische Oxide, Anodisieren, chemische Veredelung), Auftragen von Pulvern, Farbanstriche.

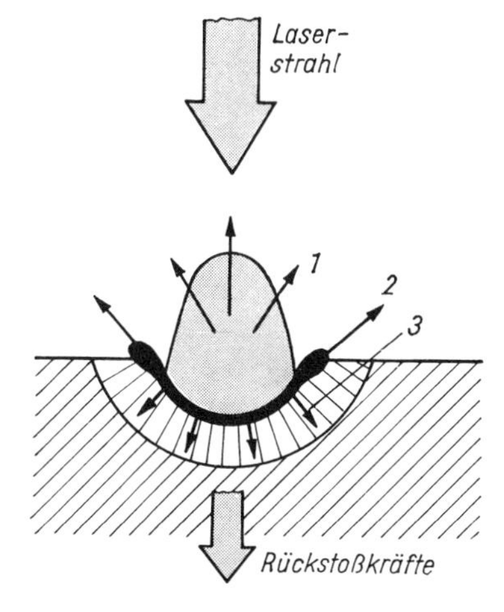

Bild 4.1. Schema für den Materialabtrag durch Impulslaser.
1 verdampftes Material, *2* flüssiges Material, *3* erhitzte Zone durch Wärmeleitung

Die Absorption erfolgt bei Metallen in einer Schichtdicke von $10^{-6} \ldots 10^{-5}$ cm. Der fokussierte Laserstrahl auf der Werkstückoberfläche kann für Metalle als *zweidimensionale Wärmequelle* angenommen werden. Für die Mehrzahl der Dielektrika und Halbleiter ist der Laser nicht als Oberflächenquelle anzusehen.

Der *Materialabtrag* wird durch eine dampfförmige und flüssige Phase bedingt. Die auf das Werkstück auftreffende Energiemenge führt zu einer lokalen Verdampfung. Die Verdampfungszone bildet sich etwa 0,05 ... 0,1 μm unterhalb der Werkstückoberfläche aus. Dadurch kann auch ein Teil des durch Wärmeleitung schmelzflüssig gewordenen Werkstoffes explosionsartig aus der Bearbeitungszone entfernt werden (Bild 4.1).

Während beim *Abtragen* diese Effekte, durch die Impulsform und -zeit gesteuert, gezielt ausgenutzt werden können, sind für das *Schweißen* schwierigere Bedingungen vorhanden. Bei den meisten Techniken muß hier weitgehend die Bildung einer Dampfphase unterdrückt werden. Kritische Leistungsdichten liegen für das Schweißen bei $10^5 \ldots 10^6$ W/cm^2.
Aus Betrachtungen über die Wärmebilanz beim Impulsschweißen unter Berücksichtigung einer stillstehenden, momentan wirkenden Wärmequelle auf der Oberfläche geht hervor, daß das Temperaturgefälle am Schmelzzonenübergang von

- Laserstrahldurchmesser
- Impulsdauer
- Werkstoffkennwerten

abhängig ist.
Kritisch ist die Berücksichtigung des *Reflexionsvermögens*. In der Dampfphase wirkt die sich bildende Wolke als Zerstreuungslinse mit zeitabhängiger Brennweite im mm-Bereich und beeinflußt damit unkontrollierbar die Fokussierungsbedingungen. Deshalb ist für viele Bearbeitungen mit Materialabtrag ein *pulsierender Laserbetrieb* günstiger, bei dem das in der Dampf- oder Flüssigkeitsphase aus der Bearbeitungszone abtransportierte Material ohne optische Wirkung auf die einfallende Laserstrahlung bleibt. Dazu sind kurze Impulszeiten von $10^{-6} \ldots 10^{-9}$ s erforderlich.

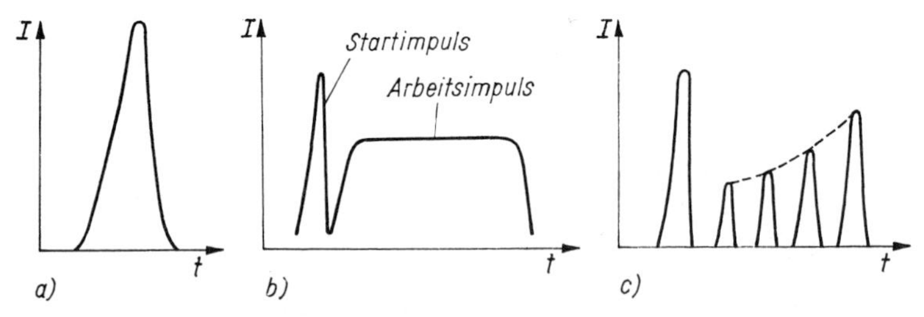

Bild 4.2. Laserimpulsformen für die Materialbearbeitung.
a) Bohren, Trennen (0,1 ... 1 ms Impulsdauer), b) Schweißen (1 ... 20 ms Impulsdauer; hohe Anfangsintensität verbessert die Absorption), c) Bohren, Abtragen (gewünschte Impulsformen für gezielte Bearbeitung)

Die Absorption als wichtigste Kenngröße für den Energieumsatz wird beeinflußt durch:

- Erhitzung der Oberfläche
- Bildung einer Dampfwolke

- nichtmetallische Phasenübergänge
- Schlüssellocheffekt

Die im Brennpunkt erreichbare hohe Intensität kann in ihrem zeitlichen Ablauf durch Impulslänge und -form gesteuert werden (Bild 4.2).
Beim *Bohren* erfolgt der Abtrag durch kurzzeitige Intensitätseinwirkung. Impulsbetrieb bietet den Vorteil, daß die Bearbeitungsdauer klein gegen die Zeitkonstante der Wärmeleitung gewählt werden kann, so daß die Verluste durch Wärmeleitung vernachlässigt werden können [4.14].

! Für eine Präzisionsbearbeitung ist ein Laserstrahl im Grundmodebetrieb mit einer GAUSSschen Intensitätsverteilung Voraussetzung. Zeitlich konstante Intensitätsverteilung mit sehr kurzzeitigem Intensitätsabfall zum Ende des Impulses sichern einen kontrollierbaren und reproduzierbaren Abtragvorgang.

Nach [4.1] sind für den *Werkstoffabtrag durch Laserstrahlen* kennzeichnend:

- *erste Phase* – Reflexion und Absorption der Strahlung, sehr geringe Eindringtiefe der Photonen in den Werkstoff
- *zweite Phase* – Bildung einer Flächenwärmequelle; Temperaturerhöhung und Wärmeleitung in tiefere Werkstoffzonen, Phasenumwandlungen (flüssig, dampfförmig)
- *dritte Phase* – Verlagerung der Schmelz- bzw. Verdampfungszone von der Oberfläche in immer tiefere Werkstoffbereiche bei stetigem Auswurf des flüssigen bzw. dampfförmigen Werkstoffes

Im kurzzeitig überhitzten Zustand steht der Werkstoff unter sehr hohem Innendruck (10^8 Pa). Die Abtragprodukte werden vom Werkstück mit Geschwindigkeiten von etwa $10^2 \ldots 10^3$ m/s weggeschleudert.

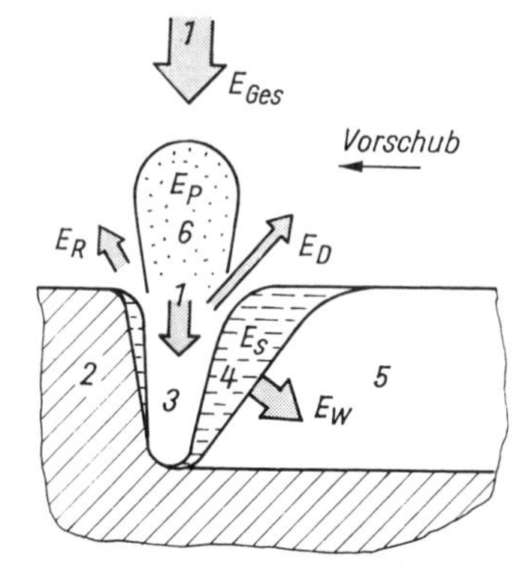

Bild 4.3. Schema der Energiebilanz für das kontinuierliche Schweißen mit CO_2-Lasern [4.18].
1 Laserstrahl, *2* zu verbindendes Material, *3* Dampfkapillare, *4* Schmelzbad, *5* Schweißnaht, *6* Plasmawolke (E_{Ges} Gesamtenergie des Laserstrahles, E_R Energieverlust durch Reflexion, E_W Energieverlust durch Wärmeleitung, E_P Energieverlust durch Absorption in der Plasmawolke, E_D Energie für das Verdampfen des Werkstoffes, E_S absorbierte Energie für das Schmelzen)

Bei den komplexen Prozessen der Wechselwirkung zwischen Laserstrahl und Werkstoff sind zu beachten (Energieverbrauch – Bild 4.3):

- Einfluß der Wellenlänge des Lasers
- Absorptionsverhalten unterschiedlicher Werkstoffe bei hohen Intensitäten
- thermodynamische Prozesse beim Aufheizen, Schmelzen und Verdampfen des Werkstoffes hinsichtlich der gewünschten Technologien des Schweißens, Abtragens und Wärmebehandelns
- Wechselwirkung des Laserstrahles mit der sich bildenden Plasmawolke
- Einfluß des zeitlichen Intensitätsverlaufes und der räumlichen Leistungsdichteverteilung

Die Vorausbestimmung der technologischen Parameter für die Materialbearbeitung ist abhängig von der Wahl des Schemas für die jeweilige Bearbeitung (Bohren, Schweißen, Härten) sowie vom Gerätetyp. Eine theoretische Berechnung ist schwierig. Sie ist modellmäßig dem speziellen Problem anzupassen (s. z.B. [4.15] bis [4.17] und [4.19]).

4.1.3. Laser für die Materialbearbeitung

In Tabelle 4.2 sind die bisher für die Materialbearbeitung eingesetzten Lasertypen zusammengestellt. Zu unterscheiden ist:

- *Bearbeiten im Makrobereich* (Schweißen, Trennen, Bohren, Härten von Teilen von 0,1 mm bis zu einigen Millimetern mit Hochleistungslasern von 0,2 bis 20 kW)

Tabelle 4.2. Lasertypen für die Materialbearbeitung [4.1]

Lasertyp	Betriebsweise	Wellenlänge μm	Minimal erzielbarer Brennfleckdurchmesser μm
N_2-Laser	Impulsbetrieb	0,337	1
Ar-Laser	Impulsbetrieb	0,46 ... 0,52	2
Ar-Laser	kontinuierlich	0,46 ... 0,52	2
Rubinlaser	Impulsbetrieb	0,69	2
Nd:Glaslaser	Impulsbetrieb	1,06	5
Nd:YAG-Laser	Impulsbetrieb	1,06	5
Nd:YAG-Laser	Güteschaltung	1,06	5
Nd:YAG-Laser	kontinuierlich	1,06	5
CO_2-Laser	kontinuierlich	10,6	30
CO_2-Laser	Impulsbetrieb	10,6	30
CO_2-Laser	Güteschaltung	10,6	30
CO_2-TEA-Laser	Impulsbetrieb	10,6	30
CO_2-Gastransportlaser	kontinuierlich	10,6	100
CO_2-gasdynamischer Laser	kontinuierlich	10,6	100

- *Bearbeiten im Mikrobereich* (Trennen, Abtragen und Vergüten dünner Schichten von einigen Nanometern bis in den Mikrometerbereich mit gütegeschalteten Festkörperlasern und Argonionenlasern)

Für die Werkstoffbearbeitung werden eingesetzt:

- CO_2-*Laser* zum Trennen größerer Materialdicken und Tiefschweißen dickerer Bauteile
- Nd-YAG-*Laser* zum Bohren, Abtragen dünner Schichten und zum Feinschweißen

(beide sowohl kontinuierlich als auch im Impulsbetrieb)

Für die meisten Bearbeitungstechnologien ist der Laserstrahl zusätzlich zu fokussieren (Bilder 4.4, 4.5, 4.6).

! Bei der Auswahl der Optiken spielen der technologisch bedingte *Arbeitsabstand*, die erforderliche *Leistungsdichte* und der gewünschte *Bearbeitungsdurchmesser* eine Rolle.

In der Feinbearbeitung werden Linsensysteme mit kleinem Arbeitsabstand eingesetzt. Für CO_2-Laser mit Ausgangsleistungen über 200 W sind Einzellinsen mit Brennweiten von 50 ... 200 mm notwendig.

! Die eigentliche Laserquelle ist nur ein geringer Teil eines Anlagensystems zur Realisierung einer technologischen Bearbeitung.

Energie	Leistung	Impulsdauer	Impulsfolgefrequenz	Wirkungsgrad
J	W	s	Hz	%
10^{-3}	bis $6 \cdot 10^5$	$2 \cdot 10^{-9}$	10^2	10^{-1}
$2{,}5 \cdot 10^{-4}$	bis 10^2	$5 \cdot 10^{-5} \ldots 5 \cdot 10^{-6}$		$2 \cdot 10^{-2}$
–	bis 10	–	–	$2 \cdot 10^{-2}$
bis 10	bis 10^5	$5 \cdot 10^{-3} \ldots 10^{-4}$	bis 10^2	1
bis 10	bis 10^5	$5 \cdot 10^{-3} \ldots 10^{-4}$	1	1
	bis 10^4	$5 \cdot 10^{-3} \ldots 10^{-4}$	20	4
	bis 10^7	$10^{-7} \ldots 10^{-8}$	$5 \cdot 10^4$	4
–	bis 200	–	–	4
–	bis 10^3	–	–	20
0,5	bis 10^3	$10 \ldots 10^{-3}$	10^3	20
0,1	bis 10^5	10^{-6}		20
100	bis 10^9	10^{-9}	10	20
–	bis $2 \cdot 10^4$	–	–	20
–	bis 10^6	–	–	20

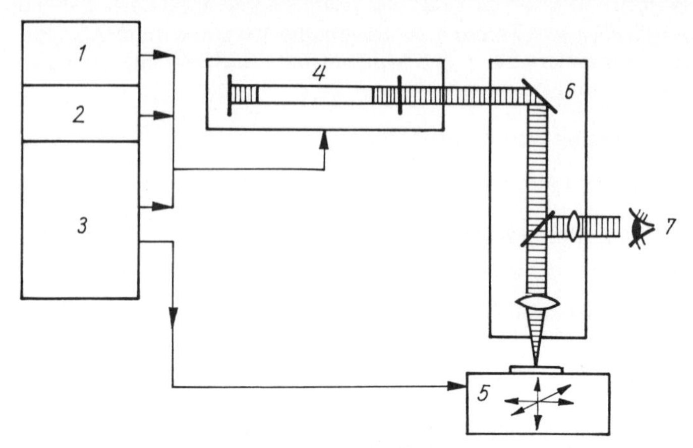

Bild 4.4. Aufbau einer Laser-Materialbearbeitungsanlage (nach [4.25]).
1 Netzgerät für Laser, *2* Kühlsystem, *3* Steuereinrichtungen, *4* Laserkopf, *5* Bearbeitungstisch mit Werkstückaufnahme, *6* optisches System (Fokussierungsoptik, Beobachtungsoptik), *7* Beobachter

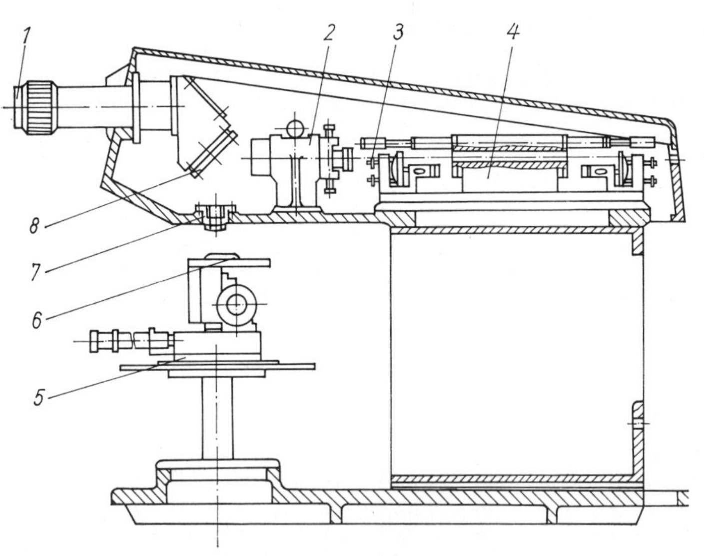

Bild 4.5. Schema der Festkörper-Laseranlage SLS 10-1 für das Impulsschweißen, Bohren und Abtragen (Ausgangsenergie: 10 J; Impulsdauer: 2 ms und 4 ms; Impulsfrequenz: 0,5 Hz; Wellenlänge: 1,06 μm).
1 Beobachtungsmikroskop, *2* Teleskop für Strahlaufweitung, *3* Verstellmöglichkeit für den Resonatorspiegel, *4* Laseroszillator mit stabförmiger Xenonhochdrucklampe und Nd:Glasstab, *5* x,y,z-Stelleinrichtung für Werkstückpositionierung, *6* Werkstück, *7* Fokussierungsoptik (auswechselbar), *8* Umlenkspiegel

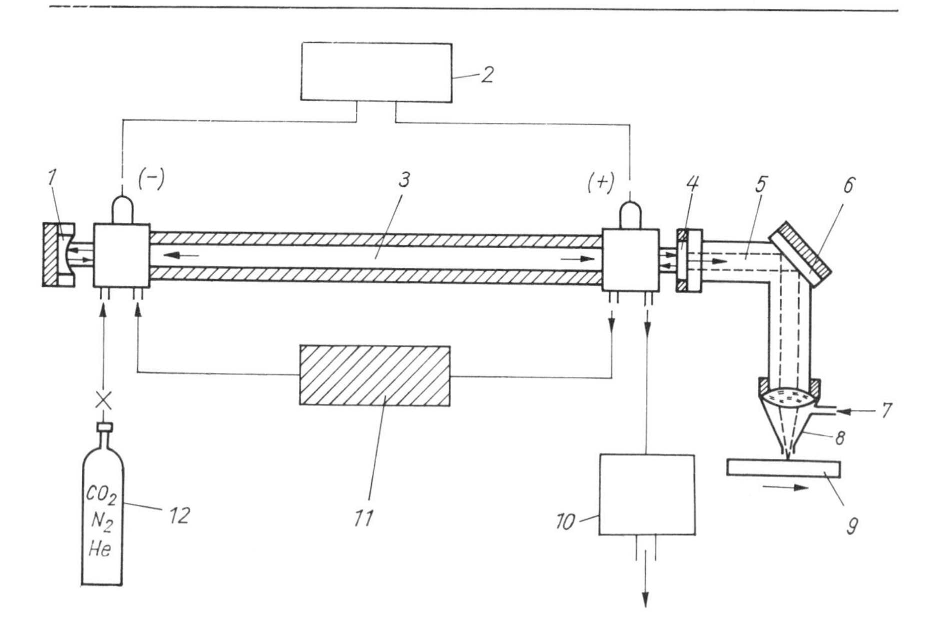

Bild 4.6. CO_2-Laser mit Bearbeitungskopf.
1 sphärischer Spiegel mit großem Krümmungsradius (r = 10 m; 20 m; 50 m; totalreflektierend), *2* Hochspannungsversorgung (stromgeregelt), *3* doppelwandiges gekühltes Entladungsrohr (Glimmentladung im strömenden CO_2-N_2-He-Gasgemisch), *4* Auskoppelscheibe aus Germanium (planparallel), *5* ausgekoppelter Laserstrahl (∅ 10 ... 20 mm, geringe Divergenz, λ = 10,6 μm), *6* Umlenkspiegel (planparallel), *7* Arbeitsgas, *8* Arbeitsoptik mit Einzellinse (f = 50 ... 200 mm) und Gasdüse für zusätzlichen Gasstrom (Luft, O_2, N_2, Ar, He), *9* Werkstück, *10* Vakuumsystem (steuert Gasdurchsatz und Betriebsdruck, 1,3 ... 2,6 kPa), *11* Kühlsystem (H_2O, destilliert) für Entladungsrohr, Resonatorspiegel, Umlenkspiegel und Bearbeitungsoptik, *12* Gasversorgung (CO_2-N_2-He-Gemisch, vorgemischt oder genaue Dosierung aus Einzelflaschen)

Zu einer Laserbearbeitungsanlage gehören:

- Baugruppen für die Werkstückaufnahme
- Führungssysteme zur Herstellung der Relativbewegung zwischen Werkstück und Laserstrahl
- Überwachungssysteme zur Positionskontrolle der Werkstücke
- Steuerungen zur Durchführung der Bearbeitungsabläufe

Notwendig sind *Zubehörteile* (Drehoptiken, Strahlenteiler, Strahlenablenkung, Strahlenumschaltung, Güteschalter, Strahlfokussierung).
Aus Tabelle 4.3 (S. 341) ist erkennbar, daß außer dem Laser selbst noch andere Faktoren auf das zu erwartende technologische Ergebnis einwirken, Beispiele für typische Arbeitsplätze für die Feinbearbeitung zeigen die Bilder 4.7 und 4.8.

Vom *konstruktiven Aufbau* her kann man unterscheiden (Bilder 4.9 bis 4.12):

- *stationäre kompakte Anlagen*, die neben dem Resonator auch andere Funktionselemente in einer Baueinheit vereinigen
- *leichte Anlagen* mit geringen Abmessungen des Resonators (Der Laserresonator ist eine geschlossene Einheit für sich, alle notwendigen Versorgungseinrichtungen sind separat angeordnet und durch Zuleitungen mit diesem Bauelement verbunden.)

Fokussierung und Gaszufuhr sind meist in einer Baueinheit vereinigt – im *Laserbearbeitungskopf*. Die Strahleigenschaften und die vorgesehenen Einsatzgebiete beeinflussen die Auslegung des Bearbeitungskopfes. Er kann auf zwei Arten mit dem Laser verbunden werden:

- starrer Anschluß an den Laserresonator unmittelbar hinter der Auskoppelscheibe (Auskoppelspiegel)
- der Bearbeitungskopf ist eine Baueinheit für sich und kann an beliebiger Stelle in den Laserstrahlengang eingefügt werden

Für die *Laser-Makrobearbeitung* großflächiger Teile verwendet man folgende Varianten:

- Der Laser wird als Baueinheit mit angeflanschtem Bearbeitungskopf auf eine Führungsmaschine montiert und als geschlossenes System über dem Werkstück bewegt.

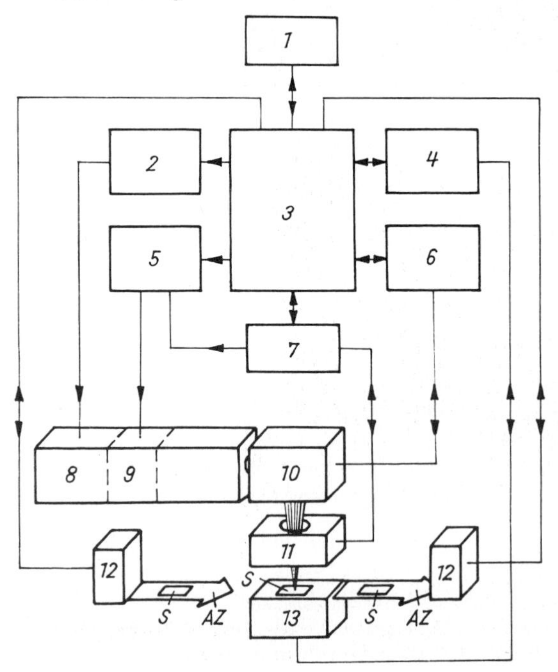

Bild 4.7. Mikroprozessorgesteuertes Widerstandstrimmsystem [4.26].
1 Terminal, *2* Lasernetzteil, *3* Mikroprozessor, *4* Servoverstärker (Step + Repeat), *5* Q-Switch-Treiber, *6* Servoverstärkeroptik, *7* Meßbrücke, *8* Laser, *9* Q-Switch, *10* verfahrbare Optik, *11* Kontaktiereinrichtung, *12* Magazin, *13* Steg + Repeat, *S* Substrat, *AZ* automatische Zuführung

- Der Laser wird mit angeflanschtem Bearbeitungskopf starr montiert. Das Werkstück wird unter dem Laserstrahl bewegt (für größere Leistungen) – Bilder 4.11 und 4.12.
- Der Laser ist stationär montiert. Der Bearbeitungskopf ist mit einem Führungssystem gekoppelt. Der Laserstrahl wird durch Spiegel zum Bearbeitungskopf übertragen (für größere Leistungen) – Bilder 4.11 und 4.12.
- Laser und Bearbeitungskopf werden beide beweglich, jedoch getrennt auf einem Führungssystem angeordnet.

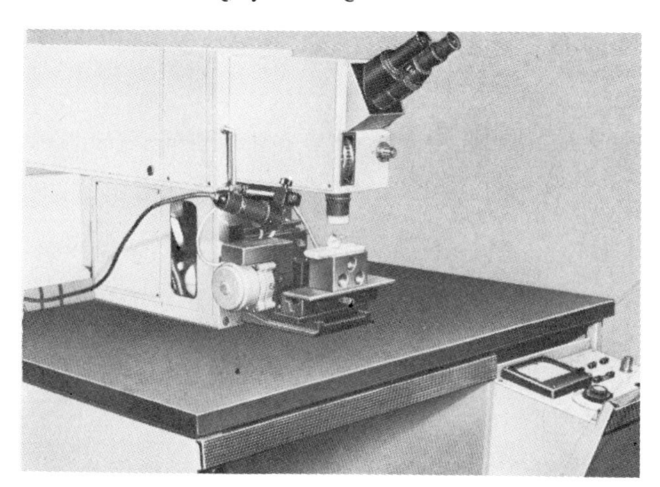
a)

b)

Bild 4.8. Laserschweißanlage »Quant 12«.
a) Ansicht (*Ausgangsenergie:* 3 J; *Impulsfolge:* bis 10 Hz; *Impulslängen:* 1,5 ms; 2,0 ms; 2,5 ms; 4,0 ms; *aktives Element:* Nd:YAG), b) Laseroszillator (Ellipse mit stabförmiger Blitzlampe und Nd:YAG-Laserstab, wassergekühlt; separat außenliegende Resonatorspiegel, exzentrisch zur Achse des aktiven Elements)

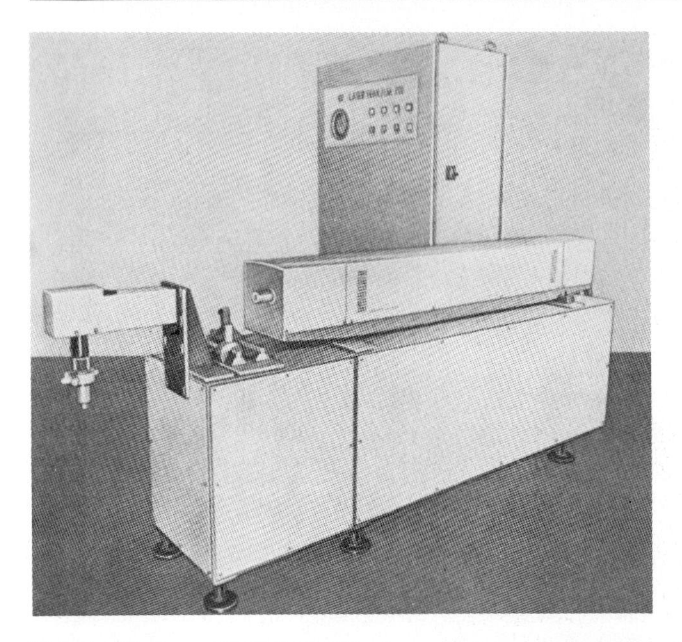

Bild 4.9. CO_2-Laser FEHA/LGL 200 mit separater Anordnung des Bearbeitungskopfes. *Ausgangsleistung:* 200 W + 10%, Multimodebetrieb, *Durchmesser des unfokussierten Strahles:* 15 mm, *Resonator:* goldbelegter Stahlspiegel (R = 15 m, planparallele Germaniumplatte, Spiegelabstand: 7,20 m, 3fach gefaltet), *Lasermedium:* strömendes CO_2-N_2-He-Gasgemisch

Für die Einführung der Lasertechnologie ist entscheidend, daß die Geräte über längere Produktionszeiträume *sicher* und *stabil* arbeiten und die *Kosten* in vertretbaren Grenzen gehalten werden.
Das erfordert:

- Erhöhung der Leistungsstabilität bei konventionellen CO_2-Lasern auf $\pm 1\%$
- Ausrüstung der CO_2-Laser mit Gasregenerierungskreisläufen zur Verringerung der Betriebskosten
- Dauerstrichlaser können auch im Impulsbetrieb arbeiten, Impulsbreiten von 0,1 ... 10,0 s mit Impulswiederholfrequenzen von 2,5 kHz sind möglich
- Die Ausgangsleistungen bei Impulslasern werden ständig überwacht und nachgeregelt, automatisches Abschalten bei Unterschreiten des Sollwertes
- Impulsform und Impulslänge sind in breiten Grenzen variierbar und können kurzfristig von Arbeitstakt zu Arbeitstakt variiert werden
- Der technische Aufbau der Laseranlagen ist dem robusten Industrieeinsatz angepaßt
- Für schnelle und sichere Positionierung der Werkstücke werden bei Nd-YAG- und CO_2-Lasern He-Ne-Lasersysteme in den Strahlengang des Leistungslasers eingeblendet

Bild 4.10. CO_2-Lasertrenneinrichtung FEHA 100/ZIS 853 zum Bearbeiten von Thermoplasten. Kopplung des CO_2-Lasers durch Einspiegelung auf die lichtelektronisch gesteuerte Führungsmaschine vom Typ K 70 (s. auch Bild 4.11)

Tabelle 4.3. Einflußfaktoren auf das technologische Ergebnis der Laser-Materialbearbeitung

Laseroszillator	Einflußfaktoren durch Anlage	Werkstück	Gewünschtes Bearbeitungsergebnis
Wellenlänge	Strahlweg	Werkstoffkennwerte	Schnittbreite
Strahldurchmesser	Fokussieroptik	Wärmeleitfähigkeit	Riefentiefe
Ausgangsleistung	Brennweite	Absorption	Ebenheit
Divergenz	Gasdüse	Transmission	Höhe des Abtragvolumens
Strahlstruktur	Höhentoleranzen	Reflexion	Schweißnahtgeometrie
Leistungsdichte	Führungsgenauigkeit	Schmelzpunkt	Wärmeeinflußzone
Leistungsdichteverteilung	Bearbeitungsgeschwindigkeit	Verdampfungspunkt	
Betriebsweise		Dichte	
kontinuierlich		mittlere spezifische Wärmekapazität	
Impuls (Frequenz, Impulslänge)		Schmelzwärme	
		Verdampfungswärme	
Stabilität		Struktur und Aufbau	
		Oberflächenbeschaffenheit	
		Umwandlungsverhalten	
		Werkstoffdicke	

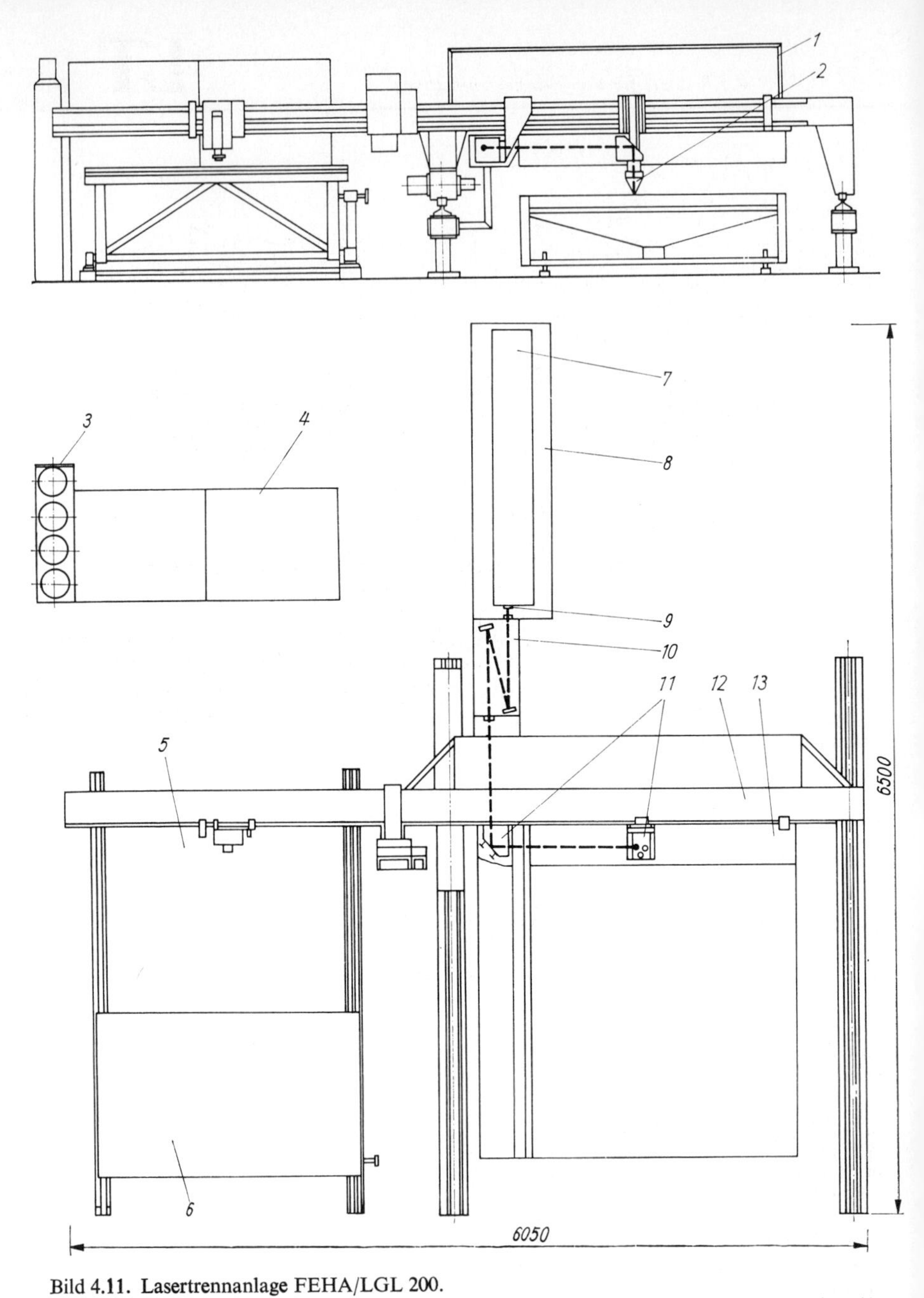

Bild 4.11. Lasertrennanlage FEHA/LGL 200.
1 Schlauchführung, *2* Bearbeitungskopf, *3* Gasversorgung, *4* Versorgungseinheit (Steuerschrank), *5* Strahlenabdeckung zur ersten Umlenkung, *6* Schablonentisch, *7* CO_2-Laser LGL 200, *8* Laserauflagetisch, *9* Strahlunterbrechung, *10* Strahlaufweitung, Teleskop, *11* Umlenkeinheit, *12* Koordinatenbrennschneidmaschine K 70, *13* Strahlenabdeckung zur zweiten Umlenkung

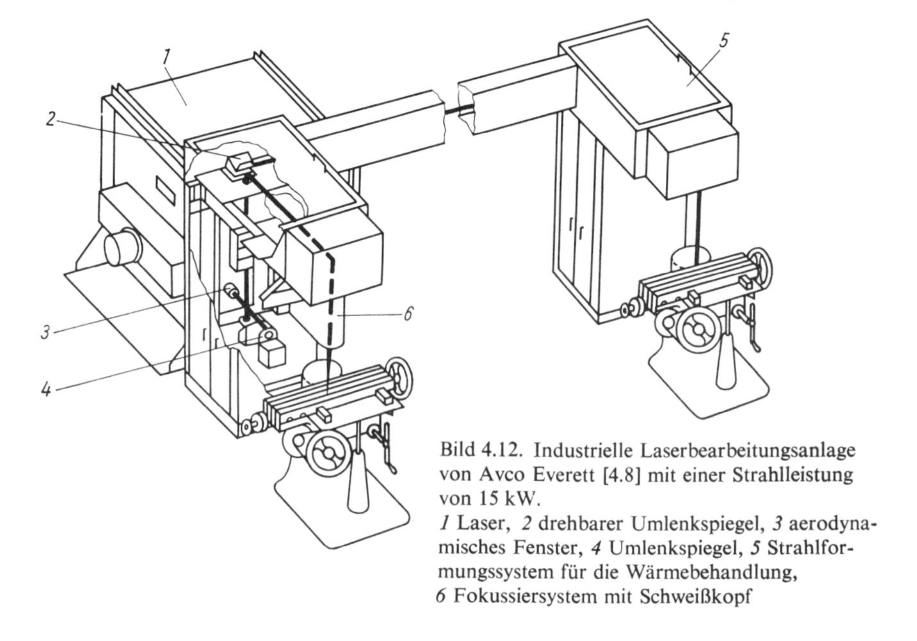

Bild 4.12. Industrielle Laserbearbeitungsanlage von Avco Everett [4.8] mit einer Strahlleistung von 15 kW.
1 Laser, *2* drehbarer Umlenkspiegel, *3* aerodynamisches Fenster, *4* Umlenkspiegel, *5* Strahlformungssystem für die Wärmebehandlung, *6* Fokussiersystem mit Schweißkopf

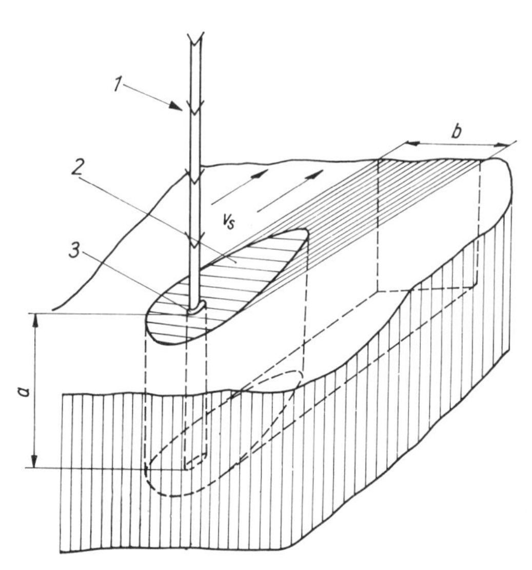

Bild 4.13. Schema für den Tiefeinbrand mit Hochleistungslasern.
1 Laserstrahl, *2* Schmelzbad, *3* »Schlüsselloch«-Dampfkapillare, *a* Einbrandtiefe, v_s Schmelzgeschwindigkeit, *b* Schmelzzonenbreite

4.1.4. Schweißen mit Lasern

Das Laserschweißen ist ein *Schmelzschweißverfahren*, d.h., die zu verbindenden Teile werden unter Einwirkung der Laserstrahlung geschmolzen. Damit sind alle für die sonst üblichen Schmelzschweißverfahren gegebenen Bedingungen hinsichtlich der Schweißmetallurgie gültig. Besonderheit ist die hohe Leistungsdichte und beim Impulsschweißen die mit der kurzen Einwirkzeit verbundene schnelle Abkühlung. Die hohen Temperaturgradienten können zu unzulässigen Aufhärtungen und Rißbildungen führen.

Die Laser werden zum *Punkt-* und *Nahtschweißen* eingesetzt. Das Nahtschweißen kann kontinuierlich oder durch überlappendes Punktschweißen erfolgen.
Beim Schweißen werden zwei Verfahren unterschieden:

- Schweißen durch axiale Wärmeleitung
- Tiefschweißen

Bei der Schweißnahtbildung durch *Wärmeleitung* wird die an der Oberfläche umgewandelte Laserenergie in das Werkstückinnere durch Wärmeleitung übertragen. Intensität und Einwirkungsdauer müssen auf das jeweilige Werkstück abgestimmt sein. Die Modellvorstellung für das Tiefschweißen entspricht den Erkenntnissen beim Elektronenstrahlschweißen [4.22].
Es wird eine Dampfkapillare erzeugt, an deren Rückfront es bei der Relativbewegung zwischen Laserstrahl und Werkstück zur Ankondensation und damit zur Schweißnahtbildung kommt. Schweißnähte mit einem Tiefe–Breite-Verhältnis von 8:1 (Bild 4.13) sind auf diese Weise möglich. Aufgrund der wärmephysikalischen Eigenschaften wird die Schweißnahtgeometrie auch durch den jeweiligen Werkstoff selbst mit bestimmt.

Die *Form der Tiefschweißnaht* wird neben der Vorschubgeschwindigkeit und Werkstoffart im wesentlichen durch die räumliche Intensitätsverteilung bestimmt (d.h. Leistung, Strahldurchmesser und Strahlstruktur). Die Positionierung des Brennfleckes zum Material ist ausschlag-

*Tabelle 4.4. Schweißergebnisse mit Hochleistungslasern (*I-*Stoß ohne Zusatzwerkstoff, eine Lage)*

Laserleistung kW	Werkstoff	Dicke mm	Schweißgeschwindigkeit cm/min	Literatur
0,9	Stahl 304	0,8	250,0	[4.2]
1,0	nichtrostender Stahl	3	25,2	[4.3]
1,2	Titan	1	20,0	[4.4]
1,6	nichtrostender Stahl 321	2	150,0	[4.5]
2,0	Titanlegierung	1,2	380,0	[4.6]
4,0	Stahl	7	60,0	[4.7]
4,8	nichtrostender Stahl 302	12,5	16,6	[4.8]
8,0	nichtrostender Stahl	8,9	76,0	[4.9]
10	nichtrostender Stahl	12	250	[4.4]
16	nichtrostender Stahl	17	60	[4.4]
20	nichtrostender Stahl	20	127	[4.9]
90	HY-80-Stahl	38	250 ... 300	[4.10]

gebend für das Profil der Schweißnaht. Günstig ist, wenn der Fokus in etwa $\frac{1}{3}$ der Werkstückdicke in das Werkstück gelegt wird.
Beispiele von Tiefschweißungen mit dem CO_2-Laser sind in Tabelle 4.4 und in den Bildern 4.14 und 4.15 angegeben.

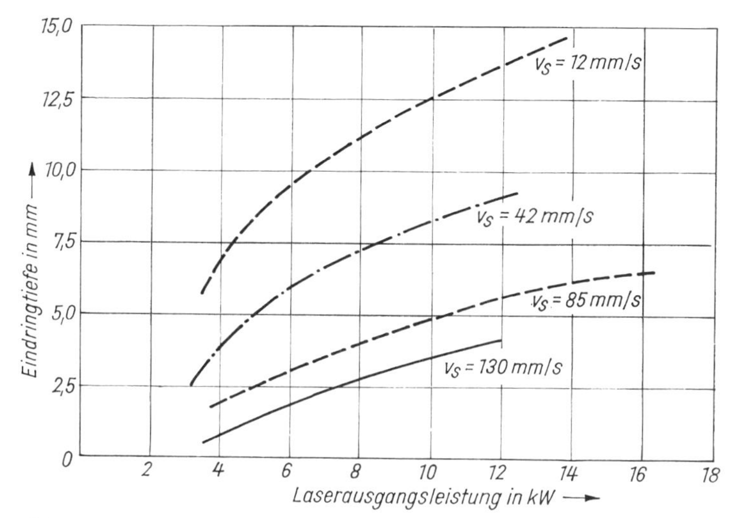

Bild 4.14. Einfluß von CO_2-Laserleistung und Schweißgeschwindigkeit v_s auf die Aufschmelztiefe in Stahl X2CrNi18.8 [4.27]

Allgemein wird das Laserschweißen *ohne Zusatzwerkstoff* durchgeführt. Zur Verhinderung von Rißbildungen und zur metallurgischen Beeinflussung kann auch mit Zusatzwerkstoff gearbeitet werden.

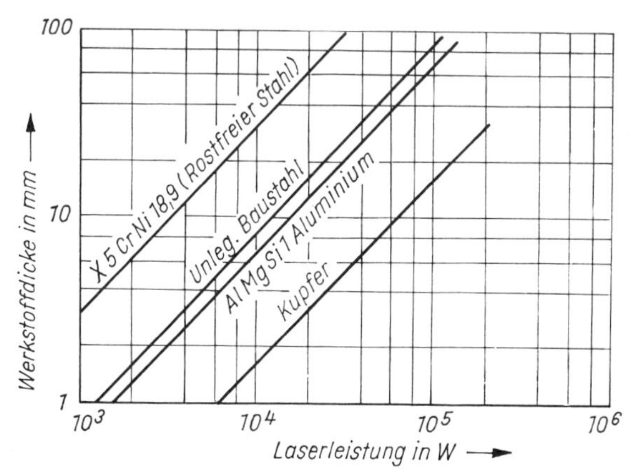

Bild 4.15. Diagramm zur Bestimmung der erforderlichen Mindestleistung für das Stumpfnahtschweißen mit CO_2-Lasern [4.13]

Eingesetzt werden für das Schweißen der Nd-YAG- und der CO_2-Laser. Während der Nd-YAG-Laser besonders für Kleinteile bis etwa 1 mm Dicke angewendet wird, bietet der CO_2-Laser mit seinen Ausgangsleistungen im kW-Bereich für Blechdicken bis 20 mm Einsatzmöglichkeiten.
Für das Schweißen nach dem Mechanismus der Wärmeleitung gelten folgende *Bedingungen*:

- Die Leistungsdichte ist für das Schweißen begrenzt. Abhängig vom Werkstoff darf sie 10^6 ... 10^7 W/cm^2 nicht überschreiten.
- Druckeinwirkungen auf das Schmelzbad müssen vermieden werden. Der Anteil von verdampftem Material ist möglichst klein zu halten.
- Die Schweißpunktabmessungen sind in erster Linie von der Wärmeleitung abhängig. Oberflächentemperatur, Bestrahlungszeit, Blechdicke und Werkstoffart sind sich gegenseitig beeinflussende Faktoren.
- Die Gesamtenergie des Laserimpulses muß über einen größeren Zeitraum (1 ... 10 ms) verteilt wirken.

Beispiele für *geschweißte Werkstoffpaarungen* mit Impulslasern:

Aluminium/Aluminium
Aluminium/Kupfer
Aluminium/Nickel
Automatenstahl/Wolfram
Bimetall/Automatenstahl
Bronze/Bronze
Bronze/Stahl
CrNi-Stahl/CrNi-Stahl
CrNi-Stahl/Kupfer
CrNi-Stahl/Nickel
CrNi-Stahl/Tantal
Federstahl/Automatenstahl
Gold/Aluminium
Gold/Germanium
Gold/Invar
Gold/Nickel
Gold/Silicium
Inconel/Inconel
Konstantan/Kupfer
Kovar/Kovar
Kupfer/Konstantan
Kupfer/Kupfer
Kupfer/Nickel
Kupfer/Stahl
Kupfer/Tantal
Messing/Bimetall
Messing/Bronze
Messing/Gold
Messing/Kupfer
Molybdän/Molybdän
Neusilber/Bronze
Nickel/FeNi-Legierung
Nickel/Nickel
Nickel/Nickel-Eisen
Nickel/Tantal
Nickel/Wolfram
Niob/Niob
Platin/Platin-Rhodium
Silber/Nickel
Stahl/Silber-Palladium/CrNi-Stahl
Stahl/Stahl
Stahl (vermessingt)/Thermobimetall/Bronze
Tantal/Molybdän
Tantal/Tantal
Thermobimetall/Neusilber
Titan/Titan
Wolfram/CrNi-Stahl
Wolfram/Wolfram

Beim Verbinden kleinster Teile in der Elektrotechnik und Elektronik bringt das Laserschweißen z.B. gegenüber dem Löten folgende Vorteile:

- Ausschaltung unnötiger metallischer Grenzflächen
- höhere mechanische Festigkeit

- größerer Widerstand gegen Vibration und Stoß
- höhere zulässige Betriebstemperaturen
- geringes Risiko einer nachteiligen Beeinflussung wärmeempfindlicher Bauteile bei der Montage
- größere Betriebssicherheit

Bei der Fertigung elektronischer Bauteile können kleine Teile auch durch Montageschweißungen verbunden werden.
In Glas eingebettete Zuführungsdrähte und Teile im Vakuum sind durch Glas hindurch zu verschweißen, Reparaturschweißungen in Vakuumröhren (z. B. Wiederanbringen von Heizfäden, Wiederherstellen der Anodenkontinuität und Anschweißen von Gitterzuleitungen) sind mit dem Laser möglich.

! Beim *Impulsschweißen* führen hohe Impulsfolgen geringer Energie zu größeren Schweißbadtiefen als geringe Impulsfolgen mit höherer Energie, da bei höheren Impulsfolgen die Wärmeleitungsverluste geringer sind.

Zu hohe Impulsfolgen ergeben jedoch ein Absinken der Aufschmelztiefe, was auf zu geringe Spitzenleistungen der Einzelimpulse und damit auf ein Ausbleiben der Verdampfung zurückzuführen ist (Bild 4.16) [4.12].

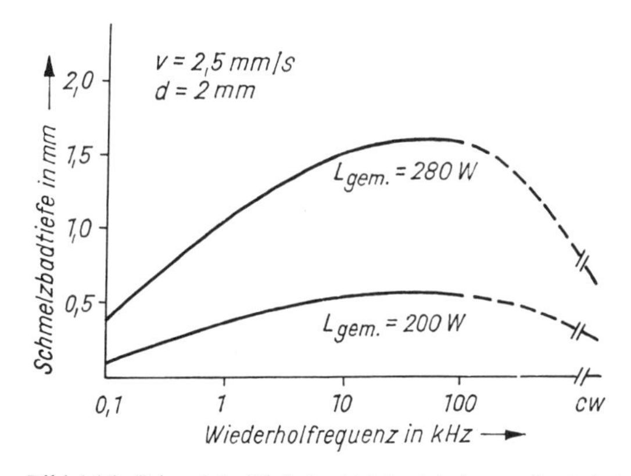

Bild 4.16. Schmelzbadtiefe in Abhängigkeit von der Wiederholfrequenz beim Nd-YAG-Laser [4.12]

Die *Aufschmelztiefe* ist proportional der gemittelten Laserleistung (Bild 4.17). Durch Bildung einer *Tiefschweißkapillare* ist bei Erreichen des dazu erforderlichen Schwellwertes eine stärkere Zunahme der Aufschmelztiefe vorhanden.

Zum Schutz des Schmelzbades vor schädlichen Gasen aus der Luft wird *Schutzgas* (Argon, Helium) koaxial oder seitlich auf die Naht geblasen. Beim Tiefschweißen wird dadurch auch die Plasmawolke weggeblasen, und die Einbrandverhältnisse werden wesentlich beeinflußt.
Mit dem Laser können Schweißnähte an gleich- und verschiedenartigen Werk-

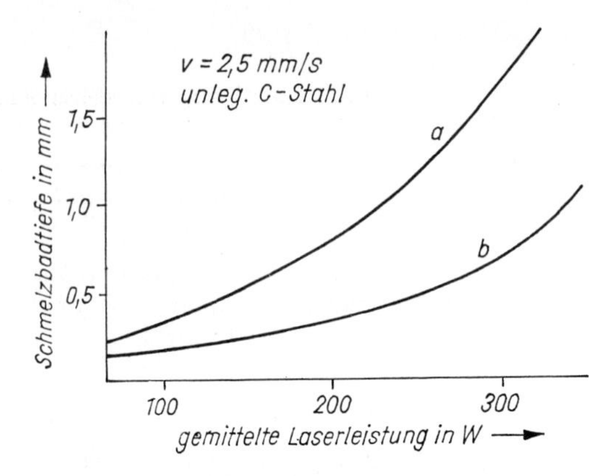

Bild 4.17. Schmelzbadtiefe in Abhängigkeit von der Laserleistung beim Nd-YAG-Laser [4.12].
a) gepulst (50 kHz), b) kontinuierlich

stoffen hergestellt werden. Im wesentlichen gibt es dabei folgende Verbindungen (Tafel 4.1):

Draht–Draht
Draht–Feinblech
Draht–Dünnschicht
Feinblech–Feinblech
Blech–Blech

Tafel 4.1. Konstruktionsbeispiele für Laserschweißverbindungen mit Impuls-Festkörperlasern

Draht-Draht-Verbindungen	Bedingungen für die Schweißverbindung
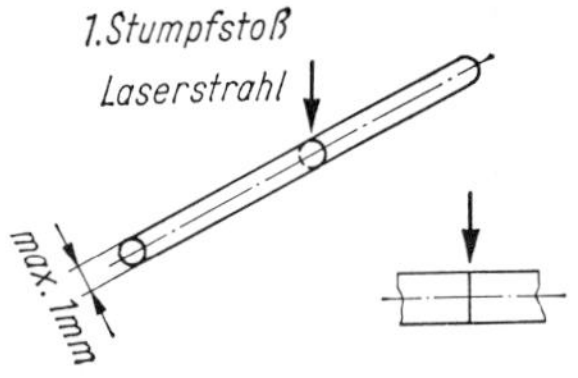 1. Stumpfstoß Laserstrahl max. 1 mm	planparallele Vorbereitung der Stoßflächen, Laserstrahl verschweißt beide stoßenden Werkstücke, Drähte $\leqq 1$ mm Durchmesser
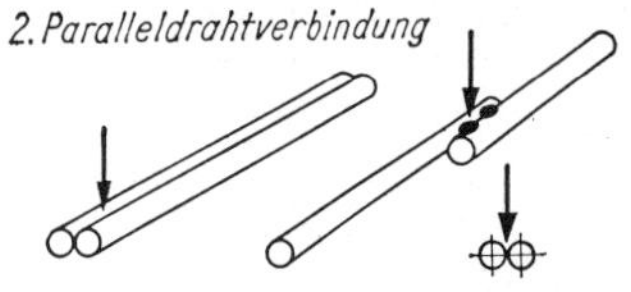 2. Paralleldrahtverbindung	keine besondere Vorbereitung, Drähte müssen an der Schweißstelle dicht beieinander liegen, technologisch vorteilhaft für das Schweißen, Drähte < 1 mm Durchmesser, durch Schmelzkugel auch Spaltüberbrückung bis 2% Drahtdurchmesser möglich, oft auch 2 Punkte hintereinander

Tafel 4.1 (Fortsetzung)

Draht–Draht-Verbindungen	Bedingungen für die Schweißverbindung
3. Kreuzstoß 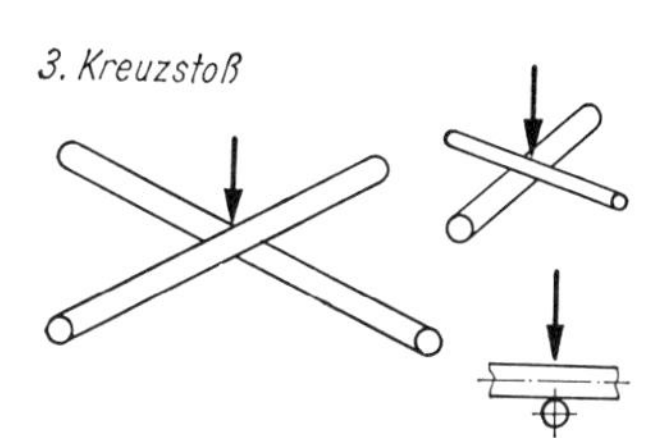	bisher am meisten verwendete Drahtverbindung, nachteilig ist, daß die Drähte während des Schweißens schlecht im innigen Kontakt gehalten werden können, günstig ist, den Laserstrahl im Winkel auftreffen zu lassen
4. T-Stoß 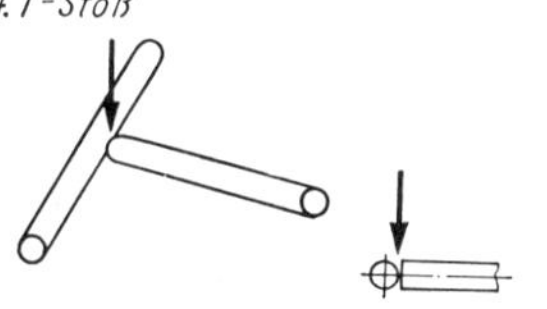	keine besondere Vorbereitung, anstoßender Draht kann in verschiedenen Winkeln angeordnet werden
5. Stirnpunktschweißung 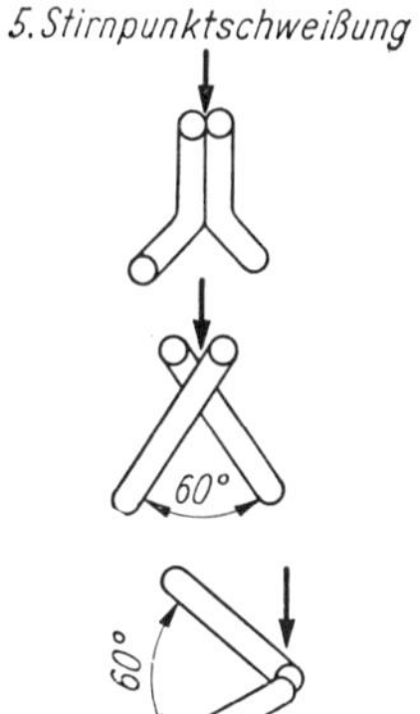	Drähte müssen an der Schweißstelle eben abschließen (ein Draht darf nicht länger als der andere sein), Drähte müssen an der Schweißstelle dicht beieinander liegen leicht positionierbar, besonders bei mehreren, dicht nebeneinander liegenden Verbindungen, durch leichten Druck sind Drähte nach dem Schweißen in einer Ebene besonders unempfindlich gegenüber Schwankungen der Strahlparameter

Draht/Band–Feinblech-Verbindungen	Bedingungen für die Schweißverbindung
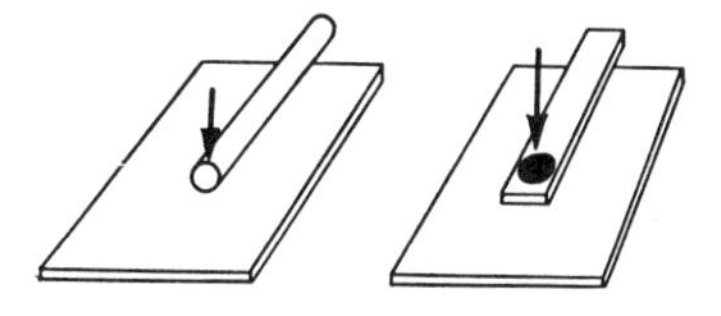	häufig angewendet, wenig Vorbereitung (meist Entfetten) notwendig, auch mehrere Einzelpunkte möglich, dicke Drähte abplatten anstelle von Drähten können auch Bänder aufgepunktet werden

Tafel 4.1 (Fortsetzung)

Draht/Band–Band-Verbindungen	Bedingungen für die Schweißverbindung
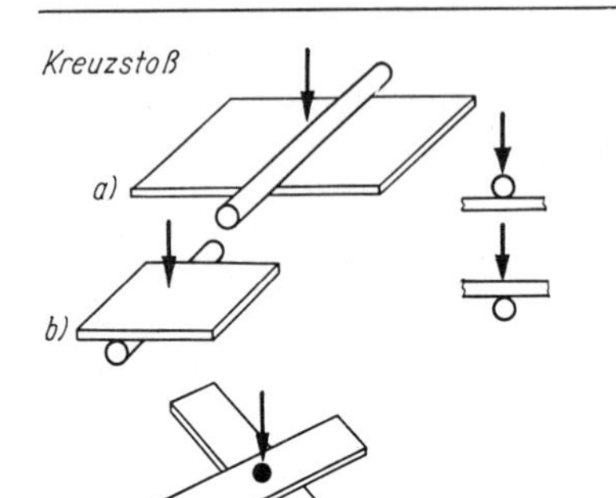	a) Drähte < 0,4 mm Durchmesser b) Drähte > 0,4 mm Durchmesser Laserstrahl durchdringt das Band und schmilzt Draht auf, schwieriger zu positionieren
	Verbindungen zeigen gute Verschweißung beider Bänder, konisches Einbrandprofil ist charakteristisch

Feinblech–Feinblech-Verbindungen	Bedingungen für die Schweißverbindung
1. Überlappnaht min. 0,5mm max. 0,5mm	Voraussetzung für eine gute Verschweißung beider Bleche ist, daß diese satt aufliegen, damit die Wärmeleitungsvorgänge begünstigt werden und eine einwandfreie Verschweißung beider Bleche erreicht wird.
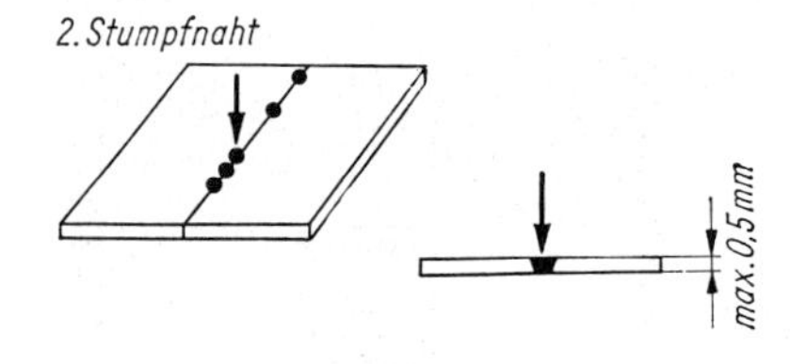	Durch die Nahtvorbereitung muß eine glatte Stoßfläche geschaffen werden, damit beide Teile einwandfrei verbunden werden können. Die Ausführung der Stumpfnaht kann derart erfolgen, daß: ● die einzelnen Punkte überlappt werden ● die einzelnen Punkte in gewissen festgelegten Abständen gesetzt werden.
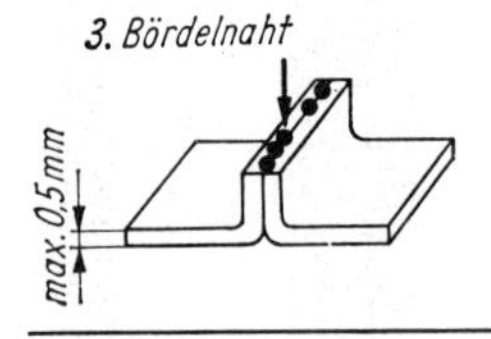	Die Vorbereitung der Bördelnaht ist relativ schwierig. Die Punktfolge kann ebenso, wie unter 2. aufgeführt, erfolgen.
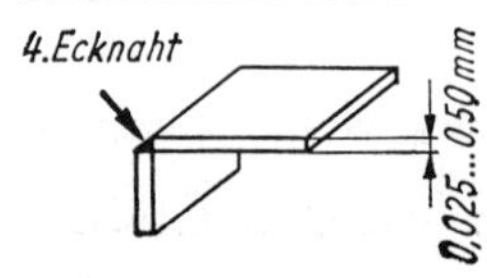	

Tafel 4.1 (Fortsetzung)

Abarten

Laserschweißverbindungen beliebiger Teile lassen sich größtenteils auf die vier Grundverbindungsformen zurückführen. Unter Beachtung der Eigenheiten des Laserstrahles kann eine technologisch vorteilhafte Verbindung geschaffen werden.

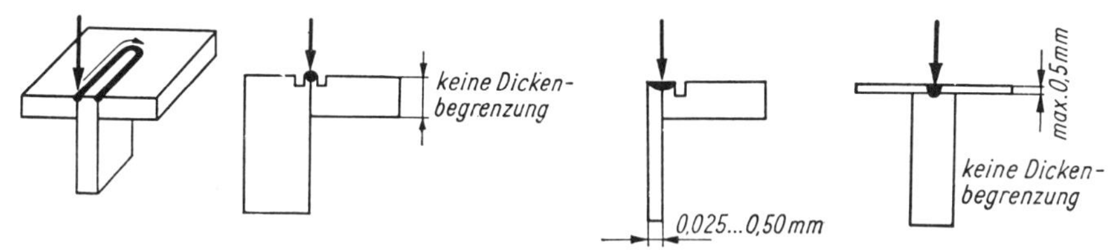

Anschweißen von Drähten auf Dünnschichten

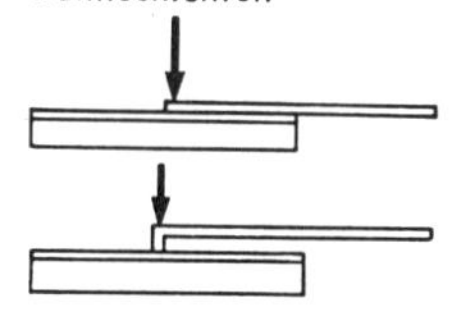

Vor Schweißen auf Gold- und Aluminiumaufdampfschichten Drahtenden evtl. abflachen!

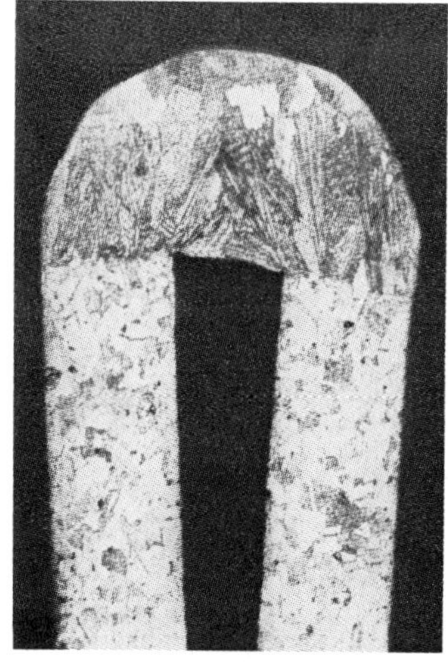

Bild 4.18. Laserimpulsgeschweißte Membran aus Aurelast (Laserausgangsenergie: 2 J, Impulsdauer: 4 ms, Impulsfolge: 10 Hz).
a) Ausschnitt aus der Stirnflachnaht 2 × 0,1 mm Aurelast, b) Längsschnitt durch die Schweißnaht, c) Querschnitt durch die Schweißnaht

Die Drähte können als Stumpf-, Überlapp-, Kreuz- oder T-Stoß miteinander verbunden werden. Bleche kann man durch Stumpf-, Überlapp- oder Bördelnähte verschweißen (Bilder 4.18 bis 4.25).

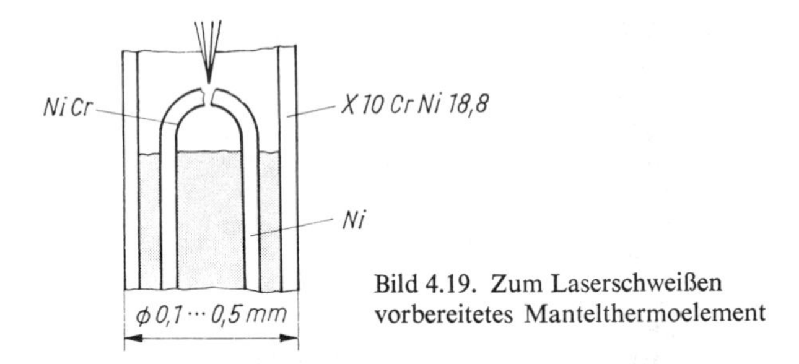

Bild 4.19. Zum Laserschweißen vorbereitetes Mantelthermoelement

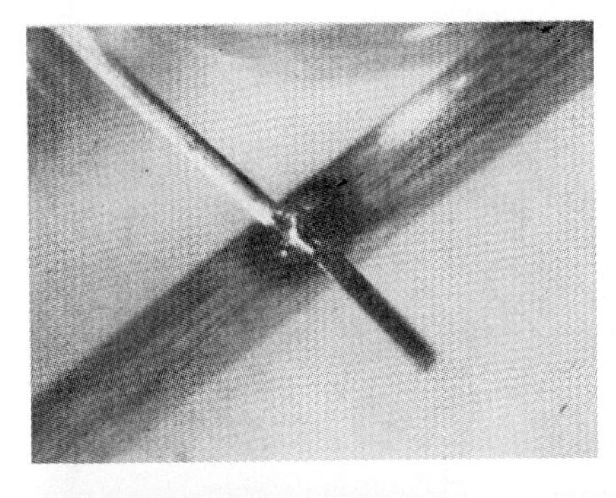

Bild 4.20. Laserimpulsgeschweißter Kreuzstoß von 0,2-mm-Draht mit 0,8-mm-Draht aus Wolfram innerhalb eines Glaskolbens (Energie: 4 J; 4 ms)

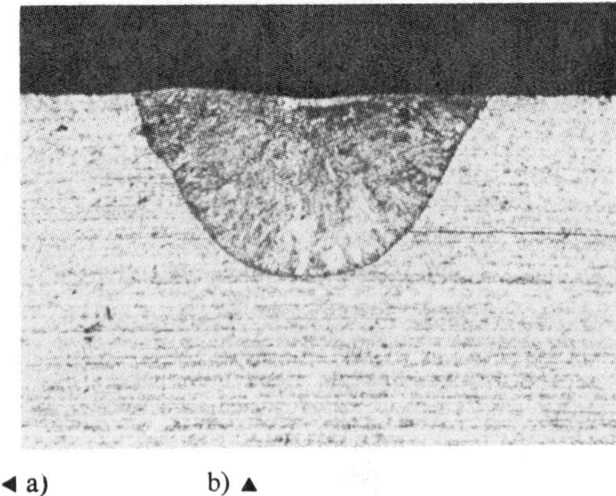

◀ a) b) ▲

Bild 4.21. Einschmelztiefen in CrNi-Stahl, hergestellt mit der Laserbearbeitungsanlage »Quant 12«.
a) 1 J; 2,5 ms; $f =$ 50 mm; Einschmelztiefe: 0,8 mm,
b) 1 J; 2,5 ms; $f =$ 100 mm; Einschmelztiefe: 0,3 mm

Bild 4.22. Lasergeschweißte Abdeckbleche staubdichter Kugellager (Dicke der Abdeckscheibe 0,2 mm)

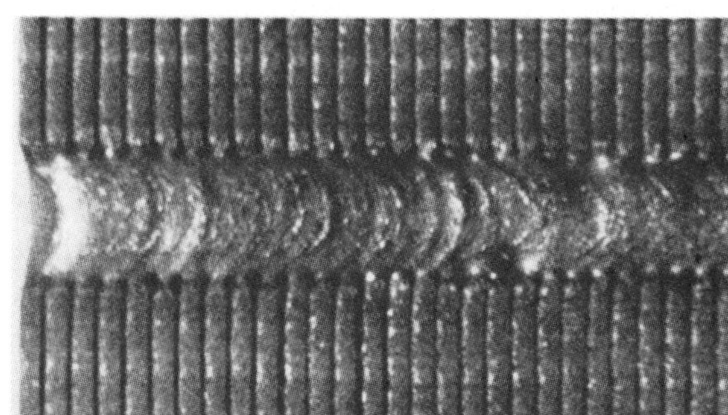

Bild 4.23. Lasergeschweißtes Blechpaket aus Muniperm (CO_2-Laser, 120 W kontinuierlich)

a)

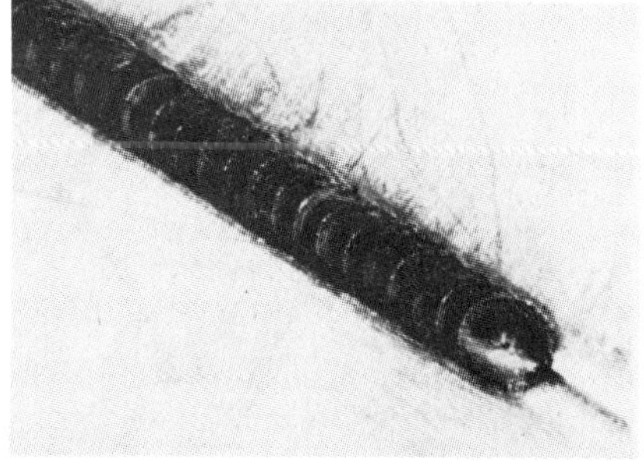

b)

Bild 4.24. Punktschweißnaht an 0,5 mm CrNi-Blech, hergestellt mit der Laseranlage »Quant 12«. Vorschubgeschwindigkeit des Schweißteils: 50 mm/min, Ausgangsenergie: 1,5 J.
a) Punktfolge 2 Hz, b) Punktfolge 5 Hz

Mit dem CO_2-Laser können auch Thermoplaste geschweißt werden. Vorteile des Laserschweißens speziell in der Präzisionsmechanik und Elektroindustrie sind [4.20]:

- kein mechanischer Kontakt mit der Schweißstelle
- Einhaltung sehr genauer Toleranzen über lange Produktionszeiträume
- praktisch keine Wärmebeeinflussung der Teile
- sehr kleine Schweißpunkte
- durch zeitliche Steuerung der Energie praktisch alle Materialien miteinander verschweißbar
- Schweißungen auch an unzugänglichen Stellen, z. B. durch Glasabdeckungen hindurch oder in Sacklöchern
- Schweißungen können in Gasen, Vakuum und Flüssigkeiten durchgeführt werden
- direktes Schweißen durch Isolation hindurch, kein Abisolieren erforderlich, Lacke oder Oxidschichten sind beim Kontaktieren meist kein Hindernis
- Geometrie der Schweißnaht ist gut kontrollierbar

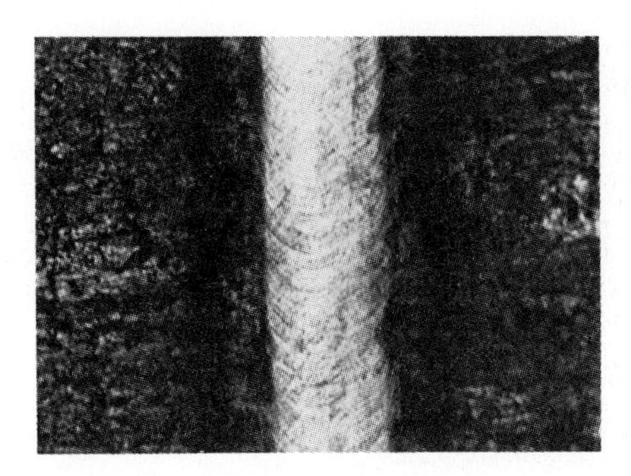

Bild 4.25. Kontinuierliche Laserschweißnaht (CO_2-Laser, CrNi-Blech, Nahtbreite: 0,25 mm)

4.1.5. Trennen und Bohren mit Lasern

4.1.5.1. Abtragende Bearbeitung mit gepulster Laserstrahlung

Bei der abtragenden Bearbeitung mit Impulslasern werden zwei Verfahren unterschieden (Bild 4.26):

- Abtragen mit modulierter Intensität
- Abtragen mit konstanter Intensität

Beim Bohren mit *modulierter Intensität* werden in kurzen Abständen einzelne Volumenelemente abgetragen. Diese Variante wird z. B. zum Bohren von Uhrenlagersteinen (50 µm Lochdurchmesser) eingesetzt.

Der Durchmesser der mit Laser gebohrten Löcher entspricht etwa dem Strahldurchmesser. Es sind Löcher mit einem Verhältnis von Tiefe : Breite = 10 : 1 erreichbar, bei sehr kleinem Durchmesser < 0,01 mm und Plattendicke < 0,3 mm kann das Verhältnis bis 30 : 1 betragen. Impulsbreite und -länge müssen dem Anwendungsfall angepaßt werden.

! *Kontrollierte Laserimpulse* ergeben sehr gute Bohrungen, während unkontrollierte Multimodelaser zu unsymmetrischen Bearbeitungen führen. Die Lochform wird durch die Energieverteilung im Strahl beeinflußt.

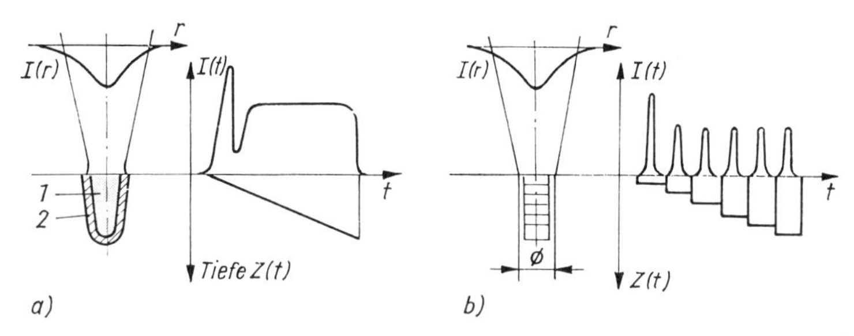

Bild 4.26. Schematische Darstellung des Laserbohrprozesses.
a) Bohren mit konstanter Intensität (*1* Dampf, *2* Schmelze), b) Bohren mit modulierter Intensität

Höhere Schmelztemperatur und/oder Temperaturleitfähigkeit bedingen kleinere Lochtiefe und bessere Reproduzierbarkeit. Die *Bohrungsdurchmesser* streuen bei langer Impulsdauer (z.B. 1,75 ms) mehr als bei kurzer (z.B. 0,6 ms). Ein gleichzeitig koaxial mit dem Laserstrahl wirkender Druckluftstrahl hat einen sehr günstigen Einfluß auf die Lochform und deren Reproduzierbarkeit [4.30]. Der Lochdurchmesser ist von der Impulsenergie und vom Werkstoff abhängig (Bild 4.27). Durch zusätzlichen *Druckluftstrahl* können bei Werkstoffen mit schlechter Wärmeleitfähigkeit die Lochdurchmesser vergrößert werden. Bei guten Wärmeleitern (z.B. Cu) und Metallen, die nicht zusätzlich durch den Sauerstoffstrahl verbrannt werden, wird der Lochdurchmesser kaum beeinflußt.

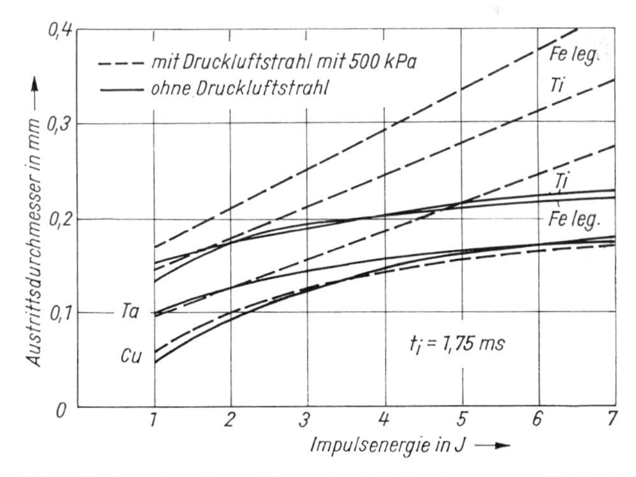

Bild 4.27. Zunahme der mittleren Austrittsdurchmesser in Abhängigkeit von der Impulsenergie mit und ohne Druckluftstrahl [4.33].
t_i Impulsdauer

Die erreichbaren Lochtiefen bei der Einzelimpulstechnik sind von der Schmelztemperatur des Werkstoffes abhängig, sie sind umgekehrt proportional zur Temperaturleitzahl. In Abhängigkeit von der Impulsenergie nimmt die *Lochtiefe* in metallischen Werkstoffen hyperbolisch zu und nähert sich einer *Grenzlochtiefe*.
Je nach Impulsenergie und Werkstoff sind bei Metallen Löcher von 0,01 ... 0,5 mm Durchmesser und bis zu 6 mm Tiefe möglich.

! Die beim Bohren auftretenden *Schmelzeffekte*, insbesondere bei schlechten Wärmeleitern, führen zur Unrundheit der Löcher, besonders wenn je Loch nur mit 1 Impuls gearbeitet wird. Es ist grundsätzlich von Vorteil, wenn für das Herstellen eines Loches mit mehreren Impulsen gearbeitet wird und nur kontrolliert kleine Werkstoffmengen abgetragen werden.

Beim Abtragen und Bohren soll der Werkstoff schlagartig verdampfen. Der Schmelzanteil soll möglichst gering sein oder ganz unterdrückt werden. Hohe *Leistungsdichten* (10^7 ... 10^8 W/cm^2) und sehr kurze Zeiten im Bereich von µs bzw. ns sind anzustreben. Vorteile sind besonders beim Bohren von hartem und sprödem Material vorhanden, wie Diamant (Ziehsteine), Rubin (Uhrenlagersteine), Saphir, Hartmetall, Titan, Stahl und Keramik (elektronische Substrate). Der minimale Bohrdurchmesser beträgt 3 µm.

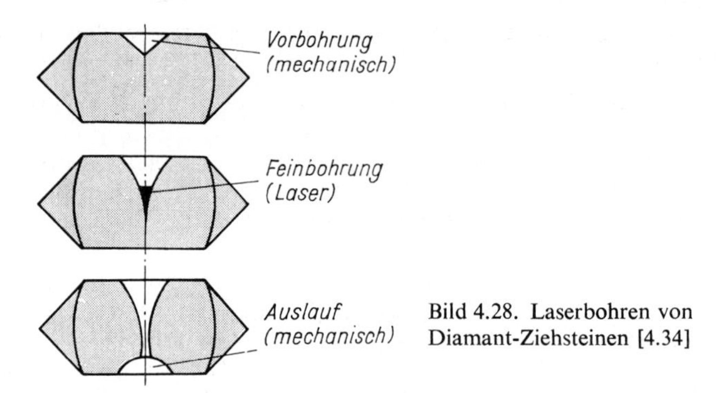

Bild 4.28. Laserbohren von Diamant-Ziehsteinen [4.34]

Präzisionsziehdüsen aus Diamant für die Drahtherstellung (Bild 4.28) werden mit gepulsten Nd-YAG-Lasern gebohrt. Ausgangsenergien von 1 J, 5 ... 10 Impulse/s und eine Impulslänge von 200 µs sind für Bohrungen von 0,01 ... 2 mm Durchmesser geeignet [4.31]. Beispiele dafür sind:

Ziehloch-Durchmesser mm	Diamantdicke mm	Schußzahl	Bearbeitungszeit min
0,1	1	600	2,0
0,4	1	1900	6,3
0,95	1,5	3500	11,7

Anwendung findet das Bohren auch zum Einbringen von Kühllöchern in Turbinenschaufeln und zur Abstimmung von mechanischen Schwingern.
Das Abtragen von Material an genau definierter Stelle auf einem schnell laufenden Rotor ist

ein typisches Beispiel eines modernen Laserkonzeptes. Auf dem laufenden Rotor (3000 bis 30000 min^{-1}) werden in beiden Achsen eine Zielgenauigkeit und Positionskonstanz von $\pm 0{,}01$ mm sichergestellt. Neben Lasern spezieller Ausstattung sind für derartige Technologien auch eine *moderne Prozeßsteuerung* und ausgereifte *Werkstückhandhabung* erforderlich. Der Laser selbst hat für reproduzierbare genaue Bohrungen folgende Merkmale zu erfüllen [4.32]:

- in einem weiten Leistungsbereich genau steuerbare und reproduzierbare Impulsenergie und -form
- einstellbare Intensitätsverteilung im Arbeitsfokus für sauberen Materialabtrag, insbesondere ohne Auswürfe
- hohe Wiederholfrequenz der Laserimpulse
- Strahlablenkung zum schnellen Positionieren und Mitführen bei bewegten Werkstücken

Durch schnelles Pulsen und fortschreitende Relativbewegung zwischen Werkstück und Laserstrahl können Linien abgetragen und durchgehende Trennschnitte hergestellt werden.

4.1.5.2. Trennen mit kontinuierlicher Laserstrahlung

Für das *Trennen größerer Werkstoffdicken* wird der CO_2-Laser eingesetzt. Bei Aufdampfschichten und dünnen Folien ist der Nd-YAG-Laser auf Grund kleinerer Brennflecke meist vorteilhafter.
Die *Schneidtechnologien* mit dem CO_2-Laser lassen sich nach den Werkstoffen in drei Gruppen unterteilen:

- Metalle – der Schneidvorgang wird durch die exotherme Reaktion Sauerstoff–Metall gefördert, Einsatz bei Stahl, Titan, Niob
- Werkstoffe, die unter dem Strahl zerfallen *(Sublimierschneiden)*, Einsatz bei Papier, Holz, Leder, Plasten, Textilien
- Werkstoffe, die zerfallfrei schmelzen bzw. durch Thermoschock zerspringen, Einsatz bei Steinen, Glas, Keramik

Für das Trennen hat sich die *Gasstrahltechnik* durchgesetzt (Bild 4.29, 4.30). Dabei wird koaxial auf die Auftreffstelle des Laserstrahles am Werkstück ein Gasstrahl gerichtet. Die Düsen sind geometrisch besonders gestaltet, so daß je nach Aufgabe auch laminare Überschallströmungen erzeugt werden können. Die Gasdüse kann auch zur Ausblendung von Laserrandstrahlen dienen. Der CO_2-Laserschneidkopf arbeitet hauptsächlich mit Einzellinsen (Brennweite $f = 50$ bis 200 mm).
Aufgaben des zusätzlichen Gasstromes sind:

- *Schutz der Fokussierungslinse* vor den bei der Materialbearbeitung entstehenden Dämpfen
- *Abtransport der Dämpfe* aus der Schnittfuge
- Einleiten und Aufrechterhalten der *Oxydationsreaktion* zwischen Eisen und Sauerstoff
- erforderlichenfalls Schutz der Schnittfuge vor atmosphärischen Einflüssen durch Einsatz von *Schutzgasen*
- Verhinderung der Entzündung von leicht brennbaren Materialien durch *reaktionsträge Zusatzgase*
- *Kühlung* der Schnittkanten
- bewußte Beeinflussung des Nahtprofiles durch Gasgemische beim Tiefschweißen

Bei Nichtmetallen und zum oxidfreien Schneiden von Metallen wird ein inertes oder reaktionsträges Gas verwendet. Für die meisten Fälle reicht bei den Nichtmetallen Luft als Zusatzgas aus (Tabelle 4.5).
Für das *Laserbrennschneiden* wird Sauerstoff auf die erhitzte Stelle geblasen. Schmale Schnittfugen und geringer Wärmeeintrag sind kennzeichnend (Tabelle 4.6, Bild 4.31).

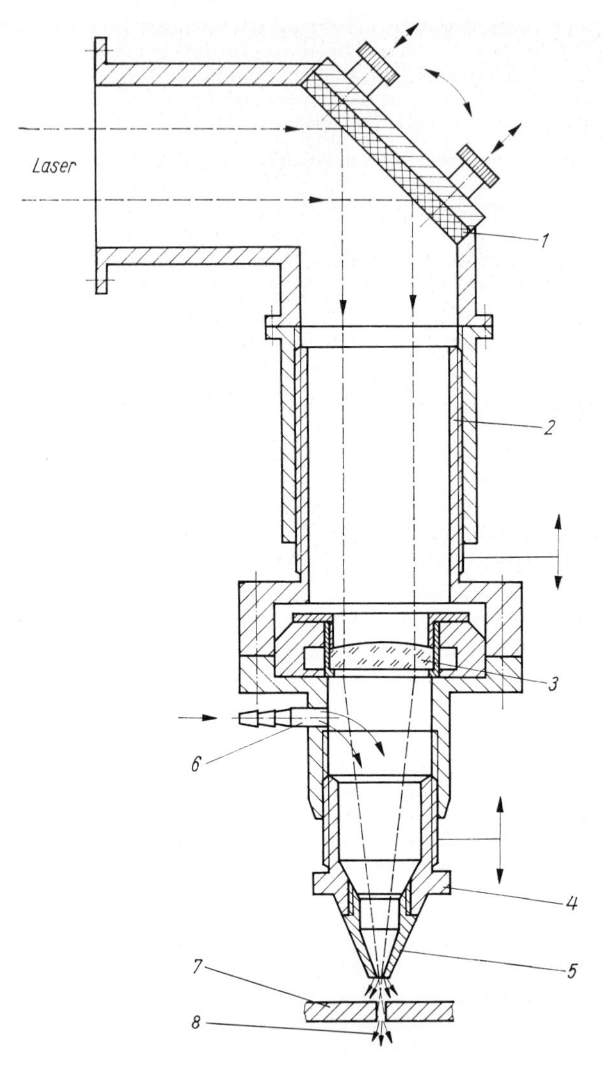

Bild 4.29. Bearbeitungskopf für CO_2-Laser mit Gasstrahltechnik.
1 kippbarer Reflexionsspiegel zur Einspiegelung des ankommenden Laserstrahles auf die Fokussierlinse, *2* Grobverstellung des Bearbeitungskopfes (Stellweg $\approx$ 50 mm), *3* Fokussierlinse (f = 100 mm), *4* Feinverstellung des Bearbeitungskopfes (Stellweg $\approx$ 10 mm), *5* auswechselbare Gasdüse zur Formung des Gasstromes, *6* Anschluß für Arbeitsgas (Luft, N_2, O_2, Ar), *7* Werkstück, *8* ausgeblasene Schmelze, Oxid bzw. verdampfter Werkstoff

Bild 4.30. Laserbearbeitungskopf beim Konturenschneiden von Mehrschichtenholz

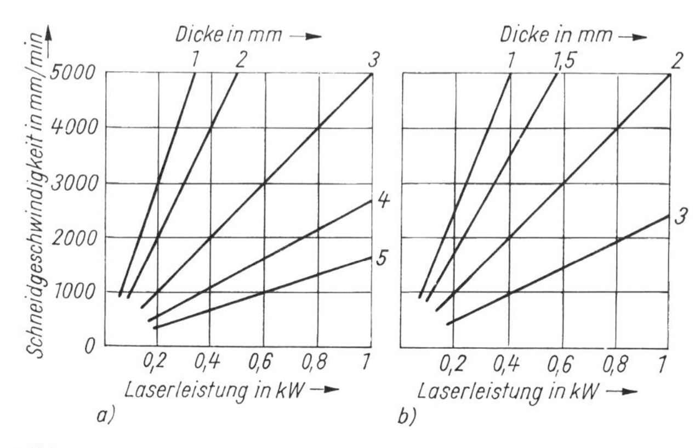

Bild 4.31. Richtwerte für das Schneiden mit CO_2-Lasern (Bearbeitungsoptik f = 65 ... 150 mm) [4.28].
a) unlegierte Qualitäts- und Edelstähle (wie Tiefziehbleche, Federstähle),
b) legierte und hochlegierte, chemisch beständige Stähle

Tabelle 4.5. Parameter beim Trennen unterschiedlicher Werkstoffe mit dem CO_2-Laser FEHA/LGL 200 [4.11]

Werkstoff	Dicke mm	Schnitt-geschwindigkeit mm/min	Zusatzgas
Schichtenholz	10	800	Druckluft
Fichtenholz	20	300	Druckluft
Preßpappe	5	1700	Druckluft
Graupappe	2,5	2500	Druckluft
Kofferpappe	1	3000	Druckluft
PVC	5	1200	Druckluft
PE	3,5	1400	Druckluft
PMMA	3	3000	Druckluft
PMMA	5	1500	Druckluft
Rindsleder	5	1000	Druckluft
Kunstleder	1,5	3000	Druckluft
Polsterstoff mit Schaumstoffeinlage	5	3000	Druckluft
Asbest	3	750	Druckluft
Stahlblech St 37	1	1500	Sauerstoff
18/8 CrNi-Stahl	1	1000	Sauerstoff
18/8 Cr-Ni-Sieb			
feinmaschig	0,5	3000	Sauerstoff
grobmaschig	0,8	1200	Sauerstoff

Tabelle 4.6. Schneidergebnisse mit dem CO_2-Laser ZIS 738 bei Feinblechen (Arbeitsgas: O_2, 300 kPa, Ausgangsleistung: ≈ 150 W, $f = 100$ mm)

Werkstoff	Dicke mm	Schnitt-geschwindigkeit mm/min	Schnitt-fugenbreite mm
Unlegierter Baustahl	0,5	1300	0,20
	1,0	930	0,12
	1,6	290	0,15
Federbandstahl MK 67	0,2	1385	0,25
C45G	0,5	1260	0,23
X8CrNiTi18.10	1,0	520	0,21
	1,5	440	0,16
Stahlblech beschichtet, PVC-W-Folie	1,0	680	0,23
Stahlblech, verzinkt	0,6	680	0,32
Stahlblech, beschichtet PVC-H	1,0	680	0,23

Bei 1 mm dickem Tiefziehblech liegt die *Schnittriefentiefe* zwischen 0,015 und 0,05 mm und die wärmebeeinflußte Zone zwischen 0,05 und 0,1 mm. Die äußere Form und der Gasdruck des aus der Düse ausströmenden Gasstrahles beeinflussen die erreichbare Schnittdicke und Schnittgüte.

Parallele Schnittflächen mit einem Tiefe–Breite-Verhältnis von 100:1 sind möglich. Je nach Werkstoffart und -dicke betragen die Schnittfugenbreiten 0,1 ... 0,7 mm.
Beim thermischen Trennen von Metallen füllt der Laser bis 4 mm Werkstoffdicke die technologische Lücke (Bild 4.32). Bei Nichtmetallen wurden bisher etwa 50 mm Schnittdicke erreicht.

Beim Einsatz des *Lasertrennens* wird nicht schlechthin eine alte Technik durch eine neue Methode ersetzt. Das Lasertrennen ist dort einzusetzen, wo die Vorteile des Lasers voll genutzt werden können (siehe Tabelle 4.1) und eine Verbesserung des gesamten technologischen Ablaufes erreicht wird.

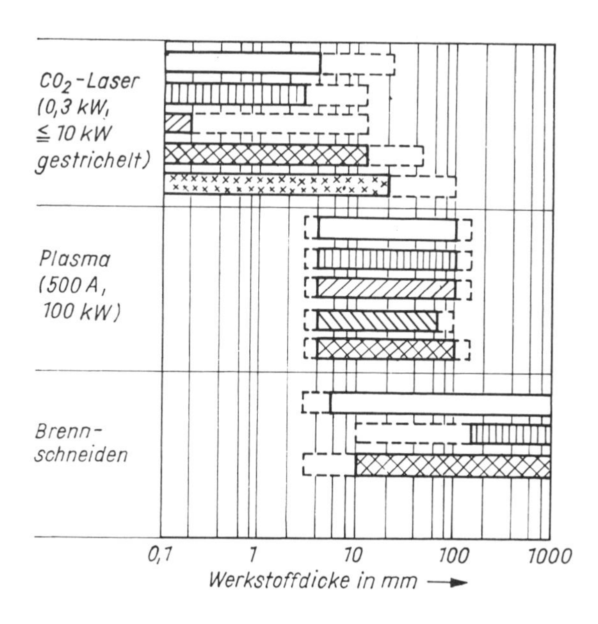

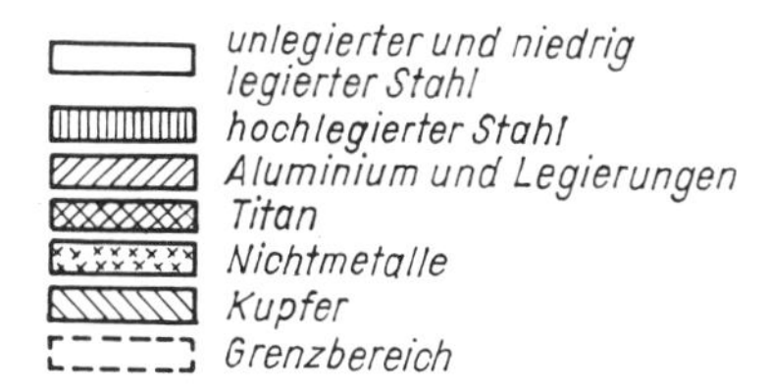

Bild 4.32. Anwendungsbereiche verschiedener thermischer Trennverfahren [4.29]

Das reicht von der Verbesserung der Schnittqualität bis zum Wegfall vor- und nachgelagerter Prozesse.
Beispiele sind das Trennen von PMMA, wo der Laserschnitt gleichzeitig eine polierte lichtechte Kante erzielt und nachträgliches Polieren entfällt (Bild 4.33). Dazu gehören auch das Trennen und

gleichzeitige thermische Versiegeln von Schnittkanten an technischen Geweben (Bild 4.34). Große Vorteile haben sich beim Trennen von Pumprohren aus Quarz in der Lampenindustrie ergeben. In 1,5 s werden Rohre von 4 mm Außendurchmesser und 0,7 mm Wanddicke staubfrei und ohne Lärmbelästigung getrennt.

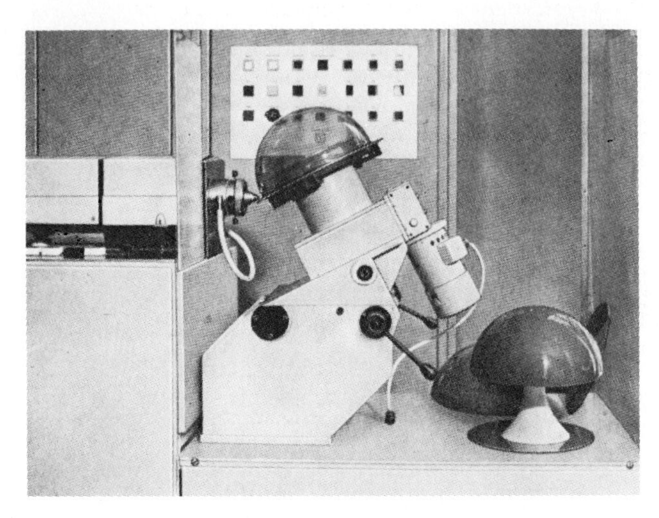

Bild 4.33. CO_2-Laser in Kombination mit einer einfachen Drehvorrichtung zum Lasertrennen von Polymethylmethacrylat zur Herstellung von Tischlampen

Bild 4.34. Laserschnitt an technischem Gewebe aus Polyesterfasern, Schnittkante gleichzeitig thermisch versiegelt

4.1.6. Spezielle Technologien

Ausgehend von den Wechselwirkungen zwischen Laserstrahl und Werkstoff, wird das Material erwärmt, geschmolzen oder verdampft. In Verbindung mit der Werkstückhandhabung und einer Prozeßkontrolle und -regelung haben sich neben dem Schweißen, Trennen und Bohren weitere Technologien industriell durchgesetzt bzw. sind noch für einen breiten Einsatz in Entwicklung. Dazu gehören das Trimmen, Härten, Gravieren, Beschriften, Umschmelzen, Ritzen und Glasieren.

4.1.6.1. Laserbearbeiten dünner Metallschichten

Als *dünne Schichten* sollen hier Schichten mit einer Dicke von $d = 1 \dots 2$ µm verstanden werden. Der Laser wird dabei verwendet für:

- Funktionsabgleich von Dünnschichtbauelementen der Elektronik
- Strukturierung dünner Schichten
- Bild- und Informationsspeicherung

Der *Abtragprozeß* wird durch die Laserparameter und durch die Schicht- und Substrateigenschaften bestimmt.

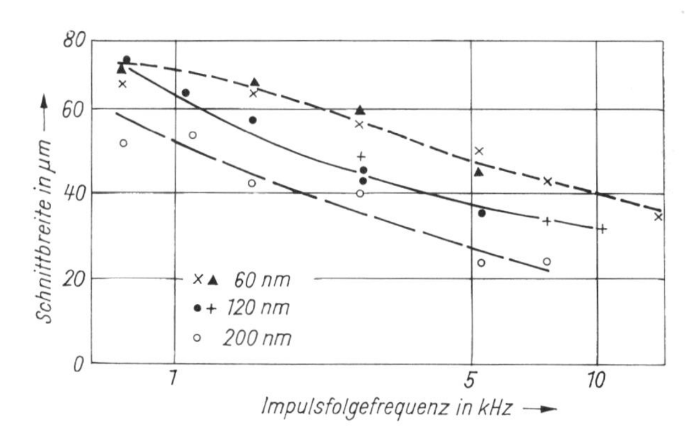

Bild 4.35. Schnittbreite in Abhängigkeit von der Impulsfolgefrequenz für Kupferschichten unterschiedlicher Dicke (Brennweite der Fokussieroptik $f = 25$ mm; Nd-YAG-Laser) [4.35]

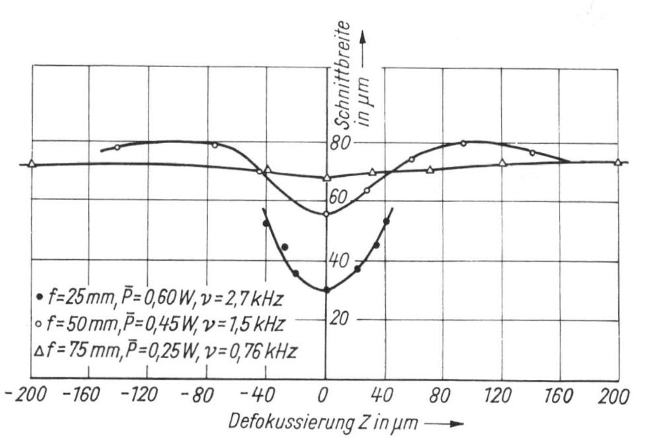

Bild 4.36. Einfluß der Defokussierung Z auf die Schnittbreite für drei unterschiedliche Brennweiten [4.35]

Industriell eingeführt ist der Widerstandsabgleich mit dem YAG-Laser. Der Abgleich erfolgt durch gesteuertes Verdampfen der Widerstandsschicht bis der Sollwert des Widerstandes erreicht wird.
Das *Trimmen* von Dick- und Dünnfilmschaltungen ist das Bohren einer Reihe sich überlappender Löcher durch Verdampfen des Widerstandsmaterials. Dabei ist die thermische Wirkung an den Schnitträndern gering zu halten. Die Energieabgabe je Impuls, die Impulsfrequenz, die Schnittbreite und die Schnittgeschwindigkeit müssen aufeinander abgestimmt sein.
Die Schnittbreite kann durch die Impulsfolgefrequenz (Bild 4.35) und durch Defokussierung (Bild 4.36) beeinflußt werden.
Der Trimmvorgang geschieht automatisch. Je nach geforderter Abgleichgenauigkeit gibt es verschiedene Einschnittformen (Bilder 4.37; 4.38). Es werden Abgleichgenauigkeiten von 10^{-2} bis 10^{-3} % erreicht. Beim Trimmen von Dünnfilmschaltungen betragen die Schnittbreiten in den Schichten (Gold, Tantal, Silber, Nickel, Chromnickellegierung) bis unter 5 µm bei Bearbeitungsgeschwindigkeiten bis 75 mm/s. Die Impulslängen liegen in der Größenordnung von 150 bis 200 ns.
Neben dem Trimmen von Dick- und Dünnfilmschaltungen werden durch partielles Abtragen auch Zylinderwiderstände, Metallfilme auf Ferrit, Quarzkristall-Oszillatoren und -Filter bearbeitet.

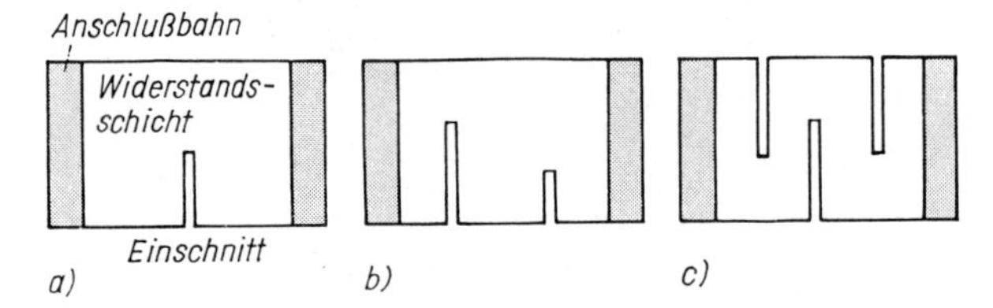

Bild 4.37. Einschnittformen für den Funktionsabgleich von Widerständen.
a) einfacher gerader Einschnitt, b) Doppelschnitt, c) Mäanderschnitt

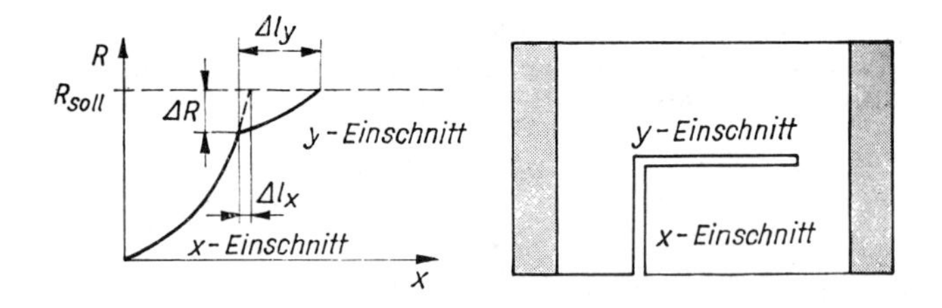

Bild 4.38. Widerstandsänderung in Abhängigkeit von der Schnittlänge bei einem L-Schnitt.
x-Richtung: Grobabgleich, y-Richtung: Feinabgleich

4.1.6.2. Wärmebehandeln (Härten)

Das *Härten* kann mit gepulster oder kontinuierlicher Laserstrahlung durchgeführt werden. Die Abkühlung geschieht allein durch *Festkörperwärmeleitung*. Die Abkühlzeit ist den sehr kurzen Aufheizzeiten gleichzusetzen. Die genau definierte Temperaturerhöhung läßt sich in sehr kleinen Bereichen durchführen.

Für das *selektive Härten* größerer Bauteile werden CO_2-Laser im kW-Bereich eingesetzt. Je nach Werkstoff und Bauteilgröße sind 1 ... 5 kW Ausgangsleistung für mehr als 0,7 mm Härtetiefe erforderlich.

Beispiel:
In einer automatischen Wellen-Härteanlage werden z. B. Wellen von 6,4 ... 16 mm Durchmesser und 100 ... 610 mm Länge an den Lagerstellen partiell gehärtet. Bei Wellen aus C 60 wurde eine Härtetiefe von 0,4 mm erreicht. Die Härtewerte betrugen 62 ... 64 HRC.
Vorteile beim Laserhärten von Wellen sind:

- nur sehr geringe Verformung (± 75 μm)
- keine Nacharbeit erforderlich
- Erhöhung der Lebensdauer auf das Dreifache der normalen Verschleißzeit

Das Härten wird entweder durch Abrastern mit fokussiertem Strahl oder mit defokussiertem Laserstrahl durchgeführt. Eine Formung des Strahles zum Rechteck oder zu anderen geometrischen Figuren ist ebenfalls möglich.

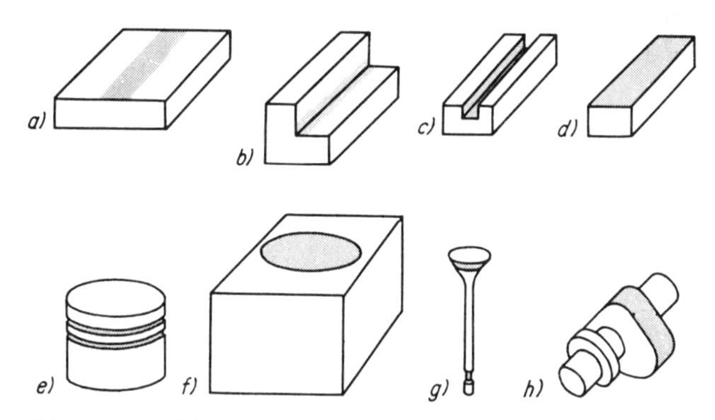

Bild 4.39. Beispiele von Bauteilen für das Laserhärten [4.36].
a) Fehler, b) Ecken, c) Schlitze, d) Kanten, e) Außendurchmesser,
f) Innendurchmesser, g) Ventil, h) Nockenwelle

Beim *Oberflächenhärten* von Kohlenstoffstahl und Gußeisen wurden bei Laserleistungsdichten von 10^6 W/cm² und Spurbreiten von 1 ... 10 mm Härtetiefen von 0,5 ... 1 mm erreicht. Ein Beispiel für das Härten zeigt Bild 4.39.

Vorteile des Härtens mit Laserstrahlen sind [4.36]:

- teilweises Härten innerhalb eines festgelegten Flächenbereiches ist möglich, die beim Induktionshärten vorkommenden Streuprobleme entfallen
- Wärmebehandlung beschränkt sich auf die Außenschichten, die Eigenschaften des Kernes bleiben unverändert
- Wärmeaufnahme des Werkstückes ist gering, kein Werkstückverzug
- Wärmebehandlung fertig bearbeiteter Teile ist möglich, die Oberflächen werden nicht beschädigt
- Wärmebehandeln komplizierter Formen ist möglich
- das Verfahren ist selbstabschreckend, Kühlmittel oder Bäder werden nicht benötigt

- niedriggekohlte Stähle können wärmebehandelt werden
- das Verfahren eignet sich für alle in üblichen Verfahren behandelbare Werkstoffe

Das *Ausheilen von Dotierungsschäden* bei Halbleitern durch Laserbestrahlung *(Laserannealing)* bei Aufschmelz- und Rekristallisationsprozessen bietet Vorteile gegenüber konventionellen thermischen Prozessen. Sowohl mit Impuls- als auch mit kontinuierlichen Lasern werden hohe Arbeitsgeschwindigkeiten und günstige Halbleitereigenschaften erzielt.

Bei kontinuierlicher Bestrahlung mit Nd-YAG-Lasern bzw. mit Argonionenlasern werden glatte, völlig defektfreie Oberflächen, totale Rekristallisation und vollständige elektrische Aktivierung erreicht. Die Bestrahlung mit Impulslasern liefert defektfreie Oberflächen und gute Rekristallisation bei geringen Restschäden, die auf die geringere räumliche Homogenität der Bestrahlung, größere Energiedichten und höhere Abkühlgeschwindigkeiten zurückgeführt werden.

4.1.6.3. Umschmelzveredeln

Neben dem Härten sind auch durch *Umschmelzen* die Eigenschaften der Metalloberflächen gezielt beeinflußbar. Die durch Laserbestrahlung hervorgerufene Dendritenbildung an der Oberfläche bewirkt einen steilen Anstieg der Mikrohärte. Dadurch werden die mechanischen, korrosionschemischen und tribologischen Eigenschaften der Oberflächen verändert.

Beispiel: Das Laserumschmelzen von Graugußoberflächen führt in einer Tiefe von 0,1 ... 0,2 mm zu einer Härtesteigerung auf 920 HV gegenüber der sich anschließenden Härteschicht von 520 HV und dem unbeeinflußten Grundwerkstoff von 300 HV. Beim Umschmelzen können durch Zugabe von Auftragspulvern (Bor, Stellite, Karbide) dünne verschleißfeste Schichten hergestellt werden. Beim Stahl X5CrNi18.9 wurde durch Schmelzlegieren mit Borpulver eine etwa 0,1 mm dicke Schicht mit extrem hoher Härte (1400 HV) erzeugt.
Erhöht man die Abkühlgeschwindigkeiten von 10^2 K/s auf 10^6 K/s, werden an der Oberfläche von Metallen *amorphe Strukturen* erzielt. Dieser Vorgang wird als *Verglasung der Werkstoffe (Laserglasing)* bezeichnet. Die Bereiche sind etwa 20 μm tief.

4.1.6.4. Ritzen von Substraten

Beim automatischen Ritzen von Keramiksubstraten für Hybridschaltkreise werden Laserleistung und Ritzgeschwindigkeit so aufeinander abgestimmt, daß die Substrate leicht gebrochen werden können und keine thermische Schädigung auftritt.

Richtwerte für das Ritzen mit einem gepulsten CO_2-Laser:

Material	Dicke mm	Ritzgeschwindigkeit mm/s	Ritztiefe μm
Keramik	0,635	100	200
Keramik	1,0	60 ... 70	250

Die Spurbreite beträgt etwa 80 μm.

Der CO_2-Laser hat sich für das Ritzen von Keramik gegenüber anderen Lasertypen durchgesetzt.
Bei Silicium-Wafer können Ritzgeschwindigkeiten bis 400 mm/s bei Spurbreiten von 30 ... 60 μm erreicht werden.

4.1.6.5. Gravieren und Beschriften

Zur Kennzeichnung von Plastgehäusen, Si-Scheiben, Digitaluhren, rostfreiem Stahl, Kolbenringen, Herzschrittmachern, Werkzeugen, Schaltern, Kondensatoren, Schmuck, Schaltkreisen, Auto- und Flugzeugteilen haben sich *Laserbeschriftungssysteme* bewährt. Nd-YAG-Laser ermöglichen in Verbindung mit Mikroprozessoren und Werkstückhandlung, auf Beschriftungsfeldern von $50 \times 50\ mm^2$ und Schriftgrößen von 0,25 ... 4 mm mit Geschwindigkeiten von 6 Zeichen/s Markierungen anzubringen. Der Werkstoff wird dabei verdampft oder geschmolzen. Es werden die Schriftzeichen entweder als geschlossener Linienzug, als Punktraster oder durch Maskenabbildung hergestellt. Die Herstellung von Gummidruckwalzen mit dem Laser ist eine eingeführte Technologie.

Bild 4.40. Herstellung von Dekors auf Gläsern, Porzellan und Holztellern durch Bestrahlung mit dem CO_2-Laser [4.37]

In der Glasindustrie ist das *Lasergravieren* mit CO_2-Lasern eine sehr rationelle Methode zum Dekorieren (Bild 4.40).
Durch Abdecken mit einer nicht absorbierenden Metallschablone wird durch zeilenweises Abrastern praktisch ein Schattenbild auf dem Glas durch partielles Verdampfen erreicht.
Bilder auf Porzellan, Gips und Holz sind auf gleiche Weise herstellbar.

4.2. Metrologie

4.2.1. Fluchtung und Steuerung

Der Einsatz hochmechanisierter Produktionsverfahren im Bergbau, Bauwesen, Schiffbau, Tagebau, Maschinenbau und anderen Bereichen der Industrie führt zu höheren Anforderungen an die Meß-, Kontroll- und Steuerungsverfahren und Gerätesysteme hinsichtlich:

- Genauigkeit
- Meßgeschwindigkeit
- Integration in den Produktionsprozeß
- schneller Verarbeitung der Meßergebnisse in Korrektur- bzw. Steuerinformationen für die Automatisierung
- größeren Umfanges der Meßtätigkeit und des Meßdatenaufwandes
- Überganges von der registrierenden Tätigkeit zur direkten Einflußnahme auf den Arbeitsprozeß

Viele der bisher gebräuchlichen Meß- und Kontrollverfahren (Fluchtungsfernrohr, Nivellier, Theodolit usw.) werden diesen Forderungen nicht mehr gerecht. Das gilt vor allem für solche Produktionsverfahren, die mit *schnellem Baufortschritt* oder mit großen bzw. *häufigen Ortsveränderungen* von Arbeitsmaschinen verbunden sind.

Die besonderen Eigenschaften des Lasers als »masselose« Bezugslinie oder -ebene sowie seine

- hohe Lichtintensität
- Bündelungsschärfe
- Modulierbarkeit

bieten vor allem für in einer Richtung bzw. Ebene geradlinig verlaufende Fluchtungs- und Steuerungsverfahren effektive Anwendungsmöglichkeiten, die sich in vier Bereiche unterteilen lassen, wobei die Laserstrahlung als

- *Fluchtstrahl* oder Referenzebene innerhalb ingenieurgeodätischer Meß- und Kontrolltechnologien
- *Fluchtlinie* oder -ebene für Montage- und Justiervorgänge
- *Leitstrahl* oder -ebene zur Steuerung und Führung dynamischer Prozesse
- *Referenzlinie* oder -ebene zur Ermittlung von Deformationen

benutzt wird. Der Laserstrahl bildet eine aktive optische Bezugsachse oder -ebene, die entweder mit einer *Zieltafel* visuell oder mit Hilfe *elektronischer Empfänger* geortet werden kann.

Für Fluchtungs- und Steuerungsaufgaben werden gegenwärtig Helium–Neon-Gaslaser wegen ihres hohen technisch-technologischen Entwicklungsniveaus eingesetzt, wobei die Entwicklung neuer Lasergeräte, wie

- Fluchtungslaser
- Lasernivellier
- Laserlot
- Lasertheodolit
- Rotationslaser

auch neue Anwendungsgebiete erschlossen hat.

Am weitesten fortgeschritten ist die Entwicklung der Lasertechnik für Anwendungen im *Bauwesen*. Zahlreiche Firmen bieten *Fluchtungslaser* für Bau- und Montagearbeiten (Rohrverlegung, Kanal- und Tunnelbau, Wohnungsbau) und zur automatischen Steuerung von Baumaschinen (Planierraupen, Grader, Schwarz- und Betondeckenfertiger) an.

4.2.1.1. Aufbau der Lasergeräte (Baulaser)

Die Strahlungseigenschaften des He-Ne-Gaslasers – geringe Divergenz, Einfarbigkeit (rotes Licht), Modulierbarkeit und hohe Strahlungsdichte – bieten die Möglichkeit zur Erzeugung von Fluchtstrahlen, die für Entfernungen bis zu 100 m und mehr für Vermessungs-, Bau- und Montagearbeiten eingesetzt werden (Bild 4.41).

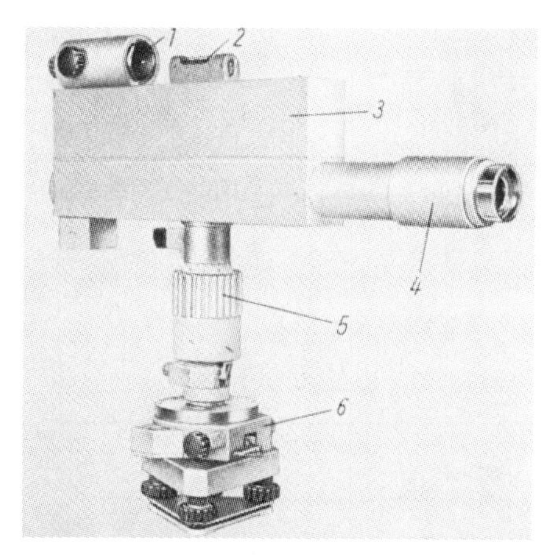

Bild 4.41. Fluchtungslaser LF 1 vom VEB Carl Zeiss JENA/DDR.
Technische Daten: Leistung: 0,8 mW; Strahldurchmesser ohne Optik: 0,9 mm, 15 × Optik: 13,0 mm, 30 × Optik: 26,0 mm; Strahldivergenz: 0,5 mrad; Reichweite mit Zieltafel am Tage: 500 m, nachts: 1 km; *Zubehör:* Zieltafelausrüstung, Zylinderlinsen, Höhenverstellung. *1* Sucherfernrohr, *2* Röhrenaufsatzlibelle 30″, *3* Laser, *4* Kollimator, *5* Höhenverstellung 5 cm, *6* Richtuntersatz

Die *Einsatzbedingungen* der Lasergeräte in der Industrie, insbesondere im Bauwesen, stellen hohe Anforderungen an:

- mechanische Stabilität und Zuverlässigkeit
- Richtungsstabilität der Laserstrahlung
- Lebensdauer der Strahlungsquelle
- Reichweite und Genauigkeit
- Bedienkomfort und Wartungsfreundlichkeit
- Abmessungen und Masse
- elektrische Sicherheit

Technische Hauptparameter der Fluchtungslaser

Strahlungsleistung: 1 ... 2 mW
Lebensdauer des Laserrohres: mindestens 10000 h
Strahldurchmesser ohne Aufweitungsoptik: ≈1 mm
Strahldivergenz: 0,5 mrad
Aufweitungsoptik: Vergrößerungsfaktor 15× und 30×
Stromversorgung: 12 V = /220 V Netz ±10%
Leistungsaufnahme: 20 ... 30 W
Einsatztemperaturbereich: −20 ... +45 °C
Schutzgrad: IP 54
Masse: 1 ... 2 kg
Mechanischer Aufbau: robust, staubgeschützt, wasserdicht, stoßfest, kompakt, geringe Abmessungen

Ausgehend vom Grundaufbau des Gaslasers (Bild 2.46), werden für den Fluchtungslaser weitere optische und mechanische Bauteile benötigt.

Bauteile zur Strahlformung

Aufweitungsoptik

Das aus dem Laserresonator austretende GAUSSsche Strahlenbündel hat bei den für Fluchtungsaufgaben eingesetzten He-Ne-Lasern im allgemeinen einen Strahldurchmesser von $2w_0 \leqq 1$ mm

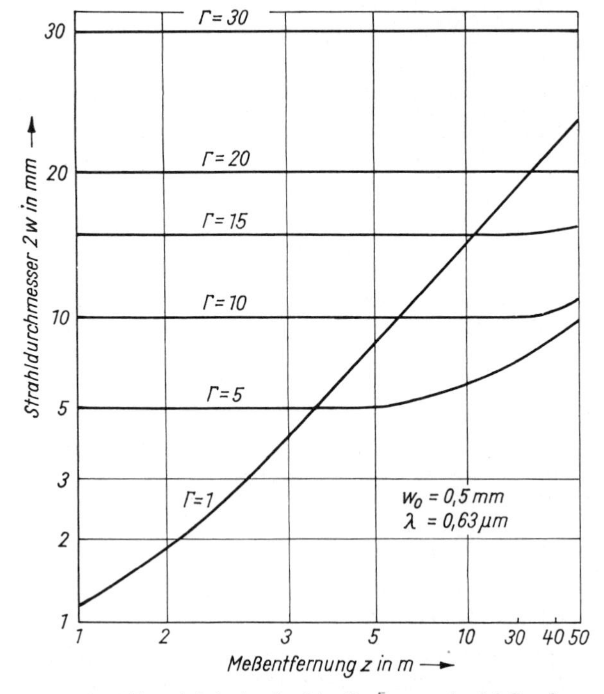

Bild 4.42. Abhängigkeit des Strahlradius w von der Meßentfernung z für Teleskope verschiedener Vergrößerung Γ

und eine Divergenz von $\Theta_0 \geqq 0{,}5$ mrad. Ohne die Anwendung optischer Abbildungssysteme läßt sich daher kein Strahl erzeugen, der über Entfernungen von einigen hundert Metern nahezu parallel verläuft und eine genügend große Strahlungsdichte zur Ortung auf *Strahlenauffangvorrichtungen* (Zieltafeln, Maßstab, Meßlatte) bzw. *elektronischen Empfängern* aufweist. Zur Verringerung der Divergenz der Laserstrahlung werden vorrangig *teleskopische Systeme* mit 15- und 30facher Aufweitung eingesetzt. Das Teleskop vergrößert den Strahlradius w_0 auf den Wert Γw_0 und verringert die Divergenz auf den Wert Θ_0/Γ (Bild 4.42).
Die genaue Ortung eines Fluchtstrahles hängt wesentlich von der Strahlungsdichte der Laserstrahlung am Beobachtungsort bzw. Meßpunkt ab. Bei Verwendung von *Zieltafeln* (visuelle Ortungsmethode) hängt die erreichbare Reichweite und Genauigkeit außerdem von der Umgebungshelligkeit (Sonnenlicht, Beleuchtung) ab. Zur Erhöhung der Strahlungsdichte (Verkleinerung des Laserstrahlquerschnittes) werden fokussierbare *Aufweitungsoptiken* verwendet, bei denen eine Fokussierlinse über einen Verstelltrieb aus der teleskopischen Einstellung verschoben werden kann. Je nach Größe der Verschiebung der Fokussierlinse kann man den Durchmesser des Laserstrahles im Bereich von einigen Metern bis mehreren hundert Metern auf wenige Millimeter fokussieren (Bild 4.43).

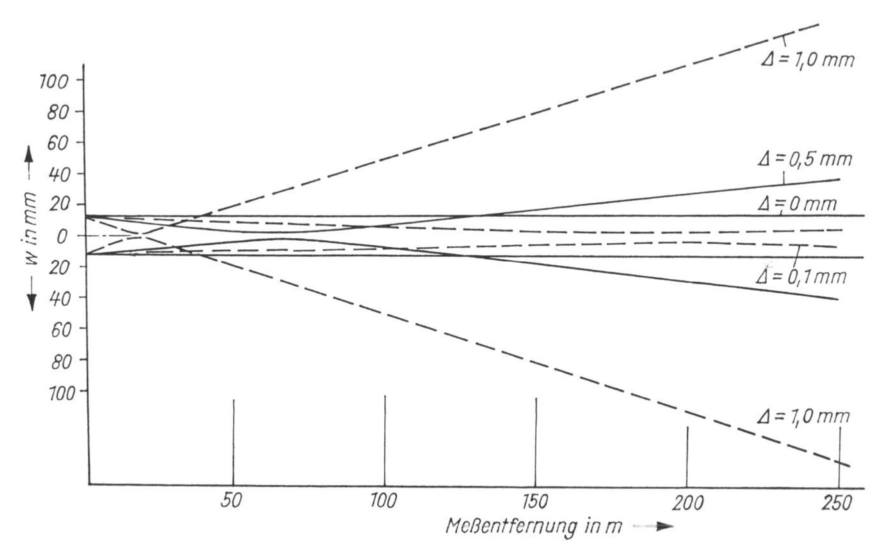

Bild 4.43. Wirkungsweise einer fokussierbaren Aufweitungsoptik ($\Gamma = 30$) in Abhängigkeit von der Verschiebung Δ der Fokussierlinse

Umlenkoptiken und optische Strahlenteiler

Bei einer Reihe von Bau- und Montagetechnologien im Bauwesen, Maschinenbau und Schiffbau werden Umlenkoptiken und optische Strahlenteiler zur

- Erzeugung achsparalleler und/oder orthogonaler *Fluchtlinien* (z.B. Längs- und Querachsen eines Bauwerkes) mit der geringstmöglichen Anzahl von Baulasergeräten
- Schaffung von seitwärts liegenden *Kontrollpunkten* zur Überprüfung des Baulasers auf Lageveränderungen, wenn keine direkte Kontrolle der Primärflucht möglich ist

- *Ausrichtung* des Baulasers nach entfernt liegenden Zielpunkten, die schwer erreichbar sind bzw. längere Wege oder Funkverbindung erfordern (z. B. Zielpunkte am gegenüberliegenden Ufer eines Flusses oder Sees bzw. im Gewässer)
- Schaffung eines *ortsfesten Achsensystems* für sich wiederholende Montagevorgänge (z. B. Montage eines Schiffes aus vorgefertigten Sektionen auf der Helling bzw. in der Montagehalle)
- Aufstellung des Baulasers außerhalb des systemoptimalen Standortes wegen fehlender Lichtraumfreiheit, Gefährdung durch Transportarbeiten, Erschütterungen oder herabfallende Gegenstände

als Zusatzbaugruppen am Baulaser oder örtlich getrennt als eigenständige Baugruppe einzeln oder in verschiedenen Kombinationen eingesetzt.

Beispiel: Bei der Achsausrichtung (Flucht und Höhe) von Stützen im Skelettbau (Bild 4.44) wird die Angabe der Längs- und Querrichtung sowie Höhe benötigt.

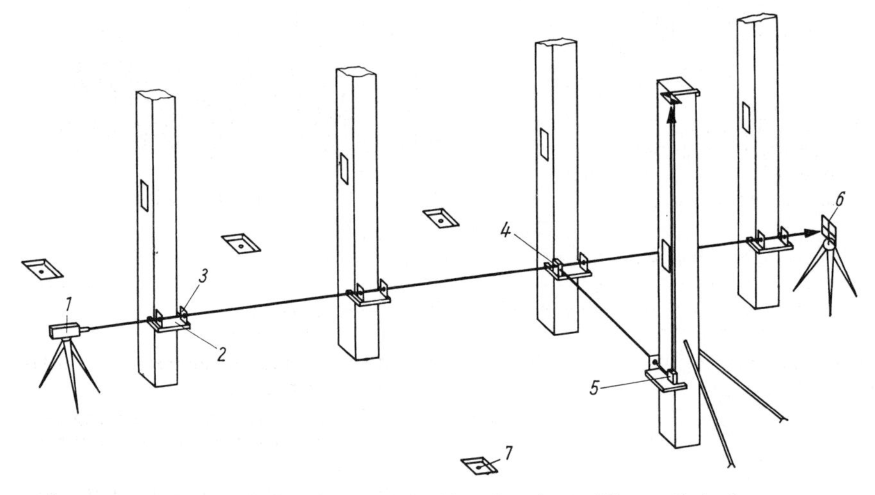

Bild 4.44. Einsatz von Umlenkoptiken und Strahlenteilern im Stahlbeton-Skelettbau.
1 Fluchtungslaser, *2* Montagelehre, *3* Lochblende, *4* 0°/90°-Strahlenteiler, *5* 90°-Prisma (vertikal oder Lotgerät), *6* Kontrolltafel, *7* Montagezieltafel

Der vom Lasergerät ausgehende Fluchtstrahl verkörpert die Längsachse der ersten Stützenreihe. Bringt man einen *optischen Strahlenteiler* 0°/90° (Bild 4.45) in den Strahlengang, so kann man gleichzeitig die 1. Querachse erzeugen. Über eine weitere 90°-Umlenkeinheit ist die Schaffung der 2. Längsachse möglich. Der Einsatz von Strahlenteilern und Umlenkeinheiten gestattet so die Schaffung weiterer achsparalleler bzw. orthogonaler Fluchtachsen für die Ausrichtung der Stützen.
In der Übersicht (Tafel 4.2) sind die für Fluchtungs- und Steuerungsaufgaben vorzugsweise eingesetzten Umlenkoptiken und Strahlenteiler dargestellt, Bild 4.46 zeigt mehrere Tripelspiegelkombinationen.

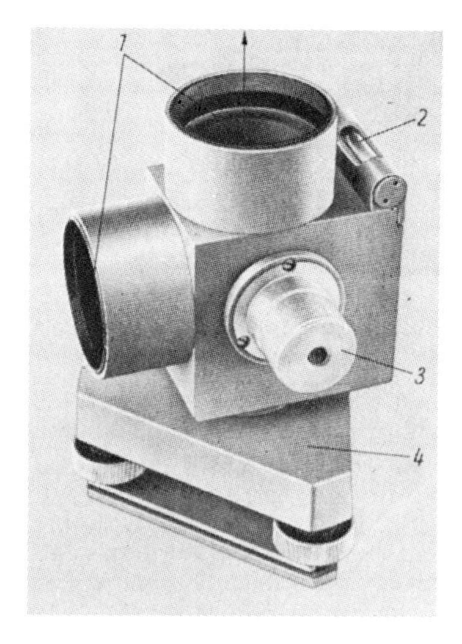

Bild 4.45. 90°-Umlenkoptik. (Bauakademie der DDR). *1* Abschlußgläser, *2* Röhrenlibelle, *3* Steckzapfen, *4* Dreifuß 60

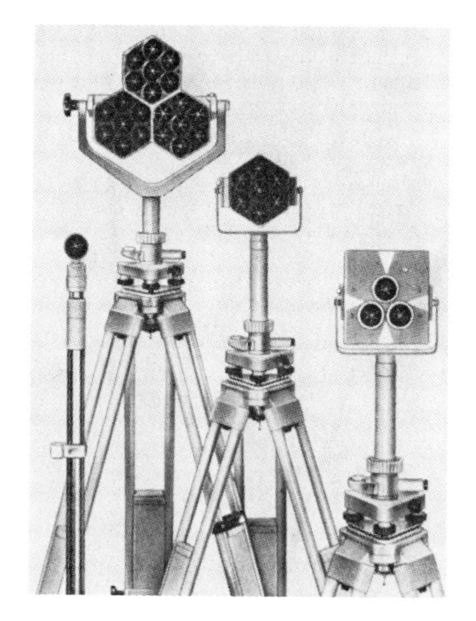

Bild 4.46. Tripelspiegelkombinationen

Tafel 4.2. Funktionsprinzip der Umlenkoptiken und Strahlenteiler

Umlenkoptik	Prinzip/Anwendung
Spiegel 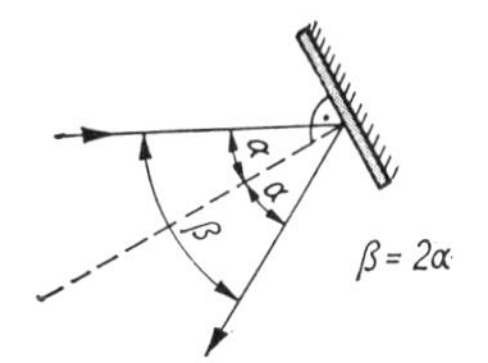	Rückspiegelung des auftreffenden Fluchtstrahles zum Laser ● Hilfsvorrichtung zur Ausrichtung anderer optischer Baugruppen, z.B. Pentaprisma ● Montage und Justierung von Maschinenteilen und -gruppen im Maschinen- und Vorrichtungsbau
Tripelspiegel (Corner-Prisma) (Raumecke) 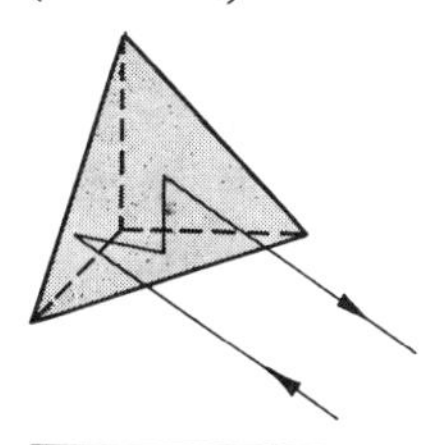	Auftreffender Fluchtstrahl(-ebene) wird nach zweifacher Spiegelung parallel versetzt zum Laser reflektiert ● Ausrichtung des Lasers auf Zielpunkt mit Tripelspiegel. Der Laser ist genau orientiert, wenn ein Maximum an reflektierter Strahlung registriert wird. ● Reflektor für elektrooptische Entfernungsmessung, feststehend oder beweglich (E-Messung ohne Unterbrechung)

Tafel 4.2 (Fortsetzung)

Umlenkoptik	Prinzip/Anwendung
Pentaprisma 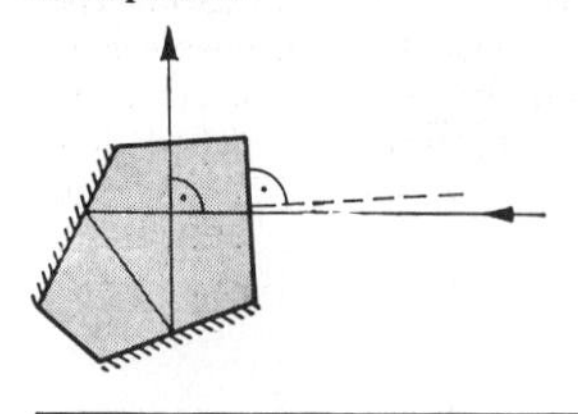	Ablenkung des auftreffenden Fluchtstrahles um einen festen Winkel, unabhängig vom Einfallswinkel des Strahles Normalfall 100 gon • Ablenkung Horizontalstrahl als Vertikalstrahl und umgekehrt • Ablenkung innerhalb der Bezugsebene, z. B. Längsachse eines Bauwerkes wird als Querachse abgelenkt
Planparallele Platte 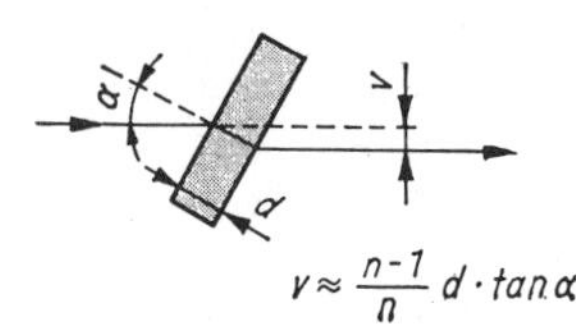	Der austretende Fluchtstrahl verläuft nach zweimaliger Brechung parallel zum einfallenden Strahl • Der Parallelversatz v ist abhängig von der Dicke d der Glasplatte, dem Einfallswinkel α und der Brechzahl n des Glases • Messungen hoher Genauigkeit von kleinen Verschiebungen und Lagedifferenzen im Maschinen- und Elektroanlagenbau • Deformationsmessungen an Bauteilen und Bauwerken
Drehkeilpaar 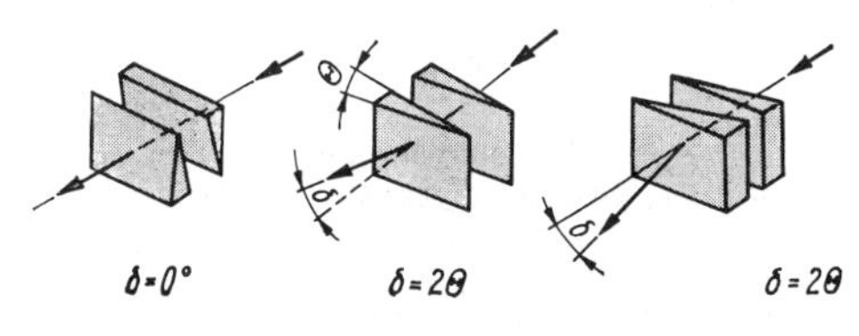	Ein auftreffender Fluchtstrahl wird bei gleicher bzw. entgegengesetzter Drehung der Keile (Θ Keilwinkel) um den Winkel δ abgelenkt. Die maximale Ablenkung beträgt $\delta = 2\Theta$ • Ablenkung des Laserstrahls um kleine Winkel aus der Fluchtachse • Vorgabe von Richtungs- und Neigungsänderungen bei Stollenvortrieb, Melioration usw.
Strahlenteiler 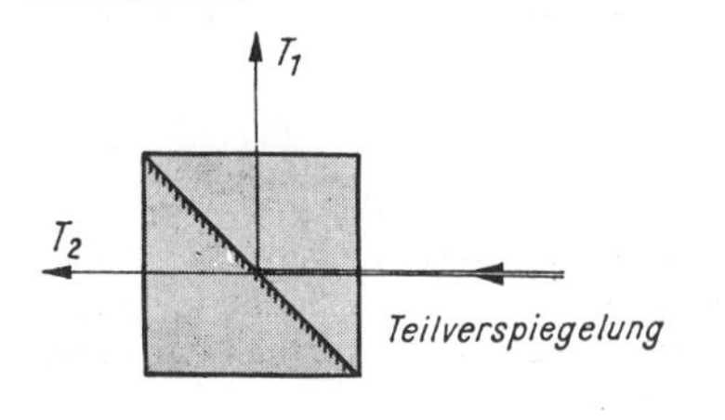	Der Fluchtstrahl trifft auf eine halbdurchlässige Reflexionsfläche und wird in zwei Teilstrahlen T_1 und T_2, die im allgemeinen senkrecht aufeinander stehen, aufgeteilt. Intensitätsverteilung: T_1/T_2 – 50%/50% (Normalfall) • Gleichzeitige Erzeugung orthogonaler Fluchtstrahlen • Kombination von Fluchtung und Lotung • Orthogonalprojektion von Fluchtachsen bei der Absteckung im Wohnungs- und Schiffbau

Zylinderlinsen

Bezugsebenen für die Fluchtung und Steuerung (z.B. Positionierung höhenversetzter Bauteile, Richtungsführung von Baumaschinen, Nivellierungsarbeiten) werden durch *Zylinderlinsen* erzeugt (Bild 4.47). In der Zylinderlinse wird der Laserstrahl in einer Ebene (Brennebene) zum Brennpunkt der Linse gebrochen, in der darauf senkrecht stehenden Ebene bleibt er unabgelenkt. Er wird daher beim Durchgang durch eine solche Linse in der Brennebene auseinandergezogen und zu einem *Strahlensektor* aufgefächert. Je nach der Drehlage der Brennebene der Zylinderlinse bezüglich der Ausbreitungsrichtung der Laserstrahlung kann ein horizontaler, vertikaler bzw. unter einem beliebigen Winkel geneigter Lasersektor eingestellt werden.

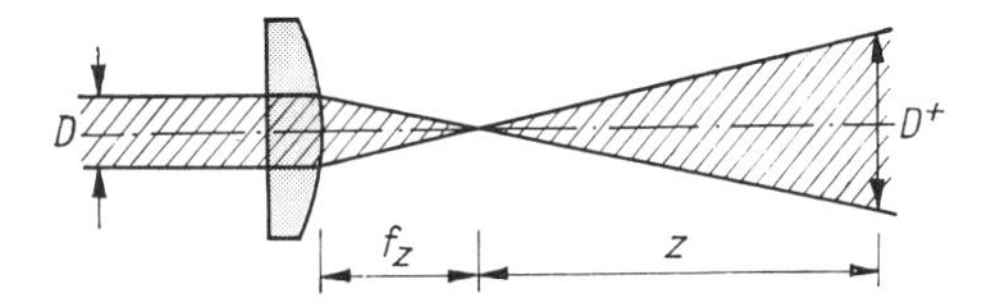

Bild 4.47. Wirkungsweise einer Zylinderlinse

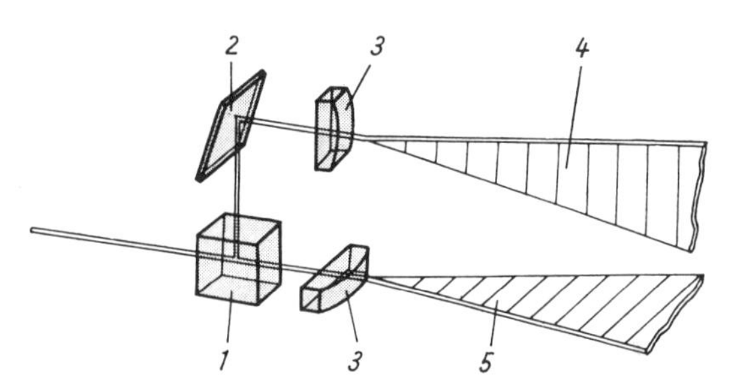

Bild 4.48. Erzeugung eines Laserfadenkreuzes mit dem Fächerkreuzprojektor.
1 Strahlenteiler, *2* Spiegel, *3* Zylinderlinse, *4* vertikale Strahlungsebene,
5 horizontale Strahlungsebene

Durch eine geeignete Kombination von Strahlenteileroptik, Umlenkprismen und Zylinderlinsen zu einem *Fächerkreuzprojektor* läßt sich ein »*Laserfadenkreuz*« (Bild 4.48) erzeugen. Die durch den Fächerkreuzprojektor aufgespannten Sektorflächen werden als Bezugsebenen (Referenzkoordinatensystem) für Montage- und Justiervorgänge, zur Orientierung von Vortriebsaggregaten und Baumaschinen sowie zur Bestimmung von Lageabweichungen in x- und y-Richtung bezüglich einer vorgegebenen Fluchtrichtung benutzt.

Aufstellvorrichtungen

An die Aufstellvorrichtungen und Baugruppen zur Strahlausrichtung (Höhe, Neigung, Flucht) werden in Abhängigkeit von den verschiedenen Bau-, Montage-, Vermessungs- und Steuerungstechnologien und den zum Einsatz kommenden Lasergeräten unterschiedliche *Anforderungen* gestellt:

- hohe Standsicherheit und mechanische Stabilität (ortsfeste Betonpfeiler oder Stahlkonstruktionen)
- leichte Ausführung, geringer Transportaufwand, schnelle Umsetzung, einfache Montage und Demontage (Stative, Konsolen, Aufstellplatten)

- multivalente Nutzung (Universalstative mit Höhenverstellung, Spannarme und Streben mit Längenverstellung)
- Anpassung an Erfordernisse der Bautechnologie (Spezialvorrichtungen)
- genaue horizontale und vertikale Neigungseinstellung im Bereich ±15° mit Feinverstellung
- horizontale Drehmöglichkeit über 360°
- genaue und stufenlose Höhenverstellung des Lasers im Bereich von 0 bis 50 cm
- zuverlässige Fixierung der eingestellten Lage

In Abhängigkeit vom Lasertyp müssen die Aufstellvorrichtungen und Baugruppen zur Strahlausrichtung folgende *Aufgaben* erfüllen:

Fluchtungslaser:
- Einstellen der relativen Höhe zu einem Bezugspunkt
- Einstellung der Fluchtlinie in Richtung und Neigung

Nivellierlaser:
- Einstellung der relativen Höhe zu einem Bezugspunkt
- Richtungseinstellung

Rotationslaser:
- genaue Höheneinstellung (Projekthöhe)

Lotlaser:
- genaue Zentrierung des Lotstrahles in x- und y-Richtung zur Lotachse

Lasertheodolit:
- genaue Höheneinstellung
- genaue Justierung über Bezugspunkt (Längs- und Querrichtung)

Baugruppen zur Lagestabilisierung

Die universelle Einsetzbarkeit der Lasergeräte und die erreichbare Meßgenauigkeit werden wesentlich von der Stabilität der eingerichteten Fluchtachse in Richtung und Neigung bestimmt. Bei den ersten Lasergeräten, die für Fluchtungsaufgaben eingesetzt wurden, erfolgten die Einstellung und

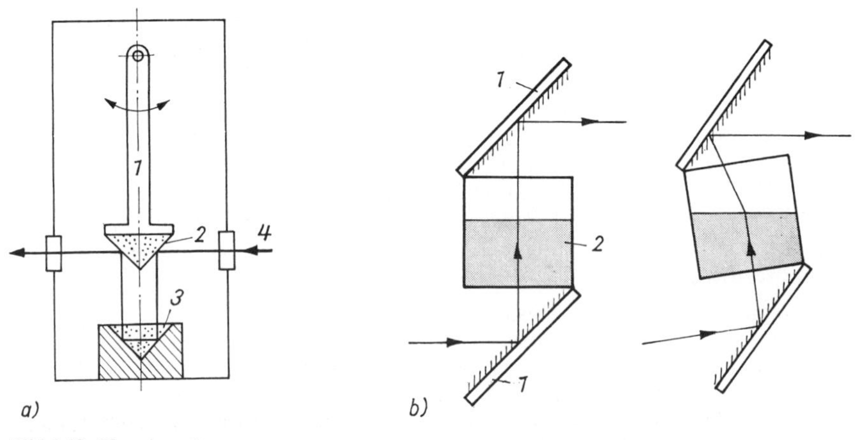

Bild 4.49. Kompensatoren.
a) Pendelkompensator (*1* Pendel, *2* Ablenkprisma, *3* feststehendes Prisma, *4* Laserstrahl),
b) Flüssigkeitskompensator (*1* Spiegel, *2* Flüssigkeit)

Kontrolle der Fluchtachse über *Meßlibellen* oder vorher bestimmte *Zielpunkte*. Die jeweils eingerichtete Fluchtlage mußte von Zeit zu Zeit kontrolliert werden, da äußere Einflüsse (Erschütterungen, Kippungen, Temperaturschwankungen, Windeinflüsse usw.) zu unerwünschten *Lageänderungen*, insbesondere der eingestellten Flucht (Richtung und Neigung), führten. Das »Absacken« bzw. »Auswandern« des Laserstrahles konnte erst nach Kontrolle der Meßlibelle am Lasergerät selbst oder an Kontrolltafeln erkannt und korrigiert werden. Störungen im Montage- und Bauablauf infolge der Kontrolle und Korrektur der Fluchtachse waren daher nicht zu vermeiden, nichterkannte Lageänderungen führten zu Baufehlern. Zur automatischen Kontrolle und Horizontierung der eingerichteten Laserfluchtachse werden daher *Selbstnivellierungssysteme* verwendet, die die Aufgabe haben, Lageänderungen des Fluchtstrahles automatisch zu kompensieren.

Bei den in die Baupraxis eingeführten Lasergeräten werden unterschiedliche Selbstnivellierungssysteme verwendet:

- mechanische Kompensatoren
- optische Kompensatoren
- elektronische Kompensatoren

Mechanische Kompensatoren arbeiten nach dem Pendelprinzip. Dabei wird ein an ein Pendel aufgehängtes Ablenkprisma in den Strahlengang gebracht, oder das ganze Lasergerät (bei manchen Ausführungen nur das Laserrohr) wird pendelnd aufgehängt. Bei Neigung des Gerätes bringt das Pendel den Strahl auf seine eingestellte Flucht zurück (Bild 4.49a).

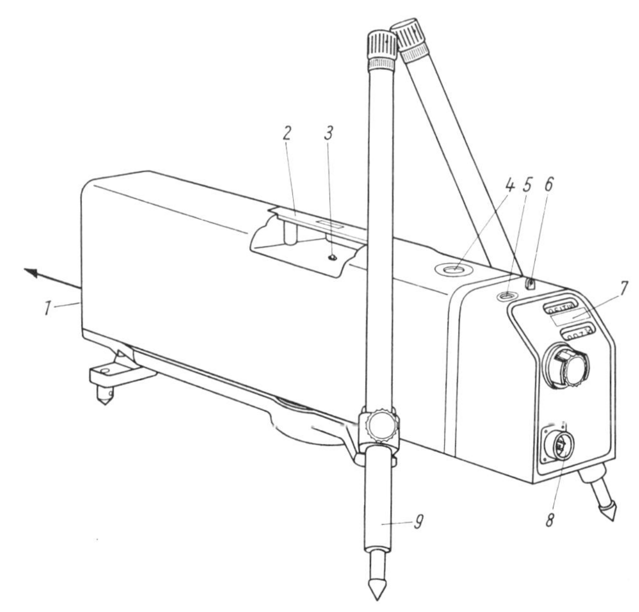

Bild 4.50. Selbstnivellierungslaser SL-5 von AGL.
Technische Daten: Ausgangsleistung: 1 ... 2 mW; Strahldurchmesser: 10 mm auf 150 m; Selbstnivellierungsbereich: ±14°; Neigungsbereich: −5 ... +20%; Einstellgenauigkeit: ±0,002%. *1* Laserstrahl, *2* Tragegriff, *3* Achsenlicht, *4* beleuchtete Libelle, *5* Justierschraube, *6* Ausrichthilfe, *7* beleuchtete digitale Anzeige, *8* Stromversorgung, Steuerung und Fernbedienung, *9* Stativ

Beim *optischen Kompensator* wird die Lichtbrechung in einem Flüssigkeitsprisma in Verbindung mit 2 Ablenkspiegeln zur Neigungskorrektur benutzt. Das Flüssigkeitsprisma wirkt hierbei als Ablenkprisma (Bild 4.49 b). Bei genauer Horizontallage des Lasergerätes passiert der Laserstrahl das Flüssigkeitsprisma (Spezialflüssigkeit mit der Brechzahl $n = 1{,}50$) ohne Richtungsänderung. Ändert der Laser seine Flucht um den Winkel α, dann wirkt das Flüssigkeitsprisma als optischer Keil und lenkt den Strahl um den Winkel $-\alpha/2$ ab. Die Reflexion an dem 2. Spiegel bewirkt dann die Ablenkung um den Winkel $-\alpha$, wodurch die Ausgangslage (Horizont) wieder erreicht wird.

Nachteil: Die erforderliche Einstellgenauigkeit und der damit verbundene empfindliche feinmechanisch-optische Aufbau der Flüssigkeits- und Pendelkompensatoren stellt hohe Anforderungen an die stabile und robuste mechanische Ausführung dieser Selbstnivellierungssysteme.

Elektronische Kompensatoren haben eine »elektronische Libelle«, in der die Blase einer Röhrenlibelle über elektrooptische Sensoren abgetastet wird. Weicht die Libellenblase aus der Waagestellung ab, so wird über die Sensoren ein Steuersignal an den elektromechanischen Stelltrieb gegeben, der die Lage des Lasergerätes so lange verstellt, bis die elektronische Libelle wieder in der Waage ist (Vorteil: großer Selbstnivellierungsbereich von $\pm 8°$). Zur Herstellung einer vorgegebenen Flucht brauchen die Lasergeräte bei der Aufstellung nur grob ausgerichtet zu werden

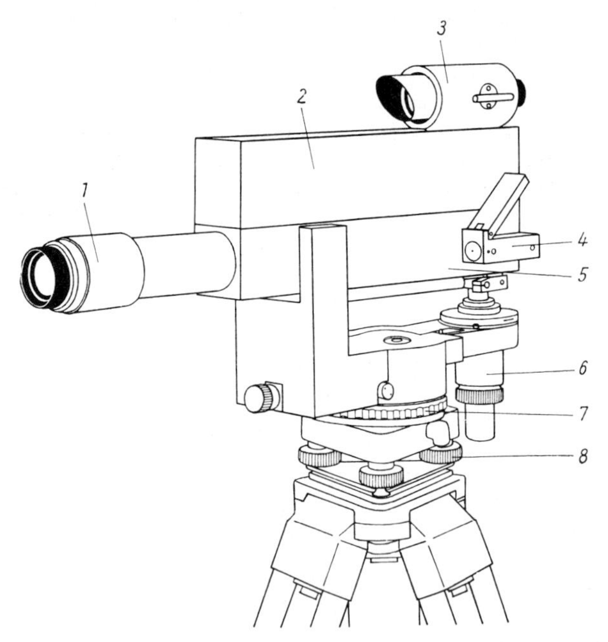

Bild 4.51. Lasernivellier LFG 1 vom VEB Carl Zeiss JENA/DDR.
Technische Daten: Ausgangsleistung: 0,8 mW; Lebensdauer: 10000 h; Aufweitungsoptik: 15 × oder 30 × ; Neigungsbereich: ±10 %; Einstellgenauigkeit: ±0,005 %; Horizontalkreis: 360°; Teilungswert: 1°; Genauigkeit: 0,1°; Arbeitstemperaturbereich: −25 ... +45 °C; *Zubehör:* Zylinderlinsen, Vertikalverstelleinrichtung, Zieltafelausrüstung. *1* Aufweitungsoptik, *2* Elektronik, *3* Sucherfernrohr, *4* Röhrenlibelle, *5* Laserrohr, *6* Neigungsmeßschraube, *7* Horizontalkreis, *8* Fußstellschraube

(über eine Dosenlibelle geringer Genauigkeit). Die elektronische Libelle ermöglicht den Aufbau von Selbstnivellierungssystemen, die bei einstellbaren Neigungen im Bereich von ±20% Lageänderungen des Laserfluchtungsstrahles automatisch kompensieren. Das Beispiel eines Selbstnivellierungslasers zeigt Bild 4.50 (S. 377).

4.2.1.2. Lasernivelliere

Zur Messung von Höhenunterschieden, zur höhenmäßigen Ausrichtung von Bauteilen, Flächennivellements und zur Übertragung von Sollhöhen werden bei ingenieurgeodätischen Arbeiten, bei der Montage und bei Positionierungsarbeiten *Lasernivelliere* eingesetzt, die eine horizontale bzw. unter einem bestimmten Winkel geneigte Bezugslinie oder -ebene schaffen.
Der vom Lasernivellier ausgehende *Fluchtstrahl* (bei Verwendung von Zylinderlinsen eine Fluchtebene) dient als Bezugsbasis für die höhengerechte Montage, Justage, Positionierung oder Sollhöhenübertragung.
Bei den Lasernivellieren unterscheidet man Geräte

- ohne automatische Horizontierung *(Selbstnivellierung)* der Ziellinie
- mit Selbstnivellierung
- mit Neigungseinstellung der Ziellinie und automatischer Kompensation unabhängig von der eingestellten Neigung

Lasernivelliere ohne automatische Horizontierung werden über *Flüssigkeitslibellen* (Röhrenlibellen) mit hoher Winkelauflösung ausgerichtet. Die Laserstrahlachse ist hierbei genau parallel zur Achse der Röhrenlibelle justiert, d.h., bei Einspielen der Libellenblase in die Nullage ist der Laserstrahl horizontal ausgerichtet. Ein Beispiel eines solchen Nivelliers zeigt Bild 4.51.

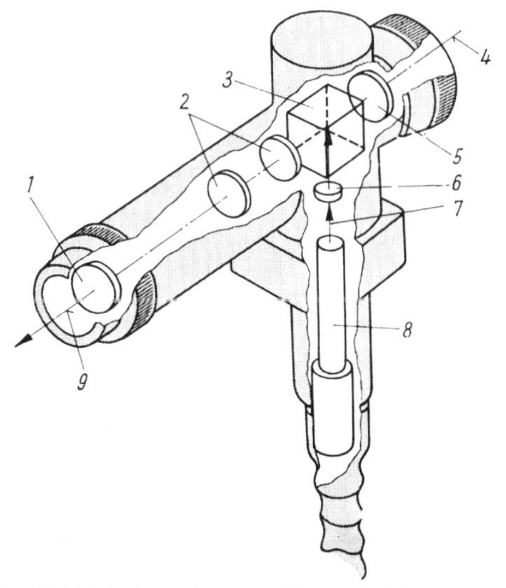

Bild 4.52. Prinzip des Laserokulars GLO-2.
1 Strichkreuzplatte, *2* Linsen, *3* Strahlenteiler, *4* Sehstrahl, *5* optisches Filter, *6* Planplatte, *7* Laserstrahl, *8* Lichtleitkabel, *9* Visier- und Laserstrahlachse

Der mechanisch-optische Aufbau der *Lasernivelliere mit automatischer Horizontierung* ist sehr unterschiedlich. Man unterscheidet zwei Gruppen:

- Nivelliere mit Laseraufsatz oder Laserokular
- automatische Lasernivelliere

Bei den Nivellieren mit *Laseraufsatz* oder Laserokular bilden klassische geodätische Nivelliere den Grundaufbau.
Durch den im *Laserokular* (Bild 4.52) eingebauten Strahlenteiler wird das vom Laser ausgehende Laserlicht über einen Lichtleiter (Faseroptik) in den optischen Strahlengang des Nivellierfernrohres umgelenkt. Dadurch wird das Laserlicht in Richtung der optischen Ziellinie in den Raum projiziert. Das Laserokular verwandelt die nicht sichtbare Ziellinie des Nivelliers in einen aktiven Fluchtstrahl. Mit dem automatisch horizontierten Laserstrahl lassen sich über große Entfernungen Höhen übertragen und Profile ausmessen. Das Lasergerät ist dabei am Stativbein befestigt.

Ein automatisches Lasernivellier mit Neigungseinstellung zeigt Bild 4.53.

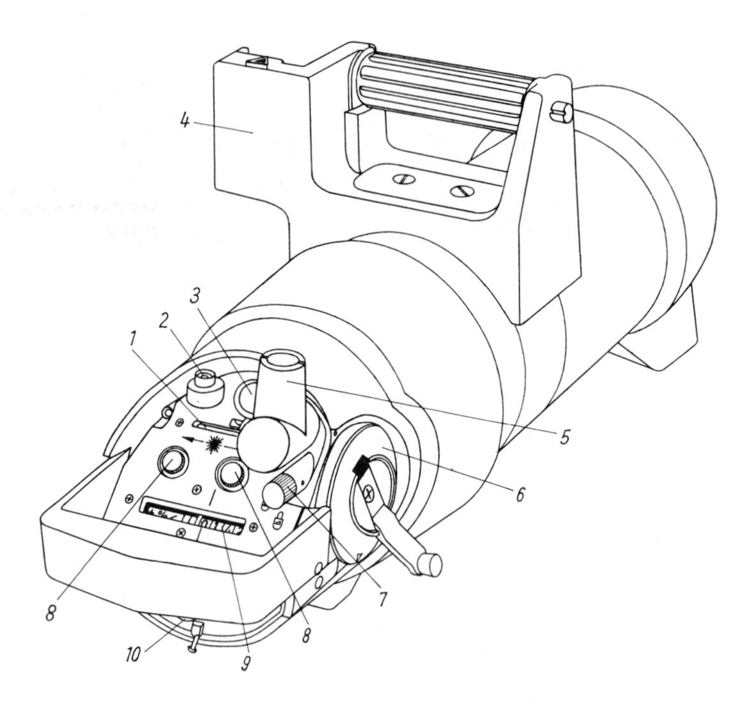

Bild 4.53. Kanalbaulaser 1055 XL »Dialgrade« von Spectra Physics.
1 Richtungsanzeige, *2* Dosenlibelle (Kontrolle Selbstnivellierungsbereich), *3* Frühwarn-Kontrolleuchte, *4* Handgriff mit Befestigungsmöglichkeit für Aufstellvorrichtungen, *5* Zielfernrohr (5 ×), *6* Neigungseinstellung (Bereich −10 ... +30%), *7* Neigungseinstellsperre, *8* Richtungseinstellung (Bereich ±3°), *9* Neigungsanzeige (getrennte Digitalanzeige für positive und negative Einstellungen), *10* Stromanschluß

4.2.1.3. Lasertheodolite

Bei Absteckungsarbeiten, genauer räumlicher Festlegung von Bauteilen, der Projektion von Fluchtachsen für bauwerkinterne Vermessungen, im Erd- und Tiefbau, bei der Richtungsangabe für Baumaschinen und Verkehrstrassen werden Lasertheodolite effektiv eingesetzt. Theodolite ermöglichen die genaue Einstellung des Fluchtstrahles in vertikaler und horizontaler Richtung.
Wie die Lasernivelliere kann man die Theodolitgeräte in zwei Gruppen einteilen:

- *Theodolite mit Laseraufsatz* oder *Laserokular*
  Der Laserstrahl verwandelt die visuelle Ziellinie eines klassischen geodätischen Theodolits in einen aktiven Fluchtstrahl, der über die Horizontal- und

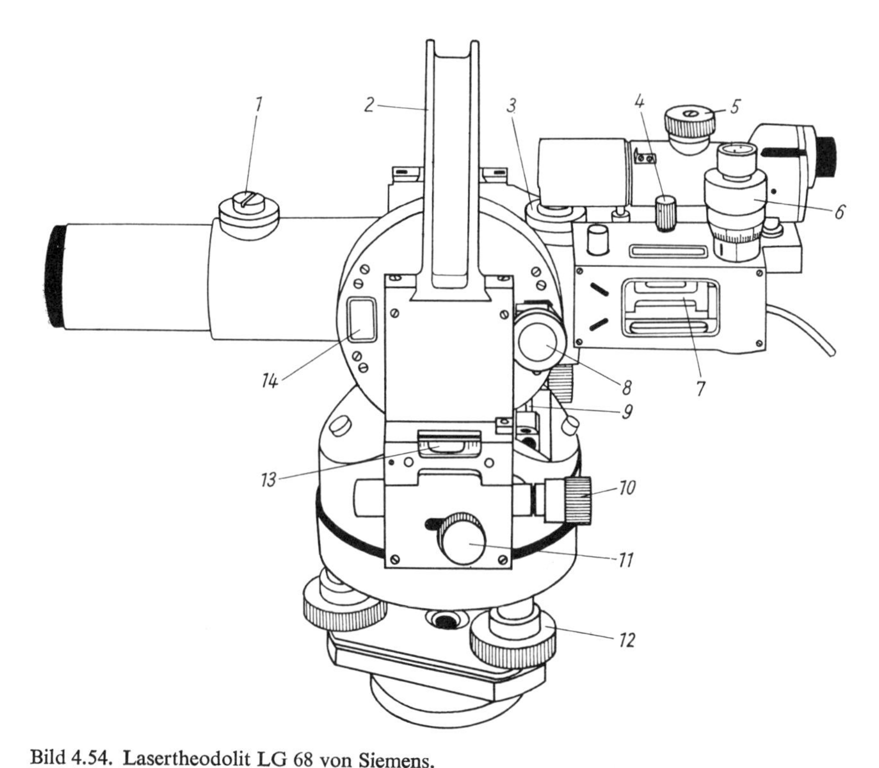

Bild 4.54. Lasertheodolit LG 68 von Siemens.
Technische Daten: Leistung: 1 mW (mit 17,5 kHz moduliert); Strahldurchmesser: 9 mm oder 16 mm; Richtungsstabilität: $\pm 3 \cdot 10^{-6}$ rad/K; Kippbereich: $\pm 30°$ (grob und fein einstellbar); Drehbereich: 360° (grob und fein einstellbar); Neigungsmesser: $\pm 10\%$; Genauigkeit: $\pm 0{,}01\%$.
1 Befestigungsschraube des Lasers, *2* abnehmbarer Tragegriff, *3* Befestigungsschraube des Lasers, *4* Befestigungsschraube des Neigungsmessers, *5* Fokussierung des Zielfernrohrs, *6* Neigungstrommel, *7* Libelle des Neigungsmessers, *8* Ableselupe, *9* Querlibelle, *10* Drehung (fein), *11* Drehung (grob), *12* Dreifuß, *13* Längslibelle, *14* Höhenablesung mit Nonius

Vertikalverstelltriebe in jede gewünschte Richtung im Raum eingestellt werden kann.

- *Lasertheodolite* (Bild 4.54)

Anwendungsgebiete sind:

- Steuerung von Tunnelbohrwagen, Schildvortriebsmaschinen und Tunnelfräsen
- Ausrichtung von Maschinenfundamenten und -teilen, Rohrleitungssystemen, Kranbahnen, Montageachsen im Schiff- und Flugzeugbau
- Markierung von einzumessenden unzugänglichen Punkten
- Triangulation und Polygonierung
- Deformationsmessungen und Absteckungen

4.2.1.4. Rotations- und Lotlaser

Viele Bau- und Montagetechnologien im Bauwesen, Schiffbau, Maschinenbau und in anderen Industriezweigen erfordern die meßtechnische Realisierung von Bezugs- bzw. Referenzflächen zur

- höhengerechten Montage von Decken- und Wandelementen im Wohnungsbau
- Profilbestimmung von Bau- und Verkehrsflächen
- Montage von räumlichen Sektionen im Schiffbau
- Führung und Steuerung von Baumaschinen bei Planierungs- und Profilierungsarbeiten
- Ausrichtung und Montage von Maschinenfundamenten und Bauteilen
- Nivellierung von Fundamenten und Fußböden
- Steuerung von Beton- und Schwarzdeckenfertigern
- gleichzeitigen Ausführung von Bauarbeiten an verschiedenen Stellen eines Bauplatzes (z.B. Planierungsarbeiten, Einmessung von Schalungselementen für Fundament- und Monolithbetonbauten, Montage und vielen anderen Arbeiten

Zur Erzeugung von horizontalen, vertikalen bzw. unter einem bestimmten Winkel geneigten Bezugsflächen werden *Rotationslaser*, die einen Laserstrahl in einem Winkelbereich von 360° auffächern, vorteilhaft eingesetzt.

Funktionsprinzip des Rotationslasers

Der Aufbau des Rotationslasers unterscheidet sich wesentlich von dem des Fluchtungs-, Nivellier- und Theodolitlasers. Während bei diesen Lasergeräten ein raumfester Fluchtstrahl über entsprechende Richt- und Orientierungselemente erzeugt wird, rotiert der Laserstrahl beim Rotationslaser um eine gerätefeste Achse (Bild 4.55). Die Drehung des Laserstrahls erfolgt über ein optisches, motorgetriebenes Ablenksystem.
Beim Rotationslaser wird der Resonator (Laserrohr) vertikal aufgehängt und über entsprechende feinmechanische Justierelemente genau lotrecht gestellt (Bild 4.56). Zur automatischen Stabilisierung der Lotlage wird bei diesen Lasern ein *Zweiachsen-Selbstnivellierungssystem* (Pendelkompensator oder elektronische Libelle) verwendet. Der lotrechte Laserstrahl wird über ein 90°-Umlenkprisma *(Pentaprisma)* in die Horizontale abgelenkt. Durch den elektromechanischen Antrieb kann das Pentaprisma in Rotation versetzt werden und projiziert so eine Laserebene über den Vollkreis in der Horizontalebene.

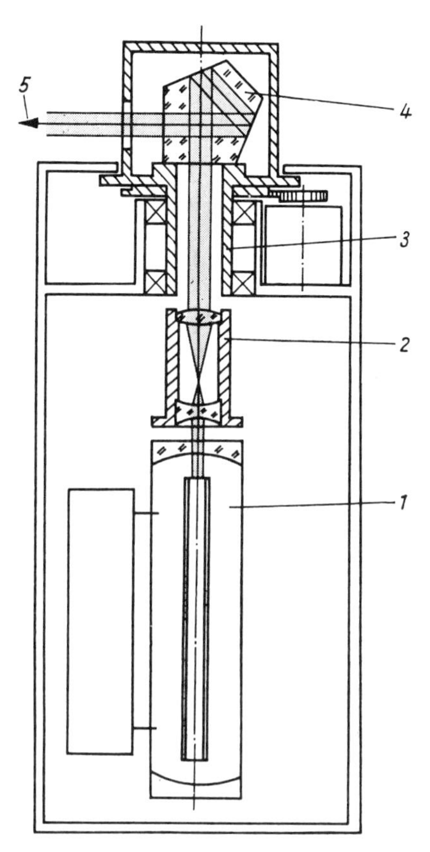

Bild 4.55. Funktionsprinzip des Rotationslasers.
1 Laser, *2* Aufweitungsoptik, *3* Rotationsachse mit Antrieb, *4* Rotationskopf mit 90°-Pentaprisma, *5* Laserstrahl

Bild 4.56. Rotationslaser RL-P (Bauakademie der DDR).
1 rotierendes Pentaprisma, *2* Motor und Getriebe, *3* Laserresonator und Pendelkompensator, *4* Elektronik

Die durch den rotierenden Laserstrahl aufgespannte Laserebene kann (bei Verwendung entsprechender Aufweitungsoptiken) im Umkreis bis zu 250 m visuell bzw. elektronisch geortet werden, d.h., auf einer Fläche von 200000 m^2 können gleichzeitig Bauarbeiten auf einer vorgegebenen Laserreferenzebene durchgeführt werden.
Rotationslaser sind heute echte *Universallasersysteme*, mit denen man sowohl Laserebenen als auch Fluchtstrahlen und Lotachsen erzeugen kann. Elektronische Selbstnivellierungssysteme erweitern den Funktions- und Anwendungsbereich der Rotationslaser beträchtlich:

- Selbstnivellierungsbereich ± 8° bei horizontaler und vertikaler Aufstellung
- Neigung der Laserebene im Bereich von ± 10% mit automatischer Neigungskompensation und hoher Einstellgenauigkeit
- Fixierung des Rotationsprismas zur Einstellung einer Fluchtachse

Beispiele:

Rotationslaser »Geoplane 300«

Beim »Geoplane 300« wird der Laserstrahl in einem speziellen *Doppelablenksystem* in zwei Teilstrahlen aufgeteilt. Die um 180° gegeneinander versetzten Teilstrahlen sind jeweils um einen Winkel $+\varepsilon$ bzw. $-\varepsilon$ gegenüber der Horizontalen geneigt, so daß bei Rotation des Ablenksystems zwei zur Horizontalebene symmetrische Kegelmäntel, die gegeneinander um den Winkel 2ε geneigt sind, entstehen (Bild 4.57). Die Rotationsfrequenz beträgt 10 Umdrehungen je Sekunde.

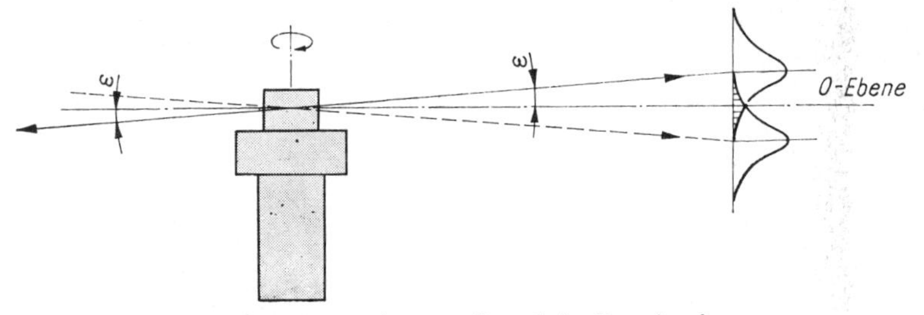

Bild 4.57. Strahlengang und Intensitätsverteilung beim Rotationslaser

Das Zwei-Teilstrahlen-Ablenksystem ermöglicht eine genaue visuelle bzw. elektronische Ortung der Laserlichtebene. Befindet sich ein Beobachter genau in der horizontalen Bezugsebene, so fallen 20 Lichtblitze je Sekunde in das Auge, und infolge der Trägheit des Auges entsteht beim Beobachter ein kontinuierlicher Lichteindruck. Ober- oder unterhalb der Symmetrieebene *0* nimmt das Auge ein ständiges Blinken des Laserlichtes mit einer Frequenz von 10 Hz wahr. Mit speziellen visuellen Zielzeichen, die an einer Meßlatte oder an einem Bauteil befestigt sind, können Höhenmessungen, Positionierungsarbeiten und Nivellements ausgeführt werden.
Größere Reichweiten und höhere Meßgenauigkeiten werden mit einem elektronischen Empfänger erzielt. Je nach Stellung des Empfängers zur Rotationsebene zeigt ein Meßinstrument die Lage an (Bild 4.58).

LaserLevel

Technisch ausgereift und universell einsetzbar ist der Rotationslaser 945 U »LaserLevel« (Bild 4.59) mit

- elektronischer Selbstnivellierung in zwei Achsen im Bereich von ± 6° bei horizontaler bzw. vertikaler Aufstellung

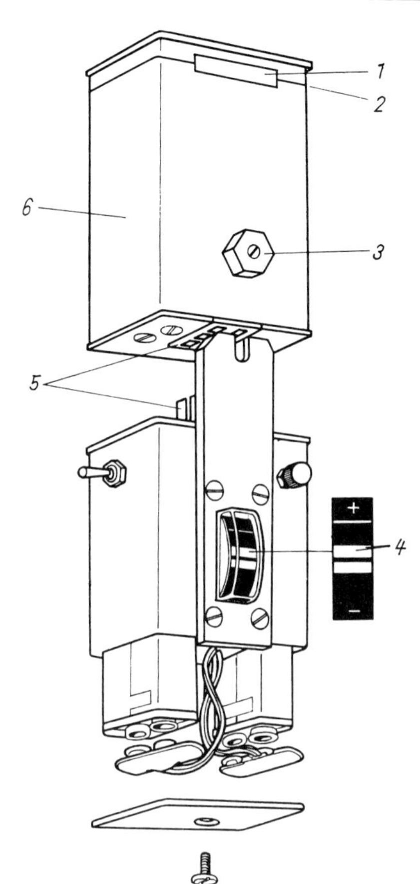

Bild 4.58. Elektronischer Empfänger zum Rotationslaser »Geoplane 300« von AGA.
1 Fotodioden zur Anzeige des Laserlichts, *2* Höhenindex, *3* Schraube zum Verriegeln der Detektorhälften, *4* Zeigerinstrument, *5* Kontakte zum Zusammenkuppeln der Detektorhälften, *6* Empfängerteil

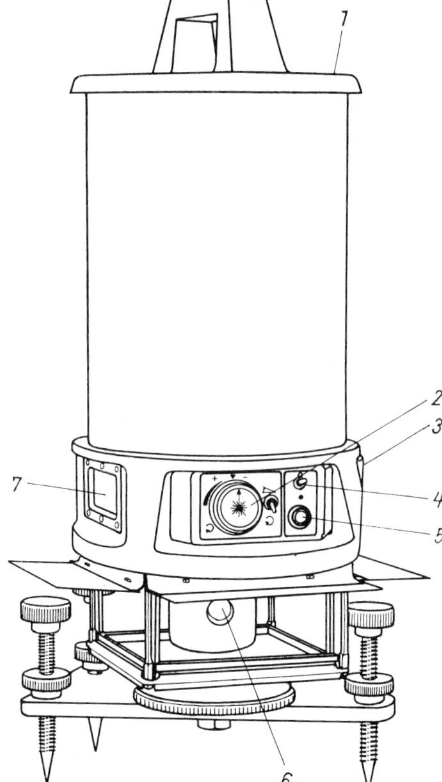

Bild 4.59. LaserLevel 945 U von Spectra Physics.
1 Dosenlibelle für die vertikale Gebrauchslage, *2* Einstellung und Kontrolle der Rotationsgeschwindigkeit, *3* Dosenlibelle für horizontale Gebrauchslage, *4* Schaltknopf für automatische Selbstnivellierung, *5* Anzeige der automatischen Selbstnivellierung, *6* Rotationskopf, *7* digitale Neigungsanzeige und -einstellung

- Neigungseinstellung der Laserebene (Fluchtstrahl) im Bereich von ±10% mit 0,01% Einstellgenauigkeit und digitaler Anzeige
- Frühwarnsystem bei Überschreiten des Selbstnivellierungsbereiches (Kontrolleuchte und Laserstrahl blinken)
- Einstellung der Rotationsfrequenz zwischen 0 und 10 Hz
- Festlegung des Rotationsprismas zur Schaffung einer Fluchtachse
- Fernbedienungseinrichtung

Das Gerät eignet sich für den universellen Einsatz auf der Baustelle zur Schaffung von Referenzebenen und Fluchtstrahlen.

4.2.1.5. Empfänger zur Laserstrahlortung

Zur Messung der Laserstrahllage, Positionierung von Bauteilen und Fluchtung und automatischen Steuerung von Maschinen werden unterschiedliche *Laserstrahlempfänger* benutzt. Die von dem jeweiligen Lasergerät vorgegebene Fluchtachse bzw. -ebene wird in Abhängigkeit von den bautechnologischen Erfordernissen und Anforderungen (Reichweite, Genauigkeit), den Umweltbedingungen (Tageslicht, Refraktions- und Turbulenzeinflüsse der Atmosphäre, Temperatur, Wind usw.) mit *visuellen Zieltafeln* (subjektive Ortungsmethode) oder *elektronischen Empfängern* (objektive Meßmethode) geortet bzw. gemessen.

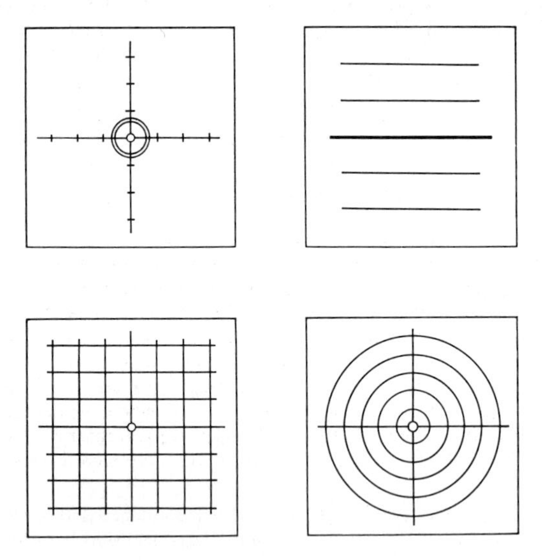

Bild 4.60. Zielzeichenvarianten

Die *Wahl der Empfänger* hängt ab von:

- der Ausgangsleistung des Lasers
- der Richtungsstabilität des Lasers
- der Aufweitung der Fokussierung des Laserstrahls

- der Auffächerung des Laserstrahls mittels Zylinderlinsen oder Rotationsbaugruppen
- dem Refraktions-, Turbulenz- und Dämpfungseinfluß der Atmosphäre auf die Ausbreitung der Laserstrahlung
- der Standfestigkeit der Laseraufstellung
- der Sichtbarkeit des Strahls auf der Zieltafel (Kontrast) bzw. Grenzempfindlichkeit der elektronischen Empfänger
- der Meßgeschwindigkeit
- der Dynamik des Bauprozesses der Baumaschine

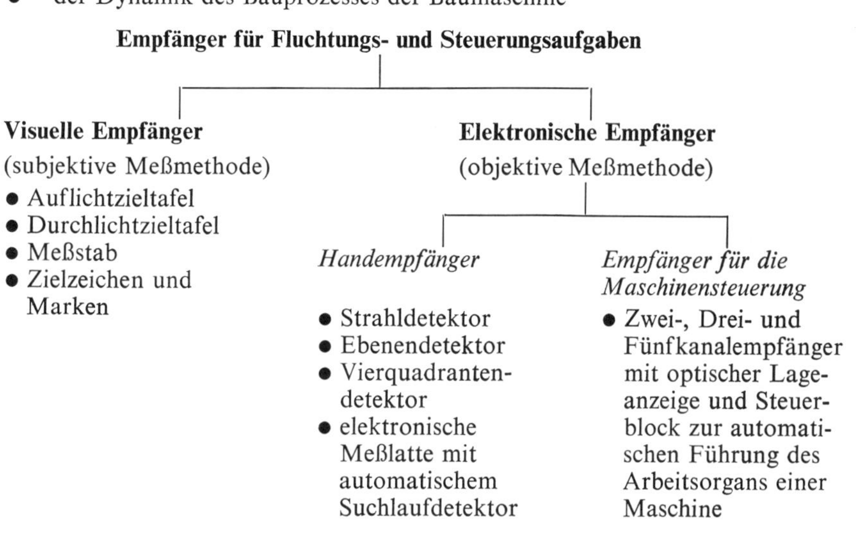

Einfachste und zugleich billigste Empfänger sind *optische Zieltafeln* (Auflicht- und Durchlichtzieltafel) zur visuellen Ortung einer Fluchtachse/-ebene (Bild 4.60) bzw. die direkte Abbildung und Kontrolle der Laserstrahlung (Lichtfleck) auf dem einzufluchtenden Bauteil.
Zur Ermittlung und Korrektur der Lageabweichung sowie Position eines Gegenstandes, Bauteiles oder einer Vorrichtung bzw. zum Einfluchten in die Fluchtachse des Laserstrahls wird die Lage des Lichtflecks in bezug auf ein Koordinatensystem auf der Zieltafel gemessen.
Visuelle Zieltafeln werden vorzugsweise bei Bau- und Montageprozessen, die längs einer vorgegebenen Fluchtachse verlaufen (Rohrverlegung, Kanal- und Tunnelbau, Markierung von Meßpunkten an Wänden, Decken und anderen Bauteilen, Vermessung), eingesetzt, oder bei denen Störeinflüsse durch Sonnenlicht (Überstrahlung) verhindert werden können (in abgeschlossenen und dunklen Räumen).

Elektronische Empfänger, die die Laserstrahllage mit optoelektronischen Bauelementen (Fotoelemente, Fototransistoren, Fotowiderstände) detektieren und über Signalverstärker optisch, akustisch oder instrumentell anzeigen, sind erforderlich zur:

- Erhöhung der Meß- und Montagegenauigkeit
- Automatisierung von Meßprozessen
- automatischen Steuerung von Maschinen und Prozessen
- Ausschaltung subjektiver Fehlereinflüsse bei der visuellen Ortung
- meßtechnischen Erfassung von Laserlichtebenen, die mittels Zylinderlinsen bzw. Rotationslasers erzeugt werden.

Tafel 4.3. Empfänger zur Laserstrahlortung

Empfängertyp	Funktionsprinzip	Arbeitsweise/Anforderungen/Einsatzgebiete
		1 2 3
I Differenz-empfänger für Fluchtstrahlen (Strahldetektor)	Fotodioden-Differenzanordnung mit Analogdifferenzverstärker und Anzeigeeinheit, Einsatz optischer Filter zur Nebenlichtunterdrückung	1. Empfang und Lageidentifikation eines Laserfluchtstrahls ● Gleichlichtempfang für kurze Meßentfernungen, max. 200 m bei Einsatz von optischen Schmalbandfiltern ● Empfang modulierten Laserlichts für große Meßentfernungen bis 500 m 2. ● Genauigkeit: ±1 mm/50 m ● Arbeitsreichweite: 200 m (500 m) ● Anzeige: a) optisch – 3 Signalfelder – zu hoch – richtig – zu tief b) akustisch c) Meßinstrument ● Masse: bis 0,5 kg ● Batteriestromversorgung ● Einsatztemperaturbereich: −20 °C bis +40 °C ● wasser- und staubgeschützt ● leichte und robuste Konstruktion 3. ● Fluchtungs- und Steuerungsaufgaben ● Strahlortung ● Refraktions- und Turbulenzuntersuchungen in der Atmosphäre ● Kontrollempfänger

II Vierquadranten-empfänger für Fluchtstrahlen 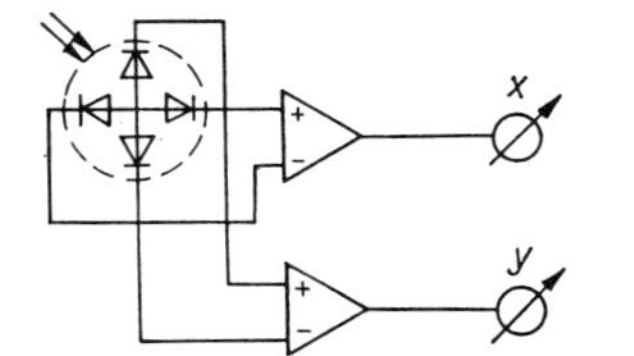 	Vierquadrantendiode mit Analogdifferenzverstärker und Anzeigeeinheit in x- und y-Richtung, Nebenlichtunterdrückung mit optischem Schmalband-filter	1. Empfang und Lageidentifikation eines Laserfluchtstrahls • Gleichlichtempfang für kurze Meßentfernungen, max. 200 m bei Einsatz von optischem Schmalbandfiltern • Empfang modulierten Laserlichts für große Meßentfernungen bis 500 m 2. • Genauigkeit: a) $\pm 0{,}05$ mm für Präzisionsmessung auf kurzen Distanzen b) ± 1 mm/50 m • Empfangsbereich: ∅ 50 mm • Arbeitsreichweite: max. 200 m • Anzeige: Meßinstrument für x- und y-Achse • Masse: bis 0,5 kg • Batteriestromversorgung • Einsatztemperaturbereich: $-20\,°C$ bis $+40\,°C$ • wasser- und staubgeschützt • leichte und robuste Konstruktion 3. • Fluchtungs- und Steuerungsaufgaben • Strahlortung • Refraktions- und Turbulenzuntersuchungen in der Atmosphäre • Kontrollempfänger

Tafel 4.3 (Fortsetzung)

Empfängertyp	Funktionsprinzip	Arbeitsweise/Anforderungen/Einsatzgebiete
		1 2 3
III Differenz-impulsempfänger für Laserrotationsebenen (Ebenendetektor)	Fotodioden-Differenzanordnung mit Impulsverstärker *1*, Spitzenwertgleichrichter *2*, Differenzverstärker *3*, Anzeigeeinheit zur Nebenlichtunterdrückung, selektives Kantenfilter 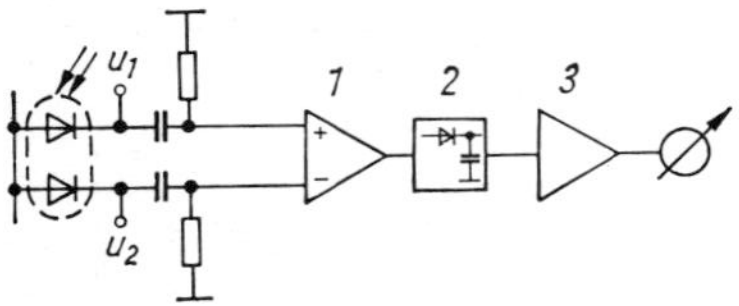	1. Empfang und Lageidentifikation einer Laserstrahlebene (Rotationslaser) ● Ortung und Lagebestimmung der Lichtebene mit Handempfänger bis 200 m bei einfachem Aufbau mit analoger Spitzenwertgleichrichtung ● Maschinensteuerempfänger Meßentfernung: bis 250 m Nebenlichtunterdrückung und spezielle Fotodetektorenanordnung mit rauscharmen Verstärkern, Spitzenwertgleichrichtung 2. ● Genauigkeit: a) Handempfänger: ± 1 mm/50 m b) Maschinensteuerempfänger: ± 10 mm/100 m ● Empfangsmöglichkeit: über 360° ● Arbeitsreichweite: 250 m ● Ausgänge zur Ansteuerung der Maschinensteuerung (mindestens 3 Kanäle) – Steuerblock ● optische Anzeige (mehrere Signalfelder) der Lage Maschinensteuerempfänger ● kleine Abmessungen und geringes Gewicht ● sonst wie I 3. ● Höhenmessung ● Maschinensteuerung (Höhe) ● Kontrollempfänger ● Rundumempfänger

IV Mehrkanal-Impulsempfänger für Laserebenen (Rotationslaser) (Mehrkanalebenen-Detektor)	Mehrkanal-Fotodiodenanordnung in Linearbauweise und mit Rundumcharakteristik Impulsverstärker *1*, Spitzenwertgleichrichter *2*, Auswerteschaltung *3*, Anzeigeeinheit *4*, Signalausgänge für Baumaschinensteuerung *5*	1. wie III 2. wie III 3. wie III, bei überwiegendem Einsatz für Maschinensteuerung

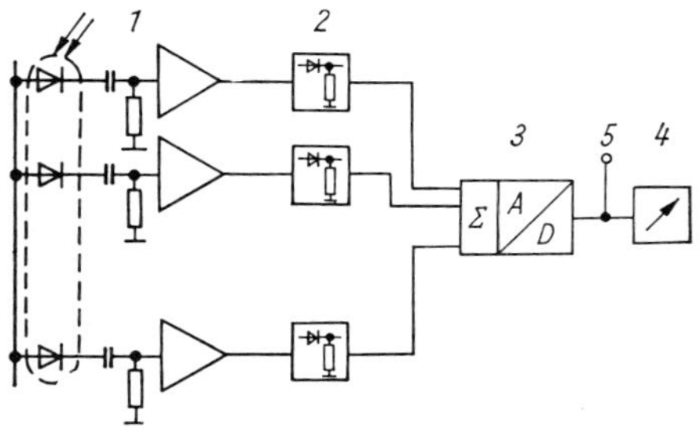

Tafel 4.3 (Fortsetzung)

Empfängertyp	Funktionsprinzip	Arbeitsweise/Anforderungen/Einsatzgebiete
		1 2 3
V Elektronische Meßlatte	Fotodioden-Differenzempfänger *1* mit Signalverstärker *2*, Regler *3* und Stellmotor sowie analoge Fernanzeige *4* über Linearpotentiometer	1. Empfang und Lageidentifikation eines Laserstrahls über automatischen Suchlaufempfänger (elektronischer Antrieb) 2. ● Genauigkeit: ± 2 mm/50 m ● Arbeitsreichweite: 200 m ● Empfangsbereich: a) 0 ... 10 cm (Suchlaufbereich) b) 0 ... 50 cm c) 0 ... 150 cm ● zuverlässige Funktion unter Baustellenbedingungen ● automatischer Suchlauf für die Ortung der Laserstrahlung (Intensitätsmaximum) ● Masse: bis 1 kg ● Anzeige: Digitalinstrument Ablesung an Meßband (mm-Teilung) ● sonst wie I 3. ● Fluchtungs- und Vermessungsaufgaben (Höhenmessung) ● Kontrollempfänger

Bild 4.61. Elektronischer Handempfänger mit Rundum-Empfangscharakteristik (Bauakademie der DDR).
1 Rundum-Empfangselemente, *2* Auswerteelektronik und Stromversorgung, *3* Anzeigegerät, *4* Handrad zur Schraubung von Justiermuttern für Höhenlage von Deckenelementen im Wohnungsbau (Zwangsmontage)

Der elektronische Empfang von Laserfluchtstrahlen und -ebenen bei Fluchtungs- und Steuerungsaufgaben ist mit folgenden Empfängern möglich (Tafel 4.3 und Bild 4.61):

- Differenzempfänger für Fluchtstrahlen
- Vierquadrantenempfänger für Fluchtstrahlen
- Differenzempfänger für Laserlichtebenen
- Mehrkanal-Impulsempfänger für Laserlichtebenen (Strahlrotation)
- elektromechanische Suchlaufempfänger für Fluchtstrahlen und -ebenen

4.2.1.6. Anwendungsgebiete

Tabelle 4.7 zeigt mögliche Anwendungen der Laser bei der Fluchtung und Steuerung im Bauwesen, im Schiffbau und der Schiffahrt, in der Melioration, im Bergbau, Maschinen- und Elektroanlagenbau.

Unterirdischer Rohrvortrieb (Bild 4.62, S.399)

Der unterirdische Rohrvortrieb ist eine grabenlose Herstellung unterirdischer Hohlräume durch Verdrängung oder Vorschub von Vortriebsrohren bzw. -rahmen, die zur Aufnahme von Leitungen dienen oder selbst eine Versorgungsleitung darstellen.
In der Startbaugrube werden nach geodätischen Markierungen das Widerlager, die Hydraulik-Preßstation, die Führungsbahn sowie der Baulaser eingebaut. Der *Baulaser* wird nach den Richtungs- und Höhenmarkierungen ausgerichtet. Nach Einstellung der Nivellierautomatik am Lasergerät erzeugt der austretende Fluchtstrahl die Vortriebsachse bzw. eine Achsparallele. Die im direkten Soll-Ist-Vergleich ermittelten Abmaße werden durch entsprechende Maßnahmen (einseitige Kernräumung, einseitiges Aussetzen von Vorschneidern am Schneiderschuh bzw. durch Winkelausstellung des Steuerkopfes) vor der folgenden Vorpressung berücksichtigt und allmählich eliminiert. Dadurch wird eine Vortriebsgenauigkeit von 1,5% gesichert.

Tabelle 4.7. Anwendungsgebiete der Fluchtung und Steuerung

	Bauvorhaben	Arbeitsvorgang	Lasergeräte				Meß-/Steuerbasis				Nutzeffekte				
							Flucht		Ebene						
			Fluchtlaser	Lotlaser	Rotationslaser	Lasertheodolit	Horizontal	Vertikal	Horizontal	Vertikal	> 10% Arbeits-zeitsenkung	> 25%	Bauzeit-verkürzung	Höhere Genauigkeit	Material-einsparung
	1	2	3	4	5	6	7	8	9	10	11	12	13	14	15
1.	*Tiefbau/Erdbau*														
1.1.	Unterirdischer Rohrvortrieb	Kontrolle der Rohrtourlage Steuerung des Schneidkopfes	×				1					×		×	
1.2.	Tunnelbau														
1.2.1.	Schildvortrieb	manuelle/automatische Steuerung des Vortriebsschildes	×				1					×		×	
1.2.2.	Messervortrieb	Kontrolle des Vortriebs der Messer, Montage Vortriebs- und Ausbaurahmen	×						1	1		×	×	×	
1.2.3.	Bohr-/Sprengvortrieb	Positionierung der Bohrloch-schablone, Profilkontrolle des Ausbruchs	×				1				×		×	×	×
1.2.4.	Tunnelvortriebs-maschinen	automatische Steuerung in Geraden und Kurven	×				1								
1.2.5.	Ausbau	Verlegen von Gleisen	×		×				1	1	×		×	×	×
1.3.	Rohrverlegung in offenen Gräben		×				1					×		×	
1.3.1.	Freispiegel-(Gefälle-) Rohrleitungen	maschineller Grabenaushub (manuell), Einbau Kiesbett und Unterbeton, Rohrverlegung	×				1					×	×	×	×
1.3.2.	Druckrohrleitungen (Gas, Wasser, Erdöl)	maschineller Grabenaushub, teilweise automatische Steuerung	×			×	1				×		×	×	

	1	2	3	4	5	6	7	8	9	10	11	12	13	14	15
1.4.	Sammelkanal	maschineller Grabenaushub, Montage von Fertigteilen, Einbau von Rohrleitungen, Steuerung von Horizontal- Gleitschalfertigern	×				2				×		×	×	×
1.5.	Flächenplanierung (Grab- und Fein-planum)	automatische Höhensteuerung von Planierraupen, Motor-gradern, Schürfkübelwagen			×				1		×		×	×	×
1.6.	Dämme und Deiche	profilgerechter Böschungsbau,			×				1		×		×	×	
		automatische Deformations-kontrolle	×				1	1				×			
2.	*Straßen- und Wegebau*														
2.1.	Flächenplanierung	wie 1.5.													
	Fahrbahnkonstruk-tion	automatische räumliche Steue-rung von Beton- und Schwarz-deckenfertigern			×	×	2		1		×			×	×
3.	*Brückenbau*														
3.1.	Gründungen	Positionierung von Caissons und Rammarbeiten im Gewässer	×	×		×	1	1			×			×	
3.2.	Monolithbetonbau	Ausrichtung von Schalungs-konstruktionen	×	×	×		1	1	1	1					
3.3.	Sektions- und Freivorbauweise	Montage vorgefertigter Sektionen, Einfahren und Einschwimmen vorgefertigter Brückenteile		×		×		1	1			×	×	×	
		automatische Belastungs- und Schwingungsmessungen,									×				
		automatisierte Langzeit-Deformationsbeobachtungen										×		×	
4.	*Wohn-, Gesellschafts-, Industrie- und Landwirtschaftsbau*														
4.1.	Gründung	Steuerung von Maschinen zur Bohrpfahlgründung und Schlitzwandgründung,	×	×	×		1	1	1		×			×	×

Tabelle 4.7 (Fortsetzung)

	Bauvorhaben	Arbeitsvorgang	Lasergeräte				Meß-/Steuerbasis				Nutzeffekte				
							Flucht		Ebene						
			Fluchtlaser	Lotlaser	Rotationslaser	Lasertheodolit	Horizontal	Vertikal	Horizontal	Vertikal	> 10% Arbeitszeitsenkung	> 25%	Bauzeitverkürzung	Höhere Genauigkeit	Materialeinsparung
	1	2	3	4	5	6	7	8	9	10	11	12	13	14	15
4.1.	Gründung	Einschalung von Hülsen-, Streifen- und Plattenfundamenten, Einbau von Frostschutzschichten (Kies)	×	×	×		1	1	1		×			×	×
4.2.	Rohbaumontage														
4.2.1.	Monolithbetonbau	höhengerechter Aufbau von Schalungen,			×				1			×		×	
		Steuerung von Gleitschalungen für Stabilisierung	×					1			×			×	
4.2.2.	Plattenbau	höhengerechte Montage von Wand- und Deckenplatten			×				1						
4.2.3.	Skelettbau	höhengerechte Montage von Stützen, Riegel, Deckenplatte,			×				1		×			×	
		Lotrechtstellung hoher Stützen,		×				1				×	×	×	
		Montage von Fassadenelementen		×	×			1	1	1		×	×	×	
4.3.	Ausbau	Montage untergehängter Akustik- und Sichtdecken,			×				1			×	×	×	
		Einbau von Fußbodenkonstruktionen (Estrich, Beton, vorgefertigte Elemente)			×				1			×	×	×	×
4.4.	Personen- und Lastenaufzugbau	Montage von Fahrkorbschienen und Fahrtreppen		×				2			×			×	

	1	2	3	4	5	6	7	8	9	10	11	12	13	14	15
5.	*Spezialbauwerke*														
5.1.	Industrieschornsteine	Steuerung der Gleitschalung, manuell und automatisiert		×				1			×			×	
5.2.	Antennenträger	Montage vorgefertigter Sektionen, Kontrolle des Hubvorganges und der Gesamtlotrechtstellung	×	×			1	1				×	×	×	
	Hyperbolischer Kühlturm	höhenabhängige Steuerung der Gleitschalung nach veränderlicher Geometrie			×		24	24				×		×	×
5.3.	Kranbahnanlagen	Montage und Revision von Kranbahnschienen	×				1					×			
6.	*Wasserbau*														
6.1.	Damm-/Deichbau	s. 1.6.	×		×		1		1		×		×	×	×
6.2.	Rammungen	genaue Positionierung von vorgefertigten Sektionen	×				1				×		×	×	
6.3.	Talsperren	automatische Deformationsüberwachung	×	×			1	1				×			
6.4.	Seestraßen/Fahrrinnen	automatische Steuerung von Schwimmbaggern zur Seitenprofilbaggerung	×							2		×	×	×	
6.5.	Unterwasserkabel	Verlegung oder Aufsuchen von Kabeln				×	2								
7.	*Schiffbau/Schiffahrt*														
7.1.	Schiffbau	Montage vorgefertigter Sektionen,	×	×			1	1	1	1		×		×	
		Fixierung und Deformationskontrolle der Kiellinie	×				1				×			×	
7.2.	Schiffsorientierung	Laserleuchttürme,			×					1				×	
		Lotsung in engen Fahrrinnen	×				1				×			×	
7.3.	Wrackbergung	Kennzeichnung von Wracks				×	2			2		×		×	

Tabelle 4.7 (Fortsetzung)

	Bauvorhaben	Arbeitsvorgang	Lasergeräte				Meß-/Steuerbasis				Nutzeffekte				
							Flucht		Ebene						
			Fluchtlaser	Lotlaser	Rotationslaser	Lasertheodolit	Horizontal	Vertikal	Horizontal	Vertikal	> 10 % Arbeitszeitsenkung	> 25 %	Bauzeitverkürzung	Höhere Genauigkeit	Materialeinsparung
	1	2	3	4	5	6	7	8	9	10	11	12	13	14	15
8.	*Melioration*														
8.1.	Offene Be- und Entwässerungssysteme	automatische Höhensteuerung von Grabenbaggern und -fräsern			×				1		×		×	×	
8.2.	Drainagesysteme	automatische Steuerung von Drainmaschinen, vorzugsweise grabenlose Drainverlegung			×				1			×	×	×	
9.	*Bergbau/Tagebau*														
9.1.	Bohr-/Sprengvortrieb	Positionierung der Bohrlochschablone	×				1					×		×	
9.2.	Vortriebsmaschinen	automatische Richtungs-/Höhensteuerung	×				1				×				
9.3.	Schachtanlagen	Schachtlotung,		×				2			×				
		profilgerechter Ausbau,		×				2			×		×	×	×
		Einbau/Führung von Förderanlagen	×	×			1	1						×	
9.4.	Abraum-Planumsschneidmaschinen	automatische Höhensteuerung			×					1	×			×	×
9.5.	Förderbandanlagen	automatische Steuerung von Bandrückraupen	×							1		×	×	×	
9.6.	Halden-/Kippenrutschung	automatische Langzeitüberwachung	×							1		×			
9.7.	Rekultivierung	automatische Höhensteuerung von Planiermaschinen			×				1		×		×	×	

	1	2	3	4	5	6	7	8	9	10	11	12	13	14	15
10.	*Eisenbahnbau*	automatische Steuerung von Gleisnivellier-, Stopf- und Richtmaschinen, Fahrleitungsbau	×						1	1	×		×		
11.	*Maschinen- und Anlagenbau*	Montage und Revision von Anlagen, z.B. Zement-Drehrohröfen	×				1				×			×	
12.	*Elektroanlagenbau*														
12.1.	Turbogeneratoren	Montage und Revision langer Turbosätze	×				1				×		×	×	
12.2.	Freileitungen	Montage und Lotrechtstellung von Starkstrom-Freileitungsmasten		×				1			×		×	×	

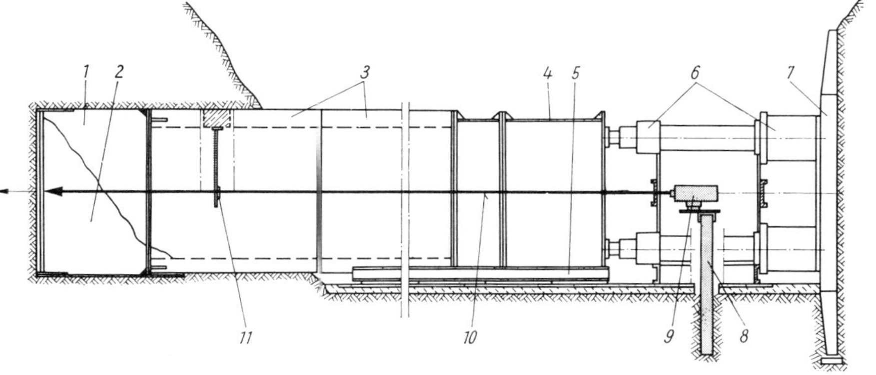

Bild 4.62. Unterirdischer Rohrvortrieb mit Lasersteuerung. *1* Steuerkopf, *2* gelöster Erdstoff, *3* Stahlbetonrohre, *4* Zwischenstück, *5* Führungsbahn, *6* Preßstation, *7* Widerlager, *8* Standrohr, *9* Laser, *10* Laserstrahl, *11* Kontrollvorrichtung

Tunnelbau (Bilder 4.63 bis 4.65)

Im Tunnelbau wird der *Fluchtungslaser* zur Sicherung einer ständigen Messungsfreiheit, zum Schutz vor Einwirkungen aus Arbeits- und Transportbewegungen und aus arbeitsschutztechnischen Gründen vorzugsweise seitlich dicht an der Tunnelwand in gleicher Höhe der Tunnelachse oder bei Lichtraumprofilhöhen > 2 m im Tunnelscheitel lotrecht über der Tunnelachse installiert.

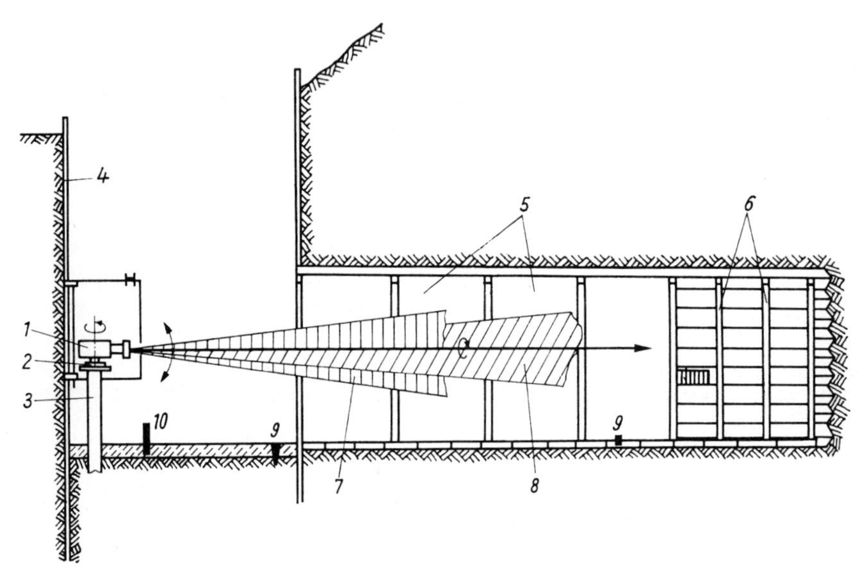

Bild 4.63. Messervortrieb mit Laserorientierung.
1 Laser mit Kollimator und Auffächerungsoptik, *2* Richtaufsatz, *3* Rohrstütze mit Laseraufstellplatte, *4* Spundwand, *5* Ausbaurahmen mit Schalelementen, *6* Vortriebsrahmen, *7* vertikale Strahlenebene, *8* horizontale Strahlenebene, *9* Kontrollmarken, *10* Schutzplanke

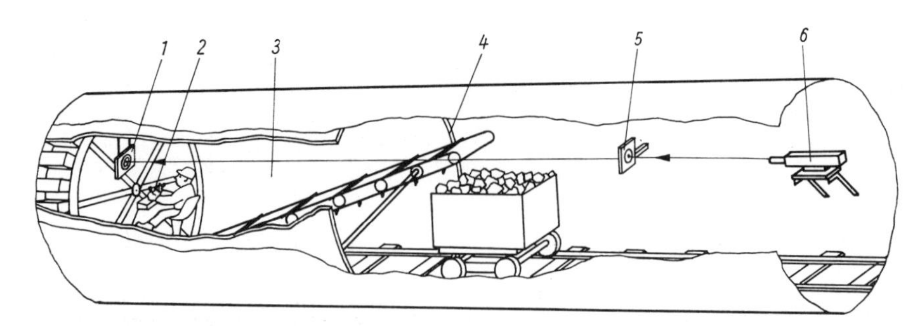

Bild 4.64. Schildvortrieb mit Laserorientierung.
1 Auflichttafel oder elektrooptischer Empfänger, *2* Steuerpult, *3* Schildkomplex, *4* Schildmantel, *5* Kontrolltafel, *6* Fluchtungslaser

Der Standort wird möglichst aus dem Bereich der unmittelbaren Baudurchführung herausgezogen. Zweckmäßig ist eine:

- stabile Aussparung im Verbau des Startschachtes bzw. Widerlagers
- Rückverlagerung in eine bereits aufgefahrene Strecke (Aufbau auf Beton- oder Mauerpfeiler, Seitenkonsole)
- Hochlage am Tunnelscheitel (Aufbau auf einer Firstkonsole)

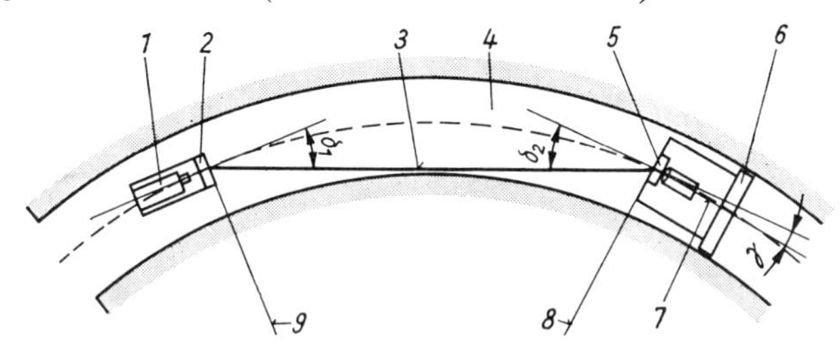

Bild 4.65. Kurvensteuerung einer Tunnelvortriebsmaschine.
1 Laser, *2* Ablenkeinheit Sender, *3* Laserstrahl, *4* örtliche Tunneltangente, *5* Ablenkeinheit Empfänger, *6* Schild, *7* Vortriebsachse, *8* Station des Empfängers, *9* Senderstation

Die Einmessung des Laserstandortes und der Fluchtungskontrollpunkte wird nach wie vor durch markscheiderische Arbeiten vorgenommen. Die *Ortung der Fluchtlinie* erfolgt je nach Aufgabenstellung durch:

- direkte Abbildung der Laserflucht auf dem anstehenden Erdreich und Gestein bzw. dem Verbau der Ortsbrust
- in den Strahlengang geschaltete Strahlauffangtafeln, Meßlatten und Lehren als Stichmaß zum Gestein, Ausbau oder Vortriebsmechanismus
- eine Strahlauffangtafel mit Koordinatenkreuz oder Raster (fest an der Vortriebsmaschine montiert)
- elektronische Empfangsvorrichtungen mit Soll-Ist-Vergleich und Ansteuerung der Steuermechanismen, die fest auf den Vortriebsmaschinen montiert sind

Die Umsetzung des Fluchtungslager ist erforderlich, wenn ein neuer sicherer Standort nach Erreichen eines Zwischenschachtes und Auffahrung eines Abzweiges gefunden ist bzw. die nutzbare Reichweite der Laserfluchtlinie überschritten wird.
Umlenkoptiken (90°-Pentaprismen und Drehkeilpaare) werden zur Auffahrung von abzweigenden Strecken bzw. zur Realisierung von Winkel-Streckenzügen bei gekrümmtem Tunnelverlauf eingesetzt, wenn der Baulaser an einem Standort verbleiben soll bzw. eine Standortänderung wegen auftretender Gefährdung und Lageinstabilität noch nicht möglich ist.
Die *Reichweite* eines Baulasers mit 1 mW Ausgangsleistung und optimierter Aufweitungsoptik beträgt 100 ... 1200 m. Durch Wahl eines sicheren Standortes konnte bei der Auffahrung eines Erkundungsstollens im Harz eine Strahllagestabilität von ±25 mm über 3 Monate Standzeit eingehalten werden.

Erdverlegte Rohrleitungen (Bild 4.66)

Die Ableitung von Regen-, Schmutz- und Abwasser erfolgt im allgemeinen in drucklosen und in Gefälle (Neigung) verlegten Rohrleitungen. Zur Minimierung des Bauaufwandes (schmaler flacher Baugrubenaushub und Wiederverfüllung) wird ein möglichst geringes Gefälle der Leitungen projektiert (1%). Ein solches Gefälle verlangt zur Aufrechterhaltung und Sicherung der Funktion der Leitung eine sehr hohe Genauigkeit bei der Rohrverlegung.

Der Laserstrahl stellt bei diesem Verfahren die projektierte Rohrachse bzw. eine höhenversetzte Parallele zur Rohrachse dar. Die Abbildung des Laserstrahles auf einer im Strahlengang geführten Strahlauffangtafel wird als Bezugspunkt zur Bestimmung von Höhen- und Fluchtmaßen benutzt. Die Anwendung der Lasermeßtechnik erstreckt sich auf die Teiltakte:

- *maschineller Grabenaushub*
  Möglichst dicht am Grabenwerkzeug des Baggers (Löffel, Greifer) wird eine leicht schräg gestellte Durchlichttafel (20 cm × 20 cm) auf der Seite des Maschinisten montiert. Vor dem Aushub bringt man das Grabenwerkzeug in Planierstellung und vergleicht die Lage der Laserstrahlabbildung auf der Tafel mit der Sollmarke.
- *manuelle Planierung der Grabensohle*
  Einbau der Frostschutzschicht aus Splitt, Sand oder Kies. In den Strahlengang wird ein Fluchtstab mit Durchlicht- oder Auflichttafel, eine Nivellierplatte oder Bohle mit Markierung gehalten bzw. gestellt. Nach dem Vergleich von Soll- und Istwert Fortsetzung der Planierung.
- *Verlegen der Seitenschalung für Unterbeton*
  Die Seitenschalung wird nach einer Lehre mit Strahlauffangtafel in den Laserfluchtstrahl eingerichtet.
- *Verlegen der Rohre*
  In Abhängigkeit von der Nennweite der Rohre (100 ... 2000 mm) und der Laseraufstellung werden verschiedenartige Ausführungen von Durchlichtzieltafeln verwendet.
  Man richtet das Rohr so aus, daß die Nullpunktmarkierungen der Tafel und der Laserstrahlabbildung deckungsgleich sind.

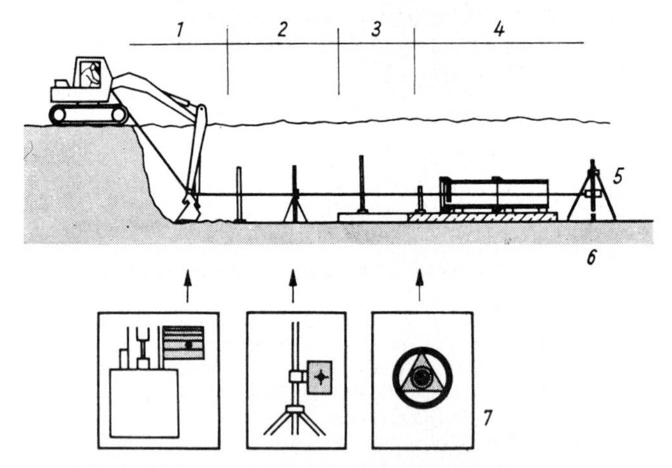

Bild 4.66. Anwendung der Lasermeßtechnik bei der Verlegung von Rohrleitungen.
1 Grabenaushub, *2* Handplanierung, Kieseinbau, *3* Schalung, *4* Rohrverlegung, *5* Laser, *6* Höhenpfahl, *7* Strahlenauffangtafeln

Montage- und Ausbauarbeiten bei Bauwerken in Platten- und Skelettbauweise (Bilder 4.67 bis 4.69)

Die Anwendung der Laser erstreckt sich vor allem auf meßtechnische Arbeiten und Kontrollen im und am Bauwerk, die während der Montage auszuführen sind und wesentlichen Einfluß auf die

Kontinuität der industriellen Baudurchführung sowie die geometrische Qualität des Bauwerks bzw. der baulichen Anlagen haben.
Die verschiedenen Meß- und Kontrollvorgänge bei den sehr unterschiedlichen bautechnolo-

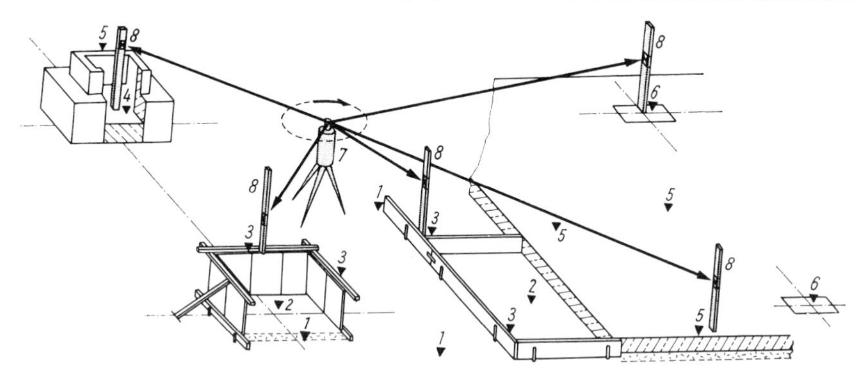

Bild 4.67. Höhenbestimmung und -kontrolle in der Baugrube/Fundamentebene mittels Rotationslasers.
1 Kontrolle der Baugrubensohlen und Handnachplanierung, *2* Einbau der Kies-/Sandschicht (Frostschutzschicht), *3* Einmessung und Aufbau von Schalungen, *4* Lagerfugenausgleich in Fundamenthöhen, *5* Kontrolle und Nacharbeiten von Betonflächen, *6* Einbau von Kontaktelementen für Stützenmontage, *7* Rotationslaser, *8* elektronische Meßplatte

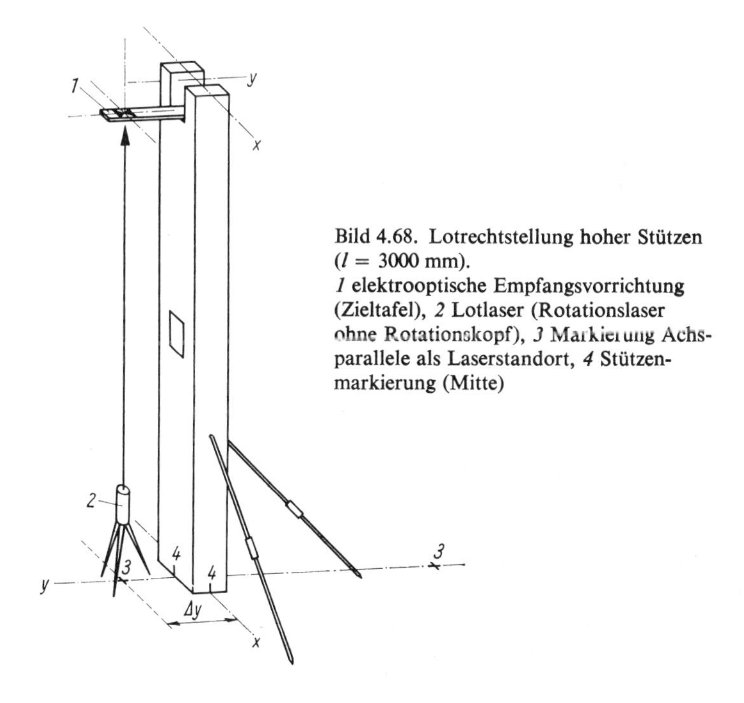

Bild 4.68. Lotrechtstellung hoher Stützen (l = 3000 mm).
1 elektrooptische Empfangsvorrichtung (Zieltafel), *2* Lotlaser (Rotationslaser ohne Rotationskopf), *3* Markierung Achsparallele als Laserstandort, *4* Stützenmarkierung (Mitte)

gischen Arbeiten zur Fundamentfertigung, Wand-, Decken-, Skelett- und Fassadenmontage sowie der Ausbaugewerke erfordern den Einsatz eines möglichst vielseitigen Gerätesystems.
Die aktiv auf die Bautechnologie einwirkende (und in diese integrierte) Lasermeßtechnik auf der Basis eines Rotationslasersystems bewirkt:

- eine Vereinfachung der Meßtätigkeit und Verkürzung des Arbeitszeitaufwandes trotz Erhöhung des Meß- und Kontrollumfanges

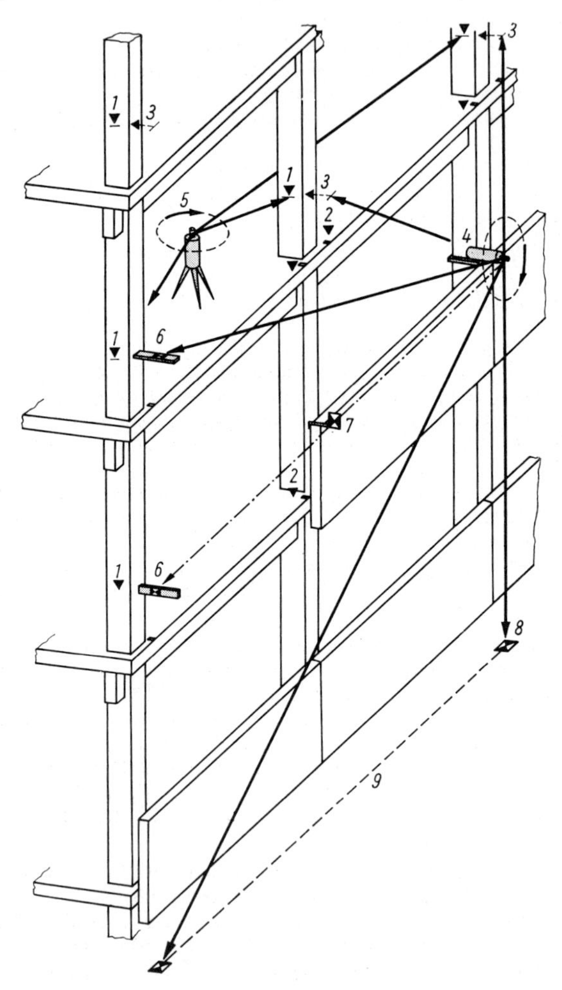

Bild 4.69. Montage von Fassadenelementen mittels Lasers.
1 Höhenmarke für Fassadenelement (Meterriß), *2* Fußpunktmarkierung, *3* Fluchtmaß, *4* Rotationslaser (Vertikalebene), *5* Rotationslaser (Horizontalebene), *6* elektronische Montagelehre, *7* elektrooptische Montagelehre, *8* Markierung einer Bezugsebene, *9* Fluchtparallele

- den Übergang zum Einmann-Meßsystem und zur Verfügbarkeit an mehreren Arbeitsstellen eines Bauprozesses
- die Sicherung einer gleichbleibenden bzw. höheren Genauigkeit der Rohbaumontage, Verringerung des Nacharbeits- und Anpaßaufwandes, Verbesserung der bauphysikalischen Eigenschaften (Wärmedämmung, Schallschutz)

Forderungen an das Rotationslasersystem:

- Erzeugung einer horizontalen bzw. lotrechten Fluchtlinie
- Erzeugung einer horizontalen bzw. vertikalen Strahlungsebene
- automatische Fluchtstrahl- bzw. Strahlebenen-Lagestabilisierung im Einspielbereich von $\pm 5°$ mit einer Einstellgenauigkeit von ± 2 mm/50 m
- Stromversorgung über 12-V-Batterie bzw. Baustromnetz 220 V (50 Hz)
- Laserausgangsleistung 1 mW
- elektrooptische Lageortung mit einer elektronischen Meßplatte bzw. elektronischen Montagelehre mit einem Empfangswinkelbereich von 120°, Empfangshöhenbereich > 20 cm und einer Anzeigegenauigkeit von ± 1 mm/50 m
- Arbeitsreichweite 50 m

Bauwerke in Gleitbauweise

Hohe und sehr betonintensive Bauwerke in Stahlbeton (Industrieschornsteine bis 300 m Höhe, Getreidesilos, Kühltürme, Bürohochhäuser und Stabilisierungskerne für Wohn- und Gesellschaftsbauten) werden überwiegend in *Gleitbauweise* errichtet. Die Anwendung der Gleitschalung gewährleistet bei einem Minimum an Material- und Zeitaufwand (einmaliger Auf- und Abbau) eine kontinuierliche Baudurchführung (Betonprozesse) und damit eine hohe Tragfestigkeit der Konstruktion sowie sehr kurze Bauzeiten.
Zur genauen vertikalen Führung der Gleitschalung sind laufend *Lotungskontrollen* durchzuführen. Besonders erschwerend bei diesen Arbeiten ist, daß das Meßpersonal sich dabei im unmittelbaren Gefahrenbereich unter der Gleitschalung aufhalten muß.
Bei Anwendung der Lasermeßtechnik werden *Lotlaser* eingesetzt, deren Anzahl im wesentlichen von der Kompliziertheit des Bauwerksgrundrisses und der Schaffung eines internen Achssystems auf dem Gleitschalungskörper abhängig ist.

Der einfachste Anwendungsfall sind *Industrieschornsteine*: Ein Lotlaser wird auf dem Fundament im Zentralpunkt des Schornsteines aufgestellt und gegen herabfallende Gegenstände und Material durch eine festgefügte Schutzeinhausung gesichert. Auf dem Gleitschalungskörper ist im Zentralpunkt eine Durchlicht-Rastertafel montiert. Die Abbildung des Laserlotstrahles zeigt die Richtung und Größe der Abweichung des Schalungskörpers aus der Lotlinie an.
Bei Bauwerken mit rechteckigem Grundriß werden mindestens *zwei* Laserlotstandpunkte benötigt, da außer der Lotrechtstellung auch eine horizontale Kontrolle des Schalungskörpers auf Deformation erfolgen muß. Die Verbindungslinie zwischen den Lotstrahlabbildungen auf der Gleitschalung bildet die Basislinie für Längenmessungen.

Ein komplizierter Anwendungsfall ist die Errichtung von hyperbolischen *Großkühltürmen*: Der Mantel des Kühlturmes stellt ein Hyperboloid mit einer Höhe von 100 m und einem Durchmesser von 80 m in Fundamenthöhe dar. Der Schalungskörper besteht aus mehr als 60 Sektionen, die neigungseinstellbar und zum Teil ineinander verschiebbar sein müssen, um entsprechend der höhenabhängigen Neigung und des radialen Abstandes der Mantellinie (Hyperbel) zur Kühlturmmitte eine Steuerung vornehmen zu können. Zur Sicherung einer hohen Genauigkeit sind mindestens 24 Sektionen in der absoluten Lage und die anderen relativ in der Lage zu diesen in mehreren Zyklen je Arbeitsschicht zu kontrollieren.

Eine erfolgreich eingesetzte Systemlösung ist im Bild 4.70 dargestellt.
Im Zentralpunkt des Kühlturmes ist ein selbstnivellierender *Lotlaser* mit 3 mW Ausgangsleistung

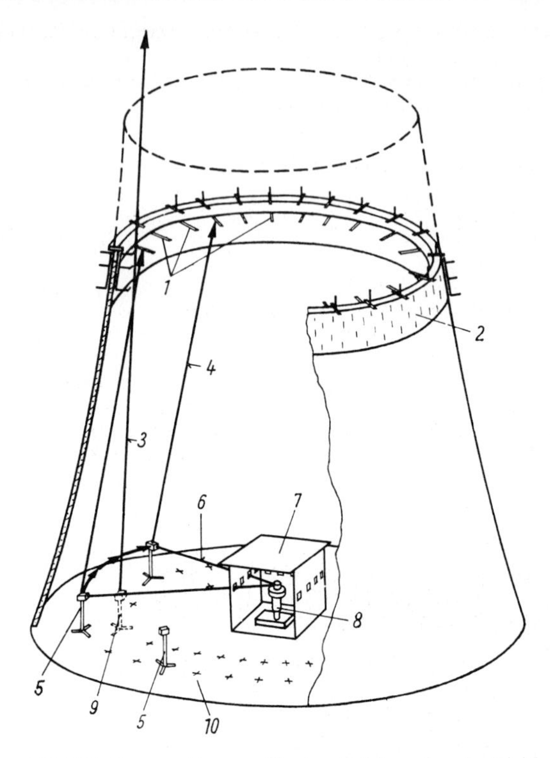

Bild 4.70. Lasermeßsystem für den Kühlturmbau in Gleitbauweise.
1 Meßlatten, *2* Gleitschalungskörper, *3* Tangential-Laserstrahl Ring B, *4* Tangential-Laserstrahl Ring A, *5* Umlenkoptiken auf Stützen (Tangentenring A), *6* Horizontal-Laserstrahl, *7* Schutzhaus, *8* Lotlaser mit Schrittschaltwerk, *9* Umlenkoptik auf Stütze (umgesetzt auf Tangentenring B), *10* Meßstelle

ortsfest montiert. Ein aufgesetztes *Pentaprisma* lenkt den Vertikalstrahl in eine Horizontalebene ab, und dieser wird durch ein *Schrittschaltwerk* nacheinander auf 24 vorgegebene Meßstellen (nach Schaltung über eine Ringleitung) auf den Gleitschalungskörper ausgerichtet. An diesen Meßstellen sind auf höhenverstellbaren, fest montierten Standorten *Umlenkoptiken* montiert und zum Zentralpunkt ausgerichtet. Der auftreffende horizontale Laserstrahl wird durch die Umlenkoptik in einem bestimmten Winkel so nach oben abgelenkt, daß er eine Tangente entlang der Mantellinie darstellt. An der Gleitschalung sind genau über diesen Meßpunkten Nivellierlatten in gleichem Abstand zur Schalungsinnenkante montiert. Die Istlage der Laserstrahlabbildung auf der Meßlatte wird mit dem der Gleithöhe entsprechenden, vorberechneten und tabellierten Sollwert verglichen. Unter Hinzuziehung der ausgewerteten Kontrollwerte des vorangegangenen Meßzyklus ermittelt man die Tendenz der Lageabweichungen und leitet daraus entsprechende Maßnahmen zur weiteren Steuerung des Gleitschalungskörpers ab.
Die wesentlichsten *Vorteile* sind:

- Meßwerte stehen unmittelbar nach der Messung zur Verfügung; ein unmittelbares Steuern der Gleitschalung ist möglich

- genauere Bauausführung (im Mittel 2 ... 3 cm Abweichung gegenüber 10 ... 15 cm bisher); Verringerung von Anpaß- und Nacharbeiten
- Aufenthalt des Meßpersonals im Gefahrenbereich unter der Gleitschalung entfällt
- Störungen durch Regen oder Nebel werden beseitigt

Montage von Antennenträgerbauwerken (Bild 4.71)

Die klimatischen Bedingungen im Bergland gestatten für die Errichtung von hohen Bauwerken nur kurze Bauzeiten von etwa 5 Monaten im Jahr. Diese Bauzeit erfordert ein schnelles, hochproduktives Montage- und Meßverfahren.
Der zylindrische Antennenträger von über 100 m Länge wird aus vorgefertigten Sektionen von 5 bis 8 m Länge montiert. An die achsgerechte Montage der einzelnen Rohrsektionen und die Lotrechtstellung werden sehr hohe Genauigkeitsforderungen gestellt. Die Sicherung dieser Genauigkeit setzt ein aktiv und unmittelbar einwirkendes Meßverfahren mit einem *Baulaser* voraus. Der Baulaser wird direkt an einem Achspunkt aufgestellt, so daß die Strahlabbildung auf einer Tafel genau mittig als Kreuz abgebildet wird. Die genaue Ausrichtung des Fluchtstrahles auf den anderen Achspunkt erfolgt mit einem dem Lasergerät vorgesetzten *Drehkeilpaar*. Anschließend kann die Achse auf den Zwischenaufbauten im Rohr genau markiert bzw. die Lage von Zieltafeln fixiert werden. Damit sind wichtige Vorarbeiten zur genauen Rohrmontage in kürzester Zeit realisiert.

Bild 4.71. Antennenträgermontage mit Laserlot (Achsenbestimmung und -markierung an einer Rohrsektion).
1 Öffnung zum Einbau der Achsenzieltafel, *2* exzentrischer Achspunkt, *3* Drehkeilpaar und planparallele Platte, *4* Fluchtungslaser, *5* Achsabschnürung

Nach Montage der Kopfsektion wird der Laser in diese nach der Achse eingebaut und nach der Zieltafel ausgerichtet. Die folgende Rohrsektion wird mittels der zwei in ihr fixierten Zieltafeln nach dem Fluchtstrahl ausgerichtet. Ist auch die Dicke der Schweißnaht optimiert, erfolgt eine Heftschweißung. Bei der Heftung wird gleichzeitig eine Beobachtung der Strahlabbildung auf den Zieltafeln auf eventuelle Lageänderung durchgeführt. Durch sofortiges Erkennen von Lageänderungen kann die Heftschweißung rechtzeitig unterbrochen und eine geeignete Korrekturmaßnahme eingeleitet werden.

Steuerung von Planiermaschinen (Bild 4.72)

Zur Planierung von Flächen (in Wohngebieten, Industrieanlagen, im Straßenbau, in der Landwirtschaft usw.) werden Planierraupen, Motorgrader und Schürfkübelwagen eingesetzt. Der Forderung nach einer sehr großen Höhengenauigkeit bzw. Ebenflächigkeit des Feinplanums bei geringstmöglichem Vermessungsaufwand und einer beliebigen, weitestgehend uneingeschränkten Richtungsbeweglichkeit der Maschinen entspricht ein *Lasermeß- und Steuersystem* mit einer horizontalen bzw. entsprechend der projektierten Fläche geneigten Laserleitebene. Diese Leitebene wird durch einen *Rotationslaser* erzeugt, der über einem lage- und höhenmäßig bekannten Punkt aufgestellt und in der Richtung nach einer Längs- oder Querachse der Fläche orientiert wird. Nach Ermittlung des Höhenabstandes Leitebene–Sollplanum wird der am beweglichen Arbeits-

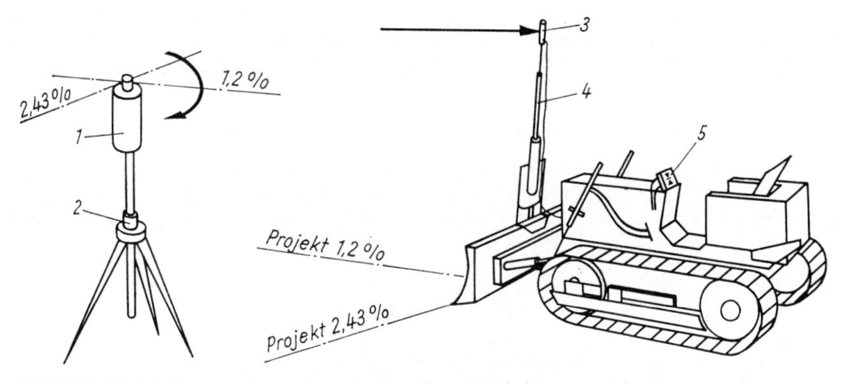

Bild 4.72. Planierraupensteuerung nach einer Laserleitebene.
1 Rotationslaser, *2* Stativ mit Höhenverstellvorrichtung, *3* elektronischer Rundum-Empfänger, *4* teleskopische Höhenverstellung, *5* Anzeigeeinheit und Steuerblock

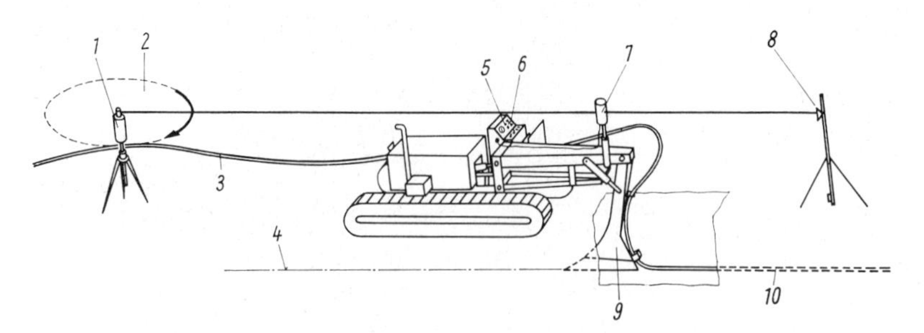

Bild 4.73. Laserleitebene zur automatischen Steuerung einer Drainmaschine.
1 Rotationslaser auf höhenverstellbarem Stativ, *2* Strahlungsebene, *3* ausgelegter Drainstrang, *4* projektierte Drainanlage, *5* Steuerautomatikblock, *6* optische Anzeigeeinheit, *7* Rundum-Empfänger, *8* Tripelspiegelreflektor (Kontrolleinheit), *9* tiefengesteuertes Grabschwert, *10* projektgerecht verlegter Drain

organ (Planierschild, Schneidvorrichtung) der Planiermaschine montierte elektrooptische Empfänger auf Sollhöhe eingestellt. Der Empfänger ist vorzugsweise als Rundum-Empfänger ausgebildet.
Die Ansteuerung der Steuermechanismen der Maschine erfolgt über eine Auswertebaugruppe des Empfängers.

Die *wesentlichsten Vorteile* sind:

- Reduzierung des meßtechnischen Aufwandes auf die Absteckung weniger Basispunkte
- Steigerung der Maschinenproduktivität durch Verringerung der Planierdurchgänge
- Verringerung des Materialbedarfes bei Einbau von Sand- und Kiesschichten durch höhere Genauigkeit des planierten Untergrundes
- Tag- und Nachteinsatz sowie Witterungsunabhängigkeit
- gleichzeitiger Einsatz und Steuerung mehrerer Maschinen bei der Bearbeitung sehr großer Flächen

Verwendet werden *Rotationslaser* mit 1 mW Ausgangsleistung (Batteriebetrieb mit 12 V, Selbsthorizontierung $\pm 8°$ und Rundum-Empfänger mit einem Empfangshöhenbereich von 20 ... 50 cm). Die nutzbare Arbeitsreichweite liegt bei 200 m Radius mit einer Genauigkeit von ± 3 cm/100 m. In gleicher Weise erfolgt die Steuerung von Grabenbaggern und Drainagemaschinen (Bild 4.73).

Steuerung von Bandrückraupen (Bild 4.74)

In Braunkohletagebauen werden in zunehmendem Maße zum Transport der über der Kohle liegenden, durch den Bagger gelösten Erdmassen *Abraumbandanlagen* eingesetzt. Zur Erhöhung der Nutzbarkeit werden die Bandanlagen ohne Demontage des mechanischen und elektrischen Teiles

Bild 4.74. Bandrückraupe mit Empfänger.
1 optisches Anzeigetableau, *2* elektrooptischer Richtungsempfänger

sowie des Fördergurtes mit leistungsstarken Traktoren, die mit Rückeinrichtungen versehen sind, gerückt. Damit ein einwandfreier Gurtlauf gewährleistet ist, muß das Feinrücken so genau erfolgen, daß der Gurt < 5% der Gurtbreite von der Geraden abweicht. Die Höhenlage paßt sich im wesentlichen dem Erdboden an.
Die Bandanlage wird (der Größe des Abstandes der neuen Flucht entsprechend) in mehreren Rückvorgängen an die im Anfangs- und Endpunkt der Bandanlage vorgegebenen Fluchtpunkte herangezogen. Zum Grob- und Feinausrichten stellt sich die Bandrückraupe mit Band an einem Fluchtpunkt in Startposition. Auf dem Dach der Raupe ist ein elektrooptischer Empfänger

Bild 4.75. Aufstellung eines Fluchtungslasers auf einem Stativschlitten.
1 Höhenverstellung, *2* Fluchtungslaser mit Zylinderlinsenoptik, *3* Laser-Vertikalebene, *4* Schlitten

(5 Kanäle) mit einer Empfangsbreite von etwa 50 cm montiert. Über dem »Richtig«-Bereich des Empfängers ist ein Tripelspiegel angeordnet. Auf dem Fluchtpunkt am gegenüberliegenden Bandende wird der Fluchtungslaser auf einem Stativschlitten (Bild 4.75) aufgestellt.
Beim Einsatz eines Fluchtungslaser mit 3 mW Ausgangsleistung und Zylinderlinsen mit einer Brennweite von 2000 ... 4000 mm können Bandanlagen bis zu 2 km Länge mit einer Genauigkeit von ± 5 cm weitestgehend unabhängig von äußeren Witterungsbedingungen gerückt werden. Die Bandrückraupen fahren dabei mit einer Geschwindigkeit von 2 ... 4 km/h.

Wesentlichste Vorteile:

- geringer meßtechnischer Zeitaufwand und Beschleunigung des Rückvorganges, damit Erhöhung der Verfügbarkeit der Bandanlage
- Rückvorgang kann auch nachts durchgeführt werden
- Erhöhung der Richtungsgenauigkeit führt zur Verminderung des Kantenverschleißes und Erhöhung der Lebensdauer der Gurtbänder

Steuerung von Naßbaggern (Bild 4.76)

Im Bodden- und Küstenbereich der Meere werden für den Ausbau von Seewasserstraßen sowie für die laufende Wiederherstellung der für die Schiffahrt geforderten Solltiefen *Eimerkettenschwimmbagger* eingesetzt. Die Fluchtlinien für Fahrwasserachsen, Sohlenbegrenzungen und Böschungsschnitte wurden bisher auf Land durch Baken oder Stangen und auf See durch am Grund verankerte Bojen abgesteckt und markiert. Nachteile davon waren, daß auf Land infolge Bebauung, Böschungen und Steilufers eine Fluchtmarkierung oft nicht möglich war und die Bojen trotz kurzer Verankerung durch Wind- und Strömungsverhältnisse sowie Wasserstandsschwankungen an der Wasseroberfläche nur mit einer Genauigkeit von ±2 m festzulegen waren.
Die Fluchtung (Peilung) vom Naßbagger aus ist durch häufig auftretende boden- bzw. wassernahe Dunst- und Nebelschichten erschwert, ungenau und zum Teil nicht durchführbar. Diese Nachteile werden durch die Anwendung der *Lasermeßtechnik* weitestgehend ausgeschaltet.
Zur seitlichen Begrenzung der Fahrwasserrinne werden in den beiden Fluchten je 1 Fluchtungslaser nach vorheriger geodätischer Lagebestimmung möglichst standortfest aufgestellt und ausgerichtet. Der Standort in der Fluchtlinie kann nahezu beliebig gewählt werden, z.B. auch auf einem im Wasser feststehenden Pfahl. Werden große Reichweiten gefordert (> 5 km), ist eine entsprechende Standorthöhe zu wählen.

Aufgrund der unterschiedlichen Augenhöhe des Beobachters bzw. Höhe des elektronischen Empfängers über dem Wasserspiegel muß der Fluchtungsstrahl durch eine am Fluchtungslaser angebrachte Zylinderlinse zu einer senkrecht stehenden *Fluchtebene* aufgespreizt werden.

Auf dem Naßbagger wird eine Position festgelegt, von der aus das Baggerpersonal den seitlichen Durchgang des Baggers durch eine Fluchtebene bei Wahrnehmung der Randstrahlung als »Vorwarnung« und das Aufblitzen des Kernstrahlungsbereiches als Signal zur Umschaltung der Steuerwinden beobachtet. Der Bagger wird zum nächsten Schnitt vorgezogen und arbeitet in Gegenrichtung bzw. zum Durchgang der anderen Fluchtebene.
Die nutzbare Reichweite beträgt für Laser mit einer Ausgangsleistung von 1 mW und Zylinderlinsen mit einer Brennweite von $f = 2000 \ldots 4000$ mm (außer bei dichtem Nebel) bis zu 5 km, bei einer Ausgangsleistung von etwa 3 mW mit Zylinderlinsen bis zu 16 km. Die Genauigkeit der Baggerung der Seitenbegrenzungen liegt bei 0,2 m.

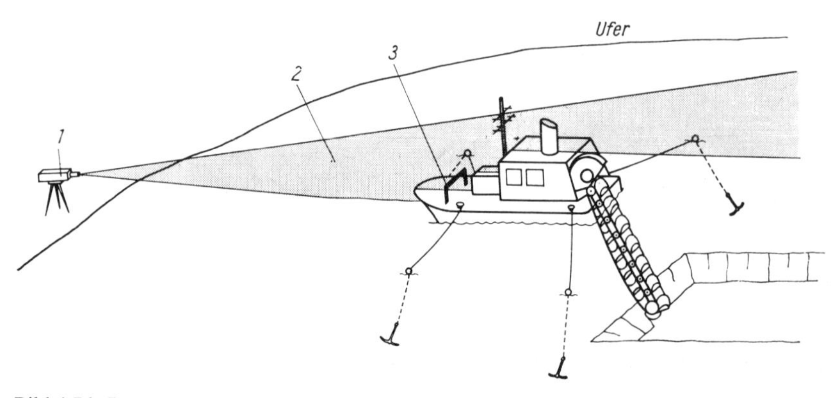

Bild 4.76. Lasersteuerung eines Eimerkettenschwimmbaggers.
1 Fluchtungslaser mit Zylinderlinsenoptik, *2* Vertikal-Strahlungsebene, *3* Visier- und Beobachtungsvorrichtung

4.2.2. Geschwindigkeitsmessung

4.2.2.1. Messung von Winkelgeschwindigkeiten

Winkelgeschwindigkeiten können mit einem *Ringlaser* gemessen werden, wenn dieser mit dem sich drehenden System fest verbunden ist und die Rotationsachse die Fläche des Ringlasers unter einem von Null verschiedenen Winkel durchsetzt. Dabei wird die Tatsache ausgenutzt, daß die Umlaufzeit eines Lichtstrahles in einem rotierenden ringförmigen Resonator erhöht bzw. erniedrigt wird, je nachdem, ob die Umlaufrichtung mit der Rotationsrichtung übereinstimmt oder ihr entgegengerichtet ist. Dieser zuerst von SAGNAC erkannte Effekt wurde 1926 von MICHELSON und GALE [4.38] benutzt, um mit einem Ringinterferometer großer Ausdehnung (≈2 km Umfang) die Erdrotation zu messen.
In einem Ringlaser führt eine *Änderung der Umlaufzeit*, die praktisch einer Änderung der Resonatorlänge entspricht, zu einer *Verschiebung der Resonanzfrequenz*, so daß zwischen den entgegengesetzt umlaufenden Laserschwingungen eine *Frequenzaufspaltung* erzeugt wird. Sie ist von der Größe:

$$\Delta\nu = \frac{4A}{l\lambda}\,\boldsymbol{n}\boldsymbol{\Omega} \tag{4.2}$$

l Resonatorlänge des Ringlasers
A Fläche des Ringlasers
$\boldsymbol{n}$ Flächennormale
$\boldsymbol{\Omega}$ Vektor der Winkelgeschwindigkeit
λ Wellenlänge der Laserstrahlung

Die Frequenzaufspaltung wird auf einfache Weise durch Überlagerung der beiden getrennt ausgekoppelten Strahlen an einem teildurchlässigen Spiegel nachgewiesen (Bild 4.77).
Als Ringlaser finden vorzugsweise *Gaslaser im sichtbaren Spektralbereich* (He-Ne-Laser) Verwendung. Sie erlauben ohne besondere Maßnahmen einen Einmodenbetrieb bei hinreichend großer Fläche (Umfang 30 ... 40 cm).

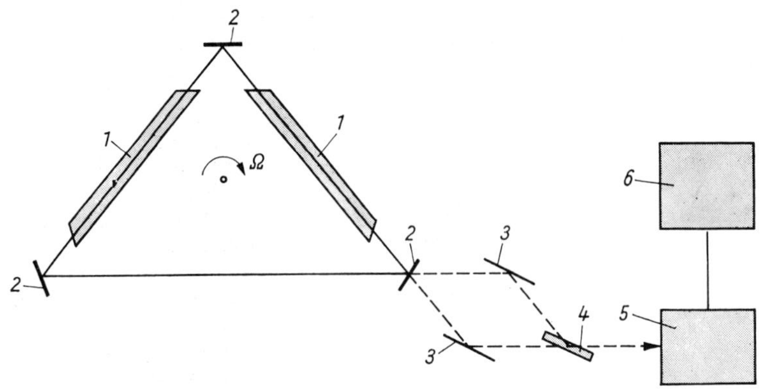

Bild 4.77. Messung von Winkelgeschwindigkeiten mit einem Ringlaser.
1 Laser, *2* Resonatorspiegel, *3* Umlenkspiegel, *4* teildurchlässiger Spiegel, *5* Empfänger, *6* Auswerteelektronik

! Der Nachweis sehr geringer Winkelgeschwindigkeiten wird dadurch erschwert, daß sich die beiden Laseroszillationen bei geringer Frequenzaufspaltung (etwa 1 kHz) gegenseitig synchronisieren *(frequency locking)* [4.39].

Eine wesentliche *Empfindlichkeitssteigerung* kann erreicht werden, indem eine konstante Frequenzaufspaltung erzeugt und dann nur die Änderung dieser Aufspaltung infolge der Rotation registriert wird. Nach diesem Prinzip betriebene Ringlaser erlauben den Nachweis von Winkelgeschwindigkeiten in der Größenordnung von 10^{-2} °/h. Mit dieser Empfindlichkeit hat der Ringlaser seine größte Bedeutung als *optisches Gyroskop (Lasergyroskop)*. Der Vorteil gegenüber dem Kreiselgyroskop liegt in der geringeren Störanfälligkeit bei Erschütterungen (keine bewegten Teile!). Daraus resultiert auch seine Anwendung als Navigationsinstrument in der Raumfahrt.

4.2.2.2. Messung translatorischer Geschwindigkeiten

Die am häufigsten angewendete Methode (Tabelle 4.8) beruht auf der Ausnutzung der DOPPLER-*Verschiebung* der Lichtfrequenz bei der Reflexion bzw. Streuung am bewegten Objekt. Die *Frequenzverschiebung* wird durch optische Mischung der reflektierten bzw. gestreuten Strahlung mit einem Referenzstrahl desselben Lasers nachgewiesen. Die dabei entstehende Schwebungsfrequenz ist unter Vernachlässigung des quadratischen DOPPLER-Effektes ($v \ll c$) gegeben durch:

$$\Delta\nu = \frac{1}{2\pi} \boldsymbol{v} (\boldsymbol{k}_s - \boldsymbol{k}_0) \tag{4.3}$$

$\boldsymbol{v}$ Geschwindigkeitsvektor
$\boldsymbol{k}_s$ Wellenzahlvektor der reflektierten (gestreuten) Strahlung
$\boldsymbol{k}_0$ Wellenzahlvektor der einfallenden Strahlung

Tabelle 4.8. Beispiele für ausgeführte Geschwindigkeitsmessungen

Art des Gerätes	Literatur	Parameter	Anwendung
Nach Bild 4.79 He-Ne-Laser	[4.43]	Meßbereich 0,2 ... 7700 mm/s Messung bis 20 m Entfernung	Aluminium-Strangpreßanlage, rotglühender Stahl, Papier, Gummi u.a. Messung durch Staub und Flammen nicht beeinträchtigt
Nach Bild 4.79 cw-CO_2-Laser	[4.44]	Meßbereich 130 ... 400 km/h Reichweite bis 500 m	Landegeschwindigkeiten von Flugzeugen
Nach Bild 4.79 He-Ne-Laser	[4.42]	Meßbereich bis 1300 m/s	Geschwindigkeit von kleinen Partikeln von ≈ 1 µm ∅ (Ausstoß von Raketentriebwerken)
Nach Bild 4.78 He-Ne-Laser	[4.40]	Meßbereich ab 0,1 m/s Meßvolumendurchmesser 10 µm	Strömungsprofile in einem Rohr, Durchflußmengen, Turbulenzmessungen

Zweckmäßigerweise werden am zu vermessenden Objekt Reflektoren für das Laserlicht in einer MICHELSON-Anordnung verwendet.
Vorteil: Das bewegte Objekt ist aus beliebiger Entfernung zu vermessen.
Nachteil: Die Einsatzmöglichkeiten sind stark eingeschränkt.

Zur Messung wird daher vielfach das *Streulicht* verwendet [4.40], [4.41].
Vorteil: Es können nicht nur makroskopische Objekte vermessen werden, sondern insbesondere auch strömende Gase und Flüssigkeiten, wenn diese eine hinreichende Konzentration von Streuzentren haben.
Prinzip der Meßanordnung (Bild 4.78):

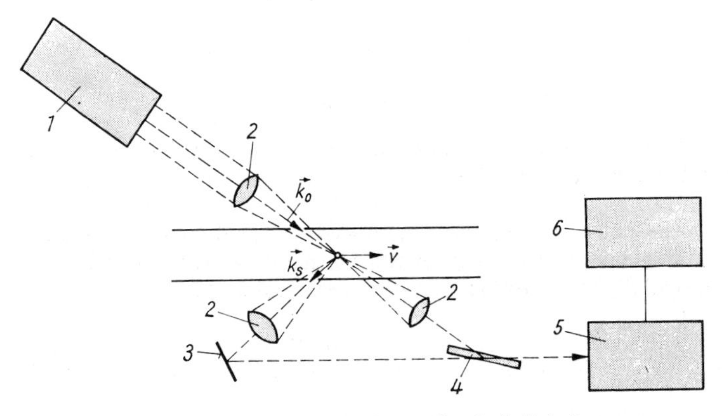

Bild 4.78. Prinzip der Streulichtmethode zur Geschwindigkeitsmessung.
1 Laser, *2* Linsen, *3* Umlenkspiegel, *4* teildurchlässiger Spiegel, *5* Empfänger, *6* Auswerteelektronik

Das Laserlicht wird mit Hilfe einer Linse auf einen kleinen Bereich in der strömenden Substanz fokussiert. Das vom Fokus ausgehende Streulicht wird durch die Linse gesammelt, umgelenkt (3) und am teildurchlässigen Spiegel 4 mit dem direkt die Probe passierenden Licht gemischt. Ein Fotoempfänger 5 empfängt die Schwebungsfrequenz, die dann mit einem Frequenzmesser oder Spektrumanalysator ausgewertet wird. Wegen des geringen Meßvolumens von etwa 10 μm Ausdehnung (Durchmesser des Fokus) können mit dieser Anordnung z. B. auch Strömungsprofile mit hoher Präzision gemessen werden.

Eine weitere, oft benutzte Anordnung (Bild 4.79) [4.42], s. auch [4.43], [4.44], ist ein MICHELSON-Interferometer, bei dem einer der Spiegel durch die streuende Oberfläche des bewegten Objektes ersetzt ist. Mit ihr können vorzugsweise Geschwindigkeiten *aus größerer Entfernung* gemessen werden (mit einem He-Ne-Laser mittlerer Leistung bis zu etwa 20 m).
Anwendung: Messungen an glühendem Walzgut und am Triebwerksstrahl von Raketentriebwerken
Nachweisempfindlichkeit: etwa 10^{-5} m/s, beschränkt durch Störungen, die auf die beiden interferierenden Teilstrahlen unterschiedlich wirken (Erschütterungen, Luftdichteschwankungen usw.). Die obere Meßbereichsgrenze wird durch die Zeitkonstante der Nachweiseinrichtung bestimmt.

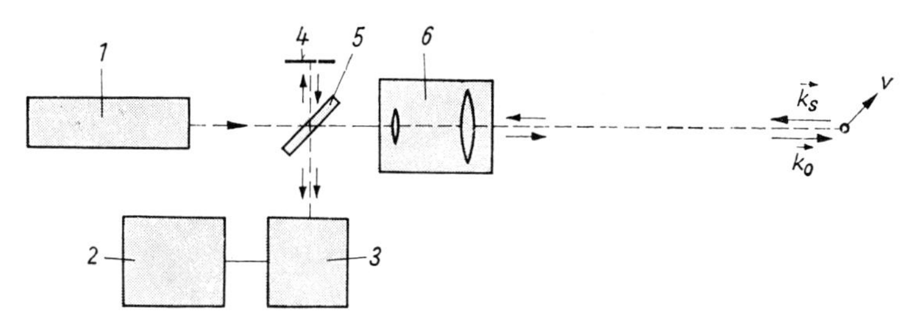

Bild 4.79. Prinzip eines MICHELSON-Interferometers zur Geschwindigkeitsmessung.
1 Laser, *2* Auswerteelektronik, *3* Empfänger, *4* Umlenkspiegel, *5* teildurchlässiger Spiegel, *6* Teleskopoptik

! Neben der eigentlichen Geschwindigkeitsmessung sind auch Turbulenzmessungen an strömenden Substanzen möglich.

Hier wird die Tatsache ausgenutzt, daß beim Auftreten verschiedener Geschwindigkeiten (im Meßvolumen) das gestreute Licht eine *spektrale Verbreiterung* erfährt.
Anwendung: Messung von Durchflußmengen bzw. Materiallängen (z. B. an einer Walzeinrichtung)
Die Messung von Strömungsgeschwindigkeiten ist durch Bestimmung des FRESNELschen Mitführungskoeffizienten in Verbindung mit einem Ringlaser möglich (Bild 4.80).

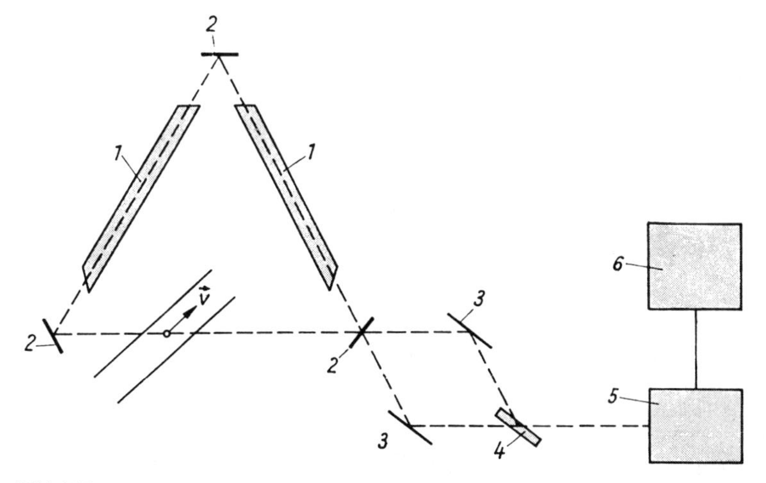

Bild 4.80. Messung von Strömungsgeschwindigkeiten mit einem Ringlaser.
1 Laser, *2* Resonatorspiegel, *3* Umlenkspiegel, *4* teildurchlässiger Spiegel, *5* Empfänger, *6* Auswerteelektronik

Die Geschwindigkeitskomponente v_z in Ausbreitungsrichtung des Lichtes verursacht eine Zunahme bzw. Abnahme der Lichtgeschwindigkeit im strömenden Medium von der Größe:

$$\Delta c = \pm \left(1 - \frac{1}{n^2}\right) v_z \qquad (4.4)$$

n Brechzahl der strömenden Substanz
$+$ die Ausbreitungsrichtung des Lichtes stimmt mit der Richtung der Komponente v_z überein

Dieser Effekt führt wie beim rotierenden Ringlaser zu einer Aufspaltung der Resonanzfrequenzen bezüglich der beiden Umlaufrichtungen im Ringresonator von der Größe:

$$\Delta \nu = \frac{s\,(n^2 - 1)}{\pi l}\, k \nu \qquad (4.5)$$

l Resonatorlänge des Ringlasers
s Länge des Lichtweges im strömenden Medium

Der Nachweis dieser Frequenzaufspaltung und die Auswertung des Schwebungssignals erfolgen in gleicher Weise wie bei einem Ringlaser zur Messung von Winkelgeschwindigkeiten.

! Die Frequenzaufspaltung hängt von der Brechzahl des strömenden Mediums ab.

Das bedeutet, daß z. B. Flüssigkeiten wesentlich genauer vermessen werden können als strömende Gase.
Nachweisempfindlichkeit: 10^{-6} m/s für Flüssigkeiten; 10^{-3} m/s für Gase

4.2.3. Längenmessung

Die Längenmessung mit Hilfe des Lichtes nutzt die Tatsache, daß die Ausbreitungsgeschwindigkeit von Licht sehr genau (auch bezüglich des Einflusses der Eigenschaften der Atmosphäre) bekannt ist.
Je nach den zu messenden Entfernungen bzw. den vorliegenden Meßbedingungen werden verschiedene Verfahren benutzt. Verfahren, die Entfernungen von mehreren Kilometern mit einer Meßgenauigkeit von 1 Zentimeter erreichen, sind:

- die *Messung der Laufzeit* eines Lichtimpulses vom Meßgerät zum Ziel und zurück
- die *Messung* bzw. der *Vergleich der Phase einer Modulation* des Lichtes zu Beginn und nach Durchlaufen der Strecke zum Ziel und zurück
- die *Messung der Phase* des Lichtes zu Beginn und nach dem Durchlaufen einer Meßstrecke

Bei der *Laufzeitmessung* wird üblicherweise ein (gütemodulierter) Festkörperlaser mit einer Leistung von einigen Megawatt verwendet, als Empfänger kommen SEV oder Fotodioden zum Einsatz.
Nachweis: digital oder oszillografisch

Die Meßgenauigkeit wächst mit der Genauigkeit der Zeitbasis und mit der Steilheit des Anstieges des Lichtimpulses. Der Einfluß der Atmosphäre kann meist vernachlässigt werden.
Bei der *digitalen Anzeige* der Entfernung mißt eine Zeitmeßeinrichtung die Laufzeit vom Aussenden des Lichtimpulses bis zur Rückkehr des am Ziel gestreuten Lichtes und ermittelt daraus die Entfernung. Die *oszillografische Anzeige* benutzt das Aussenden des Lichtimpulses als Start der Ablenkung des Elektronenstrahles eines Oszillografen in x-Richtung, so daß das aus verschiedenen Entfernungen zurückgestreute Licht als Auslenkung in y-Richtung erkannt werden kann. Aus der bekannten Ablenkgeschwindigkeit des Elektronenstrahles und der Auslenkung bei Wahrnehmung des Zieles kann auf die Laufzeit und damit auf die Entfernung geschlossen werden (Anwendung bei Höhenmessungen).

Bei diesem Verfahren können im Lichtweg stehende unbeabsichtigte Ziele zu *Fehlmessungen* führen. Stehen solche *»falschen« Ziele* in wesentlich geringerer Entfernung als das zu vermessende Ziel, dann reichen häufig sehr kleine Zielflächen aus, um genügend Licht zum Ansprechen der Empfangseinrichtung zurückzustreuen. Durch Anbringen von *Reflexionselementen* am Ziel kann die Definition als Ziel und damit die Unterscheidbarkeit gegenüber »falschen« Zielen verbessert und die Reichweite erheblich vergrößert werden.

Falsche Ziele können durch Sperren des Empfängers für eine gewisse Zeit nach dem Aussenden des Impulses unterdrückt werden, so daß Streulicht aus dem Nahbereich nicht registriert wird.

Beispiel: Entsprechend der Gleichung $s = ct/2$ (s Entfernung, $c \approx 3 \cdot 10^8$ m/s, t Laufzeit) ergibt eine Frequenz des digitalen Zählers von etwa 150 MHz eine Anzeigegenauigkeit von ± 1 m. Der Anstieg des Impulses darf dabei nur wenige Nanosekunden betragen.

Die Impulslaufzeitmessung wird u.a. zur genaueren Vermessung der Entfernung von Satelliten und des Mondes eingesetzt. Hierbei werden am Ziel *Tripelspiegel* angeordnet (auf dem Mond z.B. durch Geräte vom Typ Lunochod bzw. durch Aufstellen spezieller Laserreflektoren durch die Apollo-Astronauten). Zur Messung sind hohe Laserleistungen und -energien und ausgeklügelte Empfangsverfahren erforderlich. Der Abstand der Meßpunkte Erde–Mond läßt sich so auf 30 cm genau vermessen.

Bei der *Phasenvergleichsmethode* nutzt man moduliertes Licht. Wegen der bei modulierten Lichtquellen geringeren Leistungen (gegenüber Impulsbetrieb mittels Güteschaltung) und zur genauen Bestimmung des Zieles bei einer hohen möglichen Genauigkeit ist in der Regel ein *Reflektor* am Ziel erforderlich, dessen Fläche um so größer sein muß, je größer die zu messende Entfernung ist. Durch Vergleich der Phase der Modulation des ausgestrahlten und des reflektierten Lichtes ergibt sich ein Maß für die durchlaufene Strecke.

Beispiel: Das elektrooptische Tachymeter EOT 2000 (Bilder 4.81 und 4.82) ist ein kombiniertes Winkel–Strecken-Meßgerät mit automatischer Streckenmessung. Es verwendet zur Entfernungsmessung eine Lumineszenzdiode, deren Licht mit einer Frequenz von 14,985570 MHz moduliert wird. Damit ergibt sich bis zu einer Entfernung von 1999,999 m eine eindeutige Anzeige mit der kleinsten Einheit von 1 mm. Der mittlere Fehler beträgt ± 1 cm. Die Frequenz ist auf mittlere atmosphärische Verhältnisse abgestimmt (+15 °C, 98,1 kPa). Atmosphärische Korrektionen können in einem mit dem Gerät verbundenen Rechner zur automatischen Korrektur eingegeben werden, falls Millimetergenauigkeit erforderlich ist.
Als reflektierendes Element werden Tripelspiegel benutzt (bis zu 1 km Entfernung 1 Prisma mit 13 cm² Prismenfläche, bis zu 1,5 km 3 Prismen, bis zu 2 km 7 Prismen, bis 3 km 3×7 Prismen).
Mit der Verwendung von *cw-Gaslasern*, deren Licht mittels elektrooptischer Effekte moduliert wird, lassen sich auch weit größere Entfernungen mit hoher Genauigkeit vermessen. Dabei gehen Luftdruck, Temperatur und Feuchtigkeit entlang der gesamten Meßstrecke in die Messung ein.

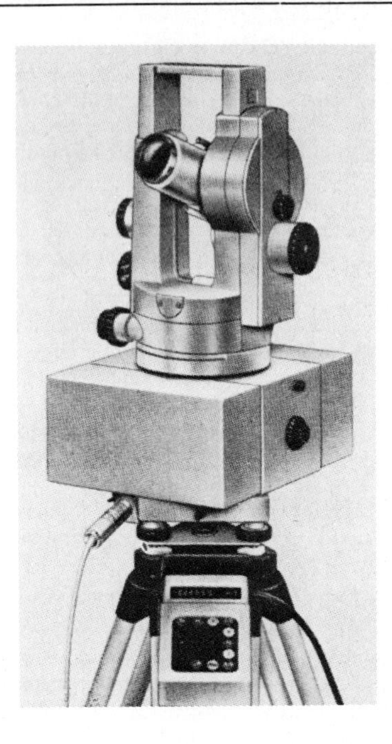

Bild 4.81. Elektrooptisches Tachymeter EOT 2000 vom VEB Carl Zeiss JENA/DDR

Brennweite und Durchmesser von Sende- und Empfangsoptik beeinflussen den Öffnungswinkel und damit den erfaßten Bereich sowie die Lichtleistung am Ziel und am Empfänger und damit die Reichweite. Sie sind den erforderlichen Bedingungen entsprechend zueinander passend zu wählen. *Störlicht* aus der Umgebung des Zieles muß weitgehend vom fotoelektrischen Empfänger ferngehalten werden. Daher sind Blenden innerhalb der Empfangsoptik sowie auf die Laserfrequenz bezogene optische Filter zur Unterdrückung von Licht anderer Quellen notwendig.

Bei der *Messung der Phase des Lichtes* (Bild 4.83) wird das Licht eines stabilisierten cw-Gaslasers mittels Strahlteilers einmal direkt auf einen fotoelektrischen Empfänger *(Referenzkanal)* und zum anderen auf die Meßstelle, an der ein Tripelspiegel angebracht ist, gerichtet, dort reflektiert und ebenfalls auf den Empfänger *(Meßkanal)* gelenkt. Es entsteht ein Wechselspannungssignal, wenn der Tripelspiegel im Verlauf der Messung einer Strecke über diese bewegt wird und sich die jeweiligen Amplituden der beiden Strahlen je nach Phasendifferenz zu einer hohen oder niedrigen Gesamtamplitude addieren. Ist der Tripelspiegel stabil mit dem zu vermessenden Körper verbunden, so wird dessen Bewegung gemessen.
Vorteil: höhere Genauigkeit bei größeren Entfernungen

Eine besondere Führung des Meßstrahles zur Ausnutzung eines längeren Meßweges (z.B. durch Mehrfachreflexion) sowie Interpolationsverfahren gestatten Messungen bis zu Bruchteilen der Wellenlänge des meist benutzten He-Ne-Lasers.

Beispiel: Das Gerät LA 3000 (ČSSR) erreicht eine Auflösung von 0,1 µm bei einer Höchstgeschwindigkeit des Tripelspiegels von 100 mm/s.

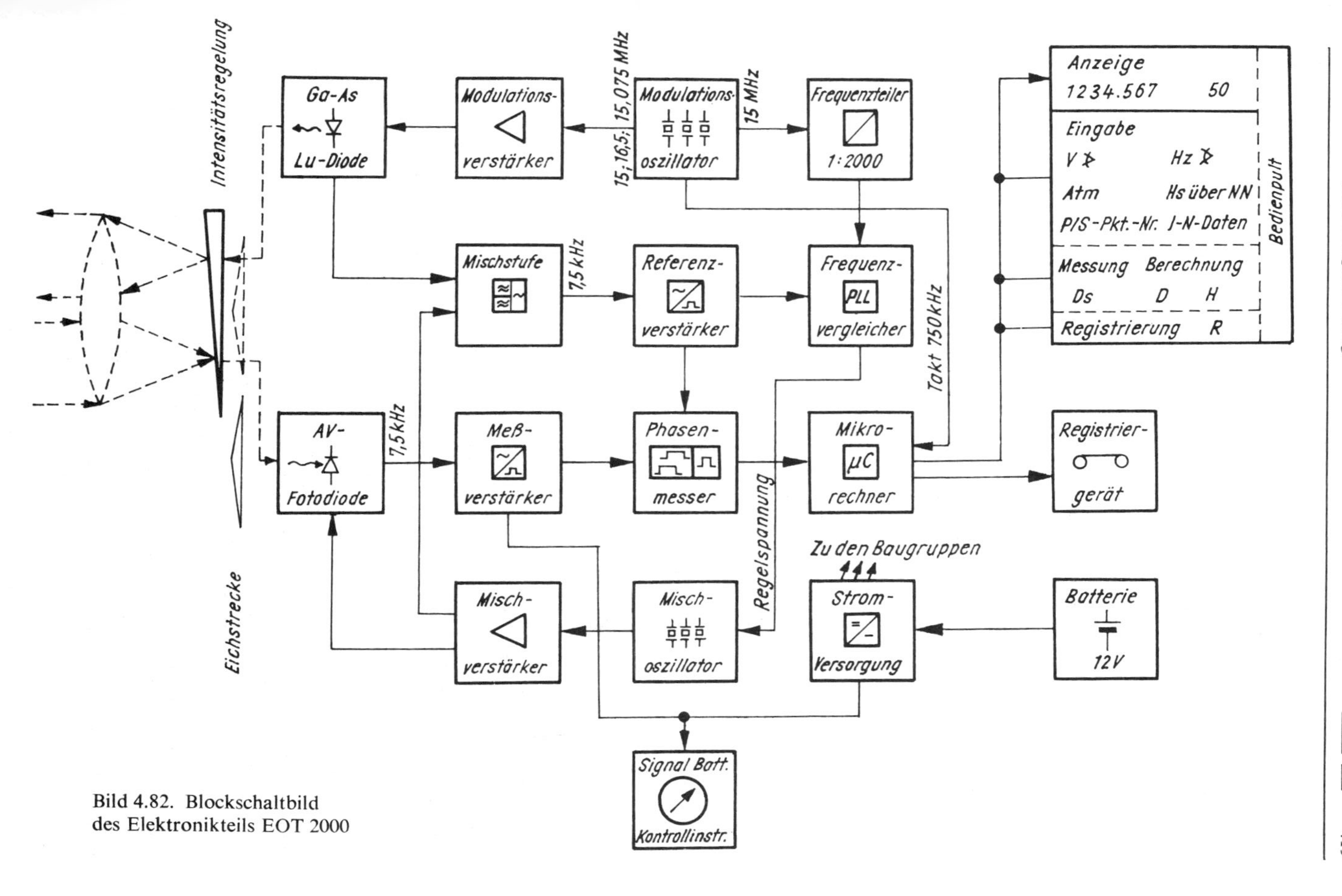

Bild 4.82. Blockschaltbild des Elektronikteils EOT 2000

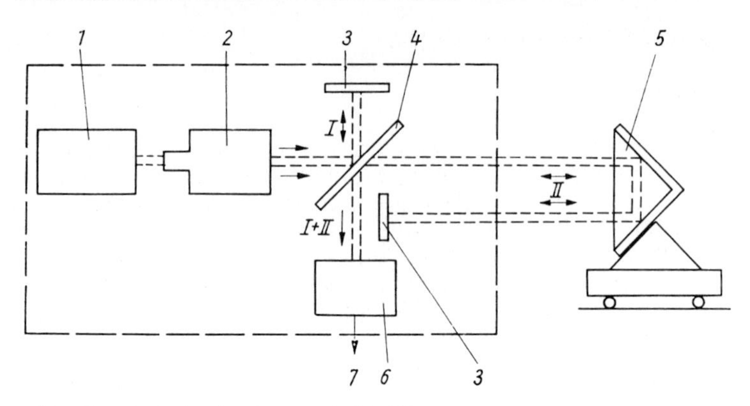

Bild 4.83. Prinzip der interferometrischen Längenmessung.
1 Laser, *2* Teleskop, *3* feststehender Spiegel, *4* Strahlenteiler, *5* Reflektor, *6* Fotodetektor, *7* zur elektronischen Auswertung

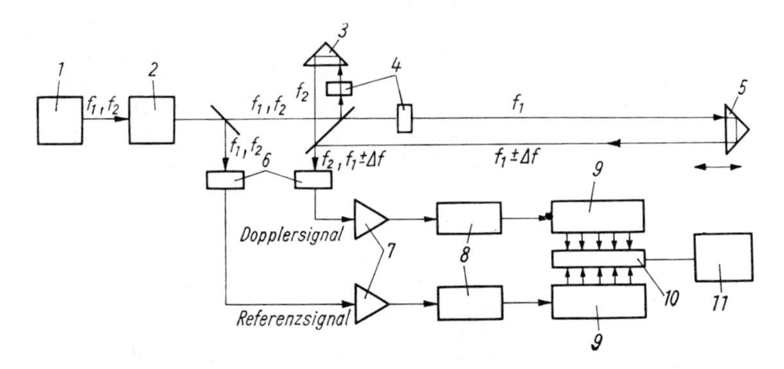

Bild 4.84. Prinzip der interferometrischen Längenmessung mit einem 2-Frequenz-Laser (nach Hewlett Packard).
1 2-Frequenz-Laser, *2* Teleskop, *3* Retroreflektor, *4* optische Filter, *5* beweglicher Retroreflektor, *6* Fotodetektoren, *7* Wechselstromverstärker, *8* Verdoppler, *9* Zähler, *10* Substraktor, *11* Rechner und Anzeige

Eine hohe Zuverlässigkeit bei geringer Vorbereitungszeit ergibt sich durch Verwendung zweier dicht benachbarter *Emissionsfrequenzen* des Lasers. Licht je einer Frequenz (durch Filter getrennt) durchläuft den Referenzkanal und den Meßkanal mit dem wiederum beweglich angeordneten Tripelspiegel (Bild 4.84). Durch Mischung der beiden Lichtfrequenzen in je einem Empfänger für Referenz- und Meßkanal ergibt sich jeweils die Differenzfrequenz. Bei ruhendem Tripelspiegel liefern Referenz- und Meßkanal die gleiche Differenzfrequenz, die, voneinander subtrahiert, den Wert Null ergibt. Bei bewegtem Tripelspiegel hat eine Änderung der Meßkanal-Differenzfrequenz (DOPPLER-Verschiebung) zur Folge, daß die Subtraktion der Differenzfrequenzen von Meßkanal und Referenzkanal die DOPPLER-Verschiebung ergibt.

4.3. Optische Informationsübertragung

4.3.1. Einführung

Die Verwendung von Licht zur Übermittlung einer Nachricht ist seit langem bekannt. Vor allem in der ersten Hälfte dieses Jahrhunderts wurden Infrarotsysteme zur Nachrichtenübermittlung in speziellen Systemen erfolgreich eingesetzt, führten jedoch infolge der Inkohärenz der Strahlung – und damit stark begrenzter Reichweite (mangelnde Bündelungsfähigkeit) und Modulationsfähigkeit – nicht zu umfassend anwendbaren Übertragungssystemen. Erst seit der Entwicklung des Lasers steht eine Lichtquelle mit ausgezeichneten Kohärenzeigenschaften zur Verfügung (große Kohärenzlänge), deren Strahlung bei

- großer Frequenz ν ($\leqq 10^{15}$ Hz) und damit großer möglicher Modulationsbandbreite
- kleiner Linienbreite

ausgezeichnet für die *optische Nachrichtenübertragung* geeignet ist.
Die Entwicklung auf diesem Gebiet wurde in den letzten Jahren intensiv betrieben und führte dazu, daß heute bereits eine Vielzahl von Versuchsstrecken mit einem Laser als Lichtquelle bestehen und in nicht zu ferner Zukunft mit dem weitreichenden kommerziellen Einsatz von Übertragungssystemen dieser Art zu rechnen ist. Die *optischen Nachrichtenübertragungssysteme* arbeiten mit Trägerfrequenzen von $10^{13} \ldots 10^{15}$ Hz, entsprechend einer Wellenlänge von $\lambda = 33 \ldots 0{,}33$ µm. Die verwendete Wellenlänge aus diesem Bereich zur Nachrichtenübertragung hängt ab von der:

- nachrichtentechnischen *Aufgabenstellung* (geforderte Modulationsbandbreite, Entfernung, Übertragungsmedium), insbesondere der
- zur Verfügung stehenden *Lichtquelle* (im wesentlichen Halbleiter-Injektionslaser, vereinzelt Miniatur-Festkörperlaser, CO_2-Laser, Halbleiterdioden)
- *Modulierbarkeit*
- *Übertragung* [durch Vakuum (Weltraum), Luft, spezielle Gase, Glasfasern]
- Möglichkeit der Demodulation

Prinzipiell besteht ein System zur optischen Nachrichtenübertragung aus 6 Komponenten [4.80], (Bild 4.85).

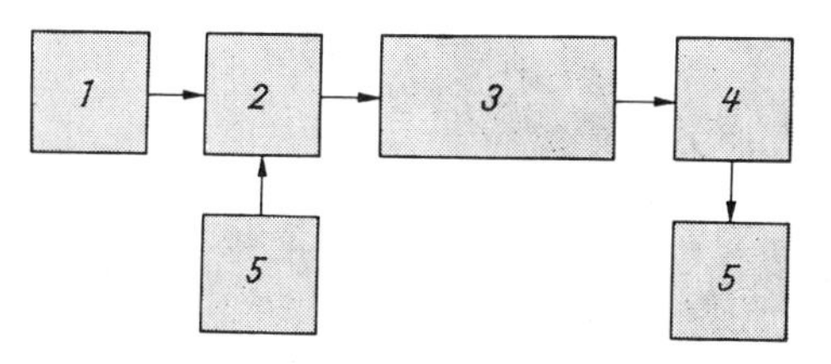

Bild 4.85. Blockschema eines Systems zur optischen Nachrichtenübertragung. *1* Lichtquelle, *2* Lichtmodulator, *3* Übertragungsstrecke, *4* Lichtempfänger, *5* Signal

! Bei Verwendung von Halbleiterlasern als Lichtquelle ist ein äußerer Modulator nicht notwendig!
(Direkte Modulation des Lasers durch den Anregungsstrom als Vorteil.)

Das Problem der optischen Nachrichtenübertragung ist die Übertragung der (modulierten) Strahlung vom Sender zum Empfänger, und damit kommt dem *Übertragungsmedium* die entscheidende Bedeutung zu. Seine Eigenschaften bestimmen wesentlich Aufbau und Bemessung des gesamten Übertragungssystems, einschließlich der Wahl der Lichtquelle und des Empfängers.

4.3.2. Übertragungsmedien

Zu unterscheiden ist hierbei zwischen der Übertragung durch:

- die Erdatmosphäre
- Linsenleiter
- optische Wellenleiter

Vakuum als Übertragungsmedium (z. B. Verbindung im Weltraum zwischen Satelliten oder durch evakuierte Rohre) ergibt keine Besonderheiten und kann im folgenden außer Betracht bleiben.

4.3.2.1. Übertragung durch die Erdatmosphäre

Aus den geometrischen Verlusten, bedingt durch die Divergenz der Strahlung, beträgt bei der optischen Signalübertragung im Vakuum die *empfangene Leistung* in einer Entfernung R bei der Wellenlänge λ [4.81]:

$$\frac{P_E}{P_s} = \frac{A_s A_E}{\lambda^2 R^2} \tag{4.6}$$

P_s und P_E Sende- und Empfangsleistung
A_s und A_E Aperturen des Sende- bzw. Empfangssystems

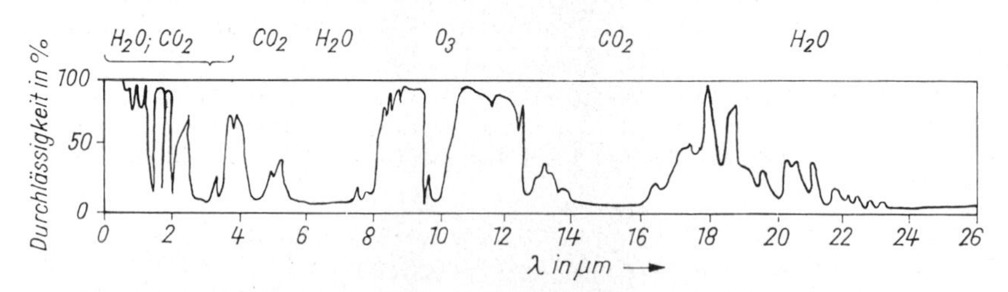

Bild 4.86. Molekulare Absorption im optischen Bereich

Die entsprechenden, durch die geometrische Optik bestimmten Verluste (Beugung) werden als *Freiraumverluste* bezeichnet. Hinzu kommen bei der Strahlausbreitung durch die Erdatmosphäre *Verluste* durch:

- Absorption
- Streuung
- Brechung (Änderung von Form und Richtung der Lichtstrahlen).

Dementsprechend wird die Intensität I_0 eines Lichtstrahles gedämpft. In einer Entfernung R gilt [4.81]:

$$I = I_0 \, e^{-\delta R} \tag{4.7}$$

δ ist der *Dämpfungskoeffizient**):

$$\delta = \delta_1 + \delta_2 + \delta_3 \tag{4.8}$$

δ_1 kennzeichnet die *molekulare Absorption*, im optischen Spektralbereich weitgehend bestimmt durch Wasserdampf, Kohlendioxid und Ozon (Bild 4.86 nach [4.81]).

Beachte: Der Spektralbereich zwischen 0,4 ... 1,2 μm ist nahezu absorptionsfrei, $\delta_1 \approx 1$ bis 10 dB/km.
Ähnliches gilt für einige Bereiche im nahen Infrarot, z. B. zwischen 10 ... 12 μm. Man spricht in diesen Fällen von *optischen Fenstern.*

δ_2 kennzeichnet die *Verluste durch Streuung* an Molekülen, Rauch- und Staubteilchen, Dunst, Nebel, Regen oder Schnee. Sind die streuenden Teilchen klein gegenüber der Wellenlänge (Moleküle, kleinste Wassertröpfchen), so handelt es sich um RAYLEIGH-Streuung. Für den Streukoeffizienten gilt dann:

$$\delta_R \sim \lambda^{-4} \tag{4.9}$$

Sind die streuenden Teilchen etwa gleich oder auch größer als die Wellenlänge, so erfolgt MIE-Streuung, hierfür gilt:

$$\delta_M \sim \lambda^{-n} \quad \text{mit} \quad 0 < n < 4, \tag{4.10}$$

wobei der genaue Wert von n von der Größe, Form sowie Dielektrizitätskonstanten der streuenden Teilchen abhängt.
Je nach den zu erwartenden Verhältnissen in der Atmosphäre und der geforderten Streckensicherheit ist die Wellenlänge zu wählen.

δ_3 kennzeichnet die *Streuung an Brechzahlschwankungen.* Diese werden durch Luftturbulenzen (Mischung von Warm- und Kaltluft) verursacht, die zu räumlichen und zeitlichen Dichte-, Temperatur- und Feuchtigkeitsschwankungen und damit Brechzahländerungen führen. Neben der Streuung (einschließlich Ablenkung) des Lichtstrahles werden hierdurch Schwankungen der Amplitude, Phase, Polarisation und des Einfallswinkels (bezüglich des Empfängers) bedingt.

Beachte: δ_3 bedingt zeitlich stark schwankende Übertragungsverluste, was zu zeitlich begrenztem Ausfall der Übertragung führen kann. Die entsprechenden Verluste sind zu verringern durch eine geeignete Auswahl des optischen Systems, insbesondere die Verwendung einer *Strahlaufweitung*.

Notwendig zur Bestimmung der gesamten Dämpfungsverluste für eine konzipierte Übertragungsstrecke sind umfangreiche Messungen über längere Zeiträume unter den verschiedensten atmosphärischen Bedingungen bei Verwendung von Lichtquellen unterschiedlicher Wellenlänge (Tabelle 4.9 und Bild 4.87) [4.45], [4.46]. Deutlich ist hieraus der Vorteil der Verwendung einer Strahlung mit der Wellenlänge $\lambda = 10{,}6$ μm erkennbar. Über ähnliche Messungen für $\lambda = 0{,}6328$ μm, $\lambda = 0{,}92$ μm, $\lambda = 3{,}5$ μm und $\lambda = 10{,}6$ μm s. [4.47], [4.48].

---

*) Dämpfung in dB/km (Dezibel je Kilometer): x dB/km bedeutet, daß die Intensität auf einer Strecke von 1 km um den Faktor $10^{x/10}$ gedämpft wird.

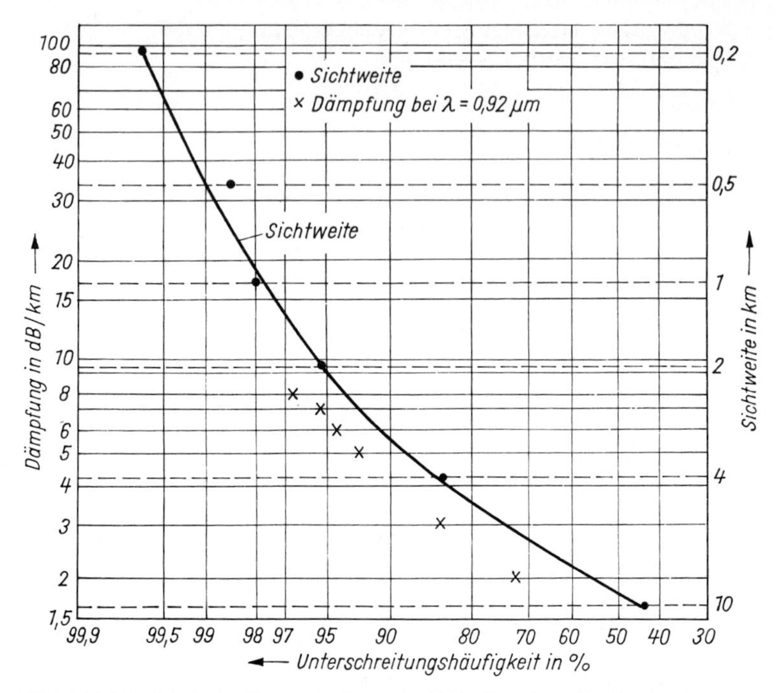

Bild 4.87. Häufigkeit der Unterschreitung der Lichtdämpfung für eine bestimmte Meßstrecke von 2,5 km in der Atmosphäre [4.4], [4.5]

Optische Nachrichtenübertragung durch die *Erdatmosphäre* kommt nur für kürzere Entfernungen in Betracht, gewisse Ausfallzeiten müssen zulässig sein, Streckensicherheit $\leqq$ 99%.

4.3.2.2. Linsenleiter

Eine Möglichkeit, den störenden Einfluß der Erdatmosphäre auf die Ausbreitung des Laserstrahls auszuschließen, besteht darin, das Licht in einer definierten Atmosphäre (Gase mit geringer Absorption) innerhalb von Röhren zu führen. Dabei sind *Linsen-* und *Spiegelsysteme* für eine wiederholte Bündelung und Umlenkung der Strahlung notwendig.
Als Linsen werden Glas- oder auch Gaslinsen verwendet.

Beispiel: Linsenleiter von 1 km Länge nach GOUBAU [4.49]. Verwendet wurden 10 Linsen, Durchmesser 25 mm, Brennweite 50 m, Linsenabstand 100 m, Durchmesser der Röhre 50 mm. Erreichte Dämpfung 1 dB/km.
Vorteil: geringe Absorptions- und Streuverluste
Nachteil: Es ist eine extrem genaue Justierung der vielen optischen Elemente notwendig, was bei Temperaturschwankungen und Erschütterungen über längere Zeit nur schwer zu erreichen ist. Außerdem ist das Verlegen von Linsenleitungen mit größeren Längen sehr kostenaufwendig.

Tabelle 4.9. Atmosphärische Strahldämpfung bei 0,6328 μm und 10,6 μm

Ursache		Dämpfungen in dB/km	
		0,6328 μm	10,6 μm
Molekulare Absorption		0,5 ... 10	0,5
Mie-Streuung Dunst		1 ... 2	0,5 ... 1
Nebel:	leicht	3 ... 5	1 ... 2
	mittel	8 ... 10	2 ... 3
	stark	> 20	> 5
Regen:	leicht	2 ... 4	1 ... 2
	mittel	8 ... 10	2 ... 4
	stark	> 20	> 6
Schnee:	leicht	5 ... 7	1 ... 3
	mittel	12 ... 15	3 ... 5
	stark	> 30	> 8

4.3.2.3. Optische Wellenleiter

Sie bestehen aus Glasfasern mit einer nach außen abnehmenden Brechzahl (Kern n_K, Mantel n_M, $n_M < n_K$), so daß infolge von Totalreflexion das Licht innerhalb der Faser geführt wird. Notwendig hierzu sind darüber hinaus Gläser mit geringer Dämpfung und Dispersion (Vermeidung von *Verzerrungen*).
Typische Durchmesser des Lichtleiters:
Kern: 50 ... 200 μm, Mantel: 100 ... 250 μm

Je nach Struktur der Lichtleiter kommen verschiedene *Ausbreitungsmechanismen* in Betracht (Bild 4.88), [4.50], [4.51]:

- *Mehrmoden-Lichtleiter mit Stufenindexprofil*

Totalreflexion tritt auf, wenn die Strahlung mit einem Winkel kleiner als $2\alpha_{max}$ in den Kern eintritt (Akzeptanzwinkel). Es gilt:

$$\sin \alpha_{max} = \sqrt{n_K^2 - n_M^2} = A \quad (4.11)$$

Die numerische Apertur A ist damit ein Maß für die maximal einkoppelbare Lichtleistung. Bei den üblichen Werten $A = 0{,}2 \ldots 0{,}3$ erreicht man Einkoppelgrade von 50 ... 70% (Bild 4.89). Laufzeitunterschiede zwischen Strahlen, die mit verschiedenen Winkeln α in den Lichtleiter eintreten, führen zur *Bandbreitenbegrenzung (Modendispersion)*. Für die Zahl M der *Moden* im Lichtleiter gilt:

$$M = 0{,}5 \left(\frac{\pi d A}{\lambda}\right)^2 \quad (4.12)$$

d Kerndurchmesser
λ Lichtwellenlänge
A numerische Apertur

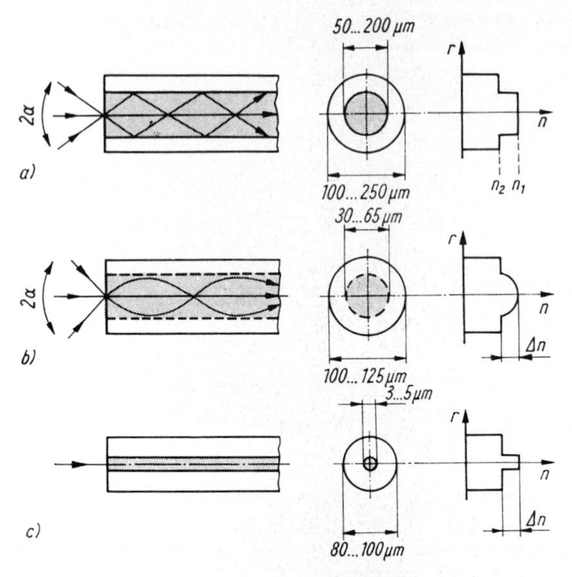

Bild 4.88. Einige Typen von Lichtleitern.
a) Stufenindexprofil, b) Gradientenindexprofil, c) Einmoden-Lichtleiter

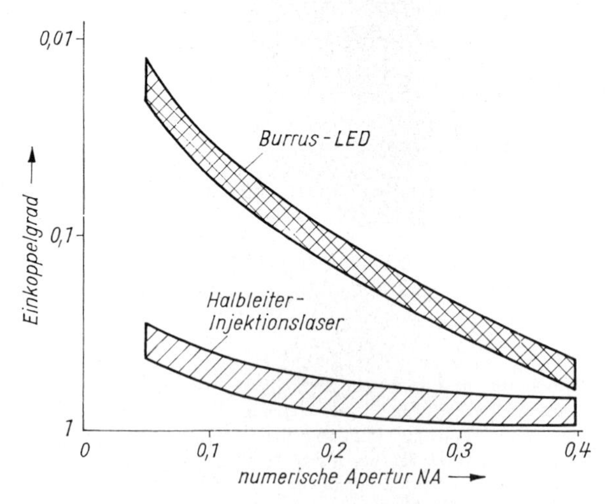

Bild 4.89. Einkoppelverluste in Abhängigkeit von der numerischen Apertur (NA) bei Burrus-LEDs und Halbleiter-Injektionslasern

Für $d \leqq \lambda$ ist die Ausbreitung nur einer Mode möglich, man erhält einen *Einmoden-Lichtleiter mit Stufenindexprofil.* Dieser zeichnet sich durch extrem hohe Übertragungsbandbreite

($B > 1$ GHz) aus. Schwierigkeiten ergeben sich bei der Herstellung der kleinen Kerndurchmesser sowie bei der Einkopplung der Strahlung in die Faser.

- *Mehrmoden-Lichtleiter mit Gradientenindexprofil*

Die Brechzahl nimmt im Kernbereich kontinuierlich von der Mitte zum Rand ab, üblicherweise dargestellt durch:

$$n(r) = n_0 \sqrt{1 - 2\Delta \left(\frac{r}{a}\right)^2} \tag{4.13}$$

$n_0 \equiv n(0)$, a Radius des Lichtleiters, $\Delta = (n_0 - n_a)/n_0$

Die Strahlung wird durch Refraktion wellenförmig um die Faserachse geführt. Da alle Strahlen näherungsweise gleiche Laufzeiten aufweisen, haben Gradientenfasern eine sehr große Bandbreite.

Wesentliche Forderungen für optische Wellenleiter sind:

- kleine Dämpfung
- große Bandbreite

Bedingt ist die *Dämpfung* in den Glasfasern durch Absorption und Streuung, besonders an Verunreinigungen. Zusätzliche Verluste treten durch Inhomogenitäten im Faserquerschnitt und durch Krümmungen der Faser auf. Die Dämpfung selbst hängt von den verwendeten Glassorten für Kern und Mantel ab, von den verschiedenen Dotierungen und auch der Wellenlänge (Bild 4.90).

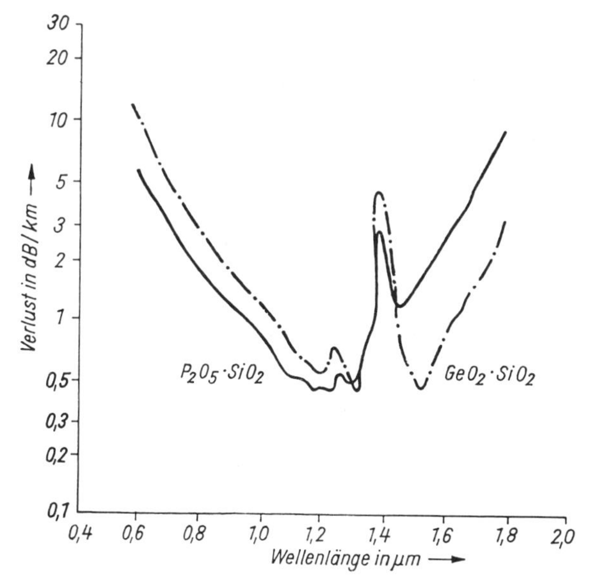

Bild 4.90. Dämpfungsverlauf von Mehrmoden-Lichtleitern mit unterschiedlicher Dotierung der Kerne

Von entscheidender Bedeutung für die Herstellung dämpfungsarmer Fasern ist der *Reinheitsgrad* des verwendeten Glases; insbesondere ist der Anteil von OH-Ionen gering zu halten. Hier wurden Konzentrationen $\leqq 3 \cdot 10^{-8}\ \text{cm}^{-3}$ erreicht. Dementsprechend wird eine geringe Dämpfung erzielt: $\leqq 1$ dB/km für $\lambda = 1 \dots 1{,}3\ \mu$m und 1,45 ... 1,65 μm.
In Einmoden-Lichtleitern wurde ein Minimalwert von 0,2 dB/km für $\lambda = 1{,}55\ \mu$m erreicht [4.52].

! Im sichtbaren Spektralbereich und für $\lambda > 1{,}8\ \mu$m steigt die Dämpfung dieser Lichtleiter stark an.

Auf Grund der hohen Frequenz des Lichtstrahles kann man optischen Trägern Signale mit sehr hohen Modulationsfrequenzen aufprägen. Das zur Informationsübertragung ausnutzbare Frequenzband bezeichnet man als *Signalbandbreite*, sie kann einige Gigahertz betragen. Damit ist die gleichzeitige Übertragung von sehr vielen verschiedenen Informationen (Telefongespräche, Rundfunk- und Fernsehsignale) möglich.
Wesentlich für gute *Übertragungseigenschaften* eines Lichtleiters sind darüber hinaus:

- geringe Schwankungen der geometrischen Abmessungen, wie Durchmesser des Kerns und des Mantels, und zentrierte Lage der Kerns sowie
- geringe Schwankungen des Brechungsindexprofils.

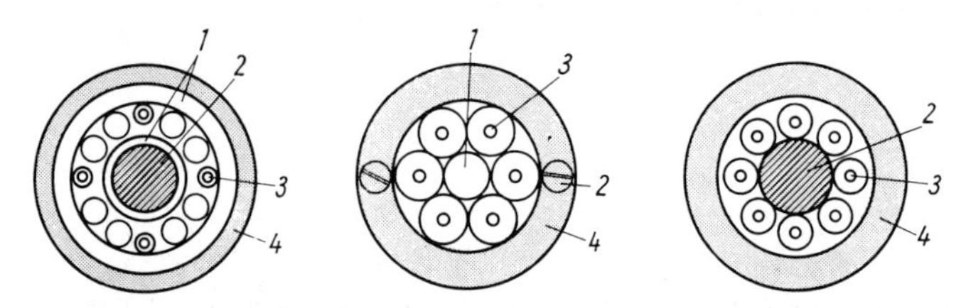

Bild 4.91. Aufbau von Lichtleiterkabeln.
1 Füllung, *2* Verstärkungselement, *3* Lichtleiter, *4* Schutzhülle

Probleme der mechanischen Festigkeit können heute im wesentlichen außer Betracht bleiben. Zum Einsatz in optischen Informationsübertragungssystemen müssen die Lichtleiter zu *Lichtleiterkabeln* verarbeitet werden. Die relativ empfindlichen Glasfasern müssen im Kabel besonders gegen mechanische Beanspruchungen, wie sie z. B. bei der Verlegung auftreten, geschützt werden. Es gibt eine Vielzahl von Kabelkonstruktionen (Auswahl: Bild 4.91 [4.72]). Die Adern werden meist um einen *Zugentlastungskern* aus Stahl oder hochfestem Plast verseilt. Daneben werden auch *Bandkabel* (Kurzstreckenübertragung) hergestellt.

Verbindungen für optische Wellenleiter

Auf Grund der erreichbaren geringen Dämpfungen bei optischen Wellenleitern sind zwar große Übertragungslängen (> 30 km) zwischen zwei Verstärker- und Regenerierstationen (Repeater,

s. Abschn. 4.3.6.) möglich. Die derzeitige Herstellungstechnologie für Lichtleiter gestattet jedoch nur Längen von 2 km, so daß eine Verbindung der Fasern notwendig ist.
Die Verbindungstechnik zweier Fasern ist gekennzeichnet durch:

- *lösbare* (Stecker-)*Verbindung* (Bild 4.92 [4.53])
  Hierbei werden an die mechanische Präzision der Stecker und Buchsen sehr hohe Genauigkeitsforderungen (im µm-Bereich) gestellt. Es gibt eine Vielzahl von Steckverbindungen, die sich sowohl in der Halterung der Faser als auch der Justierung unterscheiden.

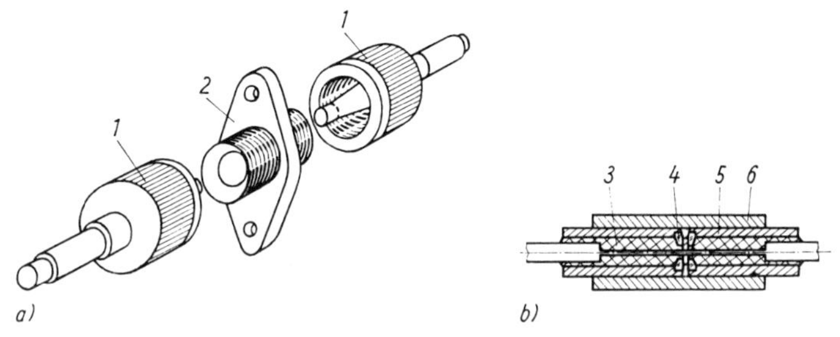

Bild 4.92. Prinzipaufbau einer lösbaren Lichtleiterverbindung.
a) äußerer Aufbau, b) Schnittdarstellung. *1* Stecker, *2* Verbindungsstück, *3* Epoxidharz, *4* Lagersteine, *5* Steckerhülse, *6* Kupplungshülse

- *nicht lösbare* (Spleiß-)*Verbindungen* (Bild 4.93 [4.50])
  Hierfür kommen Klebe- und Schmelzverfahren oder auch eine Kombination aus beiden in Betracht. Das Schmelzen erfolgt in einem Lichtbogen.

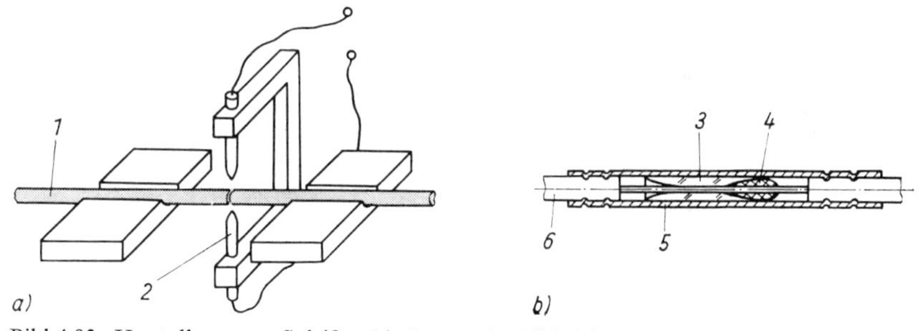

Bild 4.93. Herstellung von Spleißverbindungen für Lichtleiter.
a) Prinzipaufbau eines Spleißplatzes, b) Schnittdarstellung einer Spleißverbindung.
1 Lichtleiter, *2* Elektrode, *3* aufgeschmolzene Kapillare, *4* Kleber, *5* Schutzhülse, *6* Lichtleiterader

Gute Verbindungen zeichnen sich durch geringe Zusatzverluste *(Einfügungsverluste)* aus. Diese betragen für lösbare Steckverbindungen 0,3 ... 0,5 dB, minimal 0,15 dB; Spleißverbindungen $\leqq 0{,}2$ dB, mit keramischen Kapillaren wurden für $\lambda = 1{,}3$ µm durchschnittlich 0,06 dB erreicht [4.54]. Zu einer wesentlichen Erhöhung der Verluste führen die folgenden Fehler, welche unbedingt vermieden werden sollten (Bild 4.94 [4.55], [4.56]):

- Versatz der Achsen der Lichtleiterkerne
- unzulässiger Abstand zwischen den zu verbindenden Stirnflächen

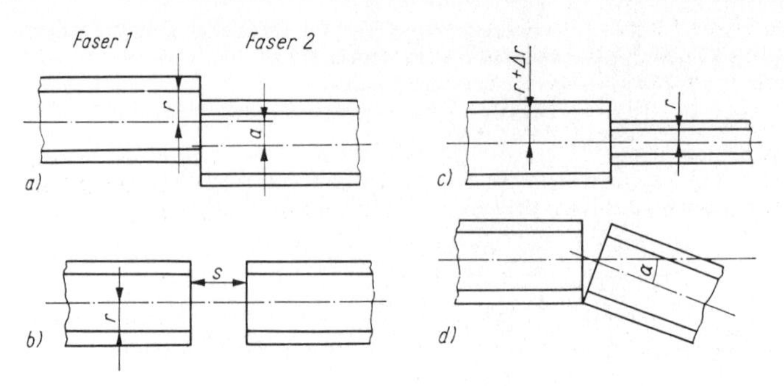

Bild 4.94. Probleme bei der Lichtleiterkopplung.
a) Versatz der Achsen, b) Abstand der Stirnflächen, c) Querschnittsverringerung, d) Winkelneigung

- Winkel zwischen den Achsen der beiden Lichtleiter
- unterschiedliche Querschnitte der Fasern
- unsaubere Faserenden
- Reflexion an den Faserenden
- mechanische Spannungen in der Verbindungsstelle.

4.3.3. Sendelichtquellen

Für die optische Nachrichtenübertragung im Wellenlängenbereich von 0,4 bis 30 μm kommen als Lichtquellen in Betracht:

- Lumineszenzdioden
- Laser im gesamten Wellenlängenbereich

Die Auswahl erfolgt hinsichtlich der Wellenlänge, so daß eine minimale Dämpfung erhalten wird. Für die *Freiraumübertragung* liegt diese innerhalb der optischen Fenster, bei *optischen Wellenleitern* ist sie als Funktion von der Wellenlänge abhängig von Struktur und Material der Faser. Allgemein werden als *Lichtquellen* verwendet:

- He-Ne-Laser
- CO_2-Laser
- Neodym-YAG-Laser

} für die Freiraumübertragung

- Lumineszenzdioden (LED)
- Halbleiter-Injektionslaser

} für optische Wellenleiter

Sendelichtquellen für Freiraumübertragung

Eine geringe Dämpfung durch die Atmosphäre wird erreicht bei Verwendung eines:

- He-Ne-Lasers. $\lambda = 0{,}63$ μm (s. Abschn. 2.6.4.2.)
  Die Strahlung liegt im sichtbaren Spektralbereich, was die Justierung der Übertragungsstrecke sehr erleichtert.

- CO_2-Lasers. $\lambda = 10{,}6\ \mu m$ (s. Abschn. 2.6.5.3.)
  Geeignet für größere Übertragungslängen, da hiermit größere cw-Ausgangsleistungen (10 ... 15 W) unschwer erreichbar sind.
  Nachteilig für beide Laser sind ihr geringer Wirkungsgrad (es sind relativ hohe Pumpleistungen aufzubringen) sowie ihre großen Abmessungen.
- Neodym-YAG-Lasers. $\lambda = 1{,}06\ \mu m$ (s. Abschn. 2.5.5.)
  Auch dessen 2. Harmonische ($\lambda = 0{,}53\ \mu m$). Bevorzugt für Übertragungen zwischen Erdstationen und Satelliten.
  Beispiel, s. [4.57]: Pumpleistung 250 W, Ausgangsleistung 500 mW, sehr geringe Strahldivergenz von $\approx 5\ \mu rad$, Aufweitung durch Teleskop auf 19 cm Durchmesser.

Die genannten Laser sind jedoch nicht direkt (über Anregung) modulierbar, sondern die Information muß mit Hilfe äußerer Modulatoren (s. Abschn. 4.3.4.) dem Laserstrahl aufgeprägt werden.

Sendelichtquellen für Lichtleiterübertragung

Diese müssen folgende Bedingungen erfüllen:

- Emissionswellenlänge im Bereich minimaler Dämpfung
- strahlende Fläche in der Größenordnung der Durchmesser der Lichtleiter, um eine gute Anpassung von Lichtquelle und Lichtleiter ohne Fokussierungselemente zu erreichen

Diese Forderungen sind mit Halbleiterbauelementen zu erfüllen. Als Lichtquellen verwendet werden daher:

- *Lumineszenzdioden* (LED). Sie emittieren inkohärente Strahlung. Zu unterscheiden ist zwischen Flächen- und Kantenstrahlern, wobei *Flächenstrahler* (BURRUS-Dioden) wegen der höheren Strahlungsleistung (100 ... 500 μW) bevorzugt werden. Für den Spektralbereich 0,8 ... 0,9 μm werden GaAs- und GaAlAs-Dioden verwendet.
- *Halbleiter-Injektionslaser* (s. Abschn. 2.7.) in cw- und Impulsbetrieb. Unterhalb der Laserschwelle arbeiten diese Laser als LED. Verwendet werden die Laser als Lichtquelle zur Nachrichtenübertragung mit Ausgangsleistungen von 5 ... 30 mW im cw-Betrieb und 1 ... 30 W im Impulsbetrieb für sehr kurze Impulse ($< 0{,}5$ ns) [4.58].

Auf Grund der bekannten geringen Dämpfung der Lichtleiter bei $\lambda = 1{,}3\ \mu m$ und $\lambda = 1{,}55\ \mu m$ wurden speziell für diese Wellenlängen der GaAlAsSb/GaSb- sowie der InGaAsP/InP-*Doppelheterostrukturlaser* entwickelt, wobei Ausgangsleistungen von 15 mW erreicht werden [4.59], [4.60]. Die Entscheidung, ob als Lichtquelle eine Lumineszenzdiode oder ein Laser eingesetzt wird, richtet sich nach den Anforderungen der Übertragungsstrecke, besonders im Hinblick auf die:

- Modulationsbandbreite
- Ausgangsleistung
- Temperaturempfindlichkeit
- Lebensdauer.

Die mögliche *Modulationsbandbreite* hängt wesentlich von der spektralen Bandbreite der Lichtquelle ab. Diese beträgt bei Lumineszenzdioden $\delta\nu \approx 40$ nm (sie ermöglicht eine Modulationsbandbreite $\delta\nu_M \leqq 25$ MHz) sowie beim Injektionslaser $\delta\nu \leqq 1$ nm, entsprechend $\delta\nu_M \approx 50$ bis 300 MHz, für Impulsmodulation (s. Abschn. 4.3.4.), $\delta\nu_M \leqq 2$ Gbit/s.

Die Modulation wird vielfach als *Modulationsrate* (Zahl der möglichen Impulse je Sekunde) bezeichnet (in bit/s angegeben).

Die erreichbare Ausgangsleistung wird wesentlich mit durch die in den Lichtleiter einkoppelbare Leistung bestimmt. Diese ist abhängig von der Apertur A (s. Bild 4.89).

Einkoppelbare Leistung für:

Lumineszenzdioden	$P_{ein} \leqq 50\ \mu W$
für Spezialausführungen (BURRUS-Dioden)	$P_{ein} \leqq 500\ \mu W$
Injektionslaser	$P_{ein} \approx$ einige Milliwatt

Für *Langstreckenübertragungen* ist demnach ein Laser als Lichtquelle zu bevorzugen. Allerdings besitzen diese auch einige wesentliche Nachteile gegenüber den LEDs:
Sie haben:

- stärkere Temperaturabhängigkeit der Emissionsfrequenz
- geringere Lebensdauer $\leqq 10^5$ h (ausgewählte Exemplare 10^6 h), LEDs: $10^6 \ldots 10^7$ h
- höhere Herstellungskosten

Hieraus folgt, daß über den Einsatz der zweckmäßigsten Lichtquelle von Fall zu Fall entsprechend den Anforderungen an die Übertragungsstrecke zu entscheiden ist.

4.3.4. Modulation

Als *Modulation* bezeichnet man das Aufprägen der zu übertragenden Information auf den Lichtstrahl.

Zwei Hauptformen sind hierbei zu unterscheiden:

- äußere Modulation
- direkte Modulation

Bei der *äußeren Modulation* durchläuft der polarisierte Lichtstrahl außerhalb der Lichtquelle den Modulator, in dem im Takt des zu übertragenden Signals die Amplitude oder Phase der Strahlung geändert wird. Der Modulator arbeitet im allgemeinen auf der Basis des elektrooptischen Effektes (Bild 4.95).
Als *Kristalle* verwendet man hierbei:

- im sichtbaren und nahen IR-Bereich ADP, KDP und KD*P
- im mittleren IR (speziell bei $\lambda = 10{,}6\ \mu m$) GaAs

Die Amplitudenmodulation erfolgt analog (AM) oder digital (beispielsweise als Pulscodemodulation – PCM).

Bei der *direkten Modulation* wird die Strahlung direkt über die Anregung der Lichtquelle moduliert, d.h., die Lichtquelle selbst sendet das modulierte Licht aus (s. Bild 4.96 [4.61]). Direkt moduliert werden nur Lumineszenzdioden und Injektionslaser, was durch Modulation des Anregungsstroms erreicht wird. Wegen der nichtlinearen Kennlinie der genannten Halbleiter und der dadurch entstehenden nichtlinearen Verzerrung der Signale wird bevorzugt eine digitale Modulation benutzt. Hierbei sind die zu übertragenden analogen Signale (Telefonie, TV-Signale) elektronisch in PCM-Signale umzuwandeln. Mit den erhaltenen Impulsen wird dann der Anregungsstrom moduliert. Analogmodulation wurde mit GaAs/GaAlAs-Heterostruktur-BURRUS-LEDs bis 88 MHz durchgeführt [4.62].
Analogmodulation hat gegenüber den verschiedenen Möglichkeiten der Impulsmodulation, also auch der PCM, einen weiteren Nachteil. Das am Empfänger für einen einwandfreien Nachweis der Signale notwendige Signal–Rausch-Verhältnis ist über 20 dB (Faktor > 100) höher als bei der Pulscodemodulation [4.63], [4.64].

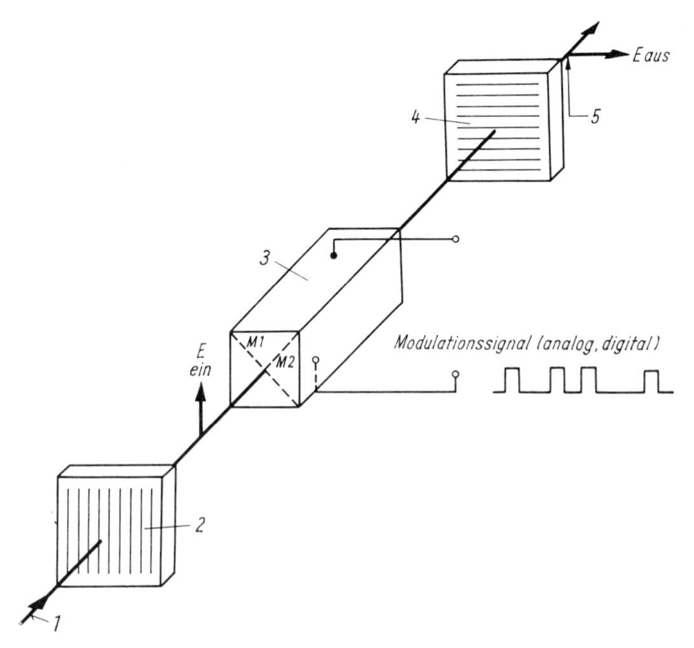

Bild 4.95. Prinzip eines elektrooptischen Modulators.
1 Lichtstrahl, *2* Polarisator, *3* elektrooptischer Kristall, *4* Analysator, *5* linear polarisiert, moduliert

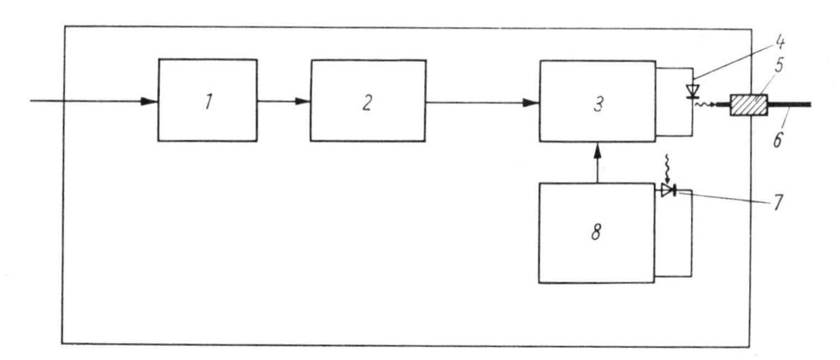

Bild 4.96. Blockschaltbild einer Ansteuerschaltung für Halbleiter-Injektionslaser.
1 A/D-Wandler, *2* Verschlüsselung, *3* Treiberstufe, *4* Laser, *5* Steckverbindung, *6* Lichtleiter, *7* PIN-Fotodiode, *8* Regelstufe

Bei optischen Informationsübertragungen sind PCM-Strecken besonders günstig.

Beide Modulationsarten (äußere und direkte) gestatten Modulationsfrequenzen bis zu einigen Gbit/s.

4.3.5. Empfänger

Der Nachweis der modulierten Lichtstrahlung bei gleichzeitiger Demodulation, d.h. Wiedergewinnung der aufgeprägten Information, erfolgt mit *optoelektronischen Empfängern* (Detektoren), s. Abschn. 1.3.
Die verwendeten *Fotodetektoren* sollten dabei folgende Eigenschaften haben:

- hohe Ansprechempfindlichkeit im Strahlungsbereich der verwendeten Lichtquelle
- hohe Zeitauflösung
- geringes Rauschen
- Temperaturunempfindlichkeit
- einfache Ankoppelmöglichkeit an den Lichtleiter
- lange Lebensdauer
- geringe Kosten

Verwendet werden spezielle Fotodioden, die diese Forderungen am besten erfüllen: für den Wellenlängenbereich 0,8 ... 0,9 μm Si–PIN-Fotodioden und Si–Avalanche-Fotodioden.
Zur Erhöhung der Empfindlichkeit werden auch Kombinationen von PIN-Dioden und integrierten Verstärkern eingesetzt, bezeichnet als *PIN–FET-Empfänger*.
Bei Wellenlängen > 1,1 μm haben Si-Fotoempfänger einen sehr schlechten Wirkungsgrad. Für den längerwelligen Bereich wurden daher spezielle Detektoren entwickelt:

- Ge-Dioden: $\lambda = 0{,}8 \ldots 1{,}9$ μm
- Indium-Gallium-Arsenid-Phosphid ($In_xGa_{1-x}As_yP_{1-y}$): $\lambda = 0{,}95 \ldots 1{,}7$ μm
- Gallium-Arsenid-Antimonid ($GaAs_{1-x}Sb_x$): $\lambda = 0{,}89 \ldots 1{,}9$ μm
- Indium-Gallium-Arsenid ($In_{1-x}Ga_xAs$): $\lambda = 0{,}89 \ldots 3{,}3$ μm
- Gallium-Aluminium-Arsenid-Antimonid ($Ga_xAl_{1-x}As_ySb_{1-y}$): $\lambda = 1{,}4 \ldots 1{,}8$ μm

Die damit erreichbaren *Quantenwirkungsgrade* betragen 40 ... 60%, die *Ansprechempfindlichkeit* beträgt 0,2 ... 0,5 A/W [4.65]. Auch für den längerwelligen Bereich werden vielfach unmittelbar hinter der Empfängerdiode integrierte elektronische Vorverstärker verwendet.

Beispiel: Kombination einer GaInAs/GaAs-PIN-Fotodiode mit einem GaAs-MESFET-Vorverstärker, s. [4.66].

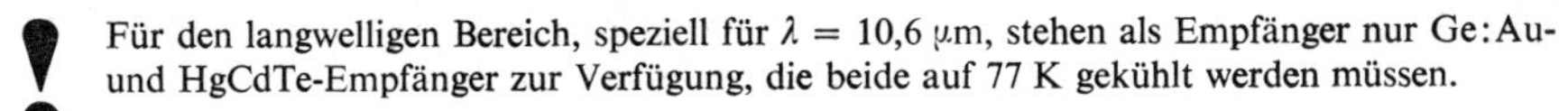
Für den langwelligen Bereich, speziell für $\lambda = 10{,}6$ μm, stehen als Empfänger nur Ge:Au- und HgCdTe-Empfänger zur Verfügung, die beide auf 77 K gekühlt werden müssen.

4.3.6. Repeater

Auf Grund der Verluste und der Dispersion im Lichtleiter treten eine Dämpfung und eine Verformung der sich ausbreitenden Impulse ein, so daß nach einer gewissen Entfernung eine *Regenerierung der Impulse* notwendig ist. Diese wird in einem *Repeater* (»Wiederholer«) durchgeführt. Die Aufgabe dieses Gerätes (Bild 4.97 [4.67]) ist es, eine Verstärkung sowie Formung (Regenerierung) der Impulse durchzuführen.

Seine *Wirkungsweise* besteht darin, daß das ankommende optische Signal im Empfänger in elektrische Impulse umgewandelt und anschließend elektronisch verstärkt wird sowie daß der Impuls geformt wird. Das regenerierte und verstärkte Signal dient dann als Steuersignal für eine Sendelichtquelle, die das Signal wieder in ein weiteres Lichtleiterstück einspeist. Prinzipiell ist auch eine Regenerierung der Impulse auf rein optischem Wege in einer geeigneten Laserverstärker-Absorber-Kombination (optischer Repeater) [4.68], [4.69] möglich. Wird bis heute jedoch noch nicht eingesetzt.

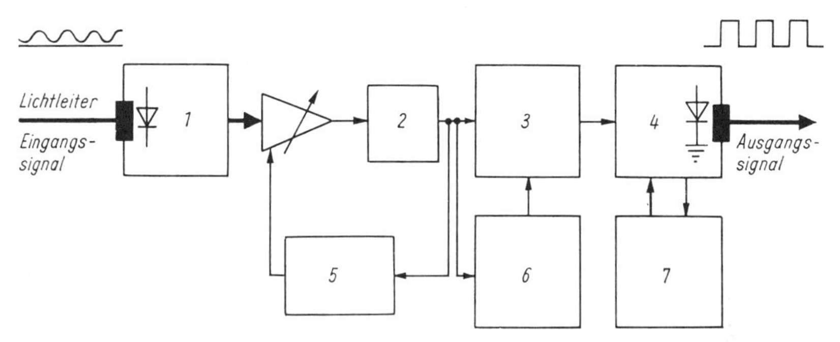

Bild 4.97. Prinzipschaltbild eines optischen Repeaters.
1 Detektor + rauscharmer Vorverstärker, *2* Filter, *3* Entzerrer (Regeneration), *4* Laser + Modulator, *5* automatische Verstärkungsregelung, *6* Frequenz- und Phasensynchronisation, *7* automatische Leistungsregelung

Die Regenerierung der Impulse muß (je nach Systemlänge) geeignet oft wiederholt werden. Der zulässige maximale Abstand zwischen zwei Repeatern hängt von den Systemparametern, speziell der zu übertragenden Bitrate, der Lichtquelle und dem verwendeten Lichtleitertyp ab (Bild 4.98 [4.50]).

4.3.7. Übertragungssysteme

Optische Informationsübertragungssysteme werden heute überall dort eingesetzt, wo der *Vorteil der großen Übertragungsbandbreite* ausgenutzt werden soll und wo mit ökonomisch vertretbarem Aufwand *große Übertragungsstrecken* realisiert werden können.

Systeme, mit denen eine Informationsübertragung durch die Erdatmosphäre durchgeführt wird, haben heute keine Bedeutung mehr (s. Abschn. 4.3.2.1.). Lediglich für spezielle militärische Anwendungen und bei komplizierten geografischen Bedingungen (Gebirge, breite Flüsse, Hochhausgebiete in Großstädten) werden vereinzelt *Kurzstrecken-Freiraumsysteme* eingesetzt. Als Lichtquelle wird der He-Ne-Laser (sichtbare Strahlung) und als Empfänger häufig eine PIN-Fotodiode verwendet. Typische Bandbreiten liegen bei 1 ... 2 MHz und die Streckenlängen im Bereich 0,5 ... 5 km.
Praktische Bedeutung haben auf Grund des erreichten Entwicklungsstandes der Systemelemente (s. Abschn. 4.3.2.3., 4.3.3. und 4.3.5.) nur die *Lichtleiter-Übertragungssysteme* erlangt. Die Lichtleiter werden bezüglich ihrer Leistungsfähigkeit oftmals durch den Systemparameter »Bandbreite-mal-Länge-Produkt« (angegeben in MHz · km) charakterisiert.

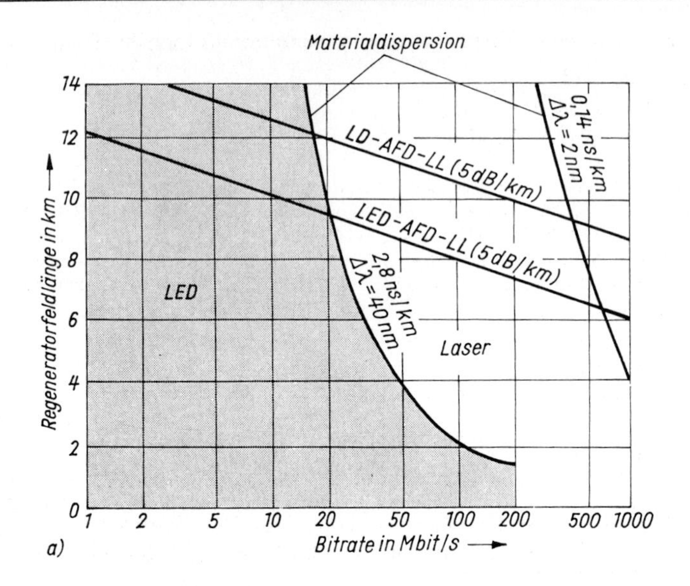

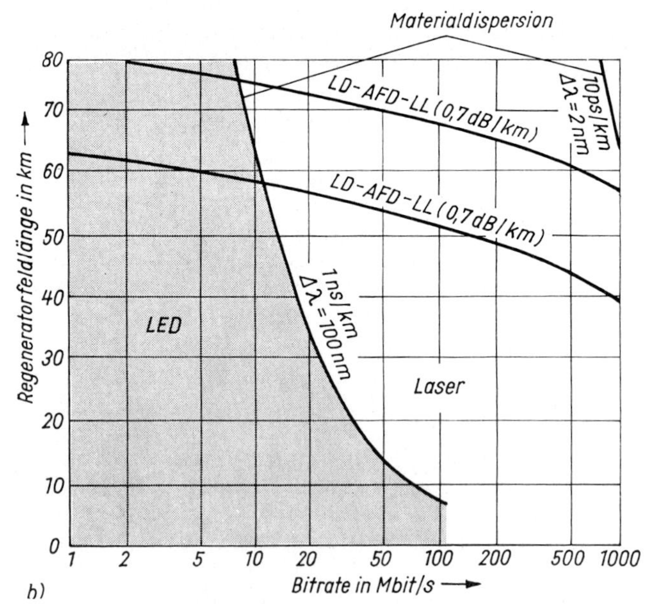

Bild 4.98. Repeaterabstand von PCM-Lichtleiter-Übertragungssystemen.
a) bei $\lambda = 0{,}85\ \mu m$, b) bei $\lambda = 1{,}27\ \mu m$
LD Laserdiode, AFD Avalanche-Fotodiode, LL Lichtleiter (Repeaterabstand = Regeneratorfeldlänge)

Lichtleiter-Nachrichtenübertragungssysteme unterteilt man [4.50] in:

- Kurzstreckenübertragung
- Mittelstreckenübertragung
- Weitstreckenübertragung

Bei der *Kurzstreckenübertragung* beträgt die Streckenlänge dieser vorwiegend für industrielle Anwendungen vorgesehenen Systeme zwischen einigen Metern und einigen hundert Metern. Es werden analoge und digitale Signale bis etwa 10 MHz benötigt. Die eingesetzten Lichtleiter haben einen großen Kerndurchmesser (≈ 200 µm), eine numerische Apertur $A > 0{,}3$ und eine Dämpfung < 50 dB/km. Anwendungsgebiete liegen bei der Rechnersteuerung und -kopplung und in Automatisierungsanlagen.

Mittelstreckensysteme werden für Übertragungsstrecken bis zu einigen Kilometern eingesetzt. Die Übertragungstechnik ist vorwiegend digital mit Bitraten von 2 ... 140 Mbit/s. Die Lichtleiter haben eine Dämpfung < 10 dB/km und ein Bandbreite-mal-Länge-Produkt von 200 ... 400 MHz · km. Der Kerndurchmesser liegt bei 50 µm, die numerische Apertur bei 0,2. Typische Anwendungsgebiete sind Daten- und Videoübertragung, z. B. Bildtelefon, Kabelfernsehen.

Weitstreckenübertragung dient zur Überbrückung großer Entfernungen, wobei Repeater dazwischengeschaltet werden müssen. Bandbreite-mal-Länge-Produkte von 3000 MHz · km sind erreicht worden. Dazu geeignete Lichtleiter haben je nach verwendeter Wellenlänge Dämpfungen von < 3 dB/km ($\lambda \approx 0{,}85$ µm) bis $< 0{,}7$ dB/km ($\lambda \approx 1{,}3$ µm). Streckenlängen von über 100 km wurden schon realisiert.

Eine Übersicht über mögliche Einsatzgebiete der Lichtleiter-Informationsübertragung zeigt Bild 4.99 [4.70]. Eine weltweite Normung der Übertragungsraten einzel-

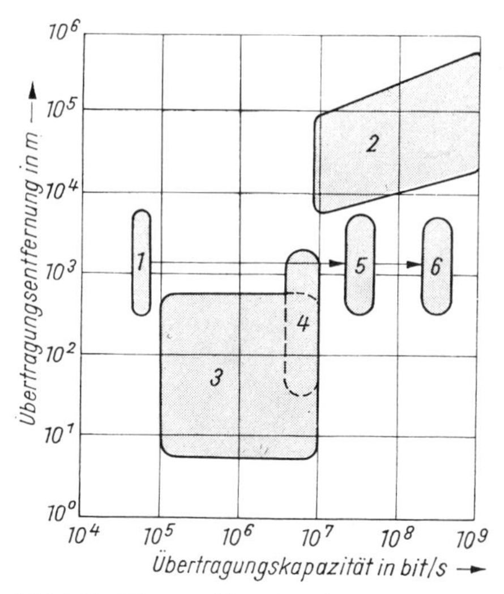

Bild 4.99. Einsatzgebiete der Lichtleiter-Informationsübertragung.
1 Telefonieübertragung, *2* PCM-Nachrichtensysteme (Telefonie), *3* industrielle Datenübertragung, *4* industrielle Fernsehanlagen, *5* Telefonie + Fernsehen mit 1 bzw. 2 Auswahlkanälen, *6* Kabelfernsehen mit 12 ... 20 Auswahlkanälen

ner Systeme ist bisher nicht erfolgt. Im Vergleich zur notwendigen Datenrate für 1 Telefonkanal (64 kbit/s) haben sich in der DDR sowie einigen Ländern Europas und in Japan bestimmte feste Bitraten durchgesetzt. In den USA sind die Systeme etwas anders aufgebaut worden (Tabelle 4.10).

Tabelle 4.10. Systemkapazitäten von Versuchssystemen

Einige europäische Länder und Japan

Systemkapazität Mbit/s	Fernsprechkanäle	Bemerkungen
0,064	1	
2,048	30	Datenübertragung
8,448	120	PCM-120-Versuchs-system Industrie-Fernseh-einrichtungen
≈34	480	Telefonie + Fernsehen
≈140	1920	Kabelfernsehen mit 12 ... 20 Auswahlkanälen
≈560	7680	

USA

Bezeichnung	Systemkapazität Mbit/s	Fernsprechkanäle
–	0,064	1
T_1	1,544	24
T_2	6,312	96
T_3	44,736	672
T_4	274,0	4032

Bei der Erarbeitung einer *Streckenkonzeption* geht man von 3 Zielparametern aus:

- zu übertragende Bitrate (in Mbit/s)
- Streckenlänge (in km)
- zulässige Bit-Fehlerrate (BER), d.h. notwendiges Signal–Rausch-Verhältnis am Empfänger (in dB)

(über den Zusammenhang s. [4.64]).
Die Übertragungsqualität bzw. die Sicherung des Informationsgewinns am Ende der Übertragungsstrecke wird durch das zu fordernde Signal–Rausch-Verhältnis festgelegt.
Tabelle 4.11 gibt eine Zusammenstellung der charakteristischen Merkmale der wesentlichen Systemelemente an.
Durch ein *Leistungsdiagramm* ist es dann möglich, Systemparameter, wie z.B. zulässige Verluste des Lichtleiters, der Steckverbindungen u.a., zu ermitteln.

Tabelle 4.11. Charakteristische Eigenschaften der Elemente eines optischen Informationsübertragungssystems

Element	Parameter
Lichtleiter	
Dämpfung (in dB/km)	3 ... 5; $\lambda \approx 0{,}85\ \mu m$ 0,5; $\lambda \approx 1{,}3\ \mu m$ und $\lambda \approx 1{,}55\ \mu m$
Bandbreite (in GHz · km)	1 maximal 25
Lichtquelle	
Laser	
Leistung (in mW)	10 ... 15
Modulationsrate (in Gbit/s)	< 2
Lebensdauer (in h)	$10^5 \ldots 10^6$
LED	
Leistung (in μW)	15 ... 50
ausgewählt (Burrus-Typ)	< 500
Modulationsraten (in Gbit/s)	< 0,2
Lebensdauer (in h)	$10^6 \ldots 10^7$
Empfänger	
PIN-Fotodiode	
Ansprechempfindlichkeit (in A/W)	0,5
äquivalente Rauschleistung (in $W/\sqrt{Hz}$)	$1 \cdot 10^{-12}$
Lebensdauer (in h)	$10^7 \ldots 10^8$
AFD	
Ansprechempfindlichkeit (in A/W)	75
äquivalente Rauschleistung (in $W/\sqrt{Hz}$)	$1 \cdot 10^{-14}$
Lebensdauer (in h)	$10^6 \ldots 10^7$
Steckverbinder	
Einfügungsverlust (in dB)	0,5 ... 1
Spleißverbindungen	
Einfügungsverlust (in dB)	0,02 ... 0,5

Beispiel: (nach [4.51], Bild 4.100)

1. Forderungen an das Übertragungssystem
   PCM-Übertragung
   Streckenlänge: 9 km
   Bitrate: 50 Mbit/s
   Bit-Fehlerrate: 10^{-9}
   Bei Verwendung einer Avalanche-Fotodiode (AFD) als Empfänger muß bei der festgelegten Bit-Fehlerrate und der Bitrate ein Signal–Rausch-Verhältnis von 11 dB garantiert werden.
2. Leistungsbilanz
   Laserausgangsleistung: +7 dBm*)

*) Die Angabe dBm bezieht sich auf die Leistung 1 mW. Also: x dBm = $10^{x/10}$ mW.

Einkoppelverlust (Lichtleiter):	−3 dBm
Einfügungsverlust sowie Empfänger-Ankoppelverlust:	−3 dBm
Empfängerrauschniveau:	−55 dBm
notwendige Leistung am Empfänger:	−44 dBm
mögliche Kabelverluste:	45 dB

Bei einer geforderten Streckenlänge von 9 km können also Lichtleiter mit einer Dämpfung von ≤ 5 dB/km eingesetzt werden.

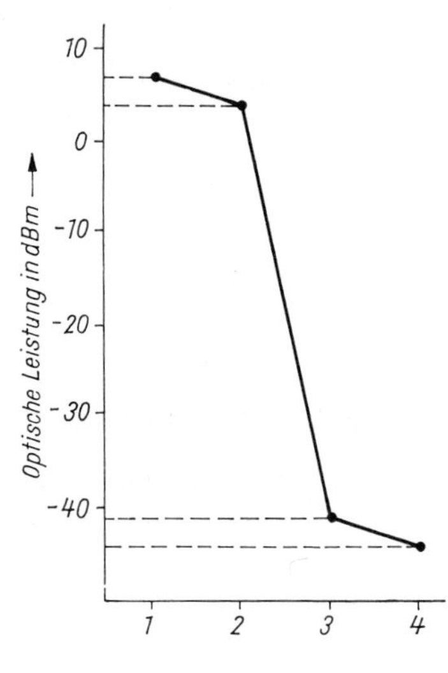

Bild 4.100. Leistungsverlauf einer experimentellen Informationsübertragungsstrecke.
1 Laserausgang, *2* Lichtleitereingang, *3* Lichtleiterausgang, *4* Empfängerausgang

Tabelle 4.12. Einige ausgewählte japanische Hochleistungs-Informationsübertragungssysteme von NTT

Größe	1.	2.	3.
Streckenlänge (in km)	53,3	22,7	13,3
Datenrate (in Mbit/s)	32	1200	1600
Spleißverbindungen	22	15	8
Streckendämpfung (in dB)	35	23	15
Sender	GaAsP/InP	GaInAsP/InP	GaInAsP/InP
Wellenlänge (in µm)	1,27	1,3	1,3
Ausgangsleistung (in mW)	0,5	≈2	≈2,5
Empfänger	Ge-AFD	Ge-AFD	Ge-AFD
Wirkungsgrad (in %)	55	60	60
Empfangsleistung (in dBm)	−43,1	−31	−22
Fehlerrate	10^{-9}	10^{-9}	10^{-9}
Lichtleiter			
Typ	Multimode-Gradientenindex	Einmoden-Lichtleiter	Einmoden-Lichtleiter
Dämpfung (in dB/km)	0,66	0,73	0,73
Kerndurchmesser (in µm)	60		

Die Entwicklung der Systemelemente hat solche Fortschritte erzielt, daß für alle Anwendungsfälle bis 1 Gbit/s bei Streckenlängen bis 25 km in den entsprechenden Wellenlängenbereichen Lichtleiter, Steckverbinder, Sender und Empfänger vorhanden sind.
Tabelle 4.12 gibt eine Zusammenstellung einiger ausgewählter Hochleistungs-Informationsübertragungssysteme an.

Alle angegebenen Systeme arbeiten bei $\lambda = 1{,}3\ \mu m$. Diese Wellenlänge scheint beim gegenwärtigen Entwicklungsstand der Einzelelemente am erfolgversprechendsten zu sein. Testversuche bei $\lambda = 1{,}1\ \mu m$ und $\lambda = 1{,}5\ \mu m$ verliefen positiv. Bei $\lambda = 1{,}1\ \mu m$ konnten bei Bitraten bis 400 Mbit/s Streckenlängen bis 20 km realisiert werden. Bei $\lambda = 1{,}5\ \mu m$ Bitraten bis 100 Mbit/s bei Streckenlängen bis 20 km, allerdings müssen diese Laserlichtquellen auf $-30\,°C$ gekühlt werden [4.71].

Gegenüber allen sonst verwendeten metallischen Leitern (z. B. Koaxialkabel, Mikrowellenhohlkabel) zeichnen sich *Lichtleiterkabel* aus durch:

- geringe Abmessungen
- große Übertragungsbandbreite
- niedrige Dämpfung
- Potentialfreiheit
- Unempfindlichkeit gegenüber elektromagnetischen Störungen

Diese Eigenschaften lassen den Einsatz der Lichtleiter-Informationsübertragung in den unterschiedlichsten Anwendungsgebieten mit ökonomischem Nutzen in großem Umfang erwarten.

4.4. Holografie

4.4.1. Grundlagen

Die Holografie ermöglicht das Speichern von elektromagnetischen Wellenfeldern, die von mit kohärentem Licht beleuchteten Objekten ausgehen, in lichtempfindlichen Medien, z. B. in Fotoplatten oder Kristallen.
Diese *Wellenfelder* können mit optischen Methoden so rekonstruiert werden, daß für einen Beobachter der Eindruck eines realen, räumlich ausgedehnten Objektes entsteht.

Hologrammaufnahme

Der Vorgang der Hologrammaufnahme besteht darin, daß man das von einem Objekt beeinflußte Wellenfeld mit einem *Referenzwellenfeld* (dem kohärenten Untergrund) überlagert und das dabei entstehende Interferenzmuster aufzeichnet (Bild 4.101). Die vom Objekt beeinflußte elektromagnetische Welle wird als *Signalwelle* bezeichnet. Sie besitzt eine im allgemeinen komplexe Amplitude

$$\underline{E}_S = E_S\, e^{j\varphi_s} \qquad (4.14)$$

und enthält die dem Objekt zugeordnete Information. Elektrische Feldstärke E_S und Phase φ_S hängen von den Raumkoordinaten ab.
Das vom Objekt beeinflußte elektromagnetische Wellenfeld wird mit einem Referenzwellenfeld

$$\underline{E}_R = E_R\, e^{j\varphi_R} \tag{4.15}$$

überlagert (zur Interferenz gebracht), wobei für die komplexe Amplitude des überlagerten Wellenfeldes gilt:

$$\underline{E} = \underline{E}_S + \underline{E}_R \tag{4.16}$$

Für die von der Fotoplatte registrierte Intensitätsverteilung *(Hologramm)* gilt:

$$I = |\underline{E}_S|^2 + |\underline{E}_R|^2 + 2E_S E_R \cos(\varphi_S - \varphi_R) \tag{4.17}$$

Das optische Speichermedium (Fotoplatte) registriert neben der Intensitätsverteilung *(klassische Fotografie)* auch die Phaseninformation in der Form eines Interferenzmusters *(Holografie)*.

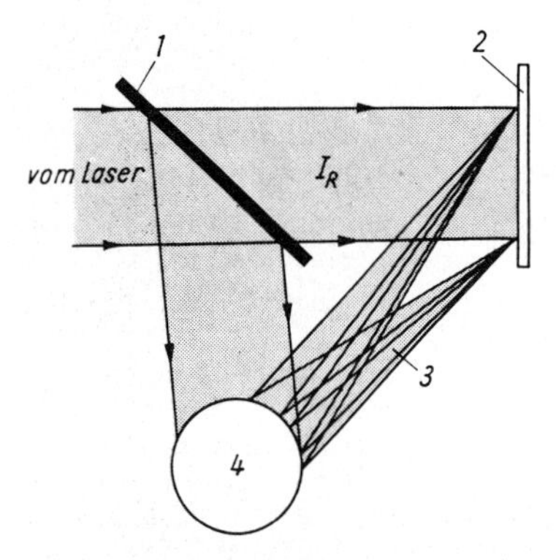

Bild 4.101. Prinzip einer Anordnung zur Hologrammaufzeichnung.
1 teildurchlässiger Spiegel, *2* Fotoplatte (Hologramm), *3* vom Objekt reflektiertes Licht (I_S), *4* Objekt

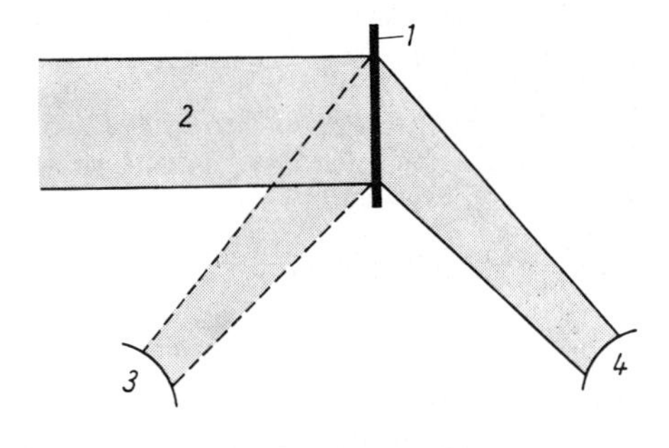

Bild 4.102. Prinzip einer Anordnung zur Hologrammrekonstruktion.
1 Hologramm, *2* Rekonstruktionsstrahl, *3* virtuelles Bild, *4* reelles Bild

Das Hologramm hat keine Ähnlichkeit mit dem Objekt, enthält jedoch alle Informationen, um das Bild des ursprünglichen Objektes zu rekonstruieren (auch in seiner Räumlichkeit). Die dabei entstehenden Beugungserscheinungen stellen *Bilder* des Objekts dar (Bild 4.102).

Rekonstruktion

Wird das Hologramm mit der Referenzwelle beleuchtet, so entsteht die *Signalwelle* und damit das *Bild des Objektes*. Bei Beleuchtung mit der Signalwelle erhält man die Referenzwelle *(Reziprozität)*.

Die Reziprozität zwischen Signal- und Referenzwelle ist charakteristisch für die Holografie. Sie bildet eine wichtige Grundlage für ihre Anwendung.

Vorteile der holografischen Objektdarstellung:

- Da sich unter Benutzung einer speziellen Technik das für die Herstellung des Hologramms wesentliche Interferenzmuster über die gesamte Speicherfläche verteilt (Fotoplatte) und nicht lokal begrenzt ist, lassen sich alle Informationen über das ursprüngliche Objekt *auch aus Teilen* eines Hologramms gewinnen, wobei der Rauschpegel allerdings ansteigt.
- Für die Hologrammaufnahme und Rekonstruktion sind prinzipiell *keine optischen Bauelemente* wie Linsen oder Prismen erforderlich.

Holografie ist daher auch in Wellenlängenbereichen möglich, für die es keine optischen Abbildungselemente gibt (Röntgen- und Ultraschallgebiet).
Bevorzugte Lichtquellen für die Hologrammaufnahme sind der:

- Argonlaser mit $\lambda = 0{,}488\ \mu m$
- He-Ne-Laser mit $\lambda = 0{,}6328\ \mu m$
- He-Cd-Laser mit $\lambda = 0{,}442\ \mu m$ oder der
- Rubin-Impulslaser mit $\lambda = 0{,}6943\ \mu m$.

Für die Rekonstruktion genügt es (wenn keine Ansprüche auf besondere Güte bestehen), das Hologramm mit der grünen Linie einer Quecksilberlampe zu rekonstruieren.

4.4.2. Hologrammtypen

Die Aufzeichnung von Hologrammen ist möglich in:

- einer lichtempfindlichen Schicht *(ebenes Hologramm)* oder
- einem lichtempfindlichen Medium *(Volumenhologramm)*, hier spielt die Dicke des optischen Aufzeichnungsmediums eine wesentliche Rolle.

Den Unterschied zwischen ebenen und Volumenhologrammen erläutert Bild 4.103 für den Fall des Einspeicherns einer ebenen Welle mit Hilfe einer ebenen Referenzwelle. Objekt- und Referenz-

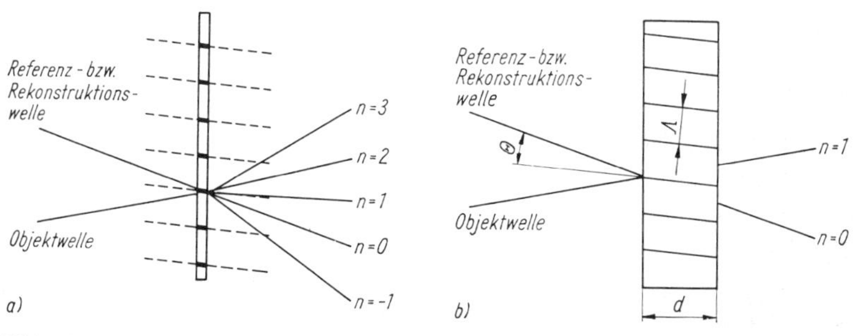

Bild 4.103. Unterschied zwischen ebenen Hologrammen (a) und Volumenhologrammen (b)

welle bilden ein räumlich stehendes *Interferenzmuster*, das vom optischen Speichermedium registriert wird *(Hologramm)*. Bei der Rekonstruktion wurden beide Hologrammtypen mit der ursprünglichen Referenzwelle rekonstruiert.
Das ebene Hologramm fügt zur hindurchgehenden nullten Beugungsordnung ($n = 0$) die verschiedenen Beugungsordnungen hinzu, die auch bei einem normalen ebenen Gitter zu erwarten sind. Die erste Beugungsordnung ($n = 1$) stellt das rekonstruierte Bild, hier die rekonstruierte ebene Welle, dar.

Im Volumenhologramm hingegen wird nur die erste Beugungsordnung nach dem Gesetz der BRAGG-Reflexion erzeugt.

Vorteil:
Im dicken optischen Speichermedium können beim Aufzeichnungsvorgang mehrere Interferenzstrukturen überlagert werden, das Hologramm besteht dann aus vielen superponierten Interferenzstrukturen.

Durch Einhaltung bestimmter Winkel und Wellenlängen bei der Rekonstruktion kann Bild für Bild aus dem Volumenhologramm rekonstruiert werden (*Winkel-* bzw. *Wellenlängenkodierung*).
Neben Volumen- und ebenen Hologrammen unterscheidet man weiterhin grundsätzlich zwischen einem:

- *Phasenhologramm*, bei dem das Interferenzmuster in Form eines Oberflächenreliefs oder einer Brechzahlverteilung innerhalb des Mediums gespeichert wird und das Hologramm die Phase der Rekonstruktionswelle beeinflußt, sowie einem
- *Amplitudenhologramm*, bei dem das Interferenzmuster als Schwärzungsverteilung aufgezeichnet wird (das Hologramm moduliert über die Extinktion die Rekonstruktionswelle)

FRAUNHOFER-*Holografie*

Der Abstand zwischen dem Objekt und dem Hologramm ist groß gegen die Objektdimensionen.

FOURIER-*Holografie*

Das Grundprinzip besteht darin, daß das Hologramm die FOURIER-Transformierte der Objektfunktion registriert (Bild 4.104). Bei der Rekonstruktion eines solchen Hologramms erfolgt eine FOURIER-Rücktransformation.

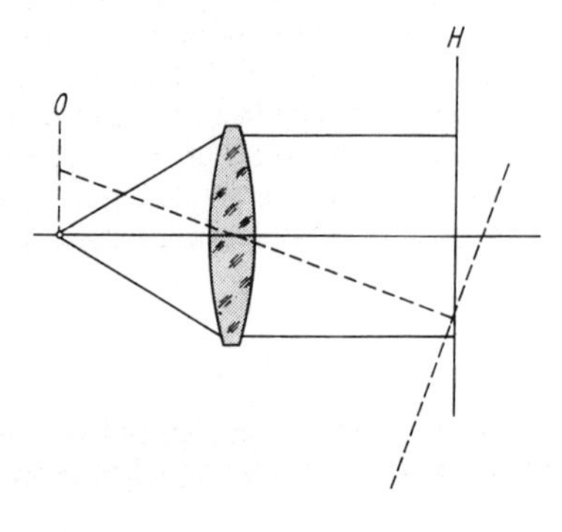

Bild 4.104. Aufnahme eines FOURIER-Hologrammes.
O Objektebene,
H Hologrammebene

FOURIER-Hologramme haben in der optischen Informationsverarbeitung Bedeutung erlangt, da sich mit ihnen sehr vorteilhaft *optische Filter*, z. B. für die Zeichenerkennung, herstellen lassen (s. Abschn. 4.4.3.3.).

4.4.3. Anwendungen

4.4.3.1. Hologramminterferometrie

Vielseitige Anwendungen findet die Holografie in der *Interferometrie*. Sie hat hier unmittelbare praktische Bedeutung. Werden von einem Objekt in jeweils verschiedenen Zuständen, z. B. verursacht durch eine äußere Deformation, die Objektinformationen mit ein und derselben Referenzwelle in einem Hologramm *(Doppelexpositionstechnik)* aufgezeichnet, dann interferieren die bei der Rekonstruktion entstehenden und den verschiedenen Objektzuständen entsprechenden Bilder. Aus den sich dabei herausbildenden Interferenzstrukturen kann auf die Größe der Veränderung des Objekts geschlossen werden (Bild 4.105).

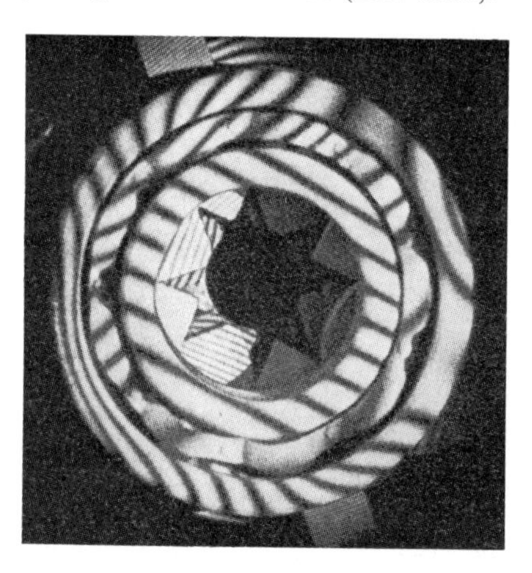

Bild 4.105. Interferenzbild eines verspannten Kugellagers (Doppelexpositionstechnik)

Wenn das Objekt schwingt, ist es möglich, aufeinanderfolgende Momentzustände auf demselben Hologramm aufzuzeichnen. Das Verfahren kann so verallgemeinert werden, daß nur eine Aufnahme mit längerer Belichtungszeit vorgenommen wird, wobei das Objekt in beliebiger Weise schwingt. Bei der Rekonstruktion überlagern sich die von den einzelnen Momentzuständen herrührenden elektromagnetischen Wellenfelder und interferieren miteinander. Die dabei entstehenden Interferenzstrukturen lassen Rückschlüsse auf die möglichen Schwingungszustände des untersuchten Objektes zu.

Synthetisches Hologramm

Bei Objekten, deren geforderte geometrische Form sehr genau bekannt ist und die hinsichtlich der Übereinstimmung ihrer Geometrie mit der Idealform mit Hilfe der

Hologramminterferometrie geprüft werden sollen, ist es möglich, ein *synthetisches Hologramm* herzustellen. Da die Geometrie des idealen Objektes bekannt ist, kann die für die Erzeugung des Hologramms notwendige Interferenzstruktur berechnet und gezeichnet werden, ohne daß das zur Diskussion stehende Objekt als Muster zur Verfügung stehen muß. Die mit dem synthetischen Hologramm rekonstruierte elektromagnetische Welle wird mit der vom zu prüfenden Objekt beeinflußten überlagert. Die dadurch erhaltene Interferenzstruktur ist ein Maß für die Abweichung von der idealen Geometrie des untersuchten Objektes. Dieses Verfahren hat sich bei der Prüfung von optischen Bauelementen bewährt (Bild 4.106).

Bild 4.106. Interferogramm eines Transmissionsobjekts. Bei einem idealen Objekt würden die Interferenzstreifen parallel verlaufen.

Die erreichbaren Genauigkeiten liegen in der Größenordnung der verwendeten Lichtwellenlänge. In speziellen Anordnungen, z.B. bei der *Optikprüfung*, ist es möglich, Genauigkeiten zu erreichen, die beträchtlich unter der verwendeten Lichtwellenlänge liegen.
Mit Hilfe der Hologramminterferometrie ist die Messung

- jeder Art von Verformungen durchsichtiger und undurchsichtiger Körper
- kleinster Translationen
- von Schwingungsformen
- von Temperaturverteilungen
- beliebiger Inhomogenitätsverteilungen

möglich.
Praktisch verwendet werden diese Meßmethoden zur Untersuchung von:

- Maschinenteilen
- Karosserieteilen bei Kraftfahrzeugen
- Autoreifen u.a. leicht deformierbaren Körpern
- optischen Bauelementen
- Musikinstrumenten
- Inhomogenitätsverteilungen in der Atmosphäre u.a. Medien
- Plasmen

4.4.3.2. Optische Speicherung

Die Fotoplatte und andere Speichermedien erlauben prinzipiell höchste Speicherdichten (Bild 4.107), da infolge des Auflösungsvermögens der Fotomaterialien die Größe des Speicherplatzes nur von der Wellenlänge des verwendeten Laserlichtes abhängig ist. Die *Speicherfähigkeit* der modernen optischen Speichermedien kann jedoch mit der Leistungsfähigkeit der gegenwärtig zur Verfügung stehenden klassischen optischen Bauelemente nicht ausgeschöpft werden. Hinzu kommt, daß bei den herkömmlichen Verfahren (ohne Benutzung der Holografie) das optische Speichermedium sehr sauber gehalten werden muß, da kleinste Kratzer oder Staubteilchen eingespeicherte Informationen sehr schnell überdecken können.

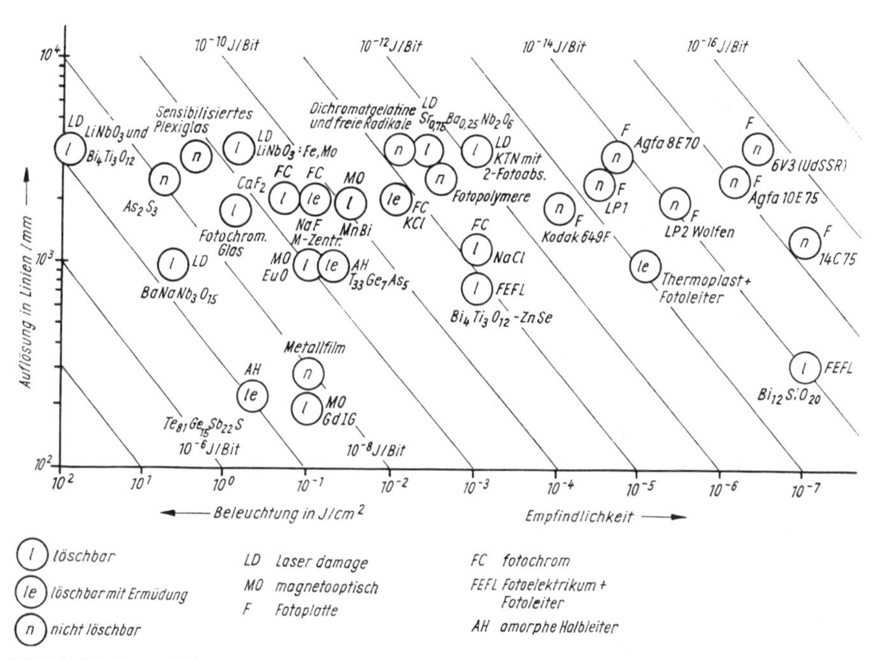

Bild 4.107. Reversible und irreversible optische Speichermedien

Bekannt sind eine Vielzahl reversibler und irreversibler Speichermedien, die sich hinsichtlich Empfindlichkeit, Auflösung sowie Einschreibenergie je Bit (siehe Bild 4.107) unterscheiden.

Die *Informationsaufzeichnung* erfolgt – zur Ausnutzung der hohen Speicherfähigkeit – holografisch. Beim Aufzeichnungsvorgang interferiert eine *sphärische Welle* (Bild 4.108), in deren Strahlengang sich die Datenvorlage mit den einzuspeichernden Informationen befindet, mit einer *Referenzwelle*. Auf dem optischen Speichermedium entsteht so das gewünschte Hologramm. Der nächste Schritt besteht darin, daß die Datenvorlage gewechselt wird und mit einem Lichtablenksystem die zum

Aufzeichnen erforderlichen Lichtstrahlen auf eine benachbarte Stelle der Speicherplatte gelenkt werden, wo ein weiteres Hologramm eingespeichert wird.
Das *Auslesen der Informationen* erfolgt so, daß das von einem Lichtablenksystem kommende Strahlenbündel als *Rekonstruktionswelle* dient und die in dem Hologramm enthaltenen Informationen auf eine *Detektormatrix* transformiert werden. Die Transformation erfolgt so, daß die im Hologramm enthaltenen Informationen genau auf die Detektormatrix abgebildet werden (Bild 4.109).

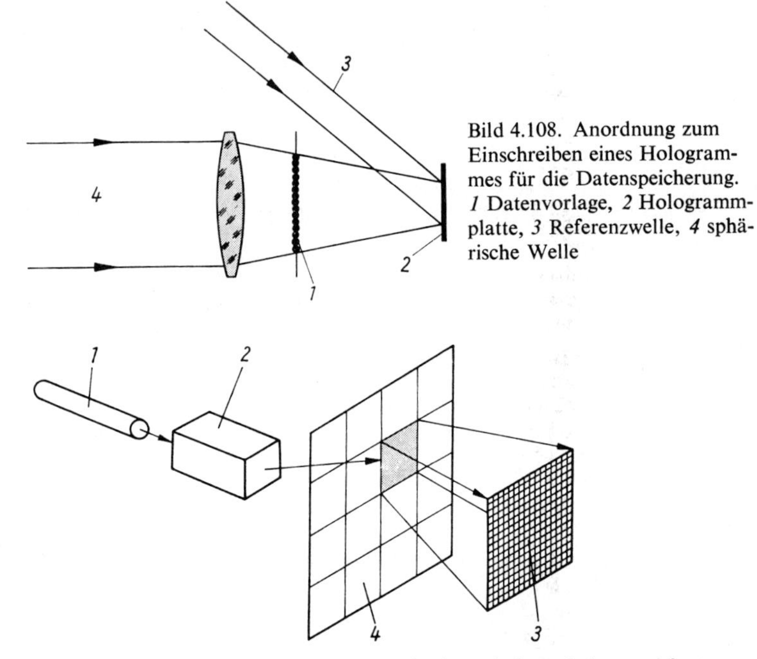

Bild 4.108. Anordnung zum Einschreiben eines Hologrammes für die Datenspeicherung.
1 Datenvorlage, *2* Hologrammplatte, *3* Referenzwelle, *4* sphärische Welle

Bild 4.109. Prinzip einer Anordnung zum Auslesen holografisch gespeicherter Informationen.
1 Laser, *2* Lichtablenksystem, *3* Detektormatrix, *4* Speicherplatte mit kleinen Hologrammen

Nach dem Grundprinzip konnten im Labor optische Speicheranordnungen mit einer Kapazität zwischen 10^7 und 10^8 bit aufgebaut werden. In dünnen optischen Speichermedien können zur Zeit etwa 10^6 ... 10^7 bit/cm^2 gespeichert werden. Unter Benutzung der Volumenholografie ist es theoretisch möglich, etwa 10^{10} bit/cm^3 zu speichern.

Bisher wurden für Versuchszwecke *irreversible holografische Speicher* erfolgreich aufgebaut. Sie können verwendet werden als:

- Datenbankspeicher mit häufigem Zugriff
- Archivspeicher mit gelegentlichem Zugriff
- externe Zusatzspeicher mit wahlfreier Adressierung in EDV-Anlagen

Nachteile der bisherigen *reversiblen optischen Speichermedien* sind:

- zu geringe Zykluszahlen (Schreiben, Lesen, Löschen)
- zu schnelle Ermüdung des Speichermediums sowie
- zu geringe Empfindlichkeit des Speichermediums

Die Entwicklung eines reversiblen optischen Speichers ist im wesentlichen eine Frage der *Materialphysik.* Die höchste Schreib-, Lese- und Lösch-Zyklenzahl wurde bisher mit Thermoplasten erreicht, sie liegt bei etwa 8000.
Kleine optische irreversible Speicher (10^6 ... 10^7 bit) sind vereinzelt im Bankwesen im Einsatz.

Der irreversible optische Massenspeicher mit holografischer Informationsaufzeichnung kommt der Forderung nach sehr großen Speicherkapazitäten entgegen. Weiterhin erfüllt er weitestgehend die Forderungen:

- Beständigkeit der Information
- Transportierbarkeit des Datenträgers
- Datensicherheit gegenüber Materialfehlern, Verschmutzungen usw.
- Die Zugriffszeiten liegen im Sekundenbereich und u. U. auch beträchtlich darunter.

Unter Hinzunahme der Volumenholografie sollte es möglich sein, *optische Assoziativspeicher* und *mehrfunktionelle optische holografische Speicher* für informationsverarbeitende Operationen direkt im Speicher aufzubauen.

4.4.3.3. Optische Informationsverarbeitung

Ein weiteres Anwendungsgebiet der Holografie ist die optische Parallelverarbeitung von Informationen. *Parallelverarbeitung* ist die gleichzeitige Verarbeitung von sehr vielen Informationen (z. B. Bildverarbeitung).
Vorteil:
Sehr große Informationsmengen (mehr als 10^6 bit) können in sehr kurzer Zeit (μs und darunter) parallel verarbeitet werden.
Das Prinzip besteht darin, daß von einem Gegenstand, der sich in der vorderen Brennebene einer Linse befindet, in der hinteren Brennebene die FOURIER-Transformierte der von ihm ausgesendeten Amplitudenverteilung entsteht. Mit Hilfe der im Bild 4.110 dargestellten Anordnung ist es so möglich, bestimmte Details eines Bildes hervorzuheben.
Ein Spezialfall hierbei ist die *optische Zeichenerkennung.*

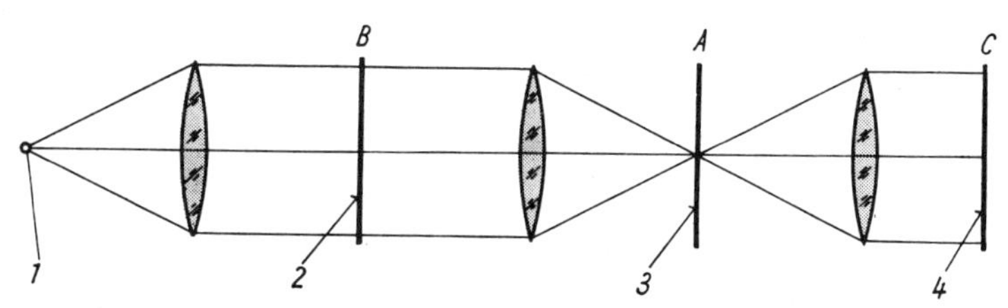

Bild 4.110. Prinzip einer Anordnung zur Zeichenerkennung [4.77].
1 Lichtquelle, *2* Objekt, *3* Filter, *4* Korrelationsebene

Wenn in einem aufgezeichneten Text die Positionen markiert werden sollen, an denen sich z. B. der Buchstabe »r« befindet, so bringt man in die Anordnung von Bild 4.110 in die Ebene *B* den Text und in die Ebene *A* das FOURIER-Hologramm (Filter) des Buchstaben »r«. In der Ebene *C* erscheinen dann an den Stellen helle Punkte *(Korrelationspeaks)*, wo im Text ein »r« vorkommt. Dieses Verfahren ist jedoch technisch noch nicht ausgereift, so daß auch an den Stellen im Text, die zu »r« sehr ähnliche Buchstaben enthalten, mehr oder weniger helle Punkte auftreten.

Erfolgreich erprobte Verfahren der optischen Informationsverarbeitung unter Einbeziehung der Holografie (Labormuster) sind:

- Erkennung von Fingerabdrücken
- optische Verarbeitung von Radaraufnahmen
- Auswertung von Satellitenbildaufnahmen
- Identifizierung von Zellstrukturen eines bestimmten Typs
- Spracherkennung
- Zeichenerkennung in der Datenverarbeitung

4.5. Weitere Anwendungen

Neben den genannten wissenschaftlichen und technischen Anwendungen, die als Schwerpunkte zu betrachten sind, wird der Laser in den verschiedensten Bereichen zur Lösung spezieller Aufgaben eingesetzt, wobei sich diese Anwendungen jedoch vielfach noch im Versuchsstadium befinden und nur zum Teil kommerziell genutzt werden.

Laser in der Rechentechnik
Zu verwenden als:

- logisches (ja–nein-)Element sowie zum
- Ein- und Auslesen von Speichern (moduliertes Laserlicht)

In Betracht kommen ausschließlich *Injektionslaser*. Erreichbar erscheinen:

- Schaltzeiten $\approx 10^{-10}$ s (schnelle Rechenzeiten!)
- Speicherkapazitäten 10^7 bit/cm^2
- Abtastgeschwindigkeiten 10^9 bit/s

Laser in der Fotografie
Verwendet als Beleuchtungslichtquelle bei extrem kurzer Belichtungszeit (Hochgeschwindigkeitsfotografie):

- Einzelaufnahmen im ns-Bereich
- 10^4 bis 10^6 Aufnahmen/s

Vorzugsweise eingesetzt werden *Festkörperlaser.*

Laserstrahlung als Abtaststrahl
Verwendet zur Identifizierung von Zeichen der verschiedensten Art (Buchstaben, Streifencode).
Kommerziell angewendet zur Identifizierung von mit einem Laserabtastcode versehenen Waren und Registrierung des Preises in Verkaufsstellen und Warenhäusern.

Hierbei wird der Laserstrahl über das Streifenmuster geführt und die Veränderung des Strahles registriert und entsprechend ausgewertet (Bild 4.111).

Bild 4.111. Beispiel eines Laserabtastcodes zur Waren- und Preisidentifizierung

Laser zum Schalten von »micro stripes« (Halbleiterbauelemente) zur Erzeugung elektrischer Impulse mit Anstiegszeiten im Bereich von Pikosekunden

Laserannealing
Ausheilung von Versetzungen und Unregelmäßigkeiten in Festkörpern durch Lasereinstrahlung

Laser-Seismograf
zur Messung kleinster Verschiebungen bzw. Schwingungsamplituden

Laserstrahlung als Meßmittel
zur Aufklärung prinzipieller Grundfragen der Physik, insbesondere zur:

- Messung der Zeitabhängigkeit von Naturkonstanten
- genauen Bestimmung der Lichtgeschwindigkeit c
- Prüfung von Aussagen der Allgemeinen Relativitätstheorie sowie zum
- Nachweis von Gravitationswellen.

In Betracht kommen hierfür bevorzugt *frequenzstabilisierte Laser*.

5. *Arbeitsschutz bei Laserarbeiten*

5.1. Gefährdungen bei Laserarbeiten

Gefährdungen beim Umgang mit Lasergeräten treten in zweierlei Form auf. Einmal bestehen sie prinzipiell immer dann, wenn Laserstrahlen den ungeschützten menschlichen Körper treffen können. Dabei ist es zunächst belanglos, ob eine Primär- oder eine Sekundärstrahlung (spiegelnd oder diffus reflektiert) vorhanden ist. In diesem Fall handelt es sich um *laserspezifische Gefährdungen.* Zum anderen ist beim Umgang mit Lasergeräten mit Gefährdungen zu rechnen, die ihren Ursprung entweder in den Hilfseinrichtungen der Anlagen selbst oder im Zusammenwirken des Laserstrahls mit verschiedenen Medien der Umwelt bzw. mit zu bearbeitenden Materialien haben. Es wird dann von sonstigen Gefährdungen oder auch *laserunspezifischen Gefährdungen* gesprochen.

5.1.1. Laserspezifische Gefährdungen

Die Wahrscheinlichkeit des Auftretens sowie der Art und Schwere einer gesundheitlichen Schädigung ist abhängig von einer Reihe von Faktoren. Solche Faktoren sind die zur Wirkung gelangende Energie- bzw. Leistungsdichte, die Wellenlänge der Laserstrahlung, die Expositionsdauer, die Beschaffenheit des exponierten Gewebes (z.B. dessen Pigmentierung, Behaarung und Durchblutung) und verschiedene Umweltfaktoren.
Auftretenden gesundheitlichen Schädigungen werden im wesentlichen drei Arten von Wirkungsmechanismen zugrunde gelegt:

- thermische Effekte

Der *thermische Effekt*, dessen biologische Wirkung vom einfachen Erythem (Hautrötung) bis hin zur Verkochung des betroffenen Gewebes reicht, ist der bedeutendste Schädigungseffekt. Er ist abhängig von der einwirkenden Energie- bzw. Leistungsdichte, der Expositionsdauer und der Eindringtiefe der Strahlung.
Der thermische Effekt kann zur Koagulation des Gewebes führen, d.h., es bildet sich eine scharfe Trennungslinie zwischen erzeugter Nekrose und Umgebungsgewebe, ohne daß es – infolge des damit verbundenen Verschließens der Blutgefäße – zur Blutung kommt. Diese Wirkung wird übrigens in der *Mikrochirurgie* genutzt.

- thermoakustische Effekte

Mit dem thermischen Effekt verbunden können auch andere Erscheinungen auftreten, die als thermoakustische oder manchmal auch als *nichtlineare Effekte* bezeichnet werden. Führen sehr hohe Energie- bzw. Leistungsdichten zum Verkochen des Gewebes, so entsteht dabei Dampf, der

einerseits die Zellen sprengen und andererseits, besonders in abgeschlossenen und vollständig gefüllten Räumen (Auge oder Schädel), gefährliche Druckwellen hervorrufen kann.
Ebenso kann es zur Ausbildung beachtlicher Druckwellen kommen, wenn ein Laserimpuls sehr hoher Leistungsdichte und extrem kurzer Impulsdauer (z. B. Q-switch-Betrieb) das Gewebe trifft. Die Folge sind Gewebszerreißungen oder ein regelrechtes »Heraussprengen« von Gewebspartikeln, immer verbunden mit teilweise erheblichen Blutungen (Koagulationswirkung fehlt!).

- fotochemische Effekte

Infolge von Laserexpositionen geringer Energie- bzw. Leistungsdichte treten funktionelle Veränderungen im histochemischen Bereich des Zellstoffwechsels auf, die sowohl die normalen Prozesse fördern als auch Abnormitäten erzeugen können.
Diese Art des Wirkungsmechanismus läßt zur Zeit noch die meisten Fragen offen. So ist z. B. noch nicht restlos geklärt, ob es zur Kumulation fraktionierter Dosen oder etwa zu genetischen Wirkungen kommen kann.

5.1.1.1. Gefährdungen des Auges

Der durch Laserstrahlung gefährdetste Teil des menschlichen Organismus ist das *Auge*. Das trifft vor allem für Strahlung im sichtbaren und nahen infraroten Bereich zu (Bild 5.1), obwohl auch die anderen Bereiche der optischen Strahlung nicht unbedenklich sind (Tabelle 5.1, nach [5.1]).

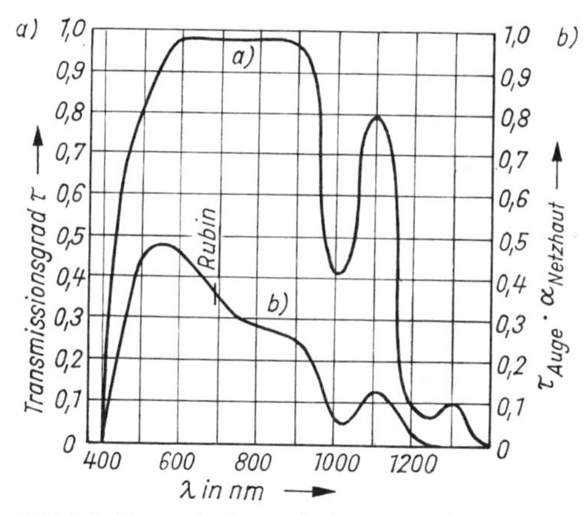

Bild 5.1. Transmission und Absorption des menschlichen Auges.
a) spektrale Transmission, b) Produkt aus Transmission des Augenkörpers und Absorption der Netzhaut, abhängig von der Wellenlänge

Art und Schwere der am Auge auftretenden Schädigungen sind insbesondere abhängig von folgenden Faktoren:

- Wellenlänge
- Energie- bzw. Leistungsdichte
- Pupillendurchmesser
- Größe des Netzhautbildes
- Expositionsdauer

Tabelle 5.1. Pathophysiologische Wirkungen optischer Strahlung

<table>
<tr><th rowspan="2">Spektralbereich</th><th colspan="4">Wirkungen auf</th></tr>
<tr><th>Auge</th><th colspan="3">Haut</th></tr>
<tr><td>Ultraviolett C
(200 ... 280 nm)</td><td rowspan="2">Keratitis (Photophthalmia electrica)</td><td colspan="3" rowspan="2">Erythem (E. solare),
Hautkarzinom,
beschleunigte Hautalterung
zunehmende Pigmentierung</td></tr>
<tr><td>Ultraviolett B
(280 ... 315 nm)</td></tr>
<tr><td>Ultraviolett A
(315 ... 400 nm)</td><td>Strahlenkatarakt</td><td rowspan="6">thermische Hautschädigung</td><td rowspan="2">fotosensitive Reaktionen</td><td>starke Pigmentierung</td></tr>
<tr><td>Sichtbarer Bereich
(400 ... 780 nm)</td><td>fotochemische und thermische Retinaschädigung</td><td></td></tr>
<tr><td>Infrarot A
(780 ... 1400 nm)</td><td>Strahlenkatarakt, thermische Retinaschädigung</td><td colspan="2" rowspan="3"></td></tr>
<tr><td>Infrarot B
(1,4 ... 3,0 µm)</td><td>thermische Hornhaut- und Linsenschädigung,
Strahlenkatarakt?</td></tr>
<tr><td>Infrarot C
(3,0 ... 1000 µm)</td><td>thermische Hornhautschädigung</td></tr>
</table>

Sowohl Hornhaut, Linse und Glaskörper als auch die Netzhaut können geschädigt werden. Während von den Medizinern Schädigungen der Hornhaut, der Linse und des Glaskörpers als weniger schwerwiegend, weil in der Regel behandelbar, betrachtet werden, sind *Netzhautschäden* wegen ihrer Irreversibilität bedenklich. Beim Auftreffen des durch die Linse fokussierten Strahles auf die Netzhaut entstehen dort blinde Stellen, deren Vorhandensein vom Betroffenen oftmals nicht bemerkt wird. Das ist besonders dann der Fall, wenn:

- unvermutet Streustrahlung von Impulslasern in das Auge eintritt
- der Laser im nahen Infrarot arbeitet und
- die geschädigte Stelle in der Netzhautperipherie liegt (Bild 5.2)

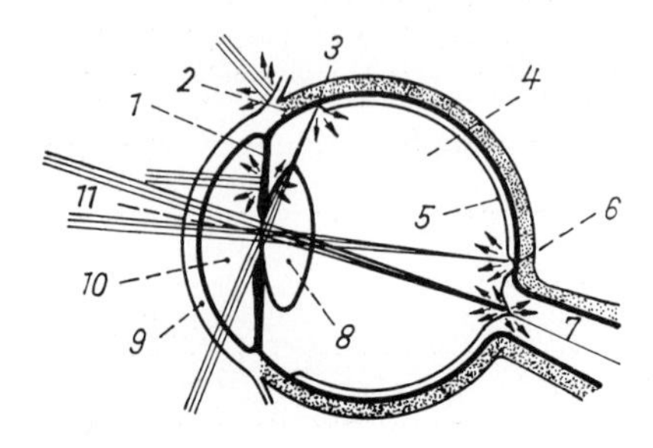

Bild 5.2. Eintritt von Laserstrahlen in das menschliche Auge.
1 Iris, *2* Lederhaut, *3* äußere Grenze der Retina, *4* Glaskörper, *5* Retina, *6* Netzhautgrube, *7* Sehnerv, *8* Linse, *9* Hornhaut, *10* vordere Augenkammer, *11* Pupille

Trifft der Strahl hingegen die im Bereich der Macula lutea liegende *Fovea centralis*, die Stelle des schärfsten Sehens, so ist eine schwere Störung der zentralen Sehschärfe die Folge. Mit totaler Erblindung des Auges ist dann zu rechnen, wenn die *Papilla nervi optici*, die Eintrittsstelle des Sehnervs in das Auge, geschädigt wird.

! Infolge der fokussierenden Wirkung der Linse kann die auf die Hornhaut auftreffende Energie- bzw. Leistungsdichte die Netzhaut um den Faktor 10^5 bis 10^6 verstärkt erreichen.

Rechnerisch ergibt sich dieser Wert aus:

$$V = d_p^2 / d_R \tag{5.1}$$

V Verstärkungsfaktor
d_p Pupillendurchmesser ($d_{p\,max} = 8$ mm)
d_R Durchmesser der Abbildung auf der Retina ($d_{R\,min} = 10\ \mu$m)

5.1.1.2. Gefährdungen der Haut

Im allgemeinen ist die Haut im Vergleich zum Auge weniger stark gefährdet. Andererseits können infolge der großen Hautoberfläche häufiger Schäden auftreten. In Abhängigkeit von der Wellenlänge sind verschiedenartige Schäden bekannt, wobei die *thermischen Schäden* dominieren (s. Tabelle 5.1). Diese sind von folgenden Faktoren abhängig (nach [5.1]):

- Absorption und Streuung im Gewebe bei der jeweiligen Wellenlänge
- Strahlungsflußdichte bzw. Bestrahlung auf der Haut
- Expositionsdauer
- Durchblutung des bestrahlten Hautbezirkes
- Größe der bestrahlten Fläche

Außerdem spielen solche Faktoren eine Rolle, die die Empfindlichkeit der Haut beeinflussen (Behaarung, Dicke der Hornschicht, Pigmentierung).

Tabelle 5.2. Bestrahlungswerte für das Auftreten minimaler Hautreaktionen

Lasertyp	Bestrahlung J/cm^2	Expositionsdauer s
Rubinlaser	11 ... 20 (unpigmentierte Haut) 2,2 ... 6,9 (pigmentierte Haut)	$2{,}5 \cdot 10^{-3}$ $2{,}5 \cdot 10^{-3}$
Rubinlaser (Q-switch)	0,25 ... 0,34	$75 \cdot 10^{-9}$
Argonlaser	4,0 ... 8,2	1
CO_2-Laser	2,8	1
Neodymlaser (Q-switch)	2,5 ... 5,7	$75 \cdot 10^{-9}$
Neodym-YAG-Laser	46 ... 78	1

Neuere Arbeiten haben die Kenntnisse über die Bestrahlungswerte, bei denen es zu ersten minimalen Reaktionen des Gewebes kommt, präzisiert. Tabelle 5.2 (nach [5.2]) gibt einen Überblick über Werte, die für 6 Lasertypen an der menschlichen Haut ermittelt wurden.

5.1.2. Sonstige Gefährdungen

Sonstige Gefährdungen oder *laserunspezifische Gefährdungen* sind beim Umgang mit Lasergeräten in mannigfacher Form möglich. Diese Gefährdungen haben ihre Ursache entweder in den Hilfseinrichtungen der Lasergeräte oder im Zusammenwirken des Laserstrahls mit der Umwelt bzw. mit den zu bearbeitenden Materialien:

- Gefährdungen durch elektrischen Strom

  Breiten Raum nehmen teilweise die Stromversorgungs- und Steuerungseinrichtungen ein, die infolge des geringen Wirkungsgrades der Laser und der daraus resultierenden hohen Anschlußwerte häufig im Hochspannungsbereich arbeiten. Spannungen von 30 ... 35 kV ,insbesondere zur Erzeugung der Anregungsstrahlung, sind keine Seltenheit.

- Gefährdungen durch Röntgenstrahlung

  Wird in den elektrischen Anlagen mit Hochspannungen über 15 kV gearbeitet, so ist damit zu rechnen, daß Röntgenstrahlung emittiert wird. Falls vom Gerätehersteller dazu keine Angaben vorliegen, muß der Nahbereich des Lasergerätes einer entsprechenden Prüfung unterzogen werden.

- Gefährdungen durch Implosion oder Explosion von Bauelementen

  Sowohl das Laserrohr als auch die Anregungslampen oder andere Bauelemente aus Glas können im Betrieb durch verschiedenartige Ursachen zertrümmert werden. Ebenso ist mit einer möglichen Explosion von Hochspannungskondensatoren zu rechnen.

- Gefährdungen durch Kühlmittel

  Besonders bei Verwendung von flüssigem Stickstoff zur Kühlung von Laserkristallen ist dem Kühlmittel erhöhte Aufmerksamkeit zu widmen. Flüssiger Stickstoff, dessen Siedepunkt bei $-195{,}8\,°C$ liegt, erzeugt bei Kontakt mit der Haut verbrennungsähnliche Schäden. Außerdem besteht infolge eines unbeabsichtigten Ausströmens von Kühlmitteln in den Arbeitsraum die Möglichkeit des Auftretens von Vergiftungserscheinungen, wenn nicht für eine ausreichende Belüftung und Entlüftung gesorgt wird.

Neben den hier besonders hervorgehobenen Gefährdungen sollen weitere genannt werden, wie z.B.:

- Entstehen von Bränden und Explosionen durch den unkontrollierten Laserstrahl
- Bildung von Ozon durch UV-Strahlung
- Blendwirkung bei zu hoher Leuchtdichte unabgeschirmter Anregungslampen
- Auftreten toxischer Aerosole bei der Materialbearbeitung mittels Laserstrahls

5.2. Schutzmaßnahmen

Die intensiv betriebene wissenschaftliche Untersuchung der laserspezifischen Gefährdungen hat international zu recht umfassenden sowie gut fundierten praktikablen Schlußfolgerungen für den Arbeitsschutz bei Laserarbeiten geführt. Allerdings tragen zum gegenwärtigen Zeitpunkt solche Schlußfolgerungen nur in wenigen Ländern Gesetzescharakter. Meist handelt es sich um Empfehlungen oder Richtlinien, die teilweise auch nur für einen bestimmten Anwenderkreis gelten ①. Sonstige bzw. laserunspezifische Gefährdungen sind nahezu lückenlos durch bereits bestehende rechtliche Regelungen erfaßt.

5.2.1. Begriffsbestimmungen

Bestrahlung

Verhältnis von Strahlungsenergie Q zu Strahlquerschnitt A:

$$H = Q/A \tag{5.2}$$

H (in J/m^2)
Q Strahlungsenergie (in J)
A Strahlquerschnitt (in m^2)

Bestrahlungsdichte

auf den Raumwinkel bezogene Bestrahlung, Formelzeichen L_p, Einheit $J/(m^2 \cdot sr)$

Dauerbetrieb (cw-Betrieb)

Betriebsart, bei der die Dauer der Laserstrahlung mehr als 0,25 s beträgt

Expositionsdauer

Zeit t, während der das Auge/die Augen und/oder die unbedeckte Haut ganz oder teilweise dem direkten und/oder reflektierten Laserstrahl je Arbeitsschicht ausgesetzt sind.

Bei unbeabsichtigtem Hineinsehen in einen im Dauerbetrieb ausgesendeten Laserstrahl wird die Expositionsdauer in der Regel durch den Lidschlußreflex ($\approx$ 0,2 s), bei Impulslasern in der Regel durch die Dauer eines Laserstrahlimpulses bestimmt. Bei beabsichtigtem Hineinsehen in den Laserstrahl (z.B. bei Justierarbeiten) ist die Zeit gleich starker Einzelexpositionen oder Einzelimpulse über eine Arbeitsschicht zu summieren.

Impulsbetrieb

Betriebsart, bei der für die Einzelimpulsdauer t_I des Laserstrahls gilt: $t_I \leqq 0{,}25$ s

Impulsdauer

Dauer t_I des Laserstrahlimpulses, gemessen zwischen den Halbwertspunkten der Vorder- und der Hinterflanke eines Einzelimpulses

Strahldichte

auf den Raumwinkel bezogene Strahlungsflußdichte, Formelzeichen L, Einheit $W/(m^2 \cdot sr)$

Strahlungsfluß

von einem Laser im Dauerbetrieb in Form elektromagnetischer Wellen ausgesendete Leistung. Formelzeichen P, Einheit W.

Strahlungsflußdichte

Verhältnis von Strahlungsfluß P zu Strahlquerschnitt A:

$$\varphi = P/A \tag{5.3}$$

φ (in W/m^2)
P Strahlungsfluß (in W)
A Strahlquerschnitt (in m^2)

Strahlungsenergie

Produkt aus maximalem Strahlungsfluß P_I und Impulsdauer t_I:

$$Q = P_I t_I \tag{5.4}$$

Q (in J)
P_I maximaler Strahlungsfluß (in W)
t_I Impulsdauer (in s)

5.2.2. Klassifikation von Lasergeräten

Durch die Weltgesundheitsorganisation (WHO) wurde 1977 ein Schema zur Klassifikation von Lasergeräten [5.1] veröffentlicht und zur Anwendung empfohlen. Dieses Schema geht prinzipiell von drei Aspekten aus, die insgesamt die vom Laser verursachte Gefährdung und damit die Notwendigkeit für die Anwendung von Schutz- bzw. Kontrollmaßnahmen bestimmen:

- die Gefährdung, die tatsächlich von dem Laser ausgeht
- die Umgebung, in der der Laser zum Einsatz gelangt
- das Personal, das den Laser bedient, und das Personal, das durch ihn exponiert werden kann

Vorrangig wird der Aufbau des Schemas jedoch vom 1. Aspekt getragen, weil einerseits der 2. und 3. Aspekt sehr vom jeweiligen, stark variierbaren Einsatz des Lasers abhängig sind und andererseits in den meisten Fällen die Einschätzung des 1. Aspektes hinreichend ist, um entsprechende Schutz- bzw. Kontrollmaßnahmen festlegen zu können. Eine weitere Grundidee des Klassifikationsschemas besteht darin, den Anwender durch die vorgeschlagene Form der Einstufung weitgehend von nicht unbedingt erforderlichen aufwendigen und komplizierten Strahlungsmessungen bzw. Berechnungen zu befreien.

Die Basis für die Klassifikation der Laser bildet ihre Fähigkeit, durch den primären oder reflektierten Strahl Schäden am Auge oder an der Haut zu setzen.

Folgende *Gefährdungsklassen* wurden festgelegt:

Klasse 1: ohne Risiko. Gefährdungsfreie Lasersysteme
Klasse 2: niedriges Risiko. Lasersysteme, die im sichtbaren Bereich arbeiten und normalerweise nicht gefährdend sind
Klasse 3: mäßiges Risiko. Lasersysteme, bei denen das Hineinsehen in den direkten und den direkt reflektierten Strahl gefährdend sein kann. Es werden zwei Unterklassen 3a und 3b unterschieden, wobei die in Unterklasse 3a einzuordnenden Laser nur dann gefährdend sind, wenn ihr Strahl durch ein zusätzliches optisches Instrument gesammelt wird.
Klasse 4: hohes Risiko. Lasersysteme, bei denen sogar eine diffuse Reflexion gefährdend sein kann oder deren Strahl eine ernsthafte Hautgefährdung oder eine Feuergefährdung für die Umwelt darstellt.

Tabelle 5.3 zeigt die Zuordnung der Gefährdungsklassen zu den jeweiligen Wellenlängenbereichen.

Tabelle 5.3. Übersicht über die Gefährdungsklassen für Lasergeräte und die jeweiligen Wellenlängenbereiche

	Wellenlängenbereich			
	Ultraviolett	sichtbarer Bereich	Infrarot A	Infrarot B + C
Ansteigen der Gefährdung ↓	Klasse 1	Klasse 1	Klasse 1	Klasse 1
		Klasse 2		
	Klasse 3a	Klasse 3a	Klasse 3a	Klasse 3a
	Klasse 3b	Klasse 3b	Klasse 3b	Klasse 3b
	Klasse 4	Klasse 4	Klasse 4	Klasse 4

Die Einordnung der Lasergeräte in die einzelnen Gefährdungsklassen erfolgt vor allem nach folgenden Parametern:

- Für alle Lasertypen sind die Kenntnis der Wellenlänge(n) oder des Wellenlängenbereiches und die Bestimmung der Emissionsdauer erforderlich.
- *Dauer-* und *repetitively-pulsed-Laser* erfordern die Kenntnis der durchschnittlichen Ausgangsleistung.
- Zur Klassifikation von *Impulslasern* ist auch die Kenntnis des gesamten Strahlungsflusses je Impuls (peak power), der Impulsdauer, der Impulsfrequenz und der Bestrahlung notwendig.
- Die Klassifikation von *extended-source-Lasern*, d.h. Lasern mit aufgeweitetem Strahl, erfordert neben den oben genannten Parametern die Kenntnis der Strahlungsenergie und des Maximums des Winkels, in dem die tatsächliche Blickrichtung vom »Intrabeam viewing«, dem vollen, direkten Hineinsehen in den Strahl, abweicht.

Klasse 1 – Lasergeräte ohne Gefährdung

In diese Klasse werden Lasergeräte eingeordnet, deren Strahl keine Schädigungen zu erzeugen vermag, weil ihre Leistung bzw. Energie in dem für die Klassifikation zu betrachtenden Zeitraum unterhalb der *Schwellwerte* (Werte, bei denen noch keine Schädigung eintritt), in der englischsprachigen Literatur als P_{exempt} bzw. Q_{exempt} bezeichnet, liegt. Unter dem für die Klassifikation zu betrachtenden Zeitraum, der *Klassifikationsdauer*, wird die längste tägliche Emissionsdauer verstanden.

P_{exempt} und Q_{exempt} werden unter dem Aspekt der Verhütung gesundheitlicher Schädigungen durch eine Betrachtung des ungünstigsten Falles *(worst case analysis)* bestimmt. Dabei ist selbstverständlich zu berücksichtigen, ob der Laser mit oder ohne aufgeweiteten Strahl zum Einsatz gelangt. Für die meisten Laser lassen sich P_{exempt} und Q_{exempt} als Überschlagsrechnung jeweils durch das Produkt von $a \cdot b$ ermitteln, wobei

a der Grenzwert für die direkte Bestrahlung des Auges, bezogen auf die Expositionsdauer von t_{max}
b die für den Grenzwert definierte Fläche der Grenzöffnung ist.

Die Befreiung solcher *non-risk-Laser* von besonderen Kontrollmaßnahmen bezieht sich jedoch nur auf die laserspezifische Gefährdung, nicht auch auf die sonstigen Gefährdungen.

Klasse 2 – Lasergeräte mit niedriger Gefährdung

In diese *low-risk-Klasse* werden Laser niedriger Leistung eingeordnet, die im sichtbaren Bereich arbeiten. Bei ihnen kann ein »Intrabeam viewing«, ein direktes Hineinsehen in den Strahl, dann ohne Gefährdung erfolgen, wenn sehr sorgfältig kontrollierte Expositionsbedingungen eingehalten werden. Dazu gehören:

- *Dauerlaser* (400 ... 700 nm), deren emittierte Leistung P_{exempt} für die Klassifikationsdauer übersteigt (0,4 μW für $t_{max} > 0{,}25$ s), aber nicht größer als 1 mW ist.
- *Scanning-Lasersysteme* (400 ... 700 nm) und *repetitively-pulsed-Laser*, die zwar den entsprechenden Wert von P_{exempt} für die Klassifikationsdauer, nicht aber den für eine Expositionsdauer von 0,25 s übersteigen.

Klasse 3 – Lasergeräte mit mäßiger Gefährdung

Diese *moderate-risk-Klasse* umfaßt Laser mittlerer Leistung, bei denen ein »Intrabeam viewing« unterbunden werden muß. Dazu gehören:

- *Laser des Infrarot-* (1,4 μm ... 1 mm) und *Ultraviolettbereichs* (200 ... 400 nm), deren Leistung für die Klassifikationsdauer zwar P_{exempt} überschreitet, nicht aber eine durchschnittliche Leistung von 0,5 W bei $t_{max} > 0{,}25$ s oder eine Bestrahlung von 10 J/cm² bei $t_{max} \leqq 0{,}25$ s.
- *Dauerlaser* oder *repetitively-pulsed-Laser* im sichtbaren Bereich (400 ... 700 nm), von denen P_{exempt} für $t_{max} = 0{,}25$ s (1 mW für den Dauerlaser) überschritten wird, die jedoch nicht eine durchschnittliche Leistung von 0,5 W bei $t_{max} > 0{,}25$ s zu emittieren vermögen.
- *Impulslaser* im nahen Infrarotbereich (400 ... 1400 nm), deren emittierte Energie größer als Q_{exempt} und kleiner als 10 J/cm² ist oder bei denen mit dem Auftreten einer über den Grenzwerten liegenden und daher gefährdenden diffusen Reflexion zu rechnen ist.
- *Dauerlaser* und *repetitively-pulsed-Laser* des nahen Infrarotbereichs (700 ... 1400 nm), deren Leistung größer als P_{exempt} für die Klassifikationsdauer ist, die aber nicht eine durchschnittliche Leistung von $\geqq 0{,}5$ W bei $t_{max} > 0{,}25$ s emittieren können.

Klasse 4 – Laser mit hoher Gefährdung

Als *high-risk-Klasse* umfaßt sie Hochleistungslaser, deren direkter sowie direkt oder diffus reflektierter Strahl sowohl für das Auge als auch die Haut eine erhebliche Gefährdung darstellen.
Dazu gehören:

- *Laser des Ultraviolett-* (200 ... 400 nm) und *fernen Infrarotbereichs* (1,4 μm ... 1 mm), welche für $t_{max} > 0,25$ s eine durchschnittliche Leistung von 0,5 W oder eine Bestrahlung von 10 J/cm² bei $t_{max} \leqq 0,25$ s überschreiten.

- *Laser des sichtbaren Bereichs* (400 ... 700 nm) und *nahen Infrarotbereichs* (700 ... 1400 nm) mit einer durchschnittlichen Leistung von $\geqq 0,5$ W bei $t_{max} > 0,25$ s oder einer Bestrahlung von $\geqq 10$ J/cm². Solche Laser werden auch dann hier eingeordnet, wenn während ihres Betriebes die Grenzwerte übersteigende diffuse Reflexionen auftreten können.

Generell muß beachtet werden, daß die Einstufung eines mit Abschirmvorrichtungen versehenen Lasers nur dann gilt, wenn er auch mit diesen arbeitsschutztechnischen Mitteln betrieben wird. Ist das nicht der Fall, so gehört er einer *höheren* Gefährdungsklasse an.

Lasergeräte, die auf mehreren Wellenlängen arbeiten können, werden nach der Wellenlänge klassifiziert, bei der die größte Gefährdung zu erwarten ist.

5.2.3. Grenzwerte für die Exposition durch Laserstrahlung

In den letzten Jahren konnten international beachtliche Fortschritte im Bemühen um praktikable Grenzwerte, deren Unterschreiten gesundheitliche Schädigungen an Auge und Haut ausschließt, erzielt werden. Diese Entwicklung führte schließlich dazu, daß die WHO im Jahre 1977 geeignete *Exposure limits* (EL) zur Anwendung empfahl [5.1]. Bei der Erarbeitung dieses Materials ging die WHO Working Group

Tabelle 5.4. Richtwerte für die maximal zulässige Bestrahlung (in J/cm²) und/oder Strahlungsflußdichte (in W/cm²) von Augen und Haut durch im Dauer- und/oder im Impulsbetrieb arbeitende Laser im UV-Bereich

Wellenlänge	Expositionsdauer	Direkter oder direkt reflektierter Strahl und/oder gestreuter oder diffus reflektierter Strahl	
nm	s	J/cm²	W/cm²
UV-C 200 ... 280		$3 \cdot 10^{-3}$	
UV-B 280 ... 302		$3 \cdot 10^{-3}$	
303		$4 \cdot 10^{-3}$	
304		$6 \cdot 10^{-3}$	
305		$1,0 \cdot 10^{-2}$	
306		$1,6 \cdot 10^{-2}$	
307	$10^{-2} \ldots 3 \cdot 10^{4}$	$2,5 \cdot 10^{-2}$	
308		$4,0 \cdot 10^{-2}$	
309		$6,3 \cdot 10^{-2}$	
310		$1,0 \cdot 10^{-1}$	
311		$1,6 \cdot 10^{-1}$	
312		$2,5 \cdot 10^{-1}$	
313		$4,0 \cdot 10^{-1}$	
314		$6,0 \cdot 10^{-1}$	
UV-A 315 ... 400	$10^{-2} \ldots 10^{3}$	1,0	
	$10^{3} \ldots 3 \cdot 10^{4}$		$1,0 \cdot 10^{-3}$

on Health Effects from Lasers vor allem von den erprobten Werten des American National Standards Institute (ANSI) ([5.6]) aus. Allerdings sind auch hier noch einige Vorbehalte vorhanden, besonders dort, wo die Werte noch nicht genügend biologisch abgesichert sind oder auf Extrapolation beruhen. Problematisch sind die Werte z. B. in den Wellenlängenbereichen, in denen fotochemische Effekte zum Tragen kommen (Expositionen von Auge und Haut im Ultraviolett sowie Langzeitexpositionen von Auge und Haut im sichtbaren Bereich). Dort sollten sie nur als vorsichtige Richtlinien angewendet werden.

Bei Überschreitung der angegebenen Grenzwerte kann die stark gebündelte und hoch energiehaltige Laserstrahlung eine sofortige Schädigung verursachen, die beim Auge, dem am stärksten durch die Laserstrahlung gefährdeten Organ, zur Beeinträchtigung der Sehfunktion führen kann.

Die meßtechnische, meist jedoch rechnerische Bestimmung der Bestrahlung, Bestrahlungsdichte, Strahldichte und/oder Strahlungsflußdichte in der Ebene der Hornhaut des Auges ist stets für die konkreten Einsatz- und Betriebsbedingungen (z.B. fokussierende, brechende oder reflektierende Medien im Strahlenverlauf, Expositionsmöglichkeiten u.ä.) vorzunehmen.

Tabelle 5.5. Richtwerte für die maximal zulässige Bestrahlung und/oder Strahlungsflußdichte (direkter oder direkt reflektierter Strahl) von Augen durch in Dauer- und/oder Impulsbetrieb arbeitende Laser im sichtbaren und Infrarotbereich

Wellenlänge nm	Expositionsdauer s	Bestrahlung J/cm^2	Strahlungsflußdichte W/cm^2
Sichtbarer Bereich			
400 ... 700	10^{-9} ... $1{,}8 \cdot 10^{-5}$	$5 \cdot 10^{-7}$	
	$1{,}8 \cdot 10^{-5}$ ... 10	$1{,}8 \cdot 10^{-3} \cdot t^{3/4}$	
400 ... 550	10 ... 10^4	10^{-2}	
550 ... 700	10 ... t_1	$1{,}8 \cdot 10^{-3} \cdot t^{3/4}$	
	t_1 ... 10^4	$10^{-2} \cdot C_B$	
400 ... 700	10^4 ... $3 \cdot 10^4$		$10^{-6} \cdot C_B$
Infrarot A			
700 ... 1060	10^{-9} ... $1{,}8 \cdot 10^{-5}$	$5 \cdot 10^{-7} \cdot C_T$	
	$1{,}8 \cdot 10^{-5}$ ... 10^3	$1{,}8 \cdot 10^{-3} \cdot C_T$	
1060 ... 1400	10^{-9} ... $5 \cdot 10^{-5}$	$5 \cdot 10^{-6}$	
	$5 \cdot 10^{-5}$ ... 10^3	$9 \cdot 10^{-3} \cdot t^{3/4}$	
700 ... 1400	10^3 ... 10^4		$3{,}2 \cdot 10^{-4} \cdot C_T$
Infrarot B + C			
1400 ... 10^6	10^{-9} ... 10^{-7}	10^{-2}	
	10^{-7} ... 10	$0{,}56 \cdot t^{1/4}$	
	10		0,1

Anmerkung:

$C_T \approx 10^{-2}\lambda - 6{,}4$ nm, λ in nm, $C_B = 1$ für 400 nm $\leqq \lambda \leqq$ 550 nm

$C_B = 10^{0{,}015(\lambda - 550)}$ s für 550 nm $\leqq \lambda \leqq$ 700 nm, λ in nm

$t_1 = 10$ s für 400 nm $\leqq \lambda \leqq$ 550 nm, $t_1 = 10 \cdot 10^{0{,}02(\lambda - 550)}$ s für 550 nm $\leqq \lambda \leqq$ 700 nm, λ in nm

Diese Bedingungen sind eindeutig zu beschreiben und den abgeleiteten einsatzspezifischen Forderungen des Gesundheits- und Arbeitsschutzes voranzustellen.
In den Tabellen 5.4 bis 5.7 sind die Grenzwerte für Augen und Haut in Abhängigkeit von den verschiedenen Parametern zusammengefaßt (nach ⑦).

Tabelle 5.6. Richtwerte für die maximal zulässige Bestrahlungsdichte und/oder Strahldichte (gestreuter oder diffus reflektierter Strahl) der Augen durch in Dauer- und/oder Impulsbetrieb arbeitende Laser im sichtbaren und Infrarotbereich

Wellenlänge	Expositionsdauer	Bestrahlungsdichte/Strahldichte	
nm	s	$J/(cm^2 \cdot sr)$	$W/(cm^2 \cdot sr)$
Sichtbarer Bereich			
400 ... 700	10^{-9} ... 10	$10 \cdot t^{1/3}$	
400 ... 550	10 ... 10^4	21	
550 ... 700	10 ... t_1	$3{,}83 \cdot t^{3/4}$	
550 ... 700	t_1 ... 10^4	$21 \cdot C_B$	
400 ... 700	10^4 ... $3 \cdot 10^4$		$2{,}1 \cdot 10^{-3} \cdot C_B$
Infrarot A			
700 ... 1400	10^{-9} ... 10	$10 \cdot C_T \cdot t^{1/3}$	
700 ... 1400	10 ... 10^3	$3{,}83 \cdot C_T \cdot t^{3/4}$	
700 ... 1400	10^3 ... $3 \cdot 10^4$		$0{,}64 \cdot C_T$

Tabelle 5.7. Richtwerte für die maximal zulässige Bestrahlung und Strahlungsflußdichte der Haut durch in Dauer- und/oder Impulsbetrieb arbeitende Laser im sichtbaren und Infrarotbereich

Wellenlänge	Expositionsdauer	Bestrahlung/Strahlungsflußdichte	
nm	s	J/cm^2	W/cm^2
Sichtbarer Bereich	10^{-9} ... 10^{-7}	$2 \cdot 10^{-2}$	
und Infrarot A	10^{-7} ... 10	$1{,}1 \cdot t^{1/4}$	
400 ... 1400	10 ... $3 \cdot 10^4$		0,2
Infrarot B + C 1400 ... 10^6	10^{-9} ... $3 \cdot 10^4$	s. Tabellen 5.5 und 5.6	

Tabelle 5.8. Grenzwinkel in Abhängigkeit von der Expositionsdauer

Expositionsdauer s	Grenzwinkel mrad	Expositionsdauer s	Grenzwinkel mrad
10^{-9}	8,0	10^{-2}	5,7
10^{-8}	5,4	10^{-1}	9,2
10^{-7}	3,7	1,0	15
10^{-6}	2,5	10	24
10^{-5}	1,7	10^2	24
10^{-4}	2,2	10^3	24
10^{-3}	3,6	10^4	24

Tabelle 5.9. Strahlungsflußdichte in Abhängigkeit vom Strahlungsfluß P_A am Laserausgang und Strahldurchmesser d_0

Strahlungsfluß P_A	Strahlungsflußdichte in W/cm² für Strahldurchmesser d_0 in mm						
mW	1,0	1,2	1,4	1,8	2,0	10,0	20,0
1	0,13	0,09	0,06	0,04	0,03	$0{,}13 \cdot 10^{-2}$	$0{,}03 \cdot 10^{-2}$
2	0,25	0,18	0,13	0,08	0,06	$0{,}25 \cdot 10^{-2}$	$0{,}06 \cdot 10^{-2}$
3	0,38	0,27	0,20	0,12	0,10	$0{,}38 \cdot 10^{-2}$	$0{,}10 \cdot 10^{-2}$
4	0,51	0,35	0,26	0,16	0,13	$0{,}51 \cdot 10^{-2}$	$0{,}13 \cdot 10^{-2}$
5	0,64	0,44	0,32	0,20	0,16	$0{,}64 \cdot 10^{-2}$	$0{,}16 \cdot 10^{-2}$
7,5	0,96	0,66	0,49	0,30	0,24	$0{,}96 \cdot 10^{-2}$	$0{,}24 \cdot 10^{-2}$
10	1,27	0,89	0,65	0,39	0,32	$1{,}27 \cdot 10^{-2}$	$0{,}32 \cdot 10^{-2}$

Als wichtige Ergänzung zeigt die Tabelle 5.8 (nach [5.1]) eine Übersicht über die Grenzwinkel (in Abhängigkeit von der Expositionsdauer), unterhalb derer ein Intrabeam viewing vorhanden ist und demzufolge die Grenzwerte für das Sehen in den direkten Strahl angewendet werden müssen. Für im Dauerbetrieb arbeitende He-Ne-Laser (λ = 632,8 nm) unterschiedlicher Leistung zeigt die Tabelle 5.9 (nach [5.7]) eine Übersicht über die sich einstellenden Strahlungsflußdichten. Solche Laser werden häufig in der *Leitstrahltechnik* eingesetzt.

5.2.4. Quantitative Betrachtung konkreter Betriebsbedingungen

Zur Abschätzung der Verhältnisse unter konkreten Einsatzbedingungen ist oftmals eine quantitative Betrachtung erforderlich. Dabei ist jedoch unbedingt zu berücksichtigen, daß solche Betrachtungen, sollen sie als Grundlage für Arbeitsschutzmaßnahmen dienen, äußerst gewissenhaft geführt werden müssen und vom schlechtesten bzw. ungünstigsten Fall ausgehen sollten.

Nach Gl.(5.3) ergibt sich für die Strahlungsflußdichte φ_r bei kreisrundem Strahl im Abstand r von der Austrittsöffnung:

$$\varphi_r = \frac{P}{A} = \frac{4P}{\pi d_0^2} \tag{5.5}$$

A Strahlquerschnitt
P Strahlungsfluß
d_0 Strahldurchmesser im Abstand Null

Dabei sind zunächst die Strahldivergenz und die Luftabsorption vernachlässigt. Unter Berücksichtigung der Strahldivergenz Θ und der Luftabsorption μ verändert sich der obige Ausdruck zu:

$$\varphi_r = \frac{4P\,\mathrm{e}^{-\mu r}}{\pi\,(d_0 + r\Theta)^2} \tag{5.6}$$

Für die Luftabsorption wird in der Praxis mit folgenden Werten gerechnet:

dichter Nebel: $\mu = 10^{-4}\ \mathrm{cm}^{-1}$
gute Sicht: $\mu = 10^{-7}\ \mathrm{cm}^{-1}$
schlechte Sicht: $\mu = 10^{-5}\ \mathrm{cm}^{-1}$

Sehr häufig werden in der Praxis zur Aufweitung des Strahles Laser mit zusätzlichen optischen Einrichtungen, beispielsweise *Teleskopen*, eingesetzt. Der ursprünglich erzeugte Strahl wird dadurch aufgeweitet.
Komplizierter werden die Verhältnisse, wenn beispielsweise durch den Vorsatz einer Zylinderlinse der Laserstrahl elliptisch aufgefächert wird, so daß in der Rechnung nicht mehr vom kreisrunden, sondern elliptischen Strahlquerschnitt auszugehen ist.

Hinweise zur Berechnung der *Mindestschutzentfernung* [5.7]:

Die Mindestschutzentfernung r_s ist der Abstand von der Austrittsöffnung des Laserstrahles, in dem der Grenzwert für den direkten oder direkt reflektierten Strahl (Intrabeam viewing) unterschritten wird.

Die Mindestschutzentfernung läßt sich für die verschiedenen Fälle in folgender Weise berechnen:

- optisch unbeeinflußter Strahl

$$r_s = \frac{d_0}{\Theta}\left(\sqrt{S} - 1\right) \tag{5.7}$$

S Schwächungsfaktor für den optisch unbeeinflußten Strahl

- mit Teleskop aufgeweiteter Strahl

$$r_s = \frac{d_T}{\Theta_T}\left(\sqrt{S_T} - 1\right) \tag{5.8}$$

S_T Schwächungsfaktor für den mittels Teleskops aufgeweiteten Strahl

- mit Zylinderlinse aufgefächerter Strahl

$$r_s = \frac{d_0}{2\Theta}\left(\sqrt{1 + \frac{180}{\Theta_Z}\Theta S_Z} - 1\right) \tag{5.9}$$

S_Z Schwächungsfaktor für den mittels Zylinderlinse aufgefächerten Strahl
Θ_Z Auffächerungswinkel der Zylinderlinse

- mit Teleskop und Zylinderlinse aufgeweiteter und aufgefächerter Strahl

$$r_s = \frac{1}{2}\frac{d_T}{\Theta_T}\left(\sqrt{1 + \frac{180}{\Theta_Z}\Theta_T S_{TZ}} - 1\right) \tag{5.10}$$

S_{TZ} Schwächungsfaktor für den aufgeweiteten und aufgefächerten Strahl
Wenn der Ausdruck $(180/\Theta_Z)\,\Theta_T S_{TZ} < 0{,}1$ ist, dann gilt als Näherung:

$$r_s \approx \frac{45}{\Theta_Z} d_T S_{TZ} \tag{5.11}$$

Der Schwächungsfaktor S ist das Verhältnis der Strahlungsflußdichte φ des Strahls zu der maximal zulässigen Strahlungsflußdichte (s. Tabelle 5.5).

Für im Dauerbetrieb arbeitende He-Ne-Laser ($\lambda = 632{,}8$ nm) wurden in Tabelle 5.10 (nach [5.7]) einige berechnete Mindestschutzentfernungen zusammengestellt.

Tabelle 5.10. Mindestschutzentfernungen eines He-Ne-Lasers im Dauerbetrieb

	Mindestschutzentfernung m			
Strahlungsfluß am Ausgang Strahldurchmesser Strahldivergenz	1 mW 2 mm 2′	1 mW 1 mm 2′	5 mW 1 mm 2′	10 mW 1 mm 2′
Optisch unbeeinflußt	272	276	620	870
Mit Teleskop (20fach)*)	4100	4800	11700	16700
Mit Zylinderlinse ($\Theta_Z = 17°$)	9,2	10	23	33
Mit Teleskop und Zylinderlinse	1,7	3,4	17	34

*) Luftabsorption vernachlässigt

Die *Sicherheitsgrenzwerte* sind Werte, die für das bloße Auge festgelegt wurden. Dieser Fall ist jedoch nicht mehr gegeben, wenn z.B. in der *Vermessungstechnik* mit Ferngläsern oder anderen ähnlich wirkenden optischen Geräten gearbeitet wird. Unabhängig davon, ob es sich um den direkt, indirekt oder diffus reflektierten Strahl handelt, können teilweise beachtliche Verstärkungen der Strahlungsflußdichte bzw. der Bestrahlung auftreten. Es ist deshalb erforderlich, derartige Überlegungen in quantitative Betrachtungen einzubeziehen. Dazu sind zu berücksichtigen:

- der Durchmesser des Okulars d_{Ok}
- der Durchmesser des Objektivs d_{Obj}
- die Vergrößerung des optischen Systems V
- der Pupillendurchmesser d_p ($d_p = 0{,}2 \ldots 0{,}8$ cm)
- das Auflösungsvermögen des Auges
- das Verhältnis der Strahlungsflußdichte bzw. Bestrahlung auf der Netzhaut des optisch unterstützten zu der des bloßen Auges

Tabelle 5.11. Abhängigkeit des Verhältnisses x der Strahlungsflußdichte bzw. Bestrahlung auf der Netzhaut des optisch unterstützten Auges zu der des bloßen Auges

Bedingung	$d_p \geqq d_{Ok}$	$d_p \leqq d_{Ok}$
Objekt nicht auflösbar	$x = \left(\frac{d_{Obj}}{d_p}\right)^2$ $x > 1$	$x = \left(\frac{d_{Obj}}{d_{Ok}}\right)^2$ $x = V^2$
Objekt auflösbar	$x = \left(\frac{d_{Obj}}{d_p V}\right)^2$ $x < 1$	$x = \left(\frac{d_{Obj}}{d_{Ok} V}\right)^2$ $x = 1$

Die Tabelle 5.11 (nach [5.2]) zeigt die sich ergebenden Zusammenhänge, von denen bei entsprechenden Rechnungen auszugehen ist.

5.2.5. Spezielle Maßnahmen für den Augenschutz

Überall dort, wo beim Betreiben von Laseranlagen die Grenzwerte für die Exposition der Augen nicht eingehalten werden können, sind spezielle Maßnahmen erforderlich.
Eine Reihe von Vorschlägen, wie z. B. der Einsatz fototroper Substanzen in Schutzbrillen oder von KERR-Zellen als Schutzschalter, hat sich als zu unzuverlässig und bzw. oder zu zeitaufwendig erwiesen. Empfohlen wird daher nach wie vor der Gebrauch von Schutzbrillen mit optischen Filtern. Solche *Absorptionsfilter* haben die Aufgabe, die entsprechende Wellenlänge des Laserlichtes auszufiltern, den übrigen Bereich des sichtbaren Lichtes jedoch möglichst ungeschwächt passieren zu lassen. Daraus folgt, daß nicht jedes Absorptionsfilter für jeden Laser einsetzbar ist, weil eine Abhängigkeit von der emittierten Wellenlänge vorhanden ist. Darüber hinaus wird auch die Dicke des Filters von den Leistungsparametern des Lasers bestimmt.
Ein besonderes Problem bei der Anwendung von Laserschutzbrillen ist die *Wärmefestigkeit* des verwendeten Absorptionsfilters, da der absorbierte Teil des Lichtstromes in Wärme überführt wird.

Es gab Fälle, in denen das Filterglas beim Auftreffen des Laserstrahles zersprang. Dann ist nicht nur ein sehr unzuverlässiger Schutz der Augen gegen den Laserstrahl selbst, sondern zusätzlich

Tabelle 5.12. Auswahl optischer Filtergläser des VEB JENAer Glaswerk Schott & Gen. für Laserschutzbrillen

Lasertyp	Wellenlänge	Optisches Filterglas		
	nm	alte Bezeichnung	neue Bezeichnung	Code-Nr.
GaAS	840	BG 18 BG 23	BE 51-94 BE 46-94	662 654
Rubin	694	BG 18 BG 23	BE 51-94 BE 46-94	662 654
Nd	1060	BG 18 BG 23	BE 51-94 BE 46-94	662 654
Nd Doppelte Frequenz	530	RG 1 hell RG 1 dunkel RG 2	RA 61 RA 63 RA 64	761 762 763
He-Ne	633	BG 12	BE 41-82	644
Ar	515	RG 1 hell RG 1 dunkel RG 2	RA 61 RA 63 RA 64	761 762 763

noch eine Gefährdung durch Glassplitter gegeben. Ursache dafür ist eine ungünstige Energieverteilung über die Filterdicke. Eine einfache Berechnung zeigt, daß z.B. bei einem 2 mm dicken Filterglas BE 51-94 (VEB JENAer Glaswerk Schott & Gen.) mehr als 50% der eindringenden Energie von den ersten zwei Zehntelmillimetern des Glases aufgenommen werden. Daher treten zum Bruch führende *thermische Spannungen* auf, wenn nicht für einen stufenweisen Energieabbau gesorgt wird. Das läßt sich durch Kombination verschiedener Filtergläser erreichen, indem einem stark absorbierenden Filter ein schwächer absorbierendes vorgeschaltet wird.
In der DDR stellt der VEB JENAer Glaswerk Schott & Gen. geeignete optische Filtergläser für den Augenschutz her [5.8]. Insbesondere sind für die Festlegung der Filterart die Wellenlänge des Lasers und der erforderliche Transmissionsgrad bedeutsam. Tabelle 5.12 gibt für einige Lasertypen eine Empfehlung für anzuwendende optische Filtergläser, wobei wahlweise verschiedene Typen angegeben werden. So sind z.B. für den Rubinlaser (694 nm) sowohl das BE 51-94 als auch das BE 46-94 einsetzbar. Zu berücksichtigen ist jedoch, daß das BE 51-94 einen steileren Rotabfall des Reintransmissionsgrades als das BE 46-94 hat, diesem insofern etwas überlegen ist. Andererseits weist das BE 46-94 eine bedeutend höhere Wärmefestigkeit auf. Bild 5.3 enthält die entsprechenden Kurven für die Reintransmission (s. Abschn. 1.2.2.).

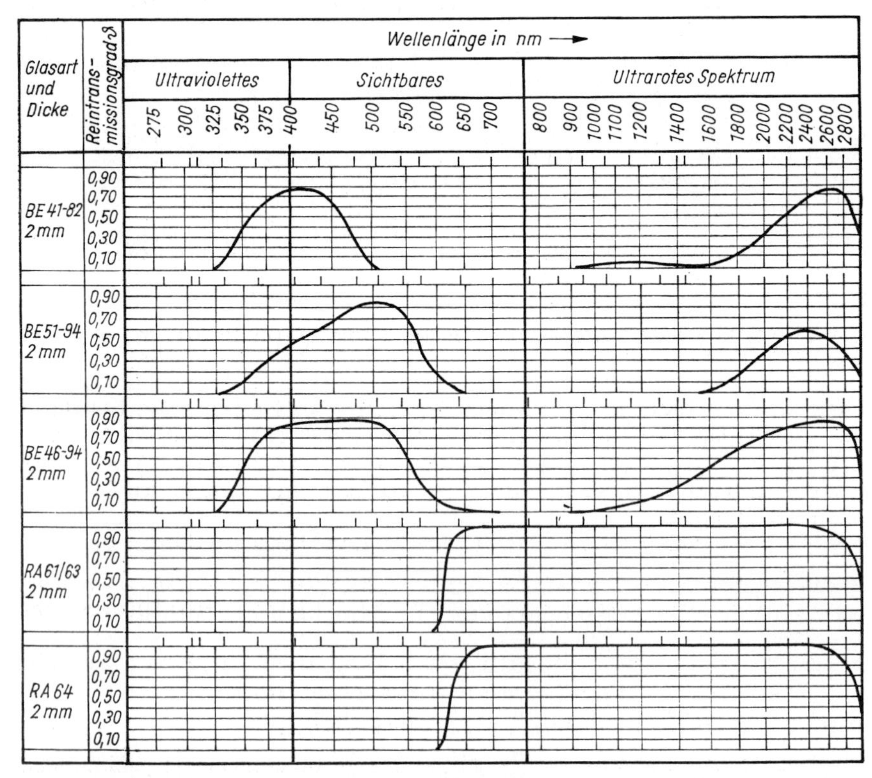

Bild 5.3. Reintransmissionskurven ausgewählter optischer Filtergläser des VEB JENAer Glaswerk Schott & Gen.

Als Fassung für Laserschutzgläser gibt es im Handel *Arbeitsschutzbrillen* (z.B. Katalog-Nr. 909 nach [5.9] mit Seitenschutz). Aus der Fülle des internationalen Angebotes an *Laserschutzbrillen* zeigt Tabelle 5.13 [5.2] eine Auswahl.
Zu beachten ist, daß die einzelnen Filterkombinationen mit Hilfe eines Einschiebrahmens in die Brillenfassung austauschbar eingeschoben werden können.
Eine interessante Variante stellen die Laserschutzbrillen der Glendale Optical Co., Woodbury, N.Y. (s. Bild 5.4 und Tabelle 5.13 [5.2]) dar. Für diese äußerst leicht konstruierten Laser-Guard-Brillen gelangen Absorptionsfilter in Form von Plastfolien der American Cyanamid Company zum Einsatz. Dieses auch als breite Folie gelieferte Plastmaterial ist außerdem gut zur Abschirmung gefährdeter Bereiche geeignet.

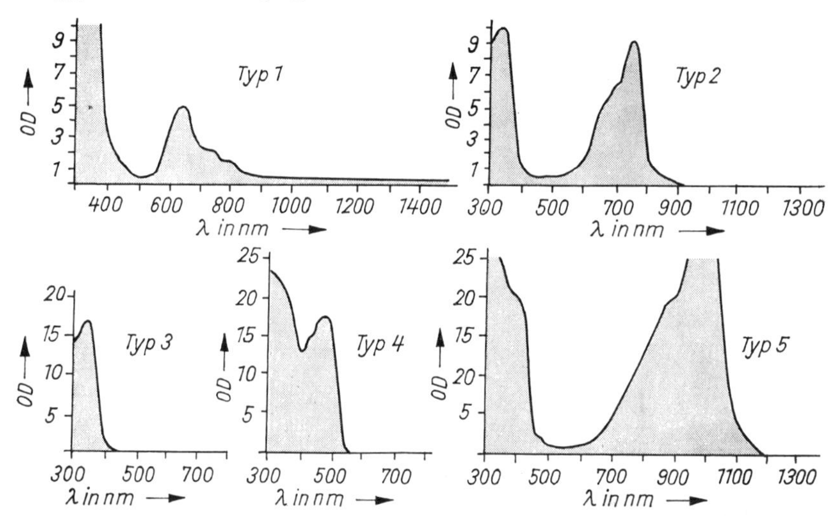

Bild 5.4. Kurven der optischen Dichte verschiedener Laser-Guard-Brillen der Glendale Optical Co., Woodbury, N. Y.

Neben der Verwendung von geeigneten Schutzbrillen für die jeweilige Laserlichtwellenlänge und verschiedenen anderen Verhaltensanforderungen an das im Laserbereich arbeitende Personal (s. 5.2.6.) sind *arbeitsmedizinische Kontrollmaßnahmen*, z.B. eine augenärztliche Überwachung des möglicherweise exponierten Personenkreises, erforderlich.
Dazu ist prinzipiell davon auszugehen, daß Augenverletzungen durch Laser:

- oftmals nur schwer eindeutig als solche diagnostizierbar sind, weil sie auf eine andere Ursache zurückzuführenden Verletzungen bzw. Schädigungen sehr ähneln können
- oftmals von dem Betroffenen selbst nicht bemerkt werden, wenn es sich z.B. um geringfügige Läsionen in der Retinaperipherie handelt.

Deshalb sind drei Grundforderungen zu berücksichtigen:

- Jeder für eine Tätigkeit an Laseranlagen bzw. im möglicherweise gefährdenden Laserbereich vorgesehene Werktätige ist *vor* der Arbeitsaufnahme einer besonderen *augenärztlichen Tauglichkeitsuntersuchung* zu unterziehen.

- Dieser Personenkreis ist, zweckmäßigerweise nach den Lasergefährdungsklassen (s. 5.2.2.) gestaffelt, in einen festen Turnus von *Überwachungsuntersuchungen* einzubeziehen.
- Ist ein echter oder vermutlicher *Laserunfall* eingetreten, so muß der Betroffene sofort augenärztlich untersucht werden.

Die Grundforderungen für den Augenschutz sind selbstverständlich in analoger Weise auch für den *Hautschutz* zutreffend.

Tabelle 5.13. Laserschutzbrillen

Lasertyp	Brillentyp	Farbe	Optische Dichte*)	Wellenlänge nm	Transmission im sichtbaren Bereich %
American Optical Co.					
GaAs	585		22	840	35
Rubin			8	694	
Nd	584		11	1060	46
Nd	693		8,5	1060	5
Nd (dF)			6,4	530	
CO_2	680		50	10600	100
He-Ne	581		4	633	10
GaAs			5,5	840	
GaAs	580		4	840	27,5
Ar	598		9	515	23,8
Ar	599		8	515	24,7
Glendale Optical Co. (Laser-Guard-Brillen)					
He-Ne	1	dunkelgrün	5	633	19,5
Rubin	2	blau	6	694	19
$Ne\text{-}N_4$	3	violett	15	332	70
			16	337	
Ar	4	orange	16	488	59
			11	514	
GaAs	5	hellgrün	14	840	60
Nd			19	1060	

dF doppelte Frequenz, *) optische Dichte $OD = \lg(1/\tau_\lambda)$, τ_λ gemessen bei der Laserwellenlänge

Nach [5.3] sollte die augenärztliche Untersuchung folgenden Umfang haben:

1. *Untersuchungen zur Erfassung anatomischer Veränderungen*
   - Inspektion der Lider und äußeren Augenabschnitte
   - Untersuchung der brechenden Medien bei erweiterter Pupille
   - Untersuchung des Augenhintergrundes bei erweiterter Pupille
2. *Untersuchungen zur Erfassung funktioneller Veränderungen*
   - Untersuchung des Sehvermögens (für jedes Auge)
   - Prüfung des stereoskopischen Sehens
   - Prüfung des Farbensinns
3. *ausführliche Befunddokumentation mit Augenhintergrundfotografie*

Als Kontraindikationen für den Einsatz bei Laserarbeiten werden angegeben [5.3]*):

- Augenkrankheiten, die durch Einwirkung von Laserstrahlen verschlimmert werden können
- Einäugigkeit; Sehschärfe <0,5 (5/10)
- Hautkrankheiten, die eine besondere Empfindlichkeit der Haut gegenüber Licht bewirken oder durch Licht verursacht werden
- Anfallsleiden
- fortgeschrittene neurologische Erkrankungen
- Gemütskrankheiten
- Schwangerschaft

5.2.6. Allgemeine Schutzmaßnahmen

Es existieren gegenwärtig noch keine, die gesamte Breite des Laserarbeitsschutzes umfassenden, allgemeingültigen rechtlichen Regelungen. Eine Richtlinie wurde in [5.4] veröffentlicht.

Empfehlungen für den Gesundheits- und Arbeitsschutz bei Arbeiten mit Laserversuchsanlagen

1. Arbeitsraum

1.1. Räume, in denen mit Laserversuchsanlagen gearbeitet wird, sind mit dem Warnzeichen »LASER« ⑦ zu kennzeichnen (Bild 5.5).

1.2. Das Betreten der mit dem Warnzeichen gekennzeichneten Räume ist nur dem befugten Personenkreis, anderenfalls nach Aufforderung oder gegebenenfalls nach Einweisung gestattet.

1.3. Der Arbeitsraum ist hell zu beleuchten, um eine Dunkeladaptation der Augen zu verhindern.

2. Arbeitsplatz

2.1. Laserversuchsanlagen sind so abzuschirmen, daß die gerichtete Primärstrahlung und die gerichtete Sekundärstrahlung nicht austreten können. Die Anregungsstrahlung ist lichtdicht abzuschirmen.

---

*) Hier ist aus Zweckmäßigkeitsgründen neben dem Augenschutz auch der Hautschutz einbezogen.

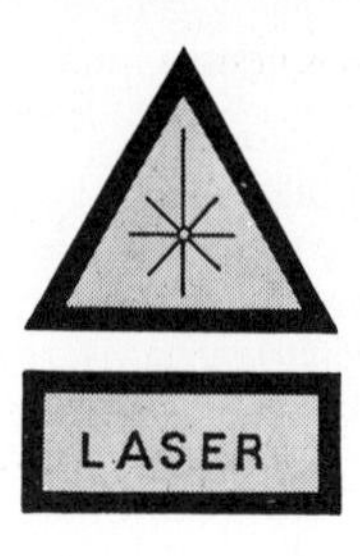

Bild 5.5. Sicherheitszeichen »Laser« ⑦

2.2. An jeder Laserversuchsanlage ist ein Hinweis auf das als Augenschutz zu verwendende Schutzfilter anzubringen.

2.3. Bei optischer Justierung von Impulslasern sind die Anregungsgeräte auszuschalten. Die Kondensatoren sind zu entladen und kurzzuschließen, wenn nicht durch andere Maßnahmen spontanes Zünden der Blitzlampen sicher verhindert wird.

2.4. Ist es nicht möglich, Laserversuchsanlagen in der unter Punkt 2.1. angegebenen Weise abzuschirmen, sind folgende Maßnahmen erforderlich:

2.4.1. Bei Impulslasern und bei Lasern, die im nichtsichtbaren Bereich arbeiten, ist der Betriebszustand durch ein optisches und/oder akustisches Warnsignal anzuzeigen (Zwangskopplung!). Die Farbe des optischen Signals ist jedoch so zu wählen, daß das Zeichen trotz der für den Augenschutz benutzten Schutzfilter sichtbar bleibt.

2.4.2. Der Laserstrahl ist in geeigneter Weise auf die zur Arbeit notwendige Länge zu begrenzen.

2.4.3. Reflektierende Flächen im Bereich des Strahlenganges sind zu entfernen oder abzudecken.

2.4.4. Auch mit geschützten Augen darf nicht in den gerichteten Laserstrahl gesehen werden.

2.4.5. Zum Hautschutz sind geeignete Körperschutzmittel vorzusehen.

2.5. Ausnahmeregelungen zu den Maßnahmen der Punkte 2.1. bis 2.4. sind nur mit schriftlicher Genehmigung durch den Verantwortlichen gestattet.

3. Allgemeine Richtlinien

3.1. Die an Laserversuchsanlagen tätigen Mitarbeiter sind vor ihrer Einstellung sowie mindestens einmal jährlich augenärztlich zu untersuchen. Bei auftretenden Sehstörungen hat sich der Betroffene sofort unaufgefordert einer augenärztlichen Kontrolle zu unterziehen.

3.2. Die vorliegende Empfehlung ist in die regelmäßigen Arbeitsschutzbelehrungen einzubeziehen.

3.3. Für das Arbeiten an Laserversuchsanlagen sind außerdem entsprechende Standards und Anordnungen (① ... ⑥) zu befolgen.

Diese speziell auf *Laserversuchsanlagen* bezogene Empfehlung gilt im analogen Sinne natürlich auch für andere, z. B. kommerzielle Lasergeräte. Sie enthält jedoch nur die wichtigsten Hinweise und soll daher um eine Reihe weiterer Hinweise ergänzt werden:

- Laseranlagen bzw. Lasergeräte müssen in Abhängigkeit vom Gefährdungsgrad und dem jeweiligen Verwendungszweck immer den höchstmöglichen Grad an *technischer Sicherheit* aufweisen. Nur den mit arbeitsschutztechnischen Mitteln nicht beherrschbaren Gefährdungen darf mit individuellen Schutzmitteln bzw. mit Anforderungen an das arbeitsschutzgerechte Verhalten der mit den Laserarbeiten betrauten Personen entgegengewirkt werden.
- Eine *Signalanlage* sollte bei abgeschlossenen Räumen außerhalb des Raumes den Betrieb der Laseranlage anzeigen.
- Außerhalb des Raumes sollte ein *Hauptschalter* vorhanden sein, der es gestattet, sämtliche zur Laseranlage gehörenden Geräte im Raum auszuschalten.

- Der Zugang zu den *Kondensatorräumen* sollte zwangsverriegelt sein.
- Zur *Entladung der Kondensatoren* sollte eine besondere Vorrichtung vorgesehen werden.
- Der *Arbeitsraum* muß übersichtlich sein und gute Ordnung aufweisen.
- Die *Wände des Arbeitsraumes* sollten möglichst mit einem hellen, aber matten Anstrich versehen sein.
- Im *Arbeitsraum* sollten keine blanken Gegenstände herumstehen.
- Der *Laserbereich* ist präzise abzugrenzen und deutlich zu markieren. Nach [5.7] wird der Laserbereich in seiner Länge durch die Mindestschutzentfernung r_s und in seiner Breite durch einen seitlichen Abstand von mindestens 1,5 m vom Laserstrahl bestimmt (Bild 5.6).

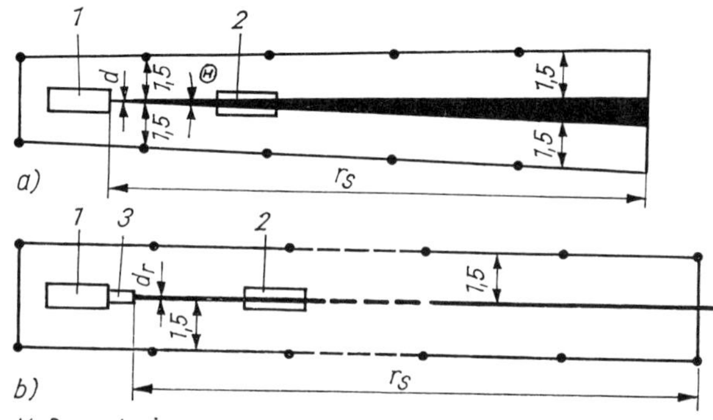

Bild 5.6. Abgrenzung des Laserbereiches.
a) Laserbereich für einen optisch nicht beeinflußten Strahl (die natürliche Strahldivergenz ist stark übertrieben dargestellt), b) Laserbereich für einen teleskopierten Strahl. *1* Laser, *2* Strahlsicherung, *3* Teleskop

- Wird mit *Kühlmitteln* gearbeitet, so ist eine ausreichende Belüftung und Entlüftung vorzusehen. Außerdem sind geeignete *Körperschutzmittel* (Gesichtsschutz, Handschutz, Schürzen u.a.) für den Umgang mit den Kühlmitteln bereitzustellen.
- Eine ausreichende *Belüftung und Entlüftung* ist auch dann erforderlich, wenn durch freiwerdende UV-Strahlung mit über dem MAK-Wert liegenden Ozonkonzentrationen zu rechnen ist.
- Im Arbeitsraum sollten *keine brennbaren* oder *explosiblen Stoffe* gelagert werden.
- Arbeitet der Laser mit *Hochspannungen* (Warnzeichen!) über 15 kV, sind geeignete Maßnahmen zum Schutz vor möglicher Röntgenstrahlung vorzusehen.
- Bei *Impulslasern* ist das unbeabsichtigte Auslösen von Impulsen zu verhindern.
- Der *Laserstrahl* ist soweit wie möglich geschlossen zu führen.
- Bei *frei geführtem Strahl*, insbesondere bei Impulslasern, sind beim Einschalten die Augen zu schließen.
- Vor dem *Einschalten des Lasers* sind alle im Raum befindlichen Personen davon in Kenntnis zu setzen.
- Der Laser darf nicht mit ungeschützten Augen justiert werden.
- Ein in Betrieb gesetzter Laser darf nicht ohne *Aufsicht* bleiben.
- Die *Schutzbrillen* sind regelmäßig und gewissenhaft auf ihre optische Wirkung hin zu kontrollieren, besonders nach energiereicher Bestrahlung.

Damit ist eine breite Palette verschiedenster Schutzmaßnahmen gegeben, deren Anwendung im einzelnen von den jeweiligen konkreten Einsatzbedingungen ab-

hängt. Solange es keine allgemeingültigen verbindlichen rechtlichen Regelungen für den Arbeitsschutz gibt – und auch diese werden immer bis zu einem gewissen Grad global bleiben und daher einer Spezifizierung bedürfen –, liegt es in der Verantwortung des Anwenders (natürlich nur in Ergänzung zu derjenigen, die der Hersteller für die Konstruktion und Fertigung des Lasergerätes trägt), in besonderen *Arbeitsschutzinstruktionen* die jeweilige Verfahrensweise festzulegen.
In Anlehnung an das von der Weltgesundheitsorganisation (WHO) [5.1] veröffentlichte Material sollen dazu folgende Hinweise beachtet werden, welche Festlegungen in derartigen Arbeitsschutzinstruktionen enthalten sein sollten. Eine möglichst präzise Formulierung der Festlegungen wird dabei vorausgesetzt:

- Wer ist für den Gesamtbereich verantwortlich?
- Wer ist für die einzelne Laseranlage bzw. das Lasergerät und die damit auszuführenden Arbeiten verantwortlich?
- Wer ist befugt, den Bereich zu betreten? (Können auch Unbefugte Zutritt erlangen?)
- Welcher Gefährdungsklasse (s. 5.2.2.) ist der Laser zuzuordnen?
- Wie ist der Laserbereich räumlich abgegrenzt? Dabei sind der Weg des Strahles selbst sowie das gefährdende Umfeld zu berücksichtigen. Außerdem ist davon auszugehen, ob der Laser stabil aufgestellt ist oder durch beabsichtigte/unbeabsichtigte Bewegung eine Verlagerung des Laserbereichs möglich ist. Ist mit spiegelnden und/oder diffusen Reflexionen zu rechnen (s. Bild 5.7, [5.5])?

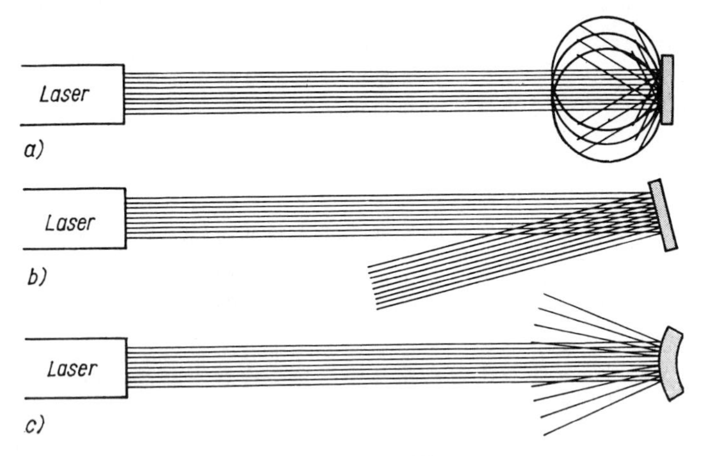

Bild 5.7. Arten der Reflexion eines Laserstrahles.
a) ebener diffuser Reflektor, b) ebener spiegelnder Reflektor, c) gewölbter spiegelnder Reflektor

- Werden Grenzwerte nach ① überschritten? Welche? Dabei ist auch zu berücksichtigen, ob die fokussierende Wirkung der Augen durch andere optische Hilfen unterstützt wird.
- Welche Berechnungsmethoden sind anzuwenden, um die Einhaltung der Grenzwerte abschätzen zu können?
- Welche sonstigen Gefährdungen gibt es?
- Welche arbeitsschutztechnischen Maßnahmen sind anzuwenden?

- Welche Körperschutzmittel müssen für welche Arbeiten verwendet werden? (Genaue Präzisierung, z. B. welche Schutzbrillen an welchen Lasern bei welchen Arbeiten?)
- Welche Maßnahmen zum arbeitsschutzgerechten Verhalten des Personals (z. B. Trainingsprogramme, Arbeitsschutzbelehrungen) sind durchzuführen?
- Welche arbeitsmedizinischen Maßnahmen (z. B. Tauglichkeitsuntersuchungen, Turnus von Überwachungsuntersuchungen) sind erforderlich?

Literaturverzeichnis

[1.1] ABC der Optik. Herausgeber K. Mütze. – Leipzig: VEB F. A. Brockhaus Verlag 1961

[1.2] Born, M., Wolf, E.: Principles of Optics (Prinzipien der Optik). – Oxford: Pergamon Press 1968

[1.3] Hass, G., Waylonis, J. E.: Optical constants and reflectance and transmittance of evaporated aluminium in the visible and ultraviolet (Optische Konstanten und Reflexions- und Transmissionsvermögen von aufgedampftem Aluminium im Sichtbaren und Ultravioletten). – J. Opt. Soc. Am. **51** (1961) 7, S. 719–722

[1.4] Schulz, L. G.: The optical constants of silver, gold, copper and aluminium. I. The absorption coefficient $\varkappa$ (Die optischen Konstanten von Silber, Gold, Kupfer und Aluminium. I. Der Absorptionskoeffizient $\varkappa$). – J. Opt. Soc. Am. **44** (1954) 5, S. 357–362

[1.5] Schulz, L. G., Tangherlini, F. R.: The optical constants of silver, gold, copper and aluminium. II. The index of refraction n (Die optischen Konstanten von Silber, Gold, Kupfer und Aluminium. II. Die Brechzahl n). – J. Opt. Soc. Am. **44** (1954) 5, S. 362–368

[1.6] Beattie, J. R.: Optical constants of metals in the infrared – Experimental methods (Optische Konstanten von Metallen im Infraroten – Experimentelle Methoden). – Phil. Mag. **46** (1955) 373, S. 235–245

[1.7] Avery, D. G., Clegg, P. L.: The optical constants of a single crystal of germanium (Die optischen Konstanten eines Germanium-Einkristalls). – Proc. Phys. Soc. **B 66** (1953) 6, S. 512–513

[1.8] Kisel, V. A.: Otraženie sveta (Lichtreflexion). – Moskau: Nauka 1973

[1.9] Fedorov, F. I., Filippov, V. V.: Otraženie i prelomlenie sveta prozračnymi kristallami (Lichtreflexion und -brechung an durchsichtigen Kristallen). – Minsk: Nauka-Tehnika 1976

[1.10] Zernike, F.: Refractive indices of ammonium dihydrogen phosphate and potassium dihydrogen phosphate between 2000 Å and 1,5 μm (Brechzahlen von Ammoniumdihydrogenphosphat und Kaliumdihydrogenphosphat zwischen 2000 Å und 1,5 μm). – J. Opt. Soc. Am. **54** (1964) 10, S. 1215–1220

[1.11] Autorenkollektiv: Spravočnik po lazeram, Tom 1 (Laser-Handbuch, Band 1). – Moskau: Sovetskoe radio 1978

[1.12] Bond, W. L.: Measurement of the refractive indices of several crystals (Messung der Brechzahlen von einigen Kristallen). – J. Appl. Phys. **36** (1965) 5, S. 1674–1677

[1.13] Nath, G., Haussühl, S.: Large nonlinear optical coefficients and phase matched second harmonic generation in $LiIO_3$ (Große nichtlineare optische Koeffizienten und phasenangepaßte Erzeugung der 2. Harmonischen in $LiIO_3$). – Appl. Phys. Lett. **14** (1969) 5, S. 154 bis 156

[1.14] Boyd, G. D., Bond, W. L., Carter, H. L.: Refractive index as a function of temperature in LiNbO (Brechzahl von LiNbO als eine Funktion der Temperatur). – J. Appl. Phys. **38** (1967) 4, S. 1941–1943

[1.15] Hulme, K. F., Jones, O., Davis, P. H., Hobden, M. V.: Synthetic proustite (Ag_3AsS_3): a new crystal for optical mixing [Synthetischer Proustit (Ag_3AsS_3): Ein neuer Kristall für optische Mischung]. – Appl. Phys. Lett. **10** (1967) 4, S. 133–135

[1.16] Caldwell, R. S.: Report Contract DA 36-039-SG-71131. – Purdne University 1958

[1.17] Heard, H. G.: Laser Parameter Measurements Handbook (Handbuch über Messungen von Laserparametern). – New York, London: John Wiley & Sons Inc. 1968

[1.18] McLean, T.P.: Limiting Sensitivities of Detectors of Infrared and Visible Radiation (Grenzempfindlichkeiten von Detektoren für infrarote und sichtbare Strahlung), L.R.Baker (Herausgeber). – London: British Electro-Optics, Taylor u. Francis Ltd. 1977
[1.19] Prospekt Molectron Corp. – USA 1971
[1.20] Prospekt RCA, P-700 C, Photomultiplier Tubes. – USA 1976
[1.21] Sommer, A.H.: Photoemissive Materials (Fotoemissions-Materialien). – New York, London: John Wiley & Sons Inc. 1968
[1.22] Spicer, W.E.: Negative Affinity III–V Photokathodes: Their Physics and Technology (III–V-Fotokatoden mit negativer Affinität: Ihre Physik und Technologie). – Appl. Phys. **12** (1977) 2, S.115–130
[1.23] Brunner, W., Paul, H., Bernhard, F., Antkowiak, J.: Physikalische Aspekte des zeitlichen Auflösungsvermögens der Fotozelle. – Exp. Technik d. Phys. **27** (1979) 5, S.429–436
[1.24] Antkowiak, J., Bernhard, F.: Die Anwendung des Prinzips gekreuzter elektrischer und magnetischer Felder bei der Realisierung eines Sekundärelektronenvervielfachers mit extrem hoher Zeitauflösung. – Nucl. Instrum. and Meth. **70** (1969) 1, S.269–273
[1.25] Leskovar, B.: Microchannel Plates (Mikrokanal-Platten). – Phys. today (1977) 11, S.42–49
[1.26] Krieser, J.: Aufbau, Wirkungsweise und Ausführungsformen von Bildverstärkern. – Int. elektron. Rundsch. **27** (1973) 8, S.143–147, 169–173, 196–198
[1.27] Bradley, D.J., New, G.H.C.: Ultrashort Pulse Measurements (Messungen ultrakurzer Impulse). – Proc. IEEE **62** (1974) 3, S.313–345
[1.28] Bradley, D.J.: Recent developments in picosecond photochronoscopie (Neuere Entwicklungen in der Pikosekunden-Fotochronoskopie). – Optics and Laser Technology **11** (1979) 1, S.23–28
[1.29] Becker, W.: Signal-Mittelwertbildung nach dem Boxcar-Verfahren. – radio fernsehen elektronik **28** (1979) 7, S.415–418
[1.30] Morton, G.A.: Photon counting (Photonenzählung). – Appl. Optics **7** (1968) 1, S.1–10
[1.31] Göllnitz, H., Schneider, H.G., Rössler, H. (Herausgeber): Vakuumelektronik. – Berlin: Akademie-Verlag 1978
[1.32] Talmi, Y.: Pyroelectric vidicon: a new multichannel spectrometric infrared (1 ... 30 μm) detector (Pyroelektrisches Vidikon: Ein neuer spektrometrischer Vielkanal-Infrarotdetektor). – Appl. Optics **17** (1978) 16, S.2489–2501
[1.33] Herbst, H., Knauer, K., Koch, R.: CCD- und CID-Optoelektronische Halbleitersensoren für die Fernsehtechnik. – Rundfunktechn. Mitteilungen **21** (1977) 2, S.77–86
[1.34] Prospekt EG a.G. Princeton Applied Research – OMA 2. – USA 1979
[1.35] Prospekt Tracor Northern, DARSS-System. – USA 1978

[2.1] Brunner, W., Radloff, W., Junge, K.: Quantenelektronik – Eine Einführung in die Physik des Lasers. – Berlin: VEB Deutscher Verlag der Wissenschaften 1975
[2.2] Paul, H.: Lasertheorie I, II. – Berlin: Akademie-Verlag 1969
[2.3] Haken, H.: Laser Theory (Lasertheorie). – Berlin (West), Heidelberg, New York: Springer-Verlag 1970
[2.4] Vajuštejn, L.A.: Otkrytye rezonatory dlja kvantovyh generatorov sveta (Offene Resonatoren für Laser). – JETP **44** (1963) 3, S.1050–1067
[2.5] Kogelnik, H., Li, T.: Laser beams and resonators (Laserstrahlen und Resonatoren). – Appl. Optics **5** (1966) 10, S.1550–1567
[2.6] Siegman, A.E.: Unstable optical resonators for laser applications (Instabile optische Resonatoren für Laseranwendungen). – Proc. IEEE **53** (1965) 3, S.277–287
[2.7] Siegman, A.E.: Unstable optical resonators (Instabile optische Resonatoren). – Appl. Optics **13** (1974) 2, S.353–367
[2.8] Siegman, A.E., Arrathoon, R.: Modes in unstable optical resonators and lens waveguides

(Eigenschwingungen in instabilen optischen Resonatoren und Linsenwellenleitern). – IEEE J. Quantum Electronics **QE-3** (1977) 3, S. 156–163

[2.9] Nickles, P. V.: YAG-Laser mit instabilem Resonator. – Berlin: Zentralinstitut für Optik und Spektroskopie, Preprint 78-12 1978

[2.10] Mikaeljan, A. L., Ter-Mikaeljan, M. L., Turkov, Ju. G.: Optičeskie generatory na tverdom tele (Optische Festkörpergeneratoren). – Moskau: Radio 1967

[2.11] Röss, D.: Lichtverstärker und -oszillatoren. – Frankfurt (Main): Akademische Verlagsgesellschaft 1966

[2.12] Heard, H. G.: Laser Parameter Measurement Handbook (Laser-Parametermessungen, Handbuch). – New York, London, Sydney: John Wiley & Sons Inc. 1968

[2.13] Arrechi, F. T., Schulz-Dubois, E. O.: Laser Handbook, Vol. I (Laser-Handbuch, Band I). – Amsterdam: North Holland Publ. Co. 1972

[2.14] Kleen, W., Müller, R.: Laser. – Berlin (West), Heidelberg, New York: Springer-Verlag 1969

[2.15] Belostockij, B. R., Ljubarskij, J. V., Ortžinikov, V. M.: Osnovy lazernoj tehniki tverdotel'nye, OKG. (Grundlagen der Lasertechnik, Festkörperlaser). – Moskau: Sovetskoe Radio 1972

[2.16] Koechner, W.: Solid-State Laser Engineering (Festkörperlaser-Technologie). Springer Series in Optical Sciences, Vol. 1. – Berlin (West), Heidelberg, New York: Springer-Verlag 1976

[2.17] Laser program annual reports (Laser-Programm Jahrbuch). Coyle, P. E. (Herausgeber). – California University 1976

[2.18] Krühler, W. W.: Eigenschaften von Neodymlasern für die optische Nachrichtentechnik. – Nachrichten Elektronik **32** (1978) 1, S. 5–9

[2.19] Kaminsky, A. A.: Lazernye kristally (Laserkristalle). – Moskau: Nauka 1975

[2.20] Bloom, A. L.: Gas Lasers (Gaslaser). – New York, London, Sydney: John Wiley & Sons Inc.

[2.21] Willett, C. S.: Introduction to Gas Lasers: Population Inversion Mechanisms (Einführung zum Gaslaser: Besetzungsinversionsmechanismen). – Oxford, New York, Toronto, Sydney: Pergamon Press 1974

[2.22] Garrett, C. G. B.: Gas Lasers (Gas Laser). – New York: McGraw-Hill Book Company 1967

[2.23] Bekefi, G. (Herausgeber): Principles of Laser Plasma (Prinzipien des Laserplasmas). – New York, London, Sydney: John Wiley & Sons. Inc. 1976

[2.24] Beck, R., Englisch, W., Gürs, K.: Table of Laser Lines in Gases and Vapors (Tafeln der Laserlinien in Gasen und Dämpfen). – Berlin (West), Heidelberg, New York: Springer-Verlag 1976

[2.25] Rhodes, C. K.: Review of Ultraviolet laser physics (Überblick über die Laserphysik im Ultravioletten). – IEEE J. Quantum Electronics **QE-10** (1974) 2, S. 153–174

[2.26] Rhodes, C. K. (Herausgeber): Excimer Lasers. – Berlin (West), Heidelberg, New York: Springer-Verlag 1979

[2.27] Davis, C. C., King, T. A.: Gaseous Ion Lasers (Ionengaslaser). In: Advances in Quantum Electronics, D. W. Goodwin (Herausgeber). – London, New York: Academic Press 1975

[2.28] Anderson Jr., J. D.: Gasdynamic Lasers, An Introduction (Gasdynamische Laser, Eine Einführung). – New York, San Francisco, London: Academic Press 1976

[2.29] Kompa, K. L.: Chemical Lasers (Chemische Laser). – Berlin (West), Heidelberg, New York: Springer-Verlag 1973

[2.30] Bhaumik, M. L., Lancina, W. B., Mann, M. M.: Characteristics of CO-Laser (Charakteristik des CO-Lasers). – IEEE J. Quantum Electronics **QE-8** (1972) 2, S. 150

[2.31] de Maria, A. J.: Review of cw high-power CO_2-lasers (Überblick über kontinuierliche Hochleistungs-CO_2-Laser). – Proc. IEEE **61** (1973) 6, S. 731–748

[2.32] Wood II, D. R.: High-pressure pulsed molecular lasers (Gepulste Hochdruck-Molekülgaslaser). – Proc. IEEE **62** (1974) 3, S. 355–397

[2.33] Coleman, P. D.: Far-Infrared Molecular Lasers (Moleküllaser im fernen Infrarot). – IEEE J. Quantum Electronics **QE-9** (1973) 1, S. 130–138
[2.34] Coleman, P. D.: Present and future problems concerning lasers in the far-infrared spectral region (Gegenwärtige und zukünftige Probleme bei Lasern im fernen infraroten Spektralbereich). – J. Opt. Soc. Am. **67** (1977) 7, S. 894–901
[2.35] Grote, N.: Halbleiter-Injektionslaser. – Physik in unserer Zeit **8** (1977) 4, S. 103–114
[2.36] Frahm, J., Junge, K.: Der Halbleiterinjektionslaser und seine Anwendung. – radio fernsehen elektronik **28** (1979) 2, 3, S. 71–75; 178–183
[2.37] Nannichi, Y.: Recent Progress in Semiconductor Lasers (Neue Fortschritte bei Halbleiterlasern). – Jap. Journ. Appl. Phys. **16** (1977) 12, S. 2089–2102
[2.38] Preier, H.: Recent Advances in Lead-Chalcogenide Diode Lasers (Neuere Fortschritte bei Blei-Chalkogenid-Dioden-Lasern). – Appl. Phys. **20** (1979) 2, S. 189–206
[2.39] Schäfer, F. P.: Dye Lasers (Farbstofflaser). – Berlin (West), Heidelberg, New York: Springer-Verlag 1977
[2.40] Shank, C. V.: Physics of dye lasers (Physik des Farbstofflasers). – Rev. Mod. Phys. **47** (1975) 3, S. 649–657
[2.41] Smith, P. W., Duguay, M. A., Ippen, E. P.: Mode-locking of lasers (Mode-locking von Lasern). – Oxford: Pergamon Press 1974
[2.42] Tradowsky, K.: Laser – kurz und bündig. – Würzburg: Vogel-Verlag 1979
[2.43] Grau, G. K.: Quantenelektronik. Optik und Laser. – Wiesbaden: Vieweg & Sohn 1978
[2.44] Mooradian, A. (Herausgeber): Tunable Lasers and Applications (Abstimmbare Laser und ihre Anwendungen). – Berlin (West), Heidelberg, New York: Springer-Verlag 1976
[2.45] Lengyel, B. A.: Laser. Physikalische Grundlagen und Anwendungsgebiete. – Stuttgart: Berliner Union 1967
[2.46] Rieck, H.: Halbleiter-Laser. – Karlsruhe: Braun 1967
[2.47] Chang, N.-C., Tavis, M. T.: Gain of High-Pressure CO_2 Lasers (Gewinn von Hochdruck-CO_2-Lasern). – IEEE J. Quantum Electronics **QE-10** (1974) 3, S. 372–375

[3.1] Schubert, M., Wilhelmi, B.: Einführung in die Nichtlineare Optik. – Leipzig: BSB B. G. Teubner Verlagsgesellschaft 1971 (Band 1: Klassische Beschreibung); 1978 (Band 2: Quantenphysikalische Beschreibung)
[3.2] Paul, H.: Nichtlineare Optik (WTB Nr. 99, 100). – Berlin: Akademie-Verlag 1973
[3.3] Harper, P. G., Wherrett, B. S. (Herausgeber): Nonlinear Optics (Nichtlineare Optik). – London: Academic Press 1977
[3.4] Rabin, H., Tang, C. L. (Herausgeber): Quantum Electronics (Quantenelektronik) Bd. 1. – New York: Academic Press 1975
[3.5] Yariv, A.: Quantum Electronics (Quantenelektronik). – New York, London, Sydney: John Wiley & Sons Inc. 1968
[3.6] Pressley, R. J. (Herausgeber): Handbook of Lasers (Laser-Handbuch). – Cleveland: The Chemical Rubber Co. 1971 (Überarbeitete und ergänzte Ausgabe Moskau: Sovetskoe Radio 1978)
[3.7] Shen, Y.-R. (Herausgeber): Nonlinear Infrared Generation (Nichtlineare Infrarot-Erzeugung). – Berlin (West), Heidelberg, New York: Springer-Verlag 1977
[3.8] Hanna, C., Yuratich, M. A., Cotter, D.: Nonlinear Optics of free atoms and molecules (Nichtlineare Optik freier Atome und Moleküle). – Berlin (West), Heidelberg, New York: Springer-Verlag 1979
[3.9] Bloembergen, N. (Herausgeber): Nonlinear Spectroscopy (Nichtlineare Spektroskopie). – Amsterdam: North Holland Publ. Co. 1977
[3.10] Shapiro, S. L. (Herausgeber): Ultrashort light pulses (Ultrakurze Lichtimpulse). – Berlin (West), Heidelberg, New York: Springer-Verlag 1977

[3.11] NYE, J. F.: Physical Properties of Crystals (Physikalische Eigenschaften von Kristallen). – London: Oxford Press 1960

[3.12] NIKOGOSJAN, D. N.: Kristally dla nelinejnoj optiki (Kristalle für die Nichtlineare Optik). – Kvant. Elektr. **4** (1977) 1, S. 5–26

[3.13] LANDOLT-BÖRNSTEIN: Neue Serie, Gruppe III, Band 2. – Berlin (West), Heidelberg, New York: Springer-Verlag 1969

[3.14] YARIV, A.: Coupled-Mode Theory for Guided-Wave Optics (Theorie gekoppelter Wellen für Wellenleiter-Optik). – J. Quantum Electron. **9** (1973) 9, S. 919–933

[3.15] TIEN, P. K.: Integrated Optics and new wave phenomena in optical waveguides (Integrierte Optik und neue Phänomene in optischen Wellenleitern). – Rev. Mod. Phys. **49** (1977) 2, S. 361–420

[3.16] DUNNING, D. F.: Tunable-ultraviolet generation by sum-frequency mixing (Abstimmbare Ultraviolett-Strahlung durch Summenfrequenz-Erzeugung). – Laser Focus **14** (1978) 5, S. 72–76

[3.17] VORONIN, E. S., STRIŽEVSKIJ, V. L.: Parametričeskoe preobrazovanie infrakrasnovo islučenija i evo primenenie (Parametrische Transformation von Infrarotstrahlung und ihre Anwendung). – Usp. Fiz. Nauk **127** (1979) 1, S. 99–133

[3.18] FISCHER, R., KULEVSKIJ, L. A.: Optičeskie parametričeskie generatory sveta (Optische parametrische Oszillatoren). – Kvant. Elektr. **4** (1977) 2, S. 245–289

[3.19] PENZKOFER, A., KAISER, W.: Generation of picosecond light continua by parametric four-photon interactions in liquids and solids (Erzeugung von ps-Lichtkontinua durch parametrische Vierphotonen-Wechselwirkung in Flüssigkeiten und Festkörpern). – Optical Quantum Electron. **9** (1977) 2, S. 315–349

[3.20] ENNS, R. H., RANGNEKAR, S. S.: The Three-Wave Interaction in Nonlinear Optics (Drei-Wellen-Wechselwirkung in der nichtlinearen Optik). – phys. stat. sol. (b) **94** (1979) 1, S. 9–28

[3.21] LONG, D. A.: Raman Spectroscopy (Raman-Spektroskopie). – New York: McGraw-Hill Book Co. 1977

[3.22] SCHMID, E. D., u. a. (Herausgeber): Proceedings of the sixth international conference on Raman spectroscopy, Bangladore 1978. – London: Heyden 1978

[3.23] HELLWARTH, R. W.: Third-Order Optical Susceptibilities of Liquids and Solids (Optische Suszeptibilitäten 3. Ordnung von Flüssigkeiten und Festkörpern). – Progr. Quantum Electron. **5** (1977) 1, S. 1–68

[3.24] DUGUAY, M. A.: The ultrafast optical Kerr shutter (Der ultraschnelle optische Kerrschalter). – Progr. in Optics **19** (1976), S. 163–193

[3.25] LETOCHOW, W. S.: Laserspektroskopie (WTB Nr. 165). – Berlin: Akademie-Verlag 1977

[3.26] DEMTRÖDER, W.: Grundlagen und Techniken der Laserspektroskopie. – Berlin (West), Heidelberg, New York: Springer-Verlag 1977

[3.27] KÖPF, U.: Laser in der Chemie. – Frankfurt/M.: Otto-Salle Verlag 1980

[3.28] ROSENCWAIG, A.: Photoacoustic Spectroscopy (Photoakustische Spektroskopie). – Adv. Electron. Electron Physics **46** (1978), S. 207–311

[3.29] HARTUNG, K., JURGEIT, R.: Issledovanie svojstv optotermičeskovo priemnika (Untersuchung der Eigenschaften des opto-thermischen Empfängers). – Kvant. Elektr. **5** (1978) 8, S. 1825–1827; Optika i Spektroskopija **46** (1979) 4, S. 1169–1172

[3.30] WELLING, H., FRÖLICH, D.: Progress in Tunable Lasers (Fortschritte in abstimmbaren Lasern).– Festkörperprobleme **19** (1979), S. 403–425

[3.31] LAUBEREAU, A., KAISER, W.: Vibrational dynamics of liquids and solids investigated by picosecond light pulses (Schwingungsdynamik von Flüssigkeiten und Festkörpern, untersucht mit Pikosekunden-Lichtimpulsen). – Rev. Mod. Phys. **50** (1978) 3, S. 607–665

[3.32] VON DER LINDE, D.: Picosecond Spectroscopy: Methods and Applications (Pikosekundenspektroskopie: Methoden und Anwendungen). – Festkörperprobleme **19** (1979), S. 387–403

[3.33] Letohov, V.S., Moore, C.B.: Lazernoe razdelenie izotopov (Laser-Isotopentrennung). – Kvant. Elektr. **3** (1976) 2, S.248–286; 3, S.485–516

[3.34] Letohov, V.S.: Selektivnoe dejstvie lazernovo izlučenija na veščestvo (Selektive Wirkung von Laserstrahlung auf Materie). – Usp. Fiz. Nauk **125** (1978) 1, S.56–96

[3.35] Güsten, H.: Isotopentrennung durch Laser-Photochemie. – Physik in unserer Zeit **11** (1977) 2, S.33–43

[3.36] Arnoldi, D., Kaufmann, K., Wolfrum, J.: Chemical-Laser-Induced Isotopically Selective Reaction of HCl (Durch chemische Laser induzierte isotopenselektive Reaktion von HCl). – Phys. Rev. Lett. **34** (1975) 26, S.1597–1600

[3.37] Basov, N.G., Oraevskij, A.N., Pankratov, A.V.: O kinetike lazerohimičeskih reakcij (Zur Kinetik laserchemischer Reaktionen). – Kvant. Elektr. **3** (1976) 4, S.814–822

[3.38] Bachmann, H.R., Rinck, R., Nöth, H., Kompa, K.L.: Infrared laser specific reactions involving boron compounds. Trimerisation of tetrachlorethylene sensitived by boron trichlorid (Infrarot-laserspezifische Reaktionen von Borverbindungen. Trimerisation von durch Bortrichlorid sensibilisiertem Tetrachlorethylen). – Chem. Phys. Lett. **45** (1977), 1 S.169–171

[3.39] Black, J.G., Yablonovitch, E., Bloembergen, N.: Collisionless Multiphoton Dissociation of SF_6: A Statistical Thermodynamic Process (Stoßlose Multiphotonendissoziation von SF_6: Ein statistisch-thermodynamischer Prozeß). – Phys. Rev. Lett. **38** (1977) 20, S.1131–1134

[3.40] Vasil'ev, V.I.: Sravnenie ėffektivnosti vozbuždenija različnyh tipov kolebanij molekuly CCl_4 v moščnom IK (Vergleich der Effektivität der Anregung verschiedener Schwingungsmoden des Moleküls CCl_4 im intensiven IR-Feld). – Pisma v ZETF **30** (1979) 1, S.29–31

[3.41] Deutsch, T.F.: Infrared laser photochemistry of Silane (Infrarot-Laser-Fotochemie von Silan). – J. Chem. Phys. **70** (1979) 3, S.1187–1192

[3.42] Knjazev, I.N., Kaidrjavčev, Ju.A., Kuz'mina, N.P., Letohov, V.S.: Isotopičeski-selektivnaja fotodissociacija molekul CF_3J pri mnogofotonnom kolebatel'nom u posledujuščem ėlektronnom vozbuždeniem lazernym izlučeniem (Isotopenselektive Fotodissoziation des Moleküls CF_3J bei Mehrphotonen-Schwingungsanregung und anschließender Elektronenanregung durch Laserstrahlung). – ZETF **76** (1979) 4, S.1280–1292

[3.43] Aus: Laser Focus **15** (1979) 7, S.28

[3.44] Clark, J.H., Anderson, R.G.: Silane purification via laser-induced chemistry (Silanreinigung durch laserinduzierte Chemie). – Appl. Phys. Lett. **32** (1979) 1, S.46–49

[3.45] Ambarcumjan, R.V.: Očistka veščestv v gazovoj faze IK lazernym izlučeniem (Stoffreinigung in der Gasphase durch IR-Laserstrahlung). – Kvant. Elektr. **4** (1977) 1, S.171–173

[3.46] Oraevskij, A.N., Pankratov, A.B.: O mehanizme lazerohimičeskih reakcij (Zum Mechanismus laserchemischer Reaktionen). – Preprint Nr.37 (1979), Lebedev-Institut, Moskau

[3.47] Krjukov, P.G., Letohov, V.S., Matveec, Ju.A., Nikogosjan, D.N., Carkov, A.V.: Selektivnoe dvuhstupenčatoe vozbuždenie ėlektronnovo sostojanija organičeskih molekul v vodnom rastvore pikosekundnymi impul'sami sveta (Selektive Zweistufenanregung des Elektronenzustandes organischer Moleküle in wäßriger Lösung mit Pikosekunden-Lichtimpulsen). – Kvant. Elektr. **5** (1978) 11, S.2490–2492

[3.48] Fine, S., Klein, E.: Biological Effects of Laser Radiation (Biologische Effekte von Laserstrahlung). – Adv. Medic. Biol. Phys. **10** (1965), S.149–226,

[3.49] Mooradian, A., Jaeger, T., Stokseth, P. (Herausgeber): Tunable Lasers and Applications (Abstimmbare Laser und Anwendungen). – Berlin (West), Heidelberg, New York: Springer-Verlag 1976

[3.50] Anders, A., Lamprecht, I., Laskowski, W., Yasui, A.: Verwendung von Farbstofflasern bei der spektralen Erforschung der Fotoreaktivierung von Mikroorganismen. – Laser + Elektrooptik **8** (1976) 1, S.22–24

[3.51] Fabian, H., Lau, A., Werncke, W., Lenz, K.: Fast Raman Spectroscopy of Cytochrome c using Intracavity Resonance Raman Amplification (Schnelle Raman-Spektroskopie von

Zytochrom-c bei Anwendung der Intracavity-Resonanz-RAMAN-Verstärkung). – Chem. Phys. Lett. **48** (1977) 3, S. 607–610

[3.52] LEUPOLD, D., VOIGT, B., MORY, S., HOFFMANN, P.: Nichtlineare Absorption des Chlorophyll-a in vitro und in vivo. – 3. Int. Lasertagung ILA-3, Dresden, 28. 3. bis 1. 4. 1977, Vortrag K 48

[3.53] MCCRAY, J. A.: Oxygen Recombination Kinetics following Laser Photolysis of Oxyhemoglobin (Kinetik der Sauerstoffrekombination als Folge der Laserfotolyse von Oxyhämoglobin). – Biochem. Biophys. Res. Comm. **47** (1972) 1, S. 187–193

[3.54] RIESKE, E., GROSS, G. W., KREUTZBERG, G. W.: Laser in der experimentellen Zellforschung. – Laser + Elektrooptik **9** (1977) 2, S. 44–45

[3.55] ENGER, E., SMOLA, U.: Messung der Übertragungseigenschaften einzelner Sehzellen der Fliege mittels LED. – Laser + Elektrooptik **9** (1977) 2, S. 47–51

[3.56] N. N.: Spectra Physics LASER REVIEW »New Laser System used in Biomedical Studies« (Neues Lasersystem, verwendet bei biomedizinischen Untersuchungen). – Laser Focus **13** (1977) 6, S. 19–20

[3.57] N. N.: Laser Focus **12** (1976) 7, S. 26

[3.58] N. N.: Der vollautomatische elektrooptische Analysator LARC™ für weiße Blutkörperchen (Corning Glass Works). – Laser + Elektrooptik **5** (1973) 3, S. 22–23

[3.59] BERGQUIST, R.: The Laser in Fluorescent Microscopy or Watch that Lymphocyte (Der Laser in der Fluoreszenzmikroskopie oder Beobachtung von Lymphozyten). – Electro-Optical Systems Design **6** (1974) 7, S. 24–27

[3.60] CALLAHAN, P. S.: Laser in der Biologie. – Laser + Elektrooptik **7** (1975) 2, S. 38–39

[3.61] KÖNIG, R., DIETEL, W., GRASSME, W.: Farbstofflaser – neue spektroskopische Lichtquellen für Wissenschaft und Technik. – Feingerätetechnik **27** (1978) 7, S. 313–316 und **27** (1978) 9, S. 402–405

[3.62] HILLENKAMP, F., UNSÖLD, E., KAUFMANN, R., NITSCHE, R.: Laser Microprobe Mass Analysis of Organic Materials (Laser-Mikroanalyse von organischen Materialien). – Nature **256** (1975) 7, S. 119–120

[3.63] BERMAN, M. R., ZARE, N. R.: Laser Fluorescence Analysis of Chromatograms: Sub Nanogram Detection of Aflatoxins (Laser-Fluoreszenzanalyse von Chromatogrammen: Sub-ng-Nachweis von Aflatoxinen). – Analytical Chemistry **47** (1975) 7, S. 1200–1201

[3.64] KOHEN, E., THORELL, B., KOHEN, C., SALMON, J. M.: Studies on Metabolic Events in Localized Compartments of the Living Cell by Rapid Microspectro Fluorometry (Untersuchung metabolischer Vorgänge in lokalisierten Kompartments der lebenden Zelle durch Kurzzeit-Mikrospektrofluorometrie). – Adv. Biol. Med. Phys. **15** (1974) 6, S. 271–297

[3.65] THOMAS, G. J., LIVRAMENTO, J.: Kinetics of H-D-Exchange in Adenosin-5′-Ⓟ, Adenosin-3′,5′-Ⓟ and Poly-Riboadenyl-Acid studied by Laser-RAMAN-Spectroscopy (Kinetik des H-D-Austausches in Adenosin-5′-Ⓟ, Adenosin-3′,5′-Ⓟ und Riboadenylsäure, untersucht mit Laser-RAMAN-Spektroskopie). – Biochemistry **14** (1975) 11, S. 5210–5217

[3.66] SACCHI, C. A., SVELTO, O., PRENNA, G.: Pulsed Tunable Lasers in Cytofluorometry (Abstimmbare Impulslaser in der Zytofluorometrie). – Histochem. J. **6** (1974) 5, S. 251–258

[3.67] SHANK, C. V., IPPEN, E. P., BERSOLM, J.: Time Resolved Spectroscopy of Hemoglobin and its Complexes with Subpicosecond Optical Pulses (Zeitaufgelöste Spektroskopie von Hämoglobin und seiner Komplexe mit optischen Sub-ps-Impulsen). – Science **193** (1976) 7, S. 50–51

[3.68] ALPERT, B., BANERJEE, R., LINQUIST, L.: Rapid Structural Changes in Human Hemoglobin studied by Laser Photolysis (Schnelle strukturelle Veränderungen in menschlichem Hämoglobin, untersucht durch Laserfotolyse). – Biochem. Biophys. Res. Commun. **46** (1972) 1, S. 913–918

[3.69] WAIDELICH, W. (Herausgeber): LASER 77 OPTOELECTRONICS, Conf. Proc., Ipc Science and technology press 1977

[3.70] WOLBARSHT, M. L., RIVA, C. E.: Varied Laser Techniques aid Diagnoses of Disease and

Malfunction of the Eye (Unterschiedliche Lasertechniken gestatten Diagnosen von Krankheit und Fehlfunktion des Auges): Speckle-Muster. – Laser Focus **12** (1976) 12, S. 30
[3.71] Riva, C. E.: Blood-flow Measurement (Messung der Blutströmung). – Laser Focus **12** (1976) 12, S. 34
[3.72] Sakurai, Y.: Medizinische Anwendungen von Lasern in Japan. – Laser + Elektrooptik **4** (1972) 2, S. 51–52
[3.73] David-Miller, M. D., Zuckermann, J. L., Reynolds, G. O.: Die Kompensation der Phasenaberration bei grauem Star mit Hilfe der Holografie. – Laser + Elektrooptik **5** (1973) 4, S. 46–47
[3.74] Huth, G. C.: Krebsfrüherkennung mit der Kombination Bronchoskop – Glasfaserkabel – Laser. – Laser + Elektrooptik **10** (1978) 2, S. 35
[3.75] Halldorsson, T., Langerhold, J.: Thermodynamic Analysis of Laser Irradiation of Biological Tissue (Thermodynamische Analyse der Laserbestrahlung von biologischem Gewebe). – Appl. Optics **17** (1978) 24, S. 3948–3958
[3.76] Kaplan, I. (Herausgeber): Laser Surgery II (Laserchirurgie II). – Jerusalem: Academic Press 1978
[3.77] Günter, H., Härb, H., Korab, W.: Anwendung der Laserstrahlen in der Chirurgie. – Zbl. Chirurgie **104** (1979) 1, S. 23–29
Haverkampf, K., Meyer, H.-J., Drake, K.-H.: Optical and Thermophysical Tissue Characteristics (Optische und thermophysikalische Gewebscharakteristika). – Int. Medical Laser Symp.; Detroit, März 1979
[3.78] Gamaleja, N. F.: Lazery v ėksperimente i v klinike (Laser in Experiment und Klinik). – Moskau: Verlag Medizina 1972
[3.79] Kiefhaber, P., Nath, G., Moritz, K.: Endoskopische Blutstillung gastrointestinaler Blutungen mit einem leistungsstarken Nd-YAG-Laser. – Chirurg **48** (1977) 1, S. 198–203
[3.80] Verschueren, R.: The CO_2-Laser in tumor surgery (CO_2-Laser in der Tumorchirurgie). – Aachen, Amsterdam: Van Corcum 1976
[3.81] Ascher, P. W.: Der CO_2-Laser in der Neurochirurgie. – Wien: Verlag Fritz Molden 1977
[3.82] Staehler, G., Schmidt, E., Hofstetter, A.: Zerstörung von Blasentumoren durch transurethrale Nd-YAG-Laserbestrahlung. – Helv. Chir. Acta **45** (1978) 2, S. 307–311
[3.83] Frankhauser, F.: Die physikalischen und biologischen Wirkungen der Laserstrahlung. – Klin. Mbl. Augenheilkunde **170** (1977) 2, S. 219–227
[3.84] Demling, L., Rösch, W. (Herausgeber): Operative Endoscopy. – Berlin (West): Acron-Verlag 1979
[3.85] Knof, J., Eichler, J., u. a.: Ein flexibles faseroptisches Strahlübertragungssystem mit Instrumentarium für Laserchirurgie. – Biomed. Technik **24** (1979) 1, S. 54–57
[3.86] Brueckner, L. A., Jorna, S.: Laser-driven Fusion (Lasergesteuerte Fusion). – Rev. Mod. Phys. **46** (1974) 2, S. 325–367
[3.87] Prohorov, A. M., Anisimov, S. J., Pašinin, P. P.: Lazerny termojaderny sintez (Laser-Kernfusion). – Usp. Fiz. Nauk **119** (1976) 3, S. 401–424
[3.88] Rubenčik, A. M.: O probleme lazernovo termojadernovo sinteza (Zum Problem der Laser-Kernfusion). – Avtometrija (1979) 5, S. 80–93
[3.89] Witkowski, S.: Laser-Kernfusion. – Physik in unserer Zeit **5** (1974) 5, S. 147–157
[3.90] Basov, N. G.: Laser steuern Kernfusion. – Wissenschaft und Fortschritt **29** (1979) 6, S. 220 bis 225
[3.91] Attwood, D. T.: Diagnostics for the Laser Fusion Program – Plasma Physics on the Scale of Microns and Picoseconds (Diagnostik für das Laser-Fusionsprogramm – Plasmaphysik im Mikrometer- und Pikosekundenbereich). – IEEE J. Quantum Electr. **QE-14** (1978) 12, S. 909–923
[3.92] Ginzburg, V. L.: Rasprostranenie ėlektromagnitnyh voln v plazme (Ausbreitung elektromagnetischer Wellen im Plasma). – Moskva: Nauka 1967

[3.93] SILIN, V.P.: Parametričeskoe vozdejstvie izlučenija bol'šoj moščnosti na plazme (Parametrische Wirkung intensiver Strahlung auf Plasmen). – Moskva: Nauka 1973
[3.94] Aus: Nuclear Fusion **19** (1979) 1, S.138
[3.95] HARRIS, B.B.: The Laser in Biomedical Applications (Der Laser in biomedizinischen Anwendungen). – Electro-Optical Systems Design **5** (1973) 5, S.20–23
[3.96] KLIMONTOWITSCH, J.L.: Laser und nichtlineare Optik. – Leipzig: BSB B.G.Teubner Verlagsgesellschaft 1971

[4.1] ILLNER, D.: Gegenwart und Zukunft der Werkstoffbearbeitung mit Laserstrahlen. Tagungsband 48. Suhl: Kammer der Technik 1978
[4.2] BRANDT, G., u.a.: Einige Ergebnisse von Schneid- und Schweißversuchen mit einem 900-W-CO_2-Laser. – Schweißen und Schneiden **24** (1972) 7, S.255–257
[4.3] BREINON, E.M. u.a.: Laserschweißen. – IIW-Dokument IV-181-75, 1975
[4.4] BECK, R.: Schweißen und Schneiden mit Laserstrahlen – einige Betrachtungen zum Stand der Technik. – Schweißen und Schneiden **29** (1977) 5, S.170–172
[4.5] Welding with Laser (Schweißen mit Laser). Welding construction journal of the Welding Institute, 1976, Nr.2
[4.6] KIRKLEY, D.W.: CO_2-Hochleistungsgaslaser für die Schweiß- und Schneidtechnik. – BOC-Tagung im ZIS Halle, 1974
[4.7] Schweißtechnik auf der Laser 77. – Verbindungstechnik **9** (1977) 10, S.35–36
[4.8] VELIČKO, O.A., u.a.: Derzeitiger Stand der Technologie des kontinuierlichen Laserschweißens. – Avtomatičeskaja Svarka **29** (1977) 5, S.44–50
[4.9] Laser Fokus. Avco Aircraft Corp. **7** (1971) 2, S.10
[4.10] BUNESS, G.: Laser in der Materialbearbeitung. – Bericht von der Laser 77. ZIS Halle 1977
[4.11] ECHTERMEYER, F., u.a.: Der Einsatz des CO_2-Lasers in der Industrie. – Schweißtechnik **26** (1976) 11, S.487–488
[4.12] SEPOLD, G., BUCHHOLZ, J.: Möglichkeiten und Grenzen des Schweißens mit Nd:YAG-Lasern. – Laser 77, Conference Proceedings, IPC Science and Technology Press 1977
[4.13] LOCKE, E., u.a.: Deep penetration welding with high power CO_2-Lasers (Tiefschweißen mit Hochleistungs-CO_2-Lasern). – Welding Research Supplement. **5** (1972) 5, S.245-249
[4.14] WEBER, H., HERZIGER, G.: Laser – Grundlagen und Anwendungen. – Weinheim: Physik Verlag 1972
[4.15] RYKALIN, N., UGLOV, A.: Rasčet nagreva metallov izlučeniem CO_2-lazera (Berechnung der Metallerwärmung durch CO_2-Laserstrahlung). – Svaročnoe Proizvodstvo **43** (1973) 7, S.1–3
[4.16] RYKALIN, N., UGLOV, A.: Rasčet processov nagreva pri svarke metallov lučem lazera (Berechnung der Wärmevorgänge beim Laserschweißen von Metallen). – Svaročnoe Proizvodstvo **37** (1967) 6, S.1–5
[4.17] VISSER, A.: Zur Wirkungsweise des Werkstoffabtrages mit Elektronen- und Photonenstrahlen. – Strahltechnik II, DVS Berichte 4, Düsseldorf 1968, S.173–215
[4.18] VELIČKO, O., u.a.: Svarnye švi na stali i titane, vypolnennye lazerom (Schweißnähte auf Stahl und Titan, durch Laser erhalten). – Avtomatičeskaja svarka **26** (1974) 10, S.19–21
[4.19] BURGHARDT, W., ZSCHERPE, G.: Temperaturfelder bei der Bestrahlung von Silizium. – Feingerätetechnik **28** (1979) 2, S.71–72
[4.20] REMUND, R.: Anwendung des Laser-Impulsschweißens in der Feintechnik. – Bulletin des Schweizerischen Elektrotechnischen Vereins **64** (1973) 16, S.977–982
[4.21] Wärmebehandlung mit BOC 2 KW-Laser. – Prospekt der BOC Industrial Power Beams, Daventry, England 1979
[4.22] SCHILLER, S., u.a.: Elektronenstrahltechnologie. – Berlin: VEB Verlag Technik 1976
[4.23] Sinar Lasersysteme, Gastransport CO_2-Laser. – Prospekt der Firma Sinar, Hamburg 1979

[4.24] Laser. – Prospekt der Laser Technik AG 1979
[4.25] VOLKENANDT, H., ZSCHERPE, G.: Materialbearbeitung mit Laserstrahl – Voraussetzungen und Anwendungsmöglichkeiten. – die Technik **32** (1977) 6, S. 338–339
[4.26] Mikroprozessorgesteuertes Widerstandstrimmsystem Modell 685. – Prospekt Laser Optronic 1979
[4.27] LOCKE, E.V., HELLA, R.A.: Metallbearbeitung mit Hochenergielasern. – Vortrag auf der IEEE/OSA, Conference on Laser, Engineering and Application 1973
[4.28] HERBRICH, H.: Wirtschaftliches und industrielles Anwenden von CO_2-Lasern. – Maschinenmarkt **82** (1976) 45, S. 974
[4.29] HERBRICH, H.: Wirtschaftlich Schneiden mit CO_2-Lasern. – Schweißen und Schneiden **27** (1975) 3, S. 94–97
[4.30] EISLEBEN, U.: Werkstoffabtrag bei der Herstellung von Bohrungen mittels Festkörper-Laser. – VDI-Z. **115** (1973) 14, S. 1171
[4.31] HACHFELD, K.: Mit Laser gegen Diamanten. – Ind.-Anz. **100** (1978) 14, S. 35–36
[4.32] GROTE, K.H., REMUND, R.: Materialabtrag an Rotoren. – Laser + Elektrooptik **9** (1977) 4, S. 19
[4.33] PAHLITZSCH, G., EISLEBEN, U.: Werkstoffbearbeitung mit Laserstrahlen – Herstellen von Löchern. – Strahltechnik VI, DVS-Berichte **26** (1973), S. 79–88
[4.34] SEILER, P.: Festkörper-Impulslaser zum Fügen und Abtragen im Mikrobereich. – Firmenschrift der Firma Carl Haas 1979
[4.35] WOLF, R., ZSCHERPE, G.: Bearbeitung dünner Metallschichten mit Laserstrahlung. – Feingerätetechnik **28** (1979) 3, S. 109–111
[4.36] Wärmebehandlung, Auftragschweißen und Legieren mit der BOC Laseranlage. – Prospekt BOC, Industrial Power Beams, Daventry 1979
[4.37] STÄDTLER, L.: Erzeugung von Bildern auf synthetischen Silikaten und Naturstein mittels intensiver Strahlung. – Silikattechnik **30** (1979) 4, S. 104–106
[4.38] MICHELSON, A.A., GALE, H.G.: The effect of the earth's rotation on the velocity of light. Pt. II (Der Einfluß der Erdrotation auf die Lichtgeschwindigkeit, Teil II). – The Astrophysical Journal **61** (1925) 3, S. 140–145
[4.39] MCCARTNEY, E.J.: The ring laser inertial sensor (Der Ringlaser als Trägheits-Meßfühler). – Navigation **13** (1966) 3, S. 260–269
[4.40] ANGUS, J.C., MORROW, D.L., DUNNING, J.W., FRENCH, M.J.: Motion measurement by laser Doppler techniques (Bewegungsmessungen mit Hilfe des Doppler-Effektes). – Industrial and Engineering Chemistry – Ind. Ed. **61** (1969) 2, S. 8–20
[4.41] FOREMAN, J.W., GEORGE, E.W., JETTON, J.L., LEWIS, R.D., THORNTON, J.R., WATSON, H.J.: 8C2-Fluid flow measurements with a laser Doppler velocimeter (8C2-Flüssigkeitsfluß-Messungen mit einem Doppler-Geschwindigkeitsmesser). – IEEE Journal of Quantum Electronics **QE-2** (1966) 8, S. 260–276
[4.42] JAMES, R.N., BABCOCK, W.R., SEIFERT, H.S.: A laser-Doppler technique for the measurement of particle velocity (Die Verwendung des Doppler-Effektes für Messung der Teilchen-Geschwindigkeit). – AIAA Journal **6** (1968) 1, S. 160–162
[4.43] Berührungslose Geschwindigkeits- und Wegmessung durch Laser-Doppler-System (LADAR). – Feinwerktechnik **74** (1970) 9, S. 404–405
[4.44] MCMANUS, R.G., CHABOT, A., GOLDSTEIN, I.: CO_2 laser Doppler navigator proves feasible (CO_2-Laser-Doppler-Navigator ist möglich). – Laser focus **4** (1968) 9, S. 21–28
[4.45] KUBE, E.: Ein Beitrag zur optischen Nachrichtenübertragung in der Atmosphäre mit GaAs-Strahlungsquellen. – Diss., TU Dresden 1972
[4.46] FUSSGÄNGER, K.: CO_2-Laser-Nachrichtenübertragung durch Großstadtatmosphäre. – Vortrag auf NTG-Fachtagung »Nachrichtenübertragung mit Lasern« Ulm 1972
[4.47] CHU, T.S., HOGG, D.C.: Effects of Precipitation on Propagation at 0.63, 3.5 and 10.6 Microns (Einflüsse von Niederschlägen auf die Ausbreitung bei 0,63 μm, 3,5 μm und 10,6 μm). – BSTJ **47** (1968) 5, S. 723–759

[4.48] Lucy, R.F., Lang, K.: Optical Communications Experiments at 6328 Å and 10,6 μ (Optische Übertragungsexperimente bei $\lambda = 0{,}6328$ μm und $\lambda = 10{,}6$ μm). – Appl. Optics **7** (1968) 10, S. 1965–1970

[4.49] Goubau, G.: Lenses guide optical frequencies to low-loss transmission (Linsenleiter für optische Frequenzen mit geringen Verlusten). – Electronics **39** (1966) 5, S. 83–89

[4.50] Kube, E.: Informationsübertragung mit Lichtleitern – Stand und Entwicklungstendenzen. – msr **22** (1979) 9, S. 482–490

[4.51] Yeh, L.P.: Fibre-Optic Communications Systems (Lichtleiter-Übertragungssysteme). – Telecommunications **12** (1978) 9, S. 33–38

[4.52] Heinlein, W.: Fortschritte der Technik der Lichtwellenleiter für die optische Nachrichtenübertragung. – nachrichten elektronik **33** (1979) 12, S. 393–396

[4.53] Bowen, T., Schumacher, W.: Fibre Optic Connector Developments (Lichtleiter-Steckerentwicklungen). – Microwave Journal **22** (1979) 7, S. 55–59

[4.54] Nawata, K., Iwahara, Y., Suzuki, N.: Ceramic Capillary Splices for Optical Fibres (Spleißverbindungen mit keramischen Kapillaren für Lichtleiter). – Electronics Letters **15** (1979) 15, S. 470–472

[4.55] Optische Steckverbinder und Spleiße. – Markt & Technik (1978) 44, S. 156 und 158

[4.56] Dakss, M.L.: Splicing optical fibres (Spleißen von Lichtleitern). – Laser Focus **14** (1978) 5, S. 66–70

[4.57] Optical Communications (Optische Informationsübertragung). – Microwaves **17** (1978) 11, S. 69–75

[4.58] Hubmann, H.P.: Einführung in die Technik der Lichtwellenleiter als Kommunikationsträger. – Laser + Elektrooptik **10** (1978) 2, S. 20–25

[4.59] Room-temperature 1,5 μm diode lasers operate cw in two Tokyo laboratories (1,5-μm-Zimmertemperatur-Dauerstrichlaser arbeiten in 2 Laboratorien in Tokio). – Laser Focus **15** (1979) 11, S. 58 und 60

[4.60] Nawanta, K.: New Light Source for Optical Communications System (Eine neue Lichtquelle für ein optisches Übertragungssystem). – ECL News (1980), S. 1–2

[4.61] Campbell, L.L.: Fibre Optics for Telecommunications (Lichtleitertechnik für die Informationsübertragung). – Microwave Journal **22** (1979) 7, S. 24–34 und 84

[4.62] King, F.D., Straus, J., Szentesi, O.I., Springthorpe, A.J.: High-radiance long-lived l.e.d.s for analogue signalling (Hochleistungs-LEDs mit langer Lebensdauer für Analogsignalübertragung). – Proc. IEEE **123** (1976) 6, S. 619–622

[4.63] Kao, C.K., Goell, J.E.: Design process for fiber-optic systems follows familiar rules (Planungsprozeß für Lichtleitersysteme erfolgt nach bekannten Regeln). – Electronics **49** (1976) 9, S. 113–116

[4.64] Garner, W.J.: Bit Error Propabilities Relate To Data-Link S/N (Bit-Fehler-Wahrscheinlichkeit als Funktion des Signal-Rausch-Verhältnisses). – Microwaves **17** (1978) 11, S. 101 bis 105

[4.65] Zucker, J.: Choose detectors for their differences, to suit different fiber-optic systems (Die Auswahl verschiedener Empfänger zur richtigen Anpassung an die unterschiedlichen Lichtleitersysteme). – Electronic Design **28** (1980) 4, S. 165–169

[4.66] Ohr, S.: ECC: Fiber optics, tantalum caps and plastic resistors share spotlight (ECC: Schlaglichter auf Lichtleitertechnik, Tantalkondensatoren und Plastwiderstände). – Electronic Design **28** (1980) 4, S. 47–50

[4.67] Li, T.: Optical Fiber Communications – The State of the Art (Lichtleiter-Nachrichtenübertragung – der gegenwärtige Stand). – IEEE Transactions on Communications **26** (1978) 7, S. 946–955

[4.68] Müller, R., Neef, E.: Theoretical investigations of low-noise regeneration of light pulses in communication systems (Theoretische Untersuchungen zur rauscharmen Regeneration von Lichtimpulsen in Übertragungssystemen). – Optical Communications **25** (1978) 3, S. 329–332

[4.69] Müller, R., Neef, E.: The optical multi-stage repeater (Der optische Vielstufenrepeater). – Optical Communications **29** (1979) 2, S. 215–217
[4.70] Rehahn, J. P., Bose, H., Kube, E., Meisel, J.: Technische und ökonomische Vorbereitung des praktischen Einsatzes von Lichtleiter-Nachrichtensystemen. – Fernmeldetechnik **19** (1979) 5, S. 178–181
[4.71] Adlerstein, S.: Single-mode-fiber system leads Japanese parade of fiber-optic advance (Einmoden-Lichtleitersystem zeigt Japans Vormarsch bei den Lichtleitern). – Electronic Design **27** (1979) 7, S.33–35
[4.72] Foord, S. G., Lees, J.: Principles of fibre-optical cable design (Prinzipien der Lichtleiter-Kabelkonstruktion). – Proc. IEEE **123** (1976) 6, S. 597–608
[4.73] Naráy, Zs.: Laser und ihre Anwendungen. – Leipzig: Akademische Verlagsgesellschaft Geest & Portig K.-G. 1976
[4.74] Westermann, F.: Laser. – Stuttgart: Teubner Verlag 1976
[4.75] Bimberg, D.: Laser in Industrie und Technik. – Grafenau: Lexika-Verlag 1977
[4.76] Steele, C. L.: Optische Laser in der Elektronik. – Stuttgart: Berliner Union 1975
[4.77] van d. Lugt, A.: Coherent optical processing (Kohärente optische Bildverarbeitung). Proc. IEEE **62** (1974) 10, S. 1300
[4.78] Groh, G.: Holographie. – Stuttgart: Berliner Union 1973
[4.79] Gürs, K.: Laser. Grundlagen, Eigenschaften und Anwendung in Wissenschaft und Technik. – Frankfurt/M.: Umschau-Verlag 1970
[4.80] Unger, H.-G.: Optische Nachrichtentechnik. – Berlin (West): Elitera-Verlag 1976
[4.81] Gruss, R.: Anwendung des Lasers in der Fernmeldetechnik. – Der Fernmelde-Ingenieur **21** (1967) 9, S. 1–31
[4.82] Glaser, W.: Lichtleitertechnik. – Berlin: Verlag Technik 1981
[4.83] Rosenberger, D., u.a.: Technische Anwendungen des Lasers. – Berlin (West), Heidelberg, New York: Springer-Verlag 1975

[5.1] Goldman, L., u.a.: Optical Radiation with Particular Reference to Lasers (Optische Strahlung bei besonderer Berücksichtigung der Laserstrahlung). Herausgegeben von der WHO, Regional Office for Europe, Copenhagen 1977
[5.2] Krause, H.: Gefahr durch Laserstrahlen. In: Arbeitssicherheit. Handbuch für Unternehmensleitung, Betriebsrat und Führungskräfte. – Freiburg i. Br.: Rudolf-Haufe-Verlag 1972
[5.3] Kupfer, E.: Laser in ihrer arbeitshygienischen Bedeutung. Z. ges. Hyg. **19** (1973) 3, S. 169 bis 177
[5.4] Kleinschmidt, W.: Laser aus der Sicht des Arbeitsschutzes. Schriftenreihe Arbeitsschutz des Zentralinstituts für Arbeitsschutz, Heft 30. – Berlin: Verlag Tribüne 1971
[5.5] ACGIH (1973). A guide for control of laser hazards (Leitfaden zur Kontrolle von Lasergefährdungen). – Cincinnati, Ohio: American Conference of Governmental Industrial Hygienists
[5.6] ANSI (1973). American National Standard for the Safe Use of Lasers. ANSI Z 136.1. – New York: American National Standards Institute
[5.7] Dettmers, D., Löffler, W., Renz, K.: Laser-Schutz bei der Anwendung von Helium-Neon-Dauerlicht-Lasern. Z. Berufsgenossenschaft/Betriebssicherheit (1970) 7, S. 247–252
[5.8] Farb- und Filterglas für Wissenschaft und Technik. Katalog. VEB JENAer Glaswerk Schott & Gen. Jena 1962
[5.9] Katalog für Arbeitsschutzkleidung und Arbeitsschutzmittel. – Berlin: Verlag Tribüne 1970

Sachwortverzeichnis

Wichtige verwendete Formelzeichen und ihre Bedeutung

Formelzeichen	Bedeutung
Durchgängig verwendete Formelzeichen	
A	spontane Übergangswahrscheinlichkeit je Zeiteinheit, Fläche
$\boldsymbol{B}$	magnetische Flußdichte (magnetische Induktion)
B	EINSTEIN-Koeffizient, Frequenzbandbreite
c	Lichtgeschwindigkeit
$\boldsymbol{D}$	elektrische Flußdichte (elektrische Verschiebung)
$\mathrm{d}\Omega$	Raumwinkelelement
$\boldsymbol{E}$	elektrische Feldstärke
E_i, E_j	Energie
$\boldsymbol{e}$	Einheitsvektor
g	Gewinnfaktor
$\boldsymbol{H}$	magnetische Feldstärke
h	PLANCKsche Konstante
I	Intensität (Bestrahlungsstärke)
$\boldsymbol{J}$	elektrische Stromdichte
$\boldsymbol{k}$	Wellenzahlvektor
k	BOLTZMANN-Konstante
L	Länge
M	Kernmasse, Zahl der Eigenschwingungen
m	Elektronenmasse, ganze Zahl
N	Teilchendichte, FRESNEL-Zahl, Teilchenanzahl
n_o	Brechzahl für die ordentliche Welle
n_e	Brechzahl für die außerordentliche Welle
$\boldsymbol{P}$	elektrische Polarisation
P	Leistung
p	Druck
$\boldsymbol{r}$	Ortsvektor
T	Temperatur, Transmission
t	Zeit
V	Volumen
v_{Gr}	Gruppengeschwindigkeit
v_{Ph}	Phasengeschwindigkeit
w_0	Radius der Strahltaille
Z	Anzahl der Eigenschwingungen
γ	Verlust
$\Delta\nu$	Frequenzabstand
$\delta\nu$	Linienbreite
ε	Dielektrizitätskonstante
Θ	Divergenzwinkel
λ	Wellenlänge
μ	Dipolmoment, Permeabilität
ν	Frequenz
$\chi^{(n)}$	dielektrische Suszeptibilität n-ter Ordnung
ψ	SCHRÖDINGER-Funktion
ω	Kreisfrequenz
Abschnitt 1. **Physikalische Grundlagen**	
B	Frequenzbandbreite
c_p	spezifische Wärmekapazität bei konst. Druck
D^*	Detektivität
$\mathrm{d}A$	Flächenelement
E	Bestrahlungsstärke
f	Brennweite, Modulationsfrequenz
I	Strahlstärke
i_R	Rauschstrom
i_S	Signalstrom
K	fotometrisches Strahlungsäquivalent
L_λ	spektrale Strahldichte
l_K	Kohärenzlänge
M_0	energetisches Lichtäquivalent
S	Nachweisempfindlichkeit
U	Spannung
u_R	Rauschspannung
V_λ	relativer spektraler Helligkeitsgrad
W	Wahrscheinlichkeit
w	Übergangswahrscheinlichkeit je Zeiteinheit
β	Raumausdehnungskoeffizient, Volumen-Temperaturkoeffizient
γ	Raumausdehnungskoeffizient, spezifische Leitfähigkeit
ΔQ	Wärmemenge
Δt	Halbwertsbreite
δ	Phasenwinkel
$\varkappa$	Absorptionsindex
ϱ	Absorberdichte
τ	Zeitkonstante, Lebensdauer
τ_a	Anstiegszeit

Formelzeichen	Bedeutung
Abschnitt 2. Der Laser	
a_L	Radius des Lasermediums
$a_{1,2}$	Spiegelradius
F	dimensionslose Zahl
$f(\nu)$	Linienform
M	Anzahl der Eigenschwingungen
m	ganze Zahl
n	ganze Zahl, Photonenzahl
$\bar{n}$	mittlere Photonenzahl
$p(n)$	Wahrscheinlichkeit
Q	Resonatorgüte, Energie des Strahlungsfeldes
q	ganze Zahl
R	Pumprate je Zeiteinheit, Reflexionskoeffizient
u	Strahlungsenergiedichte
$\boldsymbol{v}$	Geschwindigkeitsvektor
w	Radius des Laserflecks, Übergangswahrscheinlichkeit je Zeiteinheit
α_i	innere Verluste
β	Linienbreite je Druckeinheit
γ	inverse Relaxationszeit
Δn^2	Schwankungsquadrat der Photonenzahl
Δt	Impulsbreite
δ	Entartungsparameter
$\varkappa$	Verlust
ϱ	Krümmungsradius des Spiegels
σ	Inversion, Wirkungsquerschnitt
τ	Lebensdauer von Niveaus, Transmissionskoeffizient
φ	Phase
Abschnitt 3. Anwendungen der Laser in Physik, Chemie, Biologie und Medizin	
b	Konfokalparameter
d_{eff}	effektive quadratische Nichtlinearität
d_{im}	quadratische Suszeptibilität
J	Rotationsquantenzahl
K	Reaktionsgeschwindigkeitskonstante
n_2	nichtlineare Brechzahl
P^{NL}	nichtlineare dielektrische Polarisation
R	Auflösungsvermögen
T	Relaxationszeit
v	Schwingungsquantenzahl
W	Dissoziationsrate
α	Absorptionskoeffizient
Δk	Fehlanpassung
Θ_M	Phasenanpassungswinkel
ϱ	Doppelbrechungswinkel
σ	Absorptionsquerschnitt
τ	Impulsdauer
ω_0	charakteristische Übergangsfrequenz eines atomaren Systems
Abschnitt 4. Anwendungen der Laser in der Technik	
A	numerische Apertur
D	Strahldurchmesser
E	elektrische Feldstärke
I	Intensität
l	Resonatorlänge
M	Anzahl der Moden
n	Brechzahl
P	Leistung
$\boldsymbol{k}$	Wellenzahlvektor
T	Temperatur
$\boldsymbol{v}$	Geschwindigkeitsvektor
α_{max}	Akzeptanzwinkel
δ	Dämpfungskoeffizient
μ	Absorptionskoeffizient
φ	Phase
$\boldsymbol{\Omega}$	Vektor der Winkelgeschwindigkeit
Abschnitt 5. Arbeitsschutz bei Laserarbeiten	
H	Bestrahlung
L	Strahldichte
L_p	Bestrahlungsdichte
P	Strahlungsfluß
Q	Strahlungsenergie
r	Entfernung
S	Schwächungsfaktor
t_I	Impulsdauer
V	Verstärkungsfaktor
φ	Strahlungsflußdichte